高等数学竞赛题解析教程(2019)

主编：陈 仲

编者：陈 仲　张玉莲　林小围
　　　王夕予　王 培

东南大学出版社
·南京·

内 容 简 介

本书根据江苏省普通高等学校非理科专业高等数学竞赛委员会制订的高等数学竞赛大纲，并参照教育部制订的考研数学考试大纲编写而成，内容分为极限与连续、一元函数微分学、一元函数积分学、多元函数微分学、多元函数积分学、空间解析几何、级数、微分方程等八个专题，每个专题含"基本概念与内容提要"、"竞赛题与精选题解析"、"练习题"三个部分。其中，竞赛题选自江苏(1—15届)、北京(1—15届)、浙江(1—10届)、广东、陕西、上海、天津等省市大学生数学竞赛试题；全国大学生数学竞赛试题(1—9届预赛和决赛)；清华大学、南京大学、上海交通大学、东南大学等高校大学生数学竞赛试题；莫斯科大学等国外高校大学生数学竞赛试题。

高等数学竞赛能激励大学生们学习高等数学的兴趣，活跃思想。高等数学竞赛试题中既含基本题，又含很多具有较高水平和较大难度的趣味题，这些题目构思绝妙，方法灵活，技巧性强，本书逐条解析，并对重要题目深入分析，总结解题方法与技巧。

本书可供准备高等数学竞赛的老师和学生作为应试教程，也可供各类高等学校的大学生作为学习高等数学和考研的参考书，特别有益于成绩优秀的大学生提高高等数学水平。

图书在版编目(CIP)数据

高等数学竞赛题解析教程. 2019 / 陈仲主编. —南京：东南大学出版社, 2019.1
ISBN 978-7-5641-8159-8

Ⅰ. ①高… Ⅱ. ①陈… Ⅲ. ①高等数学–高等学校–题解 Ⅳ. ①O13-44

中国版本图书馆 CIP 数据核字(2018)第 282271 号

高等数学竞赛题解析教程(2019)

出版发行	东南大学出版社
社　　址	南京市四牌楼2号(邮编：210096)
出版人	江建中
责任编辑	吉雄飞(联系电话：025—83793169)
经　　销	全国各地新华书店
印　　刷	常州市武进第三印刷有限公司
开　　本	700mm×1000mm　1/16
印　　张	22
字　　数	431千字
版　　次	2019年1月第1版
印　　次	2019年1月第1次印刷
书　　号	ISBN 978-7-5641-8159-8
定　　价	45.80元

本社图书若有印装质量问题，请直接与营销部联系，电话：025-83791830。

前　言

　　高等数学(或称大学数学)是一年级大学生的基础课程,江苏省普通高等学校非理科专业高等数学竞赛委员会自1991年以来已成功组织了十五届全省性的大学生高等数学竞赛,参赛学校为全省普通高等学校,含师范学院、地方工学院、独立学院、各重点高校的二级学院、各类职业技术学院、高等专科学校、职业大学等,共计一百多所,考生达一万多人,参赛类别分为本科一级、本科二级、本科三级、本科四级、专科等五类。

　　高等数学竞赛的宗旨是贯彻教育部关于本科要注重素质教育的指示,加强普通高校的数学教学工作,推动高等数学的教学改革,提高教学质量,培养人才。高等数学竞赛能激励大学生们学习高等数学的兴趣,活跃思想,它要求学生比较系统地理解高等数学的基本概念和基本理论,掌握数学的基本方法,并具有抽象思维能力、逻辑推理能力、空间想象能力以及综合运用所学知识分析问题和解决问题的能力。

　　本书根据江苏省普通高等学校非理科专业高等数学竞赛委员会制订的高等数学竞赛大纲,并参照教育部制订的考研数学考试大纲编写而成,内容分为极限与连续、一元函数微分学、一元函数积分学、多元函数微分学、多元函数积分学、空间解析几何、级数、微分方程等八个专题,每个专题含"基本概念与内容提要"、"竞赛题与精选题解析"、"练习题"三个部分。其中,竞赛题选自江苏(1—15届)、北京(1—15届)、浙江(1—10届)、广东、陕西、上海、天津等省市大学生数学竞赛试题;全国大学生数学竞赛试题(1—9届预赛和决赛);清华大学、南京大学、上海交通大学、东南大学、西安交通大学、天津大学、北京邮电大学等高校大学生数学竞赛试题;莫斯科大学等国外高校大学生数学竞赛试题。这些试题中既含基本题,又含很多具有较高水平和较大难度的趣味题,它们构思绝妙,方法灵活,技巧性强,本书逐条解析,并对重要题目深入分析,总结解题方法与技巧。还有一些"好题"在高等数学竞赛中没有出现过,为此本书在每个专题中都补充了不少"精选题",大大丰富了本书的内涵。

　　本书自2012年起陆续推出多个版本,受到广大教师与学生的赞许,获得了很多好评。为答谢广大读者的厚爱,此次我们对本书2018版进行了较大规模地修订,增选了江苏省第15届、全国大学生第9届(预赛与决赛)、东南大学(2012—2018)数学竞赛试题,增添了一些精选题和练习题,修正了以往例题解析中的一些疏漏,重写了部分例题的解析,调整了部分例题的位置,并删去了不少简单题或相似题,进一步提高了本书的质量。

本书可供准备高等数学竞赛的老师和学生作为应试教程,也可供各类高等学校的大学生作为学习高等数学和考研的参考书,特别有益于成绩优秀的大学生提高高等数学水平。

在本书编写过程中,编者得到南京大学许绍溥、姜东平、姚天行、丁南庆、朱晓胜、周国飞、黄卫华等教授的支持与帮助,得到江苏省高等学校数学教学研究会理事长王栓宏教授、秘书长陈文彦教授,以及东南大学刘国华,南京理工大学邱志鹏,南京航空航天大学唐月红,河海大学朱永忠,中国矿业大学张兴永,扬州大学刘金林、蒋国强,苏州大学侯绳照,江苏大学卢殿臣、朱荣平,江南大学曹菊生,南通大学郭跃华,淮阴工学院吴延东、邓春华,常州大学石澄贤、王峰,淮海工学院谭飞,中国人民解放军陆军工程大学姚泽清,南京工业大学浦江学院滕加俊,宿迁学院朱家生、赵士银,南京工业大学施庆生,南京邮电大学胡国雷,南京农业大学张良云,南京信息工程大学王尧、蔡惠华,南京林业大学蒋华松,南京信息职业技术学院骈俊生,盐城工学院陈万勇,泰州学院沈荣鑫、杨俊林,徐州工程学院王冬冬等教授与老师的一贯支持,编者谨此一并表示衷心的感谢。编者还要感谢东南大学出版社吉雄飞编辑的认真负责和悉心编校,使本书质量大有提高。

书中错误难免,敬请智者不吝赐教。

陈 仲
2018 年 10 月于南京大学

目 录

专题 1 函数与极限 ·· 1
  1.1 基本概念与内容提要 ··· 1
    1.1.1 一元函数基本概念 ·· 1
    1.1.2 数列的极限 ·· 1
    1.1.3 函数的极限 ·· 1
    1.1.4 证明数列或函数极限存在的方法 ······················ 2
    1.1.5 无穷小量 ··· 2
    1.1.6 无穷大量 ··· 3
    1.1.7 求数列或函数的极限的方法 ······························ 3
    1.1.8 函数的连续性 ··· 3
  1.2 竞赛题与精选题解析 ··· 4
    1.2.1 求函数的表达式(例 1.1—1.3) ··························· 4
    1.2.2 利用极限的性质与四则运算求极限(例 1.4—1.17) ··············· 6
    1.2.3 利用夹逼准则与单调有界准则求极限(例 1.18—1.25) ········ 13
    1.2.4 利用两个重要极限求极限(例 1.26—1.29) ····················· 16
    1.2.5 利用等价无穷小因子代换求极限(例 1.30—1.31) ············ 18
    1.2.6 无穷小比较与无穷大比较(例 1.32—1.33) ······················ 18
    1.2.7 连续性与间断点(例 1.34—1.39) ······································· 19
    1.2.8 利用介值定理的证明题(例 1.40—1.44) ··························· 21
  练习题一 ·· 24

专题 2 一元函数微分学 ··· 26
  2.1 基本概念与内容提要 ··· 26
    2.1.1 导数的定义 ·· 26
    2.1.2 左、右导数的定义 ·· 26
    2.1.3 微分概念 ·· 26
    2.1.4 基本初等函数的导数公式 ································ 27
    2.1.5 求导法则 ·· 27
    2.1.6 高阶导数 ·· 27

	2.1.7	微分中值定理 ………………………………………………	28
	2.1.8	泰勒公式与马克劳林公式 …………………………………	28
	2.1.9	洛必达法则 …………………………………………………	29
	2.1.10	导数在几何上的应用 ………………………………………	30
2.2	竞赛题与精选题解析 …………………………………………………		31
	2.2.1	利用导数的定义解题(例 2.1—2.7) ………………………	31
	2.2.2	利用求导法则解题(例 2.8—2.10) ………………………	36
	2.2.3	求高阶导数(例 2.11—2.21) ……………………………	37
	2.2.4	与微分中值定理有关的证明题(例 2.22—2.40) ………	42
	2.2.5	马克劳林公式与泰勒公式的应用(例 2.41—2.60) ……	53
	2.2.6	利用洛必达法则求极限(例 2.61—2.71) ………………	67
	2.2.7	导数在几何上的应用(例 2.72—2.87) …………………	70
	2.2.8	不等式的证明(例 2.88—2.97) …………………………	78

练习题二 ………………………………………………………………………… 85

专题 3 一元函数积分学 …………………………………………………… 88

3.1	基本概念与内容提要 …………………………………………………		88
	3.1.1	不定积分基本概念 …………………………………………	88
	3.1.2	基本积分公式 ………………………………………………	88
	3.1.3	不定积分的计算 ……………………………………………	89
	3.1.4	定积分基本概念 ……………………………………………	90
	3.1.5	定积分中值定理 ……………………………………………	90
	3.1.6	变限的定积分 ………………………………………………	91
	3.1.7	定积分的计算 ………………………………………………	91
	3.1.8	奇偶函数与周期函数定积分的性质 ………………………	91
	3.1.9	定积分在几何与物理上的应用 ……………………………	92
	3.1.10	反常积分 ……………………………………………………	93
3.2	竞赛题与精选题解析 …………………………………………………		95
	3.2.1	求原函数(例 3.1—3.4) …………………………………	95
	3.2.2	求不定积分(例 3.5—3.16) ………………………………	97
	3.2.3	利用定积分的定义与性质求极限(例 3.17—3.20) ……	101
	3.2.4	应用积分中值定理解题(例 3.21—3.25) ………………	105
	3.2.5	变限的定积分的应用(例 3.26—3.41) …………………	108
	3.2.6	定积分的计算(例 3.42—3.60) …………………………	116
	3.2.7	定积分在几何与物理上的应用(例 3.61—3.74) ………	125

  3.2.8 积分不等式的证明(例 3.75—3.99) ······ 134
  3.2.9 积分等式的证明(例 3.100—3.103) ······ 152
  3.2.10 反常积分(例 3.104—3.111) ······ 156
 练习题三 ······ 162

专题 4 多元函数微分学 ······ 165
 4.1 基本概念与内容提要 ······ 165
  4.1.1 二元函数的极限与连续性 ······ 165
  4.1.2 偏导数与全微分 ······ 165
  4.1.3 多元复合函数与隐函数的偏导数 ······ 166
  4.1.4 高阶偏导数 ······ 168
  4.1.5 二元函数的极值 ······ 168
  4.1.6 条件极值 ······ 168
  4.1.7 多元函数的最值 ······ 170
 4.2 竞赛题与精选题解析 ······ 170
  4.2.1 求二元函数的极限(例 4.1—4.2) ······ 170
  4.2.2 二元函数的连续性、可偏导性与可微性(例 4.3—4.8) ······ 171
  4.2.3 求多元复合函数与隐函数的偏导数(例 4.9—4.21) ······ 174
  4.2.4 求高阶偏导数(例 4.22—4.31) ······ 179
  4.2.5 求二元函数的极值(例 4.32—4.35) ······ 185
  4.2.6 求条件极值(例 4.36—4.38) ······ 189
  4.2.7 求多元函数在有界闭域上的最值(例 4.39—4.40) ······ 191
 练习题四 ······ 193

专题 5 多元函数积分学 ······ 196
 5.1 基本概念与内容提要 ······ 196
  5.1.1 二重积分基本概念 ······ 196
  5.1.2 二重积分的计算 ······ 197
  5.1.3 交换二次积分的次序 ······ 198
  5.1.4 三重积分基本概念与计算 ······ 198
  5.1.5 重积分的应用 ······ 199
  5.1.6 曲线积分基本概念与计算 ······ 200
  5.1.7 格林公式 ······ 202
  5.1.8 曲面积分基本概念与计算 ······ 203
  5.1.9 斯托克斯公式 ······ 205

        5.1.10　高斯公式 …………………………………………………… 206
    5.2　竞赛题与精选题解析 ……………………………………………… 206
        5.2.1　二重积分与二次积分的计算(例 5.1—5.13) …………… 206
        5.2.2　交换二次积分的次序(例 5.14—5.22) ………………… 213
        5.2.3　三重积分的计算(例 5.23—5.27) ……………………… 217
        5.2.4　与重积分有关的不等式的证明(例 5.28—5.33) ……… 220
        5.2.5　曲线积分的计算(例 5.34—5.35) ……………………… 225
        5.2.6　应用格林公式解题(例 5.36—5.48) …………………… 227
        5.2.7　曲面积分的计算(例 5.49—5.51) ……………………… 236
        5.2.8　应用斯托克斯公式解题(例 5.52—5.55) ……………… 238
        5.2.9　应用高斯公式解题(例 5.56—5.63) …………………… 241
        5.2.10　多元函数积分学的应用题(例 5.64—5.71) …………… 249
    练习题五 ………………………………………………………………… 253

专题 6　空间解析几何 ……………………………………………………… 258
    6.1　基本概念与内容提要 ……………………………………………… 258
        6.1.1　向量的基本概念与向量的运算 …………………………… 258
        6.1.2　空间的平面 ………………………………………………… 259
        6.1.3　空间的直线 ………………………………………………… 259
        6.1.4　空间的曲面 ………………………………………………… 260
        6.1.5　空间的曲线 ………………………………………………… 261
    6.2　竞赛题与精选题解析 ……………………………………………… 262
        6.2.1　向量的运算(例 6.1—6.5) ……………………………… 262
        6.2.2　空间平面的方程(例 6.6—6.7) ………………………… 263
        6.2.3　空间直线的方程(例 6.8—6.11) ………………………… 264
        6.2.4　空间曲面的方程与空间曲面的切平面(例 6.12—6.22) … 266
        6.2.5　空间曲线的方程与空间曲线的切线(例 6.23—6.28) …… 271
    练习题六 ………………………………………………………………… 276

专题 7　级数 ……………………………………………………………… 278
    7.1　基本概念与内容提要 ……………………………………………… 278
        7.1.1　数项级数的主要性质 ……………………………………… 278
        7.1.2　正项级数敛散性判别法 …………………………………… 278
        7.1.3　任意项级数敛散性判别法 ………………………………… 279
        7.1.4　幂级数的收敛半径、收敛域与和函数 …………………… 279

7.1.5 初等函数关于 x 的幂级数展开式 ·················· 280
7.1.6 傅氏级数 ·················· 280
7.2 竞赛题与精选题解析 ·················· 281
7.2.1 判别正项级数的敛散性(例 7.1—7.14) ·················· 281
7.2.2 判别任意项级数的敛散性(例 7.15—7.24) ·················· 291
7.2.3 求幂级数的收敛域与和函数(例 7.25—7.37) ·················· 298
7.2.4 求数项级数的和(例 7.38—7.43) ·················· 307
7.2.5 求初等函数关于 x 的幂级数展开式(例 7.44—7.48) ······ 311
7.2.6 求函数的傅氏级数展开式(例 7.49—7.50) ·················· 314
练习题七 ·················· 316

专题 8 微分方程 ·················· 318
8.1 基本概念与内容提要 ·················· 318
8.1.1 微分方程的基本概念 ·················· 318
8.1.2 一阶微分方程 ·················· 318
8.1.3 二阶微分方程 ·················· 319
8.1.4 微分方程的应用 ·················· 321
8.2 竞赛题与精选题解析 ·················· 321
8.2.1 求解一阶微分方程(例 8.1—8.7) ·················· 321
8.2.2 求解二阶微分方程(例 8.8—8.17) ·················· 324
8.2.3 解微分方程的应用题(例 8.18—8.23) ·················· 330
练习题八 ·················· 335

练习题答案与提示 ·················· 336

专题 1　函数与极限

1.1　基本概念与内容提要

1.1.1　一元函数基本概念

1) 利用已知条件求函数的表达式.
2) 函数的奇偶性、单调性、有界性与周期性.
3) 基本初等函数(常值函数、幂函数、指数函数、对数函数、三角函数与反三角函数)和初等函数.
4) 反函数、复合函数、参数式函数、隐函数.
5) 分段函数.

1.1.2　数列的极限

1) $\lim\limits_{n\to\infty} x_n = A$ 的定义: $\forall \varepsilon > 0, \exists N \in \mathbf{N}$, 当 $n > N$ 时, 有
$$|x_n - A| < \varepsilon$$

2) 收敛数列的性质

定理 1(惟一性)　若数列 $\{x_n\}$ 收敛于 A, 则其极限 A 是惟一的.

定理 2(有界性)　若数列 $\{x_n\}$ 收敛, 则 $\{x_n\}$ 为有界数列.

定理 3(保号性)　若 $\lim\limits_{n\to\infty} x_n = A > 0 (<0)$, 则 $\exists N \in \mathbf{N}$, 当 $n > N$ 时, 有
$$x_n > 0 \quad (<0)$$

1.1.3　函数的极限

1) 六种极限过程下函数极限的定义

$$\lim_{x\to a} f(x) = A, \quad \lim_{x\to a^+} f(x) = A, \quad \lim_{x\to a^-} f(x) = A$$

$$\lim_{x\to\infty} f(x) = A, \quad \lim_{x\to+\infty} f(x) = A, \quad \lim_{x\to-\infty} f(x) = A$$

例如　$\lim\limits_{x\to a} f(x) = A$ 的定义: $\forall \varepsilon > 0, \exists \sigma > 0$, 当 $0 < |x - a| < \sigma$ 时, 有
$$|f(x) - A| < \varepsilon$$

定理 1　$\lim\limits_{x\to a} f(x) = A \Leftrightarrow f(a^-) = A, \ f(a^+) = A.$

定理 2　$\lim\limits_{x\to\infty} f(x) = A \Leftrightarrow f(-\infty) = A, \ f(+\infty) = A.$

2) 函数极限的性质

定理 3(惟一性)   在某一极限过程下,若函数 $f(x)$ 的极限存在,则其极限是惟一的.

定理 4(有界性)   若 $\lim\limits_{x \to a} f(x)$ 存在,则存在 $x = a$ 的去心邻域 $\overset{\circ}{U}_\delta(a)$,使得 $f(x)$ 在 $\overset{\circ}{U}_\delta(a)$ 上有界.

定理 5(保号性)   若 $\lim\limits_{x \to a} f(x) = A > 0 (< 0)$,则存在 $x = a$ 的去心邻域 $\overset{\circ}{U}_\delta(a)$,使得 $x \in \overset{\circ}{U}_\delta(a)$ 时 $f(x) > 0 (< 0)$.

1.1.4 证明数列或函数极限存在的方法

定理 1(夹逼准则)   设数列 $\{x_n\}, \{y_n\}, \{z_n\}$ 满足 $y_n \leqslant x_n \leqslant z_n$,且 $\lim\limits_{n \to \infty} y_n = A, \lim\limits_{n \to \infty} z_n = A$,则 $\lim\limits_{n \to \infty} x_n = A$.

定理 2(夹逼准则)   设三个函数 $f(x), g(x), h(x)$ 在 $x = a$ 的去心邻域中满足 $g(x) \leqslant f(x) \leqslant h(x)$,且 $\lim\limits_{x \to a} g(x) = A, \lim\limits_{x \to a} h(x) = A$,则 $\lim\limits_{x \to a} f(x) = A$.

注   对于其他的极限过程,类似的结论留给读者自己写出.

定理 3(单调有界准则)   若数列 $\{x_n\}$ 单调递增,并有上界(或单调递减,并有下界),则数列 $\{x_n\}$ 必收敛.

1.1.5 无穷小量

1) 若在某极限过程中 $(x \to a, x \to a^+, x \to a^-, x \to \infty, x \to +\infty, x \to -\infty$ 中任一个),某变量或函数 $\alpha(x) \to 0$,则称 $\alpha(x)$ 为该极限过程下的**无穷小量**,简称**无穷小**. 在同一极限过程中的有限个无穷小量之和仍为无穷小量;在同一极限过程中的有限个无穷小量的乘积仍为无穷小量;无穷小量与有界变量的乘积仍为无穷小量. 例如

$$\lim_{x \to 0} x \sin \frac{1}{x} = 0 \quad \left(因 x \to 0, \sin \frac{1}{x} 有界\right)$$

$$\lim_{x \to \infty} \frac{\sin x}{x} = 0 \quad \left(因 \frac{1}{x} \to 0, \sin x 有界\right)$$

定理 $\lim\limits_{x \to a} f(x) = A \Leftrightarrow f(x) = A + \alpha(x)$,这里 $x \to a$ 时 $\alpha(x)$ 为无穷小量.

2) 无穷小的比较

假设在某极限过程中(以 $x \to a$ 为例),α, β 都是无穷小量.

(1) 若 $\dfrac{\alpha}{\beta} \to 0$,则称 α 是比 β **高阶的无穷小**,记为 $\alpha = o(\beta)$.

(2) 若 $\dfrac{\alpha}{\beta} \to \infty$,则称 α 是比 β **低阶的无穷小**.

(3) 若 $\dfrac{\alpha}{\beta} \to c (c \neq 0, c \in \mathbf{R})$,则称 α 与 β 为**同阶无穷小**. 特别的,当 $c = 1$ 时,称 α 与 β 为**等价无穷小**,记为 $\alpha \sim \beta (x \to a)$.

(4) 若 $\dfrac{\alpha}{x^k} \to c(c \neq 0, k>0)$，则称 α 是 x 的 **k 阶无穷小**. 此时 $\alpha \sim cx^k$，称 cx^k 为 α 的无穷小主部.

1.1.6 无穷大量

1) 当 $n \to \infty$ 时，下列数列无穷大的阶数由低到高排序：

$$\ln n, \quad n^\alpha(\alpha>0), \quad n^\beta(\beta>\alpha>0), \quad a^n(a>1), \quad n^n$$

2) 当 $x \to +\infty$ 时，下列函数无穷大的阶数由低到高排序：

$$\ln x, \quad x^\alpha(\alpha>0), \quad x^\beta(\beta>\alpha>0), \quad a^x(a>1), \quad x^x$$

1.1.7 求数列或函数的极限的方法

1) 四则运算法则
2) 利用夹逼准则求极限
3) 先利用单调有界准则证明数列的极限存在，再求其极限
4) 利用两个重要极限求极限

$$\lim_{\square \to 0} \dfrac{\sin \square}{\square} = 1, \qquad \lim_{\square \to \infty}(1+\square)^{\frac{1}{\square}} = e$$

例如 $\lim\limits_{x \to 0}(\cos x)^{\frac{1}{\cos x - 1}} = \lim\limits_{x \to 0}(1+\cos x-1)^{\frac{1}{\cos x - 1}} = e$ （这里 $\square = \cos x - 1$）

5) 利用等价无穷小替换法则求极限

定理 当 $\square \to 0$ 时，有下列无穷小的等价性：

$$\square \sim \sin \square \sim \arcsin \square \sim \tan x \sim \arctan \square \sim \ln(1+\square) \sim e^{\square}-1$$

$$(1+\square)^\lambda - 1 \sim \lambda \square \quad (\lambda>0)$$

$$1-\cos \square \sim \dfrac{1}{2}\square^2$$

6) 利用洛必达法则求极限（关于洛必达法则见第 2.1 节）
7) 利用马克劳林展开求极限（关于马克劳林展式见第 2.1 节）
8) 利用导数的定义求极限
9) 利用定积分的定义求极限

1.1.8 函数的连续性

1) 函数 $f(x)$ 连续的定义：设 $f(x)$ 在 $x=a$ 的某邻域内有定义，若 $\lim\limits_{x \to a}f(x) = f(a)$，则称 $f(x)$ **在 $x=a$ 处连续**，记为 $f \in \mathscr{C}(a)$；若 $f(x)$ 在某区间 (a,b) 上每一点皆连续，称 $f(x)$ **在 (a,b) 上连续**，记为 $f \in \mathscr{C}(a,b)$；若 $f(x)$ 在 (a,b) 上连续，且 $f(x)$ 在 $x=a$ 处**右连续**（即 $\lim\limits_{x \to a^+}f(x) = f(a)$)，在 $x=b$ 处**左连续**（即 $\lim\limits_{x \to b^-}f(x) =$

$f(b)$),则称 $f(x)$ **在**$[a,b]$ **上连续**,记为 $f\in\mathscr{C}[a,b]$.

2) 连续函数的四则运算性质

3) 复合函数的极限与连续性

定理 1　若 $\lim\limits_{x\to a}\varphi(x)=b$,函数 $f(x)$ 在 $x=b$ 处连续,则
$$\lim_{x\to a}f(\varphi(x))=f(\lim_{x\to a}\varphi(x))=f(b)$$

定理 2　若函数 $\varphi(x)$ 在 $x=a$ 处连续,函数 $f(x)$ 在 $x=b=\varphi(a)$ 处连续,则 $f(\varphi(x))$ 在 $x=a$ 处连续,即有
$$\lim_{x\to a}f(\varphi(x))=f(\varphi(a))$$

定理 3　初等函数在其有定义的区间上连续.

4) 间断点的分类

若 $f(x)$ 在 $x=a$ 处不连续,则称 $x=a$ 为 $f(x)$ 的**间断点**. 间断点分为两类:

(1) 若 $f(a^-)$ 与 $f(a^+)$ 皆存在时,称 $x=a$ 为 $f(x)$ 的**第一类间断点**. 若 $f(a^-)=f(a^+)$,称 $x=a$ 为**可去型**;若 $f(a^-)\neq f(a^+)$,称 $x=a$ 为**跳跃型**.

(2) 若 $f(a^-)$ 与 $f(a^+)$ 中至少有一个不存在时,称 $x=a$ 为 $f(x)$ 的**第二类间断点**.

5) 闭区间上的连续函数的性质

定理 4(有界定理)　若 $f\in\mathscr{C}[a,b]$,则 $\exists K>0$,使得 $\forall x\in[a,b]$,$|f(x)|\leqslant K$.

定理 5(最值定理)　若 $f\in\mathscr{C}[a,b]$,则 $\exists x_1,x_2\in[a,b]$,使得
$$\forall x\in[a,b],\quad f(x_1)\leqslant f(x)\leqslant f(x_2)$$

定理 6(零点定理)　若 $f\in\mathscr{C}[a,b]$,$f(a)f(b)<0$,则 $\exists\xi\in(a,b)$,使得 $f(\xi)=0$(称 $x=\xi$ 为函数 $f(x)$ 的零点).

1.2　竞赛题与精选题解析

1.2.1　求函数的表达式(例 1.1—1.3)

例 1.1(江苏省 2004 年竞赛题)　已知函数 $f(x)$ 是周期为 π 的奇函数,且当 $x\in\left(0,\dfrac{\pi}{2}\right)$ 时 $f(x)=\sin x-\cos x+2$,则当 $x\in\left(\dfrac{\pi}{2},\pi\right)$ 时 $f(x)=$ ＿＿＿＿.

解析　因 $f(x)$ 为奇函数,所以当 $-\dfrac{\pi}{2}<x<0$ 时
$$\begin{aligned}f(x)&=-f(-x)=-(\sin(-x)-\cos(-x)+2)\\&=\sin x+\cos x-2\end{aligned}$$

又因为 $f(x)$ 是周期为 π 的函数,所以当 $\dfrac{\pi}{2}<x<\pi$ 时

$$f(x) = f(x-\pi) = \sin(x-\pi) + \cos(x-\pi) - 2$$
$$= -\sin x - \cos x - 2$$

例 1.2(江苏省 1991 年竞赛题) 函数 $y = \sin x |\sin x| \left(\text{其中} |x| \leqslant \dfrac{\pi}{2}\right)$ 的反函数为_____.

解析 当 $0 \leqslant x \leqslant \dfrac{\pi}{2}$ 时 $y = \sin^2 x$,即 $\sin x = \sqrt{y}\ (0 \leqslant y \leqslant 1)$,所以 $x = \arcsin\sqrt{y}\ (0 \leqslant y \leqslant 1)$;当 $-\dfrac{\pi}{2} \leqslant x \leqslant 0$ 时 $y = -\sin^2 x (-1 \leqslant y \leqslant 0)$,所以 $\sin^2 x = -y$,$\sin x = -\sqrt{-y}$,$x = \arcsin(-\sqrt{-y}) = -\arcsin(\sqrt{-y})\ (-1 \leqslant y \leqslant 0)$. 于是所求反函数为

$$y = \begin{cases} \arcsin\sqrt{x}, & 0 \leqslant x \leqslant 1; \\ -\arcsin(\sqrt{-x}), & -1 \leqslant x \leqslant 0 \end{cases}$$

注:若利用公式 $\sin^2 x = \dfrac{1-\cos 2x}{2}$,类似的分析可得所求反函数为

$$y = \begin{cases} \dfrac{1}{2}\arccos(1-2x), & 0 \leqslant x \leqslant 1; \\ -\dfrac{1}{2}\arccos(1+2x), & -1 \leqslant x \leqslant 0 \end{cases}$$

例 1.3(莫斯科经济统计学院 1975 年竞赛题) 求

$$f(x) = \lim_{n \to \infty} \sqrt[n]{1 + x^n + \left(\dfrac{x^2}{2}\right)^n}$$

的表达式,并作函数 $f(x)$ 的图象.

解析 当 $0 \leqslant |x| < 1$ 时,$f(x) = (1+0+0)^0 = 1$;
当 $x = 1$ 时,$f(1) = (2+0)^0 = 1$;
当 $x = -1$ 时,由于

$$\lim_{n \to \infty} \sqrt[2n]{1+(-1)^{2n}+\left(\dfrac{1}{2}\right)^{2n}} = (2+0)^0 = 1$$

$$\lim_{n \to \infty} \sqrt[2n+1]{1+(-1)^{2n+1}+\left(\dfrac{1}{2}\right)^{2n+1}} = \dfrac{1}{2}$$

所以 $x = -1$ 时 $f(x)$ 无定义;
当 $1 < x < 2$ 时

$$f(x) = \lim_{n \to \infty} x \cdot \sqrt[n]{\left(\dfrac{1}{x}\right)^n + 1 + \left(\dfrac{x}{2}\right)^n} = x$$

当 $x = 2$ 时

$$f(2) = \lim_{n\to\infty}\sqrt[n]{1+2\cdot 2^n} = \lim_{n\to\infty} 2\cdot\sqrt[n]{2+\frac{1}{2^n}} = 2(2+0)^0 = 2$$

当 $|x|>2$ 时

$$f(x) = \lim_{n\to\infty}\frac{x^2}{2}\cdot\sqrt[n]{\left(\frac{2}{x^2}\right)^n + \left(\frac{2}{x}\right)^n + 1} = \frac{x^2}{2}$$

当 $-2<x<-1$ 时,由于

$$\lim_{n\to\infty}\sqrt[2n]{1+x^{2n}+\left(\frac{x^2}{2}\right)^{2n}} = \lim_{n\to\infty}(-x)\cdot\sqrt[2n]{\frac{1}{x^{2n}}+1+\left(\frac{x}{2}\right)^{2n}}$$
$$= (-x)(0+1+0)^0 = -x$$

$$\lim_{n\to\infty}\sqrt[2n+1]{1+x^{2n+1}+\left(\frac{x^2}{2}\right)^{2n+1}} = \lim_{n\to\infty} x\cdot\sqrt[2n+1]{\frac{1}{x^{2n+1}}+1+\left(\frac{x}{2}\right)^{2n+1}}$$
$$= x\cdot(0+1+0)^0 = x$$

所以 $-2<x<-1$ 时 $f(x)$ 无定义;

当 $x=-2$ 时,由于

$$\lim_{n\to\infty}\sqrt[2n]{1+(-2)^{2n}+(2)^{2n}}$$
$$= \lim_{n\to\infty} 2\cdot\sqrt[2n]{\frac{1}{2^{2n}}+2} = 2\cdot(0+2)^0 = 2$$

$$\lim_{n\to\infty}\sqrt[2n+1]{1+(-2)^{2n+1}+2^{2n+1}} = 1^0 = 1$$

所以 $x=-2$ 时 $f(x)$ 无定义.

函数 $f(x)$ 的图象如右图所示.

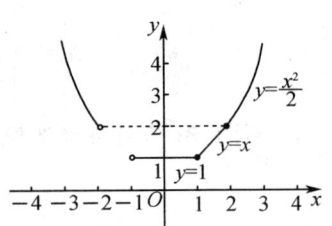

1.2.2 利用极限的性质与四则运算求极限(例 1.4—1.17)

例 1.4(江苏省 2008 年竞赛题) 当 $a=$ _____, $b=$ _____ 时,有

$$\lim_{x\to\infty}\frac{ax+2|x|}{bx-|x|}\arctan x = -\frac{\pi}{2}$$

解析 因为

$$\lim_{x\to+\infty}\frac{ax+2|x|}{bx-|x|}\arctan x = \frac{a+2}{b-1}\cdot\frac{\pi}{2} = -\frac{\pi}{2}$$

所以 $a+2 = 1-b$;又因为

$$\lim_{x\to-\infty}\frac{ax+2|x|}{bx-|x|}\arctan x = \frac{a-2}{b+1}\left(-\frac{\pi}{2}\right) = -\frac{\pi}{2}$$

所以 $a-2 = b+1$.

由上,解得 $a=1$, $b=-2$.

例 1.5(精选题)　设 $f(x)$ 是 x 的三次多项式,且

$$\lim_{x\to 2a}\frac{f(x)}{x-2a}=1, \quad \lim_{x\to 4a}\frac{f(x)}{x-4a}=1 \quad (a\neq 0)$$

求 $\lim\limits_{x\to 3a}\dfrac{f(x)}{x-3a}$.

解析　设 $f(x)=A(x-2a)(x-3a)(x-4a)$,则

$$\lim_{x\to 2a}\frac{f(x)}{x-2a}=\lim_{x\to 2a}A(x-3a)(x-4a)=2Aa^2=1$$

$$\lim_{x\to 4a}\frac{f(x)}{x-4a}=\lim_{x\to 4a}A(x-2a)(x-3a)=2Aa^2=1$$

由此可得

$$\lim_{x\to 3a}\frac{f(x)}{x-3a}=\lim_{x\to 3a}A(x-2a)(x-4a)=-Aa^2=-\frac{1}{2}$$

例 1.6(江苏省 2012 年竞赛题)　求 $\lim\limits_{n\to\infty}n^4\left(\dfrac{3}{n^3}-\sum\limits_{i=1}^{3}\dfrac{1}{(n+i)^3}\right)$.

解析　原式 $=\lim\limits_{n\to\infty}\left(n^4\left(\dfrac{1}{n^3}-\dfrac{1}{(n+1)^3}\right)+n^4\left(\dfrac{1}{n^3}-\dfrac{1}{(n+2)^3}\right)+n^4\left(\dfrac{1}{n^3}-\dfrac{1}{(n+3)^3}\right)\right)$

$$=\lim_{n\to\infty}\left(\frac{n^4(3n^2+3n+1)}{n^3(n+1)^3}+\frac{n^4(6n^2+12n+8)}{n^3(n+2)^3}+\frac{n^4(9n^2+27n+27)}{n^3(n+3)^3}\right)$$

$$=3+6+9=18$$

例 1.7(江苏省 2012 年竞赛题)　求 $\lim\limits_{n\to\infty}\dfrac{1}{n}\cdot|1-2+3-\cdots+(-1)^{n+1}n|$.

解析　令 $x_n=\dfrac{1}{n}\cdot|1-2+3-\cdots+(-1)^{n+1}n|$,则

$$x_{2n}=\frac{1}{2n}\cdot|1-2+3-\cdots+(2n-1)-2n|$$

$$=\frac{1}{2n}\cdot|(1+3+\cdots+(2n-1))-(2+4+\cdots+2n)|$$

$$=\frac{1}{2n}\cdot|n^2-(n^2+n)|=\frac{1}{2}$$

$$x_{2n+1}=\frac{1}{2n+1}\cdot|1-2+3-\cdots-2n+(2n+1)|$$

$$=\frac{1}{2n+1}\cdot|(1+3+\cdots+(2n+1))-(2+4+\cdots+2n)|$$

$$=\frac{1}{2n+1}\cdot|(n^2+2n+1)-(n^2+n)|=\frac{n+1}{2n+1}$$

由于 $\lim\limits_{n\to\infty}x_{2n}=\dfrac{1}{2}$, $\lim\limits_{n\to\infty}x_{2n+1}=\dfrac{1}{2}$,故

$$\lim_{n\to\infty}\frac{1}{n}\cdot|1-2+3-\cdots+(-1)^{n+1}n|=\lim_{n\to\infty}x_n=\frac{1}{2}$$

例1.8(莫斯科公路学院1976年竞赛题) 求

$$\lim_{n\to\infty}\left(\frac{1}{1\cdot2\cdot3}+\frac{1}{2\cdot3\cdot4}+\cdots+\frac{1}{n(n+1)(n+2)}\right)$$

解析 由于

$$\frac{1}{n(n+1)(n+2)}=\frac{1}{2n}-\frac{2}{2(n+1)}+\frac{1}{2(n+2)}$$

所以

$$\frac{1}{1\cdot2\cdot3}+\frac{1}{2\cdot3\cdot4}+\frac{1}{3\cdot4\cdot5}+\cdots+\frac{1}{(n-1)n(n+1)}+\frac{1}{n(n+1)(n+2)}$$

$$=\left(\frac{1}{2\cdot1}-\frac{2}{2\cdot2}+\frac{1}{2\cdot3}\right)+\left(\frac{1}{2\cdot2}-\frac{2}{2\cdot3}+\frac{1}{2\cdot4}\right)$$

$$+\left(\frac{1}{2\cdot3}-\frac{2}{2\cdot4}+\frac{1}{2\cdot5}\right)+\cdots$$

$$+\left(\frac{1}{2(n-1)}-\frac{2}{2\cdot n}+\frac{1}{2(n+1)}\right)+\left(\frac{1}{2n}-\frac{2}{2(n+1)}+\frac{1}{2(n+2)}\right)$$

$$=\frac{1}{2}-\frac{2}{2\cdot2}+\frac{1}{2\cdot2}+\frac{1}{2(n+1)}-\frac{2}{2(n+1)}+\frac{1}{2(n+2)}$$

$$=\frac{1}{4}-\frac{1}{2(n+1)}+\frac{1}{2(n+2)}\to\frac{1}{4}\quad(n\to\infty)$$

即原式 $=\dfrac{1}{4}$.

例1.9(浙江省2002年竞赛题) 设 $S_n=\sum\limits_{k=1}^{n}\arctan\dfrac{1}{2k^2}$,求 $\lim\limits_{n\to\infty}S_n$.

解析 应用反正切函数的和角公式,有

$$\arctan\frac{1}{2}+\arctan\frac{1}{2\cdot2^2}=\arctan\frac{\frac{1}{2}+\frac{1}{8}}{1-\frac{1}{2}\cdot\frac{1}{8}}=\arctan\frac{2}{3}$$

$$\arctan\frac{2}{3}+\arctan\frac{1}{2\cdot3^2}=\arctan\frac{\frac{2}{3}+\frac{1}{18}}{1-\frac{2}{3}\cdot\frac{1}{18}}=\arctan\frac{3}{4}$$

⋮

$$\arctan\frac{n-1}{n}+\arctan\frac{1}{2\cdot n^2}=\arctan\frac{\frac{n-1}{n}+\frac{1}{2n^2}}{1-\frac{n-1}{n}\cdot\frac{1}{2n^2}}=\arctan\frac{n(2n^2-2n+1)}{2n^3-n+1}$$

$$=\arctan\frac{n}{n+1}$$

所以 $S_n = \arctan\dfrac{n}{n+1}$,则

$$\lim_{n\to\infty}S_n=\lim_{n\to\infty}\arctan\frac{n}{n+1}=\frac{\pi}{4}$$

例 1.10(莫斯科电子技术学院 1975 年竞赛题) 求

$$\lim_{n\to\infty}\left(\frac{2^3-1}{2^3+1}\cdot\frac{3^3-1}{3^3+1}\cdot\frac{4^3-1}{4^3+1}\cdot\cdots\cdot\frac{n^3-1}{n^3+1}\right)$$

解析 原式 $=\lim\limits_{n\to\infty}\prod\limits_{k=2}^{n}\dfrac{k^3-1}{k^3+1}$

$$=\lim_{n\to\infty}\prod_{k=2}^{n}\frac{(k-1)((k+1)^2-(k+1)+1)}{(k+1)(k^2-k+1)}$$

$$=\lim_{n\to\infty}\frac{1\cdot 2\cdot\cdots\cdot(n-1)}{3\cdot 4\cdot\cdots\cdot(n+1)}\cdot\prod_{k=2}^{n}\frac{(k+1)^2-(k+1)+1}{k^2-k+1}$$

$$=\lim_{n\to\infty}\frac{2}{n(n+1)}\cdot\frac{n^2+n+1}{3}=\frac{2}{3}$$

例 1.11(江苏省 2014 年竞赛题) 设对每一个 j,$\{f_j(k)\}_{k=1}^{\infty}$ 都是无穷小数列,其中 $j=1,2,3,\cdots$. 现定义 $z_k=\lim\limits_{n\to\infty}\{f_1(k)f_2(k)\cdots f_n(k)\}$,若 $\{z_k\}$ 是一个数列,则 $\lim\limits_{k\to\infty}z_k=0$ 是否一定成立?若一定成立,给出证明;若不一定成立,举一反例.

解析 $\lim\limits_{k\to\infty}z_k=0$ 不一定成立. 反例如下:

当 $j=1$ 时,设

$$f_1(k)=\frac{1}{k},\quad k=1,2,\cdots$$

当 $j\geqslant 2$ 时,设

$$f_j(k)=\begin{cases}1, & k<j,\\ j^{j-1}, & k=j,\\ \dfrac{1}{k}, & k>j\end{cases}$$

即

$$f_1(k): 1, \frac{1}{2}, \frac{1}{3}, \frac{1}{4}, \cdots, \frac{1}{n}, \frac{1}{n+1}, \cdots$$

$$f_2(k): 1, 2, \frac{1}{3}, \frac{1}{4}, \cdots, \frac{1}{n}, \frac{1}{n+1}, \cdots$$

$$f_3(k): 1, 1, 3^2, \frac{1}{4}, \cdots, \frac{1}{n}, \frac{1}{n+1}, \cdots$$

$$\vdots$$

$$f_n(k): 1, 1, 1, 1, \cdots, n^{n-1}, \frac{1}{n+1}, \cdots$$

$$\vdots$$

则 $z_k = \lim\limits_{n\to\infty}\{f_1(k)f_2(k)\cdots f_n(k)\} = 1$,所以 $\lim\limits_{k\to\infty} z_k = 1$.

例 1.12（浙江省 2003 年竞赛题） 如图所示,从正方形四个顶点 $P_1(0,1)$, $P_2(1,1)$, $P_3(1,0)$, $P_4(0,0)$ 开始构造 $P_5, P_6, \cdots$,使得 P_5 为 P_1P_2 的中点,P_6 为 P_2P_3 的中点,P_7 为 P_3P_4 的中点.以此类推,我们便得到点 $\{P_n\}$ 收敛于正方形内部一点 P_0,试求 P_0 的坐标.

解析 设点 P_n 的坐标为 $P_n(x_n, y_n)$,则

$$2x_n = x_{n-4} + x_{n-3}$$
$$2x_{n+1} = x_{n-3} + x_{n-2}$$
$$2x_{n+2} = x_{n-2} + x_{n-1}$$
$$2x_{n+3} = x_{n-1} + x_n$$

四式相加得

$$x_n + 2(x_{n+1} + x_{n+2} + x_{n+3})$$
$$= x_{n-4} + 2(x_{n-3} + x_{n-2} + x_{n-1}) = x_{n-8} + 2(x_{n-7} + x_{n-6} + x_{n-5})$$
$$= \cdots = x_1 + 2(x_2 + x_3 + x_4) = 0 + 2(1+1+0) = 4$$

令 $n \to \infty$,得 $\lim\limits_{n\to\infty} x_n = \frac{4}{7}$. 同理可得 $\lim\limits_{n\to\infty} y_n = \frac{3}{7}$,即 P_0 的坐标为 $P_0\left(\frac{4}{7}, \frac{3}{7}\right)$.

注：若题中未说 $\{P_n\}$ 收敛于 P_0,则还需证明 $\{P_n\}$ 的收敛性.

例 1.13（江苏省 1991 年竞赛题） 已知一点先向正东移动 a m,然后左拐弯移动 aq m(其中 $0<q<1$),如此不断重复左拐弯,使得后一段移动距离为前一段的 q 倍,这样该点有一极限位置,试问该极限位置与原出发点相距多少米？

解析 设出发点为坐标原点 $O(0,0)$,移动 n 次到达点 (x_n, y_n). 根据移动规则,得 $x_1 = a, x_2 = a, x_3 = a - aq^2, x_4 = a - aq^2, x_5 = a - aq^2 + aq^4, x_6 = x_5, x_7 = a - aq^2 + aq^4 - aq^6, x_8 = x_7, \cdots$,归纳得

$$x_{2n-1} = a - aq^2 + aq^4 - \cdots + (-1)^{n-1} aq^{2(n-1)}, \quad x_{2n} = x_{2n-1}$$

于是

$$\lim_{n\to\infty} x_{2n-1} = \lim_{n\to\infty} x_{2n} = \frac{a}{1+q^2}$$

同样,根据移动规则得 $y_1 = 0, y_2 = aq, y_3 = y_2, y_4 = aq - aq^3, y_5 = y_4,$ $y_6 = aq - aq^3 + aq^5, y_7 = y_6, \cdots$,归纳得

$$y_{2n} = aq - aq^3 + \cdots + (-1)^{n-1} aq^{2n-1}, \quad y_{2n+1} = y_{2n}$$

于是

$$\lim_{n \to \infty} y_{2n} = \lim_{n \to \infty} y_{2n+1} = \frac{aq}{1+q^2}$$

综上,极限位置为 $\left(\dfrac{a}{1+q^2}, \dfrac{aq}{1+q^2}\right)$,它与原点的距离为

$$d = \sqrt{\left(\frac{a}{1+q^2}\right)^2 + \left(\frac{aq}{1+q^2}\right)^2} = \frac{a}{\sqrt{1+q^2}}$$

例 1.14(上海交通大学 1991 年竞赛题) 设 $x_1 = 1, x_2 = 2$,且

$$x_{n+2} = \sqrt{x_{n+1} \cdot x_n} \quad (n = 1, 2, \cdots)$$

求 $\lim\limits_{n \to \infty} x_n$.

解析 令 $y_n = \ln x_n$,则由 $x_{n+2} = \sqrt{x_{n+1} \cdot x_n}$ 得

$$y_{n+2} = \frac{1}{2}(y_{n+1} + y_n)$$

故

$$y_{n+2} - y_{n+1} = -\frac{1}{2}(y_{n+1} - y_n) = \left(-\frac{1}{2}\right)^2 (y_n - y_{n-1})$$

$$= \cdots = \left(-\frac{1}{2}\right)^n (y_2 - y_1) = \left(-\frac{1}{2}\right)^n \ln 2$$

移项得

$$y_{n+2} = y_{n+1} + \left(-\frac{1}{2}\right)^n \ln 2 = y_n + \left(-\frac{1}{2}\right)^{n-1} \ln 2 + \left(-\frac{1}{2}\right)^n \ln 2$$

$$= \cdots = y_1 + \left[\left(-\frac{1}{2}\right)^0 \ln 2 + \left(-\frac{1}{2}\right) \ln 2 + \cdots + \left(-\frac{1}{2}\right)^n \ln 2\right]$$

$$= \ln 2 \left[1 + \left(-\frac{1}{2}\right) + \left(-\frac{1}{2}\right)^2 + \cdots + \left(-\frac{1}{2}\right)^n\right]$$

$$= \ln 2 \cdot \frac{1 - \left(-\frac{1}{2}\right)^{n+1}}{1 + \frac{1}{2}} = \frac{2}{3}\left[1 - \left(-\frac{1}{2}\right)^{n+1}\right] \ln 2$$

故 $\lim\limits_{n \to \infty} y_{n+2} = \dfrac{2}{3} \ln 2 \lim\limits_{n \to \infty}\left[1 - \left(-\dfrac{1}{2}\right)^{n+1}\right] = \dfrac{2}{3} \ln 2$,于是

$$\lim_{n \to \infty} x_n = \lim_{n \to \infty} x_{n+2} = \lim_{n \to \infty} e^{y_{n+2}} = 2^{\frac{2}{3}}$$

例 1.15（精选题） 设数列 $\{a_n\}$ 收敛，且 $\lim\limits_{n\to\infty} a_n = A (A \in \mathbf{R})$，证明：
$$\lim_{n\to\infty} \frac{a_1 + a_2 + \cdots + a_n}{n} = A$$

解析 根据数列收敛的定义，$\forall \varepsilon > 0, \exists N \in \mathbf{N}^*$，当 $n > N$ 时，有 $|a_n - A| < \dfrac{\varepsilon}{3}$. 记 $S_n = a_1 + a_2 + \cdots + a_n$，于是

$$\frac{S_n}{n} - A = \frac{S_N}{n} + \frac{a_{N+1} + a_{N+2} + \cdots + a_n - nA}{n}$$

$$= \frac{S_N}{n} + \left[\frac{(a_{N+1} - A) + (a_{N+2} - A) + \cdots + (a_n - A)}{n - N} + \frac{NA}{n-N}\right]\left(1 - \frac{N}{n}\right)$$

$$\left|\frac{S_n}{n} - A\right| \leqslant \left|\frac{S_N}{n}\right| + \frac{|a_{N+1} - A| + |a_{N+2} - A| + \cdots + |a_n - A|}{n - N} + \left|\frac{NA}{n-N}\right|$$

$$\leqslant \left|\frac{S_N}{n}\right| + \frac{\varepsilon}{3} + \left|\frac{NA}{n-N}\right|$$

由于 $\lim\limits_{n\to\infty}\dfrac{S_N}{n} = 0, \lim\limits_{n\to\infty}\dfrac{NA}{n-N} = 0$，所以 $\exists N_1 > N$，当 $n > N_1$ 时，有 $\left|\dfrac{S_N}{n}\right| < \dfrac{\varepsilon}{3}$，$\left|\dfrac{NA}{n-N}\right| < \dfrac{\varepsilon}{3}$，于是 $\left|\dfrac{S_n}{n} - A\right| < \varepsilon$，再由极限的定义即得

$$\lim_{n\to\infty}\frac{S_n}{n} = \lim_{n\to\infty}\frac{a_1 + a_2 + \cdots + a_n}{n} = A$$

例 1.16（莫斯科技物理学院 1976 年竞赛题） 设数列 $\{a_n\}$ 与 $\{b_n\}$ 都收敛，且 $\lim\limits_{n\to\infty} a_n = A, \lim\limits_{n\to\infty} b_n = B (A, B \in \mathbf{R})$，证明：

$$\lim_{n\to\infty}\frac{a_1 b_n + a_2 b_{n-1} + \cdots + a_n b_1}{n} = AB$$

解析 由极限存在的充要条件，必存在无穷小量 $\alpha_n \to 0, \beta_n \to 0 (n \to \infty)$，使得 $a_n = A + \alpha_n, b_n = B + \beta_n$，于是

$$\frac{a_1 b_n + a_2 b_{n-1} + \cdots + a_n b_1}{n}$$

$$= \frac{1}{n}\left[(A + \alpha_1)(B + \beta_n) + (A + \alpha_2)(B + \beta_{n-1}) + \cdots + (A + \alpha_n)(B + \beta_1)\right]$$

$$= AB + B\frac{\alpha_1 + \alpha_2 + \cdots + \alpha_n}{n} + A\frac{\beta_1 + \beta_2 + \cdots + \beta_n}{n} + \frac{\alpha_1 \beta_n + \alpha_2 \beta_{n-1} + \cdots + \alpha_n \beta_1}{n}$$

由于 $\alpha_n \to 0, |\beta_n| \to 0 (n \to \infty)$，应用例 1.15 的结论，得

$$\lim_{n\to\infty}\frac{\alpha_1 + \alpha_2 + \cdots + \alpha_n}{n} = 0, \quad \lim_{n\to\infty}\frac{|\beta_1| + |\beta_2| + \cdots + |\beta_n|}{n} = 0$$

又因数列 $\{\alpha_n\}$ 有界，所以 $\exists K > 0$，使得 $|\alpha_n| < K(n = 1, 2, \cdots)$，且

$$\left|\frac{\alpha_1 \beta_n + \alpha_2 \beta_{n-1} + \cdots + \alpha_n \beta_1}{n}\right| < K\frac{|\beta_1| + |\beta_2| + \cdots + |\beta_n|}{n} \to 0 \quad (n \to \infty)$$

于是 $\lim\limits_{n\to\infty}\dfrac{\alpha_1\beta_n+\alpha_2\beta_{n-1}+\cdots+\alpha_n\beta_1}{n}=0$. 因此

$$\lim_{n\to\infty}\dfrac{a_1b_n+a_2b_{n-1}+\cdots+a_nb_1}{n}=AB+B\cdot 0+A\cdot 0+0=AB$$

注：例 1.16 的结论是例 1.15 的结论的推广，取 $b_n=1(n=1,2,\cdots)$ 即得.

例 1.17（全国大学生 2017 年预赛题） 设 $\{a_n\}$ 为一数列，p 为固定的正整数，若 $\lim\limits_{n\to\infty}(a_{n+p}-a_n)=\lambda$，其中 λ 为常数，证明：$\lim\limits_{n\to\infty}\dfrac{a_n}{n}=\dfrac{\lambda}{p}$.

解析 将数列 $\{a_n\}$ 分为 p 个子数列：

$$\{a_{np+1}\},\{a_{np+2}\},\cdots,\{a_{np+i}\},\cdots,\{a_{np+p}\}\quad(n=0,1,2,\cdots)$$

对于子数列 $\{a_{np+i}\}(1\leqslant i\leqslant p)$，令 $b_i(n)=a_{np+i}-a_{(n-1)p+i}$，由条件有 $\lim\limits_{n\to\infty}b_i(n)=\lambda$，再应用例 1.15 的结论得

$$\lim_{n\to\infty}\dfrac{b_i(1)+b_i(2)+\cdots+b_i(n)}{n}=\lim_{n\to\infty}\dfrac{a_{np+i}-a_i}{n}=\lim_{n\to\infty}\dfrac{a_{np+i}}{n}=\lambda$$

则有

$$\lim_{n\to\infty}\dfrac{a_{np+i}}{np+i}=\lim_{n\to\infty}\dfrac{a_{np+i}}{n}\cdot\dfrac{n}{np+i}=\dfrac{\lambda}{p}\quad(i=1,2,\cdots,p)$$

因数列 $\left\{\dfrac{a_n}{n}\right\}$ 的 p 个子数列 $\left\{\dfrac{a_{np+i}}{np+i}\right\}(i=1,2,\cdots,p)$ 的极限都是 $\dfrac{\lambda}{p}$，故 $\lim\limits_{n\to\infty}\dfrac{a_n}{n}=\dfrac{\lambda}{p}$.

1.2.3 利用夹逼准则与单调有界准则求极限（例 1.18—1.25）

例 1.18（江苏省 2018 年竞赛题） 求极限 $\lim\limits_{n\to\infty}\left[\dfrac{1\cdot 3\cdot\cdots\cdot(2n-3)\cdot(2n-1)}{2\cdot 4\cdot\cdots\cdot(2n-2)\cdot(2n)}\right]^2$.

解析 记 $a_n=\dfrac{1^2\cdot 3^2\cdot\cdots\cdot(2n-1)^2}{2^2\cdot 4^2\cdot\cdots\cdot(2n)^2}$，因为 $\dfrac{(2k-1)\cdot(2k+1)}{(2k)^2}<1$（其中 $k\in\mathbf{N}^*$），所以

$$0<a_n=\dfrac{1\cdot 3}{2^2}\cdot\dfrac{3\cdot 5}{4^2}\cdot\dfrac{5\cdot 7}{6^2}\cdot\cdots\cdot\dfrac{(2n-3)\cdot(2n-1)}{(2n-2)^2}\cdot\dfrac{2n-1}{(2n)^2}<\dfrac{2n-1}{(2n)^2}$$

又因为 $\lim\limits_{n\to\infty}\dfrac{2n-1}{(2n)^2}=0$，应用夹逼准则得 $\lim\limits_{n\to\infty}a_n=0$.

例 1.19（南京大学 1995 年竞赛题） 求 $\lim\limits_{x\to 0}x\left[\dfrac{1}{x}\right]$.

解析 由于 $\left[\dfrac{1}{x}\right]\leqslant\dfrac{1}{x}<\left[\dfrac{1}{x}\right]+1$，当 $x>0$ 时

$$x\left[\dfrac{1}{x}\right]\leqslant 1<x\left[\dfrac{1}{x}\right]+x$$

由左边不等式推知 $\lim\limits_{x\to 0^+} x\left[\dfrac{1}{x}\right] \leqslant 1$，由右边不等式推知 $\lim\limits_{x\to 0^+} x\left[\dfrac{1}{x}\right] \geqslant 1$，所以

$$\lim_{x\to 0^+} x\left[\dfrac{1}{x}\right] = 1$$

当 $x < 0$ 时

$$x\left[\dfrac{1}{x}\right] + x < 1 \leqslant x\left[\dfrac{1}{x}\right]$$

由左边不等式推知 $\lim\limits_{x\to 0^-} x\left[\dfrac{1}{x}\right] \leqslant 1$，由右边不等式推知 $\lim\limits_{x\to 0^-} x\left[\dfrac{1}{x}\right] \geqslant 1$，所以

$$\lim_{x\to 0^-} x\left[\dfrac{1}{x}\right] = 1$$

综上，可得 $\lim\limits_{x\to 0} x\left[\dfrac{1}{x}\right] = 1$.

例 1.20（南京工业大学 2009 年竞赛题） 求 $\lim\limits_{n\to\infty} \dfrac{1!+2!+\cdots+n!}{n!}$.

解 原式 $= 1 + \lim\limits_{n\to\infty} \dfrac{1!+2!+\cdots+(n-1)!}{n!}$，由于

$$0 < \dfrac{1!+2!+\cdots+(n-1)!}{n!} = \dfrac{1!+2!+\cdots+(n-2)!+(n-1)!}{n!}$$

$$< \dfrac{(n-2)(n-2)!+(n-1)!}{n!} < \dfrac{2(n-1)!}{n!} = \dfrac{2}{n}$$

因为 $\dfrac{2}{n} \to 0$，由夹逼准则得 $\lim\limits_{n\to\infty} \dfrac{1!+2!+\cdots+(n-1)!}{n!} = 0$，故原式 $= 1 + 0 = 1$.

例 1.21（江苏省 2008 年竞赛题） 设数列 $\{x_n\}$ 为 $x_1 = 1, x_{n+1} = \sqrt{6+x_n}$（其中 $n = 1, 2, \cdots$），求证数列 $\{x_n\}$ 收敛，并求其极限.

解析 因为 $x_2 = \sqrt{6+x_1} = \sqrt{7} > 1 = x_1$，归纳假设 $0 < x_{n-1} < x_n \Rightarrow 0 < 6+x_{n-1} < 6+x_n \Rightarrow x_n = \sqrt{6+x_{n-1}} < \sqrt{6+x_n} = x_{n+1}$，所以数列 $\{x_n\}$ 单调递增. 又 $x_1 < 3$，归纳假设 $x_n < 3 \Rightarrow x_{n+1} = \sqrt{6+x_n} < \sqrt{6+3} = 3$，所以数列 $\{x_n\}$ 有上界 3，应用单调有界准则得数列 $\{x_n\}$ 收敛.

令 $x_n \to A$，则 $x_{n+1} \to A \Rightarrow A = \sqrt{6+A} \Rightarrow A = 3$，于是 $\lim\limits_{n\to\infty} x_n = 3$.

例 1.22（江苏省 2008 年竞赛题） 设数列 $\{x_n\}$ 为 $x_1 = \sqrt{3}, x_2 = \sqrt{3-\sqrt{3}}$，$x_{n+2} = \sqrt{3-\sqrt{3+x_n}}$ $(n = 1, 2, \cdots)$，求证数列 $\{x_n\}$ 收敛，并求其极根.

解析 因为

$$|x_{n+2} - 1| = \left|\sqrt{3-\sqrt{3+x_n}} - 1\right| = \dfrac{\left|2-\sqrt{3+x_n}\right|}{\sqrt{3-\sqrt{3+x_n}}+1}$$

$$\leqslant |\sqrt{x_n+3}-2| = \frac{1}{\sqrt{x_n+3}+2}|x_n-1|$$

$$\leqslant \frac{1}{2}|x_n-1|$$

所以

$$|x_{2n}-1| \leqslant \frac{1}{2}|x_{2n-2}-1| \leqslant \cdots \leqslant \frac{1}{2^{n-1}}|x_2-1| = \frac{1}{2^{n-1}}\left|\sqrt{3-\sqrt{3}}-1\right|$$

$$|x_{2n+1}-1| \leqslant \frac{1}{2}|x_{2n-1}-1| \leqslant \cdots \leqslant \frac{1}{2^n}|x_1-1| = \frac{1}{2^n}|\sqrt{3}-1|$$

由于 $\lim\limits_{n\to\infty}\frac{1}{2^{n-1}}\left|\sqrt{3-\sqrt{3}}-1\right|=0$, $\lim\limits_{n\to\infty}\frac{1}{2^n}|\sqrt{3}-1|=0$, 应用夹逼准则得 $x_{2n}\to 1$, $x_{2n+1}\to 1$, 故 $\lim\limits_{n\to\infty}x_n=1$.

例 1.23(莫斯科动力学院 1975 年竞赛题) 设 $x_1=b, x_{n+1}=x_n^2+(1-2a)x_n+a^2\ (n\geqslant 1)$, 当 a,b 满足何条件时数列 $\{x_n\}$ 收敛? 并求 $\lim\limits_{n\to\infty}x_n$.

解析 因为 $x_{n+1}=x_n+(x_n-a)^2$, 于是 $x_{n+1}\geqslant x_n$, 即 x_n 单调递增. 若 $\{x_n\}$ 收敛, 令 $x_n\to A \Rightarrow A=a$. 由

$$x_n^2+(1-2a)x_n+a^2\leqslant a \Rightarrow a-1\leqslant x_n\leqslant a$$

则 $a-1\leqslant b\leqslant a$.

反之, 设 $a-1\leqslant b\leqslant a$, 则

$$x_{n+1}\geqslant x_n\geqslant a-1, \quad x_{n+1}=x_n+(x_n-a)^2\leqslant x_n+a-x_n=a$$

故 $\{x_n\}$ 单调递增, 有上界 a.

于是 $a-1\leqslant b\leqslant a$, 且 $\lim\limits_{n\to\infty}x_n=a$.

例 1.24(莫斯科轻工业学院 1977 年竞赛题) 求正整数 n, 使得

$$n<6(1-1.001^{-1000})<n+1$$

解析 由于数列 $\left\{\left(1+\frac{1}{n}\right)^n\right\}$ 单调递增且趋向于 e, 所以 $\left(1+\frac{1}{n}\right)^n<\mathrm{e}$. 又 $\left(1+\frac{1}{n}\right)^n\geqslant 2$. 取 $n=1000$, 得

$$2<(1.001)^{1000}<\mathrm{e}<3$$

$$\frac{1}{3}<(1.001)^{-1000}<\frac{1}{2}$$

$$\frac{1}{2}<1-1.001^{-1000}<\frac{2}{3}$$

$$3 < 6(1 - 1.001^{-1000}) < 4$$

于是所求正整数 $n = 3$.

例 1.25(莫斯科公路学院 1976 年竞赛题) 设 $a > b > 0$,定义 $a_1 = \dfrac{a+b}{2}$, $b_1 = \sqrt{ab}$, $a_2 = \dfrac{a_1 + b_1}{2}$, $b_2 = \sqrt{a_1 b_1}$, $\cdots$, $a_{n+1} = \dfrac{a_n + b_n}{2}$, $b_{n+1} = \sqrt{a_n b_n}$, $\cdots$. 求证: 数列 $\{a_n\}$ 和 $\{b_n\}$ 皆收敛,且其极限相等.

解析 由于

$$0 < b = \sqrt{b^2} < \sqrt{ab} < \frac{a+b}{2} < \frac{a+a}{2} = a$$

所以 $0 < b < b_1 < a_1 < a$. 同理可得 $0 < b_1 < b_2 < a_2 < a_1$, $0 < b_2 < b_3 < a_3 < a_2$. 归纳假设 $0 < b_{n-1} < b_n < a_n < a_{n-1}$,则

$$0 < b_n = \sqrt{b_n^2} < \sqrt{a_n b_n} < \frac{a_n + b_n}{2} < \frac{a_n + a_n}{2} = a_n$$

所以 $0 < b_n < b_{n+1} < a_{n+1} < a_n$,由此得数列 $\{a_n\}$ 单调递减,有下界 b;数列 $\{b_n\}$ 单调递增,有上界 a. 应用单调有界准则,它们皆收敛. 设

$$\lim_{n\to\infty} a_n = A, \quad \lim_{n\to\infty} b_n = B$$

在 $a_{n+1} = \dfrac{a_n + b_n}{2}$, $b_{n+1} = \sqrt{a_n b_n}$ 两边令 $n \to \infty$,得

$$2A = A + B, \quad B^2 = AB$$

由于 $A > 0$, $B > 0$,所以 $A = B$,即 $\lim\limits_{n\to\infty} a_n = \lim\limits_{n\to\infty} b_n$.

1.2.4 利用两个重要极限求极限(例 1.26—1.29)

例 1.26(莫斯科财政金融学院 1977 年竞赛题) 求

$$\lim_{n\to\infty} \left(\cos\frac{x}{2} \cos\frac{x}{4} \cdots \cos\frac{x}{2^n}\right).$$

解析 令 $x_n = \cos\dfrac{x}{2} \cos\dfrac{x}{4} \cdots \cos\dfrac{x}{2^n}$,则 $x_n \sin\dfrac{x}{2^n} = \dfrac{1}{2^n} \sin x$,所以

$$\lim_{n\to\infty} x_n = \lim_{n\to\infty} \frac{\sin x}{x} \cdot \frac{\dfrac{x}{2^n}}{\sin\dfrac{x}{2^n}} = \frac{\sin x}{x}$$

例 1.27(浙江省 2010 年竞赛题) 求极限 $\lim\limits_{n\to\infty}\left[\sqrt{n}(\sqrt{n+1} - \sqrt{n}) + \dfrac{1}{2}\right]^{\frac{\sqrt{n+1}+\sqrt{n}}{\sqrt{n+1}-\sqrt{n}}}$.

解析 因为

$$\sqrt{n}(\sqrt{n+1}-\sqrt{n})+\frac{1}{2}=\frac{\sqrt{n}}{\sqrt{n+1}+\sqrt{n}}+\frac{1}{2}=1+\frac{\sqrt{n}-\sqrt{n+1}}{2(\sqrt{n+1}+\sqrt{n})}$$

且

$$\lim_{n\to\infty}\frac{\sqrt{n}-\sqrt{n+1}}{2(\sqrt{n+1}+\sqrt{n})}=\lim_{n\to\infty}\frac{1-\sqrt{1+\frac{1}{n}}}{2(\sqrt{1+\frac{1}{n}}+1)}=\frac{0}{4}=0$$

应用关于 e 的重要极限,有

$$\text{原式}=\lim_{n\to\infty}\left[1+\frac{\sqrt{n}-\sqrt{n+1}}{2(\sqrt{n+1}+\sqrt{n})}\right]^{\frac{2(\sqrt{n+1}+\sqrt{n})}{\sqrt{n}-\sqrt{n+1}}\cdot(-\frac{1}{2})}=e^{-\frac{1}{2}}$$

例 1.28(南京大学 1996 年竞赛题) 设函数 $f(x)$ 在 $x=a$ 可导,且 $f(a)\neq 0$,则 $\displaystyle\lim_{n\to\infty}\left[\frac{f\left(a+\frac{1}{n}\right)}{f(a)}\right]^n=$ _____.

解析 记 $u(n)=\dfrac{f\left(a+\frac{1}{n}\right)-f(a)}{f(a)}$,则 $\displaystyle\lim_{n\to\infty}u(n)=0$,应用关于 e 的重要极限公式,有

$$\text{原式}=\lim_{n\to\infty}(1+u(n))^{\frac{1}{u(n)}\cdot\frac{f\left(a+\frac{1}{n}\right)-f(a)}{f(a)\cdot\frac{1}{n}}}$$

$$=\exp\left[\lim_{n\to\infty}\frac{1}{f(a)}\frac{f\left(a+\frac{1}{n}\right)-f(a)}{\frac{1}{n}}\right]=\exp\left(\frac{f'(a)}{f(a)}\right)$$

例 1.29(全国大学生 2013 年决赛题) 计算

$$\lim_{x\to 0^+}\left[\ln(x\ln a)\ln\left(\frac{\ln(ax)}{\ln(x/a)}\right)\right]\quad(a>1)$$

解析 应用关于 e 的重要极限,得

$$\text{原式}=\lim_{x\to 0^+}\left[\ln\left(1+\frac{2\ln a}{\ln x-\ln a}\right)^{\ln(x\ln a)}\right]$$

$$=\ln\left[\lim_{x\to 0^+}\left(1+\frac{2\ln a}{\ln x-\ln a}\right)^{\frac{\ln x-\ln a}{2\ln a}\cdot\frac{\ln x+\ln\ln a}{\ln x-\ln a}2\ln a}\right]$$

$$=\ln\left[\exp\left(\lim_{x\to 0^+}\frac{1+\frac{1}{\ln x}\ln\ln a}{1-\frac{1}{\ln x}\ln a}2\ln a\right)\right]=2\ln a$$

1.2.5 利用等价无穷小因子代换求极限(例1.30—1.31)

例1.30(江苏省1998年竞赛题) $\lim\limits_{x\to 0}\dfrac{\sqrt{1+x}+\sqrt{1-x}-2}{\sqrt{1+x^2}-1}=$ _____.

解析 应用极限的四则运算法则,有

$$\text{原式}=\lim_{x\to 0}\dfrac{\sqrt{1+x}+\sqrt{1-x}-2}{\sqrt{1+x^2}-1}=\lim_{x\to 0}\dfrac{(\sqrt{1+x}+\sqrt{1-x})^2-2^2}{\dfrac{1}{2}x^2(\sqrt{1+x}+\sqrt{1-x}+2)}$$

$$=\lim_{x\to 0}\dfrac{2(\sqrt{1-x^2}-1)}{2x^2}=\lim_{x\to 0}\dfrac{-\dfrac{1}{2}x^2}{x^2}=-\dfrac{1}{2}$$

例1.31(北京市1996年竞赛题) 已知 $\lim\limits_{x\to 0}\dfrac{\ln\left(1+\dfrac{f(x)}{\sin 2x}\right)}{3^x-1}=5$,求 $\lim\limits_{x\to 0}\dfrac{f(x)}{x^2}$.

解析 由于 $x\to 0$ 时,$\ln\left(1+\dfrac{f(x)}{\sin 2x}\right)\to 0$,所以 $\dfrac{f(x)}{\sin 2x}\to 0$,且

$$\ln\left(1+\dfrac{f(x)}{\sin 2x}\right)\sim\dfrac{f(x)}{\sin 2x}\sim\dfrac{f(x)}{2x},\quad 3^x-1=e^{x\ln 3}-1\sim x\ln 3$$

所以

$$\lim_{x\to 0}\dfrac{\ln\left(1+\dfrac{f(x)}{\sin 2x}\right)}{3^x-1}=\lim_{x\to 0}\dfrac{\dfrac{f(x)}{2x}}{x\ln 3}=\lim_{x\to 0}\dfrac{f(x)}{x^2}\cdot\dfrac{1}{2\ln 3}=5$$

故 $\lim\limits_{x\to 0}\dfrac{f(x)}{x^2}=10\ln 3$.

1.2.6 无穷小比较与无穷大比较(例1.32—1.33)

例1.32(西安交通大学1989年竞赛题) 当 $x\to 0$ 时,确定下列无穷小量的阶数:(1) $\tan(\sqrt{x+2}-\sqrt{2})$;(2) $\sqrt[3]{1+\sqrt[3]{x}}-1$;(3) $3^{\sqrt{x}}-1$.

解析 (1) $x\to 0$ 时,有

$$\tan(\sqrt{x+2}-\sqrt{2})=\tan\sqrt{2}\left(\sqrt{1+\dfrac{x}{2}}-1\right)\sim\sqrt{2}\left(\sqrt{1+\dfrac{x}{2}}-1\right)\sim\dfrac{\sqrt{2}}{4}x$$

故 $\tan(\sqrt{x+2}-\sqrt{2})$ 是 1 阶无穷小.

(2) $x\to 0$ 时,有 $\sqrt[3]{1+\sqrt[3]{x}}-1\sim\dfrac{1}{3}\sqrt[3]{x}$,故 $\sqrt[3]{1+\sqrt[3]{x}}-1$ 是 $\dfrac{1}{3}$ 阶无穷小.

(3) $x\to 0$ 时,有 $3^{\sqrt{x}}-1=e^{\sqrt{x}\ln 3}-1\sim\sqrt{x}\ln 3$,故 $3^{\sqrt{x}}-1$ 是 $\dfrac{1}{2}$ 阶无穷小.

例1.33(南京大学1995年竞赛题) 对充分大的一切 x,5 个函数 1000^x,e^{3x},

$\log_{10} x^{1000}$, $e^{\frac{1}{1000}x^2}$, $x^{10^{10}}$ 中最大的是_____.

解析 因为 $x \to +\infty$ 时,指数函数比幂函数为高阶无穷大,幂函数比对数函数为高价无穷大,且本题的三个指数函数中,指数 $\frac{1}{1000}x^2$ 比 $x\ln 1000, 3x$ 又是高阶无穷大,所以 5 个函数中 $e^{\frac{1}{1000}x^2}$ 是最高阶无穷大,因此最大.

1.2.7 连续性与间断点(例 1.34—1.39)

例 1.34(江苏省 1998 年竞赛题) 求 $\lim_{n\to\infty} |\sin(\pi\sqrt{n^2+n})|$.

解析 因为

$$
\begin{aligned}
|\sin(\pi\sqrt{n^2+n})| &= |\sin[n\pi + (\sqrt{n^2+n}-n)\pi]| \\
&= |\sin n\pi \cdot \cos(\sqrt{n^2+n}-n)\pi + \cos n\pi \cdot \sin(\sqrt{n^2+n}-n)\pi| \\
&= |0 + (-1)^n \sin(\sqrt{n^2+n}-n)\pi| = |\sin(\sqrt{n^2+n}-n)\pi| \\
&= \left|\sin\frac{n}{\sqrt{n^2+n}+n}\pi\right| = \sin\frac{\pi}{1+\sqrt{1+\frac{1}{n}}}
\end{aligned}
$$

所以

$$\lim_{n\to\infty}|\sin(\pi\sqrt{n^2+n})| = \lim_{n\to\infty}\sin\frac{\pi}{1+\sqrt{1+\frac{1}{n}}} = \sin\frac{\pi}{2} = 1$$

例 1.35(江苏省 2004 年竞赛题) 设函数 $f(x)$ 在区间 $(-\infty, +\infty)$ 上有定义,在 $x=0$ 处连续,且对一切实数 x_1, x_2 有 $f(x_1+x_2) = f(x_1) + f(x_2)$,求证:$f(x)$ 在 $(-\infty, +\infty)$ 上处处连续.

解析 在 $f(x_1+x_2) = f(x_1) + f(x_2)$ 中令 $x_1 = x_2 = 0$,可得 $f(0) = 0$. 因 $f(x)$ 在 $x=0$ 处连续,所以

$$\lim_{x\to 0} f(x) = f(0) = 0$$

$\forall x_0 \in (-\infty, +\infty)$,令 $x - x_0 = t$,则

$$
\begin{aligned}
\lim_{x\to x_0} f(x) &= \lim_{t\to 0} f(x_0+t) = \lim_{t\to 0}(f(x_0)+f(t)) \\
&= f(x_0) + \lim_{t\to 0} f(t) = f(x_0) + 0 = f(x_0)
\end{aligned}
$$

所以 $f(x)$ 在 x_0 处连续. 由 $x_0 \in (-\infty, +\infty)$ 的任意性,故 $f(x)$ 在 $(-\infty, +\infty)$ 上处处连续.

例 1.36(南京工业大学 2009 年竞赛题) 函数 $f(x) = \dfrac{x}{|1-x|}\ln|x|$ 的可去间断点为_____.

解析 函数 $f(x)$ 有间断点 $x=0$ 与 $x=1$. 由于

$$\lim_{x\to 0}f(x)=\lim_{x\to 0}x\ln|x|=\lim_{x\to 0}\frac{\ln|x|}{\frac{1}{x}}=\lim_{x\to 0}\frac{\frac{1}{x}}{-\frac{1}{x^2}}=\lim_{x\to 0}(-x)=0$$

所以 $x=0$ 为 $f(x)$ 的可去间断点. 由于

$$\lim_{x\to 1^+}f(x)=\lim_{x\to 1^+}\frac{\ln x}{x-1}=\lim_{x\to 1^+}\frac{\frac{1}{x}}{1}=1$$

$$\lim_{x\to 1^-}f(x)=\lim_{x\to 1^-}\frac{\ln x}{1-x}=\lim_{x\to 1^-}\frac{\frac{1}{x}}{-1}=-1$$

所以 $x=1$ 是 $f(x)$ 的跳跃型间断点.

例 1.37(精选题) 设 $f(x)=\dfrac{e^x-b}{(x-a)(x-b)}$ 有可去间断点 $x=1$,求 a 和 b 的值.

解析 因 $x=1$ 为可去间断点,所以 $a=1$ 或 $b=1$. 当 $b=1$ 时,由于

$$\lim_{x\to 1}\frac{e^x-1}{(x-a)(x-1)}=\infty$$

不合题意. 当 $a=1$ 时,要 $\lim\limits_{x\to 1}\dfrac{e^x-b}{(x-1)(x-b)}$ 存在,必须 $b=e$. 当 $b=e$ 时,有

$$\lim_{x\to 1}\frac{e^x-e}{(x-1)(x-e)}=\lim_{x\to 1}\frac{e(e^{x-1}-1)}{(x-1)(x-e)}=\frac{e}{1-e}$$

符合题意,所以 $a=1,b=e$.

例 1.38(精选题) 设 $f(x)$ 对一切实数满足 $f(x^2)=f(x)$,且在 $x=0$ 与 $x=1$ 处连续,求证:$f(x)$ 恒为常数.

解析 $\forall x_0>0\Rightarrow f(x_0)=f(\sqrt{x_0})=f(x_0^{\frac{1}{4}})=f(x_0^{\frac{1}{8}})=\cdots=f(x_0^{\frac{1}{2^n}})$,由于 $n\to\infty$ 时 $u=x_0^{\frac{1}{2^n}}\to 1$,且 $f(x)$ 在 $x=1$ 处连续,所以

$$f(x_0)=\lim_{n\to\infty}f(x_0^{\frac{1}{2^n}})=\lim_{u\to 1}f(u)=f(1)$$

$\forall x_1<0\Rightarrow f(x_1)=f(x_1^2)=f(|x_1|^2)=f(|x_1|)=f(|x_1|^{\frac{1}{2}})=\cdots=f(|x_1|^{\frac{1}{2^n}})$,于是

$$f(x_1)=\lim_{n\to\infty}f(|x_1|^{\frac{1}{2^n}})=\lim_{u\to 1}f(u)=f(1)$$

由于 $f(x)$ 在 $x=0$ 处连续,所以 $f(0)=f(1)$. 故 $\forall x\in\mathbf{R},f(x)=f(1)$.

例 1.39(北京市 1992 年竞赛题) 设函数 $f(x)$ 在 $(0,1)$ 上有定义,且函数 $e^x f(x)$ 与函数 $e^{-f(x)}$ 在 $(0,1)$ 上都是单调增加的,求证:$f(x)$ 在 $(0,1)$ 上连续.

解析 对 $\forall x_0 \in (0,1)$,证明 $f(x)$ 在 x_0 的连续性,首先考虑右连续.

当 $0 < x_0 < x < 1$ 时,由于 $e^{-f(x)}$ 单调增加,故 $e^{-f(x_0)} \leqslant e^{-f(x)}$,可知

$$f(x_0) \geqslant f(x)$$

又因为 $e^x f(x)$ 单调增加,故 $e^{x_0} f(x_0) \leqslant e^x f(x)$,得

$$e^{x_0 - x} f(x_0) \leqslant f(x) \leqslant f(x_0)$$

在上式中令 $x \to x_0^+$,由夹逼准则知 $\lim\limits_{x \to x_0^+} f(x) = f(x_0)$,即 $f(x)$ 在 x_0 右连续. 同理可得其左连续性.

由此 $f(x)$ 在 x_0 是连续的,由 x_0 在 $(0,1)$ 内的任意性知 $f(x)$ 在 $(0,1)$ 上连续.

1.2.8 利用介值定理的证明题(例 1.40—1.44)

例 1.40(浙江省 2011 年竞赛题) 证明:$[x^3] + x^2 = [x^2] + x^3$ 存在一个非整数解,其中 $[x]$ 表示不大于 x 的最大整数.

解析 令

$$f(x) = x^3 - x^2 + [x^2] - [x^3]$$

由于 $2 < (\sqrt[3]{3})^2 < (\sqrt[3]{3.9})^2 < 3, 3 = (\sqrt[3]{3})^3 < (\sqrt[3]{3.9})^3 < 4$,故当 $x \in [\sqrt[3]{3}, \sqrt[3]{3.9}]$ 时,$[x^2] = 2, [x^3] = 3$,于是

$$f(x) = x^3 - x^2 + 2 - 3 = x^3 - x^2 - 1$$

显见 $f(x)$ 在 $[\sqrt[3]{3}, \sqrt[3]{3.9}]$ 上连续. 由于

$$f(\sqrt[3]{3}) = 2 - \sqrt[3]{9} < 0, \quad f(\sqrt[3]{3.9}) = 2.9 - \sqrt[3]{15.21} > 0$$

应用零点定理,必 $\exists \xi \in (\sqrt[3]{3}, \sqrt[3]{3.9})$,使得 $f(\xi) = 0$. 由于 $[\sqrt[3]{3}, \sqrt[3]{3.9}] \subset (1,2)$,故 $\xi \in (1,2)$,即 $f(x) = 0$ 至少有一个非整数解,于是 $[x^3] + x^2 = [x^2] + x^3$ 至少存在一个非整数解.

例 1.41(北京市 1992 年竞赛题) 已知

$$f_n(x) = C_n^1 \cos x - C_n^2 \cos^2 x + \cdots + (-1)^{n-1} C_n^n \cos^n x$$

求证:(1) 对于任何自然数 n,方程 $f_n(x) = \dfrac{1}{2}$ 在区间 $\left(0, \dfrac{\pi}{2}\right)$ 中仅有一根;

(2) 设 $x_n \in \left(0, \dfrac{\pi}{2}\right)$ 满足 $f_n(x_n) = \dfrac{1}{2}$,则 $\lim\limits_{n \to \infty} x_n = \dfrac{\pi}{2}$.

解析 (1) 因 $f_n(x) = 1 - (1 - \cos x)^n \in C\left[0, \dfrac{\pi}{2}\right]$,且 $f_n(0) = 1, f_n\left(\dfrac{\pi}{2}\right) = 0$,

则由介值定理知,对于 $\frac{1}{2} \in (0,1)$,存在 $x_n \in \left(0, \frac{\pi}{2}\right)$,使得 $f_n(x_n) = \frac{1}{2}$. 又

$$f_n'(x) = -n(1-\cos x)^{n-1}\sin x < 0, \quad x \in \left(0, \frac{\pi}{2}\right)$$

因此 $f_n(x)$ 在 $\left(0, \frac{\pi}{2}\right)$ 上严格递减,故 x_n 是惟一存在的.

(2) 由 $f_n\left(\arccos \frac{1}{n}\right) = 1 - \left(1 - \frac{1}{n}\right)^n$,得

$$\lim_{n \to \infty} f_n\left(\arccos \frac{1}{n}\right) = 1 - \frac{1}{e} > \frac{1}{2}$$

故存在正整数 N,当 $n > N$ 时,有

$$f_n\left(\arccos \frac{1}{n}\right) > \frac{1}{2} = f_n(x_n)$$

由于 $f_n(x)$ 严格递减,所以 $\arccos \frac{1}{n} < x_n < \frac{\pi}{2}$. 令 $n \to \infty$,则 $\arccos \frac{1}{n} \to \frac{\pi}{2}$,应用夹逼准则可得 $\lim\limits_{n \to \infty} x_n = \frac{\pi}{2}$.

例 1.42(浙江省 2008 年竞赛题) (1) 证明 $f_n(x) = x^n + nx - 2$(n 为正整数) 在 $(0, +\infty)$ 上有惟一正根 a_n;(2) 计算 $\lim\limits_{n \to \infty}(1+a_n)^n$.

解析 (1) 由于 $f_n(0) = -2 < 0$,$f_n\left(\frac{2}{n}\right) = \left(\frac{2}{n}\right)^n > 0$,故在 $\left[0, \frac{2}{n}\right]$ 上应用零点定理,$\exists a_n \in \left(0, \frac{2}{n}\right) \subset (0, +\infty)$,使 $f_n(a_n) = 0$. 又 $f_n'(x) = nx^{n-1} + n > 0$,$x \in (0, +\infty)$,即 $f_n(x)$ 在 $(0, +\infty)$ 上单调增加,故在 $(0, +\infty)$ 上有惟一正根 a_n.

(2) 由 $n \in \mathbf{N}^*$ 得 $0 \leqslant \frac{2}{n} - \frac{2}{n^2} < 1$,$\frac{2}{n} - \frac{2}{n^2} < \frac{2}{n}$,故

$$f_n\left(\frac{2}{n} - \frac{2}{n^2}\right) = \left(\frac{2}{n} - \frac{2}{n^2}\right)^n - \frac{2}{n} < 0$$

进一步得 $a_n \in \left(\frac{2}{n} - \frac{2}{n^2}, \frac{2}{n}\right)$,因此

$$\left(1 + \frac{2}{n} - \frac{2}{n^2}\right)^n < (1+a_n)^n < \left(1 + \frac{2}{n}\right)^n$$

令 $n \to \infty$,则

$$\left(1 + \frac{2}{n}\right)^n = \left(1 + \frac{2}{n}\right)^{\frac{n}{2} \cdot 2} \to e^2$$

$$\left(1+\frac{2}{n}-\frac{2}{n^2}\right)^n = \left(1+\frac{2n-2}{n^2}\right)^{\frac{n^2}{2n-2}\cdot\frac{2n(n-1)}{n^2}} \to e^2$$

应用夹逼准则知 $\lim\limits_{n\to\infty}(1+a_n)^n = e^2$.

例 1.43(北京市 1994 年竞赛题) 设 $f_n(x) = x + x^2 + \cdots + x^n (n=2,3,\cdots)$. 证明:(1) 方程 $f_n(x) = 1$ 在 $[0,+\infty)$ 内有惟一的实根 x_n;(2) 求 $\lim\limits_{n\to\infty} x_n$.

解析 (1) 由题可知 $f_n(x)$ 在 $[0,1]$ 上连续,且 $f_n(0) = 0, f_n(1) = n > 1$. 由介值定理知,$\exists x_n \in (0,1)$,使得 $f_n(x_n) = 1$. 又 $f'_n(x) = 1 + 2x + \cdots + nx^{n-1} > 0$,$x \geqslant 0$,即 $f_n(x)$ 在 $[0,+\infty)$ 上单调增加,故 $f_n(x) = 1$ 在 $[0,+\infty)$ 内有惟一的实根 x_n.

(2) 由(1) 可知,$\forall n \geqslant 2$,有 $0 < x_n < 1$,故数列 $\{x_n\}$ 是有界的. 又 $f_n(x_n) = 1 = f_{n+1}(x_{n+1})$,即

$$x_n + x_n^2 + \cdots + x_n^n = x_{n+1} + x_{n+1}^2 + \cdots + x_{n+1}^n + x_{n+1}^{n+1}$$

移项得

$$(x_n - x_{n+1})[1 + (x_n + x_{n+1}) + \cdots + (x_n^{n-1} + x_n^{n-2}x_{n+1} + \cdots + x_{n+1}^{n-1})]$$
$$= x_{n+1}^{n+1} > 0$$

故 $x_n > x_{n+1}$,即数列 $\{x_n\}$ 单调递减. 据单调有界准则知数列 $\{x_n\}$ 收敛.

由 $0 < x_n^n < x_2^n$,且 $0 < x_2 < 1$,应用夹逼准则,得 $\lim\limits_{n\to\infty} x_n^n = 0$. 又

$$x_n + x_n^2 + \cdots + x_n^n = \frac{x_n(1 - x_n^n)}{1 - x_n} = 1$$

令 $x_n \to A(n \to \infty)$,则 $\frac{A}{1-A} = 1$. 解得 $A = \frac{1}{2}$,所以 $\lim\limits_{n\to\infty} x_n = \frac{1}{2}$.

例 1.44(全国大学生 2018 年决赛题) 设函数 $f(x)$ 在区间 $(0,1)$ 内连续,且存在两两互异的点 $x_1, x_2, x_3, x_4 \in (0,1)$,使得

$$\alpha = \frac{f(x_1) - f(x_2)}{x_1 - x_2} < \frac{f(x_3) - f(x_4)}{x_3 - x_4} = \beta$$

证明:对任意 $\lambda \in (\alpha, \beta)$,存在互异的点 $x_5, x_6 \in (0,1)$,使得 $\lambda = \frac{f(x_5) - f(x_6)}{x_5 - x_6}$.

解析 不妨设 $x_1 < x_2, x_3 < x_4$,作辅助函数

$$F(t) = \frac{f((1-t)x_1 + tx_3) - f((1-t)x_2 + tx_4)}{((1-t)x_1 + tx_3) - ((1-t)x_2 + tx_4)}$$

则显然 $F(t) \in \mathscr{C}[0,1]$,且 $F(0) = \alpha < \lambda < \beta = F(1)$. 应用连续函数的介值定理,必存在 $t_0 \in (0,1)$,使得 $F(t_0) = \lambda$,即

$$\lambda = \frac{f((1-t_0)x_1 + t_0 x_3) - f((1-t_0)x_2 + t_0 x_4)}{((1-t_0)x_1 + t_0 x_3) - ((1-t_0)x_2 + t_0 x_4)}$$

令 $x_5 = (1-t_0)x_1 + t_0 x_3, x_6 = (1-t_0)x_2 + t_0 x_4$，则有 $x_5 < x_6$，且 $x_5 \in (x_1, x_3)$，$x_6 \in (x_2, x_4)$，于是 $x_5, x_6 \in (0,1)$，使得
$$\lambda = \frac{f(x_5) - f(x_6)}{x_5 - x_6}$$

练 习 题 一

1. 已知函数 $f(x)$ 在区间 (a,b) 内连续，且 $f(a^+), f(b^-)$ 都存在，则 $f(x)$ 在区间 (a,b) 内（　　）．

  A. 有最大值   B. 有最小值   C. 有界   D. 无界

2. 设 $z = x - y + f(x+y)$，当 $x=0$ 时，$z = y^3$，求 $f(x), z(x,y)$．

3. 设函数 $f(x)$ 满足 $\sin f(x) - \frac{1}{3}\sin f\left(\frac{1}{3}x\right) = x$，求 $f(x)$．

4. 求 $\lim\limits_{n \to \infty}\left(\frac{1}{2} + \frac{3}{2^2} + \frac{5}{2^3} + \cdots + \frac{2n-1}{2^n}\right)$．

5. 求 $\lim\limits_{n \to \infty}\left(\frac{1^2}{n^3+1^2} + \frac{2^2}{n^3+2^2} + \cdots + \frac{n^2}{n^3+n^2}\right)$．

6. 设 $x_n = \sum\limits_{k=1}^{n} \frac{k}{(k+1)!}$，求 $\lim\limits_{n \to \infty} x_n$．

7. 设 $\lim\limits_{x \to \infty}(\sqrt[3]{1+x^2+x^3} - ax - b) = 0$，求 a 与 b 的值．

8. 求下列极限：

 (1) $\lim\limits_{x \to +\infty}(\cos\sqrt{x+1} - \cos\sqrt{x})$； (2) $\lim\limits_{x \to +\infty}\left(\sin\frac{1}{x} + \cos\frac{1}{x}\right)^x$；

 (3) $\lim\limits_{x \to 0}\frac{e^x - e^{\sin x}}{(x+x^2)\ln(1+x)\arcsin x}$； (4) $\lim\limits_{x \to -3}\frac{(x^2-9)\ln(4+x)}{\arctan^2(x+3)}$；

 (5) $\lim\limits_{x \to 0}\frac{x - \sin x + \ln(1+x^3)}{\tan^3 x}$； (6) $\lim\limits_{x \to 0}\frac{(1+x)^{\frac{1}{x}} - e}{x}$；

 (7) $\lim\limits_{x \to 0}(\cos\pi x)^{\frac{1}{x^2}}$； (8) $\lim\limits_{x \to -\infty} x(\sqrt{x^2+100} + x)$；

 (9) $\lim\limits_{n \to \infty}(\sqrt{1+2+\cdots+n} - \sqrt{1+2+\cdots+(n-1)})$；

 (10) $\lim\limits_{x \to \infty}\frac{\sqrt{4x^2+x-1}+x+1}{\sqrt{x^2+\sin x}}$．

9. 设 $x_1 = 1, x_n = 1 + \frac{x_{n-1}}{1+x_{n-1}}, n = 1, 2, \cdots$，试证明数列 $\{x_n\}$ 收敛，并求其极限．

10. 设 $x_1 = 1, x_{n+1} + \sqrt{1-x_n} = 0, n = 1, 2, \cdots$，试证明数列 $\{x_n\}$ 收敛，并求其极限．

11. 求 $f(x) = \lim\limits_{n \to \infty}\sqrt[n]{1 + 2^n + x^n} \quad (x > 0)$．

12. 设 $f(x) = \lim\limits_{n\to\infty} \dfrac{x^{2n-1}+ax^2+bx}{x^{2n}+1}$ 为连续函数,试确定 a 和 b 的值.

13. 讨论函数 $f(x) = \lim\limits_{n\to\infty} \arctan(1+x^n)$ 的定义域、连续性;若有间断点,指出其类型.

14. 证明:方程 $x - 2\sin x = 0$ 在 $\left(\dfrac{\pi}{2},\pi\right)$ 内恰有一个实根.

15. 证明:方程 $\ln x = ax + b$ 至多有两个实根(其中 a,b 为常数,$a > 0$).

16. 证明:方程 $e^x = \dfrac{1}{2}ex^2$ 恰有一个实根.

17. 证明:方程 $2^x = 1 + x^2$ 恰有三个实根.

18. 若函数 $f(x)$ 在闭区间 $[a,b]$ 上连续,且 $f(a) = f(b)$,求证:$\exists \xi \in (a,b)$,使得 $f(\xi) = f\left(\xi + \dfrac{b-a}{2}\right)$.

专题 2 一元函数微分学

2.1 基本概念与内容提要

2.1.1 导数的定义

$$f'(a) \xlongequal{\text{def}} \lim_{\square \to 0} \frac{f(a+\square) - f(a)}{\square} = \lim_{x \to a} \frac{f(x) - f(a)}{x - a}$$

$$f'(0) \xlongequal{\text{def}} \lim_{\square \to 0} \frac{f(\square) - f(0)}{\square} = \lim_{x \to 0} \frac{f(x) - f(0)}{x}$$

2.1.2 左、右导数的定义

$$f'_-(a) \xlongequal{\text{def}} \lim_{\square \to 0^-} \frac{f(a+\square) - f(a)}{\square} = \lim_{x \to a^-} \frac{f(x) - f(a)}{x - a}$$

$$f'_+(a) \xlongequal{\text{def}} \lim_{\square \to 0^+} \frac{f(a+\square) - f(a)}{\square} = \lim_{x \to a^+} \frac{f(x) - f(a)}{x - a}$$

左导数 $f'_-(a)$ 不同于导函数 $f'(x)$ 在 $x = a$ 的左极限 $f'(a^-)$，右导数 $f'_+(a)$ 也不同于导函数 $f'(x)$ 在 $x = a$ 的右极限 $f'(a^+)$。可以证明：当 $f(x)$ 在 $x = a$ 处连续，导函数 $f'(x)$ 在 $x = a$ 的左（右）极限 $f'(a^-)(f'(a^+))$ 存在时，则左（右）导数 $f'_-(a)(f'_+(a))$ 必存在，且 $f'_-(a) = f'(a^-)(f'_+(a) = f'(a^+))$；当 $f(x)$ 在 $x = a$ 处不连续时，上述结论不成立。

2.1.3 微分概念

1) 可微的定义：若 $f(x)$ 在 $x = a$ 处的全增量可写为

$$\Delta f(x)\Big|_{x=a} = f(a + \Delta x) - f(a) = A \Delta x + o(\Delta x) \qquad (*)$$

时，称 $f(x)$ 在 $x = a$ 处**可微**。

定理 1 当 f 在 $x = a$ 处可微时，f 在 $x = a$ 处必连续。

定理 2 函数 f 在 $x = a$ 处可微的充要条件是 f 在 $x = a$ 处可导，且 $(*)$ 式中的 $A = f'(a)$。

2) 微分的定义：当函数 f 在 $x = a$ 处可微时，f 在 $x = a$ 处的**微分**定义为

$$\mathrm{d}f(x)\Big|_{x=a} \xlongequal{\text{def}} f'(a)\mathrm{d}x$$

一般的,有
$$df(x) = f'(x)dx$$

2.1.4 基本初等函数的导数公式

$$(x^\lambda)' = \lambda x^{\lambda-1}, \quad (a^x)' = a^x \ln a, \quad (e^x)' = e^x$$

$$(\log_a |x|)' = \frac{1}{x\ln a}, \quad (\ln|x|)' = \frac{1}{x}$$

$$(\sin x)' = \cos x, \quad (\cos x)' = -\sin x, \quad (\tan x)' = \sec^2 x, \quad (\cot x)' = -\csc^2 x$$

$$(\sec x)' = \sec x \tan x, \quad (\csc x)' = -\csc x \cot x$$

$$(\arcsin x)' = \frac{1}{\sqrt{1-x^2}}, \quad (\arccos x)' = \frac{-1}{\sqrt{1-x^2}}$$

$$(\arctan x)' = \frac{1}{1+x^2}, \quad (\text{arccot}\, x)' = \frac{-1}{1+x^2}$$

熟记两个函数的导数:$(\sqrt{x})' = \dfrac{1}{2\sqrt{x}}, \left(\dfrac{1}{x}\right)' = -\dfrac{1}{x^2}.$

2.1.5 求导法则

1) 四则运算法则:设函数 u, v 可导,则
$$(u \pm v)' = u' \pm v'$$
$$(uv)' = u'v + uv', \quad (cu)' = cu' \quad (c \in \mathbf{R})$$
$$\left(\frac{u}{v}\right)' = \frac{u'v - uv'}{v^2} \quad (v \neq 0)$$

2) 复合函数链锁法则
$$(f(\varphi(x)))' = f'(\varphi(x)) \cdot \varphi'(x)$$

3) 反函数、隐函数与参数式函数求导法则
4) 取对数求导法则
$$f'(x) = f(x)(\ln|f(x)|)'$$

2.1.6 高阶导数

1) 几个高阶导数公式
$$(\sin x)^{(n)} = \sin\left(x + n \cdot \frac{\pi}{2}\right), \quad (\cos x)^{(n)} = \cos\left(x + n \cdot \frac{\pi}{2}\right)$$

$$\left(\frac{1}{x}\right)^{(n)} = (-1)^n \frac{n!}{x^{n+1}}, \quad (\ln x)^{(n+1)} = (-1)^n \frac{n!}{x^{n+1}}$$

$$(x^n)^{(k)} = \frac{n!}{(n-k)!} x^{n-k} \ (1 \leqslant k \leqslant n), \quad (x^n)^{(k)} = 0 \ (k > n)$$

2) 参数式函数的二阶导数
3) 分段函数在分段点处的二阶导数
4) 莱布尼兹公式:设函数 u,v 皆 n 阶可导,则

$$(uv)^{(n)} = u^{(n)}v + C_n^1 u^{(n-1)}v' + \cdots + C_n^{n-1} u' v^{(n-1)} + uv^{(n)}$$

2.1.7 微分中值定理

定理1(费马定理) 若函数 $f(x)$ 在 $x=a$ 的某邻域 U 上定义,$f(a)$ 为 f 在 U 上的最大或最小值,且 f 在 $x=a$ 处可导,则 $f'(a)=0$.

定理2(罗尔定理) 若函数 $f(x)$ 在 $[a,b]$ 上连续,在 (a,b) 内可导,且 $f(a)=f(b)$,则 $\exists \xi \in (a,b)$,使得 $f'(\xi)=0$.

定理3(拉格朗日中值定理) 若函数 $f(x)$ 在 $[a,b]$ 上连续,在 (a,b) 内可导,则 $\exists \xi \in (a,b)$,使得

$$f(b) - f(a) = f'(\xi)(b-a)$$

定理4(柯西中值定理) 若函数 $f(x)$ 与 $g(x)$ 皆在 $[a,b]$ 上连续,在 (a,b) 内可导,且 $g'(x) \neq 0$,则 $\exists \xi \in (a,b)$,使得

$$\frac{f(b) - f(a)}{g(b) - g(a)} = \frac{f'(\xi)}{g'(\xi)}$$

2.1.8 泰勒公式与马克劳林公式

1) 若 $f(x)$ 在 $x=a$ 的某邻域 U 上 $(n+1)$ 阶可导,则 $\forall x \in U$,有

$$f(x) = f(a) + f'(a)(x-a) + \cdots + \frac{1}{n!} f^{(n)}(a)(x-a)^n + R_n(x) \tag{1}$$

称(1)式为 $f(x)$ 在 $x=a$ 的 n 阶**泰勒公式**,$R_n(x)$ 称为**余项**,有

$$R_n(x) = \frac{1}{(n+1)!} f^{(n+1)}(\xi)(x-a)^{n+1} \tag{2}$$

或

$$R_n(x) = o(x-a)^n \tag{3}$$

其中 ξ 介于 a 与 x 之间,并称(2)式为**拉格朗日余项**,称(3)式为**皮亚诺余项**.

2) 若 $f(x)$ 在 $x=0$ 的某邻域 U 上 $(n+1)$ 阶可导,则 $\forall x \in U$,有

$$f(x) = f(0) + f'(0)x + \frac{1}{2!}f''(0)x^2 + \cdots + \frac{1}{n!}f^{(n)}(0)x^n + o(x^n) \qquad (4)$$

称(4)式为 $f(x)$ 的**马克劳林公式**.

3) 几个常用函数的马克劳林公式：

$$e^x = 1 + x + \frac{1}{2!}x^2 + \frac{1}{3!}x^3 + \cdots + \frac{1}{n!}x^n + o(x^n)$$

$$\sin x = x - \frac{1}{3!}x^3 + \frac{1}{5!}x^5 - \cdots + (-1)^n \frac{1}{(2n+1)!}x^{2n+1} + o(x^{2n+1})$$

$$\cos x = 1 - \frac{1}{2!}x^2 + \frac{1}{4!}x^4 - \cdots + (-1)^n \frac{1}{(2n)!}x^{2n} + o(x^{2n})$$

$$\frac{1}{1-x} = 1 + x + x^2 + \cdots + x^n + o(x^n)$$

$$\ln(1-x) = -x - \frac{1}{2}x^2 - \frac{1}{3}x^3 - \cdots - \frac{1}{n}x^n + o(x^n)$$

2.1.9 洛必达法则

在某极限过程中(下面以 $x \to a$ 为例)，$f(x) \to 0, g(x) \to 0$，则称 $\lim\limits_{x \to a}\frac{f(x)}{g(x)}$ 为 $\frac{0}{0}$ 型的**未定式极限**. 类似的，有 $\frac{\infty}{\infty}$ 型，$0 \cdot \infty$ 型，$\infty - \infty$ 型，以及 $1^\infty, 0^0, \infty^0$ 型的未定式的极限，洛必达法则是求上述未定式的极限的好方法.

1) $\frac{0}{0}$ 型的未定式的极限

定理 1(洛必达法则 I)　若在某极限过程中(下文以 $x \to a$ 为例)，有
(1) $f(x) \to 0, g(x) \to 0$;
(2) $f(x), g(x)$ 在 $x = a$ 的某去心邻域内可导，$g'(x) \neq 0$;
(3) $\lim\limits_{x \to a}\frac{f'(x)}{g'(x)} = A$(或 ∞),

则有

$$\lim_{x \to a}\frac{f(x)}{g(x)} = \lim_{x \to a}\frac{f'(x)}{g'(x)} = A \quad (\text{或} \infty)$$

2) $\frac{\infty}{\infty}$ 型的未定式的极限

定理 2(洛必达法则 II)　若在某极限过程中(下文以 $x \to a$ 为例)，有
(1) $f(x) \to \infty, g(x) \to \infty$;
(2) $f(x), g(x)$ 在 $x = a$ 的某去心邻域内可导，$g'(x) \neq 0$;
(3) $\lim\limits_{x \to a}\frac{f'(x)}{g'(x)} = A$(或 ∞),

则有
$$\lim_{x \to a} \frac{f(x)}{g(x)} = \lim_{x \to a} \frac{f'(x)}{g'(x)} = A \quad (\text{或} \infty)$$

3) 其他型的未定式的极限

对于 $0 \cdot \infty, \infty - \infty$ 型的未定式,总可化为 $\frac{0}{0}$ 或 $\frac{\infty}{\infty}$ 型的形式;对 $1^\infty, 0^0, \infty^0$ 型的未定式 u^v,有
$$u^v = \exp(v \ln u) = \exp\left(\frac{\ln u}{1/v}\right)$$

这里 $\frac{\ln u}{1/v}$ 是 $\frac{0}{0}$ 或 $\frac{\infty}{\infty}$ 型.

2.1.10 导数在几何上的应用

1) 单调性

可导函数 $f(x)$ 在区间 Z 上单调增加(减少)的充分条件是 $f'(x) > 0 (< 0)$.

2) 极值

可导函数 $f(x)$ 在 $x = a$ 取极值的必要条件是 $f'(a) = 0$. 反之,若 $f'(a) = 0$,且
$$f'(x)(x - a) > 0 \quad (< 0)$$

这里 x 在 $x = a$ 的去心邻域内取值,则 $f(a)$ 为 $f(x)$ 在一个极小值(极大值). 若 $f'(a) = 0, f''(a) > 0 (< 0)$,则 $f(a)$ 为 $f(x)$ 的极小值(极大值).

3) 最值

设函数 $f(x)$ 在区间 $[a, b]$ 上连续,$x_i \in (a, b)$ 是 $f(x)$ 的驻点(即 $f'(x_i) = 0$),$x_j \in (a, b)$ 是 $f(x)$ 的不可导点,则 $f(x)$ 在 $[a, b]$ 上的最大值与最小值分别为
$$\max_{x \in [a,b]} f(x) = \max\{f(x_i), f(x_j), f(a), f(b)\}$$
$$\min_{x \in [a,b]} f(x) = \min\{f(x_i), f(x_j), f(a), f(b)\}$$

4) 凹凸性、拐点

设 $f(x)$ 在区间 Z 上二阶可导,当 $f''(x) > 0$ 时,$f(x)$ 在 Z 上的曲线是凹的;当 $f''(x) < 0$ 时,$f(x)$ 在 Z 上的曲线是凸的. 二阶可导函数 $f(x)$ 有拐点 $(a, f(a))$ 的必要条件是 $f''(a) = 0$. 反之,若 $f''(a) = 0$,且
$$f''(x)(x - a) \neq 0$$

这里 x 在 $x = a$ 的去心邻域内取值,则 $(a, f(a))$ 是 $f(x)$ 的拐点.

5) 作函数的图形

首先考察函数 $f(x)$ 的定义域,是否有奇偶性、周期性,是否连续;第二步求 $f'(x)$,确定驻点与不可导点,判别 $f(x)$ 的单调性,求其极值;第三步求 $f''(x)$,确定凹凸区间,求出拐点;第四步考察 $x \to \infty$ 时 $f(x)$ 的曲线的走向,即求 $y = f(x)$ 的

渐近线;最后作 $y = f(x)$ 的简图.

6) 渐近线

(1) 铅直渐近线:若 $\lim\limits_{x \to a^+} f(x) = \infty$ 或 $\lim\limits_{x \to a^-} f(x) = \infty$,则 $x = a$ 是 $y = f(x)$ 的一条铅直渐近线.

(2) 水平渐近线:若 $\lim\limits_{x \to +\infty} f(x) = A$, $\lim\limits_{x \to -\infty} f(x) = B (A, B \in \mathbf{R})$,则 $y = A$ 与 $y = B$ 是 $y = f(x)$ 的两条水平渐近线. $y = f(x)$ 的水平渐近线最多有两条.

(3) 斜渐近线

若 $\lim\limits_{x \to +\infty} \dfrac{f(x)}{x} = a$, $\lim\limits_{x \to +\infty} (f(x) - ax) = b$,则 $y = ax + b$ 是 $y = f(x)$ 的一条斜渐近线;若 $\lim\limits_{x \to -\infty} \dfrac{f(x)}{x} = c$, $\lim\limits_{x \to -\infty} (f(x) - cx) = d$,则 $y = cx + d$ 是 $y = f(x)$ 的一条斜渐近线.

$y = f(x)$ 的斜渐近线最多有两条;$y = f(x)$ 的水平渐近线与斜渐近线的总条线最多有两条.

2.2 竞赛题与精选题解析

2.2.1 利用导数的定义解题(例 2.1—2.7)

例 2.1(北京市 1994 年竞赛题) 设函数 $f(x)$ 在 $(-\infty, +\infty)$ 内有定义,对任意 x 都有 $f(x+1) = 2f(x)$,且当 $0 \leqslant x \leqslant 1$ 时 $f(x) = x(1-x^2)$,试判断在 $x = 0$ 处函数 $f(x)$ 是否可导.

解析 当 $-1 \leqslant x < 0$ 时有 $0 \leqslant x + 1 < 1$,故

$$f(x) = \frac{1}{2} f(x+1) = \frac{1}{2}(x+1)(-2x - x^2)$$

$$f'_-(0) = \lim_{x \to 0^-} \frac{f(x) - f(0)}{x} = \lim_{x \to 0^-} \frac{-\frac{x}{2}(x+1)(2+x) - 0}{x} = -1$$

$$f'_+(0) = \lim_{x \to 0^+} \frac{f(x) - f(0)}{x} = \lim_{x \to 0^+} \frac{x(1-x^2) - 0}{x} = 1$$

由于 $f'_-(0) \neq f'_+(0)$,故 $f(x)$ 在 $x = 0$ 处不可导.

例 2.2(江苏省 2000 年竞赛题) 设 $f(x)$ 可导,$F(x) = f(x)(1 + |\sin x|)$,欲使 $F(x)$ 在 $x = 0$ 可导,则必有 ( )

A. $f'(0) = 0$ B. $f(0) = 0$
C. $f(0) + f'(0) = 0$ D. $f(0) - f'(0) = 0$

解析 由导数的定义,有

$$F'(0) = \lim_{x \to 0} \frac{F(x) - F(0)}{x} = \lim_{x \to 0} \frac{f(x) + f(x)|\sin x| - f(0)}{x}$$

$$= \lim_{x \to 0} \frac{f(x) - f(0)}{x} + \lim_{x \to 0} f(0) \frac{|\sin x|}{x}$$

$$= f'(0) + f(0) \lim_{x \to 0} \frac{|\sin x|}{x}$$

因为 $\lim\limits_{x \to 0^+} \frac{|\sin x|}{x} = 1$, $\lim\limits_{x \to 0^-} \frac{|\sin x|}{x} = -1$, 所以要使上式右端的极限存在, 必须 $f(0) = 0$. 故选 B.

例 2.3(精选题) 设 $f(x) = \lim\limits_{n \to \infty} \frac{x^2 e^{n(x-1)} + ax + b}{1 + e^{n(x-1)}}$, 求 $f(x)$, 并讨论 $f(x)$ 的连续性与可导性.

解析 根据题意, 有 $f(1) = \frac{1}{2}(1 + a + b)$, 且当 $x > 1$ 时 $f(x) = x^2$, 当 $x < 1$ 时 $f(x) = ax + b$. 则当 $x \neq 1$ 时, $f(1^-) = a + b$, $f(1^+) = 1$. 故当 $a + b = \frac{1}{2}(1 + a + b) = 1$, 即 $a + b = 1$ 时 f 在 $x = 1$ 时连续, 且 $f(1) = 1$.

又

$$f'_-(1) = \lim_{x \to 1^-} \frac{f(x) - f(1)}{x - 1} = \lim_{x \to 1^-} \frac{ax + b - 1}{x - 1} = \lim_{x \to 1^-} \frac{a}{1} = a$$

$$f'_+(1) = \lim_{x \to 1^+} \frac{f(x) - f(1)}{x - 1} = \lim_{x \to 1^+} \frac{x^2 - 1}{x - 1} = 2$$

于是仅当 $a = 2, b = -1$ 时, f 在 $x = 1$ 处可导.

例 2.4(江苏省 2018 年竞赛题) 若函数 $f(x)$ 在 $x = a$ 处可导 ($a \in \mathbf{R}$), 数列 $\{x_n\}, \{y_n\}$ 满足: $x_n \in (a - \delta, a), y_n \in (a, a + \delta)(\delta > 0)$, 且 $\lim\limits_{n \to \infty} x_n = a, \lim\limits_{n \to \infty} y_n = a$, 试求 $\lim\limits_{n \to \infty} \frac{x_n f(y_n) - y_n f(x_n)}{y_n - x_n}$.

解析 由 $f(x)$ 在 $x = a$ 处可导, 有

$$\lim_{n \to \infty} \frac{f(x_n) - f(a)}{x_n - a} = f'_-(a) = f'(a)$$

$$\lim_{n \to \infty} \frac{f(y_n) - f(a)}{y_n - a} = f'_+(a) = f'(a)$$

应用极限存在的充要条件, 必存在无穷小量 $\alpha_n \to 0, \beta_n \to 0 (n \to \infty)$, 使得

$$f(x_n) = f(a) + f'(a)(x_n - a) + \alpha_n \cdot (x_n - a)$$

$$f(y_n) = f(a) + f'(a)(y_n - a) + \beta_n \cdot (y_n - a)$$

则

$$\lim_{n\to\infty}\frac{x_n f(y_n) - y_n f(x_n)}{y_n - x_n}$$

$$= -f(a) + af'(a) + \lim_{n\to\infty}\frac{x_n\beta_n(y_n - a) + y_n\alpha_n(a - x_n)}{y_n - x_n}$$

$$= -f(a) + af'(a) + \lim_{n\to\infty}x_n\beta_n\frac{y_n - a}{y_n - x_n} + \lim_{n\to\infty}y_n\alpha_n\frac{a - x_n}{y_n - x_n}$$

$$\left(\text{因 } 0 < \frac{y_n - a}{y_n - x_n}, \frac{a - x_n}{y_n - x_n} < 1\right)$$

$$= -f(a) + af'(a) + 0 + 0 = -f(a) + af'(a)$$

例 2.5(江苏省 2006 年竞赛题) 设

$$f(x) = \begin{cases} ax^2 + b\sin x + c, & x \leqslant 0, \\ \ln(1+x), & x > 0 \end{cases}$$

试问 a, b, c 为何值时,$f(x)$ 在 $x = 0$ 处一阶导数连续,但二阶导数不存在?

解析 因为 $f(0^-) = c, f(0^+) = 0, f(0) = c$,又函数 $f(x)$ 在 $x = 0$ 处连续,所以 $c = 0$. 由

$$f'_-(0) = \lim_{x\to 0^-}\frac{f(x) - f(0)}{x} = \lim_{x\to 0^-}\frac{ax^2 + b\sin x - 0}{x} = b$$

$$f'_+(0) = \lim_{x\to 0^+}\frac{f(x) - f(0)}{x} = \lim_{x\to 0^+}\frac{\ln(1+x) - 0}{x} = 1$$

所以 $b = 1$,且

$$f'(x) = \begin{cases} 2ax + \cos x, & x < 0, \\ 1, & x = 0, \\ \dfrac{1}{1+x}, & x > 0 \end{cases}$$

因 $f'(0^-) = 1, f'(0^+) = 1, f'(0) = 1$,故 $b = 1, c = 0$ 时 $f'(x)$ 在 $x = 0$ 处连续.

又

$$f''(0) = \lim_{x\to 0}\frac{f'(x) - f'(0)}{x}$$

$$= \begin{cases} \lim_{x\to 0^-}\dfrac{2ax + \cos x - 1}{x} = 2a, \\ \lim_{x\to 0^+}\dfrac{\dfrac{1}{1+x} - 1}{x} = \lim_{x\to 0^+}\dfrac{-x}{x(1+x)} = -1 \end{cases}$$

则当 $2a \neq -1$,即 $a \neq -\dfrac{1}{2}$ 时 $f(x)$ 在 $x=0$ 处二阶不可导.

综上,$a \neq -\dfrac{1}{2}$,$b=1$,$c=0$ 为所求之值.

例 2.6(江苏省 1994 年竞赛题) 已知 $f(0)=0$,$f'(0)$ 存在,求

$$\lim_{n\to\infty}\left[f\left(\frac{1}{n^2}\right)+f\left(\frac{2}{n^2}\right)+\cdots+f\left(\frac{n}{n^2}\right)\right]$$

解析 因 $f(0)=0$,$f'(0)$ 存在,所以

$$\lim_{n\to\infty}\frac{f\left(\frac{k}{n^2}\right)-f(0)}{\frac{1}{n^2}}=\lim_{n\to\infty}k\cdot\frac{f\left(\frac{k}{n^2}\right)-f(0)}{\frac{k}{n^2}}=kf'(0)$$

这里 $k=1,2,\cdots,n$. 于是 $n\to\infty$ 时

$$f\left(\frac{k}{n^2}\right)=kf'(0)\frac{1}{n^2}+o\left(\frac{1}{n^2}\right)$$

$$\text{原式}=\lim_{n\to\infty}\left[f'(0)\left(\frac{1}{n^2}+\frac{2}{n^2}+\cdots+\frac{n}{n^2}\right)+n\cdot o\left(\frac{1}{n^2}\right)\right]$$

$$=\lim_{n\to\infty}\left[f'(0)\cdot\frac{\frac{1}{2}n(n+1)}{n^2}+o\left(\frac{1}{n}\right)\right]=\frac{1}{2}f'(0)$$

例 2.7(江苏省 2016 年竞赛题) 设命题:若函数 $f(x)$ 在 $x=0$ 处连续,且

$$\lim_{x\to 0}\frac{f(2x)-f(x)}{x}=a \quad (a\in\mathbf{R})$$

则 $f(x)$ 在 $x=0$ 处可导,且 $f'(0)=a$.

判断该命题是否成立. 若成立,给出证明;若不成立,举一反例并作出说明.

解析 方法 1 命题成立. 因为 $\lim\limits_{x\to 0}\dfrac{f(2x)-f(x)}{x}=a$,所以

$$f(2x)=f(x)+ax+o(x) \quad (x\to 0)$$

此式等价于

$$f(x)=f\left(\frac{x}{2}\right)+\frac{1}{2}ax+o\left(\frac{x}{2}\right)=f\left(\frac{x}{2}\right)+\frac{1}{2}ax+\frac{1}{2}o(x)$$

$$=f\left(\frac{x}{2}\right)+\frac{1}{2}(ax+o(x)) \quad (x\to 0)$$

由此可得

$$f(x) = \left(f\left(\frac{x}{2^2}\right) + \frac{1}{2^2}(ax + o(x))\right) + \frac{1}{2}(ax + o(x))$$
$$= f\left(\frac{x}{2^2}\right) + \left(\frac{1}{2} + \frac{1}{2^2}\right)(ax + o(x))$$
$$= \cdots = f\left(\frac{x}{2^n}\right) + \left(\frac{1}{2} + \frac{1}{2^2} + \frac{1}{2^3} + \cdots + \frac{1}{2^n}\right)(ax + o(x)) \quad (x \to 0)$$

由于 $\lim\limits_{n\to\infty}\left(\frac{1}{2} + \frac{1}{2^2} + \cdots + \frac{1}{2^n}\right) = 1$, $\lim\limits_{n\to\infty}\frac{x}{2^n} = 0$, 且 $f(x)$ 在 $x = 0$ 处连续, 则在上式中令 $n \to \infty$, 可得

$$f(x) = f(0) + ax + o(x) \quad (x \to 0)$$

应用可微的定义得 $f(x)$ 在 $x = 0$ 处可导, 且 $f'(0) = a$.

方法 2 命题成立. 因为 $\lim\limits_{x\to 0}\frac{f(2x) - f(x)}{x} = a$, 所以

$$f(2x) - f(x) = ax + x\alpha(x) \quad (x \to 0 \text{ 时 } \alpha(x) \to 0)$$

由此可得

$$f(x) - f\left(\frac{x}{2}\right) = a\frac{x}{2} + \frac{x}{2}\alpha\left(\frac{x}{2}\right) \quad \left(x \to 0 \text{ 时 } \alpha\left(\frac{x}{2}\right) \to 0\right)$$
$$\vdots$$
$$f\left(\frac{x}{2^{n-1}}\right) - f\left(\frac{x}{2^n}\right) = a\frac{x}{2^n} + \frac{x}{2^n}\alpha\left(\frac{x}{2^n}\right) \quad \left(x \to 0 \text{ 时 } \alpha\left(\frac{x}{2^n}\right) \to 0\right)$$

将上述 n 个式子相加, 得

$$f(x) - f\left(\frac{x}{2^n}\right) = \left(\frac{1}{2} + \frac{1}{2^2} + \frac{1}{2^3} + \cdots + \frac{1}{2^n}\right)ax + A(x)$$

其中 $A(x) = x\sum\limits_{k=1}^{n}\frac{1}{2^k}\alpha\left(\frac{x}{2^k}\right)$. 记 $\beta(x) = \max\left\{\left|\alpha\left(\frac{x}{2}\right)\right|, \left|\alpha\left(\frac{x}{2^2}\right)\right|, \cdots, \left|\alpha\left(\frac{x}{2^n}\right)\right|\right\}$, 则 $x \to 0$ 时 $\beta(x) \to 0$, 又因为 $0 < \frac{1}{2} + \frac{1}{2^2} + \cdots + \frac{1}{2^n} < 1$, 所以 $|A(x)| \leqslant |x|\beta(x)$, 因此 $A(x) = o(x)$, 于是有

$$f(x) - f\left(\frac{x}{2^n}\right) = \left(\frac{1}{2} + \frac{1}{2^2} + \cdots + \frac{1}{2^n}\right)ax + o(x) \quad (x \to 0)$$

又由于 $\lim\limits_{n\to\infty}\left(\frac{1}{2} + \frac{1}{2^2} + \cdots + \frac{1}{2^n}\right) = 1$, $\lim\limits_{n\to\infty}\frac{x}{2^n} = 0$, 且 $f(x)$ 在 $x = 0$ 处连续, 在上式中令 $n \to \infty$, 可得

$$f(x) - f(0) = ax + o(x) \quad (x \to 0)$$

应用微分的定义得 $f(x)$ 在 $x = 0$ 处可导, 且 $f'(0) = a$.

2.2.2 利用求导法则解题(例 2.8—2.10)

例 2.8(浙江省 2003 年竞赛题) 求 $\lim\limits_{n\to\infty}\dfrac{2^{-n}}{n(n+1)}\sum\limits_{k=1}^{n}C_n^k\cdot k^2$.

解析 应用二项式定理,有

$$(1+x)^n = 1 + C_n^1 x + C_n^2 x^2 + \cdots + C_n^n x^n = \sum_{k=0}^{n} C_n^k x^k$$

两边求导得

$$n(1+x)^{n-1} = \sum_{k=1}^{n} C_n^k \cdot k x^{k-1}$$

两边乘以 x 后再求导得

$$n(1+x)^{n-1} + n(n-1)x(1+x)^{n-2} = \sum_{k=1}^{n} C_n^k \cdot k^2 x^{k-1}$$

令 $x = 1$ 得

$$n \cdot 2^{n-1} + n(n-1) \cdot 2^{n-2} = \sum_{k=1}^{n} C_n^k \cdot k^2$$

化简得 $\sum\limits_{k=1}^{n} C_n^k \cdot k^2 = \dfrac{1}{4} 2^n \cdot n(n+1)$,于是

$$\lim_{n\to\infty} \frac{2^{-n}}{n(n+1)} \sum_{k=1}^{n} C_n^k \cdot k^2 = \frac{1}{4}$$

例 2.9(江苏省 1998 年竞赛题) 函数 $f(x) = (x^2+3x+2)|x^3-x|$ 的不可导点的个数为_____.

解析 令 $u(x) = x^2+3x+2, v(x) = |x^3-x|$,则 $u(x)$ 处处可导,而 $v(x)$ 在 $x = -1, 0, 1$ 处不可导,在其他点处处可导. $u(-1) = 0, u(0) = 2, u(1) = 6$. $v'_-(-1) = -2, v'_+(-1) = 2$;$v'_-(0) = -1, v'_+(0) = 1$;$v'_-(1) = -2, v'_+(1) = 2$. 因 $f(x) = u(x)v(x)$,又因为 $u'_\pm(x) = u'(x)$,则

$$f'_-(x) = u'(x)v(x) + u(x)v'_-(x), \quad f'_+(x) = u'(x)v(x) + u(x)v'_+(x)$$

令 $x = -1, 0, 1$ 分别代入上式得

$$f'_-(-1) = u'(-1)v(-1) + u(-1)v'_-(-1) = 0 + 0 \cdot (-2) = 0$$
$$f'_+(-1) = u'(-1)v(-1) + u(-1)v'_+(-1) = 0 + 0 \cdot 2 = 0$$
$$f'_-(0) = u'(0)v(0) + u(0)v'_-(0) = 0 + 2 \cdot (-1) = -2$$
$$f'_+(0) = u'(0)v(0) + u(0)v'_+(0) = 0 + 2 \cdot 1 = 2$$
$$f'_-(1) = u'(1)v(1) + u(1)v'_-(1) = 0 + 6 \cdot (-2) = -12$$

$$f'_+(1) = u'(1)v(1) + u(1)v'_+(1) = 0 + 6 \cdot 2 = 12$$

所以 $f(x)$ 在 $x=-1$ 处可导,$f'(-1)=0$. $f(x)$ 在 $x=0$ 和 $x=1$ 处左、右导数不相等,所以 $f(x)$ 在 $x=0$ 与 $x=1$ 处不可导,其他点处处可导. 于是 $f(x)$ 有 2 个不可导点.

例 2.10(南京大学 1996 年竞赛题) 证明:两条心脏线 $\rho = a(1+\cos\theta)$ 与 $\rho = a(1-\cos\theta)$ 在交点处的切线互相垂直.

解析 曲线 $\rho = a(1+\cos\theta)$ 化为参数方程为

$$x = a(1+\cos\theta)\cos\theta, \quad y = a(1+\cos\theta)\sin\theta$$

其斜率为

$$k_1 = \frac{\mathrm{d}y}{\mathrm{d}x} = \frac{\frac{\mathrm{d}y}{\mathrm{d}\theta}}{\frac{\mathrm{d}x}{\mathrm{d}\theta}} = \frac{\cos\theta + \cos 2\theta}{-\sin\theta - \sin 2\theta}$$

曲线 $\rho = a(1-\cos\theta)$ 化为参数方程为

$$x = a(1-\cos\theta)\cos\theta, \quad y = a(1-\cos\theta)\sin\theta$$

其斜率为

$$k_2 = \frac{\mathrm{d}y}{\mathrm{d}x} = \frac{\frac{\mathrm{d}y}{\mathrm{d}\theta}}{\frac{\mathrm{d}x}{\mathrm{d}\theta}} = \frac{\cos\theta - \cos 2\theta}{-\sin\theta + \sin 2\theta}$$

再求两曲线的交点. 由 $\begin{cases}\rho = a(1+\cos\theta)\\ \rho = a(1-\cos\theta)\end{cases}$,解得 $\cos\theta = 0$,于是交点的极坐标为 $\left(\dfrac{\pi}{2}, a\right)$ 与 $\left(\dfrac{3}{2}\pi, a\right)$.

在 $\theta = \dfrac{\pi}{2}$ 处,$k_1 = \dfrac{0-1}{-1-0} = 1$,$k_2 = \dfrac{0+1}{-1+0} = -1$,因为 $k_1 k_2 = -1$,所以两曲线在交点 $\left(\dfrac{\pi}{2}, a\right)$ 处的切线互相垂直.

在 $\theta = \dfrac{3}{2}\pi$ 处,$k_1 = \dfrac{0-1}{-1-0} = 1$,$k_2 = \dfrac{0+1}{-1+0} = -1$,因为 $k_1 k_2 = -1$,所以两曲线在交点 $\left(\dfrac{3}{2}\pi, a\right)$ 处的切线互相垂直.

2.2.3 求高阶导数(例 2.11—2.21)

例 2.11(江苏省 2016 年竞赛题) 设函数

$$f(x) = (x-1)(x-2)^2(x-3)^3(x-4)^4$$

试求 $f''(2)$.

解析 令 $g(x) = (x-1)(x-3)^3(x-4)^4$,则 $f(x) = (x-2)^2 g(x)$,应用莱

布尼茨公式可得
$$f''(x) = 2g(x) + 4(x-2)g'(x) + (x-2)^2 g''(x)$$
于是
$$f''(2) = 2g(2) = 2(-1)^3(-2)^4 = -32$$

例 2.12（南京大学 1995 年竞赛题） 设 $f'(0) = 1, f''(0) = 0$，求证：在 $x = 0$ 处，有
$$\frac{\mathrm{d}^2}{\mathrm{d}x^2} f(x^2) = \frac{\mathrm{d}^2}{\mathrm{d}x^2} f^2(x)$$

解析 因为 $f''(0) = 0$，所以 $f'(x)$ 在 $x = 0$ 处可导，因此 $f'(x)$ 在 $x = 0$ 处连续. 令 $F(x) = f(x^2)$，则
$$F'(x) = 2xf'(x^2), \quad F'(0) = 0$$

应用二阶导数的定义得
$$\frac{\mathrm{d}^2}{\mathrm{d}x^2} f(x^2) \bigg|_{x=0} = \frac{\mathrm{d}}{\mathrm{d}x} F'(x) \bigg|_{x=0} = \lim_{x \to 0} \frac{F'(x) - F'(0)}{x}$$
$$= \lim_{x \to 0} \frac{2xf'(x^2)}{x} = 2f'(0) = 2$$

又令 $G(x) = f^2(x)$，则
$$G'(x) = 2f(x)f'(x), \quad G'(0) = 2f(0)f'(0) = 2f(0)$$

应用二阶导数的定义得
$$\frac{\mathrm{d}^2}{\mathrm{d}x^2} f^2(x) \bigg|_{x=0} = \frac{\mathrm{d}}{\mathrm{d}x} G'(x) \bigg|_{x=0} = \lim_{x \to 0} \frac{G'(x) - G'(0)}{x} = \lim_{x \to 0} \frac{2f(x)f'(x) - 2f(0)}{x}$$
$$= 2 \lim_{x \to 0} \frac{f(x)f'(x) - f(x) + f(x) - f(0)}{x}$$
$$= 2 \lim_{x \to 0} \frac{f(x)(f'(x) - f'(0))}{x} + 2 \lim_{x \to 0} \frac{f(x) - f(0)}{x}$$
$$= 2f(0)f''(0) + 2f'(0) = 0 + 2 = 2$$

综上，原式得证.

例 2.13（江苏省 1994 年竞赛题） 设 $f(x) = \begin{cases} \dfrac{\sin x}{x}, & x \neq 0, \\ 1, & x = 0, \end{cases}$ 则 $f''(0) = $ _____.

解析 由导数的定义，有
$$f'(0) = \lim_{x \to 0} \frac{f(x) - f(0)}{x} = \lim_{x \to 0} \frac{\dfrac{\sin x}{x} - 1}{x}$$
$$= \lim_{x \to 0} \frac{\sin x - x}{x^2} = \lim_{x \to 0} \frac{\cos x - 1}{2x} = \lim_{x \to 0} \frac{-\dfrac{1}{2}x^2}{2x} = 0$$

当 $x \neq 0$ 时，$f'(x) = \dfrac{x\cos x - \sin x}{x^2}$，再用定义求 $f''(0)$ 得

$$f''(0) = \lim_{x \to 0} \frac{f'(x) - f'(0)}{x} = \lim_{x \to 0} \frac{x\cos x - \sin x}{x^3}$$
$$= \lim_{x \to 0} \frac{\cos x - x\sin x - \cos x}{3x^2} = \lim_{x \to 0} \frac{-x\sin x}{3x^2} = -\frac{1}{3}.$$

例 2.14（全国大学生 2009 年预赛题） 设 $y = y(x)$ 由方程 $xe^{f(y)} = e^y \ln 29$ 确定，其中 f 具有二阶导数，且 $f' \neq 1$，则 $\dfrac{d^2 y}{dx^2} =$ _____.

解析 显见 $x > 0$，原式两边取对数得

$$\ln x + f(y) = y + \ln\ln 29$$

两边对 x 求导数得

$$\frac{1}{x} + f'(y) y' = y' \qquad (*)$$

由 $(*)$ 式可得 $y' = \dfrac{1}{x(1 - f'(y))}$. $(*)$ 式两边对 x 再求导数得

$$-\frac{1}{x^2} + f''(y)(y')^2 + f'(y) y'' = y''$$

由此式解出 y''，并利用 y' 的表达式可得

$$y'' = \frac{-\dfrac{1}{x^2} + f''(y)(y')^2}{1 - f'(y)} = \frac{-\dfrac{1}{x^2} + f''(y) \dfrac{1}{x^2[1-f'(y)]^2}}{1 - f'(y)}$$
$$= \frac{f''(y) - [1 - f'(y)]^2}{x^2[1 - f'(y)]^3}.$$

例 2.15（江苏省 2000 年竞赛题） 若 $y = y(x)$ 由方程组 $\begin{cases} x + t(1-t) = 0, \\ te^y + y + 1 = 0 \end{cases}$ 确定，求 $\left. \dfrac{d^2 y}{dx^2} \right|_{t=0}$.

解析 由 $x = t^2 - t$，$x'(t) = 2t - 1$，$x''(t) = 2$，故 $x'(0) = -1$，$x''(0) = 2$. 设由 $te^y + y + 1 = 0$ 确定 $y = y(t)$，则 $y(0) = -1$. 方程两边对 t 求导得

$$e^y + te^y \cdot y'(t) + y'(t) = 0 \qquad (*)$$

令 $t = 0$ 得 $e^{-1} + 0 + y'(0) = 0$，所以 $y'(0) = -\dfrac{1}{e}$.

$(*)$ 式两边求 t 求导数得

$$2e^y y'(t) + te^y (y'(t))^2 + te^y y''(t) + y''(t) = 0$$

令 $t=0$ 得 $2\mathrm{e}^{-1}y'(0)+0+0+y''(0)=0$，所以 $y''(0)=\dfrac{2}{\mathrm{e}^2}$．

于是

$$\left.\frac{\mathrm{d}^2 y}{\mathrm{d}x^2}\right|_{t=0}=\frac{x'(0)y''(0)-y'(0)x''(0)}{(x'(0))^3}=\frac{-\dfrac{2}{\mathrm{e}^2}+\dfrac{2}{\mathrm{e}}}{-1}=\frac{2}{\mathrm{e}^2}-\frac{2}{\mathrm{e}}$$

例 2.16（江苏省 1991 年竞赛题） 设 $P(x)=\dfrac{\mathrm{d}^n}{\mathrm{d}x^n}(1-x^m)^n$，其中 m,n 为正整数，则 $P(1)=\underline{\qquad}$．

解析 因为

$$(1-x^m)^n=(1-x)^n\cdot(1+x+x^2+\cdots+x^{m-1})^n$$

令 $u(x)=(1-x)^n$，$v(x)=(1+x+\cdots+x^{m-1})^n$，应用莱布尼兹公式，因 $u(1)=u'(1)=\cdots=u^{(n-1)}(1)=0$，$u^{(n)}(1)=(-1)^n n!$，所以

$$P(1)=v^{(n)}(1)u(1)+nv^{(n-1)}(1)u'(1)+\cdots+v(1)u^{(n)}(1)$$
$$=0+0+\cdots+0+m^n(-1)^n n!=(-1)^n m^n\cdot n!$$

例 2.17（江苏省 1994 年竞赛题） 设 $f(x)=(x^2-3x+2)^n\cos\dfrac{\pi x^2}{16}$，求 $f^{(n)}(2)$．

解析 由 $f(x)=(x-2)^n(x-1)^n\cos\dfrac{\pi x^2}{16}$，令 $u(x)=(x-2)^n$，$v(x)=(x-1)^n\cos\dfrac{\pi x^2}{16}$，由于 $u(2)=u'(2)=\cdots=u^{(n-1)}(2)=0$，$u^{(n)}(2)=n!$，应用莱布尼兹公式得

$$f^{(n)}(2)=v(2)u^{(n)}(2)+nv'(2)u^{(n-1)}(2)+\cdots+v^{(n)}(2)u(2)$$
$$=v(2)u^{(n)}(2)=n!\cos\frac{4\pi}{16}=\frac{\sqrt{2}}{2}n!$$

例 2.18（广东省 1991 年竞赛题） 设 $f(x)=\dfrac{x^n}{x^2-1}(n=1,2,3,\cdots)$，求 $f^{(n)}(x)$．

解析 应用多项式除法，有

$$f(x)=\begin{cases}x^{n-2}+x^{n-4}+\cdots+x^2+1+\dfrac{1}{2}\left(\dfrac{1}{x-1}-\dfrac{1}{x+1}\right),&n\text{ 为偶数}\\x^{n-2}+x^{n-4}+\cdots+x+\dfrac{1}{2}\left(\dfrac{1}{x-1}+\dfrac{1}{x+1}\right),&n\text{ 为奇数}\end{cases}$$

由于 $(x^k)^{(n)}=0(k=0,1,2,\cdots,n-1)$，$\left(\dfrac{1}{x-1}\right)^{(n)}=(-1)^n\dfrac{n!}{(x-1)^{n+1}}$，$\left(\dfrac{1}{x+1}\right)^{(n)}=(-1)^n\dfrac{n!}{(x+1)^{n+1}}$，所以

$$f^{(n)}(x)=\frac{n!}{2}\left[\frac{(-1)^n}{(x-1)^{n+1}}-\frac{1}{(x+1)^{n+1}}\right],\quad n=1,2,3,\cdots$$

例 2.19(浙江省 2004 年竞赛题) 设 $f(x) = \arctan \dfrac{1-x}{1+x}$,求 $f^{(n)}(0)$.

解析 已知

$$f'(x) = \dfrac{1}{1+\left(\dfrac{1-x}{1+x}\right)^2} \cdot \left(\dfrac{1-x}{1+x}\right)' = -\dfrac{1}{1+x^2}$$

即 $(1+x^2)f'(x) = -1$. 等式两边对 x 求 $(n-1)$ 阶导数,应用莱布尼兹公式,得

$$(1+x^2)f^{(n)}(x) + C_{n-1}^1 \cdot 2x f^{(n-1)}(x) + C_{n-1}^2 \cdot 2 f^{(n-2)}(x) = 0$$

令 $x = 0$,得

$$f^{(n)}(0) = -(n-1)(n-2)f^{(n-2)}(0)$$

而 $f'(x) = -\dfrac{1}{1+x^2}$, $f''(x) = \dfrac{2x}{(1+x^2)^2}$,故 $f'(0) = -1$, $f''(0) = 0$. 所以当 n 为偶数时,$f^{(n)}(0) = 0$;当 n 为奇数时,$f^{(n)}(0) = (-1)^{\frac{n-1}{2}} \cdot (n-1)(n-2)\cdots 2 \cdot 1 f'(0) = (-1)^{\frac{n+1}{2}}(n-1)!$. 即

$$f^{(n)}(0) = \begin{cases} 0, & n \text{ 为偶数}; \\ (-1)^{\frac{n+1}{2}}(n-1)!, & n \text{ 为奇数} \end{cases}$$

例 2.20(精选题) 设 $y = \dfrac{1}{\sqrt{1-x^2}} \arcsin x$,求 $y^{(n)}(0)$.

解析 由

$$y' = \dfrac{1}{1-x^2} + \dfrac{x \arcsin x}{(1-x^2)\sqrt{1-x^2}}$$

$$\Rightarrow (1-x^2)y' - xy - 1 = 0 \Rightarrow (1-x^2)y'' - 3xy' - y = 0$$

$$\Rightarrow (1-x^2)y''' - 5xy'' - 4y' = 0 \Rightarrow \cdots$$

$$\Rightarrow (1-x^2)y^{(n+1)} - (2n+1)xy^{(n)} - n^2 y^{(n-1)} = 0$$

令 $x = 0$,得 $y^{(n+1)}(0) = n^2 y^{(n-1)}(0)$. 由于 $y'(0) = 1$, $y''(0) = y(0) = 0$,所以

$$y^{(2n)}(0) = 0, \quad y^{(2n+1)}(0) = 4^n (n!)^2$$

例 2.21(南京大学 1996 年竞赛题) 设 $y = x^{n-1}\ln x$,求 $y^{(n)}$.

解析 由

$$y' = (n-1)x^{n-2}\left(\ln x + \dfrac{1}{n-1}\right)$$

$$y'' = (n-1)(n-2)x^{n-3}\left(\ln x + \dfrac{1}{n-1} + \dfrac{1}{n-2}\right)$$

$$= \dfrac{(n-1)!}{(n-3)!} x^{n-3}\left(\ln x + \dfrac{1}{n-1} + \dfrac{1}{n-2}\right)$$

归纳假设
$$y^{(k)} = \frac{(n-1)!}{(n-k-1)!} x^{n-k-1} \left(\ln x + \frac{1}{n-1} + \frac{1}{n-2} + \cdots + \frac{1}{n-k} \right) \quad (*)_k$$

则
$$y^{(k+1)} = \frac{(n-1)!}{(n-k-2)!} x^{n-k-2} \left(\ln x + \frac{1}{n-1} + \frac{1}{n-2} + \cdots + \frac{1}{n-k} \right)$$
$$+ \frac{(n-1)!}{(n-k-1)!} x^{n-k-1} \cdot \frac{1}{x}$$
$$= \frac{(n-1)!}{(n-k-2)!} x^{n-k-2} \left(\ln x + \frac{1}{n-1} + \frac{1}{n-2} + \cdots + \frac{1}{n-k} + \frac{1}{n-k-1} \right)$$

所以 $(*)_{k+1}$ 成立,于是 $(*)_k$ 对 $\forall k = 1, 2, \cdots, n-1$ 成立. 当 $k = n-1$ 时
$$y^{(n-1)} = (n-1)! x^0 \left(\ln x + \frac{1}{n-1} + \frac{1}{n-2} + \cdots + \frac{1}{2} + \frac{1}{1} \right)$$

于是
$$y^{(n)} = \frac{(n-1)!}{x}$$

2.2.4 与微分中值定理有关的证明题(例 2.22—2.40)

例 2.22(东南大学 2018 年) 设 n 为正整数,求极限
$$\lim_{n \to \infty} \frac{\sqrt{1} + \sqrt{2} + \cdots + \sqrt{n}}{\sqrt{1^2 + 2^2 + \cdots + n^2}}$$

解析 对函数 $f(x) = \sqrt{x^3}$ 在区间 $[n-1, n]$ 上应用拉格朗日中值定理得
$$\frac{3}{2}\sqrt{n-1} < \sqrt{n^3} - \sqrt{(n-1)^3} = \frac{3}{2}\sqrt{\xi} < \frac{3}{2}\sqrt{n} \quad (\xi \in (n-1, n))$$

在此式中分别取 n 为 $2, 3, \cdots, n$,并将各式相加得
$$\frac{3}{2}(\sqrt{1} + \sqrt{2} + \cdots + \sqrt{n-1}) < n\sqrt{n} - 1 < \frac{3}{2}(\sqrt{2} + \sqrt{3} + \cdots + \sqrt{n})$$

于是有
$$\lim_{n \to \infty} \frac{\sqrt{1} + \sqrt{2} + \cdots + \sqrt{n}}{\sqrt{1^2 + 2^2 + \cdots + n^2}} = \lim_{n \to \infty} \left\{ \frac{\sqrt{1} + \sqrt{2} + \cdots + \sqrt{n-1}}{\sqrt{1^2 + 2^2 + \cdots + n^2}} + \frac{\sqrt{n}}{\sqrt{1^2 + 2^2 + \cdots + n^2}} \right\}$$
$$\leq \frac{2}{3} \lim_{n \to \infty} \frac{n\sqrt{n} - 1}{\sqrt{\frac{n(n+1)(2n+1)}{6}}} + 0$$
$$= \frac{2}{3}\sqrt{6} \lim_{n \to \infty} \frac{n\sqrt{n} - 1}{\sqrt{2} n\sqrt{n}} = \frac{2}{3}\sqrt{3}$$

$$\lim_{n\to\infty}\frac{\sqrt{1}+\sqrt{2}+\cdots+\sqrt{n}}{\sqrt{1^2+2^2+\cdots+n^2}} = \lim_{n\to\infty}\left(\frac{\sqrt{1}}{\sqrt{1^2+2^2+\cdots+n^2}} + \frac{\sqrt{2}+\sqrt{3}+\cdots+\sqrt{n}}{\sqrt{1^2+2^2+\cdots+n^2}}\right)$$

$$\geqslant 0 + \frac{2}{3}\lim_{n\to\infty}\frac{n\sqrt{n}-1}{\sqrt{\frac{n(n+1)(2n+1)}{6}}}$$

$$= \frac{2}{3}\sqrt{6}\lim_{n\to\infty}\frac{n\sqrt{n}-1}{\sqrt{2}n\sqrt{n}} = \frac{2}{3}\sqrt{3}$$

应用夹逼准则,即得 $\lim\limits_{n\to\infty}\dfrac{\sqrt{1}+\sqrt{2}+\cdots+\sqrt{n}}{\sqrt{1^2+2^2+\cdots+n^2}} = \dfrac{2}{3}\sqrt{3}$.

注:本题还可应用等价无穷小替换与定积分的定义来求解,读者不妨一试.

例 2.23(莫斯科大学 1975 年竞赛题) 设 $f(x)$ 在 $[0,+\infty)$ 上连续可导,$f(0)=1$,且对一切 $x\geqslant 0$ 有 $|f(x)|\leqslant e^{-x}$,求证:$\exists \xi \in (0,+\infty)$,使得 $f'(\xi)=-e^{-\xi}$.

解析 令 $F(x)=f(x)-e^{-x}$,则 $F(x)$ 在 $(0,+\infty)$ 上连续可导,且 $F(0)=f(0)-1=0$. 由于 $|f(x)|\leqslant e^{-x}$,所以

$$\lim_{x\to+\infty}|f(x)| \leqslant \lim_{x\to+\infty}e^{-x}=0 \iff \lim_{x\to+\infty}f(x)=0$$

于是

$$\lim_{x\to+\infty}F(x) = \lim_{x\to+\infty}f(x) - \lim_{x\to+\infty}e^{-x} = 0$$

若 $f(x)=e^{-x}$,则 $\forall x\in[0,+\infty)$,$F(x)=0$,于是 $\forall \xi\in(0,+\infty)$,有 $f'(\xi)=-e^{-\xi}$. 若 $f(x)\neq e^{-x}$,由于 $|f(x)|\leqslant e^{-x}$,所以 $\exists c\in(0,+\infty)$,使得 $f(c)<e^{-c}$,则 $F(c)<0$. 于是 $F(x)$ 在 $(0,+\infty)$ 内取得最小值. 若 $F(\xi)$ 是其最小值,则 $F'(\xi)=0$. 即 $\exists \xi\in(0,+\infty)$,使得 $F'(\xi)=0$,即 $f'(\xi)=-e^{-\xi}$.

例 2.24(莫斯科石油与天然气工业学院 1976 年竞赛题) 设实系数一元 n 次方程

$$P(x) = a_0 x^n + a_1 x^{n-1} + \cdots + a_{n-1} x + a_n = 0 \quad (a_0\neq 0, n\geqslant 2)$$

的根全为实数,证明:方程 $P'(x)=0$ 的根也全为实数.

解析 设方程 $P(x)=0$ 的 n 个实根为

$$c_1, c_2, \cdots, c_r, d_1, d_2, \cdots, d_l$$

其中 $c_1, c_2, \cdots, c_r$ 为单根;$d_1, d_2, \cdots, d_l$ 为重根,其重数依次为 $k_1, k_2, \cdots, k_l (k_j\geqslant 2, j=1,2,\cdots,l)$,则

$$r + k_1 + k_2 + \cdots + k_l = n$$

对于重根 $d_j(j=1,2,\cdots,l)$,多项式 $P(x)$ 可写为

$$P(x) = (x-d_j)^{k_j} Q(x), \quad Q(d_j)\neq 0$$

则
$$P'(x) = k_j(x-d_j)^{k_j-1}Q(x) + (x-d_j)^{k_j}Q'(x)$$
$$= (x-d_j)^{k_j-1}[k_jQ(x) + (x-d_j)Q'(x)]$$

由于 $k_jQ(x) + (x-d_j)Q'(x)\Big|_{x=d_j} = k_jQ(d_j) \neq 0$，所以 $x=d_j$ 是方程 $P'(x) = 0$ 的 (k_j-1) 重实根. 由此可得方程 $P'(x) = 0$ 有实根 $d_1, d_2, \cdots, d_l$，它们的重数依次为 $k_1-1, k_2-1, \cdots, k_l-1$，这些实根的总个数为
$$(k_1-1) + (k_2-1) + \cdots + (k_l-1) = n - r - l$$

另一方面，在 $P(x) = 0$ 的每两个相邻实根之间应用罗尔定理，可得方程 $P'(x) = 0$ 至少有一个实根. 由此可得 $P'(x) = 0$ 至少有 $(r+l-1)$ 个实根.

由上述两种情况获得的方程 $P'(x) = 0$ 的实限，至少有 $(n-r-l) + (r+l-1) = (n-1)$ 个. 而 $P'(x) = 0$ 为实系数一元 $(n-1)$ 次方程，它至多有 $(n-1)$ 个实根. 因此方程 $P'(x) = 0$ 恰有 $(n-1)$ 个实根，即 $P'(x) = 0$ 的根全为实数.

例 2.25（江苏省 2000 年竞赛题） 设 $f(x), g(x)$ 在 $[a,b]$ 上可微，且 $g'(x) \neq 0$，证明：存在一点 $c(a < c < b)$，使得 $\dfrac{f(a)-f(c)}{g(c)-g(b)} = \dfrac{f'(c)}{g'(c)}$.

解析 取辅助函数
$$F(x) = f(a)g(x) + g(b)f(x) - f(x)g(x)$$
则 $F(x)$ 在 $[a,b]$ 上可微，且 $F(a) = F(b) = f(a)g(b)$，应用罗尔定理，$\exists c \in (a,b)$，使得 $F'(c) = 0$. 由于
$$F'(x) = f(a)g'(x) + g(b)f'(x) - [f'(x)g(x) + f(x)g'(x)]$$
则
$$F'(c) = f(a)g'(c) + g(b)f'(c) - [f'(c)g(c) + f(c)g'(c)] = 0$$
化简得
$$g'(c)(f(a) - f(c)) = f'(c)(g(c) - g(b))$$

由于 $g'(c) \neq 0$，且 $g(c) - g(b) \neq 0$（否则 $\exists \xi \in (c,b)$，使得 $g'(\xi) = 0$，此与 $g'(x) \neq 0$ 矛盾），所以上式等价于
$$\frac{f(a)-f(c)}{g(c)-g(b)} = \frac{f'(c)}{g'(c)}$$

例 2.26（全国大学生 2013 年决赛题） 设函数 $f(x)$ 在区间 $[-2,2]$ 上二阶可导，且 $|f(x)| \leqslant 1$，又 $[f(0)]^2 + [f'(0)]^2 = 4$，试证：在区间 $(-2,2)$ 上至少存在一点 ξ，使得 $f(\xi) + f''(\xi) = 0$.

解析 因为函数 $f(x)$ 在区间 $[-2,2]$ 上二阶可导，所以 $f(x)$ 与 $f'(x)$ 在区间

$[-2,2]$ 上皆连续. 记 $F(x) = [f(x)]^2 + [f'(x)]^2$，则 $F(0) = 4$.

分别在区间 $[-2,0]$ 与 $[0,2]$ 上应用拉格朗日中值定理，则存在 $\xi_1 \in (-2,0)$，$\xi_2 \in (0,2)$，使得

$$f'(\xi_1) = \frac{f(0) - f(-2)}{0 - (-2)}, \quad f'(\xi_2) = \frac{f(2) - f(0)}{2 - 0}$$

由于 $|f(x)| \leqslant 1$，故 $|f'(\xi_1)| \leqslant 1$，$|f'(\xi_2)| \leqslant 1$，得 $0 \leqslant F(\xi_1) \leqslant 2, 0 \leqslant F(\xi_2) \leqslant 2$.

因为 $F(x)$ 在闭区间 $[\xi_1, \xi_2]$ 上连续，所以 $F(x)$ 在 $[\xi_1, \xi_2]$ 上取到最大值，设最大值为 $F(\xi) = M$，因 $F(0) = 4$，所以 $M \geqslant 4$. 又因 $0 \leqslant F(\xi_1) \leqslant 2, 0 \leqslant F(\xi_2) \leqslant 2$，所以 $\xi \in (\xi_1, \xi_2)$. 因此 $F(\xi)$ 是 $F(x)$ 在 (ξ_1, ξ_2) 内的极大值，故有 $F'(\xi) = 0$，即

$$F'(\xi) = 2f(\xi)f'(\xi) + 2f'(\xi)f''(\xi) = 2f'(\xi)(f(\xi) + f''(\xi)) = 0$$

因为 $F(\xi) = [f(\xi)]^2 + [f'(\xi)]^2 \geqslant 4$，$[f(\xi)]^2 \leqslant 1$，所以 $f'(\xi) \neq 0$，于是有

$$f(\xi) + f''(\xi) = 0$$

其中 $\xi \in (\xi_1, \xi_2) \subset (-2,2)$.

例 2.27（北京市 1992 年竞赛题） 设 $f(x)$ 在 $[0,\pi]$ 上连续，在 $(0,\pi)$ 内可导，且

$$\int_0^\pi f(x)\cos x \, dx = \int_0^\pi f(x)\sin x \, dx = 0$$

求证：$\exists \xi \in (0,\pi)$，使得 $f'(\xi) = 0$.

解析 当 $x \in (0,\pi)$ 时，有 $\sin x > 0$. 如果 $\forall x \in (0,\pi)$，有 $f(x) > 0 (< 0)$，则 $\int_0^\pi f(x)\sin x \, dx > 0 (< 0)$. 而已知 $\int_0^\pi f(x)\sin x \, dx = 0$，故在 $(0,\pi)$ 内 $f(x)$ 不可能恒正或恒负，即 $f(x)$ 在 $(0,\pi)$ 内必有零点.

假设 $f(x)$ 在 $(0,\pi)$ 内有惟一零点 x_0，则在 $(0, x_0)$ 及 (x_0, π) 上 $f(x)$ 异号. 不妨设 $0 < x < x_0$ 时 $f(x) > 0$，$x_0 < x < \pi$ 时 $f(x) < 0$，则

$$\int_0^\pi f(x)\sin(x - x_0)dx = \int_0^{x_0} f(x)\sin(x - x_0)dx + \int_{x_0}^\pi f(x)\sin(x - x_0)dx < 0$$

但由已知条件有

$$\int_0^\pi f(x)\sin(x - x_0)dx = \int_0^\pi f(x)\sin x \cos x_0 \, dx - \int_0^\pi f(x)\cos x \sin x_0 \, dx = 0$$

导出矛盾，故 $f(x)$ 在 $(0,\pi)$ 内至少存在两个零点 $x_1, x_2 (x_1 < x_2)$. 在区间 $[x_1, x_2]$ 上应用罗尔定理，$\exists \xi \in (x_1, x_2) \subset (0,\pi)$，使 $f'(\xi) = 0$.

例 2.28（江苏省 2004 年竞赛题） 设 $f(x)$ 在 $[a,b]$ 上连续，在 (a,b) 内可导，且有 $f(a) = a$，$\int_a^b f(x)dx = \frac{1}{2}(b^2 - a^2)$，求证：在 (a,b) 内至少有一点 ξ，使得

$$f'(\xi) = f(\xi) - \xi + 1$$

解析 由
$$\int_a^b f(x)\mathrm{d}x = \frac{1}{2}(b^2-a^2) \Rightarrow \int_a^b (f(x)-x)\mathrm{d}x = 0$$
对上面的右式应用积分中值定理,$\exists c \in (a,b)$,使得
$$\int_a^b (f(x)-x)\mathrm{d}x = (f(c)-c)(b-a) = 0$$
于是 $f(c)-c=0\ (a<c<b)$. 取辅助函数
$$F(x) = \mathrm{e}^{-x}(f(x)-x)$$
则 $F(a)=F(c)=0$,且 $F(x)$ 在 $[a,c]$ 上连续,在 (a,c) 内可导,应用罗尔定理,$\exists \xi \in (a,c) \subset (a,b)$,使得 $F'(\xi)=0$. 因
$$F'(x) = \mathrm{e}^{-x}(f'(x)-1-f(x)+x)$$
所以 $F'(\xi) = \mathrm{e}^{-\xi}(f'(\xi)-1-f(\xi)+\xi)=0$,即
$$f'(\xi) = f(\xi)-\xi+1$$

例 2.29(全国大学生 2018 年决赛题) 已知函数 $f(x)$ 在区间 $[0,1]$ 上连续,且 $\int_0^1 f(x)\mathrm{d}x \neq 0$,证明:在区间 $[0,1]$ 上存在三个不同的点 x_1, x_2, x_3,使得
$$\frac{\pi}{8}\int_0^1 f(x)\mathrm{d}x = \left[\frac{1}{1+x_1^2}\int_0^{x_1} f(x)\mathrm{d}x + f(x_1)\arctan x_1\right]x_3$$
$$= \left[\frac{1}{1+x_2^2}\int_0^{x_2} f(x)\mathrm{d}x + f(x_2)\arctan x_2\right](1-x_3)$$

解析 作辅助函数 $F(x) = \arctan x \cdot \int_0^x f(x)\mathrm{d}x$,则 $F(x)$ 在区间 $(0,1)$ 上可导,且 $F(0)=0$,$F(1)=\frac{\pi}{4}\int_0^1 f(x)\mathrm{d}x \neq 0$. 取 $\mu = \frac{1}{2}(F(0)+F(1)) = \frac{\pi}{8}\int_0^1 f(x)\mathrm{d}x$,应用连续函数的介值定理,必存在 $x_3 \in (0,1)$,使得
$$F(x_3) = \mu = \frac{\pi}{8}\int_0^1 f(x)\mathrm{d}x$$
再在区间 $[0,x_3]$,$[x_3,1]$ 上分别应用拉格朗日中值定理,必存在 $x_1 \in (0,x_3)$,$x_2 \in (x_3,1)$,使得
$$F(x_3)-F(0) = F'(x_1)(x_3-0), \quad F(1)-F(x_3) = F'(x_2)(1-x_3)$$
由于 $F(1)-F(x_3) = \frac{\pi}{8}\int_0^1 f(x)\mathrm{d}x$,$F'(x) = \frac{1}{1+x^2}\int_0^x f(x)\mathrm{d}x + f(x)\arctan x$,代入上式得
$$\frac{\pi}{8}\int_0^1 f(x)\mathrm{d}x = \left[\frac{1}{1+x_1^2}\int_0^{x_1} f(x)\mathrm{d}x + f(x_1)\arctan x_1\right]x_3$$
$$\frac{\pi}{8}\int_0^1 f(x)\mathrm{d}x = \left[\frac{1}{1+x_2^2}\int_0^{x_2} f(x)\mathrm{d}x + f(x_2)\arctan x_2\right](1-x_3)$$

其中 $0 < x_1 < x_3 < x_2 < 1$,因此原式得证.

例 2.30(江苏省 2016 年竞赛题) 设函数 $f(x)$ 在 $[0,1]$ 上二阶可导,且 $f(0)=0$, $f(1)=1$,求证:存在 $\xi \in (0,1)$,使得 $\xi f''(\xi)+(1+\xi)f'(\xi)=1+\xi$.

解析 因为 $f(x)$ 在 $[0,1]$ 上连续,在 $(0,1)$ 内可导,$f(0)=0$,$f(1)=1$,应用拉格朗日中值定理,可知存在 $c \in (0,1)$,使得 $f'(c)=\dfrac{f(1)-f(0)}{1-0}=1$.

令 $F(x)=e^x x(f'(x)-1)$,则 $F(0)=0, F(c)=0$. 因 $F(x)$ 在区间 $[0,c]$ 上可导,应用罗尔定理,可知存在 $\xi \in (0,c) \subset (0,1)$,使得 $F'(\xi)=0$. 由于

$$F'(x) = e^x[x(f'(x)-1)+(f'(x)-1)+xf''(x)]$$
$$= e^x[xf''(x)+(1+x)f'(x)-(1+x)]$$

即

$$F'(\xi) = e^\xi[\xi f''(\xi)+(1+\xi)f'(\xi)-(1+\xi)]$$

于是 $\xi f''(\xi)+(1+\xi)f'(\xi)=1+\xi$.

例 2.31(浙江省 2004 年竞赛题) 已知函数 $f(x)$ 在 $[0,1]$ 上三阶可导,且 $f(0)=-1, f(1)=0, f'(0)=0$,试证:至少存在一点 $\xi \in (0,1)$,使

$$f(x) = -1+x^2+\dfrac{x^2(x-1)}{3!}f'''(\xi), \quad x \in (0,1)$$

解析 令 $F(t)=f(t)-t^2+1-\dfrac{t^2(t-1)}{x^2(x-1)}[f(x)-x^2+1]$,其中 $x \in (0,1)$, 则 $F \in \mathscr{C}[0,1], F \in \mathscr{D}(0,1)$,且 $F(0)=F(x)=F(1)=0$. 在 $[0,x]$ 与 $[x,1]$ 上分别应用罗尔定理,$\exists \xi_1 \in (0,x), \xi_2 \in (x,1)$,使得

$$F'(\xi_1)=0, \quad F'(\xi_2)=0 \quad 且 \quad F'(0)=0$$

又因为 $F' \in \mathscr{C}[0,1], F' \in \mathscr{D}(0,1)$,因此再在 $[0,\xi_1]$ 与 $[\xi_1,\xi_2]$ 上分别应用罗尔定理, $\exists \eta_1 \in (0,\xi_1), \eta_2 \in (\xi_1,\xi_2)$,使得

$$F''(\eta_1)=0, \quad F''(\eta_2)=0$$

因 $F'' \in \mathscr{C}[0,1], F'' \in \mathscr{D}(0,1)$,再在 $[\eta_1,\eta_2]$ 上应用罗尔定理,$\exists \xi \in (\eta_1,\eta_2) \subset (0,1)$, 使得 $F'''(\xi)=0$,而 $F'''(t)=f'''(t)-\dfrac{3!}{x^2(x-1)}[f(x)-x^2+1]$,故 $\exists \xi \in (0,1)$,使

$$f(x) = -1+x^2+\dfrac{x^2(x-1)}{3!}f'''(\xi)$$

例 2.32(南京大学 1995 年竞赛题) 设 $f(x)$ 在 $(0,1)$ 内有三阶导数,$0<a<b<1$,证明:存在 $\xi \in (a,b)$,使得

$$f(b) = f(a)+\dfrac{1}{2}(b-a)[f'(a)+f'(b)]-\dfrac{(b-a)^3}{12}f'''(\xi)$$

解析 令
$$\frac{12}{(b-a)^3}\left[f(a)-f(b)+\frac{1}{2}(b-a)(f'(a)+f'(b))\right]=k$$

则有恒等式
$$f(a)-f(b)+\frac{1}{2}(b-a)(f'(a)+f'(b))-\frac{(b-a)^3}{12}k\equiv 0 \quad (*)$$

取辅助函数
$$F(x)=f(a)-f(x)+\frac{1}{2}(x-a)(f'(a)+f'(x))-\frac{(x-a)^3}{12}k$$

由(*)式得 $F(b)=0$,又 $F(x)$ 在 $(0,1)$ 内可导,$F(a)=0$,在 $[a,b]$ 上应用罗尔定理,必 $\exists \eta\in(a,b)$,使得 $F'(\eta)=0$. 由于

$$F'(x)=-f'(x)+\frac{1}{2}(f'(a)+f'(x))+\frac{1}{2}(x-a)f''(x)-\frac{1}{4}(x-a)^2 k$$
$$=\frac{1}{2}(f'(a)-f'(x))+\frac{1}{2}(x-a)f''(x)-\frac{1}{4}(x-a)^2 k$$

所以 $F'(a)=0$. 由于 $F'(x)$ 在 $(0,1)$ 上可导,且 $F'(a)=F'(\eta)=0$,对函数 $F'(x)$ 在 $[a,\eta]$ 上应用罗尔定理,必 $\exists \xi\in(a,\eta)\subset(a,b)$,使得 $F''(\xi)=0$. 又因为

$$F''(x)=-\frac{1}{2}f''(x)+\frac{1}{2}f''(x)+\frac{1}{2}(x-a)f'''(x)-\frac{1}{2}(x-a)k$$
$$=\frac{1}{2}(x-a)(f'''(x)-k)$$

所以
$$F''(\xi)=\frac{1}{2}(\xi-a)(f'''(\xi)-k)=0$$

于是 $k=f'''(\xi)$,代入(*)式即为所求证的等式.

例 2.33(精选题) 设 $f(x)$ 在 $[0,1]$ 上连续,在 $(0,1)$ 内可导,且有 $f(0)=0$,$f(1)=1$,若 $a>0,b>0$,求证:$\exists \xi\in(0,1),\eta\in(0,1),\xi\neq\eta$,使得

$$\frac{a}{f'(\xi)}+\frac{b}{f'(\eta)}=a+b$$

解析 $\forall k\in(0,1)$,应用介值定理,$\exists c\in(0,1)$,使得 $f(c)=k$. 在 $[0,c]$ 与 $[c,1]$ 上分别应用拉格朗日中值定理,$\exists \xi\in(0,c)\subset(0,1)$,$\eta\in(c,1)\subset(0,1)$,且 $\xi\neq\eta$,使得

$$f(c)-f(0)=f'(\xi)(c-0)$$
$$f(1)-f(c)=f'(\eta)(1-c)$$

即
$$\frac{k}{f'(\xi)} = c, \quad \frac{1-k}{f'(\eta)} = 1-c$$

取 $k = \dfrac{a}{a+b}$，则 $1-k = \dfrac{b}{a+b}$，代入上式即得

$$\frac{a}{f'(\xi)} + \frac{b}{f'(\eta)} = a+b$$

例 2.34（东南大学 2014 年竞赛题） 已知函数 $f(x)$ 在 $(-\infty, +\infty)$ 上可微，且 $|f'(x)| < mf(x)$ $(0 < m < 1)$，任取实数 a_0，定义 $a_n = \ln f(a_{n-1})(n = 1, 2, \cdots)$，证明：数列 $\{a_n\}$ 收敛.

解析 由题意得 $f(x) > 0$，令 $F(x) = -x + \ln f(x)$，则
$$F'(x) = -1 + \frac{f'(x)}{f(x)} \Rightarrow -m-1 < F'(x) < m-1$$

当 $x > 0$ 时，应用拉格朗日中值定理，必存在 $\xi \in (0, x)$，使得
$$F(x) = F(0) + F'(\xi)x < F(0) + (m-1)x$$
于是 $\lim\limits_{x \to +\infty} F(x) \leqslant \lim\limits_{x \to +\infty}(F(0) + (m-1)x) = -\infty$，故存在 $N_1 > 0$，使得 $F(N_1) < 0$.

当 $x < 0$ 时，应用拉格朗日中值定理，必存在 $\eta \in (x, 0)$，使得
$$F(x) = F(0) + F'(\eta)x > F(0) + (m-1)x$$
于是 $\lim\limits_{x \to -\infty} F(x) \geqslant \lim\limits_{x \to -\infty}(F(0) + (m-1)x) = +\infty$，故存在 $N_2 < 0$，使得 $F(N_2) > 0$.

又因 $F(x)$ 在区间 $[N_2, N_1]$ 上连续，应用零点定理，必存在 $A \in (N_2, N_1)$，使得 $F(A) = 0$，即 $\ln f(A) = A$. 令 $g(x) = \ln f(x)$，则 $|g'(x)| = \left|\dfrac{f'(x)}{f(x)}\right| < m$，于是
$$|a_n - A| = |\ln f(a_{n-1}) - \ln f(A)| = |g(a_{n-1}) - g(A)| = |g'(c_1)(a_{n-1} - A)|$$
$$< m|a_{n-1} - A| < m^2|a_{n-2} - A| < \cdots < m^n|a_0 - A|$$
$$\to 0 \quad (n \to \infty)$$

由夹逼准则得 $\lim\limits_{n \to \infty} a_n = A$，因此数列 $\{a_n\}$ 收敛.

例 2.35（精选题） 设 $f(x)$ 在 $(0, +\infty)$ 上可导.
(1) 若 $\lim\limits_{x \to +\infty} f'(x) = k > 0$，求证：$\lim\limits_{x \to +\infty} f(x) = +\infty$；
(2) 若 $\lim\limits_{x \to +\infty}(f'(x) + f(x)) = l \, (l \in \mathbf{R})$，求 $\lim\limits_{x \to +\infty} f'(x)$ 和 $\lim\limits_{x \to +\infty} f(x)$.

解析 (1) 因为 $f'(x) \to k \, (x \to +\infty)$，所以 $\exists N > 0$，当 $x > N$ 时，$f'(x) > \dfrac{k}{2} > 0$. 在 $[N, x] \, (x > N)$ 上应用拉格朗日中值定理，$\exists \xi \in (N, x)$，使得
$$f(x) = f(N) + f'(\xi)(x - N) > f(N) + \frac{k}{2}(x - N)$$

令 $x \to +\infty$，得 $\lim\limits_{x \to +\infty} f(x) = +\infty$.

(2) 取 $k \in \mathbf{R}$,使得 $k+l > 0$,则
$$\lim_{x \to +\infty}(f'(x)+f(x)+k) = l+k > 0$$
$\Rightarrow \quad \lim_{x \to +\infty}(e^x(f(x)+k))' = \lim_{x \to +\infty} e^x(f'(x)+f(x)+k) = +\infty$

由(1) 得
$$\lim_{x \to +\infty}(e^x(f(x)+k)) = +\infty$$
$\Rightarrow \quad \lim_{x \to +\infty}(f(x)+k) = \lim_{x \to +\infty}\frac{e^x(f(x)+k)}{e^x} = \lim_{x \to +\infty}\frac{e^x(f'(x)+f(x)+k)}{e^x}$
$\qquad = \lim_{x \to +\infty}(f'(x)+f(x)+k) = l+k$

$\Rightarrow \quad \lim_{x \to +\infty} f(x) = l, \quad \lim_{x \to +\infty} f'(x) = \lim_{x \to +\infty}(f'(x)+f(x)) - \lim_{x \to +\infty} f(x) = 0$

例 2.36(全国大学生 2013 年决赛题) 设函数 $f(x)$ 在区间 $[1,+\infty)$ 上连续可导,且
$$f'(x) = \frac{1}{1+f^2(x)}\left[\sqrt{\frac{1}{x}} - \sqrt{\ln\left(1+\frac{1}{x}\right)}\right]$$

证明:$\lim_{x \to +\infty} f(x)$ 存在.

解析 当 $x \geqslant 1$ 时,对于函数 $\ln x$,在区间 $[x, x+1]$ 上应用拉格朗日中值定理,存在 $\xi \in (x, x+1)$,使得
$$\ln(x+1) - \ln(x) = \frac{1}{\xi}, \quad x < \xi < x+1$$

由此可得 $\frac{1}{1+x} < \ln\left(1+\frac{1}{x}\right) < \frac{1}{x}$,故 $\sqrt{\frac{1}{x}} - \sqrt{\ln\left(1+\frac{1}{x}\right)} > 0$. 又 $\frac{1}{1+f^2(x)} > 0$,所以 $f'(x) > 0$,于是 $x \geqslant 1$ 时函数 $f(x)$ 单调增加. 又因为
$$f'(x) \leqslant \sqrt{\frac{1}{x}} - \sqrt{\ln\left(1+\frac{1}{x}\right)} \leqslant \sqrt{\frac{1}{x}} - \sqrt{\frac{1}{x+1}}$$

上式两边从 1 到 x 积分得
$$f(x) - f(1) \leqslant \int_1^x \left(\sqrt{\frac{1}{x}} - \sqrt{\frac{1}{x+1}}\right) dx < \int_1^{+\infty}\left(\sqrt{\frac{1}{x}} - \sqrt{\frac{1}{x+1}}\right) dx$$
$$= 2(\sqrt{2}-1)$$

即
$$f(x) \leqslant 2(\sqrt{2}-1) + f(1)$$

所以函数 $f(x)$ 有上界. 综上,应用单调有界准则即得 $\lim_{x \to +\infty} f(x)$ 存在.

例 2.37(全国大学生 2010 年预赛题) 设函数 $f(x)$ 在 $(-\infty,+\infty)$ 上具有二

阶导数,并且 $f''(x)>0$,$\lim\limits_{x\to-\infty}f'(x)=\alpha>0$,$\lim\limits_{x\to\infty}f'(x)=\beta<0$,且存在一点 x_0 使得 $f(x_0)<0$,证明:方程 $f(x)=0$ 在 $(-\infty,+\infty)$ 上恰有两个实根.

解析 由 $f''(x)>0$,可得 $f'(x)$ 在 $(-\infty,+\infty)$ 上单调增加;由 $\lim\limits_{x\to-\infty}f'(x)=\alpha>0$ 可得,存在 $b>0$ 使得 $f'(b)>0$;由 $\lim\limits_{x\to\infty}f'(x)=\beta<0$ 可得,存在 $a<0$ 使得 $f'(a)<0$. 由于 $f'(x)$ 在闭区间 $[a,b]$ 上连续,应用零点定理,$\exists \xi\in(a,b)$,使得 $f'(\xi)=0$,且当 $x<\xi$ 时,$f'(x)<0$;当 $x>\xi$ 时,$f'(x)>0$. 由于 $f''(\xi)>0$,所以 $f(\xi)$ 是函数 $f(x)$ 的极小值. 因为 $f(x_0)<0$,所以 $f(\xi)<0$.

任取 $x>\xi$,应用拉格朗日中值定理,$\exists \xi_1\in(\xi,x)$,使得
$$f(x)=f(\xi)+f'(\xi_1)(x-\xi) \quad (\text{其中 } f'(\xi_1)>0)$$
由此式可得 $\lim\limits_{x\to+\infty}f(x)=+\infty$,因此 $\exists d\in(\xi,+\infty)$,使得 $f(d)>0$.

任取 $x<\xi$,应用拉格朗日中值定理,$\exists \xi_2\in(x,\xi)$,使得
$$f(x)=f(\xi)+f'(\xi_2)(x-\xi) \quad (\text{其中 } f'(\xi_2)<0)$$
由此式可得 $\lim\limits_{x\to-\infty}f(x)=+\infty$,因此 $\exists c\in(-\infty,\xi)$,使得 $f(c)>0$.

因为 $f(c)>0,f(\xi)<0,f(d)>0$,$f(x)$ 分别在闭区间 $[c,\xi]$ 与 $[\xi,d]$ 上连续,应用零点定理,$\exists \eta\in(c,\xi),\zeta\in(\xi,d)$,使得 $f(\eta)=f(\zeta)=0$.

因为 $x<\xi$ 时 $f'(x)<0$,$x>\xi$ 时 $f'(x)>0$,所以函数 $f(x)$ 在区间 $(-\infty,\xi]$ 上单调减少,在区间 $[\xi,+\infty)$ 上单调增加,故 $f(x)$ 在区间 $(-\infty,\xi)$ 内至多有一个零点,在区间 $(\xi,+\infty)$ 内也至多有一个零点,因此方程 $f(x)=0$ 在 $(-\infty,+\infty)$ 上恰有两个实根.

例 2.38(莫斯科钢铁与合金学院 1975 年竞赛题) 设 $f(x)$ 在 $(0,+\infty)$ 上连续可导,$\lim\limits_{x\to+\infty}f(x)$ 存在,$f(x)$ 的图形在 $(0,+\infty)$ 上是凸的,求证:$\lim\limits_{x\to+\infty}f'(x)=0$.

解析 设 $\lim\limits_{x\to+\infty}f(x)=A$,令 $F(x)=f(x)-A$,则
$$\lim\limits_{x\to+\infty}F(x)=\lim\limits_{x\to+\infty}f(x)-A=0$$
由于 $f(x)$ 在 $(0,+\infty)$ 上是凸的 $\Leftrightarrow f'(x)$ 在 $(0,+\infty)$ 单调减少,故 $F'(x)=f'(x)$ 在 $(0,+\infty)$ 上单调减少.

$\forall c>0$,若 $F'(c)<0$,在 $[c,x]$ 上应用拉格朗日中值定理,$\exists \xi\in(c,x)$ 使得
$$F(x)=F(c)+F'(\xi)(x-c)<F(c)+F'(c)(x-c)$$
令 $x\to+\infty$ 得 $\lim\limits_{x\to+\infty}F(x)=-\infty$,此与 $F(+\infty)=0$ 矛盾.因此,$\forall x\in(0,+\infty)$,有 $F'(x)\geqslant 0$.于是,当 $x\to+\infty$ 时 $F'(x)$ 单调减少且有下界,应用单调有界准则,当 $x\to+\infty$ 时 $F'(x)$ 的极限存在,且 $\lim\limits_{x\to+\infty}F'(x)=B\geqslant 0$.若 $B>0$,在区间 $[1,x]$ 上应用拉格朗日中值定理,$\exists \eta\in(1,x)$,使得
$$F(x)=F(1)+F'(\eta)(x-1)>F(1)+B(x-1)$$

令 $x \to +\infty$ 得 $\lim\limits_{x \to +\infty} F(x) = +\infty$，此与 $F(+\infty) = 0$ 矛盾. 所以 $B = 0$，即

$$\lim_{x \to +\infty} f'(x) = \lim_{x \to +\infty} F'(x) = 0$$

例 2.39（莫斯科电气学院 1977 年竞赛题） 假设函数 $f(x)$ 在 $[0,1]$ 上可导，满足条件：$|f'(x)| \leqslant k|f(x)|$ $(0 < k < 1)$，$f(0) = 0$，求证：$f(x) \equiv 0, x \in [0,1]$.

解析 在 $|f'(x)| \leqslant k|f(x)|$ 中取 $x = 0$，可得 $f'(0) = 0$. $\forall x \in (0,1)$，应用拉格朗日中值定理，$\exists \xi_1 \in (0,x) \subset (0,1)$，使得

$$f(x) = f(0) + f'(\xi_1)x = f'(\xi_1)x$$

于是

$$|f(x)| = |f'(\xi_1)|x \leqslant k|f(\xi_1)|x \tag{1}$$

在 $[0, \xi_1]$ 上再应用拉格朗日中值定理，$\exists \xi_2 \in (0, \xi_1)$，使得

$$f(\xi_1) = f(0) + f'(\xi_2)\xi_1 = f'(\xi_2)\xi_1$$

于是 $|f(\xi_1)| = |f'(\xi_2)|\xi_1 \leqslant k|f(\xi_2)|x$，代入 (1) 式得

$$|f(x)| \leqslant k^2|f(\xi_2)|x^2 \tag{2}$$

再在 $[0, \xi_2]$ 上应用拉格朗日中值定理，$\exists \xi_3 \in (0, \xi_2)$，使得

$$|f(x)| \leqslant k^3|f(\xi_3)|x^3 \tag{3}$$

如此继续下去，$\exists \xi_n \in (0, \xi_{n-1})$，使得

$$|f(x)| \leqslant k^n|f(\xi_n)|x^n \tag{4}$$

由于 $f(x)$ 在 $[0,1]$ 上连续，必有界，即 $\exists M > 0$，使得 $|f(\xi_n)| \leqslant M$ $(n = 1, 2, \cdots)$，而 $0 < k < 1$，$0 < x < 1$，在 (4) 式右端令 $n \to \infty$ 得

$$\lim_{x \to \infty} k^n |f(\xi_n)| x^n = 0$$

于是 $f(x) \equiv 0$，$0 \leqslant x < 1$. 再由 $f \in \mathscr{C}[0,1]$，得

$$\lim_{x \to 1^-} f(x) = \lim_{x \to 1^-} 0 = 0 = f(1)$$

即 $f(1) = 0$. 于是 $f(x) \equiv 0$，$x \in [0,1]$.

例 2.40（莫斯科大学 1975 年竞赛题） 设 $f(x)$ 在 $(-\infty, +\infty)$ 上有界，且二阶可导，求证：$\exists \xi \in \mathbf{R}$，使得 $f''(\xi) = 0$.

解析 （1）若 $\exists a, b \in (-\infty, +\infty)$，且 $a < b$，使得 $f'(a) = f'(b)$，令 $F(x) = f'(x)$，则函数 $F(x)$ 在 $[a,b]$ 上可导，且有 $F(a) = F(b)$，应用罗尔定理，必 $\exists \xi \in (a,b)$，使得 $F'(\xi) = 0$，即 $f''(\xi) = 0$.

（2）若 $\forall a, b \in (-\infty, +\infty)$，且 $a < b, f'(a) \neq f'(b)$，则 $f'(x)$ 在 $(-\infty, +\infty)$ 上单调增加或单调减少. 不妨设 $f'(x)$ 在 $(-\infty, +\infty)$ 上单调增加.

$\forall c \in (-\infty, +\infty)$,① 若 $f'(c) \geqslant 0$,则 $f'(1+c) > 0$,当 $x > 1+c$ 时,在 $[1+c, x]$ 上应用拉格朗日中值定理,有

$$f(x) = f(1+c) + f'(\xi)(x-1-c)$$
$$> f(1+c) + f'(1+c)(x-1-c)$$

这里 $1+c < \xi < x$. 令 $x \to +\infty$ 得 $\lim\limits_{x \to +\infty} f(x) = +\infty$,此与 $f(x)$ 在 $(-\infty, +\infty)$ 上有界矛盾. ② 若 $f'(c) < 0$,当 $x < c$ 时,在 $[x, c]$ 上应用拉格朗日中值定理,有

$$f(x) = f(c) + f'(\eta)(x-c)$$
$$> f(c) + f'(c)(x-c)$$

这里 $x < \eta < c$. 令 $x \to -\infty$ 得 $\lim\limits_{x \to -\infty} f(x) = +\infty$,此与 $f(x)$ 在 $(-\infty, +\infty)$ 上有界矛盾. 此表明情况(2)不可能发生,只有第(1)种情况发生.

2.2.5 马克劳林公式与泰勒公式的应用(例2.41—2.60)

例2.41(南京大学1995年竞赛题) 当 $x \to 0$ 时,$1 - \cos x \cos 2x \cos 3x$ 对于无穷小 x 的阶数等于_____.

解析 方法1 应用 $\cos x$ 的马克劳林展式,$x \to 0$ 时,有

$$1 - \cos x \cos 2x \cos 3x$$
$$= 1 - \left[1 - \frac{1}{2}x^2 + o(x^2)\right]\left[1 - \frac{1}{2}(2x)^2 + o(x^2)\right]\left[1 - \frac{1}{2}(3x)^2 + o(x^2)\right]$$
$$= 7x^2 + o(x^2)$$

所以原式的无穷小阶数等于2.

方法2 考虑下列极限

$$\lim_{x \to 0} \frac{1 - \cos x \cos 2x \cos 3x}{x^k} = \lim_{x \to 0} \frac{\sin x - \frac{1}{8}\sin 7x - \frac{1}{8}\sin 5x}{\sin x \cdot x^k}$$
$$= \lim_{x \to 0} \frac{7\sin x - \sin 7x}{8x^{k+1}} = \lim_{x \to 0} \frac{7\cos x - 7\cos 7x}{8(k+1)x^k}$$
$$= \lim_{x \to 0} \frac{-7\sin x + 49\sin 7x}{8(k+1)kx^{k-1}}$$
$$= \lim_{x \to 0} \frac{-7\cos x + 49 \cdot 7\cos 7x}{8(k+1)k(k-1)x^{k-2}} = C$$

因此式的分子已有极限336,故欲使上式极限 C 为非零数,仅当 $k-2=0$(即 $k=2$). 此时 $C = \dfrac{336}{8 \cdot 3 \cdot 2} = 7$,即原式为2阶无穷小.

例 2.42(全国大学生 2016 年决赛题) 求极限 $\lim\limits_{n\to\infty} n\sin(\pi n!\mathrm{e})$①.

解析 应用函数 e^x 的马克劳林展开式,并取 $x=1$,得

$$\pi n!\mathrm{e} = \pi n!\left[1+\frac{1}{1!}+\frac{1}{2!}+\frac{1}{3!}+\cdots+\frac{1}{n!}+\frac{1}{(n+1)!}+o\left(\frac{1}{(n+1)!}\right)\right]$$

$$= \pi\left(2\cdot n!+\frac{n!}{2!}+\frac{n!}{3!}+\cdots+\frac{n!}{n!}\right)+\frac{\pi}{n+1}+o\left(\frac{1}{n+1}\right)$$

记 $f(n)=2\cdot n!+\dfrac{n!}{2!}+\dfrac{n!}{3!}+\cdots+\dfrac{n!}{n!}, k\in\mathbf{N}^*$,则

$$f(2k)=2\cdot(2k)!+\frac{(2k)!}{2!}+\frac{(2k)!}{3!}+\cdots+\frac{(2k)!}{(2k)!}$$

$$=2\cdot(2k)!+(2k)(2k-1)\cdots 3+(2k)(2k-1)\cdots 4+\cdots$$
$$+(2k)+1$$

$$f(2k+1)=2\cdot(2k+1)!+\frac{(2k+1)!}{2!}+\frac{(2k+1)!}{3!}+\cdots+\frac{(2k+1)!}{(2k+1)!}$$

$$=2\cdot(2k+1)!+(2k+1)(2k)\cdots 3+(2k+1)(2k)\cdots 4+\cdots$$
$$+(2k+1)(2k)+(2k+1)+1$$

由此可得 $f(2k)$ 为奇数,$f(2k+1)$ 为偶数. 于是

$$\lim_{n\to\infty} n\sin(\pi n!\mathrm{e})=\lim_{n\to\infty} n\sin\left(\pi f(n)+\frac{\pi}{n+1}+o\left(\frac{1}{n+1}\right)\right)$$

$$=\pm\lim_{n\to\infty} n\sin\left(\frac{\pi}{n+1}+o\left(\frac{1}{n+1}\right)\right)$$

$$=\pm\lim_{n\to\infty} n\left(\frac{\pi}{n+1}+o\left(\frac{1}{n+1}\right)\right)=\pm\pi$$

上式中 n 为奇数时取正号,n 为偶数时取负号,所以原式极限不存在.

例 2.43(莫斯科钢铁与合金学院 1976 年竞赛题) 设 $x>0$ 时,函数 $f(x)=(1+x)^{\frac{1}{x}}$,求证:$x\to 0^+$ 时,$f(x)=\mathrm{e}+Ax+Bx^2+o(x^2)$,并求 A,B 之值.

解析 应用 $\ln(1+x)$ 与 e^x 的马克劳林展式,有

$$f(x)=(1+x)^{\frac{1}{x}}=\exp\left(\frac{1}{x}\ln(1+x)\right)=\exp\left(\frac{1}{x}\left(x-\frac{1}{2}x^2+\frac{1}{3}x^3+o(x^3)\right)\right)$$

$$=\exp\left(1-\frac{1}{2}x+\frac{1}{3}x^2+o(x^2)\right)=\mathrm{e}\cdot\exp\left(-\frac{1}{2}x+\frac{1}{3}x^2+o(x^2)\right)$$

$$=\mathrm{e}\cdot\left[1+\left(-\frac{1}{2}x+\frac{1}{3}x^2\right)+\frac{1}{2!}\left(-\frac{1}{2}x+\frac{1}{3}x^2\right)^2+o(x^2)\right]$$

$$=\mathrm{e}-\frac{1}{2}\mathrm{e}x+\frac{11}{24}\mathrm{e}x^2+o(x^2)$$

---

① 在原题的标准答案中给出极限值为 π.

$$\Rightarrow \quad A = -\frac{1}{2}e, \quad B = \frac{11}{24}e$$

例 2.44（莫斯科电子技术学院 1977 年竞赛题） 求 $\lim\limits_{x\to 0}\dfrac{\tan(\tan x) - \sin(\sin x)}{\tan x - \sin x}$.

解析 由于 $x \to 0$ 时,应用等价无穷小因子代换与马克劳林公式,有

$$\tan x - \sin x = \sin x \cdot \frac{1-\cos x}{\cos x} \sim \frac{1}{2}x^3$$

$$\tan x = x + \frac{1}{3}x^3 + o(x^3)$$

$$\sin x = x - \frac{1}{6}x^3 + o(x^3)$$

$$\tan(\tan x) = \tan\left(x + \frac{1}{3}x^3 + o(x^3)\right)$$

$$= \left(x + \frac{1}{3}x^3 + o(x^3)\right) + \frac{1}{3}\left(x + \frac{1}{3}x^3 + o(x^3)\right)^3 + o(x^3)$$

$$= x + \frac{2}{3}x^3 + o(x^3)$$

$$\sin(\sin x) = \sin\left(x - \frac{1}{6}x^3 + o(x^3)\right)$$

$$= \left(x - \frac{1}{6}x^3 + o(x^3)\right) - \frac{1}{6}\left(x - \frac{1}{6}x^3 + o(x^3)\right)^3 + o(x^3)$$

$$= x - \frac{1}{3}x^3 + o(x^3)$$

于是

$$\text{原式} = \lim_{x\to 0}\frac{x + \frac{2}{3}x^3 + o(x^3) - x + \frac{1}{3}x^3 - o(x^3)}{\frac{1}{2}x^3} = 2$$

例 2.45（全国大学生 2012 年决赛题） 求

$$\lim_{x\to +\infty}\left[\left(x^3 + \frac{x}{2} - \tan\frac{1}{x}\right)e^{\frac{1}{x}} - \sqrt{1+x^6}\right]$$

解析

$$\text{原式} = \lim_{x\to +\infty}\left[\left(x^3 + \frac{x}{2}\right)e^{\frac{1}{x}} - \sqrt{1+x^6} - \tan\frac{1}{x}\cdot e^{\frac{1}{x}}\right]$$

$$= \lim_{x\to +\infty}\left[\left(x^3 + \frac{x}{2}\right)e^{\frac{1}{x}} - \sqrt{1+x^6}\right]$$

$$\xrightarrow{\diamondsuit \frac{1}{x} = t} \lim_{t\to 0^+}\frac{(2+t^2)e^t - 2\sqrt{1+t^6}}{2t^3} \quad (\text{下式应用马克劳林公式})$$

$$= \lim_{t \to 0^+} \frac{(2+t^2)\left(1+t+\frac{1}{2!}t^2+\frac{1}{3!}t^3+o(t^3)\right)-2\left(1+\frac{1}{2}t^6+o(t^6)\right)}{2t^3}$$

$$= \lim_{t \to 0^+} \frac{2t+o(t)}{2t^3} = +\infty$$

例 2.46（北京市 1999 年竞赛题） 设 $f(x)$ 具有连续的二阶导数，且

$$\lim_{x \to 0}\left(1+x+\frac{f(x)}{x}\right)^{\frac{1}{x}} = e^3$$

试求 $f(0), f'(0), f''(0)$ 及 $\lim_{x \to 0}\left(1+\frac{f(x)}{x}\right)^{\frac{1}{x}}$.

解析 由 $\lim_{x \to 0}\left(1+x+\frac{f(x)}{x}\right)^{\frac{1}{x}} = e^3$，得 $\lim_{x \to 0} \frac{\ln\left(1+x+\frac{f(x)}{x}\right)}{x} = 3$，故

$$\lim_{x \to 0} \ln\left(1+x+\frac{f(x)}{x}\right) = 0 \Rightarrow \lim_{x \to 0}\frac{f(x)}{x} = 0$$

由此 $f(0) = \lim_{x \to 0} f(x) = 0$，$f'(0) = \lim_{x \to 0}\frac{f(x)-f(0)}{x} = \lim_{x \to 0}\frac{f(x)}{x} = 0$，且

$$3 = \lim_{x \to 0}\frac{\ln\left(1+x+\frac{f(x)}{x}\right)}{x} = \lim_{x \to 0}\frac{x+\frac{f(x)}{x}}{x} = \lim_{x \to 0}\frac{f(x)}{x^2}+1$$

故 $\lim_{x \to 0}\frac{f(x)}{x^2} = 2$.

应用马克劳林公式，$x \to 0$ 时，有

$$f(x) = f(0)+f'(0)x+\frac{f''(0)}{2}x^2+o(x^2) = \frac{f''(0)}{2}x^2+o(x^2)$$

$$\Rightarrow \lim_{x \to 0}\frac{f(x)}{x^2} = \lim_{x \to 0}\frac{\frac{1}{2}f''(0)x^2+o(x^2)}{x^2} = \frac{1}{2}f''(0) = 2 \Rightarrow f''(0) = 4$$

而

$$\lim_{x \to 0}\left(1+\frac{f(x)}{x}\right)^{\frac{1}{x}} = \lim_{x \to 0}\left(1+\frac{f(x)}{x}\right)^{\frac{x}{f(x)} \cdot \frac{f(x)}{x^2}} = e^2$$

例 2.47（浙江省 2007 年竞赛题） 若 $f(x)$ 二阶可导，且

$$f(x) > 0, \quad f''(x)f(x)-[f'(x)]^2 > 0, \quad x \in \mathbf{R}$$

(1) 证明：$f(x_1)f(x_2) \geqslant f^2\left(\frac{x_1+x_2}{2}\right), \forall x_1, x_2 \in \mathbf{R}$;

(2) 若 $f(0) = 1$,证明: $f(x) \geqslant e^{f'(0)x}, \forall x \in \mathbf{R}$.

解析 (1) 令 $F(x) = \ln f(x)$,则

$$F'(x) = \frac{f'(x)}{f(x)}, \quad F''(x) = \frac{f''(x)f(x) - [f'(x)]^2}{[f(x)]^2}$$

故 $\forall x \in \mathbf{R}, F''(x) > 0$,于是 $\forall x_1, x_2 \in \mathbf{R}$,有

$$\frac{1}{2}[F(x_1) + F(x_2)] \geqslant F\left(\frac{x_1 + x_2}{2}\right)$$

即 $\frac{1}{2}\ln f(x_1)f(x_2) \geqslant \ln f\left(\frac{x_1 + x_2}{2}\right)$,所以

$$f(x_1)f(x_2) \geqslant f^2\left(\frac{x_1 + x_2}{2}\right), \quad \forall x_1, x_2 \in \mathbf{R}$$

(2) 由马克劳林公式,有

$$F(x) = F(0) + F'(0)x + \frac{F''(\xi)}{2!}x^2$$

$$= \ln f(0) + \frac{f'(0)}{f(0)}x + \frac{f''(\xi)f(\xi) - [f'(\xi)]^2}{2f^2(\xi)}x^2 \geqslant f'(0)x$$

故得

$$f(x) \geqslant e^{f'(0)x}, \quad \forall x \in \mathbf{R}$$

例 2.48(全国大学生 2011 年决赛题) 设函数 $f(x)$ 在 $x = 0$ 的某邻域内具有二阶连续导数,且 $f(0), f'(0), f''(0)$ 均不为 0,证明:存在惟一一组实数 k_1, k_2, k_3,使得

$$\lim_{h \to 0} \frac{k_1 f(h) + k_2 f(2h) + k_3 f(3h) - f(0)}{h^2} = 0$$

解析 应用 $f(x)$ 的马克劳林公式

$$f(x) = f(0) + f'(0)x + \frac{f''(0)}{2!}x^2 + o(x^2)$$

可得

$$f(h) = f(0) + f'(0)h + \frac{f''(0)}{2!}h^2 + o(h^2)$$

$$f(2h) = f(0) + 2f'(0)h + \frac{4f''(0)}{2!}h^2 + o(h^2)$$

$$f(3h) = f(0) + 3f'(0)h + \frac{9f''(0)}{2!}h^2 + o(h^2)$$

则由

$$\lim_{h \to 0} \frac{k_1 f(h) + k_2 f(2h) + k_3 f(3h) - f(0)}{h^2}$$

$$= \lim_{h \to 0} \Big[\frac{(k_1 + k_2 + k_3 - 1)f(0) + (k_1 + 2k_2 + 3k_3)f'(0)h}{h^2}$$

$$+ \frac{\frac{1}{2}(k_1 + 4k_2 + 9k_3)f''(0)h^2 + o(h^2)}{h^2} \Big]$$

$$= 0$$

可得 $\begin{cases} k_1 + k_2 + k_3 = 1, \\ k_1 + 2k_2 + 3k_3 = 0, \\ k_1 + 4k_2 + 9k_3 = 0. \end{cases}$ 应用克莱姆法则，解得惟一解 $k_1 = 3, k_2 = -3, k_3 = 1$.

例 2.49（北京市 1990 年竞赛题） 设 $f(x)$ 是一定义于长度等于 $2^{①}$ 的闭区间 I 上的实函数，满足 $|f(x)| \leqslant 1, |f''(x)| \leqslant 1$. 对于 $x \in I$, 证明: $|f'(x)| \leqslant 2$, 且有函数使得等式成立.

解析 假设闭区间 $I = [a, a+2], \forall x \in I$, 应用泰勒公式, 有

$$f(a+2) = f(x) + f'(x)(a+2-x) + \frac{f''(\xi_1)}{2}(a+2-x)^2, \quad \xi_1 \in (x, a+2)$$

$$f(a) = f(x) + f'(x)(a-x) + \frac{f''(\xi_2)}{2}(a-x)^2, \quad \xi_2 \in (a, x)$$

两式相减, 得

$$f(a+2) - f(a) = 2f'(x) + \frac{f''(\xi_1)}{2}(a+2-x)^2 - \frac{f''(\xi_2)}{2}(a-x)^2$$

于是

$$2|f'(x)| \leqslant |f(a+2)| + |f(a)| + \frac{1}{2}|f''(\xi_1)|(a+2-x)^2 + \frac{1}{2}|f''(\xi_2)|(a-x)^2$$

$$\leqslant 2 + \frac{1}{2}(a+2-x)^2 + \frac{1}{2}(a-x)^2 = 4 + (a-x)^2 + 2(a-x)$$

$$\leqslant 4 + (a-x)(a+2-x) \leqslant 4$$

故得 $|f'(x)| \leqslant 2, x \in I$.

考虑函数 $f(x) = \frac{1}{2}(x-a)^2 - 1, x \in I = [a, a+2]$, 则 $|f(x)| \leqslant 1, f''(x) = 1$, 且 $f'(x) = x - a$, 故 $|f'(x)| \leqslant 2$, 当 $x = a + 2$ 时, $|f'(x)| = 2$.

例 2.50（莫斯科铁路运输工程学院 1977 年竞赛题） 不查表, 求方程

---

① 原题为不小于 2.

$$x^2 \sin \frac{1}{x} = 2x - 1977$$

的近似解,精确到 0.001.

解析 $x \neq 0$ 时,令 $u = \frac{1}{x}$,应用 $\sin u$ 的马克劳林公式,有

$$\sin u = u + \frac{1}{2!}(-\sin(\theta u))u^2$$

这里 $0 < \theta < 1$. 于是有

$$\sin \frac{1}{x} = \frac{1}{x} - \frac{1}{2x^2} \sin \frac{\theta}{x}$$

代入原方程得

$$x = 1977 - \frac{1}{2} \sin \frac{\theta}{x}$$

记 $\alpha = -\frac{1}{2} \sin \frac{\theta}{x}$. 因 $-\frac{1}{2} < \alpha < \frac{1}{2}$,故 $x > 1976$,$0 < \frac{1}{x} < \frac{1}{1976}$,$0 < \frac{\theta}{x} < \frac{1}{1976}$,于是

$$|\alpha| = \frac{1}{2} \sin \frac{\theta}{x} < \frac{1}{2} \cdot \frac{\theta}{x} < \frac{1}{2 \times 1976} < 0.001$$

$$x = 1977 + \alpha \approx 1977$$

例 2.51(莫斯科铁路运输工程学院 1977 年竞赛题) 求一函数 $f(x)$,使其在任一有限区间上有界,且满足方程

$$f(x) - \frac{1}{2} f\left(\frac{x}{2}\right) = x - x^2$$

解析 本题是求一函数满足方程,而不是求满足方程的函数. 我们可假设函数 $f(x)$ 任意阶可导,且可展为马克劳林级数. 在原式中令 $x = 0$ 可得 $f(0) = 0$,原式两边求导得

$$f'(x) - \frac{1}{4} f'\left(\frac{x}{2}\right) = 1 - 2x \tag{1}$$

在(1)式中令 $x = 0$ 得 $f'(0) = \frac{4}{3}$. (1)式两边求导得

$$f''(x) - \frac{1}{8} f''\left(\frac{x}{2}\right) = -2 \tag{2}$$

在(2)式中令 $x = 0$ 得 $f''(0) = -\frac{16}{7}$. (2)式两边求导得

$$f'''(x) - \frac{1}{16} f'''\left(\frac{x}{2}\right) = 0 \tag{3}$$

在(3)式中令 $x=0$ 得 $f'''(0)=0$。(3)式两边求导得 $f^{(4)}(x)=0$,如此继续可得
$$f^{(n)}(x)=0 \quad (n=5,6,\cdots)$$

因此函数 $f(x)$ 的马克劳林展式为
$$f(x)=f(0)+f'(0)x+\frac{1}{2!}f''(0)x^2+\frac{1}{3!}f'''(0)x^3+\frac{1}{4!}f^{(4)}(0)x^4+\cdots$$
$$=\frac{4}{3}x-\frac{8}{7}x^2$$

此函数 $f(x)$ 即为所求的函数。

例 2.52(北京邮电大学 1996 年竞赛题) 设函数 $f(x)$ 在 $(x_0-\delta, x_0+\delta)$ 上有 n 阶连续导数,且
$$f^{(k)}(x_0)=0 \quad (k=2,3,\cdots,n-1) \quad 且 \quad f^{(n)}(x_0)\neq 0$$

当 $0<|h|<\delta$ 时,有
$$f(x_0+h)-f(x_0)=hf'(x_0+\theta h), \quad 0<\theta<1 \quad (*)$$

试证:$\lim\limits_{h\to 0}\theta=\dfrac{1}{\sqrt[n-1]{n}}$。

解析 运用泰勒公式,有
$$f(x_0+h)=f(x_0)+f'(x_0)h+\frac{f''(x_0)}{2!}h^2+\cdots+\frac{f^{(n-1)}(x_0)}{(n-1)!}h^{n-1}+\frac{f^{(n)}(\xi)}{n!}h^n$$
$$=f(x_0)+f'(x_0)h+\frac{f^{(n)}(\xi)}{n!}h^n, \quad \xi \text{ 介于 } x_0, x_0+h \text{ 间}$$

类似有
$$f'(x_0+\theta h)=f'(x_0)+\frac{f^{(n)}(\eta)}{(n-1)!}(\theta h)^{n-1}, \quad \eta \text{ 介于 } x_0, x_0+\theta h \text{ 间}$$

将两式代入(*)式并化简可得
$$f'(x_0)h+\frac{f^{(n)}(\xi)}{n!}h^n=h\left[f'(x_0)+\frac{f^{(n)}(\eta)}{(n-1)!}(\theta h)^{n-1}\right]$$

故 $\dfrac{f^{(n)}(\xi)}{n}=f^{(n)}(\eta)\cdot\theta^{n-1}$。令 $h\to 0$,则 $\xi\to x_0, \eta\to x_0$,由 $f^{(n)}(x)$ 的连续性得
$$\frac{f^{(n)}(x_0)}{n}=f^{(n)}(x_0)\left(\lim_{h\to 0}\theta\right)^{n-1}$$

由于 $f^{(n)}(x_0)\neq 0$,故 $\lim\limits_{h\to 0}\theta=\dfrac{1}{\sqrt[n-1]{n}}$。

例 2.53(全国大学生 2014 年决赛题) 设 $f\in \mathscr{E}^{(4)}(-\infty, +\infty)$,且

$$f(x+h) = f(x) + f'(x)h + \frac{1}{2}f''(x+\theta h)h^2 \qquad (*)$$

其中 θ 是与 x,h 无关的常数,证明:f 是不超过 3 次的多项式.

解析 若 $f(x)$ 是不超过 2 次的多项式,因 $f''(x) \equiv$ 常数,所以 $\forall \theta \in (0,1)$,$(*)$ 式成立.

下面不妨设 $f(x)$ 不是不超过 2 次的多项式. 对函数 $f''(x)$ 应用泰勒公式,在 x 与 $x+\theta h$ 之间必存在 ξ,使得

$$f''(x+\theta h) = f''(x) + f'''(x)\theta h + \frac{1}{2}f^{(4)}(\xi)(\theta h)^2$$

其中 θ 为 $0,1$ 之间的常数. 将上式代入 $(*)$ 式并化简得

$$\frac{1}{2}f^{(4)}(\xi)\theta^2 = \frac{2f(x+h) - 2f(x) - 2f'(x)h - f''(x)h^2 - f'''(x)\theta h^3}{h^4}$$

此式两边令 $h \to 0$,并多次应用洛必达法则,得

$$\frac{1}{2}f^{(4)}(x)\theta^2 \stackrel{\frac{0}{0}}{=} \lim_{h \to 0} \frac{2f'(x+h) - 2f'(x) - 2f''(x)h - 3f'''(x)\theta h^2}{4h^3}$$

$$\stackrel{\frac{0}{0}}{=} \lim_{h \to 0} \frac{f''(x+h) - f''(x) - 3f'''(x)\theta h}{6h^2}$$

$$\stackrel{\frac{0}{0}}{=} \lim_{h \to 0} \frac{f'''(x+h) - 3f'''(x)\theta}{12h} \quad \left(\text{此式右端极限存在} \Leftrightarrow \theta = \frac{1}{3}\right)$$

$$\stackrel{\frac{0}{0}}{=} \frac{f^{(4)}(x)}{12}$$

由此可得 $f^{(4)}(x) \equiv 0$,于是函数 $f(x)$ 是 3 次多项式,且此时 $\theta = \frac{1}{3}$.

综上,可得 $f(x)$ 是不超过 3 次的多项式.

例 2.54(全国大学生 2012 年决赛题) 设 $f(x)$ 在 $(-\infty, +\infty)$ 上无穷次可微,并且满足:存在 $M > 0$,使得

$$|f^{(k)}(x)| \leqslant M \quad (x \in (-\infty, +\infty), k = 1, 2, \cdots)$$

且满足 $f\left(\frac{1}{2^n}\right) = 0 (n = 1, 2, \cdots)$,求证:在 $(-\infty, +\infty)$ 上有 $f(x) \equiv 0$.

解析 首先,由 $f\left(\frac{1}{2^n}\right) = 0$ 得 $\lim\limits_{n \to \infty} f\left(\frac{1}{2^n}\right) = f(0) = 0$. 对函数 $f(x)$ 在 $\left[0, \frac{1}{2^n}\right]$ 应用拉格朗日中值定理,必 $\exists \xi_1(n) \in \left(0, \frac{1}{2^n}\right)$,使得

$$0 = f\left(\frac{1}{2^n}\right) = f(0) + f'(\xi_1(n))\frac{1}{2^n} = f'(\xi_1(n))\frac{1}{2^n}$$

$$\Rightarrow \forall n \in \mathbf{N}^*, \text{有 } f'(\xi_1(n)) = 0 \Rightarrow \lim_{n \to \infty} f'(\xi_1(n)) = f'(0) = 0$$

应用马克劳林公式,必 $\exists \xi_2(n) \in \left(0, \frac{1}{2^n}\right)$,使得

$$0 = f\left(\frac{1}{2^n}\right) = f(0) + f'(0)\frac{1}{2^n} + \frac{1}{2!}f''(\xi_2(n))\left(\frac{1}{2^n}\right)^2 = \frac{1}{2!}f''(\xi_2(n))\left(\frac{1}{2^n}\right)^2$$

$$\Rightarrow \forall n \in \mathbf{N}^*, 有 f''(\xi_2(n)) = 0 \Rightarrow \lim_{n \to \infty} f''(\xi_2(n)) = f''(0) = 0$$

依此类推,应用马克劳林公式可得,$\forall k \in \mathbf{N}^*$,有 $f^{(k)}(0) = 0$. $\forall x_0 \in \mathbf{R}$,再应用马克劳林公式,在 0 与 x_0 之间必存在 ξ,使得

$$f(x_0) = f(0) + f'(0)x_0 + \cdots + \frac{1}{k!}f^{(k)}(0)x_0^k + \frac{1}{(k+1)!}f^{(k+1)}(\xi)x_0^{k+1}$$

$$= \frac{1}{(k+1)!}f^{(k+1)}(\xi)x_0^{k+1}$$

由于级数 $\sum_{k=0}^{\infty} \frac{M}{(k+1)!}x_0^{k+1} = M(e^{x_0} - 1)$,所以

$$\left|\frac{1}{(k+1)!}f^{(k+1)}(\xi)x_0^{k+1}\right| \leqslant \frac{M}{(k+1)!}x_0^{k+1} \to 0 \quad (k \to +\infty)$$

因此 $f(x_0) = 0$. 由 $x_0 \in \mathbf{R}$ 的任意性,即得 $\forall x \in \mathbf{R}$,有 $f(x) \equiv 0$.

例 2.55(莫斯科纺织学院 1977 年竞赛题) 设 $f(x)$ 在 $(0, +\infty)$ 上二阶可导,$\lim_{x \to +\infty} f(x)$ 存在,当 $0 < x < +\infty$ 时,$|f''(x)| \leqslant 1$,求证:$\lim_{x \to +\infty} f'(x) = 0$.

解析 $\forall \varepsilon > 0$,应用泰勒公式,有

$$f(x + \varepsilon) = f(x) + f'(x)\varepsilon + \frac{1}{2!}f''(\xi)\varepsilon^2$$

这里 $x > 0$,$x < \xi < x + \varepsilon$. 于是

$$|f'(x)| = \left|\frac{f(x + \varepsilon) - f(x)}{\varepsilon} - \frac{1}{2}f''(\xi)\varepsilon\right|$$

$$\leqslant \frac{1}{\varepsilon}|f(x + \varepsilon) - f(x)| + \frac{1}{2}|f''(\xi)|\varepsilon$$

$$\leqslant \frac{1}{\varepsilon}|f(x + \varepsilon) - f(x)| + \frac{1}{2}\varepsilon$$

令 $x \to +\infty$,得

$$\lim_{x \to +\infty}|f'(x)| \leqslant \frac{1}{\varepsilon} \cdot 0 + \frac{1}{2}\varepsilon = \frac{1}{2}\varepsilon$$

由 $\varepsilon > 0$ 的任意性得 $\lim_{x \to +\infty}|f'(x)| = 0$,即 $\lim_{x \to +\infty} f'(x) = 0$.

例 2.56(莫斯科电子技术学院 1977 年竞赛题) 设函数 $f(x)$ 二阶可导,且 $f(0) = f(1) = 0$,$\min_{x \in [0,1]} f(x) = -1$,求证:$\max_{x \in [0,1]} f''(x) \geqslant 8$.

解析 因 $f \in C[0,1]$,由最值定理,$f(x)$ 在 $[0,1]$ 上最小值存在,令

$$f(C) = \min_{0 \leqslant x \leqslant 1} f(x) = -1$$

因 $f(x)$ 在 $x = C$ 处可导,所以 $f'(C) = 0$. 函数 $f(x)$ 在 $x = C$ 处的泰勒展式为

$$f(x) = f(C) + f'(C)(x-C) + \frac{1}{2!}f''(\xi)(x-C)^2 \qquad (1)$$

这里 ξ 介于 C 与 x 之间,在(1)式中分别令 $x = 0$ 与 $x = 1$,得

$$0 = f(0) = f(C) + \frac{1}{2}f''(\xi_1)C^2 = -1 + \frac{1}{2}f''(\xi_1)C^2 \qquad (2)$$

$$0 = f(1) = f(C) + \frac{1}{2}f''(\xi_2)(1-C)^2 = -1 + \frac{1}{2}f''(\xi_2)(1-C)^2 \qquad (3)$$

这里 $0 < \xi_1 < C, C < \xi_2 < 1$. 于是有

$$f''(\xi_1) = \frac{2}{C^2}, \quad f''(\xi_2) = \frac{2}{(1-C)^2}$$

(1) 当 $C = \frac{1}{2}$ 时,$f''(\xi_1) = f''(\xi_2) = 8$;

(2) 当 $0 < C < \frac{1}{2}$ 时,$f''(\xi_1) > \frac{2}{\left(\frac{1}{2}\right)^2} = 8$;

(3) 当 $\frac{1}{2} < C < 1$ 时,$f''(\xi_2) > \frac{2}{\left(1-\frac{1}{2}\right)^2} = 8$.

综上,可得 $\max\limits_{0 \leqslant x \leqslant 1} f''(x) \geqslant 8$.

例 2.57(江苏省 2006 年竞赛题) 某人由甲地开汽车出发,沿直线行驶,经过 2 h 到达乙地停止,一路通畅. 若开车的最大速度为 100 km/h,求证:该汽车在行驶途中加速度的变化率的最小值不大于 -200 km/h³.

解析 设 t 为时间,$v(t)$ 为速度,$a(t)$ 为加速度,则 $v(0) = 0, v(2) = 0$,设时刻 t_0 速度达最大值,则 $v(t_0) = 100, v'(t_0) = a(t_0) = 0$. 由泰勒公式,有

$$v(t) = v(t_0) + v'(t_0)(t-t_0) + \frac{1}{2!}a'(\xi)(t-t_0)^2$$
$$= 100 + \frac{1}{2}a'(\xi)(t-t_0)^2$$

其中 ξ 介于 t 与 t_0 之间. 分别令 $t = 0$ 与 $t = 2$,得

$$v(0) = 0 = 100 + \frac{1}{2}a'(\xi_1)t_0^2$$

$$v(2) = 0 = 100 + \frac{1}{2}a'(\xi_2)(2-t_0)^2$$

其中 $0 < \xi_1 < t_0 < \xi_2 < 2$.

(1) 若 $t_0 = 1$,则 $a'(\xi_1) = a'(\xi_2) = -200$;

(2) 若 $0 < t_0 < 1$,则 $a'(\xi_1) = -\dfrac{200}{t_0^2} < -200$;

(3) 若 $1 < t_0 < 2$,则 $a'(\xi_2) = -\dfrac{200}{(1-t_0)^2} < -200$.

于是
$$\min a'(t) \leqslant \min\{a'(\xi_1), a'(\xi_2)\} \leqslant -200$$

例 2.58(精选题) 设函数 $f(x)$ 在 $[a,b]$ 上二阶可导,$f'(a) = 0, f'(b) = 0$,求证:$\exists \xi \in (a,b)$,使得

$$|f''(\xi)| \geqslant 4\dfrac{|f(b) - f(a)|}{(b-a)^2}$$

解析 函数 $f(x)$ 在 $x = a$ 与 $x = b$ 处的泰勒展式分别为

$$f(x) = f(a) + f'(a)(x-a) + \dfrac{1}{2!}f''(\xi_1)(x-a)^2 \qquad (1)$$

$$f(x) = f(b) + f'(b)(x-b) + \dfrac{1}{2!}f''(\eta_1)(x-b)^2 \qquad (2)$$

这里 $\xi_1 \in (a,x), \eta_1 \in (x,b)$.

在(1)和(2)式中分别令 $x = \dfrac{a+b}{2}$ 得

$$\begin{aligned}
f\left(\dfrac{a+b}{2}\right) &= f(a) + \dfrac{1}{2}f''(\xi_1')\left(\dfrac{a+b}{2} - a\right)^2 \\
&= f(a) + \dfrac{1}{8}f''(\xi_1')(b-a)^2
\end{aligned} \qquad (3)$$

$$\begin{aligned}
f\left(\dfrac{a+b}{2}\right) &= f(b) + \dfrac{1}{2}f''(\eta_1')\left(\dfrac{a+b}{2} - b\right)^2 \\
&= f(b) + \dfrac{1}{8}f''(\eta_1')(b-a)^2
\end{aligned} \qquad (4)$$

这里 $\xi_1' \in \left(a, \dfrac{a+b}{2}\right), \eta_1' \in \left(\dfrac{a+b}{2}, b\right)$. (3) 式减(4) 式得

$$f(b) - f(a) = \dfrac{1}{8}[f''(\xi_1') - f''(\eta_1')](b-a)^2$$

$$\begin{aligned}
|f(b) - f(a)| &= \dfrac{1}{8}|f''(\xi_1') - f''(\eta_1')|(b-a)^2 \\
&\leqslant \dfrac{1}{8}(|f''(\xi_1')| + |f''(\eta_1')|)(b-a)^2 \\
&\leqslant \dfrac{1}{4}\max(|f''(\xi_1')|, |f''(\eta_1')|)(b-a)^2
\end{aligned}$$

$$= \frac{1}{4} \mid f''(\xi) \mid (b-a)^2$$

这里 $\xi = \xi_1'$ 或 η_1',且上式即为原式.

例 2.59(精选题) （1）根据 e^x 的两种形式余项的马克劳林展开式

$$e^x = \left(1 + x + \frac{x^2}{2!} + \frac{x^3}{3!} + \cdots + \frac{x^n}{n!}\right) + \frac{e^\xi}{(n+1)!} x^{n+1} \tag{1}$$

$$= \left(1 + x + \frac{x^2}{2!} + \frac{x^3}{3!} + \cdots + \frac{x^n}{n!}\right) + \frac{1}{n!}\int_0^x e^t (x-t)^n dt \tag{2}$$

证明：

$$1 + x + \frac{x^2}{2!} + \frac{x^3}{3!} + \cdots + \frac{x^n}{n!} > \frac{1}{2} e^x \quad (0 \leqslant x \leqslant n) \tag{3}$$

（2）求证：$\exists \xi \in (50, 100)$,使得

$$\int_0^\xi e^{-x} \left(1 + x + \frac{x^2}{2!} + \frac{x^3}{3!} + \cdots + \frac{x^{100}}{100!}\right) dx = 50$$

解析 应用(2)式,有

$$(3) \text{式} \Leftrightarrow \frac{1}{n!}\int_0^x e^t (x-t)^n dt < \frac{1}{2} e^x \tag{4}$$

应用 $n! = \Gamma(n+1) = \int_0^{+\infty} e^{-t} t^n dt$,有

$$(4) \text{式} \Leftrightarrow 2\int_0^x e^{t-x} (x-t)^n dt < \int_0^{+\infty} e^{-t} t^n dt$$

$$\Leftrightarrow 2\int_0^x e^{-u} u^n du < \int_0^{+\infty} e^{-t} t^n dt \quad (\text{令 } u = x-t) \tag{5}$$

$$\Leftrightarrow \int_0^x e^{-t} t^n dt < \int_x^{+\infty} e^{-t} t^n dt \quad (0 \leqslant x \leqslant n)$$

下面证明：$\int_0^x e^{-t} t^n dt < \int_x^{2x} e^{-t} t^n dt$. 当此式成立时,(5)式自然成立. 令 $2x - t = u$,则

$$\int_x^{2x} e^{-t} t^n dt = \int_0^x e^{u-2x} (2x-u)^n du = \int_0^x e^{-(2x-t)} (2x-t)^n dt$$

记 $f(t) = e^{-t} t^n$,则只需证明 $f(t) < f(2x-t) (0 < t < x \leqslant n)$,即

$$2(t-x) + n\ln(2x-t) > n\ln t \tag{6}$$

令 $g(t) = 2(t-x) + n\ln(2x-t) - n\ln t (0 < t < x \leqslant n)$,则 $g(x) = 0, g'(t) = 2 - \frac{2nx}{t(2x-t)}$,因为 $nx \geqslant x^2 > 2tx - t^2$,所以 $g'(t) < 0$,从而 $g(t)$ 单调减少,因此 $g(t) > g(x) = 0$,得(6)式成立.

(2) 令
$$f(t) = \int_0^t e^{-x}\left(1 + x + \frac{x^2}{2!} + \frac{x^3}{3!} + \cdots + \frac{x^{100}}{100!}\right)dx$$

则 $f(t) \in \mathscr{C}[50, 100]$,且

$$f(50) = \int_0^{50} e^{-x}\left(1 + x + \frac{x^2}{2!} + \frac{x^3}{3!} + \cdots + \frac{x^{100}}{100!}\right)dx < \int_0^{50} e^{-x} \cdot e^x dx = 50$$

$$f(100) = \int_0^{100} e^{-x}\left(1 + x + \frac{x^2}{2!} + \frac{x^3}{3!} + \cdots + \frac{x^{100}}{100!}\right)dx > \int_0^{100} e^{-x} \cdot \frac{1}{2}e^x dx = 50$$

应用介值定理,$\exists \xi \in (50, 100)$,使得 $f(\xi) = 50$.

例 2.60(莫斯科大学 1977 年竞赛题) 设函数 $f(x)$ 在区间 $(-1,1)$ 上任意阶可导,且 $f^{(n)}(0) \neq 0 (n = 1, 2, 3, \cdots)$,又设对 $0 < |x| < 1$ 和 $n \in \mathbf{N}$,有泰勒公式

$$f(x) = f(0) + f'(0)x + \cdots + \frac{f^{(n-1)}(0)}{(n-1)!}x^{n-1} + \frac{f^{(n)}(\theta x)}{n!}x^n$$

这里 $0 < \theta < 1$. 试求 $\lim\limits_{x \to 0} \theta$.

解析 由题给条件得

$$f^{(n)}(\theta x) = \frac{n!\left(f(x) - f(0) - f'(0)x - \cdots - \frac{f^{(n-1)}(0)}{(n-1)!}x^{n-1}\right)}{x^n}$$

于是

$$\frac{f^{(n)}(\theta x) - f^{(n)}(0)}{\theta x} \cdot \theta$$

$$= \frac{n!\left(f(x) - f(0) - f'(0)x - \cdots - \frac{f^{(n-1)}(0)}{(n-1)!}x^{n-1}\right) - f^{(n)}(0)x^n}{x^{n+1}} \quad (*)$$

由于

$$\lim_{x \to 0} \frac{f^{(n)}(\theta x) - f^{(n)}(0)}{\theta x} = f^{(n+1)}(0) \neq 0$$

$$\lim_{x \to 0} \frac{n!\left(f(x) - f(0) - f'(0)x - \cdots - \frac{f^{(n-1)!}(0)}{(n-1)!}x^{n-1}\right) - f^{(n)}(0)x^n}{x^{n+1}}$$

$$\overset{\frac{0}{0}}{=} \lim_{x \to 0} \frac{n! f^{(n)}(x) - f^{(n)}(0)n!}{(n+1)! x} \quad (n \text{ 次应用洛必达法则})$$

$$= \frac{1}{n+1} f^{(n+1)}(0)$$

故(*)式两边求极限得

$$f^{(n+1)}(0) \cdot \lim_{x \to 0} \theta = f^{(n+1)}(0) \cdot \frac{1}{n+1}$$

于是 $\lim\limits_{x \to 0} \theta = \dfrac{1}{n+1}$.

2.2.6 利用洛必达法则求极限(例 2.61—2.71)

例 2.61(南京大学 1996 年竞赛题) $\lim\limits_{x \to +\infty} (\sqrt[3]{x^3 + 2x^2 + 1} - x \mathrm{e}^{\frac{1}{x}}) = $ _____.

解析 令 $x = \dfrac{1}{t}$,并运用洛必达法则,则

$$\text{原式} = \lim_{t \to 0^+} \frac{\sqrt[3]{1 + 2t + t^3} - \mathrm{e}^t}{t} \overset{\frac{0}{0}}{=} \lim_{t \to 0^+} \frac{\frac{1}{3}(1 + 2t + t^3)^{-\frac{2}{3}}(2 + 3t^2) - \mathrm{e}^t}{1}$$
$$= \frac{1}{3} \cdot 1 \cdot 2 - 1 = -\frac{1}{3}$$

例 2.62(南京大学 1996 年竞赛题) 求 $\lim\limits_{x \to 1}\left(\dfrac{x}{x-1} - \dfrac{1}{\ln x}\right)$.

解析 化简后应用洛必达法则,有

$$\text{原式} = \lim_{x \to 1} \frac{x \ln x - x + 1}{(x-1)\ln(1 + x - 1)}$$
$$= \lim_{x \to 1} \frac{x \ln x - x + 1}{(x-1)^2} \overset{\frac{0}{0}}{=} \lim_{x \to 1} \frac{\ln x + 1 - 1}{2(x-1)}$$
$$= \lim_{x \to 1} \frac{\ln(1 + x - 1)}{2(x-1)} = \lim_{x \to 1} \frac{x - 1}{2(x-1)} = \frac{1}{2}$$

例 2.63(江苏省 2000 年竞赛题) 求 $\lim\limits_{x \to 1} \dfrac{x^x - x}{\ln x - x + 1}$.

解析 应用洛必达法则,并应用取对数求导法则,有

$$\text{原式} \overset{\frac{0}{0}}{=} \lim_{x \to 1} \frac{x^x(x \ln x)' - 1}{\frac{1}{x} - 1} = \lim_{x \to 1} \frac{x^x(1 + \ln x) - 1}{1 - x}$$
$$\overset{\frac{0}{0}}{=} \lim_{x \to 1} \frac{x^x(1 + \ln x)^2 + x^{x-1}}{-1} = -2$$

例 2.64(江苏省 2016 年竞赛题) 求 $\lim\limits_{x \to 0} \dfrac{\sin(\sin x) - \sin(\sin(\sin x))}{\sin x \cdot \sin(\sin x) \cdot \sin(\sin(\sin x))}$.

解析 令 $\sin x = u$,则

$$\text{原式} = \lim_{u \to 0} \frac{\sin u - \sin(\sin u)}{u \cdot \sin u \cdot \sin(\sin u)}$$

应用等价无穷小替换与洛必达法则得

$$\text{原式} = \lim_{u\to 0}\frac{\sin u - \sin(\sin u)}{u^3} \overset{\frac{0}{0}}{=} \lim_{u\to 0}\frac{\cos u - \cos(\sin u)\cdot \cos u}{3u^2}$$

$$= \lim_{u\to 0}\frac{1-\cos(\sin u)}{3u^2}\cdot \lim_{u\to 0}\cos u = \lim_{u\to 0}\frac{1-\cos(\sin u)}{3u^2}$$

$$= \lim_{u\to 0}\frac{\frac{1}{2}\cdot \sin^2 u}{3u^2} = \lim_{u\to 0}\frac{u^2}{6u^2} = \frac{1}{6}$$

例 2.65(江苏省 2016 年竞赛题) 求 $\lim_{x\to 0}\dfrac{\tan(\tan x) - \tan(\tan(\tan x))}{\tan x \cdot \tan(\tan x) \cdot \tan(\tan(\tan x))}$.

解析 令 $\tan x = u$,则

$$\text{原式} = \lim_{u\to 0}\frac{\tan u - \tan(\tan u)}{u\cdot \tan u \cdot \tan(\tan u)}$$

应用洛必达法则与等价无穷小替换得

$$\text{原式} = \lim_{u\to 0}\frac{\tan u - \tan(\tan u)}{u^3} \overset{\frac{0}{0}}{=} \lim_{u\to 0}\frac{\sec^2 u - \sec^2(\tan u)\cdot \sec^2 u}{3u^2}$$

$$= \lim_{u\to 0}\frac{1-\sec^2(\tan u)}{3u^2}\cdot \lim_{u\to 0}\sec^2 u = \lim_{u\to 0}\frac{1-\sec^2(\tan u)}{3u^2}$$

$$= \lim_{u\to 0}\frac{-\tan^2(\tan u)}{3u^2} = \lim_{u\to 0}\frac{-u^2}{3u^2} = -\frac{1}{3}$$

例 2.66(全国大学生 2017 年预赛题) 已知函数 $f(x)$ 在 $x=0$ 处二阶可导[①],且 $f(0)=f'(0)=0, f''(0)=6$,求 $\lim\limits_{x\to 0}\dfrac{f(\sin^2 x)}{x^4}$.

解析 应用洛必达法则、等价无穷小替换与二阶导数的定义得

$$\lim_{x\to 0}\frac{f(\sin^2 x)}{x^4} \overset{\frac{0}{0}}{=} \lim_{x\to 0}\frac{f'(\sin^2 x)\sin 2x}{4x^3} = \lim_{x\to 0}\frac{f'(\sin^2 x)}{2x^2}$$

$$= \frac{1}{2}\lim_{x\to 0}\frac{f'(\sin^2 x) - f'(0)}{\sin^2 x}\cdot \frac{\sin^2 x}{x^2} = \frac{1}{2}f''(0)\cdot 1 = 3$$

例 2.67(江苏省 2012 年竞赛题) 设 $f(x)$ 在 $x=0$ 处三阶可导,且 $f'(0)=0$, $f''(0)=3$,求 $\lim\limits_{x\to 0}\dfrac{f(e^x-1)-f(x)}{x^3}$.

解析 应用洛必达法则、等价无穷小替换与三阶导数的定义得

$$\text{原式} \overset{\frac{0}{0}}{=} \lim_{x\to 0}\frac{e^x f'(e^x-1) - f'(x)}{3x^2} \overset{\frac{0}{0}}{=} \lim_{x\to 0}\frac{e^x f'(e^x-1) + e^{2x}f''(e^x-1) - f''(x)}{6x}$$

$$= \frac{1}{6}\Big(\lim_{x\to 0}e^x\frac{f'(e^x-1)-f'(0)}{e^x-1} + \lim_{x\to 0}e^{2x}\frac{f''(e^x-1)-f''(0)}{e^x-1}$$

[①] 原题条件为 $f(x)$ 二阶导数连续,这里减弱为 $f(x)$ 二阶可导.

$$-\lim_{x\to 0}\frac{f''(x)-f''(0)}{x}+\lim_{x\to 0}\frac{3(e^{2x}-1)}{x}\Big)$$

$$=\frac{1}{6}(f'''(0)+f'''(0)-f'''(0)+6)=\frac{3}{2}$$

例 2.68（南京大学 1995 年竞赛题） 求 $\lim\limits_{x\to 0}\dfrac{2\ln(2-\cos x)-3[(1+\sin^2 x)^{\frac{1}{3}}-1]}{[x\ln(1+x)]^2}$.

解析 应用等价无穷小替换与洛必达法则得

$$\text{原式}=\lim_{x\to 0}\frac{2\ln(2-\cos x)-3[(1+\sin^2 x)^{\frac{1}{3}}-1]}{x^4}$$

$$\stackrel{\frac{0}{0}}{=}\lim_{x\to 0}\frac{\dfrac{2\sin x}{2-\cos x}-(1+\sin^2 x)^{-\frac{2}{3}}2\sin x\cos x}{4x^3}$$

$$=\lim_{x\to 0}\frac{(1+\sin^2 x)^{\frac{2}{3}}-(2-\cos x)\cos x}{(2-\cos x)2x^2(1+\sin^2 x)^{\frac{2}{3}}}$$

$$=\lim_{x\to 0}\frac{(1+\sin^2 x)^{\frac{2}{3}}-(2-\cos x)\cos x}{2x^2}$$

$$\stackrel{\frac{0}{0}}{=}\lim_{x\to 0}\frac{\dfrac{2}{3}(1+\sin^2 x)^{-\frac{1}{3}}\sin 2x+2\sin x-\sin 2x}{4x}$$

$$=\lim_{x\to 0}\frac{2}{3}(1+\sin^2 x)^{-\frac{1}{3}}\frac{\sin 2x}{4x}+\lim_{x\to 0}\frac{2\sin x}{4x}-\lim_{x\to 0}\frac{\sin 2x}{4x}$$

$$=\frac{2}{3}\cdot\frac{1}{2}+\frac{1}{2}-\frac{1}{2}=\frac{1}{3}$$

例 2.69（全国大学生 2010 年预赛题） 求 $\lim\limits_{x\to\infty}\mathrm{e}^{-x}\left(1+\dfrac{1}{x}\right)^{x^2}$.

解析 应用洛必达法则,得

$$\text{原式}=\lim_{x\to\infty}\mathrm{e}^{-x}\exp\left(x^2\ln\left(1+\frac{1}{x}\right)\right)$$

$$=\lim_{x\to\infty}\exp\left(x^2\ln\left(1+\frac{1}{x}\right)-x\right)\quad\left(\diamondsuit\frac{1}{x}=t\right)$$

$$=\lim_{t\to 0}\exp\left(\frac{\ln(1+t)-t}{t^2}\right)\stackrel{\frac{0}{0}}{=}\lim_{t\to 0}\exp\left(\frac{\dfrac{1}{1+t}-1}{2t}\right)$$

$$=\lim_{t\to 0}\exp\left(\frac{-t}{2t(1+t)}\right)=\frac{1}{\sqrt{\mathrm{e}}}$$

注:本题的一个**错误解法**是

$$原式 = \lim_{x\to\infty} e^{-x} \left(\lim_{x\to\infty}\left(1+\frac{1}{x}\right)^x\right)^x = \lim_{x\to\infty} e^{-x} e^x = 1.$$

例 2.70（浙江省 2006 年竞赛题） 求 $\lim\limits_{n\to\infty} n\left[\left(1+\dfrac{x}{n}\right)^n - e^x\right]$.

解析 先考虑 $\lim\limits_{t\to+\infty} t\left[\left(1+\dfrac{x}{t}\right)^t - e^x\right]$. 令 $r=\dfrac{1}{t}$, 应用等价无穷小替换与洛必达法则, 有

$$\lim_{t\to+\infty} t\left[\left(1+\frac{x}{t}\right)^t - e^x\right] = \lim_{r\to 0^+} \frac{(1+rx)^{\frac{1}{r}} - e^x}{r} = e^x \lim_{r\to 0^+} \frac{e^{\frac{1}{r}\ln(1+rx)-x}-1}{r}$$

$$= e^x \lim_{r\to 0^+} \frac{\ln(1+rx)-rx}{r^2} \stackrel{\frac{0}{0}}{=} e^x \lim_{r\to 0^+} \frac{\frac{x}{1+rx}-x}{2r}$$

$$= xe^x \lim_{r\to 0^+} \frac{-rx}{2r(1+rx)} = -\frac{x^2}{2}e^x$$

故原式 $= -\dfrac{x^2}{2}e^x$.

例 2.71（全国大学生 2009 年预赛题） 求 $\lim\limits_{x\to 0}\left(\dfrac{e^x+e^{2x}+\cdots+e^{nx}}{n}\right)^{\frac{e}{x}}$, 其中 n 是给定的正整数.

解析 利用关于 e 的重要极限与洛必达法则, 得

$$原式 = \lim_{x\to 0}\left(1+\frac{e^x+e^{2x}+\cdots+e^{nx}-n}{n}\right)^{\frac{n}{e^x+e^{2x}+\cdots+e^{nx}-n} \cdot \frac{(e^x+e^{2x}+\cdots+e^{nx}-n)e}{nx}}$$

$$= \exp\left(\lim_{x\to 0}\frac{(e^x+e^{2x}+\cdots+e^{nx}-n)e}{nx}\right)$$

$$\stackrel{\frac{0}{0}}{=} \exp\left(\lim_{x\to 0}\frac{(e^x+2e^{2x}+\cdots+ne^{nx})e}{n}\right) = e^{\frac{n+1}{2}e}.$$

2.2.7 导数在几何上的应用（例 2.72—2.87）

例 2.72（江苏省 2017 年竞赛题） 已知命题：若函数 $f(x)$ 在区间 $[a,b]$ 上可导, $f'(a)>0$, 则存在 $c\in(a,b)$, 使得 $f(x)$ 在区间 $[a,c]$ 上单调增加. 判断该命题是否成立. 若判断成立, 给出证明; 若判断不成立, 举一反例, 证明命题不成立.

解析 命题不成立. 反例：$f(x) = \begin{cases} \dfrac{1}{2}x + x^2\sin\dfrac{1}{x} & (0<x\leqslant 1); \\ 0 & (x=0). \end{cases}$

因为

$$f'_+(0) = \lim_{x\to 0^+}\frac{f(x)-f(0)}{x} = \lim_{x\to 0^+}\left(\frac{1}{2}+x\sin\frac{1}{x}\right) = \frac{1}{2}+0 = \frac{1}{2} > 0$$

当 $0 < x \leqslant 1$ 时,$f'(x) = \dfrac{1}{2} + 2x\sin\dfrac{1}{x} - \cos\dfrac{1}{x}$,所以 $f(x)$ 在 $[0,1]$ 上可导.

下面用反证法证明命题不成立. 若存在 $c \in (0,1)$,使得 $f(x)$ 在区间 $[0,c]$ 上单调增加,则 $x \in [0,c]$ 时 $f'(x) \geqslant 0$. 由于 n 充分大时,$x_0 = \dfrac{1}{2n\pi} \in [0,c]$,但

$$f'(x_0) = f'\left(\dfrac{1}{2n\pi}\right) = \dfrac{1}{2} + \dfrac{1}{n\pi}\sin 2n\pi - \cos 2n\pi = -\dfrac{1}{2} < 0$$

此与 $\forall x \in [0,c], f'(x) \geqslant 0$ 矛盾,所以命题不成立.

例 2.73(江苏省 2016 年竞赛题) 设函数 $f(x)$ 在 $x=2$ 处可微,且满足

$$2f(2+x) + f(2-x) = 3 + 2x + o(x) \tag{1}$$

这里 $o(x)$ 表示比 x 高阶的无穷小(当 $x \to 0$ 时),试求微分 $\mathrm{d}f(x)\big|_{x=2}$,并求曲线 $y = f(x)$ 在点 $(2, f(2))$ 处的切线方程.

解析 因为 $f(x)$ 在 $x=2$ 处可微即可导,所以 $f(x)$ 在 $x=2$ 处连续,又函数

$$\varphi(x) = 2 + x, \quad \psi(x) = 2 - x$$

在 $x=0$ 处连续,在(1)式中令 $x \to 0$ 得 $2f(2) + f(2) = 3$,因此 $f(2) = 1$.

将(1)式化为

$$\dfrac{2(f(2+x) - f(2))}{x} - \dfrac{f(2-x) - f(2)}{-x} = 2 + \dfrac{o(x)}{x} \tag{2}$$

因 $f(x)$ 在 $x=2$ 处可导,应用导数的定义得

$$\lim_{x \to 0} \dfrac{f(2+x) - f(2)}{x} = f'(2), \quad \lim_{x \to 0} \dfrac{f(2-x) - f(2)}{-x} = f'(2)$$

又 $\lim\limits_{x \to 0}\left(2 + \dfrac{o(x)}{x}\right) = 2$,故在(2)式两边求极限得 $f'(2) = 2$,即

$$\mathrm{d}f(x)\big|_{x=2} = f'(2)\mathrm{d}x = 2\mathrm{d}x$$

且曲线 $y = f(x)$ 在点 $(2,1)$ 处的切线方程为

$$y - 1 = f'(2)(x - 2), \quad 即 \quad 2x - y = 3$$

例 2.74(江苏省 2000 年竞赛题) 已知函数 $y = f(x)$ 对一切 x 满足 $xf''(x) + 3x[f'(x)]^2 = 1 - \mathrm{e}^{-x}$,若 $f'(x_0) = 0$ ($x_0 \neq 0$),则 (   )

A. $f(x_0)$ 是 $f(x)$ 的极大值

B. $(x_0, f(x_0))$ 是曲线 $y = f(x)$ 的拐点

C. $f(x_0)$ 是 $f(x)$ 的极小值

D. $f(x_0)$ 不是 $f(x)$ 极值,$(x_0, f(x_0))$ 不是 $y = f(x)$ 拐点

解析 在原式中取 $x = x_0$,得

$$f''(x_0) = \frac{1 - e^{-x_0}}{x_0}$$

当 $x_0 > 0$ 时,因为 $1 - e^{-x_0} > 0$,所以 $f''(x_0) > 0$;当 $x_0 < 0$ 时,因为 $1 - e^{-x_0} < 0$,所以 $f''(x_0) > 0$. 即 $\forall x_0 \neq 0$ 有 $f''(x_0) > 0$,所以 $f(x_0)$ 是 $f(x)$ 的极小值. 故选 C.

例 2.75(江苏省 2012 年竞赛题) 在下面两题中,分别指出满足条件的函数是否存在. 若存在,举一例,并证明满足条件;若不存在,请给出证明.

(1) 函数 $f(x)$ 在 $x = 0$ 处可导,但在 $x = 0$ 的某去心邻域内处处不可导;

(2) 函数 $f(x)$ 在 $(-\delta, \delta)$ 上一阶可导 $(\delta > 0)$,$f(0)$ 为极值,且 $(0, f(0))$ 为曲线 $y = f(x)$ 的拐点.

解析 (1) 满足条件的的函数存在,例如

$$f(x) = \begin{cases} x^2, & x \text{ 为有理数}, \\ 0, & x \text{ 为无理数} \end{cases}$$

证明如下:因为 $0 \leq \left| \frac{f(x) - f(0)}{x} \right| \leq \left| \frac{x^2}{x} \right| = |x|$,故由夹逼准则可得 $\lim\limits_{x \to 0} \left| \frac{f(x) - f(0)}{x} \right| = 0$,所以 $f'(0) = \lim\limits_{x \to 0} \frac{f(x) - f(0)}{x} = 0$. $\forall a \neq 0$,若 a 为无理数,则 $f(a) = 0$,当 x_n 取有理数趋向于 a 时,$\lim\limits_{x_n \to a} \frac{f(x_n) - f(a)}{x_n - a} = \lim\limits_{x_n \to a} \frac{x_n^2}{x_n - a} = \infty$;若 a 为有理数,则 $f(a) = a^2 \neq 0$,当 x_n 取无理数趋向于 a 时,$\lim\limits_{x_n \to a} \frac{f(x_n) - f(a)}{x_n - a} = \lim\limits_{x_n \to a} \frac{0 - a^2}{x_n - a} = \infty$. 综上可知 $f(x)$ 在 $x = a$ 处不可导,于是 $f(x)$ 在 $x = 0$ 的任何去心邻域内处处不可导.

(2) 满足条件的函数不存在,证明如下(用反证法):因为 $f(0)$ 是极值,所以 $f'(0) = 0$. 我们不妨设 $f(0)$ 为极小值,如果 $(0, f(0))$ 是拐点,则存在 $x = 0$ 的去心邻域 $U = \{x \mid 0 < |x| < \delta_1\}$ ($\delta_1 \leq \delta$),使得在 U 中 $x = 0$ 的左、右侧,$f'(x)$ 的单调性相反. 不妨设 $-\delta_1 < x < 0$ 时,$f'(x)$ 单调增加,$0 < x < \delta_1$ 时,$f'(x)$ 单调减少. 因 $f'(0) = 0$,于是 $\forall x \in U$,都有 $f'(x) < 0$. 因此 $0 < x < \delta_1$ 时,函数 $f(x)$ 单调减少,故 $f(0)$ 不可能是 $f(x)$ 的极小值. 此与 $f(0)$ 为极小值矛盾,所以满足题目条件的函数不存在.

例 2.76(江苏省 2012 年竞赛题) 求一个次数最低的多项式 $P(x)$,使得它在 $x = 1$ 时取极大值 2,且 $(2, 0)$ 是曲线 $y = P(x)$ 的拐点.

解析 令 $P''(x) = a(x - 2)$,积分得

$$P'(x) = a\left(\frac{x^2}{2} - 2x\right) + b, \quad P(x) = a\left(\frac{x^3}{6} - x^2\right) + bx + c$$

由题知 $P'(1) = -\frac{3}{2}a + b = 0$,$P(1) = -\frac{5}{6}a + b + c = 2$,$P(2) = -\frac{8}{3}a + 2b + c = 0$,解得 $a = 6, b = 9, c = -2$,故所求多项式

$$P(x) = x^3 - 6x^2 + 9x - 2$$

例 2.77(浙江省 2008 年竞赛题) 证明:方程 $1 + x + \dfrac{x^2}{2!} + \cdots + \dfrac{x^n}{n!} = 0$ 当 n 为奇数时有且仅有一个实根.

解析 令 $f_n(x) = 1 + x + \dfrac{x^2}{2!} + \cdots + \dfrac{x^n}{n!}$,则 $f_n(0) = 1$. 当 $x > 0$ 时,$f_n(x)$ 单调增加,故 $f_n(x) = 0$ 在 $[0, +\infty)$ 上没有实根. 令 $n = 2k+1$,则当 $x \to -\infty$ 时, $f_{2k+1}(x) \to -\infty$,因此 $f_{2k+1}(x) = 0$ 在 $(-\infty, 0)$ 上至少有一个实根.

假设存在 x_1, x_2 满足 $-\infty < x_1 < x_2 < 0$ 是方程 $f_{2k+1}(x) = 0$ 的相邻两根,则 $f_{2k+1}(x_1) = f_{2k+1}(x_2) = 0$. 因为

$$f'_{2k+1}(x) + \frac{x^{2k+1}}{(2k+1)!} = f_{2k+1}(x)$$

故 $f'_{2k+1}(x_1) = -\dfrac{x_1^{2k+1}}{(2k+1)!} > 0$,$f'_{2k+1}(x_2) > 0$,所以 x_1, x_2 均是方程的单根. 又因为 $f'_{2k+1}(x)$ 在 $f_{2k+1}(x) = 0$ 的相邻两根处符号相反,而此与 $f'_{2k+1}(x_1) > 0$,$f'_{2k+1}(x_2) > 0$ 矛盾,所以方程 $f_{2k+1}(x) = 0$ 有且仅有一个实根.

例 2.78(江苏省 1998 年竞赛题) 已知函数 $f(x)$ 在闭区间 $[a,b]$ 上二阶可导,对于 $[a,b]$ 内每一点 x,$f(x)f''(x) \geqslant 0$,且在 $[a,b]$ 的任何子区间上 $f(x)$ 不恒等于零. 试证: $f(x)$ 在 $[a,b]$ 中至多有一个零点.

解析 **方法 1**(反证法) 设 $f(x)$ 在 $[a,b]$ 中有两个零点 x_1 与 $x_2(x_1 < x_2)$. 因 $f(x)f''(x) \geqslant 0$,所以

$$(f(x)f'(x))' = [f'(x)]^2 + f(x)f''(x) \geqslant 0$$

假设 $g(x) = f(x)f'(x)$,则 $g(x)$ 单调增加. 又因为 $g(x_1) = g(x_2) = 0$,故 $\forall x \in [x_1, x_2]$,$g(x) = 0$. 由于 $\forall x \in [x_1, x_2]$,有

$$(f^2(x))' = 2f(x)f'(x) = 2g(x) = 0$$

所以 $\forall x \in [x_1, x_2]$,$f^2(x) = k$,而 $f(x_1) = 0$,于是 $\forall x \in [x_1, x_2]$,$f(x) = 0$,从而导出了矛盾.

方法 2(反证法) 设 $x_1, x_2(x_1 < x_2)$ 是 $f(x)$ 在 $[a,b]$ 中的两个相邻零点. 不妨设 $\forall x \in (x_1, x_2)$,$f(x) > 0$. 由于 $f(x)f''(x) \geqslant 0$,故 $f''(x) \geqslant 0$,$x \in [x_1, x_2]$,因此 $f'(x)$ 单调增加.

在 x_1 的右邻域内 $f(x) > 0$,所以 $f'(x_1) \geqslant 0$;在 x_2 的左邻域内 $f(x) > 0$,所以 $f'(x_2) \leqslant 0$. 于是 $\forall x \in [x_1, x_2]$,$f'(x) = 0$,而 $f(x_1) = 0$,故 $f(x)$ 在 $[x_1, x_2]$ 上为常数 0,导出了矛盾.

例 2.79(北京市 2000 年竞赛题) 设 $f(x) = a_n x^n + \cdots + a_1 x + a_0 (n \geqslant 2)$ 是实系数多项式,且某个 $a_k = 0 (1 \leqslant k \leqslant n-1)$ 及当 $i \neq k$ 时 $a_i \neq 0$,证明:如果 $f(x) = 0$ 有 n 个相异的实根,则 $a_{k-1} a_{k+1} < 0$.

解析 对多项式 $f(x)$ 求 $(k-1)$ 阶导数,得

$$f^{(k-1)}(x) = b_0 + b_1 x + b_2 x^2 + \cdots + b_{n-k+1} x^{n-k+1}$$

其中 $b_0 = a_{k-1} \cdot (k-1)! \neq 0$, $b_1 = a_k \cdot k! = 0$, $b_2 = a_{k+1} \cdot \dfrac{(k+1)!}{2!} \neq 0$. 因为 $f(x) = 0$ 有 n 个相异的实根,故由罗尔定理知 $f^{(k-1)}(x) = 0$ 有 $(n-k+1)$ 个相异实根,令为 $x_1, x_2, \cdots, x_{n-k+1}$,且 $x_1 x_2 \cdots x_{n-k+1} = (-1)^{n-k+1} b_0 \neq 0$. 取多项式

$$g(x) = b_{n-k+1} + b_{n-k} x + \cdots + b_2 x^{n-k-1} + b_1 x^{n-k} + b_0 x^{n-k+1}$$

则 $g(x) = 0$ 有 $(n-k+1)$ 个互异实根 $x_1^{-1}, x_2^{-1}, \cdots, x_{n-k+1}^{-1}$. 由于

$$g^{(n-k-1)}(x) = b_2 \cdot (n-k-1)! + b_1 \cdot (n-k)! x + b_0 \cdot \dfrac{(n-k+1)!}{2!} x^2 = 0$$

有两个互异实根,根据 $b_1 = 0$ 可知

$$\Delta = 0 - 4 b_2 (n-k-1)! \cdot b_0 \dfrac{(n-k+1)!}{2} > 0$$

即 $b_0 \cdot b_2 < 0$,故 $a_{k-1} \cdot a_{k+1} < 0$.

例 2.81(浙江省 2009 年竞赛题) 设函数 f 满足 $f''(x) > 0$, $\int_0^1 f(x) \mathrm{d}x = 0$,证明: $\forall x \in [0,1]$, $|f(x)| \leqslant \max\{f(0), f(1)\}$.

解析 记 $\max\{f(0), f(1)\} = d$. 由 $f''(x) > 0$,得 $y = f(x)$ 的图形是凹的,于是 $\forall x \in [0,1]$,有

$$f(x) = f((1-x) \cdot 0 + x \cdot 1) \leqslant (1-x) f(0) + x f(1)$$
$$\leqslant d(1-x) + dx = d \tag{1}$$

又 $\forall x_0 \in (0,1)$,考虑连接点 $(0, f(0))$,$(x_0, f(x_0))$,$(1, f(1))$ 的折线,有

$$y = g(x) = \begin{cases} f(0) + \dfrac{f(x_0) - f(0)}{x_0 - 0}(x-0), & x \in [0, x_0]; \\ f(x_0) + \dfrac{f(1) - f(x_0)}{1 - x_0}(x - x_0), & x \in (x_0, 1] \end{cases}$$

由于 $y = f(x)$ 的图形是凹的,则 $f(x) \leqslant g(x)$,故

$$0 = \int_0^1 f(x) \mathrm{d}x \leqslant \int_0^1 g(x) \mathrm{d}x = \dfrac{1}{2}(f(0) + f(x_0)) x_0 + \dfrac{1}{2}(f(x_0) + f(1))(1 - x_0)$$
$$= \dfrac{1}{2} f(x_0) + \dfrac{1}{2}(f(0) x_0 + f(1)(1 - x_0))$$

即

$$-f(x_0) \leqslant f(0) x_0 + f(1)(1 - x_0) \leqslant d x_0 + d(1 - x_0) = d \tag{2}$$

由(1)和(2)知 $\forall x \in [0,1]$,$|f(x)| \leqslant d$,即 $|f(x)| \leqslant \max\{f(0), f(1)\}$.

例 2.81(莫斯科技物理学院 1977 年竞赛题) 就参数 a 讨论方程 $\mathrm{e}^x = a x^2$ 实根的个数.

解析 $a \leqslant 0$ 时,由于 $e^x > 0$,所以原方程无实根.下面令 $a > 0$.令 $f(x) = e^x x^{-2}$,则 $\lim\limits_{x \to 0} f(x) = +\infty$, $f(+\infty) = +\infty$, $f(-\infty) = 0$.又

$$f'(x) = e^x x^{-3}(x-2)$$

所以

	$(-\infty, 0)$	$(0, 2)$	2	$(2, +\infty)$
$f'(x)$	$+$	$-$	0	$+$
$f(x)$	↑	↓		↑

于是当 $x \in (-\infty, 0)$ 时,$f(x)$ 从 0 单调增加到 $+\infty$;当 $x \in (0, 2)$ 时,$f(x)$ 从 $+\infty$ 单调减少到 $\frac{1}{4}e^2$;当 $x \in (2, +\infty)$ 时,$f(x)$ 从 $\frac{1}{4}e^2$ 单调增加到 $+\infty$.

因此得到:当 $a \leqslant 0$ 时,原方程无实根;当 $0 < a < \frac{1}{4}e^2$ 时,原方程有一个实根,位于区间 $(-\infty, 0)$ 中;当 $a = \frac{1}{4}e^2$ 时,原方程有两个实根,一个位于区间 $(-\infty, 0)$ 中,另一个为 $x = 2$;当 $a > \frac{1}{4}e^2$ 时,原方程有三个实根,分别位于区间 $(-\infty, 0)$, $(0, 2)$ 与 $(2, +\infty)$ 中.

例 2.82(北京市 2004 年竞赛题) 已知方程 $\log_a x = x^b$ 存在实根,常数 $a > 1$, $b > 0$,求 a 和 b 应满足的条件.

解析 令 $f(x) = \log_a x - x^b (0 < x < +\infty)$,则 $f(0^+) = -\infty$, $f(+\infty) = -\infty$,且

$$f'(x) = \frac{1}{x \ln a} - bx^{b-1} = \frac{1 - bx^b \ln a}{x \ln a}$$

令 $f'(x) = 0$,得驻点 $x_0 = (b \ln a)^{-\frac{1}{b}}$.当 $0 < x < x_0$ 时,$f'(x) > 0$;当 $x_0 < x$ 时,$f'(x) < 0$.所以 $0 < x < x_0$ 时,$f(x)$ 单调增加;$x > x_0$ 时,$f(x)$ 单调减少.所以 $f(x_0)$ 为极大值.因为原方程有实根,故 $f(x_0) \geqslant 0$,即

$$-\frac{\ln(b \ln a) + 1}{b \ln a} \geqslant 0 \Rightarrow \ln(b \ln a) \leqslant -1$$

由此可得 a, b 应满足 $b \ln a \leqslant \frac{1}{e}$.

例 2.83(江苏省 1996 年竞赛题) 设 $f(x) = x^2(x-1)^2(x-3)^2$,试问曲线 $y = f(x)$ 有几个拐点,证明你的结论.

解析 令 $u(x) = x(x-1)(x-3)$,则 $f(x) = u^2$,得 $f'(x) = 2u(x)u'(x)$,其中 $u'(x) = 3x^2 - 8x + 3$.令 $u'(x) = 0$,解得 $x = \frac{4 \pm \sqrt{7}}{3}$,所以 $f'(x)$ 有 5 个零点:

$x=0, \frac{4-\sqrt{7}}{3}, 1, \frac{4+\sqrt{7}}{3}, 3$. 应用罗尔定理,在 $f'(x)$ 的相邻零点之间必有 $f''(x)$ 的零点,所以 $f''(x)$ 至少有 4 个零点,但由于 $f''(x)$ 是 4 次多项式,故 $f''(x)=0$ 最多有 4 个实根.因此 $f''(x)$ 恰有 4 个零点,分别位于 $\left(0, \frac{4-\sqrt{7}}{3}\right)$, $\left(\frac{4-\sqrt{7}}{3}, 1\right)$, $\left(1, \frac{4+\sqrt{7}}{3}\right)$, $\left(\frac{4+\sqrt{7}}{3}, 3\right)$ 内.

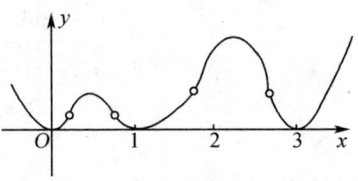

由于 $f(x)$ 是多项式,它的一阶导数、二阶导数都是连续的. $x=0,1,3$ 显见是 $f(x)$ 的极小值点. 由连续函数的最值定理, $f(x)$ 在 $[0,1]$, $[1,3]$ 内分别有最大值,且其最大值点应是 $f'(x)$ 的零点, 所以 $x=\frac{4-\sqrt{7}}{3}, \frac{4+\sqrt{7}}{3}$ 是 $f(x)$ 的极大值点. 由于 $f(x)$ 在极小值点 $x=0,1,3$ 的附近是凹的,在极大值点 $x=\frac{4-\sqrt{7}}{3}, \frac{4+\sqrt{7}}{3}$ 的附近是凸的,所以 $f''(x)$ 的 4 个零点左、右两侧的凹凸性改变,故 $f(x)$ 恰有 4 个拐点. 由 $f(x)$ 的简图也可见此结论(如上图所示).

例 2.84(美国高校竞赛题) 设 $0 < x_i < \pi (i=1,2,\cdots,n)$, 令 $x=\frac{1}{n}(x_1+x_2+\cdots+x_n)$, 证明: $\prod_{i=1}^{n} \frac{\sin x_i}{x_i} \leqslant \left(\frac{\sin x}{x}\right)^n$.

解析 由于 $0 < x_i < \pi$, 故 $0 < x < \pi$, $\sin x < x$. 令 $f(x)=\ln \frac{\sin x}{x}$, 则

$$f'(x) = \cot x - \frac{1}{x}, \quad f''(x) = -\frac{1}{\sin^2 x} + \frac{1}{x^2} < 0$$

故 $f(x)$ 的曲线是凸的,得

$$\frac{1}{n}\sum_{i=1}^{n} f(x_i) \leqslant f\left(\frac{1}{n}\sum_{i=1}^{n} x_i\right) = f(x)$$

即

$$\sum_{i=1}^{n} \ln \frac{\sin x_i}{x_i} = \ln\left(\prod_{i=1}^{n} \frac{\sin x_i}{x_i}\right) \leqslant \ln\left(\frac{\sin x}{x}\right)^n$$

由于 $\ln x$ 是单调增加的,故有 $\prod_{i=1}^{n} \frac{\sin x_i}{x_i} \leqslant \left(\frac{\sin x}{x}\right)^n$.

例 2.85(莫斯科国民经济学院 1975 年竞赛题) 设 n 为大于 1 的奇数,求证: n 次实系数多项式最少有一个拐点.

解析 设 n 次多项式为

$$f(x) = a_0 + a_1 x + a_2 x^2 + \cdots + a_n x^n$$

这里 $n \geqslant 3$,且 n 为奇数,$a_n \neq 0$,则

$$f'(x) = a_1 + 2a_2 x + \cdots + n a_n x^{n-1}$$

$$f''(x) = 2a_2 + 6a_3 x + \cdots + n(n-1) a_n x^{n-2}$$

因 n 为奇数,$n \geqslant 3$,故 $n-2$ 为奇数,$n-2 \geqslant 1$. 不妨设 $a_n > 0$,则 $f''(+\infty) = +\infty$,$f''(-\infty) = -\infty$,又 $f''(x)$ 为 $(-\infty, +\infty)$ 上的连续函数,故 $f''(x) = 0$ 至少有一个实根,记为 $x = c$;且实根 c 为奇数重根,记为 k 重 $(1 \leqslant k \leqslant n-2)$. 于是

$$f''(x) = n(n-1) a_n (x-c)^k g(x)$$

其中 $g(x)$ 为 x 的 $(n-2-k)$ 次多项式,且 $g(c) \neq 0$. 不妨设 $g(c) > 0$,则在 $x = c$ 的左邻域内 $f''(x) < 0$,在 $x = c$ 的右邻域内 $f''(x) > 0$. 由此可得 $x = c$ 是 $f(x)$ 的一个拐点.

例 2.86(莫斯科建筑工程学院 1977 年竞赛题) 设 $y = f(x)$ 有渐近线,且 $f''(x) > 0$,求证:函数 $y = f(x)$ 的图像从上方趋近于此渐近线.

解析 由题意,此渐近线为斜渐近线或水平渐近线. 设其方程为 $y = ax + b$,令 $F(x) = f(x) - ax - b$,则

$$\lim_{x \to +\infty} F(x) = 0 \quad \text{或} \quad \lim_{x \to -\infty} F(x) = 0$$

(1) 当 $\lim_{x \to +\infty} F(x) = 0$ 时,因 $F''(x) = f''(x) > 0$,故 $F'(x)$ 在 $[c, +\infty)(c \in \mathbf{R})$ 上单调增加,$\forall \alpha \in [c, +\infty)$,下面用反证法证明 $F'(\alpha) < 0$. 如果 $F'(\alpha) \geqslant 0$,因为 $F'(x)$ 单调增加,所以 $\exists \beta > \alpha$,使得 $F'(\beta) > 0$. $\forall x > \beta$,在区间 $[\beta, x]$ 上应用拉格朗日中值定理,必 $\exists \xi \in (\beta, x)$,使得

$$F(x) = F(\beta) + F'(\xi)(x - \beta) > F(\beta) + F'(\beta)(x - \beta)$$

于是 $\lim_{x \to +\infty} F(x) = +\infty$,此与 $F(+\infty) = 0$ 矛盾. 故 $\forall x \in [c, +\infty)$ 有 $F'(x) < 0$,因此 $F(x)$ 在 $[c, +\infty)$ 上单调减少. 又由于 $F(+\infty) = 0$,故 $\forall x \in [c, +\infty)$ 有 $F(x) > 0$,此表明 $f(x) > ax + b$,即 $y = f(x)$ 的图像从上方趋近于渐近线.

(2) 当 $\lim_{x \to -\infty} F(x) = 0$ 时,因 $F''(x) = f''(x) > 0$,故 $F'(x)$ 在 $(-\infty, c](c \in \mathbf{R})$ 上单调增加,$\forall \alpha \in (-\infty, c]$,下面用反证法证明 $F'(\alpha) > 0$. 如果 $F'(\alpha) \leqslant 0$,因为 $F'(x)$ 单调增加,所以 $\exists \beta < \alpha$,使得 $F'(\beta) < 0$. $\forall x < \beta$,在区间 $[x, \beta]$ 上应用拉格朗日中值定理,必 $\exists \xi \in (x, \beta)$,使得

$$F(x) = F(\beta) + F'(\xi)(x - \beta) > F(\beta) + F'(\beta)(x - \beta)$$

于是 $\lim_{x \to -\infty} F(x) = +\infty$,此与 $F(-\infty) = 0$ 矛盾. 故 $\forall x \in (-\infty, c]$ 有 $F'(x) > 0$,因此 $F(x)$ 在 $(-\infty, c]$ 上单调增加. 又由于 $F(-\infty) = 0$,故 $\forall x \in (-\infty, c]$ 有 $F(x) > 0$,此表明 $f(x) > ax + b$,即 $y = f(x)$ 的图像从上方趋近于渐近线.

例 2.87(莫斯科矿业学院 1977 年竞赛题) 两条宽分别为 a 与 b 的走廊相交成直角,试求一个梯子能够水平地通过这两条走廊的最大长度.

解析 以走廊 A 与走廊 B 的交点为坐标原点,走廊 A 的一边为 x 轴,走廊 B 的

一边为 y 轴建立直角坐标系(如图). 则走廊 A 的另一边的方程为 $y=a$,走廊 B 的另一边的方程为 $x=-b$.

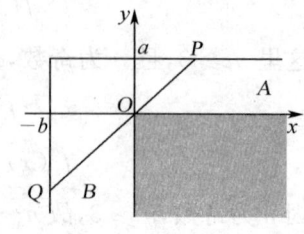

过原点作直线 $y=kx(0<k<+\infty)$,设此直线与 $y=a$ 的交点为 P,与 $x=-b$ 的交点为 Q,则线段 PQ 的长度的最小值即为所求梯子的最大长度.

因为 P,Q 的坐标分别为 $P\left(\dfrac{a}{k},a\right),Q(-b,-kb)$,所以 PQ 的长度 d 的平方为

$$l=d^2=\left(\dfrac{a}{k}+b\right)^2+(a+kb)^2$$

于是

$$\dfrac{\mathrm{d}l}{\mathrm{d}k}=-\dfrac{2a}{k^2}\left(\dfrac{a}{k}+b\right)+2b(a+kb)=2(a+kb)\left(b-\dfrac{a}{k^3}\right)$$

令 $\dfrac{\mathrm{d}l}{\mathrm{d}k}=0$,得 $k=\sqrt[3]{\dfrac{a}{b}}$(因 $a+kb>0$). 且 $0<k<\sqrt[3]{\dfrac{a}{b}}$ 时 $\dfrac{\mathrm{d}l}{\mathrm{d}k}<0$,$\sqrt[3]{\dfrac{a}{b}}<k<+\infty$ 时 $\dfrac{\mathrm{d}l}{\mathrm{d}k}>0$,所以 l 在 $k=\sqrt[3]{\dfrac{a}{b}}$ 时取极小值,而驻点 $k=\sqrt[3]{\dfrac{a}{b}}$ 是惟一的,所以 l 在 $k=\sqrt[3]{\dfrac{a}{b}}$ 时取最小值,其最小值为

$$\begin{aligned} l\left(\sqrt[3]{\dfrac{a}{b}}\right) &= (\sqrt[3]{a^2b}+\sqrt[3]{b^3})^2+(\sqrt[3]{a^3}+\sqrt[3]{ab^2})^2 \\ &= \sqrt[3]{b^2}(\sqrt[3]{a^2}+\sqrt[3]{b^2})^2+\sqrt[3]{a^2}(\sqrt[3]{a^2}+\sqrt[3]{b^2})^2 \\ &= (\sqrt[3]{a^2}+\sqrt[3]{b^2})^3 \end{aligned}$$

于是所求梯子的最大长度为

$$\min d=\sqrt{l\left(\sqrt[3]{\dfrac{a}{b}}\right)}=(\sqrt[3]{a^2}+\sqrt[3]{b^2})^{\frac{3}{2}}$$

2.2.8 不等式的证明(例 2.88—2.97)

例 2.88(莫斯科钢铁与合金学院 1977 年竞赛题) 求证不等式:

$$\dfrac{e^b-e^a}{b-a}<\dfrac{e^b+e^a}{2} \quad (a\neq b)$$

解析 不妨设 $a<b$. 令

$$f(x)=(e^x+e^a)(x-a)-2(e^x-e^a) \quad (x\geqslant a)$$

则 $f(a)=0$. 对 $f(x)$ 求导,并应用拉格朗日中值定理,得

$$f'(x) = e^x(x-a) + (e^x + e^a) - 2e^x = e^x(x-a) - (e^x - e^a)$$
$$= e^x(x-a) - e^\xi(x-a) = (e^x - e^\xi)(x-a)$$

其中 $a < \xi < x$. 由于 $e^x > e^\xi$, 所以 $f'(x) \geqslant 0 \Rightarrow x > a$ 时 $f(x)$ 单调增加 $\Rightarrow f(x) > f(a) = 0$, 即当 $x > a$ 时

$$(e^x + e^a)(x-a) > 2(e^x - e^a)$$

取 $x = b > a$, 即得

$$(e^b + e^a)(b-a) > 2(e^b - e^a)$$

此式等价于

$$\frac{e^b - e^a}{b-a} < \frac{e^b + e^a}{2}$$

例 2.89(莫斯科大学数力系 1977 年竞赛题) 求证不等式:

$$\frac{\ln x}{x-1} \leqslant \frac{1}{\sqrt{x}} \quad (x > 0 \text{ 且 } x \neq 1)$$

解析 (1) $0 < x < 1$ 时, 原式 $\Leftrightarrow \ln x \geqslant \frac{x-1}{\sqrt{x}}$. 令 $f(x) = \ln x - \frac{x-1}{\sqrt{x}}$, 则

$$f'(x) = \frac{1}{x} - \frac{1}{2\sqrt{x}} - \frac{1}{2x\sqrt{x}} = \frac{2\sqrt{x} - x - 1}{2x\sqrt{x}}$$

令 $g(x) = 2\sqrt{x} - x - 1$, 则 $g'(x) = \frac{1-\sqrt{x}}{\sqrt{x}} > 0 \Rightarrow g(x)$ 单调增加 $\Rightarrow g(x) < g(1) = 0 \Rightarrow f'(x) < 0 \Rightarrow f(x)$ 单调减少, 故 $f(x) > f(1) = 0$, 即 $\ln x \geqslant \frac{x-1}{\sqrt{x}}$.

(2) $x > 1$ 时, 原式 $\Leftrightarrow \ln x \leqslant \frac{x-1}{\sqrt{x}}$. 令 $f_1(x) = \frac{x-1}{\sqrt{x}} - \ln x$, 则

$$f_1'(x) = \frac{1 + x - 2\sqrt{x}}{2x\sqrt{x}}$$

令 $g_1(x) = 1 + x - 2\sqrt{x}$, 则 $g_1'(x) = \frac{\sqrt{x}-1}{\sqrt{x}} > 0 \Rightarrow g_1(x)$ 单调增加 $\Rightarrow g_1(x) > g(1) = 0 \Rightarrow f_1'(x) > 0 \Rightarrow f_1(x)$ 单调增加, 故 $f_1(x) > f_1(1) = 0$, 即 $\ln x \leqslant \frac{x-1}{\sqrt{x}}$.

由(1)和(2), 原式得证.

例 2.90(浙江省 2007 年竞赛题) 证明:

$$\cos \sqrt{2} x \leqslant -x^2 + \sqrt{1+x^4}, \quad x \in \left(0, \frac{\sqrt{2}}{4}\pi\right)$$

解析 令 $f(x) = \cos\sqrt{2}x \cdot (\sqrt{1+x^4} + x^2)$，则

$$f'(x) = -\sqrt{2}\sin\sqrt{2}x \cdot (\sqrt{1+x^4} + x^2) + 2x\cos\sqrt{2}x \cdot \left(\frac{x^2}{\sqrt{1+x^4}} + 1\right)$$

$$= \frac{x^2 + \sqrt{1+x^4}}{\sqrt{1+x^4}}(2x\cos\sqrt{2}x - \sqrt{2}\sin\sqrt{2}x \cdot \sqrt{1+x^4})$$

进一步假设 $g(x) = 2x\cos\sqrt{2}x - \sqrt{2}\sin\sqrt{2}x \cdot \sqrt{1+x^4}$，则

$$g'(x) = 2\cos\sqrt{2}x \cdot (1 - \sqrt{1+x^4}) - \sqrt{2}\sin\sqrt{2}x \cdot \left(2x + \frac{2x^3}{\sqrt{1+x^4}}\right)$$

当 $x \in \left(0, \frac{\sqrt{2}}{4}\pi\right)$ 时 $g'(x) < 0$，且 $g(0) = 0$，故

$$g(x) < 0, \quad x \in \left(0, \frac{\sqrt{2}}{4}\pi\right)$$

由此，$f'(x) = \dfrac{x^2 + \sqrt{1+x^4}}{\sqrt{1+x^4}} g(x) < 0$. 结合 $f(0) = 1$，得

$$f(x) < 1, \quad x \in \left(0, \frac{\sqrt{2}}{4}\pi\right)$$

即原不等式成立.

例 2.91（全国大学生 2017 年决赛题） 设 $0 < x < \dfrac{\pi}{2}$，证明：

$$\frac{4}{\pi^2} < \frac{1}{x^2} - \frac{1}{\tan^2 x} < \frac{2}{3}$$

解析 记 $f(x) = \dfrac{1}{x^2} - \dfrac{1}{\tan^2 x} \left(0 < x < \dfrac{\pi}{2}\right)$，则

$$f'(x) = -\frac{2}{x^3} + \frac{2\cos x}{\sin^3 x} = \frac{2\cos x \cdot \left(x^3 - \dfrac{\sin^3 x}{\cos x}\right)}{x^3 \sin^3 x}$$

令 $g(x) = \dfrac{\sin x}{\sqrt[3]{\cos x}} - x$，则 $g'(x) = \dfrac{2}{3}\cos^{\frac{2}{3}}x + \dfrac{1}{3}\cos^{-\frac{4}{3}}x - 1$. 应用 A-G 不等式有

$$\frac{1}{3}(\cos^{\frac{2}{3}}x + \cos^{\frac{2}{3}}x + \cos^{-\frac{4}{3}}x) > \sqrt[3]{\cos^{\frac{2}{3}}x \cdot \cos^{\frac{2}{3}}x \cdot \cos^{-\frac{4}{3}}x} = 1$$

所以 $g'(x) > 0 \Rightarrow g(x)$ 单调增加 $\Rightarrow g(x) > g(0) = 0 \Rightarrow \dfrac{\sin x}{\sqrt[3]{\cos x}} > x > 0 \Rightarrow$

$\left(\dfrac{\sin x}{\sqrt[3]{\cos x}}\right)^3 = \dfrac{\sin^3 x}{\cos x} > x^3 \Rightarrow f'(x) < 0 \Rightarrow f(x)$ 单调减少. 又因为

$$\lim_{x\to 0} f(x) = \lim_{x\to 0}\left(\frac{1}{x^2} - \frac{1}{\tan^2 x}\right) = \lim_{x\to 0}\frac{(\tan x + x)(\tan x - x)}{x^4} = \lim_{x\to 0}\frac{\tan x + x}{x} \cdot \frac{\tan x - x}{x^3}$$

$$= 2\lim_{x\to 0}\frac{\sin x - x\cos x}{x^3 \cos x} = 2\lim_{x\to 0}\frac{x\sin x}{3x^2} = \frac{2}{3}$$

$$\lim_{x\to \frac{\pi}{2}} f(x) = \lim_{x\to \frac{\pi}{2}}\left(\frac{1}{x^2} - \frac{1}{\tan^2 x}\right) = \frac{4}{\pi^2} - 0 = \frac{4}{\pi^2}$$

故原不等式成立.

例 2.92（浙江省 2003 年竞赛题） 求使得不等式 $e \leqslant \left(1 + \frac{1}{n}\right)^{n+\beta}$ 对所有正整数 n 都成立的最小的数 β.

解析 原不等式等价于 $\beta \geqslant \dfrac{1}{\ln\left(1+\dfrac{1}{n}\right)} - n$. 令 $t = \dfrac{1}{n}$, 则 $0 < t \leqslant 1$. 令 $f(t) = \dfrac{1}{\ln(1+t)} - \dfrac{1}{t}$, 问题化为求 $f(t)$ 的最大值. 由于

$$f'(t) = \frac{-1}{(1+t)\ln^2(1+t)} + \frac{1}{t^2} = \frac{(1+t)\ln^2(1+t) - t^2}{(1+t)t^2\ln^2(1+t)}$$

上式中分母是大于零的, 下面来判别分子的符号. 令

$$g(t) = (1+t)\ln^2(1+t) - t^2 \quad (0 < t \leqslant 1)$$

则 $g'(t) = \ln^2(1+t) + 2\ln(1+t) - 2t$, $g''(t) = \dfrac{2(\ln(1+t) - t)}{1+t}$. 再令 $h(t) = \ln(1+t) - t$, 因为 $h'(t) = \dfrac{1}{1+t} - 1 = \dfrac{-t}{1+t} < 0$, 所以 $h(t)$ 单调减少, 即 $h(t) < h(0) = 0$, 因此 $g''(t) < 0$, 推得 $g'(t)$ 单调减少, 即 $g'(t) < g'(0) = 0$, 又推得 $g(t)$ 单调减少, 即 $g(t) < g(0) = 0$, 因此

$$f'(t) = \frac{g(t)}{(1+t)t^2\ln^2(1+t)} < 0$$

故 $f(t)$ 单调减少, 由此可得

$$\min \beta = \lim_{t\to 0^+} f(t) = \lim_{t\to 0^+}\left(\frac{1}{\ln(1+t)} - \frac{1}{t}\right) = \lim_{t\to 0^+}\frac{t - \ln(1+t)}{t\ln(1+t)}$$

$$= \lim_{t\to 0^+}\frac{t - \ln(1+t)}{t^2} = \lim_{t\to 0^+}\frac{1 - \dfrac{1}{1+t}}{2t} = \lim_{t\to 0^+}\frac{t}{2t(1+t)} = \frac{1}{2}$$

例 2.93（精选题） 设 $f(x)$ 在 $[0, +\infty)$ 上二阶可导, $f(0) = 1, f'(0) \leqslant 1$, $f''(x) < f(x)$, 求证: $x > 0$ 时, $f(x) < e^x$.

解析 令 $F(x) = e^{-x}f(x)$, 则

$$F'(x) = e^{-x}(f'(x) - f(x))$$

令 $G(x) = e^x(f'(x) - f(x))$，则

$$G'(x) = e^x(f''(x) - f(x)) < 0$$

$\Rightarrow G(x)$ 单调减少 $\Rightarrow$

$$G(x) < G(0) = f'(0) - f(0) \leqslant 0$$

$\Rightarrow f'(x) - f(x) < 0 \Rightarrow$

$$F'(x) = e^{-x}(f'(x) - f(x)) < 0$$

$\Rightarrow F(x)$ 单调减少 $\Rightarrow$

$$F(x) = e^{-x}f(x) < F(0) = 1$$

由此可得 $f(x) < e^x$。

例 2.94（江苏省 1991 年竞赛题） 设 $a_1, a_2, \cdots, a_n$ 为常数，且

$$\left| \sum_{k=1}^{n} a_k \sin kx \right| \leqslant |\sin x|, \quad \left| \sum_{j=1}^{n} a_{n-j+1} \sin jx \right| \leqslant |\sin x|$$

试证明：$\left| \sum_{k=1}^{n} a_k \right| \leqslant \dfrac{2}{n+1}$。

解析 令 $f(x) = a_1 \sin x + a_2 \sin 2x + \cdots + a_n \sin nx$，则

$$\left| \frac{f(x)}{x} \right| \leqslant \left| \frac{\sin x}{x} \right| \Rightarrow \lim_{x \to 0} \left| \frac{f(x)}{x} \right| \leqslant \lim_{x \to 0} \left| \frac{\sin x}{x} \right|$$

因为

$$\lim_{x \to 0} \left| \frac{f(x)}{x} \right| = \left| \lim_{x \to 0} \frac{f(x)}{x} \right| = \left| \lim_{x \to 0} \frac{f(x) - f(0)}{x} \right| = |f'(0)|$$

$$= |a_1 + 2a_2 + 3a_3 + \cdots + na_n|$$

$$\lim_{x \to 0} \left| \frac{\sin x}{x} \right| = \left| \lim_{x \to 0} \frac{\sin x}{x} \right| = 1$$

所以

$$|a_1 + 2a_2 + 3a_3 + \cdots + na_n| \leqslant 1$$

令 $g(x) = a_1 \sin nx + a_2 \sin(n-1)x + \cdots + a_n \sin x$，则

$$\left| \frac{g(x)}{x} \right| \leqslant \left| \frac{\sin x}{x} \right| \Rightarrow \lim_{x \to 0} \left| \frac{g(x)}{x} \right| \leqslant \lim_{x \to 0} \left| \frac{\sin x}{x} \right|$$

因为

$$\lim_{x \to 0} \left| \frac{g(x)}{x} \right| = \left| \lim_{x \to 0} \frac{g(x)}{x} \right| = \left| \lim_{x \to 0} \frac{g(x) - g(0)}{x} \right| = |g'(0)|$$

$$= |na_1 + (n-1)a_2 + \cdots + 2a_{n-1} + a_n|$$

$$\lim_{x\to 0}\left|\frac{\sin x}{x}\right|=\left|\lim_{x\to 0}\frac{\sin x}{x}\right|=1$$

所以
$$|na_1+(n-1)a_2+\cdots+2a_{n-1}+a_n|\leqslant 1$$

综上,有
$$|(1+n)(a_1+a_2+\cdots+a_n)|$$
$$=|(a_1+na_1)+(2a_2+(n-1)a_2)+\cdots+(na_n+a_n)|$$
$$\leqslant|a_1+2a_2+\cdots+na_n|+|na_1+(n-1)a_2+\cdots+a_n|$$
$$\leqslant 1+1=2$$

于是 $\left|\sum_{k=1}^{n}a_k\right|\leqslant\dfrac{2}{1+n}$.

例 2.95(南京大学 1995 年竞赛题) 设在 $[0,2]$ 上定义的函数 $f(x)\in\mathscr{C}^{(2)}$,且 $f(a)\geqslant f(a+b)$,$f''(x)\leqslant 0$,证明:对于 $0<a<b<a+b<2$,恒有

$$\frac{af(a)+bf(b)}{a+b}\geqslant f(a+b)$$

解析 分别在区间 $[a,b]$ 和 $[b,a+b]$ 上应用拉格朗日中值定理,$\exists\xi\in(a,b)$ 和 $\eta\in(b,a+b)$,使得

$$f(b)-f(a)=f'(\xi)(b-a)$$
$$f(a+b)-f(b)=f'(\eta)(a+b-b)=af'(\eta)$$

因为 $f''(x)\leqslant 0$,所以 $f'(x)$ 单调减少,故 $f'(\xi)\geqslant f'(\eta)$,即

$$\frac{f(b)-f(a)}{b-a}\geqslant\frac{f(a+b)-f(b)}{a}$$

$\Leftrightarrow$ $\quad a(f(b)-f(a))\geqslant(f(a+b)-f(b))(b-a)$

$\Leftrightarrow$ $\quad bf(b)+af(a)\geqslant bf(a+b)+af(a+b)+2a(f(a)-f(a+b))$

因为 $f(a)\geqslant f(a+b)$,故

$$bf(b)+af(a)\geqslant(a+b)f(a+b)$$

即
$$\frac{af(a)+bf(b)}{a+b}\geqslant f(a+b)$$

例 2.96(莫斯科国立师范学院 1977 年竞赛题) 求实数 α 的取值范围,使得不等式

$$x \leqslant \frac{\alpha-1}{\alpha}y + \frac{1}{\alpha}x^{\alpha}y^{1-\alpha}$$

对一切正数 x 与 y 成立.

解析 当 $\alpha=1$ 时原式化为 $x \leqslant x$,故 $\alpha=1$ 满足条件. 当 $\alpha \neq 1$ 时,令

$$f(y) = \frac{\alpha-1}{\alpha}y + \frac{1}{\alpha}x^{\alpha}y^{1-\alpha}$$

则

$$f'(y) = \frac{\alpha-1}{\alpha}\left[1-\left(\frac{x}{y}\right)^{\alpha}\right]$$

若 $0<\alpha<1$,则有

	$y<x$	$y=x$	$y>x$
$f'(y)$	$+$	0	$-$

所以 $f(y)$ 在 $y=x$ 时有极大值 $f(x)=x$,于是 $f(y)<x(y \neq x)$.故 $0<\alpha<1$ 时原不等式不成立. 若 $\alpha<0$,则有

	$y<x$	$y=x$	$y>x$
$f'(y)$	$+$	0	$-$

所以 $f(y)$ 在 $y=x$ 时有极大值 $f(x)=x$,于是 $f(y)<x(y \neq x)$,故 $\alpha<0$ 时原不等式不成立. 若 $\alpha>1$,则有

	$y<x$	$y=x$	$y>x$
$f'(y)$	$-$	0	$+$

所以 $f(y)$ 在 $y=x$ 时有极小值 $f(x)=x$,于是 $\forall y \in \mathbf{R}$ 有 $f(y) \geqslant x$. 即 $\alpha>1$ 时原不等式成立. 故所求的 α 的取值范围是 $[1,+\infty)$.

例 2.97(北京市 1993 年竞赛题) 设 $y>x>0$,求证: $y^{x^y} > x^{y^x}$.

解析 分四种情况证明.

(1) 当 $0<x<y \leqslant 1$ 时,$\ln x < \ln y \leqslant 0$,则

$$y\ln x < y\ln y \leqslant x\ln y \Rightarrow 0 < x^y < y^x \Rightarrow y^x \ln x < y^x \ln y \leqslant x^y \ln y \Rightarrow x^{y^x} < y^{x^y}$$

(2) 当 $0<x \leqslant 1 < y$ 时,$\ln x \leqslant 0 < \ln y$,则

$$y^x \ln x \leqslant 0 < x^y \ln y \Rightarrow x^{y^x} < y^{x^y}$$

(3) 当 $1<x<y$ 且 $y^x \leqslant x^y$ 时,$0 < \ln x < \ln y$,则

$$y^x \ln x < y^x \ln y \leqslant x^y \ln y \Rightarrow x^{y^x} < y^{x^y}$$

(4) 当 $1 < x < y$ 且 $x^y < y^x$ 时,$0 < \ln x < \ln y, y\ln x < x\ln y$,且

$$x^y \ln y - y^x \ln x = x^{y-1}x\ln y - y^x\ln x > x^{y-1}y\ln x - y^x\ln x = (x^y y - y^x x)\frac{\ln x}{x}$$

$\forall x_0 > 1$,令 $f(y) = y\ln x_0 + \ln y - x_0 \ln y - \ln x_0 (y \geqslant x_0)$,则 $f(x_0) = 0$,且

$$f'(y) = \ln x_0 + \frac{1}{y} - \frac{x_0}{y}, \quad f''(y) = \frac{x_0 - 1}{y^2} > 0$$

于是 $f'(y)$ 单调增加,有 $f'(y) > f'(x_0) = \ln x_0 + \frac{1}{x_0} - 1$. 令 $g(x) = \ln x + \frac{1}{x} - 1$ (其中 $x > 1$),则 $g'(x) = \frac{x-1}{x^2} > 0$,所以 $g(x)$ 单调增加,$g(x_0) > g(1) = 0$,于是 $f'(y) > 0, f(y)$ 单调增加,则 $f(y) > f(x_0) = 0$. 又由 $x_0 > 1$ 的任意性,得 $y\ln x + \ln y - x\ln y - \ln x > 0$,即 $x^y y - y^x x > 0$,又 $\frac{\ln x}{x} > 0$,所以

$$x^y \ln y - y^x \ln x > 0 \Rightarrow y^{x^y} > x^{y^x}$$

练 习 题 二

1. 设命题:若函数 $f(x)$ 满足 $f(0) = 0$,且 $\lim\limits_{x \to 0} \frac{f(2x) - f(x)}{x} = a (a \in \mathbf{R})$,则 $f(x)$ 在 $x = 0$ 处可导,且 $f'(0) = a$.

判断该命题是否成立. 若成立,给出证明;若不成立,举一反例并作出说明.

2. 设 $f(x) = \begin{cases} \dfrac{|x^2 - 1|}{x - 1}, & x \neq 1, \\ 2, & x = 1, \end{cases}$ 则 $f(x)$ 在 $x = 1$ 处   (   )

   A. 不连续   B. 连续但不可导
   C. 可导但导函数不连续   D. 可导且导函数连续

3. 若曲线 $y = x^2 + ax + b$ 与 $2y = xy^3 - 1$ 在点 $(1, -1)$ 处相切,则常数 a, b 的值分别为   (   )

   A. $a = 0, b = -2$ B. $a = 1, b = -3$
   C. $a = -3, b = 1$ D. $a = -1, b = -1$

4. 设 $f(x) = \max\{3x, x^3\}, x \in (0, 2)$,求 $f'(x)$.

5. 设 $f(x) = \begin{cases} \ln(x^2 + a^2), & x > 1, \\ \sin(b(x-1)), & x \leqslant 1, \end{cases}$ 为使 $f(x)$ 在区间 $(-\infty, +\infty)$ 上可导,求 a, b 的值.

6. 设函数 $f(1 + x) = af(x)$,且 $f'(0) = b (ab \neq 0)$,求 $f'(1)$.

7. 设 $f(x) = \begin{cases} x\arctan\dfrac{1}{|x|}, & x \neq 0, \\ 0, & x = 0, \end{cases}$ 求 $f'(x)$.

8. 求下列函数的导数:

(1) 已知 $f(x) = x\arcsin\left(x^2 + \dfrac{1}{4}\right)$,求 $f'(0)$;

(2) 已知 $f(x) = \dfrac{1}{\tan^2 2x}$,求 $f'(x)$;

(3) 已知 $f(x) = (x + \sqrt{1+x^2})^x$,求 $f'(x)$;

(4) 已知 $\arctan y = x\mathrm{e}^y$,求 y';

(5) 已知 $\arctan \dfrac{x-y}{x+y} = \ln \sqrt{x^2 + y^2}$,求 y';

(6) 已知 $\begin{cases} x = \arcsin \dfrac{t}{\sqrt{1+t^2}}, \\ y = \arccos \dfrac{1}{\sqrt{1+t^2}}, \end{cases}$ 求 $\dfrac{\mathrm{d}y}{\mathrm{d}x}$;

(7) 已知 $f(x) = x\lim\limits_{t\to\infty}\left(1 + \dfrac{2x}{t}\right)^t$,求 $f'(x)$.

9. 已知
$$g(x) = \begin{cases} (x-1)^2 \cos \dfrac{1}{x-1}, & x \neq 1, \\ 0, & x = 1 \end{cases}$$

且 $f(x)$ 在 $x = 0$ 处可导,$F(x) = f(g(x))$,求 $F'(1)$.

10. 设 $f(x) = x^2(2 + |x|)$,求使得 $f^{(n)}(0)$ 存在的最高阶数 n.

11. 已知 $f(x) = x(2x+5)^2(3-x)^3$,求 $f^{(6)}(0)$.

12. 已知 $f(x) = \sin^2(3x) \cdot \cos(5x)$,求 $f^{(n)}(x)$.

13. 已知函数 $f(x)$ 满足:$\forall x, y \in (-\infty, +\infty)$,$f(x+y) = f(x)f(y)$,且 $f'(0) = 1$,求 $f(x)$.

14. 求 $\lim\limits_{x\to 0} \dfrac{\tan x - x - \dfrac{1}{3}x^3}{x^5}$.

15. 求 $\lim\limits_{x\to 0} \dfrac{\sin^2 x - x^2\cos^2 x}{x(\mathrm{e}^{2x}-1)\ln(1+\tan^2 x)}$.

16. 考察函数 $f(x) = \begin{cases} \sqrt{1-4x-x^2}, & -4 \leqslant x < 0, \\ x^3 - x^2 - 2x + 1, & 0 \leqslant x \leqslant 1 \end{cases}$,在闭区间 $[-4, 1]$ 上是否满足拉格朗日中值定理的条件. 若满足,求出该定理结论中 ξ 的值.

17. 设 $f''(x) < 0$,$f(0) = 0$,$0 < a \leqslant b$,证明:$f(a+b) < f(a) + f(b)$.

18. 设 $f(x)$ 在 $[0,x]$ 上连续,在 $(0,x)$ 内可导,$f(0) = 0$,证明:$\exists \xi \in (0,x)$,使得
$$f(x) = (1+\xi)f'(\xi)\ln(1+x)$$

19. 设 $f(x)$ 在 $[a,b]$ 上可导,$f'(x) \neq 0$,证明:$\exists \xi, \eta \in (a,b)$($\xi$ 与 η 不一定相

等),使得
$$(b-a)e^\eta f'(\xi) = (e^b - e^a)f'(\eta)$$

20. 设 $f(x)$ 在 $[a,b]$ 上二阶可导,$f(a)=f(b)$,$\forall x \in (a,b)$,$|f''(x)| \leqslant M$,证明:$\forall x \in (a,b)$,有
$$|f'(x)| \leqslant \frac{M}{2}(b-a)$$

21. 设函数 $f(x)$ 在区间 $[0,1]$ 上二阶可导,且 $f(0)=0$,$f(1)=1$,求证:存在 $\xi \in (0,1)$,使得 $\xi f''(\xi) + f'(\xi) = 1$.

22. 设函数 $f(x)$ 的二阶导数 $f''(x)$ 在 $[2,4]$ 上连续,且 $f(3)=0$,试证:在区间 $(2,4)$ 上至少存在一点 ξ,使得 $f''(\xi) = 3\int_2^4 f(t)dt$.

23. 设函数 $f(x)$ 在 $[0,+\infty)$ 上二阶可导,$f(0)>0$,$f'(0)<0$,且 $x>0$ 时,$f''(x)<0$,证明:$f(x)$ 在 $(0,+\infty)$ 上恰有一个零点.

24. 假设 k 为常数,方程 $kx - \frac{1}{x} + 1 = 0$ 在区间 $(0,+\infty)$ 上恰有一根,求 k 的取值范围.

25. 已知数列 $\{a_n\}$,其中 $a_n = (\sqrt{n^2+1} - \sqrt{n^2-1})\sqrt{n}\ln n$,试求极限 $\lim\limits_{n\to\infty} a_n$,并证明:当 $n \geqslant 9$ 时,数列 $\{a_n\}$ 单调递减.

26. 证明下列不等式:

(1) $x\ln^2 x < (x-1)^2 \quad (1 < x < 2)$;

(2) $\dfrac{x}{1+2x} < \ln\sqrt{1+2x} < x \quad (x > 0)$.

27. 求下列曲线的渐近线:

(1) $y = e^{\frac{1}{x}}\arctan\dfrac{x^2+x+1}{x-2}$; \quad (2) $y = |x+2|e^{\frac{1}{x}}$.

专题 3 一元函数积分学

3.1 基本概念与内容提要

3.1.1 不定积分基本概念

1) 原函数与不定积分

如果函数 $f(x)$ 和 $F(x)$ 满足 $F'(x)=f(x)$，则称 $F(x)$ 为 $f(x)$ 的一个**原函数**. 如果 $F(x)$ 是 $f(x)$ 的一个原函数，则 $f(x)$ 的全体原函数为 $F(x)+C$ (C 为任意常数). $f(x)$ 的全体原函数 $F(x)+C$ 称为 $f(x)$ 的**不定积分**，记为

$$\int f(x)\mathrm{d}x = F(x)+C$$

2) 不定积分的性质

$$\int f'(x)\mathrm{d}x = f(x)+C, \qquad \int \mathrm{d}f(x) = f(x)+C$$

$$\left(\int f(x)\mathrm{d}x\right)' = f(x), \qquad \mathrm{d}\left(\int f(x)\mathrm{d}x\right) = f(x)\mathrm{d}x$$

3.1.2 基本积分公式

$$\int x^\lambda \mathrm{d}x = \frac{x^{\lambda+1}}{\lambda+1}+C \quad (\lambda \neq 1), \qquad \int \frac{1}{x}\mathrm{d}x = \ln|x|+C$$

$$\int a^x \mathrm{d}x = \frac{a^x}{\ln a}+C \quad (a>0, a\neq 1), \qquad \int \mathrm{e}^x \mathrm{d}x = \mathrm{e}^x+C$$

$$\int \sin x \mathrm{d}x = -\cos x+C, \qquad \int \cos x \mathrm{d}x = \sin x+C$$

$$\int \sec^2 x \mathrm{d}x = \tan x+C, \qquad \int \csc^2 x \mathrm{d}x = -\cot x+C$$

$$\int \sec x \tan x \mathrm{d}x = \sec x+C, \qquad \int \csc x \cot x \mathrm{d}x = -\csc x+C$$

$$\int \sec x \mathrm{d}x = \ln|\sec x+\tan x|+C, \qquad \int \csc x \mathrm{d}x = \ln|\csc x-\cot x|+C$$

$$\int \frac{1}{\sqrt{a^2-x^2}}\mathrm{d}x = \arcsin \frac{x}{a}+C \quad \left(\text{或} -\arccos \frac{x}{a}+C\right) \quad (a>0)$$

$$\int \frac{1}{a^2+x^2}\mathrm{d}x = \frac{1}{a}\arctan\frac{x}{a}+C \quad \left(\text{或} -\frac{1}{a}\text{arccot}\frac{x}{a}+C\right) \quad (a>0)$$

$$\int \frac{1}{\sqrt{x^2\pm a^2}}\mathrm{d}x = \ln|x+\sqrt{x^2\pm a^2}|+C \quad (a>0)$$

$$\int \frac{1}{a^2-x^2}\mathrm{d}x = \frac{1}{2a}\ln\left|\frac{a+x}{a-x}\right|+C \quad (a>0)$$

3.1.3 不定积分的计算

1) 换元积分法

定理 1(第一换元积分法) 设 $\int f(x)\mathrm{d}x = F(x)+C, \varphi(x)$ 连续可导,则

$$\int f(\varphi(x))\varphi'(x)\mathrm{d}x = \int f(\varphi(x))\mathrm{d}\varphi(x) = F(\varphi(x))+C$$

定理 2(第二换元积分法) 设 $x=\varphi(t)$ 单调且连续可导,若

$$\int f(\varphi(t))\varphi'(t)\mathrm{d}t = F(t)+C$$

则

$$\int f(x)\mathrm{d}x = \int f(\varphi(t))\varphi'(t)\mathrm{d}t = F(\varphi^{-1}(x))+C$$

2) 分部积分法

定理 3(分部积分法) 设 $u(x),v(x)$ 皆连续可导,$u'(x)v(x)$ 与 $u(x)v'(x)$ 中至少有一个有原函数,则

$$\int u(x)\mathrm{d}v(x) = u(x)v(x) - \int v(x)\mathrm{d}u(x)$$

当被积函数是三角函数(或反三角函数)、指数函数、对数函数、幂函数中两个乘积形式时,通常采用分部积分公式计算.

3) 简单的有理函数的积分

任一有理函数(又称有理分式,它是两个多项式的商)可分解为一个多项式(对于真分式此为零多项式)与若干个部分分式的和. 这些部分分式的形式为

$$\int \frac{1}{(x-a)^n}\mathrm{d}x \quad (n\in \mathbf{N}), \quad \int \frac{Ax+B}{(x^2+px+q)^n}\mathrm{d}x \quad (p^2<4q, n\in \mathbf{N})$$

这两种形式的部分分式都是可用第一换元积分法积分的.

4) 简单的无理函数的积分,选取适当的换元变换,采用第二换元积分法积分.

5) 三角函数有理式的积分

第一种方法是采用换元积分法或分部积分法;第二种方法是采用万能变换,如

令 $\tan\dfrac{x}{2}=t$,则 $\sin x=\dfrac{2t}{1+t^2}$,$\cos x=\dfrac{1-t^2}{1+t^2}$,$\tan x=\dfrac{2t}{1-t^2}$,$\mathrm{d}x=\dfrac{2}{1+t^2}\mathrm{d}t$,代入被积表达式,原积分可化为有理函数的积分.

3.1.4 定积分基本概念

1) 定积分的定义

将区间 $[a,b]$ 分割为 n 个小区间

$$a=x_0<x_1<x_2<\cdots<x_{n-1}<x_n=b$$

记 $\Delta x_i=x_i-x_{i-1}$,$\lambda=\max\{\Delta x_i\}$,$\forall\xi_i\in[x_{i-1},x_i]$,则 $f(x)$ 在区间 $[a,b]$ 上的**定积分**定义为

$$\int_a^b f(x)\mathrm{d}x=\lim_{\lambda\to 0}\sum_{i=1}^n f(\xi_i)\Delta x_i$$

这里右端的极限存在.

2) $f(x)$ 在 $[a,b]$ 上可积的必要条件是 $f(x)$ 在 $[a,b]$ 上有界. 当 $f(x)$ 在 $[a,b]$ 上连续时,$f(x)$ 在 $[a,b]$ 上可积;当 $f(x)$ 在 $[a,b]$ 上有界,且只有有限个间断点时,$f(x)$ 在 $[a,b]$ 上可积.

3) 定积分的主要性质

定理 1(保号性)   若函数 $f(x),g(x)$ 在区间 $[a,b]$ 上可积,$\forall x\in[a,b]$ 有 $f(x)\leqslant g(x)$,则

$$\int_a^b f(x)\mathrm{d}x\leqslant\int_a^b g(x)\mathrm{d}x$$

定理 2(可加性)   当下列三个积分皆可积时,有

$$\int_a^b f(x)\mathrm{d}x=\int_a^c f(x)\mathrm{d}x+\int_c^b f(x)\mathrm{d}x$$

对于实数 a,b,c 的任意大小关系,上式皆成立.

3.1.5 定积分中值定理

定理 1(积分中值定理)   设 $f(x)$ 在 $[a,b]$ 上连续,则 $\exists\xi\in(a,b)$,使得

$$\int_a^b f(x)\mathrm{d}x=f(\xi)(b-a)$$

定理 2(推广积分中值定理)   设 $f(x),g(x)$ 在 $[a,b]$ 上连续,$g(x)\geqslant$(或$\leqslant$)0,则 $\exists\xi\in(a,b)$,使得

$$\int_a^b f(x)g(x)\mathrm{d}x=f(\xi)\int_a^b g(x)\mathrm{d}x$$

3.1.6 变限的定积分

定理 若 $f(x)$ 连续,$\varphi(x),\psi(x)$ 可导,则

$$\frac{\mathrm{d}}{\mathrm{d}x}\left(\int_a^x f(t)\mathrm{d}t\right) = \frac{\mathrm{d}}{\mathrm{d}x}\left(\int_0^x f(x)\mathrm{d}x\right) = f(x)$$

$$\frac{\mathrm{d}}{\mathrm{d}x}\left(\int_a^{\varphi(x)} f(t)\mathrm{d}t\right) = \frac{\mathrm{d}}{\mathrm{d}x}\left(\int_0^{\varphi(x)} f(x)\mathrm{d}x\right) = f(\varphi(x))\varphi'(x)$$

$$\frac{\mathrm{d}}{\mathrm{d}x}\left(\int_{\psi(x)}^{\varphi(x)} f(t)\mathrm{d}t\right) = \frac{\mathrm{d}}{\mathrm{d}x}\left(\int_{\psi(x)}^{\varphi(x)} f(x)\mathrm{d}x\right) = f(\varphi(x))\varphi'(x) - f(\psi(x))\psi'(x)$$

3.1.7 定积分的计算

1) 定积分基本定理

定理1(牛顿-莱布尼兹公式) 若 $f(x)$ 在 $[a,b]$ 上连续,$F(x)$ 是 $f(x)$ 的一个原函数,则

$$\int_a^b f(x)\mathrm{d}x = F(x)\Big|_a^b = F(b) - F(a)$$

2) 换元积分法

定理2(换元积分公式) 设 $f(x)$ 在 $[a,b]$ 上连续,$\varphi'(t)$ 在 $[\alpha,\beta]$(或 $[\beta,\alpha]$)上连续,且 $\varphi(\alpha) = a, \varphi(\beta) = b, \varphi'(x) \neq 0$,则

$$\int_a^b f(x)\mathrm{d}x = \int_\alpha^\beta f(\varphi(t))\varphi'(t)\mathrm{d}t$$

3) 分部积分法

定理3(分部积分公式) 设函数 $u(x),v(x)$ 在 $[a,b]$ 上连续可导,则

$$\int_a^b u(x)\mathrm{d}v(x) = u(x)v(x)\Big|_a^b - \int_a^b v(x)\mathrm{d}u(x)$$

3.1.8 奇偶函数与周期函数定积分的性质

1) (奇偶、对称性)设 $f(x)$ 在对称区间 $[-a,a]$ 上连续,则

$$\int_{-a}^a f(x)\mathrm{d}x = \begin{cases} 0, & f(x)\text{为奇函数}; \\ 2\int_0^a f(x)\mathrm{d}x, & f(x)\text{为偶函数} \end{cases}$$

2) 设 $f(x)$ 是周期为 T 的连续函数,则

$$\int_a^{a+T} f(x)\mathrm{d}x = \int_0^T f(x)\mathrm{d}x \quad (T>0, a \in \mathbf{R})$$

$$\int_a^{a+nT} f(x)\mathrm{d}x = n\int_0^T f(x)\mathrm{d}x \quad (a \in \mathbf{R}, n \in \mathbf{N})$$

3.1.9 定积分在几何与物理上的应用

1) 平面图形的面积

(1) 若平面图形 D 是由上、下两条曲线 $y=f(x),y=g(x)(g(x)\leqslant f(x))$ 与直线 $x=a,x=b(a<b)$ 围成的，则 D 的面积为

$$S=\int_a^b(f(x)-g(x))\mathrm{d}x$$

(2) 若平面图形 D 是由左、右两条曲线 $x=\varphi(y),x=\psi(y)(\varphi(y)\leqslant\psi(y))$ 与直线 $y=c,y=d(c<d)$ 围成的，则 D 的面积为

$$S=\int_c^d(\psi(y)-\varphi(y))\mathrm{d}y$$

(3) 若平面图形 D 是极坐标下的两条曲线 $\rho=\rho_1(\theta),\rho=\rho_2(\theta)(\rho_1(\theta)\leqslant\rho_2(\theta))$ 与射线 $\theta=\alpha,\theta=\beta(\alpha<\beta)$ 围成的，则 D 的面积为

$$S=\frac{1}{2}\int_\alpha^\beta(\rho_2^2(\theta)-\rho_1^2(\theta))\mathrm{d}\theta$$

2) 特殊立体的体积

(1) 设立体 Ω 介于两平面 $x=a,x=b(a<b)$ 之间，$\forall x\in[a,b]$，过点 x 作平面垂直于 x 轴，该平面与立体 Ω 的截面的面积为可求的连续函数 $A(x)$，则立体 Ω 的体积为

$$V=\int_a^b A(x)\mathrm{d}x$$

(2) 平面图形 $D:\{(x,y)\mid g(x)\leqslant y\leqslant f(x),a\leqslant x\leqslant b\}$ 绕 x 轴旋转一周所得旋转体的体积为

$$V=\pi\int_a^b[f^2(x)-g^2(x)]\mathrm{d}x$$

(3) 平面图形 $D:\{(x,y)\mid g(x)\leqslant y\leqslant f(x),a<x<b,a\geqslant 0\}$ 绕 y 轴旋转一周所得旋转体的体积为

$$V=2\pi\int_a^b x(f(x)-g(x))\mathrm{d}x$$

(4) 设函数 $f(x)\in\mathscr{C}^{(1)}[a,b]$，$D$ 是由曲线 $y=f(x)(a\leqslant x\leqslant b)$，及直线 $y=kx+c(k\neq 0),y=-\frac{1}{k}x+b_1,y=-\frac{1}{k}x+b_2$ 所围的平面区域 $(b_1<b_2)$（如图），在弧段 $y=f(x)$ 上取点

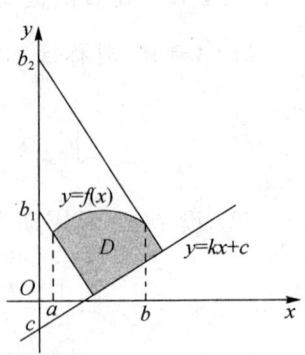

$P(x,f(x))$，$Q(x+\mathrm{d}x,f(x+\mathrm{d}x))$ $(a<x<b)$ 则向量 $\overrightarrow{PQ}$ 在直线 $y=kx+c$ 上的投影长为

$$dl \approx \frac{|1+kf'(x)|}{\sqrt{1+k^2}}dx$$

若点 P 到直线 $y=kx+c$ 的距离为 $d(x)$,则区域 D 绕直线 $y=kx+c$ 旋转一周的旋转体的体积为

$$V = \pi \int_a^b d^2(x)dl = \pi \int_a^b d^2(x) \cdot \frac{|1+kf'(x)|}{\sqrt{1+k^2}}dx$$

3) 平面曲线的弧长

(1) 平面曲线 Γ 的方程 $y=f(x)(a \leqslant x \leqslant b)$,若 $f(x)$ 连续可导,则曲线 Γ 的弧长为

$$l = \int_a^b \sqrt{1+(f'(x))^2}\,dx$$

(2) 平面曲线 Γ 的参数方程为 $x=\varphi(t),y=\psi(t)(\alpha \leqslant t \leqslant \beta),\varphi(t)$ 与 $\psi(t)$ 皆连续可导,则曲线 Γ 的弧长为

$$l = \int_\alpha^\beta \sqrt{(\varphi'(t))^2+(\psi'(t))^2}\,dt$$

(3) 平面曲线 Γ 的极坐标方程为 $\rho=\rho(\theta),\alpha \leqslant \theta \leqslant \beta,\rho(\theta)$ 连续可导,则曲线 Γ 的弧长为

$$l = \int_\alpha^\beta \sqrt{(\rho(\theta))^2+(\rho'(\theta))^2}\,d\theta$$

4) 旋转曲面的面积

平面曲线 $y=f(x)(f(x) \geqslant 0, a \leqslant x \leqslant b)$ 绕 x 轴旋转一周所得旋转曲面的面积为

$$S = 2\pi \int_a^b f(x)\sqrt{1+(f'(x))^2}\,dx$$

5) 定积分在物理上可用于求变力在直线运动下所作的功、液体的压力以及引力等,这些应用可用微元法解决.

3.1.10 反常积分

1) 两类反常积分的定义

(1) 若 $f(x)$ 在任意有限区间 $[a,x]$ 上可积,则

$$\int_a^{+\infty} f(x)dx \xlongequal{\text{def}} \lim_{x \to +\infty} \int_a^x f(x)dx$$

若上式右端极限存在时,称反常积分 $\int_a^{+\infty} f(x)dx$ 收敛;否则称为发散.

(2) 若 $f(x)$ 在 $x=b$ 的左邻域内无界,则

$$\int_a^b f(x)\mathrm{d}x \xlongequal{\text{def}} \lim_{x \to b^-} \int_a^x f(x)\mathrm{d}x$$

若上式右端极限存在时,称反常积分 $\int_a^b f(x)\mathrm{d}x$ 收敛;否则称为发散. 称 $x = b$ 为奇点(或瑕点).

(3) 三个基本结论:反常积分 $\int_1^{+\infty} \frac{1}{x^p}\mathrm{d}x$,当且仅当 $p > 1$ 时收敛;反常积分 $\int_a^b \frac{1}{(b-x)^\lambda}\mathrm{d}x$,当且仅当 $\lambda < 1$ 时收敛;反常积分 $\int_a^b \frac{1}{(x-a)^\lambda}\mathrm{d}x$,当且仅当 $\lambda < 1$ 时收敛.

2) 两类反常积分的计算

(1) 广义牛顿-莱布尼兹公式:若 $x = +\infty$ 是反常积分 $\int_a^{+\infty} f(x)\mathrm{d}x$ 的惟一奇点,$F'(x) = f(x), x \in [a, +\infty)$,则

$$\int_a^{+\infty} f(x)\mathrm{d}x = F(x)\Big|_a^{+\infty} = F(+\infty) - F(a)$$

若 $x = b$ 是反常积分 $\int_a^b f(x)\mathrm{d}x$ 的惟一奇点,$F'(x) = f(x), x \in [a, b)$,则

$$\int_a^b f(x)\mathrm{d}x = F(x)\Big|_a^{b^-} = F(b^-) - F(a)$$

若 $x = a$ 是反常积分 $\int_a^b f(x)\mathrm{d}x$ 的惟一奇点,$F'(x) = f(x), x \in (a, b]$,则

$$\int_a^b f(x)\mathrm{d}x = F(x)\Big|_{a^+}^{b} = F(b) - F(a^+)$$

(2) 广义换元积分法:若 $x = b(b$ 可为 $+\infty)$ 是反常积分 $\int_a^b f(x)\mathrm{d}x$ 的惟一奇点,令 $x = \varphi(t), \varphi(t)$ 连续可导,且 $a = \varphi(\alpha), \lim_{t \to \beta} \varphi(t) = b(\beta$ 可为 $+\infty)$,则

$$\int_a^b f(x)\mathrm{d}x = \int_\alpha^\beta f(\varphi(t))\varphi'(t)\mathrm{d}t$$

(3) 广义分部积分法:若 $x = b(b$ 可为 $+\infty)$ 是反常积分 $\int_a^b u(x)\mathrm{d}v(x)$ 的惟一奇点,则

$$\int_a^b u(x)\mathrm{d}v(x) = u(x)v(x)\Big|_a^{b^-} - \int_a^b v(x)\mathrm{d}u(x)$$

3.2 竞赛题与精选题解析

3.2.1 求原函数(例 3.1—3.4)

例 3.1(莫斯科钢铁与合金学院 1976 年竞赛题) 设 $f'(\sin^2 x) = \cos 2x + \tan^2 x, 0 < x < 1$,试求函数 $f(x)$.

解析 由于 $\cos 2x = 1 - 2\sin^2 x, \tan^2 x = \dfrac{\sin^2 x}{1 - \sin^2 x}$,令 $\sin^2 x = t$,则

$$f'(t) = 1 - 2t + \frac{t}{1-t} = -2t - \frac{1}{t-1}$$

积分得

$$f(t) = -t^2 - \ln|t-1| + C$$

由于 $0 < x < 1$,所以 $0 < t < 1$,于是

$$f(x) = -x^2 - \ln(1-x) + C$$

例 3.2(江苏省 1991 年竞赛题) 设 $f(x)$ 在 $[0, +\infty)$ 上连续,在 $(0, +\infty)$ 内可导,$g(x)$ 在 $(-\infty, +\infty)$ 内有定义且可导,$g(0) = 1$,又当 $x > 0$ 时

$$f(x) + g(x) = 3x + 2, \quad f'(x) - g'(x) = 1$$
$$f'(2x) - g'(-2x) = -12x^2 + 1$$

求 $f(x)$ 与 $g(x)$ 的表达式.

解析 将 $f'(x) - g'(x) = 1$ 两边积分得

$$f(x) - g(x) = x + C_1$$

由 $f(0) = g(0) = 1$,可得 $C_1 = 0$,故 $f(x) - g(x) = x$.

将上式与 $f(x) + g(x) = 3x + 2$ 联立解得

$$f(x) = 2x + 1, \quad g(x) = x + 1 \quad (x \geqslant 0)$$

在 $f'(2x) - g'(-2x) = -12x^2 + 1$ 中令 $u = 2x$ 得

$$f'(u) - g'(-u) = -3u^2 + 1$$

两边积分得

$$f(u) + g(-u) = -u^3 + u + C_2$$

由 $f(0) = g(0) = 1$,可得 $C_2 = 2$,所以

$$g(-u) = -u^3 + u + 2 - f(u) = -u^3 - u + 1 \quad (u \geqslant 0)$$

所以

$$g(x) = x^3 + x + 1 \quad (x < 0)$$

例3.3(江苏省2018年竞赛题) 已知

$$f(x) = \begin{cases} x\sin\dfrac{1}{x} - \dfrac{1}{2}\cos\dfrac{1}{x} & (-1 \leqslant x < 0 \text{ 或 } 0 < x \leqslant 1); \\ 0 & (x = 0) \end{cases}$$

(1) $f(x)$ 在区间$[-1,1]$上是否连续?若有间断点,判断其类型.

(2) $f(x)$ 在区间$[-1,1]$上是否存在原函数?若存在,写出一个原函数;若不存在,写出理由.

(3) $f(x)$ 在区间$[-1,1]$上是否可积?若可积,求出$\int_{-1}^{1} f(x)\mathrm{d}x$;若不可积,写出理由.

解析 (1) 由于$\lim\limits_{x\to 0} x\sin\dfrac{1}{x} = 0$,$\lim\limits_{x\to 0}\dfrac{1}{2}\cos\dfrac{1}{x}$不存在,所以$\lim\limits_{x\to 0} f(x)$不存在,因此$f(x)$在$x = 0$处不连续,且$x = 0$是第二类振荡型间断点.

(2) 当$x \neq 0$时,由于

$$F(x) = \int\left(x\sin\dfrac{1}{x} - \dfrac{1}{2}\cos\dfrac{1}{x}\right)\mathrm{d}x = \dfrac{1}{2}\int\sin\dfrac{1}{x}\mathrm{d}x^2 - \dfrac{1}{2}\int\cos\dfrac{1}{x}\mathrm{d}x$$

$$= \dfrac{1}{2}x^2\sin\dfrac{1}{x} - \dfrac{1}{2}\int x^2\mathrm{d}\sin\dfrac{1}{x} - \dfrac{1}{2}\int\cos\dfrac{1}{x}\mathrm{d}x$$

$$= \dfrac{1}{2}x^2\sin\dfrac{1}{x} + \dfrac{1}{2}\int\cos\dfrac{1}{x}\mathrm{d}x - \dfrac{1}{2}\int\cos\dfrac{1}{x}\mathrm{d}x$$

$$= \dfrac{1}{2}x^2\sin\dfrac{1}{x} + C$$

取$C = 0$,并令$F(0) = 0$,则

$$F'(0) = \lim_{x\to 0}\dfrac{F(x) - F(0)}{x} = \lim_{x\to 0}\dfrac{1}{2}x\sin\dfrac{1}{x} = 0$$

所以 $f(x)$ 在区间$[-1,1]$上存在原函数,一个原函数为

$$F(x) = \begin{cases} \dfrac{1}{2}x^2\sin\dfrac{1}{x} & (-1 \leqslant x < 0 \text{ 或 } 0 < x \leqslant 1); \\ 0 & (x = 0) \end{cases}$$

(3) 由于$x = 0$是$f(x)$在$[-1,1]$上的惟一间断点,又$f(x)$在$[-1,1]$上有界,所以$f(x)$在区间$[-1,1]$上可积,且

$$\int_{-1}^{1} f(x)\mathrm{d}x = F(x)\Big|_{-1}^{1} = \dfrac{1}{2}\sin 1 - \dfrac{1}{2}\sin(-1) = \sin 1$$

例3.4(莫斯科全苏大学生1975年竞赛题) 求满足下列条件的可微函数$f(x)$:对任意$x, y(x \neq y)$,有$\dfrac{f(y) - f(x)}{y - x} = f'(\alpha x + \beta y)$,这里$\alpha \geqslant 0, \beta \geqslant 0$,且$\alpha + \beta = 1$.

解析 令 $\alpha x+\beta y=u, y-x=v$,则 $x=u-\beta v, y=u+\alpha v$,故有
$$f(y)-f(x)=f(u+\alpha v)-f(u-\beta v)=vf'(u)$$

对 v 求导两次得
$$\alpha^2 f''(u+\alpha v)=\beta^2 f''(u-\beta v)$$

即 $\alpha^2 f''(y)=\beta^2 f''(x)$,对一切 $x,y(x\neq y)$ 成立.

(1) 若 $\alpha\neq\beta$,则 $f''(x)=0$,积分得所求函数为
$$f(x)=C_1 x+C_2$$

(2) 若 $\alpha=\beta=\dfrac{1}{2}$,则 $f''(x)=C_1$,积分得所求函数为
$$f(x)=\dfrac{C_1}{2}x^2+C_2 x+C_3$$

以上两式中,C_1,C_2,C_3 为任意常数.

3.2.2 求不定积分(例 3.5—3.16)

例 3.5(江苏省 1998 年竞赛题) 求 $\int|\ln x|dx$.

解析 当 $x>1$ 时,应用分部积分法,有
$$\int|\ln x|dx=\int\ln x dx=x\ln x-\int dx=x(\ln x-1)+C$$

当 $0<x<1$ 时,应用分部积分法,有
$$\int|\ln x|dx=-\int\ln x dx=-x(\ln x-1)+C_1$$

在两式中令 $x=1$ 得 $-1+C=1+C_1$,故 $C_1=C-2$. 于是
$$\int|\ln x|dx=\begin{cases}x(\ln x-1)+C, & x\geqslant 1,\\ x(1-\ln x)+C-2, & 0<x<1\end{cases}$$

例 3.6(北京市 1995 年竞赛题) 设 y 是由方程 $y^3(x+y)=x^3$ 所确定的隐函数,求 $\int\dfrac{1}{y^3}dx$.

解析 令 $x=ty$,代入原方程有 $(1+t)y^4=t^3 y^3$,从而
$$y=\dfrac{t^3}{1+t}, x=\dfrac{t^4}{1+t}\Rightarrow dx=\dfrac{t^3(3t+4)}{(1+t)^2}dt$$

所以

$$\int \frac{1}{y^3}\mathrm{d}x = \int \frac{(1+t)^3}{t^9} \cdot \frac{t^3(3t+4)}{(1+t)^2}\mathrm{d}t = \int \left(\frac{3}{t^4} + \frac{7}{t^5} + \frac{4}{t^6}\right)\mathrm{d}t$$

$$= -\left(\frac{1}{t^3} + \frac{7}{4}\cdot\frac{1}{t^4} + \frac{4}{5}\cdot\frac{1}{t^5}\right) + C$$

$$= -\left(\left(\frac{y}{x}\right)^3 + \frac{7}{4}\left(\frac{y}{x}\right)^4 + \frac{4}{5}\left(\frac{y}{x}\right)^5\right) + C$$

例 3.7(浙江省 2009 年竞赛题) 求 $\displaystyle\int \frac{\ln x}{\sqrt{1+x^2(\ln x - 1)^2}}\mathrm{d}x$.

解析 因为 $(x\ln x - x)' = \ln x$,令 $x(\ln x - 1) = t$,应用换元积分法,则

$$\int \frac{\ln x}{\sqrt{1+x^2(\ln x - 1)^2}}\mathrm{d}x = \int \frac{1}{\sqrt{1+t^2}}\mathrm{d}t = \ln(t + \sqrt{1+t^2}) + C$$

$$= \ln(x(\ln x - 1) + \sqrt{1+x^2(\ln x - 1)^2}) + C$$

例 3.8(江苏省 2000 年竞赛题) 求 $\displaystyle\int \frac{x^5 - x}{x^8 + 1}\mathrm{d}x$.

解析 令 $x^2 = t$,则

$$\int \frac{x(x^4-1)}{x^8+1}\mathrm{d}x = \frac{1}{2}\int \frac{t^2-1}{t^4+1}\mathrm{d}t = \frac{1}{2}\int \frac{1-\frac{1}{t^2}}{t^2+\frac{1}{t^2}}\mathrm{d}t = \frac{1}{2}\int \frac{1}{\left(t+\frac{1}{t}\right)^2 - 2}\mathrm{d}\left(t+\frac{1}{t}\right)$$

$$= \frac{1}{4\sqrt{2}}\ln\left|\frac{\sqrt{2} - \left(t+\frac{1}{t}\right)}{\sqrt{2} + \left(t+\frac{1}{t}\right)}\right| + C = \frac{1}{4\sqrt{2}}\ln\left|\frac{\sqrt{2}x^2 - x^4 - 1}{\sqrt{2}x^2 + x^4 + 1}\right| + C$$

例 3.9(江苏省 2004 年竞赛题) $\displaystyle\int \frac{\mathrm{e}^x(x-1)}{(x-\mathrm{e}^x)^2}\mathrm{d}x = $ _____.

解析 因为 $\left(\dfrac{\mathrm{e}^x}{x}\right)' = \dfrac{\mathrm{e}^x(x-1)}{x^2}$,所以

$$\text{原式} = \int \frac{\mathrm{e}^x(x-1)}{x^2(1-\mathrm{e}^x x^{-1})^2}\mathrm{d}x = \int \frac{1}{\left(\frac{\mathrm{e}^x}{x}-1\right)^2}\mathrm{d}\frac{\mathrm{e}^x}{x} = -\frac{1}{\frac{\mathrm{e}^x}{x}-1} + C$$

$$= \frac{x}{x-\mathrm{e}^x} + C$$

例 3.10(江苏省 2004 年竞赛题) $\displaystyle\int \frac{x + \sin x\cos x}{(\cos x - x\sin x)^2}\mathrm{d}x = $ _____.

解析 因为 $(x\tan x)' = x\sec^2 x + \tan x$,所以

$$\text{原式} = \int \frac{x\sec^2 x + \tan x}{(1-x\tan x)^2}\mathrm{d}x = \int \frac{1}{(x\tan x - 1)^2}\mathrm{d}(x\tan x) = \frac{-1}{x\tan x - 1} + C$$

$$= \frac{1}{1-x\tan x} + C$$

例 3.11(全国大学生 2013 年决赛题)   计算不定积分 $\int x\arctan x\ln(1+x^2)\mathrm{d}x$.

解析   令 $x\ln(1+x^2)\mathrm{d}x = \mathrm{d}v$, 则

$$v = \int x\ln(1+x^2)\mathrm{d}x = \frac{1}{2}\int \ln(1+x^2)\mathrm{d}(1+x^2)$$

$$= \frac{1}{2}\left((1+x^2)\ln(1+x^2) - \int \frac{1+x^2}{1+x^2}\mathrm{d}x^2\right)$$

$$= \frac{1}{2}((1+x^2)\ln(1+x^2) - x^2) + C$$

应用分部积分法,有

原式 $= \frac{1}{2}\int \arctan x\mathrm{d}((1+x^2)\ln(1+x^2) - x^2)$

$= \frac{1}{2}((1+x^2)\ln(1+x^2) - x^2)\arctan x - \frac{1}{2}\int\left(\ln(1+x^2) - \frac{x^2}{1+x^2}\right)\mathrm{d}x$

$= \frac{1}{2}((1+x^2)\ln(1+x^2) - x^2)\arctan x - \frac{1}{2}(x\ln(1+x^2) - 3x + 3\arctan x) + C$

$= \frac{1}{2}((1+x^2)\ln(1+x^2) - x^2 - 3)\arctan x - \frac{1}{2}(x\ln(1+x^2) - 3x) + C$

注:本题先令 $x\arctan x\mathrm{d}x = \mathrm{d}v$, 求出 v 后再对原式分部积分, 也可计算.

例 3.12(解放军防化学院 1992 年竞赛题)   求 $\int \sqrt{\frac{\mathrm{e}^x-1}{\mathrm{e}^x+1}}\mathrm{d}x$.

解析   令 $\sqrt{\frac{\mathrm{e}^x-1}{\mathrm{e}^x+1}} = t$, 有 $x = \ln(1+t^2) - \ln(1-t^2)$, 则

$$\text{原式} = \int t\mathrm{d}(\ln(1+t^2) - \ln(1-t^2))$$

$$= \int t\left(\frac{2t}{1+t^2} + \frac{2t}{1-t^2}\right)\mathrm{d}t = 2\int\left(\frac{1}{1-t^2} - \frac{1}{1+t^2}\right)\mathrm{d}t$$

$$= 2\left(\frac{1}{2}\ln\left|\frac{1+t}{1-t}\right| - \arctan t\right) + C$$

$$= \ln(\mathrm{e}^x + \sqrt{\mathrm{e}^{2x}-1}) - 2\mathrm{antan}\sqrt{\frac{\mathrm{e}^x-1}{\mathrm{e}^x+1}} + C$$

例 3.13(全国大学生 2017 年预赛题)   求不定积分 $\int \frac{\mathrm{e}^{-\sin x}\sin 2x}{(1-\sin x)^2}\mathrm{d}x$.

解析   应用换元积分法与分部积分法, 令 $\sin x = t$, 则

$$原式 = 2\int \frac{e^{-t}}{(1-t)^2}dt = 2\int e^{-t}d\,\frac{1}{1-t} = 2\,\frac{e^{-t}}{1-t} - 2\int e^{-t}dt$$

$$= 2\,\frac{e^{-t}}{1-t} + 2e^{-t} + C = \frac{2e^{-\sin x}}{1-\sin x} + C$$

例 3.14(江苏省 2002 年竞赛题) $\int \arcsin x \cdot \arccos x\,dx = $ _____.

解析 分部积分,得

$$原式 = x\arcsin x \cdot \arccos x - \int x \cdot \left(\frac{\arccos x}{\sqrt{1-x^2}} - \frac{\arcsin x}{\sqrt{1-x^2}}\right)dx$$

$$= x\arcsin x \cdot \arccos x + \int (\arccos x - \arcsin x)\,d\sqrt{1-x^2}$$

$$= x\arcsin x \cdot \arccos x + (\arccos x - \arcsin x)\sqrt{1-x^2}$$

$$\quad - \int \sqrt{1-x^2}\left(\frac{-1}{\sqrt{1-x^2}} - \frac{1}{\sqrt{1-x^2}}\right)dx$$

$$= x\arcsin x \cdot \arccos x + (\arccos x - \arcsin x)\sqrt{1-x^2} + 2x + C$$

例 3.15(江苏省 2006 年竞赛题) 求

$$\int \ln[(x+a)^{x+a} \cdot (x+b)^{x+b}]\,\frac{1}{(x+a)(x+b)}dx$$

解析 原式 $= \int \left(\frac{\ln(x+a)}{x+b} + \frac{\ln(x+b)}{x+a}\right)dx$

$$= \int \ln(x+a)\,d\ln(x+b) + \int \frac{\ln(x+b)}{x+a}dx$$

$$= \ln(x+a)\ln(x+b) - \int \frac{\ln(x+b)}{x+a}dx + \int \frac{\ln(x+b)}{x+a}dx$$

$$= \ln(x+a)\ln(x+b) + C$$

例 3.16(南京大学 1996 年竞赛题) 已知 $f''(x)$ 连续,$f'(x) \neq 0$,求

$$\int \left[\frac{f(x)}{f'(x)} - \frac{f^2(x)f''(x)}{(f'(x))^3}\right]dx$$

解析 对被积函数的第二项分部积分,有

$$\int \frac{f^2(x)f''(x)}{[f'(x)]^3}dx = \int \frac{f^2(x)}{[f'(x)]^3}df'(x) = -\frac{1}{2}\int f^2(x)\,d\frac{1}{[f'(x)]^2}$$

$$= -\frac{f^2(x)}{2[f'(x)]^2} + \int \frac{1}{2[f'(x)]^2}df^2(x)$$

$$= -\frac{f^2(x)}{2[f'(x)]^2} + \int \frac{f(x)}{f'(x)}dx$$

于是

原式 $= \int \dfrac{f(x)}{f'(x)}\mathrm{d}x + \dfrac{f^2(x)}{2[f'(x)]^2} - \int \dfrac{f(x)}{f'(x)}\mathrm{d}x = \dfrac{f^2(x)}{2[f'(x)]^2} + C$

3.2.3 利用定积分的定义与性质求极限(例 3.17—3.20)

例 3.17(全国大学生 2012 年决赛题)

(1) 求解微分方程 $\begin{cases} \dfrac{\mathrm{d}y}{\mathrm{d}x} - xy = x\mathrm{e}^{x^2}, \\ y(0) = 1; \end{cases}$

(2) 如果 $y = f(x)$ 为上述方程的解,证明: $\lim\limits_{n\to\infty}\int_0^1 \dfrac{n}{n^2x^2+1}f(x)\mathrm{d}x = \dfrac{\pi}{2}.$

解析 (1) 这是一阶线性非齐次方程,应用一阶线性方程的通解公式得

$$y = \exp\left(\int x\mathrm{d}x\right)\left[C + \int x\mathrm{e}^{x^2}\exp\left(-\int x\mathrm{d}x\right)\mathrm{d}x\right]$$

$$= \exp\left(\dfrac{x^2}{2}\right)\left[C + \int x\mathrm{e}^{x^2}\exp\left(-\dfrac{x^2}{2}\right)\mathrm{d}x\right]$$

$$= \exp\left(\dfrac{x^2}{2}\right)\left[C + \exp\left(\dfrac{x^2}{2}\right)\right] = C\exp\left(\dfrac{x^2}{2}\right) + \mathrm{e}^{x^2}$$

由 $y(0) = 1$,代入上式得 $C = 0$,于是所求微分方程的解为 $f(x) = \mathrm{e}^{x^2}$.

(2) 对函数 $f(x) = \mathrm{e}^{x^2}$ 在区间 $[0,x]$ ($0 \leqslant x \leqslant 1$) 上应用拉格朗日中值定理,必 $\exists \xi \in (0,x)$,使得 $f(x) - f(0) = f'(\xi)x$,即

$$\mathrm{e}^{x^2} - 1 = 2\xi\mathrm{e}^{\xi^2}x \Rightarrow 1 \leqslant \mathrm{e}^{x^2} = 1 + 2\xi\mathrm{e}^{\xi^2}x \leqslant 1 + 2\mathrm{e}x$$

于是

$$\dfrac{n}{n^2x^2+1} \leqslant \dfrac{n}{n^2x^2+1}\mathrm{e}^{x^2} \leqslant \dfrac{n}{n^2x^2+1} + \dfrac{2\mathrm{e}nx}{n^2x^2+1}$$

应用定积分的保号性,有

$$\int_0^1 \dfrac{n}{n^2x^2+1}\mathrm{e}^{x^2}\mathrm{d}x \geqslant \int_0^1 \dfrac{n}{n^2x^2+1}\mathrm{d}x = \arctan nx\Big|_0^1 = \arctan n$$

$$\int_0^1 \dfrac{n}{n^2x^2+1}\mathrm{e}^{x^2}\mathrm{d}x \leqslant \int_0^1 \left(\dfrac{n}{n^2x^2+1} + \dfrac{2\mathrm{e}nx}{n^2x^2+1}\right)\mathrm{d}x$$

$$= \arctan nx\Big|_0^1 + \dfrac{\mathrm{e}}{n}\ln(1+n^2x^2)\Big|_0^1$$

$$= \arctan n + \dfrac{\mathrm{e}}{n}\ln(1+n^2)$$

由于

$$\lim_{n\to\infty}\arctan n=\frac{\pi}{2},\quad \lim_{n\to\infty}\left(\arctan n+\frac{e}{n}\ln(1+n^2)\right)=\frac{\pi}{2}+0=\frac{\pi}{2}$$

再应用夹逼准则,得

$$\lim_{n\to\infty}\int_0^1\frac{n}{n^2x^2+1}f(x)\mathrm{d}x=\lim_{n\to\infty}\int_0^1\frac{n}{n^2x^2+1}e^{x^2}\mathrm{d}x=\frac{\pi}{2}$$

例 3.18(浙江省 2007 年竞赛题) 设

$$u_n=1+\frac{1}{2}-\frac{2}{3}+\frac{1}{4}+\frac{1}{5}-\frac{2}{6}+\cdots+\frac{1}{3n-2}+\frac{1}{3n-1}-\frac{2}{3n}$$

$$v_n=\frac{1}{n+1}+\frac{1}{n+2}+\cdots+\frac{1}{3n}$$

求:(1) $\dfrac{u_{10}}{v_{10}}$;(2) $\lim\limits_{n\to\infty}u_n$.

解析 $u_n=\sum\limits_{i=1}^{n}\left(\dfrac{1}{3i-2}+\dfrac{1}{3i-1}-\dfrac{2}{3i}\right)$

$$=\sum_{i=1}^{n}\left(\frac{1}{3i-2}+\frac{1}{3i-1}+\frac{1}{3i}-\frac{3}{3i}\right)$$

$$=\sum_{i=1}^{n}\left(\frac{1}{3i-2}+\frac{1}{3i-1}+\frac{1}{3i}\right)-\sum_{i=1}^{n}\frac{1}{i}=\sum_{i=1}^{2n}\frac{1}{i+n}$$

(1) 由于 $v_n=\sum\limits_{i=1}^{2n}\dfrac{1}{n+i}$,所以 $\dfrac{u_{10}}{v_{10}}=1.$

(2) 由于 $u_n=\sum\limits_{i=1}^{2n}\dfrac{1}{i+n}=\sum\limits_{i=1}^{2n}\dfrac{1}{1+\dfrac{i}{n}}\cdot\dfrac{1}{n}$,所以

$$\lim_{n\to\infty}u_n=\int_0^2\frac{1}{1+x}\mathrm{d}x=\ln 3$$

例 3.19(江苏省 1996 年竞赛题) 设

$$f(x)=\begin{cases}\lim\limits_{n\to\infty}\dfrac{1}{n}\left(1+\cos\dfrac{x}{n}+\cos\dfrac{2x}{n}+\cdots+\cos\dfrac{n-1}{n}x\right),& x>0,\\ \lim\limits_{n\to\infty}\left[1+\dfrac{1}{n!}\left(\int_0^1\sqrt{x^5+x^3+1}\mathrm{d}x\right)^n\right],& x=0,\\ f(-x),& x<0\end{cases}$$

(1) 讨论 $f(x)$ 在 $x=0$ 的可导性;
(2) 求函数 $f(x)$ 在 $[-\pi,\pi]$ 上的最大值.

解析 (1) 当 $x>0$ 时

$$f(x) = \frac{1}{x} \lim_{n \to \infty} \Big[\Big(\sum_{k=0}^{n-1} \cos \frac{k}{n} x \Big) \cdot \frac{x}{n} \Big] = \frac{1}{x} \int_0^x \cos x \, dx$$
$$= \frac{1}{x} \sin x \Big|_0^x = \frac{\sin x}{x}$$

当 $x = 0$ 时

$$f(0) = \lim_{n \to \infty} \Big[1 + \frac{1}{n!} \Big(\int_0^1 \sqrt{x^5 + x^3 + 1} \, dx \Big)^n \Big]$$

记 $\int_0^1 \sqrt{x^5 + x^3 + 1} \, dx = a$,显然 $1 < a < \sqrt{3}$,所以 $\frac{1}{n!} < \frac{a^n}{n!} < \frac{(\sqrt{3})^n}{n!}$. 因 $\lim_{n \to \infty} \frac{1}{n!} = 0$,又 $n > 3$ 时

$$0 < \frac{(\sqrt{3})^n}{n!} = \frac{\sqrt{3}}{1} \cdot \frac{\sqrt{3}}{2} \cdot \frac{\sqrt{3}}{3} \cdot \cdots \cdot \frac{\sqrt{3}}{n-1} \cdot \frac{\sqrt{3}}{n} < \frac{\sqrt{3}}{1} \cdot \frac{\sqrt{3}}{2} \cdot 1 \cdot 1 \cdot \cdots \cdot 1 \cdot \frac{\sqrt{3}}{n}$$
$$= \frac{3\sqrt{3}}{2n} \to 0 \quad (n \to \infty)$$

应用夹逼准则得 $\lim_{n \to \infty} \frac{(\sqrt{3})^n}{n!} = 0$,再应用夹逼准则得 $\lim_{n \to \infty} \frac{a^n}{n!} = 0$,即

$$\lim_{n \to \infty} \frac{1}{n!} \Big(\int_0^1 \sqrt{x^5 + x^3 + 1} \, dx \Big)^n = 0$$

所以 $f(0) = 1$. 当 $x < 0$ 时 $f(x) = f(-x) = \frac{\sin(-x)}{-x} = \frac{\sin x}{x}$. 故

$$f'(0) = \lim_{x \to 0} \frac{f(x) - f(0)}{x} = \lim_{x \to 0} \frac{\frac{\sin x}{x} - 1}{x} = \lim_{x \to 0} \frac{\sin x - x}{x^2}$$
$$= \lim_{x \to 0} \frac{\cos x - 1}{2x} = \lim_{x \to 0} \frac{-\sin x}{2} = 0$$

(2) $0 < x \leqslant \pi$ 时,$f'(x) = \frac{x \cos x - \sin x}{x^2}$,令 $g(x) = x \cos x - \sin x$,则 $g'(x) = -x \sin x \leqslant 0$,且仅当 $x = \pi$ 时 $g'(x) = 0$,所以 $g(x)$ 单调减少,$g(x) < g(0) = 0$,所以 $f'(x) < 0$,$f(x)$ 单调减少. 而 $f(x)$ 为偶函数,故 $-\pi \leqslant x < 0$ 时 $f(x)$ 单调增加. 因此,$f(x)$ 在 $[-\pi, \pi]$ 上的最大值为 $f(0) = 1$.

例 3.20(东南大学 2012 年竞赛题) 设函数 $f(x)$ 在 $[a,b]$ 上有二阶连续导数,记

$$B_n = \int_a^b f(x) \, dx - \frac{b-a}{n} \sum_{i=1}^n f\Big(a + (2i-1)\frac{b-a}{2n}\Big)$$

试证:

$$\lim_{n \to \infty} n^2 B_n = \frac{(b-a)^2}{24} (f'(b) - f'(a))$$

解析 将$[a,b]$进行n等分，$h=\dfrac{b-a}{n}$，$x_0=a$，$x_1=a+h$，$\cdots$，$x_i=a+ih$，$\cdots$，$x_n=a+nh=b$，则

$$B_n = \sum_{i=1}^{n}\int_{x_{i-1}}^{x_i}\left(f(x)-f\left(a+\left(i-\frac{1}{2}\right)h\right)\right)\mathrm{d}x$$

在区间$[x_{i-1},x_i]$上，应用$f(x)$在$a+\left(i-\dfrac{1}{2}\right)h$处的泰勒公式，则在$x$与$a+\left(i-\dfrac{1}{2}\right)h$之间必存在$\xi_i$，使得

$$f(x) = f\left(a+\left(i-\frac{1}{2}\right)h\right) + f'\left(a+\left(i-\frac{1}{2}\right)h\right)\left(x-a-\left(i-\frac{1}{2}\right)h\right)$$
$$+ \frac{1}{2}f''(\xi_i)\left(x-a-\left(i-\frac{1}{2}\right)h\right)^2$$

于是有

$$B_n = \sum_{i=1}^{n}\int_{x_{i-1}}^{x_i}\left[f'\left(a+\left(i-\frac{1}{2}\right)h\right)\left(x-a-\left(i-\frac{1}{2}\right)h\right)\right.$$
$$\left.+\frac{1}{2}f''(\xi_i)\left(x-a-\left(i-\frac{1}{2}\right)h\right)^2\right]\mathrm{d}x$$
$$= \frac{1}{2}\sum_{i=1}^{n}\int_{x_{i-1}}^{x_i}f''(\xi_i)\left(x-a-\left(i-\frac{1}{2}\right)h\right)^2\mathrm{d}x$$

因$f''(x)$在$[x_{i-1},x_i]$上连续，应用最值定理，$f''(x)$在$[x_{i-1},x_i]$上必存在最大值M_i与最小值$m_i(i=1,2,\cdots,n)$，于是

$$\int_{x_{i-1}}^{x_i}f''(\xi_i)\left(x-a-\left(i-\frac{1}{2}\right)h\right)^2\mathrm{d}x \leqslant M_i\int_{x_{i-1}}^{x_i}\left(x-a-\left(i-\frac{1}{2}\right)h\right)^2\mathrm{d}x = \frac{M_i}{12}h^3$$

$$\int_{x_{i-1}}^{x_i}f''(\xi_i)\left(x-a-\left(i-\frac{1}{2}\right)h\right)^2\mathrm{d}x \geqslant m_i\int_{x_{i-1}}^{x_i}\left(x-a-\left(i-\frac{1}{2}\right)h\right)^2\mathrm{d}x = \frac{m_i}{12}h^3$$

则

$$m_i \leqslant \frac{12}{h^3}\int_{x_{i-1}}^{x_i}f''(\xi_i)\left(x-a-\left(i-\frac{1}{2}\right)h\right)^2\mathrm{d}x \leqslant M_i$$

再应用介值定理，必存在$\eta_i\in[x_{i-1},x_i](i=1,2,\cdots,n)$，使得

$$\frac{12}{h^3}\int_{x_{i-1}}^{x_i}f''(\xi_i)\left(x-a-\left(i-\frac{1}{2}\right)h\right)^2\mathrm{d}x = f''(\eta_i)$$

由于$f''(x)$在$[a,b]$上可积，应用定积分的定义，即得

$$\lim_{n\to\infty} n^2 B_n = \frac{1}{2}\lim_{n\to\infty} n^2 \sum_{i=1}^{n} \frac{1}{12} f''(\eta_i) h^3 = \frac{(b-a)^2}{24}\lim_{n\to\infty}\sum_{i=1}^{n} f''(\eta_i)\frac{b-a}{n}$$

$$= \frac{(b-a)^2}{24}\int_a^b f''(x)\mathrm{d}x = \frac{(b-a)^2}{24}(f'(b)-f'(a))$$

3.2.4 应用积分中值定理解题(例3.21—3.25)

例3.21(全国大学生2016年预赛题、北京市1997年竞赛题) 设函数$f(x)$在区间$[a,b]$上具有连续导数,证明:

$$\lim_{n\to\infty} n\left[\int_a^b f(x)\mathrm{d}x - \frac{b-a}{n}\sum_{k=1}^n f\left(a+\frac{k(b-a)}{n}\right)\right] = \frac{b-a}{2}[f(a)-f(b)]$$

解析 对区间$[a,b]$进行n等分,分点分别为$a=x_0<x_1<\cdots<x_{n-1}<x_n=b$,并记$h=\dfrac{b-a}{n}$,则$x_k=a+kh(k=1,2,\cdots,n)$.因此,上式

$$\text{左边} = \lim_{n\to\infty} n\left[\sum_{k=1}^n \int_{x_{k-1}}^{x_k} f(x)\mathrm{d}x - \sum_{k=1}^n hf(x_k)\right]$$

$$= \lim_{n\to\infty} n\sum_{k=1}^n \int_{x_{k-1}}^{x_k}(f(x)-f(x_k))\mathrm{d}x$$

$$= \lim_{n\to\infty} n\sum_{k=1}^n \int_{x_{k-1}}^{x_k}\frac{f(x)-f(x_k)}{x-x_k}\cdot(x-x_k)\mathrm{d}x$$

$$= \lim_{n\to\infty} n\cdot\sum_{k=1}^n \frac{f(\xi_k)-f(x_k)}{\xi_k-x_k}\cdot\int_{x_{k-1}}^{x_k}(x-x_k)\mathrm{d}x \quad (\text{推广积分中值定理})$$

$$= \lim_{n\to\infty} n\cdot\sum_{k=1}^n f'(\eta_k)\left(-\frac{1}{2}\right)(x_k-x_{k-1})^2 \quad (\text{拉格朗日中值定理})$$

$$= -\frac{1}{2}\lim_{n\to\infty}(b-a)\sum_{k=1}^n f'(\eta_k)\cdot h = -\frac{1}{2}(b-a)\cdot\int_a^b f'(x)\mathrm{d}x$$

$$= \frac{b-a}{2}[f(a)-f(b)] = \text{右边}$$

其中,$\xi_k\in(x_{k-1},x_k)$,$\eta_k\in(\xi_k,x_k)$.

例3.22(东南大学2017年竞赛题) 设函数$f(x),g(x)$皆连续,且$g(x)$以1为周期,证明:

$$\lim_{n\to\infty}\int_0^1 f(x)g(nx)\mathrm{d}x = \left(\int_0^1 f(x)\mathrm{d}x\right)\left(\int_0^1 g(x)\mathrm{d}x\right)$$

解析 因为$g(x)$在闭区间$[0,1]$上连续,应用最值定理,存在$m\in\mathbf{R}$,使得$g(x)\geqslant m(x\in[0,1])$.将区间$[0,1]$进行$n$等分,$x_0=0,x_1=\dfrac{1}{n},\cdots,x_i=\dfrac{i}{n},\cdots$,

$x_n = \frac{n}{n}$,应用定积分的可加性与推广积分中值定理,必 $\exists \xi_i \in (x_{i-1}, x_i)$,使得

$$I_n = \int_0^1 f(x)(g(nx) - m)\mathrm{d}x = \sum_{i=1}^n \int_{x_{i-1}}^{x_i} f(x)(g(nx) - m)\mathrm{d}x$$

$$= \sum_{i=1}^n f(\xi_i) \int_{x_{i-1}}^{x_i} (g(nx) - m)\mathrm{d}x$$

令 $nx = u$ 作定积分换元,并运用周期函数积分的性质(函数 $g(u) - m$ 仍以 1 为周期),得

$$I_n = \sum_{i=1}^n f(\xi_i) \frac{1}{n} \int_{i-1}^{i} (g(u) - m)\mathrm{d}u = \sum_{i=1}^n f(\xi_i) \frac{1}{n} \cdot \left(\int_0^1 (g(u) - m)\mathrm{d}u\right)$$

应用定积分的定义即得

$$\lim_{n \to \infty} I_n = \lim_{n \to \infty} \sum_{i=1}^n f(\xi_i) \frac{1}{n} \cdot \left(\int_0^1 (g(u) - m)\mathrm{d}u\right) = \left(\int_0^1 f(x)\mathrm{d}x\right) \cdot \left(\int_0^1 (g(x) - m)\mathrm{d}x\right)$$

上式两端约去相同项 $m \int_0^1 f(x)\mathrm{d}x$,即得

$$\lim_{n \to \infty} \int_0^1 f(x)g(nx)\mathrm{d}x = \left(\int_0^1 f(x)\mathrm{d}x\right) \cdot \left(\int_0^1 g(x)\mathrm{d}x\right)$$

例 3.23(北京市 1993 年竞赛题) 设函数 $f(x)$ 在 $[a,b]$ 上连续且非负,M 是 $f(x)$ 在 $[a,b]$ 上的最大值,求证:$\lim_{n \to \infty} \sqrt[n]{\int_a^b [f(x)]^n \mathrm{d}x} = M$.

解析 设 $f(\xi) = M = \max_{a \leqslant x \leqslant b} f(x), \xi \in [a, b]$.

(1) 若 $\xi \in (a, b)$,则存在 $N \in \mathbf{N}$,当 $n > N$ 时,$\left[\xi - \frac{1}{n}, \xi + \frac{1}{n}\right] \subset [a, b]$. 应用积分中值定理,存在 $\xi_n \in \left[\xi - \frac{1}{n}, \xi + \frac{1}{n}\right]$,使

$$\left(\frac{2}{n}\right)^{1/n} f(\xi_n) = \sqrt[n]{\int_{\xi - \frac{1}{n}}^{\xi + \frac{1}{n}} [f(x)]^n \mathrm{d}x} \leqslant \sqrt[n]{\int_a^b [f(x)]^n \mathrm{d}x} \leqslant M(b-a)^{\frac{1}{n}}$$

由于 $f(x)$ 连续,$\lim_{n \to \infty} \xi_n = \xi$ 及

$$\lim_{n \to \infty} \left(\frac{2}{n}\right)^{\frac{1}{n}} = 1, \quad \lim_{n \to \infty} (b-a)^{\frac{1}{n}} = 1$$

运用夹逼准则得 $\lim_{n \to \infty} \sqrt[n]{\int_a^b [f(x)]^n \mathrm{d}x} = M$.

(2) 当 $\xi = a$ 或 $\xi = b$ 时证明是类似的,这里从略.

例 3.24(莫斯科民族友谊大学 1977 年竞赛题) 设 $f(x)$ 在 $[a,b]$ 上连续,对一

切 $\alpha, \beta (a \leqslant \alpha < \beta \leqslant b)$，有
$$\left| \int_\alpha^\beta f(x) \mathrm{d}x \right| \leqslant M |\beta - \alpha|^{1+\delta}$$

其中 M, δ 为正常数. 求证: $f(x) \equiv 0, x \in [a,b]$.

解析 $\forall x_0 \in [a,b]$，应用积分中值定理，有
$$\int_{x_0}^{x_0+h} f(x) \mathrm{d}x = f(x_0 + \theta h) h$$

这里 $x_0 + h \in [a,b], h \neq 0, 0 < \theta < 1$，所以
$$\left| \int_{x_0}^{x_0+h} f(x) \mathrm{d}x \right| = |f(x_0 + \theta h) h| \leqslant M |h|^{1+\delta}$$

$$|f(x_0 + \theta h)| \leqslant M |h|^\delta$$

由于 $M > 0, \delta > 0, \lim\limits_{h \to 0} M|h|^\delta = 0$，且 $f(x)$ 在 x_0 处连续，得
$$\lim_{h \to 0} |f(x_0 + \theta h)| = 0, \quad \lim_{h \to 0} f(x_0 + \theta h) = f(x_0) = 0$$

由 $x_0 \in [a,b]$ 的任意性得 $f(x) \equiv 0, x \in [a,b]$.

例 3.25（莫斯科电气学院 1977 年竞赛题） 设 $\varphi_i(x) \in \mathscr{C}[a,b]$，其中 $i = 1, 2, 3, \cdots$，且 $\int_a^b \varphi_i^2(x) \mathrm{d}x = 1$，求证：$\exists N \in \mathbf{N}$ 及常数 $c_i (i = 1, 2, \cdots, N)$，使得
$$\sum_{i=1}^N c_i^2 = 1, \quad \max_{x \in [a,b]} \left\{ \left| \sum_{i=1}^N c_i \varphi_i(x) \right| \right\} > 100$$

解析 取 $N \in \mathbf{N}$，且 $N > 10000(b-a)$，则
$$\int_a^b \left(\sum_{i=1}^N \varphi_i^2(x) \right) \mathrm{d}x = N \tag{1}$$

应用积分中值定理，$\exists \xi \in (a,b)$，使得
$$\int_a^b \left(\sum_{i=1}^N \varphi_i^2(x) \right) \mathrm{d}x = \sum_{i=1}^N \varphi_i^2(\xi) \cdot (b-a) \tag{2}$$

取
$$c_i = \frac{\varphi_i(\xi)}{\sqrt{\varphi_1^2(\xi) + \varphi_2^2(\xi) + \cdots + \varphi_N^2(\xi)}} \quad (i = 1, 2, \cdots, N)$$

则 $\sum\limits_{i=1}^N c_i^2 = 1$. 且由 (1), (2) 两式可得
$$\sum_{i=1}^N c_i \varphi_i(\xi) = \sqrt{\sum_{i=1}^N \varphi_i^2(\xi)} = \sqrt{\frac{N}{b-a}} > \sqrt{10000} = 100$$

于是

$$\max_{x\in[a,b]}\left\{\left|\sum_{i=1}^{N}c_i\varphi_i(x)\right|\right\}>100$$

3.2.5 变限的定积分的应用(例 3.26—3.41)

例 3.26(江苏省 1996 年竞赛题) 若 $a>0$ 时,有

$$\lim_{x\to 0}\frac{1}{x-\sin x}\int_0^x\frac{t^2}{\sqrt{a+t}}dt=\lim_{x\to\frac{\pi}{6}}\left[\sin\left(\frac{\pi}{6}-x\right)\tan 3x\right]$$

则 $a=$ _____.

解析 原式左端应用洛必达法则,有

$$\lim_{x\to 0}\frac{1}{x-\sin x}\int_0^x\frac{t^2}{\sqrt{a+t}}dt\stackrel{\frac{0}{0}}{=}\lim_{x\to 0}\frac{x^2}{(1-\cos x)\sqrt{a+x}}=\lim_{x\to 0}\frac{x^2}{\frac{1}{2}x^2\cdot\sqrt{a}}=\frac{2}{\sqrt{a}}$$

原式右端应用洛必达法则,有

$$\lim_{x\to\frac{\pi}{6}}\left[\sin\left(\frac{\pi}{6}-x\right)\tan 3x\right]=\lim_{x\to\frac{\pi}{6}}\frac{\frac{\pi}{6}-x}{\cos 3x}\stackrel{\frac{0}{0}}{=}\lim_{x\to\frac{\pi}{6}}\frac{-1}{-3\sin 3x}=\frac{1}{3}$$

所以 $\frac{2}{\sqrt{a}}=\frac{1}{3}$,故 $a=36$.

例 3.27(江苏省 2000 年竞赛题) 当 $x\to 0$ 时,$F(x)=\int_0^x(x^2-t^2)f'(t)dt$ 的导数与 x^2 为等价无穷小,求 $f'(0)$.

解析 因为

$$F(x)=x^2\int_0^xf'(t)dt-\int_0^xt^2f'(t)dt$$

所以

$$F'(x)=2x\int_0^xf'(t)dt+x^2f'(x)-x^2f'(x)=2x(f(x)-f(0))$$

因为 $F'(x)$ 与 x^2 为等价无穷小,所以 $2(f(x)-f(0))$ 与 x 为等价无穷小,即

$$\lim_{x\to 0}\frac{2(f(x)-f(0))}{x}=2f'(0)=1$$

所以 $f'(0)=\frac{1}{2}$.

例 3.28(江苏省 2000 年竞赛题) 设 $f'(x)$ 连续,$f(0)=0$,$f'(0)\neq 0$,求

$$\lim_{x \to 0} \frac{\int_0^{x^2} f(t) dt}{x^2 \int_0^x f(t) dt}$$

解析 应用洛必达法则与变上限积分求导公式,则

$$\text{原式} \stackrel{\frac{0}{0}}{=} \lim_{x \to 0} \frac{2x f(x^2)}{2x \int_0^x f(t) dt + x^2 f(x)} = \lim_{x \to 0} \frac{2 f(x^2)}{2 \int_0^x f(t) dt + x f(x)}$$

$$\stackrel{\frac{0}{0}}{=} \lim_{x \to 0} \frac{4 x f'(x^2)}{3 f(x) + x f'(x)} = \lim_{x \to 0} \frac{4 f'(x^2)}{3 \frac{[f(x) - f(0)]}{x} + f'(x)}$$

$$= \frac{4 f'(0)}{3 f'(0) + f'(0)} = 1$$

例 3.29(上海市 1991 年竞赛题) 设函数 $f(x) = x - [x]$,其中 $[x]$ 表示不超过 x 的最大整数,求极限 $\lim_{x \to +\infty} \frac{1}{x} \int_0^x f(x) dx$.

解析 根据题意可知 $f(x)$ 是周期为 1 的周期函数,且 $f(x) \geqslant 0$,当 $0 \leqslant x < 1$ 时有 $f(x) = x$. 设 $n \leqslant x < n+1$,则 $x \to +\infty$ 时 $n \to \infty$,且

$$\frac{n}{2(n+1)} = \frac{n}{n+1} \int_0^1 x dx = \frac{1}{n+1} \int_0^n f(x) dx \leqslant \frac{1}{x} \int_0^x f(x) dx$$

$$\leqslant \frac{1}{n} \int_0^{n+1} f(x) dx = \frac{1}{n}(n+1) \int_0^1 x dx = \frac{n+1}{2n}$$

应用夹逼准则,原式 $= \frac{1}{2}$.

例 3.30(江苏省 2006 年竞赛题) $\lim_{x \to 0} \int_0^x \frac{1}{x^5} (e^{-(tx)^2} - 1) dt = $ _____.

解析 令 $tx = u$ 将定积分换元,再应用洛必达法则,则

$$\text{原式} = \lim_{x \to 0} \frac{\int_0^{x^2} (e^{-u^2} - 1) du}{x^6} \stackrel{\frac{0}{0}}{=} \lim_{x \to 0} \frac{2x(e^{-x^4} - 1)}{6 x^5}$$

$$= \lim_{x \to 0} \frac{e^{-x^4} - 1}{3 x^4} = \lim_{x \to 0} \frac{-x^4}{3 x^4} = -\frac{1}{3}$$

例 3.31(全国大学生 2009 年预赛题) 设 $f(x)$ 是连续函数,又

$$g(x) = \int_0^1 f(xt) dt, \quad \text{且} \quad \lim_{x \to 0} \frac{f(x)}{x} = A \quad (A \text{ 为常数})$$

求 $g'(x)$,并讨论 $g'(x)$ 在 $x = 0$ 处的连续性.

解析 首先由 $\lim_{x \to 0} \frac{f(x)}{x} = A$ 可得 $f(0) = 0$, $f'(0) = \lim_{x \to 0} \frac{f(x) - f(0)}{x} = A$.

当 $x \neq 0$ 时,令 $xt = u$,则

$$g(x) = \frac{1}{x}\int_0^x f(u)\,du$$

求导数得

$$g'(x) = \frac{f(x)x - \int_0^x f(u)\,du}{x^2} = \frac{f(x)}{x} - \frac{\int_0^x f(u)\,du}{x^2}$$

当 $x = 0$ 时,利用导数的定义与洛必达法则,可得

$$g'(0) = \lim_{x\to 0}\frac{g(x) - g(0)}{x} = \lim_{x\to 0}\frac{\frac{1}{x}\int_0^x f(u)\,du - \int_0^1 f(0)\,dt}{x}$$

$$= \lim_{x\to 0}\frac{\int_0^x f(u)\,du}{x^2} \stackrel{\frac{0}{0}}{=\!=\!=} \lim_{x\to 0}\frac{f(x)}{2x} = \frac{A}{2}$$

由于

$$\lim_{x\to 0}g'(x) = \lim_{x\to 0}\frac{f(x)}{x} - \lim_{x\to 0}\frac{\int_0^x f(u)\,du}{x^2}$$

$$\stackrel{\frac{0}{0}}{=\!=\!=} A - \lim_{x\to 0}\frac{f(x)}{2x} = A - \frac{A}{2} = \frac{A}{2} = g'(0)$$

所以 $g'(x)$ 在 $x = 0$ 处连续.

例 3.32(南京大学 1995 年竞赛题) 求 $\displaystyle\lim_{x\to +\infty}\sqrt{x}\int_x^{x+1}\frac{dt}{\sqrt{t + \sin t + x}}$.

解析 应用积分的保号性,有

$$\varphi(x) = \int_x^{x+1}\frac{1}{\sqrt{t + \sin t + x}}dt \leqslant \int_x^{x+1}\frac{dt}{\sqrt{x - 1 + x}} = \frac{1}{\sqrt{2x - 1}}$$

$$\varphi(x) = \int_x^{x+1}\frac{1}{\sqrt{t + \sin t + x}}dt \geqslant \int_x^{x+1}\frac{1}{\sqrt{x + 1 + 1 + x}}dt = \frac{1}{\sqrt{2x + 2}}$$

因为

$$\lim_{x\to +\infty}\sqrt{x}\,\frac{1}{\sqrt{2x - 1}} = \frac{1}{\sqrt{2}}, \quad \lim_{x\to +\infty}\sqrt{x}\,\frac{1}{\sqrt{2x + 2}} = \frac{1}{\sqrt{2}}$$

应用夹逼准则得

$$原式 = \lim_{x\to +\infty}\sqrt{x}\varphi(x) = \frac{1}{\sqrt{2}}$$

例 3.33(江苏省 2000 年竞赛题) 设

$$f(x) = x, \quad g(x) = \begin{cases} \sin x, & 0 \leqslant x \leqslant \dfrac{\pi}{2}, \\ 0, & x > \dfrac{\pi}{2} \end{cases}$$

求 $F(x) = \int_0^x f(t) g(x-t) \mathrm{d}t$.

解析 先用变量代换化简定积分,即令 $x - t = u$,则

$$F(x) = -\int_x^0 f(x-u)g(u)\mathrm{d}u = \int_0^x f(x-u)g(u)\mathrm{d}u = \int_0^x (x-u)g(u)\mathrm{d}u$$

$$= \begin{cases} \int_0^x (x-u)\sin u \mathrm{d}u, & 0 \leqslant x \leqslant \dfrac{\pi}{2}, \\ \int_0^{\frac{\pi}{2}} (x-u)\sin u \mathrm{d}u, & x > \dfrac{\pi}{2} \end{cases}$$

$$= \begin{cases} (-x\cos u + (u\cos u - \sin u))\big|_0^x = x - \sin x, & 0 \leqslant x \leqslant \dfrac{\pi}{2}, \\ (-x\cos u + (u\cos u - \sin u))\big|_0^{\frac{\pi}{2}} = x - 1, & x > \dfrac{\pi}{2} \end{cases}$$

例 3.34(江苏省 1998 年竞赛题) 已知 $g(x)$ 是以 T 为周期的连续函数,且 $g(0) = 1, f(x) = \int_0^{2x} |x - t| g(t) \mathrm{d}t$,求 $f'(T)$.

解析 因为

$$f(x) = \int_0^x (x-t)g(t)\mathrm{d}t + \int_x^{2x} (t-x)g(t)\mathrm{d}t$$

$$= x\int_0^x g(t)\mathrm{d}t - \int_0^x tg(t)\mathrm{d}t + \int_x^{2x} tg(t)\mathrm{d}t - x\int_x^{2x} g(t)\mathrm{d}t$$

$$f'(x) = \int_0^x g(t)\mathrm{d}t + xg(x) - xg(x) + 4xg(2x) - xg(x)$$

$$- \int_x^{2x} g(t)\mathrm{d}t - 2xg(2x) + xg(x)$$

$$= \int_0^x g(t)\mathrm{d}t - \int_x^{2x} g(t)\mathrm{d}t + 2xg(2x)$$

所以

$$f'(T) = \int_0^T g(t)\mathrm{d}t - \int_T^{2T} g(t)\mathrm{d}t + 2Tg(2T)$$

因 $g(t)$ 以 T 为周期,故 $\int_0^T g(t)\mathrm{d}t = \int_T^{2T} g(t)\mathrm{d}t, g(2T) = g(0) = 1$,得 $f'(T) = 2T$.

例 3.35(浙江省 2002 年竞赛题) 设 $f(x)$ 连续,且当 $x > -1$ 时有

$$f(x)\left(\int_0^x f(t)\,\mathrm{d}t + 1\right) = \frac{x\mathrm{e}^x}{2(1+x)^2}$$

求 $f(x)$.

解析 令 $y(x) = \int_0^x f(t)\,\mathrm{d}t + 1$，则 $y(0) = 1$，且 $y'(x) = f(x)$，于是有

$$2y'(x)y(x) = \frac{x\mathrm{e}^x}{(1+x)^2}$$

两边积分得

$$\int 2y'(x)y(x)\,\mathrm{d}x = \int 2y(x)\,\mathrm{d}y(x) = y^2(x)$$

$$= \int \frac{x\mathrm{e}^x}{(1+x)^2}\,\mathrm{d}x = -\int x\mathrm{e}^x \,\mathrm{d}\frac{1}{1+x}$$

$$= -\frac{x\mathrm{e}^x}{1+x} + \int \frac{1}{1+x}\mathrm{e}^x(1+x)\,\mathrm{d}x = \frac{\mathrm{e}^x}{1+x} + C$$

由 $y(0) = 1$ 得 $C = 0$，所以 $y(x) = \sqrt{\dfrac{\mathrm{e}^x}{1+x}}$，即 $\int_0^x f(t)\,\mathrm{d}t + 1 = \sqrt{\dfrac{\mathrm{e}^x}{1+x}}$，故

$$f(x) = \left(\sqrt{\frac{\mathrm{e}^x}{1+x}}\right)' = \frac{\sqrt{\mathrm{e}^x}\cdot x}{2(1+x)^{\frac{3}{2}}}$$

例 3.36（全国大学生 2016 年预赛题） 设函数 $f(x)$ 在区间 $[0,1]$ 上连续，且 $I = \int_0^1 f(x)\,\mathrm{d}x \neq 0$，证明：在 $[0,1]$ 上存在不同的两点 x_1, x_2，使得

$$\frac{1}{f(x_1)} + \frac{1}{f(x_2)} = \frac{2}{I}$$

解析 令 $F(x) = \int_0^x f(x)\,\mathrm{d}x$，则 $F(0) = 0, F(1) = I \neq 0$. 又因为 $f(x)$ 在区间 $[0,1]$ 上连续，应用介值定理，存在 $c \in (0,1)$，使得 $F(c) = \dfrac{1}{2}F(1) = \dfrac{I}{2}$. 分别在 $[0,c], [c,1]$ 上应用拉格朗日中值定理，存在 $x_1 \in (0,c), x_2 \in (c,1)$，使得

$$F'(x_1) = f(x_1) = \frac{F(c) - F(0)}{c} = \frac{I}{2c} \neq 0 \quad \Rightarrow \quad \frac{1}{f(x_1)} = \frac{2c}{I}$$

$$F'(x_2) = f(x_2) = \frac{F(1) - F(c)}{1-c} = \frac{I}{2(1-c)} \neq 0 \quad \Rightarrow \quad \frac{1}{f(x_2)} = \frac{2(1-c)}{I}$$

右端两式相加得

$$\frac{1}{f(x_1)} + \frac{1}{f(x_2)} = \frac{2c}{I} + \frac{2(1-c)}{I} = \frac{2}{I}$$

例 3.37(江苏省 2008 年竞赛题)   已知函数 $f(x)$ 在 $[a,b]$ 上连续 $(a>0)$,且 $\int_a^b f(x)\mathrm{d}x=0$,求证:存在 $\xi\in(a,b)$,使得 $\int_a^\xi f(x)\mathrm{d}x=\xi f(\xi)$.

解析   令 $F(x)=\dfrac{1}{x}\int_a^x f(t)\mathrm{d}t$,由于 $f(x)$ 在 $[a,b]$ 上连续,故 $F(x)$ 在 $[a,b]$ 上可导,且 $F(a)=0,F(b)=0$. 应用罗尔定理可知,$\exists\xi\in(a,b)$,使得 $F'(\xi)=0$,而

$$F'(x)=\frac{xf(x)-\int_a^x f(t)\mathrm{d}t}{x^2},故$$

$$\int_a^\xi f(t)\mathrm{d}t=\int_a^\xi f(x)\mathrm{d}x=\xi f(\xi)$$

例 3.38(江苏省 2006 年竞赛题)   设 $f(x)$ 在区间 $[0,+\infty)$ 上是导数连续的函数,$f(0)=0, |f(x)-f'(x)|\leqslant 1$,求证:$|f(x)|\leqslant \mathrm{e}^x-1, x\in[0,+\infty)$.

解析   **方法 1** $\forall x>0$,因为

$$[\mathrm{e}^{-x}f(x)]'=\mathrm{e}^{-x}(f'(x)-f(x))$$

两边从 0 到 x 积分得

$$\int_0^x [\mathrm{e}^{-x}f(x)]'\mathrm{d}x=\mathrm{e}^{-x}f(x)=\int_0^x \mathrm{e}^{-x}(f'(x)-f(x))\mathrm{d}x$$

$$\Rightarrow \quad \mathrm{e}^{-x}|f(x)|\leqslant \int_0^x \mathrm{e}^{-x}|f'(x)-f(x)|\mathrm{d}x\leqslant \int_0^x \mathrm{e}^{-x}\mathrm{d}x=1-\mathrm{e}^{-x}$$

即 $|f(x)|\leqslant \mathrm{e}^x-1$.

方法 2   令 $F(x)=\mathrm{e}^{-x}(f(x)+1)$,则

$$F'(x)=\mathrm{e}^{-x}(f'(x)-f(x)-1)$$

由于 $|f(x)-f'(x)|\leqslant 1$,所以 $f'(x)-f(x)-1\leqslant 0$,于是 $F'(x)\leqslant 0$,即 $F(x)$ 在区间 $[0,+\infty)$ 上单调减少,因此

$$F(x)\leqslant F(0)=f(0)+1=1$$

即

$$\mathrm{e}^{-x}(f(x)+1)\leqslant 1 \quad\Leftrightarrow\quad f(x)\leqslant \mathrm{e}^x-1$$

令 $G(x)=\mathrm{e}^{-x}(1-f(x))$,则

$$G'(x)=\mathrm{e}^{-x}(-f'(x)-1+f(x))$$

由于 $|f(x)-f'(x)|\leqslant 1$,所以 $-f'(x)+f(x)-1\leqslant 0$,于是 $G'(x)\leqslant 0$,即 $G(x)$ 在 $[0,+\infty)$ 上单调减少,因此

$$G(x)\leqslant G(0)=1-f(0)=1$$

即

$$\mathrm{e}^{-x}(1-f(x))\leqslant 1 \quad\Leftrightarrow\quad f(x)\geqslant -(\mathrm{e}^x-1)$$

于是,$\forall x \geqslant 0$,有 $|f(x)| \leqslant e^x - 1$.

例 3.39(莫斯科大学 1977 年竞赛题) 设 $f(x)$ 在 $[a,b]$ 上连续,且
$$\int_a^b f(x)\mathrm{d}x = \int_a^b xf(x)\mathrm{d}x = \int_a^b x^2 f(x)\mathrm{d}x = 0$$
求证:$f(x)$ 在 (a,b) 内至少有 3 个零点.

解析 因 $f(x)$ 在 $[a,b]$ 上连续,令 $F(x) = \int_a^x f(t)\mathrm{d}t$,则 $F(a) = F(b) = 0$,且 $F'(x) = f(x)$,应用积分中值定理,$\exists c \in (a,b)$,使得
$$\int_a^b xf(x)\mathrm{d}x = xF(x)\Big|_a^b - \int_a^b F(x)\mathrm{d}x = -F(c)(b-a) = 0$$
所以 $F(c) = 0$. 对 $F(x)$ 在 $[a,c]$ 与 $[c,b]$ 上分别应用罗尔定理,$\exists c_1 \in (a,c)$,$\exists c_2 \in (c,b)$,使得
$$F'(c_1) = f(c_1) = 0, \quad F'(c_2) = f(c_2) = 0$$
即 $f(x)$ 在 (a,b) 内至少有两个零点.

假设 $f(x)$ 在 (a,b) 内恰有两个零点 $c_1, c_2 (a < c_1 < c_2 < b)$,则 $f(x)$ 取值的符号有下列六种情况:

情况	函数	(a,c_1)	c_1	(c_1,c_2)	c_2	(c_2,d)
1		+	0	−	0	+
2		+	0	+	0	−
3	$f(x)$	+	0	0	0	−
4		−	0	+	0	−
5		−	0	0	0	+
6		−	0	+	0	+

下面证明这六种情况皆不可能发生. 情况 1:取多项式 $p(x) = (x-c_1)(x-c_2)$;情况 2:取多项式 $p(x) = c_2 - x$;情况 3:取多项式 $p(x) = c_1 - x$;情况 4:取多项式 $p(x) = (x-c_1)(c_2-x)$;情况 5:取多项式 $p(x) = x - c_2$;情况 6:取多项式 $p(x) = x - c_1$. 这里多项式为一次或二次多项式,由题意得
$$\int_a^b p(x)f(x)\mathrm{d}x = 0$$

另一方面,由于这些多项式在区间 (a,c_1),(c_1,c_2),(c_2,b) 内的取值符号与 $f(x)$ 在这些区间上的取值符号完全相同,于是在 (a,c_1),(c_1,c_2),(c_2,b) 内 $p(x)f(x)$ 皆取正值,且 $p(x)f(x)$ 在 $[a,b]$ 上连续,所以

$$\int_a^b p(x)f(x)\mathrm{d}x > 0$$

从而导出了矛盾. 所以 $f(x)$ 在 (a,b) 内至少有 3 个零点.

例 3.40(莫斯科全苏大学生 1976 年竞赛题) 设函数 $f(x)$ 单调增加,$\forall T > 0$,$f(x)$ 在 $[0,T]$ 上可积,且 $\lim\limits_{x\to+\infty}\dfrac{1}{x}\int_0^x f(t)\mathrm{d}t = A$,求证:$\lim\limits_{x\to+\infty} f(x) = A$.

解析 由于 $\lim\limits_{x\to+\infty}\dfrac{1}{x}\int_0^x f(x)\mathrm{d}x = A$,应用极限存在的充要条件,必存在无穷小量 $\alpha(x) \to 0(x \to +\infty)$,使得

$$\int_0^x f(x)\mathrm{d}x = x(A + \alpha(x))$$

同理,由于 $\lim\limits_{x\to+\infty}\dfrac{2}{x}\int_0^{\frac{x}{2}} f(x)\mathrm{d}x = A$,$\lim\limits_{x\to+\infty}\dfrac{2}{3x}\int_0^{\frac{3}{2}x} f(x)\mathrm{d}x = A$,应用极限存在的充要条件,必存在无穷小量 $\beta(x) \to 0$,$\gamma(x) \to 0(x \to +\infty)$,使得

$$\int_0^{\frac{x}{2}} f(x)\mathrm{d}x = \frac{1}{2}x(A+\beta(x)), \quad \int_0^{\frac{3}{2}x} f(x)\mathrm{d}x = \frac{3}{2}x(A+\gamma(x))$$

又由于 $f(x)$ 单调增加,对 $x > 0$,应用定积分的保号性有

$$\int_{\frac{x}{2}}^x f(x)\mathrm{d}x \leqslant \frac{x}{2}f(x) \leqslant \int_x^{\frac{3}{2}x} f(x)\mathrm{d}x \Leftrightarrow \frac{2}{x}\int_{\frac{x}{2}}^x f(x)\mathrm{d}x \leqslant f(x) \leqslant \frac{2}{x}\int_x^{\frac{3}{2}x} f(x)\mathrm{d}x$$

因为

$$\lim_{x\to+\infty}\frac{2}{x}\int_{\frac{x}{2}}^x f(x)\mathrm{d}x = \lim_{x\to+\infty}\frac{2}{x}\left(\int_0^x f(x)\mathrm{d}x - \int_0^{\frac{x}{2}} f(x)\mathrm{d}x\right)$$

$$= \lim_{x\to+\infty}\frac{2}{x}\left(x(A+\alpha(x)) - \frac{1}{2}x(A+\beta(x))\right)$$

$$= \lim_{x\to+\infty}(A + 2\alpha(x) - \beta(x)) = A$$

$$\lim_{x\to+\infty}\frac{2}{x}\int_x^{\frac{3}{2}x} f(x)\mathrm{d}x = \lim_{x\to+\infty}\frac{2}{x}\left(\int_0^{\frac{3}{2}x} f(x)\mathrm{d}x - \int_0^x f(x)\mathrm{d}x\right)$$

$$= \lim_{x\to+\infty}\frac{2}{x}\left(\frac{3}{2}x(A+\gamma(x)) - (A+\alpha(x))x\right)$$

$$= \lim_{x\to+\infty}(A + 3\gamma(x) - 2\alpha(x)) = A$$

应用夹逼准则,即得 $\lim\limits_{x\to+\infty} f(x) = A$.

例 3.41(北京市 1992 年竞赛题) 设 $f''(x)$ 连续,且 $f''(x) > 0$,$f(0) = f'(0)$

$=0$,试求极限 $\lim\limits_{x\to 0^+}\dfrac{\int_0^{u(x)}f(t)\mathrm{d}t}{\int_0^x f(t)\mathrm{d}t}$,其中 $u(x)$ 是曲线 $y=f(x)$ 在点 $(x,f(x))$ 处的切线在 x 轴上的截距.

解析 曲线 $y=f(x)$ 在点 $(x,f(x))$ 处切线为
$$Y-f(x)=f'(x)(X-x)$$
令 $Y=0$,得 $X=x-\dfrac{f(x)}{f'(x)}$,即 $u(x)=x-\dfrac{f(x)}{f'(x)}$,$u'(x)=\dfrac{f(x)f''(x)}{[f'(x)]^2}$.

应用 $f(x)$ 与 $f'(x)$ 的马克劳林公式,有
$$f(x)=f(0)+f'(0)x+\frac{1}{2}f''(0)x^2+o(x^2)=\frac{1}{2}f''(0)x^2+o(x^2)$$
$$f'(x)=f'(0)+f''(0)x+o(x)=f''(0)x+o(x)$$

因此 $u(x)=x-\dfrac{\frac{1}{2}f''(0)x^2+o(x^2)}{f''(0)x+o(x)}$,且当 $x\to 0$ 时,有
$$\frac{u(x)}{\frac{x}{2}}=2-\frac{f''(0)x+o(x)}{f''(0)x+o(x)}\to 1$$

故 $u(x)=\dfrac{x}{2}+o(x)$,且 $\lim\limits_{x\to 0^+}u(x)=0$.

因此
$$\lim_{x\to 0^+}\frac{\int_0^{u(x)}f(t)\mathrm{d}t}{\int_0^x f(t)\mathrm{d}t}=\lim_{x\to 0^+}\frac{f(u(x))\cdot u'(x)}{f(x)}=\lim_{x\to 0^+}\frac{f(u(x))}{[f'(x)]^2}\cdot f''(x)$$
$$=\lim_{x\to 0^+}\frac{\frac{1}{2}f''(0)u^2(x)+o(u^2(x))}{[f''(0)x+o(x)]^2}\cdot f''(0)$$
$$=\lim_{x\to 0^+}\frac{\frac{1}{2}f''(0)\cdot\left(\frac{x}{2}\right)^2+o(x^2)}{[f''(0)x+o(x)]^2}\cdot f''(0)=\frac{1}{8}$$

3.2.6 定积分的计算(例 3.42—3.60)

例 3.42(江苏省 1998 年竞赛题) 设连续函数 $f(x)$ 满足
$$f(x)=x+x^2\int_0^1 f(x)\mathrm{d}x+x^3\int_0^2 f(x)\mathrm{d}x$$
求 $f(x)$.

解析 设 $A = \int_0^1 f(x)\mathrm{d}x, B = \int_0^2 f(x)\mathrm{d}x$,则 $f(x) = x + Ax^2 + Bx^3$,所以

$$A = \int_0^1 (x + Ax^2 + Bx^3)\mathrm{d}x = \frac{1}{2} + \frac{1}{3}A + \frac{1}{4}B$$

$$B = \int_0^2 (x + Ax^2 + Bx^3)\mathrm{d}x = 2 + \frac{8}{3}A + 4B$$

由上述两式解出 $A = \frac{3}{8}, B = -1$,于是 $f(x) = x + \frac{3}{8}x^2 - x^3$.

例 3.43(江苏省 2017 年竞赛题) 设 $[x]$ 表示实数 x 的整数部分,试求定积分

$$\int_{1/6}^6 \frac{1}{x} \cdot \left[\frac{1}{\sqrt{x}}\right]\mathrm{d}x$$

解析 作换元变换,令 $\frac{1}{\sqrt{x}} = t$,则

$$原式 = 2\int_{1/\sqrt{6}}^{\sqrt{6}} \frac{[t]}{t}\mathrm{d}t = 2\int_1^{\sqrt{6}} \frac{[t]}{t}\mathrm{d}t = 2\int_1^2 \frac{1}{t}\mathrm{d}t + 2\int_2^{\sqrt{6}} \frac{2}{t}\mathrm{d}t$$
$$= 2\ln 2 + 2\ln 6 - 4\ln 2 = 2\ln 3$$

例 3.44(江苏省 2017 年竞赛题) 设 n 为正整数,$I_n = \int_0^{\pi/2} \frac{\sin 2nx}{\sin x}\mathrm{d}x$.

(1) 求 $I_n - I_{n-1} (n \geqslant 2)$;

(2) 试求定积分 $I_3 = \int_0^{\pi/2} \frac{\sin 6x}{\sin x}\mathrm{d}x$.

解析 (1) 应用三角函数的和差化积公式得

$$I_n - I_{n-1} = \int_0^{\pi/2} \frac{\sin 2nx - \sin 2(n-1)x}{\sin x}\mathrm{d}x = 2\int_0^{\pi/2} \frac{\cos(2n-1)x \cdot \sin x}{\sin x}\mathrm{d}x$$
$$= 2\int_0^{\pi/2} \cos(2n-1)x \mathrm{d}x = \frac{2}{2n-1}\sin(2n-1)x \bigg|_0^{\pi/2} = \frac{2 \cdot (-1)^{n-1}}{2n-1}$$

(2) 由第(1)问得

$$I_n = I_{n-1} + \frac{2 \cdot (-1)^{n-1}}{2(n-1)+1}$$

因为 $I_1 = \int_0^{\pi/2} \frac{\sin 2x}{\sin x}\mathrm{d}x = 2\int_0^{\pi/2} \cos x \mathrm{d}x = 2\sin x \bigg|_0^{\pi/2} = 2$,所以

$$I_3 = I_2 + \frac{2 \cdot (-1)^2}{2 \cdot 2 + 1} = I_2 + \frac{2}{5} = I_1 + \frac{2 \cdot (-1)^1}{2 \cdot 1 + 1} + \frac{2}{5}$$
$$= I_1 - \frac{2}{3} + \frac{2}{5} = 2 - \frac{2}{3} + \frac{2}{5} = \frac{26}{15}$$

例 3.45(东南大学 2016 年竞赛题) 设 n 为正整数,证明:

$$I_n = \int_0^{\frac{\pi}{2}} \cos^n x \sin nx \, dx = \frac{1}{2^{n+1}}\left(\frac{2^1}{1} + \frac{2^2}{2} + \frac{2^3}{3} + \cdots + \frac{2^n}{n}\right)$$

解析 对 I_n 分部积分得

$$I_n = -\frac{1}{n}\left(\cos^n x \cdot \cos nx \bigg|_0^{\pi/2} + n\int_0^{\frac{\pi}{2}} \cos^{n-1} x \cdot \sin x \cdot \cos nx \, dx\right)$$

$$= \frac{1}{n} - \int_0^{\frac{\pi}{2}} \cos^{n-1} x \cdot \sin x \cdot \cos nx \, dx$$

上式与原式相加得

$$2I_n = \frac{1}{n} + \int_0^{\frac{\pi}{2}} \cos^{n-1} x \cdot (\sin nx \cdot \cos x - \cos nx \cdot \sin x) \, dx$$

$$= \frac{1}{n} + \int_0^{\frac{\pi}{2}} \cos^{n-1} x \cdot \sin(n-1)x \, dx = \frac{1}{n} + I_{n-1}$$

由于 $I_1 = \int_0^{\frac{\pi}{2}} \cos x \sin x \, dx = \frac{1}{2}\sin^2 x \bigg|_0^{\pi/2} = \frac{1}{2}$，于是有

$$2^n I_n = \frac{2^{n-1}}{n} + 2^{n-1} I_{n-1} = \frac{2^{n-1}}{n} + \frac{2^{n-2}}{n-1} + 2^{n-2} I_{n-2}$$

$$= \frac{2^{n-1}}{n} + \frac{2^{n-2}}{n-1} + \cdots + \frac{2^1}{2} + 2^1 I_1 = \frac{2^{n-1}}{n} + \frac{2^{n-2}}{n-1} + \cdots + \frac{2^1}{2} + \frac{2^0}{1}$$

$$I_n = \frac{1}{2^{n+1}}\left(\frac{2^n}{n} + \frac{2^{n-1}}{n-1} + \cdots + \frac{2^2}{2} + \frac{2^1}{1}\right) = \frac{1}{2^{n+1}}\left(\frac{2^1}{1} + \frac{2^2}{2} + \cdots + \frac{2^{n-1}}{n-1} + \frac{2^n}{n}\right)$$

例 3.46（东南大学 2018 年竞赛题） 设 $I_n = \int_0^{\frac{\pi}{2}} \frac{\sin^2 nt}{\sin t} dt$，其中 n 为正整数，证明：极限 $\lim_{n\to\infty}(2I_n - \ln n)$ 存在.

解析 应用三角函数的和差化积公式得

$$I_n - I_{n-1} = \int_0^{\frac{\pi}{2}} \frac{\sin^2 nt - \sin^2(n-1)t}{\sin t} dt$$

$$= \int_0^{\frac{\pi}{2}} \frac{(\sin nt + \sin(n-1)t)(\sin nt - \sin(n-1)t)}{\sin t} dt$$

$$= \int_0^{\frac{\pi}{2}} \frac{4\sin\frac{2n-1}{2}t \cdot \cos\frac{t}{2} \cdot \cos\frac{2n-1}{2}t \cdot \sin\frac{t}{2}}{\sin t} dt$$

$$= \int_0^{\frac{\pi}{2}} \sin(2n-1)t \, dt = \frac{1}{2n-1}$$

且 $I_1 = \int_0^{\frac{\pi}{2}} \sin t \, dt = 1$，所以

$$I_n = I_{n-1} + \frac{1}{2n-1} = I_{n-2} + \frac{1}{2n-3} + \frac{1}{2n-1} = \cdots = 1 + \frac{1}{3} + \frac{1}{5} + \cdots + \frac{1}{2n-1}$$

记 $x_n = 2I_n - \ln n$，则

$$x_{n+1} - x_n = 2(I_{n+1} - I_n) + \ln\frac{n}{n+1} = \frac{2}{2n+1} + \ln\frac{n}{n+1}$$

令 $f(x) = \frac{2}{2x+1} + \ln\frac{x}{x+1} (x \geq 1)$，由于

$$f'(x) = -\frac{4}{(2x+1)^2} + \frac{1}{x(x+1)} = \frac{1}{x(x+1)(2x+1)^2} > 0$$

所以 $f(x)$ 在 $[1, +\infty)$ 上单调增加，又 $\lim_{x \to +\infty} f(x) = \lim_{x \to +\infty}\left(\frac{2}{2x+1} + \ln\frac{x}{x+1}\right) = 0$，因此 $f(x) < 0$，故 $x_{n+1} - x_n = f(n) < 0$，这表明数列 $\{x_n\}$ 单调递减.

对函数 $g(x) = \ln x$ 在区间 $[2n-1, 2n+1]$ 上应用拉格朗日中值定理，得

$$\ln(2n+1) - \ln(2n-1) = \frac{2}{\xi} < \frac{2}{2n-1} \quad (\xi \in (2n-1, 2n+1))$$

在此式中分别取 n 为 $1, 2, \cdots, n$，并将各式相加得

$$2\left(1 + \frac{1}{3} + \frac{1}{5} + \cdots + \frac{1}{2n-1}\right) - \ln(2n+1) = 2I_n - \ln(2n+1) > 0$$

因此

$$x_n = 2I_n - \ln n > 2I_n - \ln(2n+1) > 0$$

这表明数列 $\{x_n\}$ 有下界.

综上，应用单调有界准则得数列 $\{x_n\}$ 收敛，即 $\lim_{n \to \infty}(2I_n - \ln n)$ 存在.

例 3.47（江苏省 2006 年竞赛题） 求 $\int_0^1 \frac{\arctan x}{(1+x)^2} dx$.

解析 原式 $= -\int_0^1 \arctan x \, d\frac{1}{1+x} = -\frac{\arctan x}{1+x}\Big|_0^1 + \int_0^1 \frac{1}{(1+x)(1+x^2)} dx$

$$= -\frac{\pi}{8} + \int_0^1 \frac{1}{(1+x)(1+x^2)} dx$$

令 $\frac{1}{(1+x)(1+x^2)} = \frac{A}{1+x} + \frac{Bx+C}{1+x^2}$，可解得 $A = \frac{1}{2}, B = -\frac{1}{2}, C = \frac{1}{2}$，则

$$\int_0^1 \frac{1}{(1+x)(1+x^2)} dx = \left(\frac{1}{2}\ln(1+x) - \frac{1}{4}\ln(1+x^2) + \frac{1}{2}\arctan x\right)\Big|_0^1$$

$$= \frac{1}{2}\ln 2 - \frac{1}{4}\ln 2 + \frac{\pi}{8}$$

故原式 $= \dfrac{1}{4}\ln 2$.

例 3.48（江苏省 2006 年竞赛题） $\displaystyle\int_0^1 \dfrac{\arctan x}{(1+x^2)^2}\mathrm{d}x = \underline{\qquad}$.

解析 令 $\arctan x = t$，作换元变换，则

$$\text{原式} = \int_0^{\frac{\pi}{4}} \dfrac{t}{\sec^4 t}\sec^2 t\,\mathrm{d}t = \int_0^{\frac{\pi}{4}} \dfrac{1}{2}t(1+\cos 2t)\mathrm{d}t$$

$$= \dfrac{t^2}{4}\Big|_0^{\frac{\pi}{4}} + \dfrac{1}{4}\left(t\sin 2t\Big|_0^{\frac{\pi}{4}} - \int_0^{\frac{\pi}{4}}\sin 2t\,\mathrm{d}t\right)$$

$$= \dfrac{1}{64}\pi^2 + \dfrac{1}{16}\pi + \dfrac{1}{8}\cos 2t\Big|_0^{\frac{\pi}{4}} = \dfrac{\pi^2}{64} + \dfrac{\pi}{16} - \dfrac{1}{8}$$

例 3.49（江苏省 1994 年竞赛题） 已知 $f(x) = \displaystyle\int_1^{x^2}\dfrac{\sin t}{t}\mathrm{d}t$，求 $\displaystyle\int_0^1 xf(x)\mathrm{d}x$.

解析 因为

$$f'(x) = 2x \cdot \dfrac{\sin(x^2)}{x^2} = \dfrac{2\sin(x^2)}{x}$$

应用分部积分法得（因 $f(1) = 0$）

$$\int_0^1 xf(x)\mathrm{d}x = \dfrac{1}{2}\int_0^1 f(x)\mathrm{d}x^2 = \dfrac{1}{2}\left[x^2 f(x)\Big|_0^1 - \int_0^1 x^2 f'(x)\mathrm{d}x\right]$$

$$= -\dfrac{1}{2}\int_0^1 2x\sin(x^2)\mathrm{d}x = \dfrac{1}{2}\cos(x^2)\Big|_0^1 = \dfrac{1}{2}\cos 1 - \dfrac{1}{2}$$

例 3.50（江苏省 1996 年竞赛题） 设 $f(t) = \displaystyle\int_1^t \mathrm{e}^{-x^2}\mathrm{d}x$，求 $\displaystyle\int_0^1 t^2 f(t)\mathrm{d}t$.

解析 因为 $f'(t) = \mathrm{e}^{-t^2}$，$f(1) = 0$，分部积分得

$$\int_0^1 t^2 f(t)\mathrm{d}t = \dfrac{1}{3}\int_0^1 f(t)\mathrm{d}t^3 = \dfrac{1}{3}\left[t^3 f(t)\Big|_0^1 - \int_0^1 t^3 f'(t)\mathrm{d}t\right]$$

$$= -\dfrac{1}{3}\int_0^1 t^3 \mathrm{e}^{-t^2}\mathrm{d}t \xrightarrow{\text{令 } t^2 = x} -\dfrac{1}{6}\int_0^1 x\mathrm{e}^{-x}\mathrm{d}x = \dfrac{1}{6}\int_0^1 x\,\mathrm{d}\mathrm{e}^{-x}$$

$$= \dfrac{1}{6}\left(x\mathrm{e}^{-x}\Big|_0^1 - \int_0^1 \mathrm{e}^{-x}\mathrm{d}x\right) = \dfrac{1}{6}\left(\dfrac{1}{\mathrm{e}} + \mathrm{e}^{-x}\Big|_0^1\right) = \dfrac{1}{3\mathrm{e}} - \dfrac{1}{6}$$

例 3.51（江苏省 2016 年竞赛题） 设函数 $f(x) = \displaystyle\int_0^x \dfrac{\ln(1+t)}{1+t^2}\mathrm{d}t$，试求定积分

$$\int_0^1 xf(x)\mathrm{d}x$$

解析 **方法 1** 根据题意，可得 $f'(x) = \dfrac{\ln(1+x)}{1+x^2}$，再应用分部积分法，有

$$\int_0^1 xf(x)\mathrm{d}x = \frac{1}{2}\int_0^1 f(x)\mathrm{d}x^2 = \frac{1}{2}x^2 f(x)\Big|_0^1 - \frac{1}{2}\int_0^1 x^2 f'(x)\mathrm{d}x$$

$$= \frac{1}{2}f(1) - \frac{1}{2}\int_0^1 x^2 \cdot \frac{\ln(1+x)}{1+x^2}\mathrm{d}x$$

$$= \frac{1}{2}f(1) - \frac{1}{2}\int_0^1 \ln(1+x)\mathrm{d}x + \frac{1}{2}\int_0^1 \frac{\ln(1+x)}{1+x^2}\mathrm{d}x$$

$$= f(1) - \frac{1}{2}\int_0^1 \ln(1+x)\mathrm{d}x$$

$$= f(1) - \frac{1}{2}\left(x\ln(1+x)\Big|_0^1 - \int_0^1 \frac{x}{1+x}\mathrm{d}x\right)$$

$$= f(1) - \frac{1}{2}\left(\ln 2 - 1 + \ln(1+x)\Big|_0^1\right) = f(1) - \ln 2 + \frac{1}{2}$$

下面来求 $f(1)$. 令 $\frac{1+t}{2} = \frac{1}{1+x}$,则 $\mathrm{d}t = -\frac{2}{(1+x)^2}\mathrm{d}x$,$\frac{1}{1+t^2} = \frac{(1+x)^2}{2(1+x^2)}$,得

$$f(1) = \int_0^1 \frac{\ln(1+t)}{1+t^2}\mathrm{d}t = \int_0^1 \frac{\ln 2 + \ln\frac{1+t}{2}}{1+t^2}\mathrm{d}t = \ln 2 \cdot \int_0^1 \frac{1}{1+t^2}\mathrm{d}t - \int_0^1 \frac{\ln(1+x)}{1+x^2}\mathrm{d}x$$

$$= \ln 2 \cdot \arctan t\Big|_0^1 - f(1) = \frac{\pi}{4}\ln 2 - f(1)$$

于是 $f(1) = \frac{\pi}{8}\ln 2$,故

$$原式 = \frac{\pi}{8}\ln 2 - \ln 2 + \frac{1}{2}$$

方法 2 先将原积分化为二次积分,再交换二次积分的次序,得

$$\int_0^1 xf(x)\mathrm{d}x = \int_0^1 \mathrm{d}x\int_0^x x\frac{\ln(1+t)}{1+t^2}\mathrm{d}t = \int_0^1 \mathrm{d}t\int_t^1 x\frac{\ln(1+t)}{1+t^2}\mathrm{d}x$$

$$= \frac{1}{2}\int_0^1 (1-t^2)\frac{\ln(1+t)}{1+t^2}\mathrm{d}t$$

$$= -\frac{1}{2}\int_0^1 \ln(1+t)\mathrm{d}t + \int_0^1 \frac{\ln(1+t)}{1+t^2}\mathrm{d}t$$

$$= -\frac{1}{2}\left(t\ln(1+t)\Big|_0^1 - \int_0^1 \frac{t}{1+t}\mathrm{d}t\right) + f(1)$$

$$= -\frac{1}{2}\ln 2 + \frac{1}{2}(t - \ln(1+t))\Big|_0^1 + f(1) = f(1) - \ln 2 + \frac{1}{2}$$

$f(1) = \frac{\pi}{8}\ln 2$ 的求法同方法 1,故

$$原式 = \frac{\pi}{8}\ln 2 - \ln 2 + \frac{1}{2}$$

例3.52（江苏省2002年竞赛题） 求 $\int_0^{\frac{\pi}{2}} e^x \left(1+\tan\frac{x}{2}\right)^2 dx$.

解析 原式 $= \int_0^{\frac{\pi}{2}} e^x \sec^2\frac{x}{2} dx + 2\int_0^{\frac{\pi}{2}} e^x \tan\frac{x}{2} dx$

$$= 2\int_0^{\frac{\pi}{2}} e^x d\tan\frac{x}{2} + 2\int_0^{\frac{\pi}{2}} e^x \tan\frac{x}{2} dx$$

$$= 2e^x \tan\frac{x}{2}\Big|_0^{\frac{\pi}{2}} - 2\int_0^{\frac{\pi}{2}} e^x \tan\frac{x}{2} dx + 2\int_0^{\frac{\pi}{2}} e^x \tan\frac{x}{2} dx = 2e^{\frac{\pi}{2}}$$

例3.53（江苏省2002年竞赛题） 求 $\int_0^{\frac{\pi}{2}} e^x \frac{1+\sin x}{1+\cos x} dx$.

解析 原式 $= \int_0^{\frac{\pi}{2}} e^x \frac{\left(\sin\frac{x}{2}+\cos\frac{x}{2}\right)^2}{2\cos^2\frac{x}{2}} dx = \frac{1}{2}\int_0^{\frac{\pi}{2}} e^x \left(1+\tan\frac{x}{2}\right)^2 dx$

$$= \frac{1}{2}\int_0^{\frac{\pi}{2}} e^x \sec^2\frac{x}{2} dx + \int_0^{\frac{\pi}{2}} e^x \tan\frac{x}{2} dx$$

$$= \int_0^{\frac{\pi}{2}} e^x d\tan\frac{x}{2} + \int_0^{\frac{\pi}{2}} e^x \tan\frac{x}{2} dx$$

$$= e^x \tan\frac{x}{2}\Big|_0^{\frac{\pi}{2}} - \int_0^{\frac{\pi}{2}} e^x \tan\frac{x}{2} dx + \int_0^{\frac{\pi}{2}} e^x \tan\frac{x}{2} dx = e^{\frac{\pi}{2}}$$

例3.54（江苏省2016年竞赛题） 求定积分 $\int_0^{\pi} \frac{x\sin^2 x}{1+\cos^2 x} dx$.

解析 根据题意,有

$$原式 = \int_0^{\pi/2} \frac{x\sin^2 x}{1+\cos^2 x} dx + \int_{\pi/2}^{\pi} \frac{x\sin^2 x}{1+\cos^2 x} dx$$

在第二项中令 $x = \pi - t$,则

$$\int_{\pi/2}^{\pi} \frac{x\sin^2 x}{1+\cos^2 x} dx = \int_0^{\pi/2} \frac{(\pi-t)\sin^2 t}{1+\cos^2 t} dt = \pi\int_0^{\pi/2} \frac{\sin^2 t}{1+\cos^2 t} dt - \int_0^{\pi/2} \frac{t\sin^2 t}{1+\cos^2 t} dt$$

$$= \pi\int_0^{\pi/2} \frac{\sin^2 x}{1+\cos^2 x} dx - \int_0^{\pi/2} \frac{x\sin^2 x}{1+\cos^2 x} dx$$

于是

$$原式 = \pi\int_0^{\pi/2} \frac{\sin^2 x}{1+\cos^2 x} dx$$

$$= \pi\int_0^{\pi/2} \frac{-1-\cos^2 x + 2}{1+\cos^2 x} dx = -\frac{\pi^2}{2} + 2\pi\int_0^{\pi/2} \frac{1}{\sin^2 x + 2\cos^2 x} dx$$

$$=-\frac{\pi^2}{2}+2\pi\int_0^{\pi/2}\frac{1}{2+\tan^2 x}\mathrm{d}\tan x \quad (\diamondsuit \tan x=u)$$

$$=-\frac{\pi^2}{2}+2\pi\int_0^{+\infty}\frac{1}{2+u^2}\mathrm{d}u$$

$$=-\frac{\pi^2}{2}+\sqrt{2}\pi\arctan\frac{u}{\sqrt{2}}\Big|_0^{+\infty}=\frac{\sqrt{2}-1}{2}\pi^2$$

例 3.55(北京市 2000 年、浙江省 2002 年竞赛题) 求积分

$$\int_{\frac{1}{2}}^{2}\left(1+x-\frac{1}{x}\right)\mathrm{e}^{x+\frac{1}{x}}\mathrm{d}x$$

解析 应用定积分分部积分公式,有

$$原式=\int_{\frac{1}{2}}^{2}\mathrm{e}^{x+\frac{1}{x}}\mathrm{d}x+\int_{\frac{1}{2}}^{2}x\left(1-\frac{1}{x^2}\right)\mathrm{e}^{x+\frac{1}{x}}\mathrm{d}x$$

$$=\int_{\frac{1}{2}}^{2}\mathrm{e}^{x+\frac{1}{x}}\mathrm{d}x+\int_{\frac{1}{2}}^{2}x\mathrm{d}\mathrm{e}^{x+\frac{1}{x}}$$

$$=\int_{\frac{1}{2}}^{2}\mathrm{e}^{x+\frac{1}{x}}\mathrm{d}x+x\mathrm{e}^{x+\frac{1}{x}}\Big|_{\frac{1}{2}}^{2}-\int_{\frac{1}{2}}^{2}\mathrm{e}^{x+\frac{1}{x}}\mathrm{d}x=\frac{3}{2}\mathrm{e}^{\frac{5}{2}}$$

例 3.56(全国大学生 2014 年预赛题) 求 $I=\int_{\mathrm{e}^{-2n\pi}}^{1}\left|\frac{\mathrm{d}}{\mathrm{d}x}\cos\left(\ln\frac{1}{x}\right)\right|\mathrm{d}x, n\in\mathbf{N}.$

解析 由于 $\frac{\mathrm{d}}{\mathrm{d}x}\cos\left(\ln\frac{1}{x}\right)=\sin(\ln x)\cdot\left(-\frac{1}{x}\right)$,应用定积分换元法和周期函数的定积分性质,有

$$I=\int_{\mathrm{e}^{-2n\pi}}^{1}|\sin(\ln x)|\mathrm{d}\ln x=\int_{-2n\pi}^{0}|\sin u|\mathrm{d}u$$

$$=2n\int_0^{\pi}\sin u\mathrm{d}u=-2n\cos u\Big|_0^{\pi}=4n$$

例 3.57(浙江省 2004 年竞赛题) 计算 $\int_0^{\pi}\frac{\pi+\cos x}{x^2-\pi x+2004}\mathrm{d}x.$

解析 令 $x=\frac{\pi}{2}+t$,则运用基本积分公式与奇函数的定积分性质,有

$$原式=\int_{-\frac{\pi}{2}}^{\frac{\pi}{2}}\frac{\pi-\sin t}{t^2+2004-\frac{\pi^2}{4}}\mathrm{d}t$$

$$=\pi\int_{-\frac{\pi}{2}}^{\frac{\pi}{2}}\frac{1}{t^2+2004-\frac{\pi^2}{4}}\mathrm{d}t-\int_{-\frac{\pi}{2}}^{\frac{\pi}{2}}\frac{\sin t}{t^2+2004-\frac{\pi^2}{4}}\mathrm{d}t$$

$$= 2\pi \frac{1}{\sqrt{2004-\frac{\pi^2}{4}}} \arctan \frac{t}{\sqrt{2004-\frac{\pi^2}{4}}} \Bigg|_0^{\frac{\pi}{2}} - 0$$

$$= \frac{2\pi}{\sqrt{2004-\frac{\pi^2}{4}}} \arctan \frac{\pi}{2\sqrt{2004-\frac{\pi^2}{4}}}$$

例 3.58(江苏省 2000 年竞赛题) 设可微函数 $f(x)$ 在 $x>0$ 上有定义,其反函数为 $g(x)$ 且满足 $\int_1^{f(x)} g(t) \mathrm{d}t = \frac{1}{3}(x^{\frac{3}{2}}-8)$,试求 $f(x)$.

解析 在原式中令 $f(x)=1$ 得 $x^{\frac{3}{2}}-8=0$,解得 $x=4$,即 $f(4)=1$. 设 $t=f(x)$,反函数为 $x=f^{-1}(t)$,故 $g(t)=f^{-1}(t)$,则

$$\int_1^{f(x)} g(t) \mathrm{d}t = \int_1^{f(x)} f^{-1}(t) \mathrm{d}t = \int_4^x x \mathrm{d}f(x) \quad (f(4)=1)$$

$$= xf(x)\Big|_4^x - \int_4^x f(x) \mathrm{d}x = xf(x) - 4 - \int_4^x f(x) \mathrm{d}x$$

于是

$$xf(x) - 4 - \int_4^x f(x) \mathrm{d}x = \frac{1}{3}(x^{\frac{3}{2}}-8)$$

两边对 x 求导得

$$xf'(x) + f(x) - f(x) = \frac{1}{2}x^{\frac{1}{2}}$$

$$f'(x) = \frac{1}{2\sqrt{x}}, \quad f(4)=1$$

积分得 $f(x) = \sqrt{x} + C$,由 $1=2+C$,解得 $C=-1$,于是所求函数为

$$f(x) = \sqrt{x} - 1$$

例 3.59(南京大学 1995 年竞赛题)

(1) 证明:$\int_0^{\frac{\pi}{4}} \ln\sin\left(x+\frac{\pi}{4}\right) \mathrm{d}x = \int_0^{\frac{\pi}{4}} \ln\cos x \mathrm{d}x$;

(2) 计算:$\int_0^{\frac{\pi}{4}} \ln(1+\tan x) \mathrm{d}x$.

解析 (1) 令 $x=\frac{\pi}{4}-t$,则

$$\int_0^{\frac{\pi}{4}} \ln\sin\left(x+\frac{\pi}{4}\right) \mathrm{d}x = -\int_{\frac{\pi}{4}}^0 \ln\sin\left(\frac{\pi}{2}-t\right) \mathrm{d}t = \int_0^{\frac{\pi}{4}} \ln\cos t \mathrm{d}t = \int_0^{\frac{\pi}{4}} \ln\cos x \mathrm{d}x$$

(2) 原式 $= \int_0^{\frac{\pi}{4}} \ln \frac{\sin x + \cos x}{\cos x} dx = \int_0^{\frac{\pi}{4}} \ln \left[\sqrt{2} \sin \left(x + \frac{\pi}{4} \right) \right] dx - \int_0^{\frac{\pi}{4}} \ln \cos x \, dx$

$= \frac{1}{2} \cdot \frac{\pi}{4} \ln 2 + \int_0^{\frac{\pi}{4}} \ln \sin \left(x + \frac{\pi}{4} \right) dx - \int_0^{\frac{\pi}{4}} \ln \cos x \, dx = \frac{1}{8} \pi \ln 2$

例 3.60（精选题） 设 $F(a) = \int_0^{\pi} \ln(1 - 2a\cos x + a^2) dx$，求 $F(-a)$，$F(a^2)$.

解析 作定积分的换元变换，令 $x = \pi - t$，则

$$F(-a) = \int_0^{\pi} \ln(1 + 2a\cos x + a^2) dx = -\int_{\pi}^0 \ln(1 - 2a\cos t + a^2) dt$$

$$= \int_0^{\pi} \ln(1 - 2a\cos x + a^2) dx = F(a)$$

$$F(a^2) = \int_0^{\pi} \ln(1 - 2a^2\cos x + a^4) dx \qquad (1)$$

由于 $F(-a) = F(a)$，所以

$$2F(a) = F(a) + F(-a) = \int_0^{\pi} [\ln(1 - 2a\cos x + a^2) + \ln(1 + 2a\cos x + a^2)] dx$$

$$= \int_0^{\pi} \ln[(1 + a^2)^2 - 4a^2\cos^2 x] dx = \int_0^{\pi} \ln(1 - 2a^2\cos 2x + a^4) dx$$

$$= \frac{1}{2} \int_0^{2\pi} \ln(1 - 2a^2\cos t + a^4) dt \quad (令 2x = t)$$

$$= \frac{1}{2} \left[\int_0^{\pi} \ln(1 - 2a^2\cos t + a^4) dt + \int_{\pi}^{2\pi} \ln(1 - 2a^2\cos t + a^4) dt \right]$$

$$= \frac{1}{2} \left[\int_0^{\pi} \ln(1 - 2a^2\cos t + a^4) dt + \int_0^{\pi} \ln(1 - 2a^2\cos u + a^4) du \right]$$

$$\text{（第 2 项中令 } t = 2\pi - u\text{）}$$

$$= \frac{1}{2} \left[\int_0^{\pi} \ln(1 - 2a^2\cos x + a^4) dx + \int_0^{\pi} \ln(1 - 2a^2\cos x + a^4) dx \right]$$

$$= \int_0^{\pi} \ln(1 - 2a^2\cos x + a^4) dx \qquad (2)$$

比较 (1) 与 (2) 式即得 $F(a^2) = 2F(a)$.

3.2.7 定积分在几何与物理上的应用（例 3.61—3.74）

例 3.61（全国大学生 2017 年决赛题） 求 $\sum_{n=1}^{100} n^{-\frac{1}{2}}$ 的整数部分.

解析 记 $\sigma = \sum_{n=1}^{100} n^{-\frac{1}{2}}$. 由图(a)可知：曲线 $y = \frac{1}{\sqrt{x}}$ 与 $x = 1, x = 100, y = 0$ 所围曲边梯形的面积大于它下方的 99 个长条矩形的面积之和 $\sum_{n=2}^{100} \left(\frac{1}{\sqrt{n}} \cdot 1 \right)$，于是

$$\sigma = 1 + \sum_{n=2}^{100}\left(\frac{1}{\sqrt{n}} \cdot 1\right) < 1 + \int_1^{100} \frac{1}{\sqrt{x}}\mathrm{d}x = 1 + 2\sqrt{x}\Big|_1^{100}$$
$$= 1 + 18 = 19$$

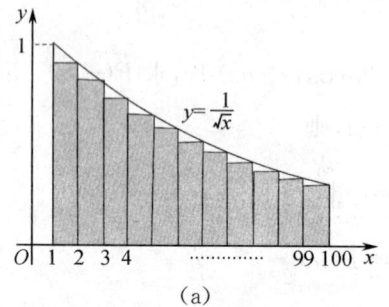
(a)

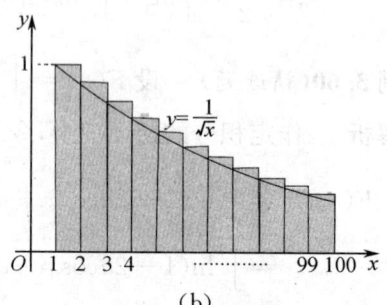
(b)

由图(b)可知:图中 99 个长条矩形的面积之和 $\sum_{n=1}^{99}\left(\frac{1}{\sqrt{n}} \cdot 1\right)$ 大于它下方的曲线 $y = \frac{1}{\sqrt{x}}$ 与 $x = 1, x = 100, y = 0$ 所围曲边梯形的面积,于是

$$\sigma = \sum_{n=1}^{99}\left(\frac{1}{\sqrt{n}} \cdot 1\right) + \frac{1}{10} > \int_1^{100}\frac{1}{\sqrt{x}}\mathrm{d}x + \frac{1}{10} = 2\sqrt{x}\Big|_1^{100} + \frac{1}{10} = 18.1$$

因此 $18.1 < \sigma = \sum_{n=1}^{100} n^{-\frac{1}{2}} < 19$,所以 $[\sigma] = \left[\sum_{n=1}^{100} n^{-\frac{1}{2}}\right] = 18$.

例 3.62(莫斯科农业生产工程学院 1977 年竞赛题) 在 y 轴上过坐标为 $t(0 \leqslant t \leqslant 1)$ 的点 A 作平行于 x 轴的直线 AB,它与 $y = x^2, x = 1$ 及 y 轴所围阴影部分 D_1 与 D_2(如图所示)的面积之和为 S,求 S 的最大值与最小值.

解析 应用定积分,面积 S 为

$$S = \int_0^{\sqrt{t}}(t - x^2)\mathrm{d}x + \int_{\sqrt{t}}^1 (x^2 - t)\mathrm{d}x$$
$$= t\sqrt{t} - \frac{1}{3}x^3\Big|_0^{\sqrt{t}} + \frac{1}{3}x^3\Big|_{\sqrt{t}}^1 - t(1-\sqrt{t})$$
$$= \frac{4}{3}t\sqrt{t} - t + \frac{1}{3}$$

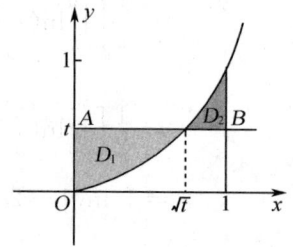

由 $S' = 2\sqrt{t} - 1 = 0$,解得驻点 $t = \frac{1}{4}$,则

$$\max S = \max\left\{S(0), S\left(\frac{1}{4}\right), S(1)\right\} = \max\left\{\frac{1}{3}, \frac{1}{4}, \frac{2}{3}\right\} = \frac{2}{3}$$
$$\min S = \min\left\{S(0), S\left(\frac{1}{4}\right), S(1)\right\} = \frac{1}{4}$$

即 $t = 1$ 时 S 取最大值 $\frac{2}{3}$,$t = \frac{1}{4}$ 时 S 取最小值 $\frac{1}{4}$.

例 3.63(江苏省 2000 年竞赛题)　过抛物线 $y=x^2$ 上一点 (a,a^2) 作切线,问 a 为何值时所作切线与抛物线 $y=-x^2+4x-1$ 所围成的图形面积最小?

解析　由题意可得抛物线 $y=x^2$ 在 (a,a^2) 处的切线方程为 $y-a^2=2a(x-a)$,即 $y=2ax-a^2$. 令 $\begin{cases} y=2ax-a^2, \\ y=-x^2+4x-1 \end{cases} \Rightarrow x^2+2(a-2)x+1-a^2=0$,设此方程的两个解为 $x_1,x_2(x_1<x_2)$,则

$$x_1 \cdot x_2 = 1-a^2, \quad x_1+x_2 = 2(2-a)$$
$$x_2-x_1 = 2\sqrt{2a^2-4a+3}$$

设抛物线 $y=-x^2+4x-1$ 下方、切线上方图形的面积为 S,则

$$S = \int_{x_1}^{x_2}(-x^2+4x-1-2ax+a^2)\mathrm{d}x$$
$$= (x_2-x_1)\left[-\frac{1}{3}((x_1+x_2)^2-x_1x_2)+(2-a)(x_1+x_2)+a^2-1\right]$$
$$= (x_2-x_1)\frac{2}{3}(2a^2-4a+3) = \frac{4}{3}(2a^2-4a+3)^{\frac{3}{2}}$$
$$S' = 2(2a^2-4a+3)^{\frac{1}{2}}(4a-4)$$

令 $S'=0$,解得惟一驻点 $a=1$,且 $a<1$ 时 $S'<0$,$a>1$ 时 $S'>0$,所以 $a=1$ 为极小值点,即最小值点. 于是 $a=1$ 时切线与抛物线所围面积最小.

例 3.64(北京市 1994 年竞赛题)　设

$$f(x) = \int_{-1}^{x} t|t|\mathrm{d}t$$

求曲线 $y=f(x)$ 与 x 轴所围成封闭图形的面积.

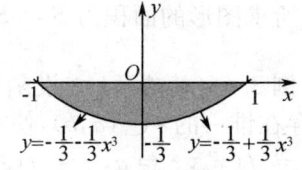

解析　根据题意可知

$$f(x) = \begin{cases} \int_{-1}^{x}(-t^2)\mathrm{d}t = -\frac{1}{3}(x^3+1), & x \leqslant 0; \\ \int_{-1}^{0}(-t^2)\mathrm{d}t + \int_{0}^{x}t^2\mathrm{d}t = \frac{1}{3}(x^3-1), & x>0 \end{cases}$$

故 $f(x)$ 为偶函数. 所以曲线 $y=f(x)$ 与 x 轴所围成封闭图形(如上图)的面积为

$$S = 2\int_0^1\left[0-\left(-\frac{1}{3}+\frac{1}{3}x^3\right)\right]\mathrm{d}x = 2\left(\frac{1}{3}x-\frac{1}{12}x^4\right)\Big|_0^1 = \frac{1}{2}$$

例 3.65(江苏省 2006 年竞赛题)　已知曲线 Γ 的极坐标方程

$$\rho = 1+\cos\theta \quad \left(0 \leqslant \theta \leqslant \frac{\pi}{2}\right)$$

求该曲线在 $\theta=\frac{\pi}{4}$ 所对应的点处的切线 L 的直角坐标方程,并求曲线 Γ、切线 L 与 x 轴所围图形的面积.

解析　曲线的参数方程为

$$x = \rho\cos\theta = (1+\cos\theta)\cos\theta, \quad y = \rho\sin\theta = (1+\cos\theta)\sin\theta$$

$$\frac{dy}{dx} = \frac{y'}{x'} = \frac{\cos\theta + \cos 2\theta}{-\sin\theta - \sin 2\theta}, \quad \frac{dy}{dx}\bigg|_{\theta=\frac{\pi}{4}} = 1 - \sqrt{2}$$

又 $\theta = \frac{\pi}{4}$ 时, $x = \frac{1+\sqrt{2}}{2}$, $y = \frac{1+\sqrt{2}}{2}$, 故切线 L 的方程为

$$y - \frac{1+\sqrt{2}}{2} = (1-\sqrt{2})\left(x - \frac{1+\sqrt{2}}{2}\right)$$

即 $y = (1-\sqrt{2})x + 1 + \frac{\sqrt{2}}{2}$. 令 $y = 0$, 得 $x = 2 + \frac{3}{2}\sqrt{2}$.

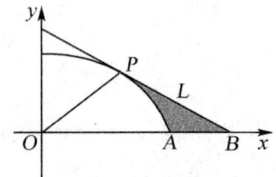

如图所示, 三角形 OPB 的面积为

$$S_1 = \frac{1}{2}\left(2 + \frac{3}{2}\sqrt{2}\right) \cdot \frac{1+\sqrt{2}}{2} = \frac{10+7\sqrt{2}}{8}$$

曲边三角形 OPA 的面积为

$$S_2 = \frac{1}{2}\int_0^{\frac{\pi}{4}} \rho^2 d\theta = \frac{1}{2}\int_0^{\frac{\pi}{4}} (1+\cos\theta)^2 d\theta = \frac{1}{2}\int_0^{\frac{\pi}{4}} \left(\frac{3}{2} + 2\cos\theta + \frac{1}{2}\cos 2\theta\right) d\theta$$

$$= \frac{1}{2}\left(\frac{3}{2}\theta + 2\sin\theta + \frac{1}{4}\sin 2\theta\right)\bigg|_0^{\frac{\pi}{4}} = \frac{3}{16}\pi + \frac{\sqrt{2}}{2} + \frac{1}{8}$$

于是所求图形的面积为 $S = S_1 - S_2 = \frac{9}{8} + \frac{3}{8}\sqrt{2} - \frac{3}{16}\pi$.

例 3.66(精选题) 设函数 $f(x)$ 在 $[a,b]$ 上可导, 且 $f(a) > 0$, $f'(x) > 0$, 求证: 存在惟一的 $\xi \in (a,b)$, 使得由 $y = f(x)$, $x = b$, $y = f(\xi)$ 所围的图形的面积与由 $y = f(x)$, $x = a$, $y = f(\xi)$ 所围的图形的面积之比为 2010.

解析 因 $f'(x) > 0$, 所以 $y = f(x)$ 的图形在 $[a,b]$ 上单调增加. 右图所示两块阴影区域的面积分别为

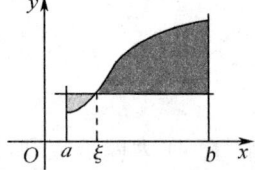

$$\int_a^\xi (f(\xi) - f(x))dx, \quad \int_\xi^b (f(x) - f(\xi))dx$$

作辅助函数

$$F(x) = \int_x^b [f(t) - f(x)]dt - 2010\int_a^x [f(x) - f(t)]dt \quad (a \leqslant x \leqslant b)$$

则

$$F(a) = \int_a^b [f(t) - f(a)]dt > 0 \quad (因 f(t) > f(a))$$

$$F(b) = -2010\int_a^b [f(b) - f(t)]dt < 0 \quad (因 f(t) < f(b))$$

因 $F(x)$ 在 $[a,b]$ 上连续,应用零点定理,$\exists \xi \in (a,b)$,使得 $F(\xi)=0$,即
$$\int_\xi^b [f(t)-f(\xi)]dt = 2010\int_a^\xi [f(\xi)-f(t)]dt$$
由于
$$F(x) = \int_x^b f(t)dt - f(x)(b-x) - 2010 f(x)(x-a) + 2010 \int_a^x f(t)dt$$
$$F'(x) = -f(x) - f'(x)(b-x) + f(x) - 2010 f'(x)(x-a) - 2010 f(x) + 2010 f(x)$$
$$= -f'(x)[(b-x) + 2010(x-a)] < 0$$
所以 $F(x)$ 在 $[a,b]$ 上单调减少,于是上述应用零点定理的 ξ 是惟一的.

例 3.67(莫斯科电气学院 1977 年竞赛题) 点 A 位于半径为 a 的圆周内部,且离圆心的距离为 $b(0 \leqslant b < a)$,从点 A 向圆周上所有点的切线作垂线,求所有垂足所围成的图形的面积.

解析 设圆周方程为 $x^2 + y^2 = a^2$,点 A 位于 $(b,0)$,在圆周上任取点 $P(x_0, y_0)$,过点 P 作圆的切线 L,则 L 的方程为 $x_0 x + y_0 y = a^2$,这里 (x,y) 为 L 上点的流动坐标. 过点 A 作 L 的垂线 AQ,则直线 AQ 的参数方程为
$$x = b + x_0 t, \quad y = y_0 t$$
将其代入 L 的方程,解得垂足 Q 所对应的参数为 $t = 1 - \frac{b}{a^2} x_0$,于是垂足 Q 的坐标 (x,y) 为
$$x = b + x_0\left(1 - \frac{b}{a^2}x_0\right), \quad y = y_0\left(1 - \frac{b}{a^2}x_0\right)$$
令 $x_0 = a\cos t$,$y_0 = a\sin t$,代入上式得垂足 Q 的坐标 (x,y) 为
$$x = b + \left(1 - \frac{b}{a}\cos t\right)a\cos t = b + a\cos t - b\cos^2 t$$
$$y = \left(1 - \frac{b}{a}\cos t\right)a\sin t = a\sin t - b\sin t\cos t$$
垂足 Q 的轨迹显见对称于 x 轴,它与 x 轴的交点为 $(-a,0)$ 与 $(a,0)$. 于是所求图形的面积为
$$S = 2\int_{-a}^a y\,dx = 2\int_\pi^0 (a\sin t - b\sin t\cos t)\,d(b + a\cos t - b\cos^2 t)$$
$$= 2\int_0^\pi \sin^2 t \cdot (a^2 - 3ab\cos t + 2b^2\cos^2 t)\,dt$$
$$= a^2\left(t - \frac{1}{2}\sin 2t\right)\Big|_0^\pi - 2ab\sin^3 t\Big|_0^\pi + \frac{b^2}{2}\left(t - \frac{1}{4}\sin 4t\right)\Big|_0^\pi$$

$$= a^2\pi + \frac{b^2}{2}\pi = \left(a^2 + \frac{b^2}{2}\right)\pi$$

例3.68（江苏省2012年竞赛题） 过点$(0,0)$作曲线$\Gamma: y = e^{-x}$的切线L，设D是以曲线Γ、切线L及x轴为边界的无界区域（如下图所示）. (1) 求切线L的方程；(2) 求区域D的面积；(3) 求区域D绕x轴旋转一周所得旋转体的体积.

解析 (1) 设切点为(a, e^{-a})，则
$$L: y - e^{-a} = -e^{-a}(x-a)$$
用$(0,0)$代入，得$a = -1$，于是切线L的方程为
$$y = -ex$$

(2) 因切点为$(-1, e)$，故区域D的面积为
$$S = \int_{-1}^{+\infty} e^{-x} dx - \frac{1}{2}e = -e^{-x}\Big|_{-1}^{+\infty} - \frac{1}{2}e = \frac{1}{2}e.$$

(3) $V = \pi\int_{-1}^{+\infty} e^{-2x} dx - \frac{1}{3}\pi e^2 = -\frac{\pi}{2}e^{-2x}\Big|_{-1}^{+\infty} - \frac{1}{3}\pi e^2$
$$= \frac{1}{2}\pi e^2 - \frac{1}{3}\pi e^2 = \frac{1}{6}\pi e^2.$$

例3.69（江苏省2017年竞赛题） 设曲线$y = \dfrac{1}{1+x^2}(x \geq 0)$的拐点的横坐标为$x = a$，若$D = \left\{(x,y) \;\Big|\; 0 \leq x < a, 0 \leq y \leq \dfrac{1}{1+x^2}\right\}$，试求常数$a$的值，并求区域$D$绕$x$轴旋转一周所得的旋转体的体积.

解析 因为$y' = -\dfrac{2x}{(1+x^2)^2}, y'' = \dfrac{2(3x^2-1)}{(1+x^2)^3}$，令$y'' = 0 \Rightarrow x = \dfrac{\sqrt{3}}{3}$. 由于在$x = \dfrac{\sqrt{3}}{3}$的左、右侧$y''$异号，所以$\left(\dfrac{\sqrt{3}}{3}, \dfrac{3}{4}\right)$是曲线$y = \dfrac{1}{1+x^2}$的拐点，故$a = \dfrac{\sqrt{3}}{3}$.

区域D绕x轴旋转一周所得的旋转体的体积为
$$V = \pi\int_0^{\sqrt{3}/3} \left(\frac{1}{1+x^2}\right)^2 dx \quad (\diamondsuit\; x = \tan t)$$
$$= \pi\int_0^{\pi/6} \frac{1}{\sec^4 t}\sec^2 t\, dt = \pi\int_0^{\pi/6} \cos^2 t\, dt = \pi\int_0^{\pi/6} \frac{1+\cos 2t}{2} dt$$
$$= \frac{\pi}{2}\left(t + \frac{1}{2}\sin 2t\right)\Big|_0^{\pi/6} = \frac{\pi^2}{12} + \frac{\sqrt{3}}{8}\pi.$$

例3.70（精选题） 设D是由$y = 2x - x^2$与x轴所围的平面图形，直线$y = kx$将D分成如右图所示两部分，若D_1与D_2的面积分别为S_1与$S_2, S_1 : S_2 = 1 : 7$，求平面图形D_1的周长及D_1绕y轴旋转一周的旋转体的

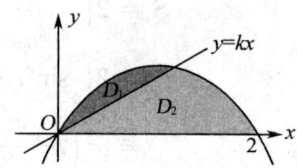

体积.

解析 曲线 $y=2x-x^2$ 与直线 $y=kx$ 的交点为 $O(0,0), A(2-k, k(2-k))(0<k<2)$,于是

$$S_1 = \int_0^{2-k}(2x-x^2-kx)\mathrm{d}x = \frac{1}{6}(2-k)^3$$

$$S_1+S_2 = \int_0^2(2x-x^2)\mathrm{d}x = \frac{4}{3}$$

$$S_2 = (S_1+S_2)-S_1 = \frac{4}{3}-\frac{1}{6}(2-k)^3$$

由 $S_1:S_2=1:7$,所以 $S_2=7S_1$,即

$$\frac{4}{3}-\frac{1}{6}(2-k)^3 = \frac{7}{6}(2-k)^3$$

由此解得 $k=1$,于是点 A 的坐标为 $(1,1)$.

区域 D_1 的周长为

$$l = \sqrt{2}+\int_0^1\sqrt{1+(y')^2}\,\mathrm{d}x = \sqrt{2}+\int_0^1\sqrt{1+4(1-x)^2}\,\mathrm{d}x$$
$$= \sqrt{2}+\frac{1}{2}\int_0^2\sqrt{1+t^2}\,\mathrm{d}t \quad (\text{设 } t=2(1-x))$$

因为

$$I = \int_0^2\sqrt{1+t^2}\,\mathrm{d}t = t\sqrt{1+t^2}\Big|_0^2 - \int_0^2\frac{t^2}{\sqrt{1+t^2}}\,\mathrm{d}t$$
$$= 2\sqrt{5}-\int_0^2\sqrt{1+t^2}\,\mathrm{d}t+\int_0^2\frac{1}{\sqrt{1+t^2}}\,\mathrm{d}t$$
$$= 2\sqrt{5}-I+\ln(t+\sqrt{1+t^2})\Big|_0^2 = 2\sqrt{5}-I+\ln(2+\sqrt{5})$$

所以 $I=\sqrt{5}+\frac{1}{2}\ln(2+\sqrt{5})$,于是

$$l = \sqrt{2}+\frac{1}{2}\sqrt{5}+\frac{1}{4}\ln(2+\sqrt{5})$$

区域 D_1 绕 y 轴旋转一周的立体的体积为

$$V = \frac{1}{3}(\pi \cdot 1^2)\cdot 1 - \pi\int_0^1 x^2\,\mathrm{d}y = \frac{\pi}{3}-\pi\int_0^1(1-\sqrt{1-y})^2\,\mathrm{d}y$$
$$= \frac{\pi}{3}-\pi\int_0^1[1-2\sqrt{1-y}+1-y]\,\mathrm{d}y$$

$$= \frac{\pi}{3} - \pi \Big(2y + \frac{4}{3}(1-y)^{\frac{3}{2}} - \frac{1}{2}y^2\Big)\Big|_0^1 = \frac{\pi}{6}$$

例 3.71（江苏省 2004 年竞赛题） 设 $D: y^2 - x^2 \leqslant 4, y \geqslant x, x+y \geqslant 2, x+y \leqslant 4$. 在 D 的边界 $y = x$ 上任取一点 P，设 P 到原点的距离为 t，作 PQ 垂直于 $y = x$，交 D 的边界 $y^2 - x^2 = 4$ 于 Q.

(1) 试将 P, Q 的距离 $|PQ|$ 表示为 t 的函数；

(2) 求 D 绕 $y = x$ 旋转一周的旋转体体积.

解析 (1) 作坐标系的旋转变换，将 x 轴逆时针旋转 $\frac{\pi}{4}$ 成为 t 轴，因此 y 轴逆时针旋转 $\frac{\pi}{4}$ 成为 u 轴. 也即令 $\begin{cases} y+x = \sqrt{2}t, \\ y-x = \sqrt{2}u, \end{cases}$ 则区域 D（如图所示）化为

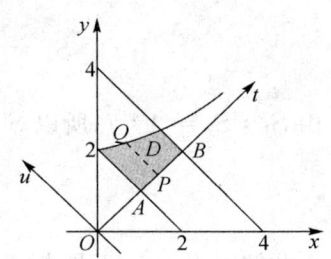

$$\{(t,u) \mid \sqrt{2} \leqslant t \leqslant 2\sqrt{2}, 0 \leqslant u \leqslant 2/t\}$$

在新坐标系 tOu 下，曲线 $y^2 - x^2 = 4$ 化为 $tu = 2$. 设点 P 的坐标为 $P(t,0)$，则 Q 的坐标为 $Q(t, 2/t)$，因此得 $|PQ| = 2/t$.

(2) 在新坐标系 tOu 下，由于点 A, B 的坐标为 $A(\sqrt{2}, 0), B(2\sqrt{2}, 0)$，因此所求旋转体的体积为

$$V = \pi \int_{\sqrt{2}}^{2\sqrt{2}} |PQ|^2 \mathrm{d}t = \pi \int_{\sqrt{2}}^{2\sqrt{2}} \frac{4}{t^2} \mathrm{d}t = -\frac{4\pi}{t}\Big|_{\sqrt{2}}^{2\sqrt{2}} = \sqrt{2}\pi$$

例 3.72（东南大学 2017 年竞赛题） 已知直线 $L: x+y = 1$，曲线 $S: \sqrt{x} + \sqrt{y} = 1$，求由 L 与 S 所围平面图形 D 绕直线 L 旋转一周所得旋转体的体积.

解析 **方法 1** 如右图所示，在曲线 S 上任取二点 $P(x, (1-\sqrt{x})^2)$ 和

$$Q(x+\mathrm{d}x, (1-\sqrt{x+\mathrm{d}x})^2) \quad (0 < x < 1)$$

在直线 L 上取向量 $\boldsymbol{l} = (1, -1)$，则向量

$$\overrightarrow{PQ} = (\mathrm{d}x, \mathrm{d}x + 2(\sqrt{x} - \sqrt{x+\mathrm{d}x}))$$

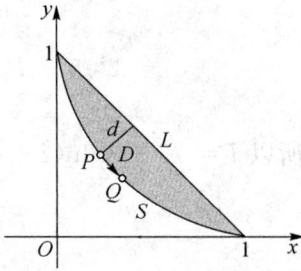

在向量 $\boldsymbol{l}$ 上射影为

$$\mathrm{Prj}_{\boldsymbol{l}} \overrightarrow{PQ} = \frac{2(\sqrt{x+\mathrm{d}x} - \sqrt{x})}{\sqrt{2}} = \frac{\sqrt{2}}{\sqrt{x+\mathrm{d}x} + \sqrt{x}} \mathrm{d}x$$

$$= \frac{1}{\sqrt{2x}} \mathrm{d}x + o(\mathrm{d}x) \approx \frac{1}{\sqrt{2x}} \mathrm{d}x$$

因为点 P 到直线 L 的距离为

$$d(x) = \frac{|x + (1-\sqrt{x})^2 - 1|}{\sqrt{2}} = \sqrt{2} \, |x - \sqrt{x}|$$

取体积微元 $dV = \pi d^2(x) \dfrac{1}{\sqrt{2x}} dx$,于是所求旋转体的体积为

$$V = \pi \int_0^1 d^2(x) \frac{1}{\sqrt{2x}} dx = \sqrt{2} \pi \int_0^1 (x^{\frac{3}{2}} + \sqrt{x} - 2x) dx$$

$$= \sqrt{2} \pi \left(\frac{2}{5} + \frac{2}{3} - 1 \right) = \frac{\sqrt{2}}{15} \pi$$

方法 2 如图所示,在直线 L 上任取点 $P(x, 1-x)$ 和 $Q(x + dx, 1 - x - dx)$ $(0 < x < 1)$
则线段 PQ 的长为 $|PQ| = \sqrt{2} dx$. 再作 $PM \perp$ 直线 L,并交曲线 S 于 M,求得点 M 的横坐标为 x^2,因此线段 PM 的长为 $d(x) = |PM| = \sqrt{2} |x - x^2|$. 取体积微元 $dV = \pi d^2(x) \sqrt{2} dx$,于是所求旋转体的体积为

$$V = \pi \int_0^1 d^2(x) \sqrt{2} dx = 2\sqrt{2} \pi \int_0^1 (x - x^2)^2 dx$$

$$= 2\sqrt{2} \pi \int_0^1 (x^2 - 2x^3 + x^4) dx = 2\sqrt{2} \pi \left(\frac{1}{3} - \frac{1}{2} + \frac{1}{5} \right) = \frac{\sqrt{2}}{15} \pi$$

例 3.73(全国大学生 2017 年决赛题) 求曲线 $L_1: y = \dfrac{1}{3} x^3 + 2x \ (0 \leqslant x \leqslant 1)$ 绕直线 $y = \dfrac{4}{3} x$ 旋转一周生成的旋转曲面的面积.

解析 令 $f(x) = \dfrac{1}{3} x^3 + 2x - \dfrac{4}{3} x = \dfrac{1}{3} x^3 + \dfrac{2}{3} x$,则

$$f'(x) = x^2 + \frac{2}{3} > 0 \quad (0 < x \leqslant 1)$$

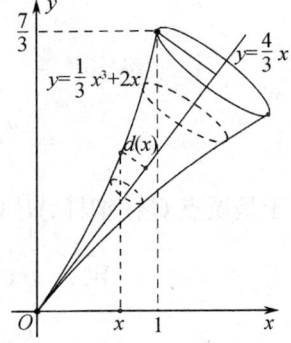

故 $f(x)$ 在 $(0, 1]$ 上单调增加,$f(x) > f(0) = 0$,即曲线 L_1 在直线 $y = \dfrac{4}{3} x$ 的上方. 又 $y''(x) = 2x > 0 (0 < x \leqslant 1)$,所以曲线 L_1 在 $[0, 1]$ 上是凹的(如右图所示).

曲线 L_1 上的点 (x, y) 到直线 $y = \dfrac{4}{3} x$ 的距离为

$$d(x) = \frac{3y - 4x}{\sqrt{3^2 + (-4)^2}} = \frac{x(x^2 + 2)}{5}$$

弧长微元为
$$ds = \sqrt{1+(y')^2}\,dx = \sqrt{1+(x^2+2)^2}\,dx$$
则旋转曲面的面积为
$$S = 2\pi \int_0^1 d(x)\sqrt{1+(y')^2}\,dx$$
$$= \frac{\pi}{5}\int_0^1 2x(x^2+2)\sqrt{1+(x^2+2)^2}\,dx$$
(令 $x^2+2 = \tan t$, $\tan\alpha = 2, \tan\beta = 3$)
$$= \frac{\pi}{5}\int_\alpha^\beta \tan t \cdot \sec^3 t\,dt = \frac{\pi}{5}\int_\alpha^\beta \sec^2 t\,d\sec t = \frac{\pi}{15}\sec^3 t\Big|_\alpha^\beta$$

由于 $\tan\alpha = 2, \tan\beta = 3$,可得 $\sec\alpha = \sqrt{5}, \sec\beta = \sqrt{10}$,故所求曲面的面积为
$$S = \frac{\pi}{15}(\sec^3\beta - \sec^3\alpha) = \frac{\sqrt{5}}{3}(2\sqrt{2}-1)\pi$$

例 3.74(江苏省 1994 年竞赛题) 设均匀细杆 AB 质量为 M,长度为 l,质量为 m 的质点 C 位于 AB 的延长线上,当质点 C 从距 B 点 r_1 处移到距 B 点 r_2 处($r_1 > r_2$),求引力所做的功.

解析 如下图所示,细杆位于 x 轴上区间 $[0,l]$,质点 C 从 x 轴上坐标 $l+r_1$ 处移动到坐标为 $l+r_2$ 处.在细杆上取点 $x, x+dx$,将细杆段 $[x, x+dx]$ 视为质点 D,质量为 $\frac{M}{l}dx$,位于 x 处.设质点 C 的坐标为 u,则质点 C 在质点 D 的引力作用下从 $l+r_1$ 处移动到 $l+r_2$ 处所做的功为

$$dW = -\int_{l+r_1}^{l+r_2} k\frac{\frac{M}{l}dx \cdot m}{(u-x)^2}du = \frac{k}{l}mM\left(\frac{1}{u-x}\right)\Big|_{l+r_1}^{l+r_2}dx$$
$$= \frac{k}{l}mM\left(\frac{1}{l+r_2-x} - \frac{1}{l+r_1-x}\right)dx$$

于是质点 C 在细杆 AB 的引力作用下所做的功为
$$W = \int_0^l dW = \int_0^l \frac{k}{l}mM\left(\frac{1}{l+r_2-x} - \frac{1}{l+r_1-x}\right)dx$$
$$= \frac{k}{l}mM\ln\frac{l+r_1-x}{l+r_2-x}\Big|_0^l = \frac{k}{l}mM\ln\frac{r_1 r_2 + lr_1}{r_1 r_2 + lr_2}$$

3.2.8 积分不等式的证明(例 3.75—3.99)

例 3.75(东南大学 2017 年竞赛题) 设 $f(x)$ 是区间 $[a,b]$ 上的可微函数,且满

足$|f(x)|\leqslant \pi, f'(x)\geqslant m>0 (a\leqslant x\leqslant b)$,证明:$\left|\int_a^b \sin f(x)\mathrm{d}x\right|\leqslant \dfrac{2}{m}$.

解析 令$u=f(x)$,因$f'(x)\geqslant m>0$,所以$u=f(x)$在区间$[a,b]$上单调增加,故反函数$f^{-1}(u)$存在,且$f^{-1}(u)$在$[f(a),f(b)]$上也单调增加,于是

$$0<(f^{-1}(u))'=\frac{1}{f'(x)}\leqslant \frac{1}{m}$$

再作积分换元变换,则

$$\left|\int_a^b \sin f(x)\mathrm{d}x\right|=\left|\int_{f(a)}^{f(b)}\sin u\cdot (f^{-1}(u))'\mathrm{d}u\right|$$

$$\leqslant \begin{cases} -\int_{-\pi}^{0}\sin u\cdot (f^{-1}(u))'\mathrm{d}u, & -\pi\leqslant f(a)<f(b)\leqslant 0,\\ \max\left\{-\int_{f(a)}^{0}\sin u\cdot (f^{-1}(u))'\mathrm{d}u,\int_{0}^{f(b)}\sin u\cdot (f^{-1}(u))'\mathrm{d}u\right\},\\ \qquad\qquad\qquad\qquad\qquad -\pi\leqslant f(a)<0<f(b)\leqslant \pi,\\ \int_{0}^{\pi}\sin u\cdot (f^{-1}(u))'\mathrm{d}u, & 0\leqslant f(a)<f(b)\leqslant \pi \end{cases}$$

$$\leqslant \max\left\{-\int_{-\pi}^{0}\sin u\cdot (f^{-1}(u))'\mathrm{d}u,\int_{0}^{\pi}\sin u\cdot (f^{-1}(u))'\mathrm{d}u\right\}$$

$$\leqslant \frac{1}{m}\max\left\{-\int_{-\pi}^{0}\sin u\mathrm{d}u,\int_{0}^{\pi}\sin u\mathrm{d}u\right\}=\frac{2}{m}$$

例3.76(浙江省2011年竞赛题) 设$f:[0,1]\to [-a,b]$连续,且$\int_0^1 f^2(x)\mathrm{d}x=ab$,证明:$0\leqslant \dfrac{1}{b-a}\int_0^1 f(x)\mathrm{d}x\leqslant \dfrac{1}{4}\left(\dfrac{a+b}{a-b}\right)^2$.

解析 由$-a\leqslant f(x)\leqslant b$,可得$-\dfrac{a+b}{2}\leqslant f(x)-\dfrac{b-a}{2}\leqslant \dfrac{a+b}{2}$,于是

$$0\leqslant \left(f(x)-\frac{b-a}{2}\right)^2\leqslant \left(\frac{a+b}{2}\right)^2$$

所以$0\leqslant \int_0^1\left(f(x)-\dfrac{b-a}{2}\right)^2\mathrm{d}x\leqslant \left(\dfrac{a+b}{2}\right)^2$,展开得

$$0\leqslant \int_0^1 f^2(x)\mathrm{d}x-(b-a)\int_0^1 f(x)\mathrm{d}x+\frac{(b-a)^2}{4}\leqslant \frac{(b+a)^2}{4}$$

将$\int_0^1 f^2(x)\mathrm{d}x=ab$代入得

$$0\leqslant -(b-a)\int_0^1 f(x)\mathrm{d}x+\frac{(b+a)^2}{4}\leqslant \frac{(b+a)^2}{4}$$

移项得 $0 \leqslant (b-a)\int_0^1 f(x)\mathrm{d}x \leqslant \dfrac{(b+a)^2}{4}$，所以

$$0 \leqslant \dfrac{1}{b-a}\int_0^1 f(x)\mathrm{d}x \leqslant \dfrac{1}{4}\left(\dfrac{a+b}{a-b}\right)^2$$

例 3.77（全国大学生 2014 年决赛题） 设 $f(x)$ 是闭区间 $[0,1]$ 上的连续函数，且满足 $\int_0^1 f(x)\mathrm{d}x = 1$，求函数 $f(x)$，使得 $I = \int_0^1 (1+x^2)f^2(x)\mathrm{d}x$ 取得最小值.

解析 应用柯西-施瓦兹不等式，有

$$\begin{aligned}
1^2 &= \left(\int_0^1 f(x)\mathrm{d}x\right)^2 = \left(\int_0^1 \sqrt{1+x^2}\, f(x) \cdot \dfrac{1}{\sqrt{1+x^2}}\mathrm{d}x\right)^2 \\
&\leqslant \int_0^1 (1+x^2)f^2(x)\mathrm{d}x \cdot \int_0^1 \dfrac{1}{1+x^2}\mathrm{d}x \\
&= \int_0^1 (1+x^2)f^2(x)\mathrm{d}x \cdot \arctan x\Big|_0^1 = \dfrac{\pi}{4}\int_0^1 (1+x^2)f^2(x)\mathrm{d}x
\end{aligned}$$

由此可得 $\int_0^1 (1+x^2)f^2(x)\mathrm{d}x \geqslant \dfrac{4}{\pi}$，即 $\int_0^1 (1+x^2)f^2(x)\mathrm{d}x$ 的最小值为 $\dfrac{4}{\pi}$. 因此，只要函数 $f(x)$ 满足

$$\int_0^1 \dfrac{4}{\pi}f(x)\mathrm{d}x = \int_0^1 (1+x^2)f^2(x)\mathrm{d}x = \dfrac{4}{\pi}$$

故所求函数为 $f(x) = \dfrac{4}{\pi(1+x^2)}$.

例 3.78（江苏省 2017 年竞赛题） 已知函数 $f(x)$ 在区间 $[a,b]$ 上连续并单调增加，求证：

$$\int_a^b \left(\dfrac{b-x}{b-a}\right)^n f(x)\mathrm{d}x \leqslant \dfrac{1}{n+1}\int_a^b f(x)\mathrm{d}x \quad (n \in \mathbf{N})$$

解析 **方法 1** 原式等价于

$$(n+1)\int_a^b (b-x)^n f(x)\mathrm{d}x \leqslant (b-a)^n \int_a^b f(x)\mathrm{d}x$$

令

$$F(x) = (b-x)^n \int_x^b f(t)\mathrm{d}t - (n+1)\int_x^b (b-t)^n f(t)\mathrm{d}t$$

应用变限定积分的导数公式得

$$\begin{aligned}
F'(x) &= -n(b-x)^{n-1}\int_x^b f(t)\mathrm{d}t - (b-x)^n f(x) + (n+1)(b-x)^n f(x) \\
&= -n(b-x)^{n-1}\int_x^b f(t)\mathrm{d}t + n(b-x)^n f(x)
\end{aligned}$$

对于上式中的定积分应用积分中值定理,则存在 $\xi \in (x, b)$,使得

$$\int_x^b f(t)\mathrm{d}t = f(\xi)(b-x)$$

于是

$$F'(x) = -n(b-x)^n f(\xi) + n(b-x)^n f(x)$$
$$= n(b-x)^n [f(x) - f(\xi)] \leqslant 0$$

因此 $F(x)$ 在 $[a, b]$ 上单调减少,由此可得

$$F(a) = (b-a)^n \int_a^b f(t)\mathrm{d}t - (n+1)\int_a^b (b-t)^n f(t)\mathrm{d}t$$
$$= (b-a)^n \int_a^b f(x)\mathrm{d}x - (n+1)\int_a^b (b-x)^n f(x)\mathrm{d}x$$
$$\geqslant F(b) = 0$$

此式等价于原式成立.

方法 2 作积分变换,令 $\dfrac{b-x}{b-a} = t$,则 $x = b - (b-a)t$,并应用函数 $f(x)$ 的单调增加性,有

$$\int_a^b \left(\frac{b-x}{b-a}\right)^n f(x)\mathrm{d}x = (b-a)\int_0^1 t^n f(b-(b-a)t)\mathrm{d}t$$
$$\leqslant (b-a)\int_0^1 t^n f(b-(b-a)t^{n+1})\mathrm{d}t$$
$$= \frac{-1}{n+1}\int_0^1 f(b-(b-a)t^{n+1})\mathrm{d}(b-(b-a)t^{n+1})$$

令 $b - (b-a)t^{n+1} = u$,上式右端化简得

$$\int_a^b \left(\frac{b-x}{b-a}\right)^n f(x)\mathrm{d}x \leqslant \frac{1}{n+1}\int_a^b f(u)\mathrm{d}u = \frac{1}{n+1}\int_a^b f(x)\mathrm{d}x$$

方法 3 已知 $f(x)$ 单调增加,设 $g(x)$ 单调减少,则 $\forall x, y \in [a, b]$,有

$$[f(x) - f(y)][g(x) - g(y)] \leqslant 0$$

$$\Rightarrow \quad f(x)g(x) + f(y)g(y) \leqslant f(x)g(y) + f(y)g(x)$$

记 $D = \{(x, y) \mid a \leqslant x \leqslant b, a \leqslant y \leqslant b\}$,应用二重积分的保号性得

$$\iint_D [f(x)g(x) + f(y)g(y)]\mathrm{d}x\mathrm{d}y \leqslant \iint_D [f(x)g(y) + f(y)g(x)]\mathrm{d}x\mathrm{d}y$$

上式中

$$\text{左边} = (b-a)\int_a^b f(x)g(x)\mathrm{d}x + (b-a)\int_a^b f(y)g(y)\mathrm{d}y$$
$$= 2(b-a)\int_a^b f(x)g(x)\mathrm{d}x$$
$$\text{右边} = \int_a^b f(x)\mathrm{d}x \cdot \int_a^b g(y)\mathrm{d}y + \int_a^b f(y)\mathrm{d}y \cdot \int_a^b g(x)\mathrm{d}x$$
$$= 2\int_a^b f(x)\mathrm{d}x \cdot \int_a^b g(x)\mathrm{d}x$$

于是有不等式
$$(b-a)\int_a^b f(x)g(x)\mathrm{d}x \leqslant \int_a^b f(x)\mathrm{d}x \cdot \int_a^b g(x)\mathrm{d}x$$

取 $g(x) = \left(\dfrac{b-x}{b-a}\right)^n$,显然单调减少,代入上式得
$$(b-a)\int_a^b \left(\dfrac{b-x}{b-a}\right)^n f(x)\mathrm{d}x \leqslant \int_a^b f(x)\mathrm{d}x \cdot \int_a^b \left(\dfrac{b-x}{b-a}\right)^n \mathrm{d}x$$
$$= \dfrac{-1}{(n+1)(b-a)^n}(b-x)^{n+1}\Big|_a^b \cdot \int_a^b f(x)\mathrm{d}x$$
$$= \dfrac{b-a}{n+1}\int_a^b f(x)\mathrm{d}x$$

两端消去因子 $b-a$ 即得原不等式成立.

例 3.79(莫斯科全苏大学生 1976 年竞赛题) 已知函数 $f(x)$ 定义于 $[0,1]$ 且单调减少、可积,求证: $\forall \alpha \in (0,1), \int_0^\alpha f(x)\mathrm{d}x \geqslant \alpha \int_0^1 f(x)\mathrm{d}x$.

解析 (这里没有 f 连续的条件,所以不能使用积分中值定理)由于 $f(x)$ 单调减少,故有
$$\int_0^\alpha f(x)\mathrm{d}x \geqslant f(\alpha)\alpha, \quad \int_\alpha^1 f(x)\mathrm{d}x \leqslant f(\alpha)(1-\alpha)$$

由此得
$$\dfrac{1}{1-\alpha}\int_\alpha^1 f(x)\mathrm{d}x \leqslant f(\alpha) \leqslant \dfrac{1}{\alpha}\int_0^\alpha f(x)\mathrm{d}x$$
$$\alpha\int_\alpha^1 f(x)\mathrm{d}x \leqslant (1-\alpha)\int_0^\alpha f(x)\mathrm{d}x$$
$$\alpha\left(\int_\alpha^1 f(x)\mathrm{d}x + \int_0^\alpha f(x)\mathrm{d}x\right) \leqslant \int_0^\alpha f(x)\mathrm{d}x$$

于是有 $\int_0^\alpha f(x)\mathrm{d}x \geqslant \alpha\int_0^1 f(x)\mathrm{d}x$.

例 3.80(南京大学 1996 年竞赛题) 已知函数 $y = f(x)$ 在区间 $[0, +\infty)$ 上连

续且单调增加，$f(0)=0$，f^{-1} 是 f 的反函数，证明：对任意 $a>0$，$b>0$，恒有

$$ab \leqslant \int_0^a f(x)\mathrm{d}x + \int_0^b f^{-1}(y)\mathrm{d}y$$

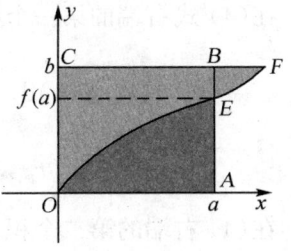

解析 （1）若 $f(a) \leqslant b$，首先从几何上由右图可看出

$\int_0^a f(x)\mathrm{d}x =$ 曲边梯形 OAE 的面积 S_1

$\int_0^b f^{-1}(y)\mathrm{d}y =$ 曲边梯形 OFC 的面积 S_2

$S_1 + S_2 \geqslant$ 矩形 $OABC$ 的面积 ab

下面给出证明：

$$\int_0^b f^{-1}(y)\mathrm{d}y = \int_0^{f(a)} f^{-1}(y)\mathrm{d}y + \int_{f(a)}^b f^{-1}(y)\mathrm{d}y \tag{1}$$

在(1)式右端第一个积分中，令 $x = f^{-1}(y)$，则

$$\int_0^{f(a)} f^{-1}(y)\mathrm{d}y = \int_0^a x\mathrm{d}f(x) = xf(x)\Big|_0^a - \int_0^a f(x)\mathrm{d}x$$
$$= af(a) - \int_0^a f(x)\mathrm{d}x \tag{2}$$

在(1)式右端的第二个积分中，因 $f^{-1}(y)$ 单调增加，故 $f^{-1}(y) \geqslant f^{-1}(f(a)) = a$，得

$$\int_{f(a)}^b f^{-1}(y)\mathrm{d}y \geqslant \int_{f(a)}^b a\mathrm{d}y = a(b-f(a)) \tag{3}$$

将(2)，(3)两式代入(1)式得

$$\int_0^b f^{-1}(y)\mathrm{d}y \geqslant af(a) - \int_0^a f(x)\mathrm{d}x + ab - af(a) = ab - \int_0^a f(x)\mathrm{d}x$$

移项即得 $\int_0^a f(x)\mathrm{d}x + \int_0^b f^{-1}(y)\mathrm{d}y \geqslant ab$.

（2）若 $f(a) > b$，从几何上由右图可看出

$\int_0^a f(x)\mathrm{d}x =$ 曲边梯形 OAE 的面积 S_1

$\int_0^b f^{-1}(y)\mathrm{d}y =$ 曲边梯形 OFC 的面积 S_2

$S_1 + S_2 \geqslant$ 矩形 $OABC$ 的面积 ab

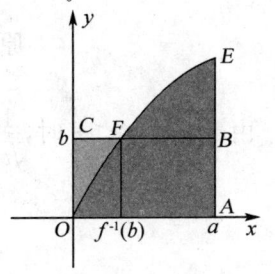

下面给出证明：因 $f(a) > b$，所以 $a > f^{-1}(b)$，则

$$\int_0^a f(x)\mathrm{d}x = \int_0^{f^{-1}(b)} f(x)\mathrm{d}x + \int_{f^{-1}(b)}^a f(x)\mathrm{d}x \tag{4}$$

在(4)式右端的第一个积分中,令 $y=f(x)$,则

$$\int_0^{f^{-1}(b)} f(x)\mathrm{d}x = \int_0^b y\mathrm{d}f^{-1}(y) = yf^{-1}(y)\Big|_0^b - \int_0^b f^{-1}(y)\mathrm{d}y$$
$$= bf^{-1}(b) - \int_0^b f^{-1}(y)\mathrm{d}y \tag{5}$$

在(4)右端的第二个积分中,因 $f(x) \geqslant b$,所以

$$\int_{f^{-1}(b)}^a f(x)\mathrm{d}x \geqslant \int_{f^{-1}(b)}^a b\mathrm{d}x = b(a - f^{-1}(b)) \tag{6}$$

将(5),(6) 两式代入(4) 式得

$$\int_0^a f(x)\mathrm{d}x \geqslant bf^{-1}(b) - \int_0^b f^{-1}(y)\mathrm{d}y + ab - bf^{-1}(b) = ab - \int_0^b f^{-1}(y)\mathrm{d}y$$

移项即得 $\int_0^a f(x)\mathrm{d}x + \int_0^b f^{-1}(y)\mathrm{d}y \geqslant ab.$

例 3.81(莫斯科电气学院 1976 年竞赛题) 证明:$\int_0^{\sqrt{2\pi}} \sin(x^2)\mathrm{d}x > 0.$

解析 令 $x^2 = t$,则

$$原式 = \int_0^{2\pi} \frac{1}{2\sqrt{t}}\sin t\mathrm{d}t = \frac{1}{2}\int_0^\pi \frac{1}{\sqrt{t}}\sin t\mathrm{d}t + \frac{1}{2}\int_\pi^{2\pi} \frac{1}{\sqrt{t}}\sin t\mathrm{d}t$$

对于上式右端的第二项,令 $t - \pi = u$,则

$$\frac{1}{2}\int_\pi^{2\pi} \frac{1}{\sqrt{t}}\sin t\mathrm{d}t = \frac{1}{2}\int_0^\pi \frac{1}{\sqrt{\pi+u}}\sin(u+\pi)\mathrm{d}u$$
$$= -\frac{1}{2}\int_0^\pi \frac{1}{\sqrt{\pi+u}}\sin u\mathrm{d}u = -\frac{1}{2}\int_0^\pi \frac{1}{\sqrt{\pi+t}}\sin t\mathrm{d}t$$

于是

$$原式 = \frac{1}{2}\int_0^\pi \left(\frac{1}{\sqrt{t}} - \frac{1}{\sqrt{t+\pi}}\right)\sin t\mathrm{d}t \tag{*}$$

由于 $0 < t < \pi$ 时,$\frac{1}{\sqrt{t}} - \frac{1}{\sqrt{t+\pi}} > 0$,$\sin t > 0$,并且

$$\lim_{t \to 0^+} \frac{\sin t}{\sqrt{t}} = \lim_{t \to 0^+} \frac{t}{\sqrt{t}} = 0$$

所以(*)式右端是常义定积分,且 $\left(\frac{1}{\sqrt{t}} - \frac{1}{\sqrt{t+\pi}}\right)\sin t$ 在 $(0,\pi)$ 上连续,故

$$\frac{1}{2}\int_0^\pi \left(\frac{1}{\sqrt{t}} - \frac{1}{\sqrt{t+\pi}}\right)\sin t\mathrm{d}t > 0$$

例 3.82（莫斯科钢铁与合金学院 1977 年竞赛题）　求证：
$$\int_0^1 \frac{\cos x}{\sqrt{1-x^2}} dx > \int_0^1 \frac{\sin x}{\sqrt{1-x^2}} dx$$

解析　由于
$$\left|\frac{\cos x}{\sqrt{1-x^2}}\right| \leqslant \frac{1}{\sqrt{1-x^2}}, \quad \left|\frac{\sin x}{\sqrt{1-x^2}}\right| \leqslant \frac{1}{\sqrt{1-x^2}}$$

$$\int_0^1 \frac{1}{\sqrt{1-x^2}} dx = \arcsin x \Big|_0^{1^-} = \frac{\pi}{2}$$

所以原不等式两端的反常积分皆收敛.

令 $x = \sin t$，则
$$\int_0^1 \frac{\cos x}{\sqrt{1-x^2}} dx = \int_0^{\frac{\pi}{2}} \cos(\sin t) dt$$

令 $x = \cos t$，则
$$\int_0^1 \frac{\sin x}{\sqrt{1-x^2}} dx = \int_0^{\frac{\pi}{2}} \sin(\cos t) dt$$

$$\cos(\sin t) - \sin(\cos t) = \sin\left(\frac{\pi}{2} - \sin t\right) - \sin(\cos t)$$

令 $f(t) = \frac{\pi}{2} - \sin t - \cos t \left(t \in \left(0, \frac{\pi}{2}\right)\right)$，则由 $f'(t) = -\cos t + \sin t = 0 \Rightarrow t = \frac{\pi}{4}$，又 $f''(t) = \sin t + \cos t > 0$，则 $f\left(\frac{\pi}{4}\right) = \frac{\pi}{2} - \sqrt{2}(>0)$ 为极小值，因此 $f(t) > 0$，得 $\frac{\pi}{2} - \sin t > \cos t \Rightarrow \sin\left(\frac{\pi}{2} - \sin t\right) > \sin(\cos t)$，所以 $\cos(\sin t) > \sin(\cos t)$，故
$$\int_0^{\frac{\pi}{2}} \cos(\sin t) dt > \int_0^{\frac{\pi}{2}} \sin(\cos t) dt$$
即
$$\int_0^1 \frac{\cos x}{\sqrt{1-x^2}} dx > \int_0^1 \frac{\sin x}{\sqrt{1-x^2}} dx$$

例 3.83（精选题）　已知函数 $f(x)$ 在 $\left[-\frac{1}{a}, a\right]$ 上连续 ($a > 0$)，且 $f(x) \geqslant 0$，$\int_{-\frac{1}{a}}^{a} x f(x) dx = 0$，求证：$\int_{-\frac{1}{a}}^{a} x^2 f(x) dx \leqslant \int_{-\frac{1}{a}}^{a} f(x) dx$.

解析　当 $-\frac{1}{a} \leqslant x \leqslant a$ 时
$$(a-x)\left(x+\frac{1}{a}\right) \geqslant 0$$

又 $f(x) \geqslant 0$，所以 $(a-x)\left(x+\dfrac{1}{a}\right) f(x) \geqslant 0\left(-\dfrac{1}{a} \leqslant x \leqslant a\right)$，即

$$\left[1-x^2+\left(a-\dfrac{1}{a}\right)x\right]f(x) \geqslant 0$$

应用定积分的保号性，上式两边从 $-\dfrac{1}{a}$ 到 a 积分得

$$\int_{-\frac{1}{a}}^{a} f(x)\mathrm{d}x - \int_{-\frac{1}{a}}^{a} x^2 f(x)\mathrm{d}x + \left(a-\dfrac{1}{a}\right)\int_{-\frac{1}{a}}^{a} x f(x)\mathrm{d}x \geqslant 0$$

由此即得 $\int_{-\frac{1}{a}}^{a} x^2 f(x)\mathrm{d}x \leqslant \int_{-\frac{1}{a}}^{a} f(x)\mathrm{d}x$.

例 3.84（全国大学生 2015 年预赛题） 设 $f(x)$ 在 $[0,1]$ 上连续，$\int_0^1 f(x)\mathrm{d}x = 0$，$\int_0^1 x f(x)\mathrm{d}x = 1$. 求证：(1) $\exists \xi \in [0,1]$，使得 $|f(\xi)| > 4$；(2) $\exists \eta \in [0,1]$，使得 $|f(\eta)| = 4$.

解析 （1）（反证法）设 $\forall x \in [0,1]$，有 $|f(x)| \leqslant 4$. 由于

$$\int_0^1 \left(x-\dfrac{1}{2}\right) f(x)\mathrm{d}x = \int_0^1 x f(x)\mathrm{d}x - \dfrac{1}{2}\int_0^1 f(x)\mathrm{d}x = 1$$

$$\int_0^1 \left(x-\dfrac{1}{2}\right) f(x)\mathrm{d}x \leqslant \int_0^1 \left|x-\dfrac{1}{2}\right| |f(x)| \mathrm{d}x \leqslant 4\int_0^1 \left|x-\dfrac{1}{2}\right| \mathrm{d}x$$

又

$$\int_0^1 \left|x-\dfrac{1}{2}\right| \mathrm{d}x = \int_0^{\frac{1}{2}} \left(\dfrac{1}{2}-x\right)\mathrm{d}x + \int_{\frac{1}{2}}^1 \left(x-\dfrac{1}{2}\right)\mathrm{d}x$$
$$= \left(\dfrac{1}{2}x - \dfrac{1}{2}x^2\right)\Big|_0^{\frac{1}{2}} + \left(\dfrac{x^2}{2} - \dfrac{1}{2}x\right)\Big|_{\frac{1}{2}}^1 = \dfrac{1}{8} + \dfrac{1}{8} = \dfrac{1}{4}$$

所以

$$\int_0^1 \left|x-\dfrac{1}{2}\right| |f(x)| \mathrm{d}x = 1$$

$$\int_0^1 (4-|f(x)|)\left|x-\dfrac{1}{2}\right| \mathrm{d}x = 0$$

于是 $|f(x)| \equiv 4\,(0 \leqslant x \leqslant 1) \Rightarrow \int_0^1 f(x)\mathrm{d}x = 4$ 或 $\int_0^1 f(x)\mathrm{d}x = -4$. 而此与条件 $\int_0^1 f(x)\mathrm{d}x = 0$ 矛盾，故 $\exists \xi \in [0,1]$，使得 $|f(\xi)| > 4$.

（2）因 $f \in \mathscr{C}[0,1]$，故 $|f(x)| \in \mathscr{C}[0,1]$. 应用积分中值定理，$\exists \lambda \in (0,1)$，使得

$$\int_0^1 f(x)\mathrm{d}x = f(\lambda) = 0$$

于是 $|f(\lambda)| = 0$。对连续函数 $|f(x)|$，因 $|f(\lambda)| = 0$，$|f(\xi)| > 4$，应用介值定理，$\exists \eta \in [0,1]$，使得 $|f(\eta)| = 4$。

例 3.85（南京大学 1993 年竞赛题） 证明：
$$\int_0^\pi x a^{\sin x} dx \cdot \int_0^{\frac{\pi}{2}} a^{-\cos x} dx \geq \frac{\pi^3}{4}, \quad a > 0 \text{ 为常数}$$

解析 令 $x = \frac{\pi}{2} + t$，并应用定积分的奇偶、对称性，有
$$\int_0^\pi x a^{\sin x} dx = \int_{-\frac{\pi}{2}}^{\frac{\pi}{2}} \left(\frac{\pi}{2} + t\right) a^{\cos t} dt = \frac{\pi}{2} \int_{-\frac{\pi}{2}}^{\frac{\pi}{2}} a^{\cos t} dt + \int_{-\frac{\pi}{2}}^{\frac{\pi}{2}} t a^{\cos t} dt$$
$$= \pi \int_0^{\frac{\pi}{2}} a^{\cos x} dx + 0 = \pi \int_0^{\frac{\pi}{2}} a^{\cos x} dx$$

代入原式左边，应用柯西-施瓦兹不等式得
$$\pi \left(\int_0^{\frac{\pi}{2}} a^{\cos x} dx\right) \cdot \left(\int_0^{\frac{\pi}{2}} a^{-\cos x} dx\right) \geq \pi \left(\int_0^{\frac{\pi}{2}} a^{\frac{\cos x}{2}} \cdot a^{-\frac{\cos x}{2}} dx\right)^2 = \frac{1}{4} \pi^3$$

例 3.86（莫斯科铁路运输工程学院 1975 年竞赛题） 设函数 $f(x)$ 在 $[0,2]$ 上可导，$f(0) = f(2) = 1$，$|f'(x)| \leq 1$，求证：$1 < \int_0^2 f(x) dx < 3$。

解析 当 $0 \leq x \leq 1$ 时，应用拉格朗日中值定理，有
$$f(x) = f(0) + f'(\xi) x = 1 + f'(\xi) x \quad (0 < \xi < x)$$
则 $1 - x \leq f(x) \leq 1 + x$。当 $1 \leq x \leq 2$ 时，应用拉格朗日中值定理，有
$$f(x) = f(2) + f'(\eta)(x-2) = 1 + f'(\eta)(x-2) \quad (x < \eta < 2)$$
则 $x - 1 \leq f(x) \leq 3 - x$。于是
$$\int_0^2 f(x) dx = \int_0^1 f(x) dx + \int_1^2 f(x) dx < \int_0^1 (1+x) dx + \int_1^2 (3-x) dx$$
$$= \frac{3}{2} + \frac{3}{2} = 3$$

上式中取不等号 "<"，是因为不可能出现
$$f(x) = \begin{cases} 1+x, & 0 \leq x \leq 1, \\ 3-x, & 1 \leq x \leq 2 \end{cases}$$
的情况（此时 $f(x)$ 在 $x = 1$ 处不可导）。同样，有
$$\int_0^2 f(x) dx = \int_0^1 f(x) dx + \int_1^2 f(x) dx > \int_0^1 (1-x) dx + \int_1^2 (x-1) dx$$
$$= \frac{1}{2} + \frac{1}{2} = 1$$

上式中取不等号">",是因为不可能出现

$$f(x) = \begin{cases} 1-x, & 0 \leqslant x \leqslant 1, \\ x-1, & 1 \leqslant x \leqslant 2 \end{cases}$$

的情况(此时 $f(x)$ 在 $x = 1$ 处不可导).

例 3.87(浙江省 2005 年竞赛题)   证明:对任意连续函数 $f(x)$,有

$$\max\left\{\int_{-1}^{1} | x - \sin^2 x - f(x) | \, \mathrm{d}x, \int_{-1}^{1} | \cos^2 x - f(x) | \, \mathrm{d}x\right\} \geqslant 1$$

解析   由于

$$| x - \sin^2 x - f(x) | + | \cos^2 x - f(x) |$$
$$\geqslant | x - \sin^2 x - f(x) - \cos^2 x + f(x) | = | x - 1 |$$

所以

$$\int_{-1}^{1} | x - \sin^2 x - f(x) | \, \mathrm{d}x + \int_{-1}^{1} | \cos^2 x - f(x) | \, \mathrm{d}x$$
$$\geqslant \int_{-1}^{1} | x - 1 | \, \mathrm{d}x = \int_{-1}^{1} (1-x) \, \mathrm{d}x = 2$$

于是

$$\max\left\{\int_{-1}^{1} | x - \sin^2 x - f(x) | \, \mathrm{d}x, \int_{-1}^{1} | \cos^2 x - f(x) | \, \mathrm{d}x\right\} \geqslant 1$$

例 3.88(莫斯科大学 1977 年竞赛题)   设函数 $f(x)$ 在 $[0,1]$ 上连续可导,求证:

$$\int_0^1 | f(x) | \, \mathrm{d}x \leqslant \max\left\{\int_0^1 | f'(x) | \, \mathrm{d}x, \left| \int_0^1 f(x) \, \mathrm{d}x \right|\right\}$$

解析   (1) 若 $f(x)$ 在 $(0,1)$ 上满足 $f(x) > 0$ 或 $f(x) < 0$,则

$$\int_0^1 | f(x) | \, \mathrm{d}x = \left| \int_0^1 f(x) \, \mathrm{d}x \right|$$

(2) 若上述(1)不成立,应用零点定理知 $\exists c \in (0,1)$,使得 $f(c) = 0$,且

$$\int_c^x f'(x) \, \mathrm{d}x = f(x) - f(c) = f(x)$$

这里 $x \in [0,1]$. 于是

$$| f(x) | = \left| \int_c^x f'(x) \, \mathrm{d}x \right| \leqslant \left| \int_c^x | f'(x) | \, \mathrm{d}x \right| \leqslant \int_0^1 | f'(x) | \, \mathrm{d}x$$

上式两边从 0 到 1 积分得

$$\int_0^1 | f(x) | \, \mathrm{d}x \leqslant \int_0^1 | f'(x) | \, \mathrm{d}x$$

由(1)与(2)即得

$$\int_0^1 |f(x)|\,\mathrm{d}x \leqslant \max\left\{\int_0^1 |f'(x)|\,\mathrm{d}x,\ \left|\int_0^1 f(x)\,\mathrm{d}x\right|\right\}$$

例3.89(江苏省2008年竞赛题) 设 $f(x)$ 在 $[a,b]$ 上具有连续的导数,求证:

$$\max_{a\leqslant x\leqslant b}|f(x)| \leqslant \frac{1}{b-a}\left|\int_a^b f(x)\,\mathrm{d}x\right| + \int_a^b |f'(x)|\,\mathrm{d}x$$

解析 **方法1** 应用积分中值定理,$\exists \xi \in (a,b)$,使得

$$\int_a^b f(x)\,\mathrm{d}x = f(\xi)(b-a)$$

因为 $\int_\xi^x f'(x)\,\mathrm{d}x = f(x) - f(\xi)$,所以 $\forall x \in [a,b]$,有

$$|f(x)| \leqslant |f(\xi)| + \left|\int_\xi^x f'(x)\,\mathrm{d}x\right| \leqslant |f(\xi)| + \int_a^b |f'(x)|\,\mathrm{d}x$$

$$= \frac{1}{b-a}\left|\int_a^b f(x)\,\mathrm{d}x\right| + \int_a^b |f'(x)|\,\mathrm{d}x$$

于是

$$\max_{a\leqslant x\leqslant b}|f(x)| \leqslant \frac{1}{b-a}\left|\int_a^b f(x)\,\mathrm{d}x\right| + \int_a^b |f'(x)|\,\mathrm{d}x$$

方法2 由 $f(x)$ 在 $[a,b]$ 上连续,可得 $|f(x)|$ 在 $[a,b]$ 上连续,根据最值定理,$\exists x_0 \in [a,b]$,使得 $|f(x_0)| = \max\limits_{a\leqslant x\leqslant b}|f(x)|$. 因为

$$\int_{x_0}^x f'(x)\,\mathrm{d}x = f(x) - f(x_0),\quad x \in [a,b]$$

$$f(x_0) = f(x) - \int_{x_0}^x f'(x)\,\mathrm{d}x$$

$$\int_a^b f(x_0)\,\mathrm{d}x = f(x_0)(b-a) = \int_a^b f(x)\,\mathrm{d}x - \int_a^b \left(\int_{x_0}^x f'(x)\,\mathrm{d}x\right)\mathrm{d}x$$

$$|f(x_0)|(b-a) \leqslant \left|\int_a^b f(x)\,\mathrm{d}x\right| + \left|\int_a^b \left(\int_{x_0}^x f'(x)\,\mathrm{d}x\right)\mathrm{d}x\right|$$

$$\leqslant \left|\int_a^b f(x)\,\mathrm{d}x\right| + \int_a^b \left(\int_a^b |f'(x)|\,\mathrm{d}x\right)\mathrm{d}x$$

$$= \left|\int_a^b f(x)\,\mathrm{d}x\right| + \int_a^b |f'(x)|\,\mathrm{d}x \cdot (b-a)$$

于是

$$\max_{a\leqslant x\leqslant b}|f(x)| = |f(x_0)| \leqslant \frac{1}{b-a}\left|\int_a^b f(x)\,\mathrm{d}x\right| + \int_a^b |f'(x)|\,\mathrm{d}x$$

例3.90(莫斯科大学1977年竞赛题) 设函数 $f(x)$ 在区间 $[a,b]$ 上连续可导,且 $f(a) = f(b) = 0$,求证:

$$\int_a^b |f(x)|\,\mathrm{d}x \leqslant \frac{(b-a)^2}{4}\max_{a\leqslant x\leqslant b}|f'(x)|$$

解析 因 $|f'(x)|$ 在 $[a,b]$ 上连续,应用最值定理,有
$$\max_{a\leqslant x\leqslant b}|f'(x)|=M$$
存在. $\forall x\in(a,b)$,则有
$$f(x)=f(a)+f'(\xi)(x-a)=f'(\xi)(x-a)$$
$$f(x)=f(b)+f'(\eta)(x-b)=f'(\eta)(x-b)$$
这里 $a<\xi<x$, $x<\eta<b$. 于是有
$$|f(x)|\leqslant M(x-a),\quad |f(x)|\leqslant M(b-x)$$
$\forall x_0\in(a,b)$,则
$$\int_a^b|f(x)|\mathrm{d}x=\int_a^{x_0}|f(x)|\mathrm{d}x+\int_{x_0}^b|f(x)|\mathrm{d}x$$
$$\leqslant M\int_a^{x_0}(x-a)\mathrm{d}x+M\int_{x_0}^b(b-x)\mathrm{d}x$$
$$=M\left[x_0^2-(a+b)x_0+\frac{1}{2}(a^2+b^2)\right] \quad (*)$$

令 $u=x_0^2-(a+b)x_0+\frac{1}{2}(a^2+b^2)$,则 $u'=2x_0-(a+b)$. 由 $u'=0$ 得驻点 $x_0=\frac{1}{2}(a+b)$,又 $u''=2>0$,所以 $u\left(\frac{a+b}{2}\right)=\frac{1}{4}(b-a)^2$ 为 u 的最小值.

由于 $(*)$ 式对 (a,b) 中的任意 x_0 皆成立,取 $x_0=\frac{1}{2}(a+b)$,即得
$$\int_a^b|f(x)|\mathrm{d}x\leqslant\frac{1}{4}(b-a)^2M=\frac{1}{4}(b-a)^2\max_{a\leqslant x\leqslant b}|f'(x)|$$

例 3.91(东南大学 2018 年竞赛题) 设函数 $f:[0,1]\to\mathbf{R}$ 有连续的导数,且 $\int_0^1 f(x)\mathrm{d}x=0$,证明:$\forall a\in[0,1]$,有
$$\left|\int_0^a f(x)\mathrm{d}x\right|\leqslant\frac{1}{8}\max_{0\leqslant x\leqslant 1}|f'(x)|$$

解析 不妨设 $f(x)$ 不恒为 0,令 $F(x)=\int_0^x f(x)\mathrm{d}x$,则 $F(0)=F(1)=0$,且 $F'(x)=f(x)$,$F''(x)=f'(x)$. 因 $|F(x)|$ 在闭区间 $[0,1]$ 上连续,应用最值定理,设 $|F(x)|$ 在 $x=x_0$ 处取最大值,则 $F'(x_0)=0$,应用泰勒公式得
$$F(x)=F(x_0)+F'(x_0)(x-x_0)+\frac{1}{2}F''(x_0+\theta(x-x_0))(x-x_0)^2$$
$$=F(x_0)+\frac{1}{2}F''(x_0+\theta(x-x_0))(x-x_0)^2 \quad (0<\theta<1)$$

在上式中分别取 $x=0,1$ 得

$$0 = F(0) = F(x_0) + \frac{1}{2}F''(\xi)x_0^2 \quad (0 < \xi < x_0)$$

$$0 = F(1) = F(x_0) + \frac{1}{2}F''(\eta)(1-x_0)^2 \quad (x_0 < \eta < 1)$$

由于 $|F''(x)| = |f'(x)|$ 在闭区间 $[0,1]$ 上连续,应用最值定理,存在 $M > 0$,使得

$$M = \max_{0 \leqslant x \leqslant 1}|F''(x)| = \max_{0 \leqslant x \leqslant 1}|f'(x)|$$

所以有

$$|F(x_0)| = \frac{1}{2}|F''(\xi)|x_0^2 \leqslant \frac{M}{2}x_0^2$$

且

$$|F(x_0)| = \frac{1}{2}|F''(\eta)|(1-x_0)^2 \leqslant \frac{M}{2}(1-x_0)^2$$

当 $0 < x_0 \leqslant \frac{1}{2}$ 时,有

$$|F(x_0)| \leqslant \frac{M}{2}x_0^2 \leqslant \frac{M}{2}\left(\frac{1}{2}\right)^2 = \frac{1}{8}M = \frac{1}{8}\max_{0 \leqslant x \leqslant 1}|f'(x)|$$

当 $\frac{1}{2} \leqslant x_0 < 1$ 时,有

$$|F(x_0)| \leqslant \frac{M}{2}(1-x_0)^2 \leqslant \frac{M}{2}\left(1-\frac{1}{2}\right)^2 = \frac{1}{8}M = \frac{1}{8}\max_{0 \leqslant x \leqslant 1}|f'(x)|$$

所以,$\forall a \in [0,1]$,有

$$\left|\int_0^a f(x)\mathrm{d}x\right| \leqslant |F(x_0)| \leqslant \frac{1}{8}\max_{0 \leqslant x \leqslant 1}|f'(x)|$$

例 3.92(北京市 1990 年竞赛题) 设函数 $f(x)$ 在区间 $[a,b]$ 上连续,且对于 $t \in [0,1]$ 及 $x_1, x_2 \in [a,b]$ 满足

$$f(tx_1 + (1-t)x_2) \leqslant tf(x_1) + (1-t)f(x_2)$$

证明:

$$f\left(\frac{a+b}{2}\right) \leqslant \frac{1}{b-a}\int_a^b f(x)\mathrm{d}x \leqslant \frac{1}{2}(f(a)+f(b))$$

解析 令 $x = a + t(b-a)$,则有

$$\int_a^b f(x)\mathrm{d}x = \int_0^1 f(a+t(b-a)) \cdot (b-a)\mathrm{d}t$$

$$\leqslant (b-a)\int_0^1 [(1-t)f(a) + tf(b)]\mathrm{d}t$$

$$= \frac{b-a}{2}(f(a)+f(b))$$

所以

$$\frac{1}{b-a}\int_a^b f(x)\,dx \leqslant \frac{1}{2}(f(a)+f(b))$$

右边不等式得证. 又令 $x=a+b-u$, 有

$$\int_a^b f(x)\,dx = \int_a^{\frac{a+b}{2}} f(x)\,dx + \int_{\frac{a+b}{2}}^b f(x)\,dx$$

$$= \int_{\frac{a+b}{2}}^b f(a+b-u)\,du + \int_{\frac{a+b}{2}}^b f(x)\,dx$$

$$= 2\int_{\frac{a+b}{2}}^b \left(\frac{1}{2}f(a+b-x)+\frac{1}{2}f(x)\right)dx$$

$$\geqslant 2\int_{\frac{a+b}{2}}^b f\left(\frac{1}{2}(a+b-x)+\frac{1}{2}x\right)dx$$

$$= 2\int_{\frac{a+b}{2}}^b f\left(\frac{a+b}{2}\right)dx = f\left(\frac{a+b}{2}\right)(b-a)$$

所以

$$\frac{1}{b-a}\int_a^b f(x)\,dx \geqslant f\left(\frac{a+b}{2}\right)$$

左边不等式得证.

例 3.93(北京市 1990 年竞赛题) 设 $f(x)$ 是定义在区间 $[0,1]$ 上的连续函数, 且 $0 < m \leqslant f(x) \leqslant M$, 对于 $x \in [0,1]$, 证明:

$$\left(\int_0^1 f(x)\,dx\right)\cdot\left(\int_0^1 \frac{1}{f(x)}\,dx\right) \leqslant \frac{(m+M)^2}{4mM}$$

解析 由于 $\dfrac{(f(x)-m)(M-f(x))}{f(x)} \geqslant 0$, 故有

$$f(x) + \frac{mM}{f(x)} \leqslant m+M$$

两边同时积分得

$$\int_0^1 f(x)\,dx + mM\int_0^1 \frac{1}{f(x)}\,dx \leqslant \int_0^1 (m+M)\,dx = m+M$$

又

$$\int_0^1 f(x)\,dx + mM\int_0^1 \frac{1}{f(x)}\,dx \geqslant 2\sqrt{mM}\sqrt{\left(\int_0^1 f(x)\,dx\right)\cdot\left(\int_0^1 \frac{1}{f(x)}\,dx\right)}$$

平方后得到

$$\left(\int_0^1 f(x)\mathrm{d}x\right) \cdot \left(\int_0^1 \frac{1}{f(x)}\mathrm{d}x\right) \leqslant \frac{(m+M)^2}{4mM}$$

例 3.94(北京市 1996 年竞赛题、全国大学生 2016 年预赛题) 设 $f(x)$ 是区间 $[0,1]$ 上的连续可微函数,且当 $x \in (0,1)$ 时,$0 < f'(x) < 1$,$f(0) = 0$,证明:

$$\int_0^1 f^2(x)\mathrm{d}x > \left(\int_0^1 f(x)\mathrm{d}x\right)^2 > \int_0^1 f^3(x)\mathrm{d}x$$

解析 利用柯西-施瓦兹不等式有

$$\left(\int_0^1 f(x)\mathrm{d}x\right)^2 = \left(\int_0^1 f(x) \cdot 1\mathrm{d}x\right)^2$$
$$< \int_0^1 f^2(x)\mathrm{d}x \cdot \int_0^1 1^2\mathrm{d}x \quad (\text{因 } f(x) \not\equiv 1)$$
$$= \int_0^1 f^2(x)\mathrm{d}x$$

从而左边不等式成立. 构造

$$F(x) = \left(\int_0^x f(t)\mathrm{d}t\right)^2 - \int_0^x f^3(t)\mathrm{d}t$$

则 $F(0) = 0$,且

$$F'(x) = 2\int_0^x f(t)\mathrm{d}t \cdot f(x) - f^3(x)$$
$$= f(x)\left[2\int_0^x f(t)\mathrm{d}t - f^2(x)\right]$$

记 $G(x) = 2\int_0^x f(t)\mathrm{d}t - f^2(x)$,则 $G(0) = 0$,且

$$G'(x) = 2f(x) - 2f(x)f'(x) = 2f(x)(1 - f'(x))$$

因为 $0 < f'(x) < 1$,$f(0) = 0 \Rightarrow f(x)$ 单调增加 $\Rightarrow f(x) > f(0) = 0$,于是 $G'(x) > 0 \Rightarrow G(x)$ 单调增加 $\Rightarrow G(x) > G(0) = 0 \Rightarrow F'(x) > 0$,从而 $F(x)$ 单调增加 $\Rightarrow F(1) > F(0) = 0$,即

$$\left(\int_0^1 f(x)\mathrm{d}x\right)^2 > \int_0^1 f^3(x)\mathrm{d}x$$

从而右边不等式得证.

例 3.95(精选题) 设 $f(x)$ 二阶可导,$f''(x) \geqslant 0$,$g(x)$ 为连续函数,若 $a > 0$,求证:

$$\frac{1}{a}\int_0^a f(g(x))\mathrm{d}x \geqslant f\left(\frac{1}{a}\int_0^a g(x)\mathrm{d}x\right)$$

解析 $f(x)$ 在 $x = x_0$ 处的一阶泰勒展式为

$$f(x) = f(x_0) + f'(x_0)(x-x_0) + \frac{1}{2!}f''(\xi)(x-x_0)^2$$
$$\geqslant f(x_0) + f'(x_0)(x-x_0)$$

这里 ξ 介于 x 与 x_0 之间. 令 $x = g(t), x_0 = \frac{1}{a}\int_0^a g(x)dx$, 则

$$f(g(t)) \geqslant f\left(\frac{1}{a}\int_0^a g(x)dx\right) + f'\left(\frac{1}{a}\int_0^a g(x)dx\right)\left(g(t) - \frac{1}{a}\int_0^a g(x)dx\right)$$

应用定积分的保号性, 此式两边从 0 到 a 积分得

$$\int_0^a f(g(t))dt \geqslant af\left(\frac{1}{a}\int_0^a g(x)dx\right) + f'\left(\frac{1}{a}\int_0^a g(x)dx\right)\left(\int_0^a g(t)dt - \int_0^a g(x)dx\right)$$
$$= af\left(\frac{1}{a}\int_0^a g(x)dx\right)$$

$\Leftrightarrow$
$$\frac{1}{a}\int_0^a f(g(x))dx \geqslant f\left(\frac{1}{a}\int_0^a g(x)dx\right)$$

例 3.96(精选题) 设函数 $f(x)$ 在 $[a, +\infty)$ 上二阶可导, $M_1 > 0, M_2 > 0$, 且 $|f(x)| \leqslant M_1, |f''(x)| \leqslant M_2$, 求证: $\forall x \in [a, +\infty)$, 有 $|f'(x)| \leqslant 2\sqrt{M_1 M_2}$.

解析 $\forall x_0 \in [a, +\infty), f(x)$ 在 $x = x_0$ 处的一阶泰勒展式为

$$f(x) = f(x_0) + f'(x_0)(x-x_0) + \frac{1}{2!}f''(\xi)(x-x_0)^2$$

这里 ξ 介于 x 与 x_0 之间, 所以

$$f'(x_0) = \frac{1}{x-x_0}[f(x) - f(x_0)] - \frac{1}{2}f''(\xi)(x-x_0)$$

$$|f'(x_0)| \leqslant \frac{1}{|x-x_0|}(|f(x)| + |f(x_0)|) + \frac{1}{2}|f''(\xi)||x-x_0|$$
$$\leqslant \frac{2}{h}M_1 + \frac{1}{2}M_2 h$$

这里 $h = |x - x_0|$. 令 $g(h) = \frac{2}{h}M_1 + \frac{1}{2}M_2 h$, 则

$$g'(h) = -\frac{2}{h^2}M_1 + \frac{M_2}{2} = 0$$

的惟一解为 $h_0 = 2\sqrt{\frac{M_1}{M_2}}$, 又因 $g''(h_0) = \frac{4}{h_0^3}M_1 > 0$, 所以 $g(h)$ 的最小值为 $g(h_0) = 2\sqrt{M_1 M_2}$. 于是

$$|f'(x_0)| \leqslant \min\left\{\frac{2}{h}M_1 + \frac{1}{2}M_2 h\right\} = 2\sqrt{M_1 M_2}$$

由 $x_0 \in [a, +\infty)$ 的任意性即得 $\forall x \in [a, +\infty)$,有 $|f'(x)| \leqslant 2\sqrt{M_1 M_2}$.

例 3.97(精选题) 设 $f(x)$ 在 $[0,1]$ 上二阶连续可导,$f(0)=0$,$f(1)=0$,且 $\forall x \in (0,1)$ 有 $f(x) \neq 0$,求证:$\int_0^1 \left|\dfrac{f''(x)}{f(x)}\right|dx > 4$.

解析 由于 $f(x)$ 在 $(0,1)$ 上连续,且 $f(x) \neq 0$,所以 $f(x)$ 在 $(0,1)$ 上不变号,不妨设 $\forall x \in (0,1)$ 有 $f(x) > 0$. 应用最值定理,$f(x)$ 在 $[0,1]$ 上有最大值,设

$$\max_{0 \leqslant x \leqslant 1} f(x) = f(x_0), \quad x_0 \in (0,1)$$

则

$$\int_0^1 \left|\dfrac{f''(x)}{f(x)}\right|dx > \dfrac{1}{f(x_0)} \int_0^1 |f''(x)| dx \qquad (*)$$

在 $[0, x_0]$ 与 $[x_0, 1]$ 上分别应用拉格朗日中值定理,则 $\exists \alpha \in (0, x_0)$ 和 $\beta \in (x_0, 1)$,使得

$$f(x_0) - f(0) = f'(\alpha) x_0, \quad f(1) - f(x_0) = f'(\beta)(1 - x_0)$$

即

$$f'(\alpha) = \dfrac{f(x_0)}{x_0}, \quad f'(\beta) = \dfrac{f(x_0)}{x_0 - 1}$$

于是

$$\int_0^1 |f''(x)| dx \geqslant \left|\int_\alpha^\beta f''(x) dx\right| = |f'(\beta) - f'(\alpha)| = \left|\dfrac{f(x_0)}{x_0 - 1} - \dfrac{f(x_0)}{x_0}\right|$$

$$= \dfrac{f(x_0)}{x_0(1 - x_0)} = \dfrac{f(x_0)}{\dfrac{1}{4} - \left(\dfrac{1}{2} - x_0\right)^2} \geqslant 4 f(x_0)$$

代入 $(*)$ 式即得 $\int_0^1 \left|\dfrac{f''(x)}{f(x)}\right| dx > 4$.

例 3.98(北京市 1993 年竞赛题) 求证:$\dfrac{5}{2}\pi < \int_0^{2\pi} e^{\sin x} dx < 2\pi e^{\frac{1}{4}}$.

解析 运用 e^u 的马克劳林级数,有

$$e^{\sin x} = 1 + \sin x + \dfrac{1}{2!}\sin^2 x + \cdots + \dfrac{1}{n!}\sin^n x + \cdots$$

由于 $n = 2k+1$($k = 0, 1, 2, \cdots$) 时,有

$$\int_0^{2\pi} \sin^{2k+1} x \, dx = 0$$

当 $n = 2k$($k = 1, 2, \cdots$) 时,有

$$\int_0^{2\pi}\sin^{2k}x\,\mathrm{d}x = 4\int_0^{\frac{\pi}{2}}\sin^{2k}x\,\mathrm{d}x = 4\cdot\frac{(2k-1)!!}{(2k)!!}\cdot\frac{\pi}{2}$$

因此,由逐项积分有

$$\int_0^{2\pi}\mathrm{e}^{\sin x}\,\mathrm{d}x = 2\pi + \sum_{k=1}^{\infty}\frac{1}{(2k)!}\int_0^{2\pi}\sin^{2k}x\,\mathrm{d}x = 2\pi\Big(1+\sum_{k=1}^{\infty}\frac{(2k-1)!!}{(2k)!(2k)!!}\Big)$$
$$= 2\pi\Big(1+\sum_{k=1}^{\infty}\frac{1}{(k!)^2}\cdot\frac{1}{4^k}\Big)$$

从而有

$$\int_0^{2\pi}\mathrm{e}^{\sin x}\,\mathrm{d}x > 2\pi\Big(1+\frac{1}{4}\Big) = \frac{5}{2}\pi$$

$$\int_0^{2\pi}\mathrm{e}^{\sin x}\,\mathrm{d}x < 2\pi\Big(1+\sum_{n=1}^{\infty}\frac{1}{n!}\cdot\frac{1}{4^n}\Big) = 2\pi\mathrm{e}^{\frac{1}{4}}$$

得证.

例 3.99(浙江省 2006 年竞赛题) 求最小的实数 C,使得满足 $\int_0^1|f(x)|\,\mathrm{d}x = 1$ 的连续函数 $f(x)$,都有 $\int_0^1 f(\sqrt{x})\,\mathrm{d}x \leqslant C$.

解析 因为

$$\int_0^1 f(\sqrt{x})\,\mathrm{d}x \leqslant \int_0^1|f(\sqrt{x})|\,\mathrm{d}x = \int_0^1|f(t)|2t\,\mathrm{d}t \leqslant 2\int_0^1|f(t)|\,\mathrm{d}t = 2$$

又取 $f_n(x) = (n+1)x^n$,则有

$$\int_0^1 f_n(x)\,\mathrm{d}x = \int_0^1(n+1)x^n\,\mathrm{d}x = 1$$

而

$$\int_0^1 f_n(\sqrt{x})\,\mathrm{d}x = 2\int_0^1 tf_n(t)\,\mathrm{d}t = 2\cdot\frac{n+1}{n+2} \to 2 \quad (n\to\infty)$$

因此 $C = 2$.

3.2.9 积分等式的证明(例 3.100—3.103)

例 3.100(浙江省 2005 年竞赛题) 设 $f(x)$ 在 $[-1,1]$ 上 2 阶导数连续,求证:存在 $\zeta \in (-1,1)$,使得

$$\int_{-1}^1 xf(x)\,\mathrm{d}x = \frac{1}{3}[2f'(\zeta) + \zeta f''(\zeta)] \tag{1}$$

解析 令 $F(x) = xf(x)$,则 $F(x)$ 在 $[-1,1]$ 上 2 阶导数连续,且 $F(0) = 0$,$F'(0) = f(0)$,$F''(x) = 2f'(x) + xf''(x)$,于是要证明(1)式,等价于证明存在 $\zeta \in$

$(-1,1)$,使得

$$\int_{-1}^{1} F(x) dx = \frac{1}{3} F''(\zeta) \tag{2}$$

应用马克劳林公式,存在 $\eta(x)$ 使得

$$F(x) = F(0) + F'(0)x + \frac{1}{2!} F''(\eta(x))x^2 = f(0)x + \frac{1}{2} F''(\eta(x))x^2$$

其中 $\eta(x)$ 介于 0 与 x 之间. 于是

$$\int_{-1}^{1} F(x) dx = \int_{-1}^{1} f(0)x dx + \frac{1}{2} \int_{-1}^{1} F''(\eta(x))x^2 dx = \frac{1}{2} \int_{-1}^{1} F''(\eta(x))x^2 dx \tag{3}$$

应用最值定理,记 $m = \min_{[-1,1]} F''(x)$, $M = \max_{[-1,1]} F''(x)$,则 $m \leqslant F''(\eta(x)) \leqslant M$,即

$$\frac{1}{2} m x^2 \leqslant \frac{1}{2} F''(\eta(x))x^2 \leqslant \frac{1}{2} M x^2$$

$$\frac{1}{2} \int_{-1}^{1} m x^2 dx < \frac{1}{2} \int_{-1}^{1} F''(\eta(x))x^2 dx < \frac{1}{2} \int_{-1}^{1} M x^2 dx$$

即 $m < \frac{3}{2} \int_{-1}^{1} F''(\eta(x))x^2 dx < M$. 应用介值定理,$\exists \zeta \in (-1,1)$,使得

$$F''(\zeta) = \frac{3}{2} \int_{-1}^{1} F''(\eta(x))x^2 dx$$

即 $\frac{1}{2} \int_{-1}^{1} F''(\eta(x))x^2 dx = \frac{1}{3} F''(\zeta)$,代入(3)式得 $\int_{-1}^{1} F(x) dx = \frac{1}{3} F''(\zeta)$,即(2)式成立.

例 3.101(精选题) 已知函数 $f(x)$ 在闭区间 $[a,b]$ 上具有连续的 2 阶导数,且 $f'(a) = f'(b) = 0$,求证:$\exists \xi \in (a,b)$,使得

$$\int_{a}^{b} f(x) dx = (b-a) \frac{f(a) + f(b)}{2} + \frac{1}{6}(b-a)^3 f''(\xi)$$

解析 令 $F(x) = \int_{a}^{x} f(t) dt$,则 $F'(x) = f(x)$,$F''(x) = f'(x)$,$F'''(x) = f''(x)$,且 $F(a) = 0$,$F''(a) = F''(b) = 0$. 函数 $F(x)$ 在 $x = a$ 处的 2 阶泰勒展式为

$$F(x) = F(a) + F'(a)(x-a) + \frac{1}{2!} F''(a)(x-a)^2 + \frac{1}{3!} F'''(\xi_1)(x-a)^3$$
$$= f(a)(x-a) + \frac{1}{6} f''(\xi_1)(x-a)^3$$

这里 ξ_1 介于 a 与 x 之间. 令 $x = b$ 得

$$\int_{a}^{b} f(x) dx = f(a)(b-a) + \frac{1}{6} f''(\xi_2)(b-a)^3 \tag{1}$$

这里 $a < \xi_2 < b$. 函数 $F(x)$ 在 $x = b$ 处的 2 阶泰勒展式为

$$F(x) = F(b) + F'(b)(x-b) + \frac{1}{2!}F''(b)(x-b)^2 + \frac{1}{3!}F'''(\eta_1)(x-b)^3$$

$$= \int_a^b f(x)dx + f(b)(x-b) + \frac{1}{6}f''(\eta_1)(x-b)^3$$

这里 η_1 介于 x 与 b 之间. 令 $x = a$ 得

$$0 = \int_a^b f(x)dx - f(b)(b-a) - \frac{1}{6}f''(\eta_2)(b-a)^3 \qquad (2)$$

这里 $a < \eta_2 < b$. 将(1)式减(2)式,得

$$\int_a^b f(x)dx = \frac{1}{2}[f(a) + f(b)](b-a) + \frac{1}{12}[f''(\xi_2) + f''(\eta_2)](b-a)^3 \qquad (3)$$

若 $f''(\xi_2) = f''(\eta_2)$,则 $\xi = \xi_2$ 或 $\xi = \eta_2$,代入(3)式即得原式;若 $f''(\xi_2) \neq f''(\eta_2)$,由于 $f''(x)$ 在 $[a,b]$ 上连续,由最值定理,$f''(x)$ 在 $[a,b]$ 上有最大值 M 与最小值 m,则

$$m < \frac{1}{2}[f''(\xi_2) + f''(\eta_2)] < M$$

再应用介值定理,$\exists \xi \in (a,b)$,使得

$$f''(\xi) = \frac{1}{2}[f''(\xi_2) + f''(\eta_2)]$$

于是有

$$\int_a^b f(x)dx = \frac{1}{2}[f(a) + f(b)](b-a) + \frac{1}{6}f''(\xi)(b-a)^3$$

例 3.102(精选题) 设函数 $f(x)$ 在闭区间 $[a,b]$ 上具有连续的 2 阶导数,求证:$\exists \xi \in (a,b)$,使得

$$\int_a^b f(x)dx = (b-a)f\left(\frac{a+b}{2}\right) + \frac{1}{24}(b-a)^3 f''(\xi)$$

解析 令 $F(x) = \int_a^x f(t)dt$,则 $F'(x) = f(x), F''(x) = f'(x), F'''(x) = f''(x)$,且 $F(a) = 0$. $F(x)$ 在 $x = \frac{a+b}{2}$ 处的 2 阶泰勒展式为

$$F(x) = F\left(\frac{a+b}{2}\right) + F'\left(\frac{a+b}{2}\right)\left(x - \frac{a+b}{2}\right) + \frac{1}{2!}F''\left(\frac{a+b}{2}\right)\left(x - \frac{a+b}{2}\right)^2$$
$$+ \frac{1}{3!}F'''(\xi_1)\left(x - \frac{a+b}{2}\right)^3$$

$$= F\left(\frac{a+b}{2}\right) + f\left(\frac{a+b}{2}\right)\left(x - \frac{a+b}{2}\right) + \frac{1}{2}f'\left(\frac{a+b}{2}\right)\left(x - \frac{a+b}{2}\right)^2$$
$$+ \frac{1}{6}f''(\xi_1)\left(x - \frac{a+b}{2}\right)^3 \tag{1}$$

这里 ξ_1 介于 x 与 $\frac{a+b}{2}$ 之间. 在(1)式中令 $x=a$, 得

$$0 = F\left(\frac{a+b}{2}\right) - f\left(\frac{a+b}{2}\right)\frac{b-a}{2} + \frac{1}{2}f'\left(\frac{a+b}{2}\right)\frac{(b-a)^2}{4} - \frac{1}{6}f''(\xi_2)\frac{(b-a)^3}{8} \tag{2}$$

这里 $a < \xi_2 < \frac{a+b}{2}$. 在(1)式中令 $x=b$, 得

$$\int_a^b f(x)\mathrm{d}x = F\left(\frac{a+b}{2}\right) + f\left(\frac{a+b}{2}\right)\frac{b-a}{2} + \frac{1}{2}f'\left(\frac{a+b}{2}\right)\frac{(b-a)^2}{4}$$
$$+ \frac{1}{6}f''(\xi_3)\frac{(b-a)^3}{8} \tag{3}$$

这里 $\frac{a+b}{2} < \xi_3 < b$. (3)式减去(2)式,得

$$\int_a^b f(x)\mathrm{d}x = (b-a)f\left(\frac{a+b}{2}\right) + \frac{1}{24}(b-a)^3 \frac{1}{2}[f''(\xi_2) + f''(\xi_3)]$$

由于 $f''(x)$ 在 $[a,b]$ 上连续,由最值定理可知 $f''(x)$ 在 $[\xi_2, \xi_3]$ 上有最大值 M 与最小值 m,则

$$m \leqslant \frac{1}{2}[f''(\xi_2) + f''(\xi_3)] \leqslant M$$

再应用介值定理, $\exists \xi \in (\xi_2, \xi_3) \subset (a,b)$, 使得

$$f''(\xi) = \frac{1}{2}[f''(\xi_2) + f''(\xi_3)]$$

于是有

$$\int_a^b f(x)\mathrm{d}x = (b-a)f\left(\frac{a+b}{2}\right) + \frac{1}{24}(b-a)^3 f''(\xi)$$

例 3.103(东南大学 2015 年竞赛题) 设 $f(x)$ 在 $[a,b]$ 上连续,且 $f(x)$ 非负并单调增加,若存在 $x_n \in [a,b]$,使得

$$(f(x_n))^n = \frac{1}{b-a}\int_a^b (f(x))^n \mathrm{d}x$$

试求 $\lim\limits_{n\to\infty} x_n$.

解析 作积分换元变换,令 $x = a + (b-a)t$,则

$$(f(x_n))^n = \frac{1}{b-a}\int_a^b (f(x))^n \mathrm{d}x = \int_0^1 (f(a+(b-a)t))^n \mathrm{d}t$$

函数 $f(a+(b-a)t)$ 在 $[0,1]$ 上连续、非负且单调增加，$\forall \varepsilon \in (0,1)$，则有

$$(f(x_n))^n = \int_0^1 (f(a+(b-a)t))^n \mathrm{d}t \geqslant \int_{1-\frac{\varepsilon}{2}}^1 (f(a+(b-a)t))^n \mathrm{d}t$$

$$\geqslant \left[f\left(a+(b-a)\left(1-\frac{\varepsilon}{2}\right)\right)\right]^n \frac{\varepsilon}{2}$$

记 $q = \dfrac{f(a+(b-a)(1-\varepsilon))}{f\left(a+(b-a)\left(1-\dfrac{\varepsilon}{2}\right)\right)}$，则 $0 < q < 1$，$\lim\limits_{n\to\infty} q^n = 0$，所以 $\exists N \in \mathbf{N}^*$ (ε 越小，N 越大)，当 $n > N$ 时 $0 < q^n < \dfrac{\varepsilon}{2}$。于是 $n > N$ 时

$$(f(x_n))^n \geqslant \left[f\left(a+(b-a)\left(1-\frac{\varepsilon}{2}\right)\right)\right]^n \frac{\varepsilon}{2} > [f(a+(b-a)(1-\varepsilon))]^n$$

由于 $f(x)$ 单调增加，因此当 $n > N$ 时有

$$a + (b-a)(1-\varepsilon) < x_n \leqslant b$$

又由 $\varepsilon > 0$ 的任意性，即得 $\lim\limits_{n\to\infty} x_n = b$。

3.2.10 反常积分（例 3.104—3.111）

例 3.104（精选题）（1）设函数 $f(x)$ 在区间 $(0,1]$ 上单调减少，$f(x) \geqslant 0$，$f(0^+) = +\infty$，反常积分 $\int_0^1 f(x)\mathrm{d}x$ 收敛（$x=0$ 是瑕点），将区间 $[0,1]$ 进行 n 等分，记 $x_i = \dfrac{i}{n}$，$\Delta x_i = \dfrac{1}{n}$，求证：

$$\lim_{n\to\infty} \sum_{i=1}^n f(x_i)\Delta x_i = \lim_{n\to\infty} \sum_{i=1}^n f\left(\frac{i}{n}\right) \cdot \frac{1}{n} = \int_0^1 f(x)\mathrm{d}x$$

（2）设函数 $f(x)$ 在区间 $(0,1]$ 上单调增加，$f(x) \leqslant 0$，$f(0^+) = -\infty$，反常积分 $\int_0^1 f(x)\mathrm{d}x$ 收敛（$x=0$ 是瑕点），将区间 $[0,1]$ 进行 n 等分，记 $x_i = \dfrac{i}{n}$，$\Delta x_i = \dfrac{1}{n}$，求证：

$$\lim_{n\to\infty} \sum_{i=1}^n f(x_i)\Delta x_i = \lim_{n\to\infty} \sum_{i=1}^n f\left(\frac{i}{n}\right) \cdot \frac{1}{n} = \int_0^1 f(x)\mathrm{d}x$$

解析 （1）应用积分的可加性与保号性，有

$$\int_0^1 f(x)\mathrm{d}x = \sum_{i=0}^{n-1} \int_{\frac{i}{n}}^{\frac{i+1}{n}} f(x)\mathrm{d}x < \int_0^{\frac{1}{n}} f(x)\mathrm{d}x + \sum_{i=1}^{n-1} f\left(\frac{i}{n}\right) \cdot \frac{1}{n}$$

$$\leqslant \int_0^{\frac{1}{n}} f(x)\mathrm{d}x + \sum_{i=1}^n f\left(\frac{i}{n}\right) \cdot \frac{1}{n}$$

另一方面,有
$$\int_0^1 f(x)\mathrm{d}x = \sum_{i=1}^n \int_{\frac{i-1}{n}}^{\frac{i}{n}} f(x)\mathrm{d}x > \sum_{i=1}^n f\left(\frac{i}{n}\right) \cdot \frac{1}{n}$$

所以有不等式
$$0 < \int_0^1 f(x)\mathrm{d}x - \sum_{i=1}^n f\left(\frac{i}{n}\right) \cdot \frac{1}{n} < \int_0^{\frac{1}{n}} f(x)\mathrm{d}x$$

由于 $\int_0^1 f(x)\mathrm{d}x$ 收敛,故
$$\lim_{n\to\infty} \int_{\frac{1}{n}}^1 f(x)\mathrm{d}x = \int_0^1 f(x)\mathrm{d}x \Rightarrow \lim_{n\to\infty} \int_0^{\frac{1}{n}} f(x)\mathrm{d}x = 0$$

应用夹逼准则即得
$$\lim_{n\to\infty}\left(\int_0^1 f(x)\mathrm{d}x - \sum_{i=1}^n f\left(\frac{i}{n}\right) \cdot \frac{1}{n}\right) = 0$$

$\Leftrightarrow$
$$\lim_{n\to\infty} \sum_{i=1}^n f\left(\frac{i}{n}\right) \cdot \frac{1}{n} = \int_0^1 f(x)\mathrm{d}x$$

(2) 证明方法与(1) 完全相同,一方面,应用积分的可加性与保号性,有
$$\int_0^1 f(x)\mathrm{d}x = \sum_{i=0}^{n-1} \int_{\frac{i}{n}}^{\frac{i+1}{n}} f(x)\mathrm{d}x > \int_0^{\frac{1}{n}} f(x)\mathrm{d}x + \sum_{i=1}^{n-1} f\left(\frac{i}{n}\right) \cdot \frac{1}{n}$$
$$\geq \int_0^{\frac{1}{n}} f(x)\mathrm{d}x + \sum_{i=1}^n f\left(\frac{i}{n}\right) \cdot \frac{1}{n}$$

另一方面,有
$$\int_0^1 f(x)\mathrm{d}x = \sum_{i=1}^n \int_{\frac{i-1}{n}}^{\frac{i}{n}} f(x)\mathrm{d}x < \sum_{i=1}^n f\left(\frac{i}{n}\right) \cdot \frac{1}{n}$$

所以有不等式
$$\int_0^{\frac{1}{n}} f(x)\mathrm{d}x < \int_0^1 f(x)\mathrm{d}x - \sum_{i=1}^n f\left(\frac{i}{n}\right) \cdot \frac{1}{n} < 0$$

由于 $\int_0^1 f(x)\mathrm{d}x$ 收敛,故 $\lim_{n\to\infty} \int_0^{\frac{1}{n}} f(x)\mathrm{d}x = 0$,对上式应用夹逼准则即得
$$\lim_{n\to\infty}\left(\int_0^1 f(x)\mathrm{d}x - \sum_{i=1}^n f\left(\frac{i}{n}\right) \cdot \frac{1}{n}\right) = 0 \Leftrightarrow \lim_{n\to\infty} \sum_{i=1}^n f\left(\frac{i}{n}\right) \cdot \frac{1}{n} = \int_0^1 f(x)\mathrm{d}x$$

例 3.105(全国大学生 2018 年决赛题) 求极限 $\lim_{n\to\infty}(\sqrt[n+1]{(n+1)!} - \sqrt[n]{n!})$.

解析 将原式变形化为

$$\text{原式} = \lim_{n\to\infty} n\left[\frac{\sqrt[n+1]{(n+1)!}}{\sqrt[n]{n!}} - 1\right]\frac{\sqrt[n]{n!}}{n}$$

首先求上式中最后一项 $\dfrac{\sqrt[n]{n!}}{n}$ 的极限. 由于下面的反常积分

$$\int_0^1 \ln x\,dx = x\ln x\Big|_{0^+}^1 - \int_0^1 1\,dx = -1$$

收敛,应用例 3.104 的结论可将其化为反常积分,得

$$\lim_{n\to\infty}\frac{\sqrt[n]{n!}}{n} = \lim_{n\to\infty}\sqrt[n]{\frac{n!}{n^n}} = \exp\left(\lim_{n\to\infty}\frac{1}{n}\sum_{i=1}^n \ln\frac{i}{n}\right) = \exp\left(\int_0^1 \ln x\,dx\right) = \frac{1}{e}$$

又由于

$$\frac{\sqrt[n+1]{(n+1)!}}{\sqrt[n]{n!}} = \left(\left(\frac{(n+1)!}{n!}\right)^n \frac{1}{n!}\right)^{\frac{1}{n(n+1)}} = \left(\frac{1}{n+1}\cdot\frac{2}{n+1}\cdot\cdots\cdot\frac{n}{n+1}\cdot\frac{n+1}{n+1}\right)^{\frac{-1}{n(n+1)}}$$

所以

$$\text{原式} = \frac{1}{e}\lim_{n\to\infty} n\left[\exp\left(\frac{-1}{n(n+1)}\sum_{i=1}^{n+1}\ln\frac{i}{n+1}\right) - 1\right]$$

对于上式中 $\dfrac{1}{n+1}\sum_{i=1}^{n+1}\ln\dfrac{i}{n+1}$ 的极限,也就是将区间 $[0,1]$ 进行 $n+1$ 等分,再应用例 3.104 的结论化为反常积分,得

$$\lim_{n\to\infty}\frac{1}{n+1}\sum_{i=1}^{n+1}\ln\frac{i}{n+1} = \int_0^1 \ln x\,dx = -1$$

于是

$$\lim_{n\to\infty}\frac{-1}{n(n+1)}\sum_{i=1}^{n+1}\ln\frac{i}{n+1} = -\lim_{n\to\infty}\frac{1}{n}\cdot\lim_{n\to\infty}\frac{1}{n+1}\sum_{i=1}^{n+1}\ln\frac{i}{n+1} = 0\cdot(-1) = 0$$

再应用等价无穷小替换法则,因为 $e^{\square} - 1 \sim \square\;(\square\to 0)$,所以

$$\text{原式} = \frac{1}{e}\lim_{n\to\infty} n\left(\frac{-1}{n(n+1)}\sum_{i=1}^{n+1}\ln\frac{i}{n+1}\right)$$

$$= -\frac{1}{e}\lim_{n\to\infty}\left(\frac{1}{n+1}\sum_{i=1}^{n+1}\ln\frac{i}{n+1}\right) = -\frac{1}{e}\cdot(-1) = \frac{1}{e}$$

例 3.106(江苏省 2000 年竞赛题) 设

$$\lim_{x\to 0}\frac{\ln(1+x) - (ax+bx^2)}{\int_0^{x^2} e^{t^2}\,dt} = \int_e^{+\infty}\frac{dx}{x(\ln x)^2}$$

求常数 a,b.

解析 原式左边应用洛必达法则,有

$$\text{左边} = \lim_{x \to 0} \frac{\dfrac{1}{1+x} - a - 2bx}{2x\exp(x^4)} \quad (\text{由此可得 } a = 1)$$

$$= \lim_{x \to 0} \frac{1 - (1+x)(1+2bx)}{2x(1+x)} = \lim_{x \to 0} \frac{-(1+2b)x - 2bx^2}{2x}$$

$$= -\frac{1}{2}(1+2b) + 0 = -\frac{1}{2}(1+2b)$$

原式右边应用广义 N-L 公式,有

$$\text{右边} = -\frac{1}{\ln x}\bigg|_e^{+\infty} = 0 + 1 = 1$$

于是 $-\dfrac{1}{2}(1+2b) = 1$,解得 $b = -\dfrac{3}{2}$,即 $a = 1$, $b = -\dfrac{3}{2}$.

例 3.107(南京大学 1993 年竞赛题) $\displaystyle\int_0^{+\infty} x^7 e^{-x^2} dx =$ _____.

解析 **方法 1** 令 $x^2 = t$,则

$$\text{原式} = \frac{1}{2}\int_0^{+\infty} t^3 e^{-t} dt = -\frac{1}{2}\int_0^{+\infty} t^3 de^{-t} = -\frac{1}{2}\left(\frac{t^3}{e^t}\bigg|_0^{+\infty} - 3\int_0^{+\infty} t^2 e^{-t} dt\right)$$

$$= -\frac{3}{2}\int_0^{+\infty} t^2 de^{-t} = -\frac{3}{2}\left(\frac{t^2}{e^t}\bigg|_0^{+\infty} - 2\int_0^{+\infty} t e^{-t} dt\right)$$

$$= -3\int_0^{+\infty} t de^{-t} = -3\left(\frac{t}{e^t}\bigg|_0^{+\infty} - \int_0^{+\infty} e^{-t} dt\right) = -3e^{-t}\bigg|_0^{+\infty} = 3$$

方法 2 令 $x^2 = t$,则原式 $= \dfrac{1}{2}\displaystyle\int_0^{+\infty} t^3 e^{-t} dt$. 令

$$\int t^3 e^{-t} dt = e^{-t}(at^3 + bt^2 + dt + e) + c$$

两边求导得

$$t^3 e^{-t} = e^{-t}[-at^3 + (3a-b)t^2 + (2b-d)t + d - e]$$

比较两边 t 的同次幂的系数得 $a = -1, b = -3, d = -6, e = -6$,于是

$$\text{原式} = \frac{1}{2} \cdot \frac{-t^3 - 3t^2 - 6t - 6}{e^t}\bigg|_0^{+\infty} = 3$$

例 3.108(莫斯科矿业学院 1977 年竞赛题) 求反常积分

$$\int_0^{+\infty} \frac{1}{(1+x^2)(1+x^\alpha)} dx \quad (\alpha \neq 0)$$

解析 令 $x = \dfrac{1}{t}$，则

$$I = \int_0^{+\infty} \dfrac{1}{(1+x^2)(1+x^a)} dx = \int_0^{+\infty} \dfrac{t^a}{(1+t^2)(1+t^a)} dt$$

$$= \int_0^{+\infty} \dfrac{x^a}{(1+x^2)(1+x^a)} dx$$

于是

$$I = \dfrac{1}{2} \int_0^{+\infty} \dfrac{1+x^a}{(1+x^2)(1+x^a)} dx = \dfrac{1}{2} \int_0^{+\infty} \dfrac{1}{1+x^2} dx$$

$$= \dfrac{1}{2} \arctan x \Big|_0^{+\infty} = \dfrac{\pi}{4}$$

例 3.109（全国大学生2009年预赛题） 求 $x \to 1^-$ 时与 $\sum\limits_{n=0}^{\infty} x^{n^2}$ 等价的无穷大量.

解析 当 $0 < x < 1$ 时，考察 $\int_0^{+\infty} x^{t^2} dt$，由于

$$\int_0^{+\infty} x^{t^2} dt = \sum_{n=0}^{\infty} \int_n^{n+1} x^{t^2} dt < \sum_{n=0}^{\infty} \int_n^{n+1} x^{n^2} dt = \sum_{n=0}^{\infty} x^{n^2}$$

$$\int_0^{+\infty} x^{t^2} dt = \sum_{n=0}^{\infty} \int_n^{n+1} x^{t^2} dt > \sum_{n=0}^{\infty} \int_n^{n+1} x^{(n+1)^2} dt = \sum_{n=0}^{\infty} x^{(n+1)^2} = \sum_{n=1}^{\infty} x^{n^2} = \sum_{n=0}^{\infty} x^{n^2} - 1$$

所以

$$\int_0^{+\infty} x^{t^2} dt < \sum_{n=0}^{\infty} x^{n^2} < 1 + \int_0^{+\infty} x^{t^2} dt \qquad (*)$$

应用积分公式 $\int_0^{+\infty} e^{-u^2} du = \dfrac{\sqrt{\pi}}{2}$，可得

$$\int_0^{+\infty} x^{t^2} dt = \int_0^{+\infty} \exp(-(t\sqrt{-\ln x})^2) dt \quad (\text{记 } t\sqrt{-\ln x} = u)$$

$$= \dfrac{1}{\sqrt{-\ln x}} \int_0^{+\infty} e^{-u^2} du = \dfrac{1}{\sqrt{-\ln x}} \dfrac{\sqrt{\pi}}{2}$$

由于 $x \to 1^-$ 时，$-\ln x = -\ln(1+x-1) \sim -(x-1) = 1-x$，所以 $x \to 1^-$ 时

$$\int_0^{+\infty} x^{t^2} dt = \dfrac{1}{\sqrt{-\ln x}} \dfrac{\sqrt{\pi}}{2} \sim \dfrac{1}{2} \sqrt{\dfrac{\pi}{1-x}}$$

由 $(*)$ 式即得：当 $x \to 1^-$ 时，与 $\sum\limits_{n=0}^{\infty} x^{n^2}$ 等价的无穷大量为 $\dfrac{1}{2} \sqrt{\dfrac{\pi}{1-x}}$.

例 3.110（精选题） 设 $\lambda \in \mathbf{R}$，求证：

$$\int_0^{\frac{\pi}{2}} \dfrac{1}{1+(\tan x)^\lambda} dx = \int_0^{\frac{\pi}{2}} \dfrac{1}{1+(\cot x)^\lambda} dx = \dfrac{\pi}{4}$$

解析 作广义换元积分变换,令 $\tan x = t$,则

$$I_1 = \int_0^{\frac{\pi}{2}} \frac{1}{1+(\tan x)^\lambda} dx = \int_0^{+\infty} \frac{1}{(1+t^\lambda)(1+t^2)} dt$$

令 $\cot x = t$,则

$$I_2 = \int_0^{\frac{\pi}{2}} \frac{1}{1+(\cot x)^\lambda} dx = \int_{+\infty}^0 \frac{-1}{(1+t^\lambda)(1+t^2)} dt$$
$$= \int_0^{+\infty} \frac{1}{(1+t^\lambda)(1+t^2)} dt$$

故 $I_1 = I_2$. 于是

$$I_1 = \frac{1}{2}(I_1 + I_2) = \frac{1}{2}\int_0^{\frac{\pi}{2}} \frac{1}{1+(\tan x)^\lambda} dx + \frac{1}{2}\int_0^{\frac{\pi}{2}} \frac{1}{1+(\cot x)^\lambda} dx$$
$$= \frac{1}{2}\int_0^{\frac{\pi}{2}} \frac{1}{1+(\tan x)^\lambda} dx + \frac{1}{2}\int_0^{\frac{\pi}{2}} \frac{(\tan x)^\lambda}{1+(\tan x)^\lambda} dx$$
$$= \frac{1}{2}\int_0^{\frac{\pi}{2}} \frac{1+(\tan x)^\lambda}{1+(\tan x)^\lambda} dx = \frac{\pi}{4}$$

例 3.111(江苏省 2006 年竞赛题) 设 $f(x)$ 在 $(-\infty,+\infty)$ 上是导数连续的有界函数,$|f(x)-f'(x)| \leqslant 1$,求证:$|f(x)| \leqslant 1, x \in (-\infty,+\infty)$.

解析 方法 1 $\forall x \in \mathbf{R}$,有

$$[e^{-x}f(x)]' = e^{-x}[f'(x)-f(x)]$$

$$\Rightarrow \int_x^{+\infty} [e^{-x}f(x)]' dx = e^{-x}f(x)\Big|_x^{+\infty} = -e^{-x}f(x)$$
$$= \int_x^{+\infty} e^{-x}[f'(x)-f(x)] dx$$

$$\Rightarrow e^{-x}|f(x)| \leqslant \int_x^{+\infty} e^{-x}|f'(x)-f(x)| dx \leqslant \int_x^{+\infty} e^{-x} dx = e^{-x}$$

即 $|f(x)| \leqslant 1$.

方法 2 令 $F(x) = e^{-x}[f(x)+1]$,由题意 $-1 \leqslant f'(x)-f(x) \leqslant 1$,所以

$$F'(x) = e^{-x}[f'(x)-f(x)-1] \leqslant 0$$

因而 $F(x)$ 单调减少,故

$$F(x) \geqslant \lim_{x \to +\infty} F(x) = \lim_{x \to +\infty} \frac{f(x)+1}{e^x} = 0$$

而 $e^{-x} > 0$,故 $f(x)+1 \geqslant 0$,即 $f(x) \geqslant -1$.

令 $G(x) = e^{-x}[f(x)-1]$,由题意 $-1 \leqslant f'(x)-f(x) \leqslant 1$,所以

$$G'(x) = e^{-x}[f'(x)-f(x)+1] \geqslant 0$$

因而 $G(x)$ 单调增加,故

$$G(x) \leqslant \lim_{x \to +\infty} G(x) = \lim_{x \to +\infty} \frac{f(x)-1}{e^x} = 0$$

而 $e^{-x} > 0$, 故 $f(x) - 1 \leqslant 0$, 即 $f(x) \leqslant 1$.

综上, 即得 $|f(x)| \leqslant 1$.

练 习 题 三

1. 设 $f'(\ln x) = x^3$, $f(0) = 1$, 求 $f(x)$.

2. 设 $f'(\sin^2 x) = 3\cos^2 x - 2\tan^2 x$, 求 $f(x)$.

3. 设定义于 **R** 的函数 $f(x)$ 满足 $f'(\ln x) = \begin{cases} 1, & x \in (0,1], \\ x, & x \in (1, +\infty), \end{cases}$ 又 $f(0) = 1$, 求 $f(x)$.

4. 设 $f(x)$ 的一个原函数为 $\dfrac{\sin x}{x}$, 求 $\int x f'(x) \mathrm{d}x$.

5. 求下列不定积分:

(1) $\displaystyle\int \frac{1}{(2+x)\sqrt{1+x}} \mathrm{d}x$;

(2) $\displaystyle\int \frac{\ln\left(1 - \dfrac{1}{x}\right)}{x(x-1)} \mathrm{d}x$;

(3) $\displaystyle\int \left[\frac{1}{\ln x} + \ln(\ln x)\right] \mathrm{d}x$;

(4) $\displaystyle\int \frac{x e^x}{\sqrt{e^x - 2}} \mathrm{d}x$;

(5) $\displaystyle\int \tan^4 x \,\mathrm{d}x$;

(6) $\displaystyle\int \frac{\tan x}{\sqrt{\cos x}} \mathrm{d}x$;

(7) $\displaystyle\int \frac{x \arctan x}{(1+x^2)^{\frac{3}{2}}} \mathrm{d}x$;

(8) $\displaystyle\int \frac{\sqrt{x}}{\sqrt{1 - x\sqrt{x}}} \mathrm{d}x$;

(9) $\displaystyle\int \frac{\sin x \cos x}{\sin x + \cos x} \mathrm{d}x$;

(10) $\displaystyle\int \frac{1+x}{x(1+xe^x)} \mathrm{d}x$;

(11) $\displaystyle\int \frac{\ln x - 1}{\ln^2 x} \mathrm{d}x$;

(12) $\displaystyle\int \max\{x, x^2, x^3\} \mathrm{d}x$.

6. 设 $f(x)$ 在 $\left[0, \dfrac{\pi}{2}\right]$ 上连续, 满足 $f(x) = x^2 \sin x + \int_0^{\frac{\pi}{2}} f(x) \mathrm{d}x$, 求 $f(x)$.

7. 求下列极限:

(1) $\displaystyle\lim_{n \to \infty} \frac{1^k + 2^k + \cdots + n^k}{n^{k+1}}$ $(k > 0)$;

(2) $\displaystyle\lim_{n \to \infty} \frac{1}{n} \sqrt[n]{n(n+1)\cdots(2n-1)}$;

(3) $\displaystyle\lim_{n \to \infty} \left(\frac{\sin \dfrac{\pi}{n}}{n+1} + \frac{\sin \dfrac{2\pi}{n}}{n + \dfrac{1}{2}} + \cdots + \frac{\sin \dfrac{n\pi}{n}}{n + \dfrac{1}{n}} \right)$;

(4) $\lim\limits_{n\to\infty} \dfrac{1}{n^4}\ln[f(1)f(2)\cdots f(n)]$，其中 $f(x)=a^{x^3}$；

(5) $\lim\limits_{n\to\infty}\left(\dfrac{2^{\frac{1}{n}}}{n+1}+\dfrac{2^{\frac{2}{n}}}{n+\frac{1}{2}}+\cdots+\dfrac{2^{\frac{n}{n}}}{n+\frac{1}{n}}\right)$.

8. 设 $f(x)=\begin{cases}\lim\limits_{n\to\infty}\left(1+\dfrac{2nx+x^2}{2n^2}\right)^{-n}, & x\neq 0,\\ \lim\limits_{n\to\infty} 2\left[\dfrac{n}{(n+1)^2}+\dfrac{n}{(n+2)^2}+\cdots+\dfrac{n}{(n+n)^2}\right], & x=0,\end{cases}$ 求 $f'(0)$.

9. 设 $f(x)$ 在 $[a,b]$ 上连续，且 $\int_0^1 f(x)dx=0$，证明：存在 $\xi\in(a,b)$，使得
$$f(\xi)+f(1-\xi)=0$$

10. 已知 $A_n=\dfrac{n}{n^2+1^2}+\dfrac{n}{n^2+2^2}+\cdots+\dfrac{n}{n^2+n^2}$，求 $\lim\limits_{n\to\infty} n\left(\dfrac{\pi}{4}-A_n\right)$.

11. 求下列定积分：

(1) $\int_a^b |x|\,dx\ (a<b)$；

(2) $\int_{-3}^3 \max\{x,x^2,x^3\}\,dx$；

(3) $\int_0^\pi \sqrt{\sin x-\sin^3 x}\,dx$；

(4) $\int_0^{\frac{\pi}{4}} \ln(1+\tan x)\,dx$；

(5) $\int_1^e \cos(\ln x)\,dx$；

(6) $\int_{-\frac{\pi}{2}}^{\frac{\pi}{2}} \dfrac{e^x}{1+e^x}\sin^4 x\,dx$；

(7) $\int_0^\pi \dfrac{x\sin x}{1+\sin^2 x}\,dx$；

(8) $\int_0^{\pi/2} \dfrac{1}{(\sin x+\cos x)^4}\,dx$.

12. 设 $f(x)=\begin{cases}\dfrac{1}{1+x}, & x\geq 0,\\ \dfrac{1}{1+e^x}, & x<0,\end{cases}$ 求 $\int_0^2 f(x-1)dx$.

13. 设函数 $f(x)$ 连续，且 $f(0)\neq 0$，求 $\lim\limits_{x\to 0}\dfrac{\int_0^x (x-t)f(t)dt}{x\int_0^x f(x-t)dt}$.

14. 设函数 $y=y(x)$ 由方程 $x=\int_1^{y-x}\sin^2\left(\dfrac{\pi}{4}t\right)dt$ 所确定，求 $\dfrac{dy}{dx}\bigg|_{x=0}$.

15. 设函数 $f(x)$ 在区间 $[a,b]$ 上连续，证明：
$$2\int_a^b f(x)\left(\int_x^b f(t)dt\right)dx=\left(\int_a^b f(x)dx\right)^2$$

16. 设 $f(x)$ 在 $[a,b]$ 上有连续的 2 阶导数，且有 $f(a)=f(b)=0$，证明：
$$\int_a^b f(x)dx=\dfrac{1}{2}\int_a^b (x-a)(x-b)f''(x)dx$$

17. 设函数 $f(x)$ 在区间 $[0,1]$ 上有连续的 2 阶导数，且有 $f'(0)=f'(1)$，证

明:$\exists \xi \in (0,1)$,使得
$$\int_0^1 f(x)\mathrm{d}x = \frac{1}{2}[f(0)+f(1)] + \frac{1}{6}f''(\xi)$$

18. 设函数 $f(x)$ 在区间 $[a,b]$ 上有连续的 2 阶导数,且有 $f'(a) = f'(b)$,证明:$\exists \xi \in (a,b)$,使得
$$\int_a^b f(x)\mathrm{d}x = \frac{1}{2}[f(a)+f(b)](b-a) + \frac{1}{24}f''(\xi)(b-a)^3$$

19. 设 $f(x)$ 在 $[a,b]$ 上有连续的 2 阶导数,证明:$\exists \xi \in (a,b)$,使得
$$\int_a^b f(x)\mathrm{d}x = \frac{1}{2}[f(a)+f(b)](b-a) - \frac{1}{12}f''(\xi)(b-a)^3$$

20. 证明:$\ln(1+\sqrt{2}) < \int_0^1 \frac{1}{\sqrt[4]{1+x^4}}\mathrm{d}x < 1$.

21. 设函数 $f(x)$ 在 $[a,b]$ 上可导,$f'(x)$ 在 $[a,b]$ 上可积,且 $f(a) = f(b) = 0$,求证:$\forall x \in [a,b]$,有 $|f(x)| \leqslant \frac{1}{2}\int_a^b |f'(x)|\mathrm{d}x$.

22. 设 $f(a) = 0, f(x)$ 在 $[a,b]$ 上的导数连续,求证:
$$\frac{1}{(b-a)^2}\int_a^b |f(x)|\mathrm{d}x \leqslant \frac{1}{2}\max_{x \in [a,b]}|f'(x)|, \quad x \in [a,b]$$

23. 已知函数 $f(x)$ 在区间 $[a,b]$ 上连续并单调增加,求证:
$$\int_a^b \left(\frac{x-a}{b-a}\right)^n f(x)\mathrm{d}x \geqslant \frac{1}{n+1}\int_a^b f(x)\mathrm{d}x \quad (n \in \mathbf{N})$$

24. 设 $f(x)$ 在 $[a,b](a>0)$ 上连续,且 $f(x) \geqslant 0$,若对于 $[a,b]$ 上任何一点都有 $f(x) \leqslant \int_a^x f(t)\mathrm{d}t$,求证:$\forall x \in [a,b], f(x) \equiv 0$.

25. 已知直线 $L: y = x$,曲线 $\Gamma: y = \sqrt{x}$,求由 L 与 Γ 所围平面图形 D 绕直线 L 旋转一周所得旋转体的体积.

26. 已知直线 $L: y = x$,曲线 $\Gamma: y = \frac{1}{4}x(10-x)$,求由 L 与 Γ 所围平面图形 D 绕直线 L 旋转一周所得旋转体的体积.

27. 已知直线 $L: y = 1-x$,曲线 $\Gamma: y = 1-x^2$,求由 L 与 Γ 所围平面图形 D 绕直线 L 旋转一周所得旋转体的体积.

28. 设 $D: y \leqslant -\frac{1}{4}x(x-10), y \leqslant -x+6, y \geqslant x$,求区域 D 绕直线 $y = x$ 旋转一周的旋转体的体积.

29. 求 $\int_0^2 \sqrt{\frac{x}{2-x}}\mathrm{d}x$.

专题 4　多元函数微分学

4.1　基本概念与内容提要

4.1.1　二元函数的极限与连续性

1) 二元函数极限的定义

设二元函数 $f(x,y)$ 在区间 (a,b) 的某去心邻域内有定义,若 $\forall \varepsilon > 0, \exists \delta > 0$,当 $0 < \sqrt{(x-a)^2+(y-b)^2} < \delta$ 时恒有
$$|f(x,y)-A|<\varepsilon$$
则称
$$\lim_{\substack{x\to a\\ y\to b}} f(x,y)=A$$

2) 在二元函数极限的定义中,动点 (x,y) 在 (a,b) 的邻近以任意路径趋向于点 (a,b) 时,函数值 $f(x,y)$ 与固定常数 A 需任意地接近. 这些任意路径是不可能一一取到的. 若取两条不同的路径让 $(x,y)\to(a,b)$,而 $f(x,y)$ 取不同的极限,则可推知:$(x,y)\to(a,b)$ 时 $f(x,y)$ 的极限不存在.

通常求二元函数极限的方法如下:(1) 利用定义求极限;(2) 在 $(x,y)\to(0,0)$ 时化为极坐标求极限,即 $(x,y)\to(0,0) \Leftrightarrow \rho\to 0$;(3) 化为一元函数的极限;(4) 利用无穷小量乘以有界变量仍为无穷小量;(5) 利用夹逼准则求极限.

3) 二元函数的连续性:若
$$\lim_{\substack{x\to a\\ y\to b}} f(x,y)=f(a,b)$$
则称 $f(x,y)$ 在 (a,b) 内**连续**.

定理　多元初等函数在其有定义的区域上连续.

4) 有界闭域上的连续函数的性质:若 $f(x,y)$ 在有界闭域 D 上连续,则 $f(x,y)$ 在 D 上为有界函数,$f(x,y)$ 在 D 上取到最大值与最小值.

4.1.2　偏导数与全微分

1) 偏导数的定义

$$\left.\frac{\partial f}{\partial x}\right|_{(a,b)} = f'_x(a,b) \stackrel{\text{def}}{=} \lim_{\Box \to 0}\frac{f(a+\Box,b)-f(a,b)}{\Box} = \lim_{x\to a}\frac{f(x,b)-f(a,b)}{x-a}$$

$$\left.\frac{\partial f}{\partial y}\right|_{(a,b)} = f'_y(a,b) \stackrel{\text{def}}{=} \lim_{\square \to 0} \frac{f(a,b+\square) - f(a,b)}{\square} = \lim_{y \to b} \frac{f(a,y) - f(a,b)}{y-b}$$

这两式右端的极限存在,称 f 在(a,b) 处可偏导.

$$\left.\frac{\partial f}{\partial x}\right|_{(0,0)} = f'_x(0,0) \stackrel{\text{def}}{=} \lim_{\square \to 0} \frac{f(\square,0) - f(0,0)}{\square} = \lim_{x \to 0} \frac{f(x,0) - f(0,0)}{x}$$

$$\left.\frac{\partial f}{\partial y}\right|_{(0,0)} = f'_y(0,0) \stackrel{\text{def}}{=} \lim_{\square \to 0} \frac{f(0,\square) - f(0,0)}{\square} = \lim_{y \to 0} \frac{f(0,y) - f(0,0)}{y}$$

这两式右端的极限存在,称 f 在$(0,0)$ 处可偏导.

2) $f(x,y)$ 在(a,b) 处可偏导时,$f(x,y)$ 在(a,b) 处不一定连续.

3) 偏导数的几何意义

当 f 在(a,b) 处对 x 可偏导时,$f'_x(a,b)$ 表示曲线 $\begin{cases} z = f(x,y), \\ y = b \end{cases}$ 在(a,b) 的切线对 x 轴的斜率;

当 f 在(a,b) 处对 y 可偏导时,$f'_y(a,b)$ 表示曲线 $\begin{cases} z = f(x,y), \\ x = a \end{cases}$ 在(a,b) 的切线对 y 轴的斜率.

4) 全微分的定义:若 $f(x,y)$ 在(a,b) 的全增量 $\Delta f(x,y)$ 可写为

$$\Delta f(x,y) = f(a+\Delta x, b+\Delta y) - f(a,b) = A\Delta x + B\Delta y + o(\rho) \tag{1}$$

这里 $\rho = \sqrt{(\Delta x)^2 + (\Delta y)^2}$,则称 $f(x,y)$ **在(a,b) 处可微**.

当 $f(x,y)$ 在(a,b) 处可微时,$f(x,y)$ 在(a,b) 处必可偏导,且(1)式中

$$A = f'_x(a,b), \quad B = f'_y(a,b)$$

当 $f(x,y)$ 在(a,b) 处可微时,$f(x,y)$ 在(a,b) 处必连续.

当 $f'_x(x,y), f'_y(x,y)$ 在(a,b) 处连续时,$f(x,y)$ 在(a,b) 处必可微(此时称 f 在(a,b) 处连续可微).

当 $f(x,y)$ 在(a,b) 处可微时,称

$$\left. df(x,y) \right|_{a,b} \stackrel{\text{def}}{=} f'_x(a,b)dx + f'_y(a,b)dy \tag{2}$$

为 $f(x,y)$ 在(a,b) 处的全微分;当 $f(x,y)$ 在(x,y) 处可微时,称

$$df(x,y) \stackrel{\text{def}}{=} f'_x(x,y)dx + f'_y(x,y)dy \tag{3}$$

为 $f(x,y)$ 的**全微分**.

由于多元初等函数的偏导数仍是多元初等函数,所以多元初等函数在其可偏导处必偏导数连续,因而必可微,其全微分公式(2)与(3)可直接使用.

4.1.3 多元复合函数与隐函数的偏导数

1) 多元复合函数的链锁法则

定理 1　设 $z=f(u,v)$ 在 (u,v) 处可微，$u=\varphi(x,y)$，$v=\psi(x,y)$ 在 (x,y) 处可偏导，则 $z(x,y)=f(\varphi(x,y),\psi(x,y))$ 在 (x,y) 处可偏导，且有

$$\frac{\partial}{\partial x}z(x,y)=\frac{\partial f}{\partial u}\varphi'_x(x,y)+\frac{\partial f}{\partial v}\psi'_x(x,y)\stackrel{\text{or}}{=}f'_1\cdot\varphi'_x+f'_2\cdot\psi'_x$$

$$\frac{\partial}{\partial y}z(x,y)=\frac{\partial f}{\partial u}\varphi'_y(x,y)+\frac{\partial f}{\partial v}\psi'_y(x,y)\stackrel{\text{or}}{=}f'_1\cdot\varphi'_y+f'_2\cdot\psi'_y$$

由于多元复合函数的情况很多，下面再列举几个求偏导数的链锁法则，其可偏导的条件略去．

(1) 若 $z=z(x,y)=f(x,y,u,v)$，$u=\varphi(x,y)$，$v=\psi(x,y)$，则

$$\frac{\partial}{\partial x}z(x,y)=f'_x+f'_u\cdot\varphi'_x+f'_v\cdot\psi'_x\stackrel{\text{or}}{=}f'_1+f'_3\cdot\varphi'_x+f'_4\cdot\psi'_x$$

$$\frac{\partial}{\partial y}z(x,y)=f'_y+f'_u\cdot\varphi'_y+f'_v\cdot\psi'_y\stackrel{\text{or}}{=}f'_2+f'_3\cdot\varphi'_y+f'_4\cdot\psi'_y$$

(2) 若 $z=z(x)=f(x,u,v)$，$u=\varphi(x)$，$v=\psi(x)$，则

$$\frac{\mathrm{d}}{\mathrm{d}x}z(x)=f'_x+f'_u\cdot\varphi'+f'_v\cdot\psi'\stackrel{\text{or}}{=}f'_1+f'_2\cdot\varphi'+f'_3\cdot\psi'$$

这里左端的导数称为**全导数**．

2) 隐函数的偏导数

定理 2（隐函数存在定理 Ⅰ）　假设 $F(x,y)$ 在 (a,b) 的某邻域内连续可微，且 $F(a,b)=0$，$F'_y(a,b)\neq 0$，则存在 $x=a$ 的邻域 U 和惟一的函数 $y=f(x)(x\in U)$，使得

$$b=f(a),\quad \forall x\in U,\quad F(x,f(x))=0$$

这里 $f(x)$ 在 $x=a$ 处可导，且

$$f'(a)=-\frac{F'_x(a,b)}{F'_y(a,b)}$$

定理 3（隐函数存在定理 Ⅱ）　假设 $F(x,y,z)$ 在 (a,b,c) 的某邻域内连续可微，且 $F(a,b,c)=0$，$F'_z(a,b,c)\neq 0$，则存在 (a,b) 的邻域 U 和惟一的函数 $z=f(x,y)((x,y)\in U)$，使得

$$c=f(a,b),\quad \forall (x,y)\in U,\quad F(x,y,f(x,y))=0$$

这里 $f(x,y)$ 在 (a,b) 处可偏导，且

$$f'_x(a,b)=-\frac{F'_x(a,b,c)}{F'_z(a,b,c)},\quad f'_y(a,b)=-\frac{F'_y(a,b,c)}{F'_z(a,b,c)}$$

4.1.4 高阶偏导数

1) 函数 $f(x,y)$ 的偏导数 $f'_x(x,y), f'_y(x,y)$ 一般还是 x,y 的函数,若 $f'_x(x,y)$, $f'_y(x,y)$ 可偏导时,有四个二阶偏导数:

$$\frac{\partial^2 f}{\partial x^2} = f''_{xx}(x,y), \quad \frac{\partial^2 f}{\partial x \partial y} = f''_{xy}(x,y)$$

$$\frac{\partial^2 f}{\partial y \partial x} = f''_{yx}(x,y), \quad \frac{\partial^2 f}{\partial y^2} = f''_{yy}(x,y)$$

对二阶偏导数继续求偏导数,即得三阶及三阶以上的偏导数. 二阶及二阶以上偏导数统称**高阶偏导数**.

2) 两个混合二阶偏导数 $f''_{xy}(x,y), f''_{yx}(x,y)$ 不一定相等,但当 $f''_{xy}(x,y)$ 与 $f''_{yx}(x,y)$ 在 (x,y) 处连续时它们一定相等,即 $f''_{xy}(x,y) = f''_{yx}(x,y)$.

3) 由于多元初等函数的两个二阶混合偏导数仍是多元初等函数,所以多元初等函数在其二阶可偏导处两个二阶混合偏导数必连续,因此一定相等.

4.1.5 二元函数的极值

1) 可偏导的二元函数 $f(x,y)$ 在 (a,b) 取极值的必要条件是

$$f'_x(a,b) = 0, \quad f'_y(a,b) = 0$$

称点 (a,b) 为 $f(x,y)$ 的**驻点**.

2) 二元函数取极值的充分条件

若 $f(x,y)$ 在 (a,b) 处二阶偏导函数连续,(a,b) 是 $f(x,y)$ 的驻点,令

$$A = f''_{xx}(a,b), \quad B = f''_{xy}(a,b), \quad C = f''_{yy}(a,b)$$

(1) 当 $\Delta = B^2 - AC < 0, A > 0$ 时, $f(a,b)$ 为极小值;

(2) 当 $\Delta = B^2 - AC < 0, A < 0$ 时, $f(a,b)$ 为极大值;

(3) 当 $\Delta = B^2 - AC > 0$ 时, $f(a,b)$ 不是 f 的极值.

4.1.6 条件极值

1) 求函数 $z = f(x,y)$ 满足约束方程 $\varphi(x,y) = 0$ 的极值,称为**条件极值**. 解决此问题有两种方法,一是由 $\varphi(x,y) = 0$ 解出 $y = y(x)$(或 $x = x(y)$)代入函数 $f(x,y)$ 得到一元函数 $z(x) = f(x,y(x))$,利用一元函数求极值的方法解决;二是利用拉格朗日乘数法,其步骤如下.

(1) 作拉格朗日函数:令

$$F(x,y,\lambda) = f(x,y) + \lambda\varphi(x,y)$$

(2) 求拉格朗日函数的驻点:由方程组

$$\begin{cases} F'_x = f'_x(x,y) + \lambda \varphi'_x(x,y) = 0, \\ F'_y = f'_y(x,y) + \lambda \varphi'_y(x,y) = 0, \\ F'_\lambda = \varphi(x,y) = 0 \end{cases}$$

解得驻点 (a, b, λ_0).

(3) 如果原问题存在条件极大值（或条件极小值），而上述求得的拉格朗日函数 F 的驻点是惟一的，则 $f(a,b)$ 即为所求的条件极大值（或条件极小值）；如果原问题既有条件极大值又有条件极小值，而上述求得的拉格朗日函数的驻点有两个，即 $(a_1, b_1, \lambda_1), (a_2, b_2, \lambda_2)$，则 $\max\{f(a_1, b_1), f(a_2, b_2)\}$ 即为所求的条件极大值，而 $\min\{f(a_1, b_1), f(a_2, b_2)\}$ 即为所求的条件极小值.

2) 求函数 $u = f(x, y, z)$ 满足约束方程 $\varphi(x, y, z) = 0$ 的极值，称为**条件极值**. 解决此问题最好直接利用拉格朗日乘数法，其步骤如下：

(1) 作拉格朗日函数：令

$$F(x, y, z, \lambda) = f(x, y, z) + \lambda \varphi(x, y, z)$$

(2) 求拉格朗日函数的驻点：由方程组

$$\begin{cases} F'_x = f'_x(x,y,z) + \lambda \varphi'_x(x,y,z) = 0, \\ F'_y = f'_y(x,y,z) + \lambda \varphi'_y(x,y,z) = 0, \\ F'_z = f'_z(x,y,z) + \lambda \varphi'_z(x,y,z) = 0, \\ F'_\lambda = \varphi(x,y,z) = 0 \end{cases}$$

解得驻点 (a, b, c, λ_0).

(3) 对于函数值 $f(a, b, c)$ 进行与上述 $f(a, b)$ 完全相同的说明.

3) 求函数 $u = f(x, y, z)$ 满足两个约束方程 $\varphi(x, y, z) = 0$ 与 $\psi(x, y, z) = 0$ 的极值，称为**条件极值**. 解决此问题有两种方法，一是由 $\begin{cases} \varphi(x,y,z) = 0, \\ \psi(x,y,z) = 0 \end{cases}$ 解出 $y = y(x), z = z(x)$，代入函数 $f(x, y, z)$ 得到一元函数 $u(x) = f(x, y(x), z(x))$，利用一元函数求极值的方法解决；二是利用拉格朗日乘数法，其步骤如下：

(1) 作拉格朗日函数：令

$$F(x, y, z, \lambda, \mu) = f(x, y, z) + \lambda \varphi(x, y, z) + \mu \psi(x, y, z)$$

(2) 求拉格朗日函数的驻点：由方程组

$$\begin{cases} F'_x = f'_x(x,y,z) + \lambda \varphi'_x(x,y,z) + \mu \psi'_x(x,y,z) = 0, \\ F'_y = f'_y(x,y,z) + \lambda \varphi'_y(x,y,z) + \mu \psi'_y(x,y,z) = 0, \\ F'_z = f'_z(x,y,z) + \lambda \varphi'_z(x,y,z) + \mu \psi'_z(x,y,z) = 0, \\ F'_\lambda = \varphi(x,y,z) = 0, \\ F'_\mu = \psi(x,y,z) = 0 \end{cases}$$

解得驻点 $(a, b, c, \lambda_0, \mu_0)$.

(3) 对于函数值 $f(a,b,c)$ 进行与上述 $f(a,b)$ 完全相同的说明.

4.1.7 多元函数的最值

设函数 f(二元函数或三元函数)在有界闭域 G 上连续,应用最值定理,f 在 G 上存在最大值与最小值.由于使函数 f 取得最值的点只可能是 f 在 G 的内部的驻点,或在 G 的边界上拉格朗日函数的驻点,或是 G 的边界上的端点,求出函数 f 在上述所有点的函数值,比较它们的大小,其中最大者为函数 f 在 G 上的最大值,其中最小者为函数 f 在 G 上的最小值(对上述这些点的函数值,无须逐一讨论取极大还是取极小或者不是极值).

4.2 竞赛题与精选题解析

4.2.1 求二元函数的极限(例4.1—4.2)

例 4.1(江苏省 2018 年竞赛题) 求极限 $\lim\limits_{\substack{x\to\infty \\ y\to\infty}} \dfrac{x^2+xy+y^2}{x^4+y^4}\sin(x^4+y^4)$.

解析 由于

$$0 \leqslant \left| \frac{x^2+xy+y^2}{x^4+y^4}\sin(x^4+y^4) \right| \leqslant \frac{|x^2+xy+y^2|}{x^4+y^4} \leqslant \frac{2(x^2+y^2)}{2x^2y^2} = \frac{1}{y^2}+\frac{1}{x^2}$$

且 $\lim\limits_{\substack{x\to\infty \\ y\to\infty}}\left(\dfrac{1}{y^2}+\dfrac{1}{x^2}\right)=0$,应用夹逼准则即得 $\lim\limits_{\substack{x\to\infty \\ y\to\infty}} \dfrac{x^2+xy+y^2}{x^4+y^4}\sin(x^4+y^4)=0$.

例 4.2(精选题) 设 $f(x,y)=\dfrac{x^2y}{x^4+y^2}$.(1) 当 (x,y) 沿过原点的任一直线趋向于 $(0,0)$ 时,求 $f(x,y)$ 的极限;(2) 求证:$(x,y)\to(0,0)$ 时 $f(x,y)$ 的极限不存在.

解析 (1) 沿着 y 轴,$y\to 0$ 时

$$\lim_{\substack{x=0 \\ y\to 0}} f(x,y) = \lim_{y\to 0}\frac{0}{y^2}=0$$

沿着 $y=kx(k\neq 0)$,$(x,y)\to(0,0)$ 时

$$\lim_{\substack{y=kx \\ x\to 0}} f(x,y) = \lim_{x\to 0}\frac{kx^3}{x^4+k^2x^2} = \lim_{x\to 0}\frac{kx}{x^2+k^2}=0$$

沿着 x 轴,$x\to 0$ 时

$$\lim_{\substack{y=0 \\ x\to 0}} f(x,y) = \lim_{x\to 0}\frac{0}{x^4}=0$$

所以 (x,y) 沿着过原点的任意直线趋向于 $(0,0)$ 时 $f(x,y)\to 0$.

(2) 沿着抛物线 $y = x^2, (x,y) \to (0,0)$ 时

$$\lim_{\substack{y=x^2 \\ x\to 0}} f(x,y) = \lim_{x\to 0} \frac{x^4}{2x^4} = \frac{1}{2} \neq 0$$

所以 $(x,y) \to (0,0)$ 时 $f(x,y)$ 的极限不存在.

4.2.2 二元函数的连续性、可偏导性与可微性(例 4.3—4.8)

例 4.3(江苏省 2008 年竞赛题) 设

$$f(x,y) = \begin{cases} \sqrt{x^2+y^2} + \dfrac{x^2 y}{x^4+y^2}, & (x,y) \neq (0,0), \\ 0, & (x,y) = (0,0) \end{cases}$$

试讨论 $f(x,y)$ 在 $(0,0)$ 处的连续性、可偏导性、可微性.

解析 由于

$$\lim_{\substack{y=x^2 \\ x\to 0}} f(x,y) = \lim_{x\to 0}\left(\sqrt{x^2+x^4} + \frac{x^4}{2x^4}\right) = \frac{1}{2}$$

所以 $\lim\limits_{\substack{x\to 0 \\ y\to 0}} f(x,y) \neq 0 = f(0,0)$,于是 $f(x,y)$ 在 $(0,0)$ 处不连续.

由于 $\lim\limits_{x\to 0}\dfrac{f(x,0)-f(0,0)}{x} = \lim\limits_{x\to 0}\dfrac{|x|}{x}$ 与 $\lim\limits_{y\to 0}\dfrac{f(0,y)-f(0,0)}{y} = \lim\limits_{y\to 0}\dfrac{|y|}{y}$ 皆不存在,故 $f(x,y)$ 在 $(0,0)$ 处不可偏导.

由于连续性与可偏导性皆是可微性的必要条件,故 $f(x,y)$ 在 $(0,0)$ 处不可微.

例 4.4(江苏省 2002 年竞赛题) 设

$$f(x,y) = \begin{cases} y\arctan\dfrac{1}{\sqrt{x^2+y^2}}, & (x,y) \neq (0,0), \\ 0, & (x,y) = (0,0) \end{cases}$$

试讨论 $f(x,y)$ 在点 $(0,0)$ 的连续性、可偏导性与可微性.

解析 因 $\arctan\dfrac{1}{\sqrt{x^2+y^2}}$ 有界,所以

$$\lim_{\substack{x\to 0 \\ y\to 0}} f(x,y) = \lim_{\substack{x\to 0 \\ y\to 0}} y\arctan\frac{1}{\sqrt{x^2+y^2}} = 0 = f(0,0)$$

故 $f(x,y)$ 在 $(0,0)$ 处连续. 因为

$$f'_x(0,0) = \lim_{x\to 0}\frac{f(x,0)-f(0,0)}{x} = \lim_{x\to 0}\frac{0}{x} = 0$$

$$f'_y(0,0) = \lim_{y\to 0}\frac{f(0,y)-f(0,0)}{y} = \lim_{y\to 0}\arctan\frac{1}{|y|} = \frac{\pi}{2}$$

所以 $f(x,y)$ 在 $(0,0)$ 处可偏导.

下面考虑可微性. 令

$$\Delta f(0,0) = f(x,y) - f(0,0) = f'_x(0,0)x + f'_y(0,0)y + \omega$$

则 $\rho = \sqrt{x^2+y^2} \to 0^+$ 时

$$\frac{\omega}{\rho} = \frac{y}{\sqrt{x^2+y^2}}\left(\arctan\frac{1}{\rho} - \frac{\pi}{2}\right) \to 0 \quad \left(因 \left|\frac{y}{\sqrt{x^2+y^2}}\right| \leqslant 1\right)$$

所以 $\omega = o(\rho)$,故 $f(x,y)$ 在 $(0,0)$ 处可微.

例 4.5(江苏省 2006 年竞赛题) 设

$$f(x,y) = \begin{cases} \dfrac{x-y}{x^2+y^2}\tan(x^2+y^2), & (x,y) \neq (0,0), \\ 0, & (x,y) = (0,0) \end{cases}$$

证明 $f(x,y)$ 在 $(0,0)$ 处可微,并求 $\mathrm{d}f(x,y)\Big|_{(0,0)}$.

解析 根据题意可得

$$f'_x(0,0) = \lim_{x\to 0}\frac{f(x,0)-f(0,0)}{x} = \lim_{x\to 0}\frac{x\tan x^2}{x^3} = 1$$

$$f'_y(0,0) = \lim_{y\to 0}\frac{f(0,y)-f(0,0)}{y} = \lim_{y\to 0}\frac{-y\tan y^2}{y^3} = -1$$

令

$$f(x,y) = f(0,0) + f'_x(0,0)x + f'_y(0,0)y + \omega$$
$$= x - y + \omega$$

因 $|\cos\theta - \sin\theta| \leqslant \sqrt{2}$,$\tan\rho^2 \sim \rho^2 (\rho \to 0^+)$,故

$$\lim_{\substack{x\to 0 \\ y\to 0}}\frac{\omega}{\sqrt{x^2+y^2}} = \lim_{\rho\to 0^+}\frac{\rho(\cos\theta-\sin\theta)\left(\frac{\tan\rho^2}{\rho^2}-1\right)}{\rho} = 0$$

所以 f 在 $(0,0)$ 处可微,且 $\mathrm{d}f(x,y)\Big|_{(0,0)} = \mathrm{d}x - \mathrm{d}y$.

例 4.6(江苏省 2000 年竞赛题) 已知 $z = uv$,且 $x = \mathrm{e}^u\cos v, y = \mathrm{e}^u\sin v$,求 $\dfrac{\partial z}{\partial x}$ 和 $\dfrac{\partial z}{\partial y}$.

解析 由 $x = \mathrm{e}^u\cos v$,$y = \mathrm{e}^u\sin v$ 解得

$$u = \frac{1}{2}\ln(x^2+y^2), \quad v = \arctan\frac{y}{x}$$

于是 $z = uv = \dfrac{1}{2}\ln(x^2+y^2)\arctan\dfrac{y}{x}$,因此

$$\frac{\partial z}{\partial x} = \frac{x}{x^2+y^2}\arctan\frac{y}{x} + \frac{1}{2}\ln(x^2+y^2)\cdot\frac{-y}{x^2+y^2}$$

$$\frac{\partial z}{\partial y} = \frac{y}{x^2+y^2}\arctan\frac{y}{x} + \frac{1}{2}\ln(x^2+y^2)\frac{x}{x^2+y^2}$$

例 4.7(江苏省 1996 年竞赛题) 函数 $u = xy^2z^3$ 在点 $(1,2,-1)$ 处沿曲面 $x^2+y^2 = 5$ 的外法向的方向导数为_____.

解析 已知 $F = x^2+y^2-5$,$\boldsymbol{n} = 2(x,y,0)$,点 $P(1,2,-1)$,故曲面在点 P 的外法向的方向余弦为 $\cos\alpha = \frac{1}{\sqrt{5}}$,$\cos\beta = \frac{2}{\sqrt{5}}$,$\cos\gamma = 0$. 又因

$$u'_x(P) = y^2z^3\Big|_{(1,2,-1)} = -4$$

$$u'_y(P) = 2xyz^3\Big|_{(1,2,-1)} = -4$$

$$u'_z(P) = 3xy^2z^2\Big|_{(1,2,-1)} = 12$$

于是

$$\frac{\partial u}{\partial \boldsymbol{n}} = u'_x(P)\cos\alpha + u'_y(P)\cos\beta + u'_z(P)\cos\gamma$$

$$= -\frac{4}{\sqrt{5}} - \frac{8}{\sqrt{5}} + 0 = -\frac{12}{5}\sqrt{5}$$

例 4.8(全国大学生 2015 年决赛题) 设 $\boldsymbol{l}_j(j = 1,2,\cdots,n)$ 是平面上点 P_0 处的 $n(n \geqslant 2)$ 个方向向量,相邻两个向量之间的夹角为 $\frac{2\pi}{n}$,若函数 $f(x,y)$ 在点 P_0 有连续的偏导数,证明:$\sum_{j=1}^{n}\frac{\partial f(P_0)}{\partial \boldsymbol{l}_j} = 0$.

解析 记 $\beta = \frac{2\pi}{n}$,且

$$\boldsymbol{l}_j^0 = (\cos(\alpha+j\beta), \sin(\alpha+j\beta)) \quad (\alpha \in [0,2\pi), j = 1,2,\cdots,n)$$

则

$$\sum_{j=1}^{n}\frac{\partial f(P_0)}{\partial \boldsymbol{l}_j} = \sum_{j=1}^{n}\left(\frac{\partial f(P_0)}{\partial x}\cos(\alpha+j\beta) + \frac{\partial f(P_0)}{\partial y}\sin(\alpha+j\beta)\right)$$

$$= \frac{\partial f(P_0)}{\partial x}\left(\cos\alpha\sum_{j=1}^{n}\cos j\beta - \sin\alpha\sum_{j=1}^{n}\sin j\beta\right)$$

$$+ \frac{\partial f(P_0)}{\partial y}\left(\sin\alpha\sum_{j=1}^{n}\cos j\beta + \cos\alpha\sum_{j=1}^{n}\sin j\beta\right)$$

由于

$$\sum_{j=1}^{n}\cos j\beta = \frac{1}{2\sin\frac{\beta}{2}}\sum_{j=1}^{n}2\cos j\beta\cdot\sin\frac{\beta}{2} = \frac{1}{2\sin\frac{\beta}{2}}\sum_{j=1}^{n}\left(\sin\left(j+\frac{1}{2}\right)\beta - \sin\left(j-\frac{1}{2}\right)\beta\right)$$

$$= \frac{1}{2\sin\frac{\beta}{2}}\left(\sin\left(n+\frac{1}{2}\right)\frac{2\pi}{n} - \sin\frac{\pi}{n}\right) = \frac{1}{2\sin\frac{\beta}{2}}\left(\sin\frac{\pi}{n} - \sin\frac{\pi}{n}\right) = 0$$

$$\sum_{j=1}^{n}\sin j\beta = \frac{1}{2\sin\frac{\beta}{2}}\sum_{j=1}^{n}2\sin j\beta\cdot\sin\frac{\beta}{2} = \frac{1}{2\sin\frac{\beta}{2}}\sum_{j=1}^{n}\left(\cos\left(j-\frac{1}{2}\right)\beta - \cos\left(j+\frac{1}{2}\right)\beta\right)$$

$$= \frac{1}{2\sin\frac{\beta}{2}}\left(\cos\frac{\pi}{n} - \cos\left(n+\frac{1}{2}\right)\frac{2\pi}{n}\right) = \frac{1}{2\sin\frac{\beta}{2}}\left(\cos\frac{\pi}{n} - \cos\frac{\pi}{n}\right) = 0$$

所以 $\sum_{j=1}^{n}\frac{\partial f(P_0)}{\partial l_j} = \frac{\partial f(P_0)}{\partial x}\cdot 0 + \frac{\partial f(P_0)}{\partial y}\cdot 0 = 0.$

4.2.3 求多元复合函数与隐函数的偏导数（例 4.9—4.21）

例 4.9（江苏省 2004 年竞赛题） 设 $f(x,y)$ 可微，$f(1,2)=2$，$f'_x(1,2)=3$，$f'_y(1,2)=4$，$\varphi(x)=f(x,f(x,2x))$，则 $\varphi'(1) = $ _____.

解析 应用多元复合函数的链锁法则，有

$$\varphi'(x) = f'_1 + f'_2\cdot(f'_1 + 2f'_2)$$

因 $f(1,f(1,2)) = f(1,2)$，$f'_1(1,2) = f'_x(1,2) = 3$，$f'_2(1,2) = f'_y(1,2) = 4$，故

$$\varphi'(1) = f'_1(1,2) + f'_2(1,2)\cdot[f'_1(1,2) + 2f'_2(1,2)]$$
$$= 3 + 4\cdot(3+8) = 47$$

例 4.10（江苏省 2012 年竞赛题） 已知函数 $\varphi(x),\psi(x),f(x,y)$ 皆可微，设 $z=f(\varphi(x+y),\psi(xy))$，则 $\dfrac{\partial z}{\partial x} - \dfrac{\partial z}{\partial y} = $ _____.

解析 应用多元复合函数的链锁法则，有

$$\frac{\partial z}{\partial x} = f'_1(\varphi(x+y),\psi(xy))\cdot\varphi'(x+y) + yf'_2(\varphi(x+y),\psi(xy))\cdot\psi'(xy)$$

$$\frac{\partial z}{\partial y} = f'_1(\varphi(x+y),\psi(xy))\cdot\varphi'(x+y) + xf'_2(\varphi(x+y),\psi(xy))\cdot\psi'(xy)$$

所以

$$\frac{\partial z}{\partial x} - \frac{\partial z}{\partial y} = (y-x)f'_2(\varphi(x+y),\psi(xy))\cdot\psi'(xy)$$

例 4.11（江苏省 2016 年竞赛题） 已知函数 $F(u,v)$ 具有连续的偏导数，且 $F'_u\cdot F'_v > 0$，函数 $y=f(x)$ 由 $F\left(\ln x - \ln y, \dfrac{x}{y} - \dfrac{y}{x}\right) = 0$ 确定，求全导数 $f'(x)$.

解析 方法 1 应用隐函数求导公式与复合函数求导公式得

$$f'(x) = -\frac{F'_x}{F'_y} = -\frac{(1/x) \cdot F'_u + (1/y + y/x^2)F'_v}{(-1/y) \cdot F'_u + (-1/x - x/y^2)F'_v}$$

$$= \frac{xy^2(xyF'_u + (x^2+y^2)F'_v)}{x^2y(xyF'_u + (x^2+y^2)F'_v)} = \frac{y}{x} \quad (因\ xyF'_u + (x^2+y^2)F'_v \neq 0)$$

方法 2 应用复合函数求导公式，原式两边对 x 求导数得

$$F'_u \cdot \left(\frac{1}{x} - \frac{1}{y}y'\right) + F'_v \cdot \left(\frac{1}{y} - \frac{x}{y^2}y' + \frac{y}{x^2} - \frac{1}{x}y'\right) = 0$$

化简得 $\left(\frac{1}{x} - \frac{1}{y}y'\right)\left(F'_u + \frac{x^2+y^2}{xy}F'_v\right) = 0$，因为 $F'_u + \frac{x^2+y^2}{xy}F'_v \neq 0$，所以 $y' = \frac{y}{x}$。

例 4.12（江苏省 2018 年竞赛题） 已知函数 $F(u,v,w)$ 可微，$F'_u(0,0,0)=1$，$F'_v(0,0,0)=2$，$F'_w(0,0,0)=3$，函数 $z=f(x,y)$ 由 $F(2x-y+3z, 4x^2-y^2+z^2, xyz)=0$ 确定，且满足 $f(1,2)=0$，试求 $f'_x(1,2)$。

解析 应用隐函数求偏导数法则与复合函数求偏导数法则得

$$f'_x(x,y) = -\frac{F'_x}{F'_z} = -\frac{2F'_u + 8xF'_v + yzF'_w}{3F'_u + 2zF'_v + xyF'_w}$$

由于 $(x,y,z)=(1,2,0)$ 时，$(u,v,w)=(0,0,0)$，所以

$$f'_x(1,2) = -\frac{2F'_u + 8xF'_v + yzF'_w}{3F'_u + 2zF'_v + xyF'_w}\bigg|_{(x,y,z)=(1,2,0)} = -\frac{2+16+0}{3+0+6} = -2$$

例 4.13（江苏省 2000 年竞赛题） 设 $z=z(x,y)$ 由方程 $F\left(\frac{y}{x}, \frac{z}{x}\right)=0$ 确定（F 为任意可微函数），则 $x\frac{\partial z}{\partial x} + y\frac{\partial z}{\partial y} = $ _____。

解析 应用隐函数求偏导数法则，令 $f(x,y,z) = F\left(\frac{y}{x}, \frac{z}{x}\right)$，则

$$\frac{\partial z}{\partial x} = -\frac{f'_x}{f'_z} = -\frac{-\frac{y}{x^2}F'_1 - \frac{z}{x^2}F'_2}{\frac{1}{x}F'_2} = \frac{yF'_1 + zF'_2}{xF'_2}$$

$$\frac{\partial z}{\partial y} = -\frac{f'_y}{f'_z} = -\frac{\frac{1}{x}F'_1}{\frac{1}{x}F'_2} = -\frac{F'_1}{F'_2}$$

于是

$$x\frac{\partial z}{\partial x} + y\frac{\partial z}{\partial y} = \frac{yF'_1 + zF'_2}{F'_2} - \frac{yF'_1}{F'_2} = z$$

例 4.14（江苏省 2006 年竞赛题） 已知由 $x = ze^{y+z}$ 可确定 $z=z(x,y)$，则 $dz(e,0) = $ _____。

解析 $x=\mathrm{e}, y=0$ 时，由 $\mathrm{e}=z\mathrm{e}^z$，故 $z(\mathrm{e},0)=1$. 令 $F=z\mathrm{e}^{y+z}-x$，则由隐函数求偏导数公式得

$$\frac{\partial z}{\partial x}=-\frac{F'_x}{F'_z}=-\frac{-1}{\mathrm{e}^{y+z}(1+z)}=\frac{1}{\mathrm{e}^{y+z}(1+z)}=\frac{z}{x(1+z)}$$

$$\frac{\partial z}{\partial y}=-\frac{F'_y}{F'_z}=-\frac{z\mathrm{e}^{y+z}}{\mathrm{e}^{y+z}(1+z)}=-\frac{z}{1+z}$$

令 $x=\mathrm{e}, y=0, z=1$ 代入得 $\left.\dfrac{\partial z}{\partial x}\right|_{(\mathrm{e},0)}=\dfrac{1}{2\mathrm{e}}$, $\left.\dfrac{\partial z}{\partial y}\right|_{(\mathrm{e},0)}=\dfrac{-1}{2}$, 于是

$$\mathrm{d}z(\mathrm{e},0)=\left.\frac{\partial z}{\partial x}\right|_{(\mathrm{e},0)}\mathrm{d}x+\left.\frac{\partial z}{\partial y}\right|_{(\mathrm{e},0)}\mathrm{d}y=\frac{1}{2\mathrm{e}}\mathrm{d}x-\frac{1}{2}\mathrm{d}y$$

例 4.15（南京大学 1996 年竞赛题） 设 $y=f(x,t)$，而 t 是由方程 $G(x,y,t)=0$ 所确定的 x,y 的函数，其中 f,G 可微，求 $\dfrac{\mathrm{d}y}{\mathrm{d}x}$.

解析 令 $F(x,y,t)=f(x,t)-y=0$，则由

$$\begin{cases} F(x,y,t)=0, \\ G(x,y,t)=0 \end{cases} \qquad (*)$$

确定 $y=y(x), t=t(x)$. 方程式 (*) 两边对 x 求导得

$$\begin{cases} F'_x+F'_y\dfrac{\mathrm{d}y}{\mathrm{d}x}+F'_t\dfrac{\mathrm{d}t}{\mathrm{d}x}=f'_x-\dfrac{\mathrm{d}y}{\mathrm{d}x}+f'_t\dfrac{\mathrm{d}t}{\mathrm{d}x}=0, \\ G'_x+G'_y\dfrac{\mathrm{d}y}{\mathrm{d}x}+G'_t\dfrac{\mathrm{d}t}{\mathrm{d}x}=0 \end{cases}$$

由此可解得 $\dfrac{\mathrm{d}y}{\mathrm{d}x}=\dfrac{G'_t f'_x-G'_x f'_t}{G'_y f'_t+G'_t}$.

例 4.16（江苏省 2000 年竞赛题） 假设 $u=u(x,y)$ 由方程 $u=f(x,y,z,t)$, $g(y,z,t)=0$ 和 $h(z,t)=0$ 确定（f,g,h 均为可微函数），求 $\dfrac{\partial u}{\partial x}, \dfrac{\partial u}{\partial y}$.

解析 首先由 $\begin{cases} g(y,z,t)=0, \\ h(z,t)=0 \end{cases}$ 确定 $z=z(y), t=t(y)$. 方程组对 y 求导数得

$$\begin{cases} g'_y+g'_z\cdot z'(y)+g'_t\cdot t'(y)=0, \\ h'_z\cdot z'(y)+h'_t\cdot t'(y)=0 \end{cases}$$

由此解得

$$z'(y)=\frac{-g'_y\cdot h'_t}{g'_z\cdot h'_t-g'_t\cdot h'_z},\qquad t'(y)=\frac{g'_y\cdot h'_z}{g'_z\cdot h'_t-g'_t\cdot h'_z}$$

应用复合函数求偏导数法则得

$$\frac{\partial u}{\partial x}=f'_x+f'_z\cdot 0+f'_t\cdot 0=f'_x$$

$$\frac{\partial u}{\partial y}=f'_y+f'_z\cdot z'(y)+f'_t\cdot t'(y)$$

$$= f'_y + \frac{-f'_z \cdot g'_t \cdot h'_t + f'_t \cdot g'_y \cdot h'_z}{g'_z \cdot h'_t - g'_t \cdot h'_z}$$

例 4.17(全国大学生 2017 年决赛题) 设可微函数 $f(x,y)$ 满足 $\dfrac{\partial f}{\partial x} = f(x,y)$,$f\left(0, \dfrac{\pi}{2}\right) = 1$,且 $\lim\limits_{n\to\infty}\left[\dfrac{f\left(0, y + \dfrac{1}{n}\right)}{f(0,y)}\right]^n = e^{\cot y}$,求函数 $f(x,y)$.

解析 应用关于 e 的重要极限与偏导数的定义得

$$\lim_{n\to\infty}\left[\frac{f\left(0,y+\frac{1}{n}\right)}{f(0,y)}\right]^n = \lim_{n\to\infty}\left[1 + \frac{f\left(0,y+\frac{1}{n}\right)-f(0,y)}{f(0,y)}\right]^{\frac{f(0,y)}{f\left(0,y+\frac{1}{n}\right)-f(0,y)} \cdot \frac{f\left(0,y+\frac{1}{n}\right)-f(0,y)}{\frac{1}{n}} \cdot \frac{1}{f(0,y)}}$$
$$= e^{\frac{f'_y(0,y)}{f(0,y)}}$$

所以 $\dfrac{f'_y(0,y)}{f(0,y)} = \cot y \Rightarrow \ln f(0,y) = \ln\sin y + \ln C \Rightarrow f(0,y) = C\sin y$. 又由于 $f\left(0, \dfrac{\pi}{2}\right) = 1$,所以 $C = 1$,即 $f(0,y) = \sin y$.

$\forall y = y_0$(y_0 为常数),由 $\dfrac{\partial f}{\partial x} = f(x,y)$ 得

$$\frac{\mathrm{d}f(x,y_0)}{\mathrm{d}x} = f(x,y_0) \quad \Rightarrow \quad \frac{\mathrm{d}f(x,y_0)}{f(x,y_0)} = \mathrm{d}x$$

积分得 $\ln f(x,y_0) = x + \ln\varphi(y_0) \Rightarrow f(x,y_0) = \varphi(y_0)e^x$. 再由 y_0 的任意性,可得 $f(x,y) = \varphi(y)e^x$,令 $x = 0$ 得 $\varphi(y) = \sin y$,所以 $f(x,y) = e^x \sin y$.

例 4.18(江苏省 2012 年竞赛题) 设函数 $f(x,y)$ 在平面区域 D 上可微,线段 PQ 位于 D 内,已知点 P,Q 的坐标分别为 $P(a,b), Q(x,y)$,求证:在线段 PQ 上存在点 $M(\xi,\eta)$,使得

$$f(x,y) = f(a,b) + f'_x(\xi,\eta)(x-a) + f'_y(\xi,\eta)(y-b)$$

解析 令 $F(t) = f(a + t(x-a), b + t(y-b))$,则 $F(t)$ 在 $[0,1]$ 上连续,在 $(0,1)$ 内可导,应用拉格朗日中值定理,必 $\exists \theta \in (0,1)$,使得

$$F(1) - F(0) = F'(\theta)(1-0) = F'(\theta) \qquad (*)$$

因为

$$F'(t) = f'_x(a+t(x-a), b+t(y-b))(x-a)$$
$$+ f'_y(a+t(x-a), b+t(y-b))(y-b)$$

令 $\xi = a + \theta(x-a), \eta = b + \theta(y-b)$,点 $M(\xi,\eta)$ 显然位于线段 PQ 上,则

$$F'(\theta) = f'_x(\xi,\eta)(x-a) + f'_y(\xi,\eta)(y-b)$$

又 $F(0) = f(a,b), F(1) = f(x,y)$,代入(*)式得
$$f(x,y) = f(a,b) + f'_x(\xi,\eta)(x-a) + f'_y(\xi,\eta)(y-b)$$

例 4.19(北京市 2000 年竞赛题) 已知函数 $u = f(x,y,z)$,且 f 是可微函数,如果 $\dfrac{f'_x}{x} = \dfrac{f'_y}{y} = \dfrac{f'_z}{z}$,证明:$u$ 仅为 r 的函数,已知 $r = \sqrt{x^2+y^2+z^2}$.

解析 令 $x = r\cos\theta \cdot \sin\varphi, y = r\sin\theta \cdot \sin\varphi, z = r\cos\varphi$,则有
$$u = f(r\cos\theta \cdot \sin\varphi, r\sin\theta \cdot \sin\varphi, r\cos\varphi)$$
则
$$\frac{\partial u}{\partial \theta} = -r\sin\theta \cdot \sin\varphi \cdot f'_x + r\cos\theta \cdot \sin\varphi \cdot f'_y$$

$$\frac{\partial u}{\partial \varphi} = r\cos\theta \cdot \cos\varphi \cdot f'_x + r\sin\theta \cdot \cos\varphi \cdot f'_y - r\sin\varphi \cdot f'_z$$

由 $\dfrac{f'_x}{x} = \dfrac{f'_y}{y} = \dfrac{f'_z}{z}$ 得
$$\frac{f'_x}{r\cos\theta \cdot \sin\varphi} = \frac{f'_y}{r\sin\theta \cdot \sin\varphi} = \frac{f'_z}{r\cos\varphi} = \lambda$$

代入 $\dfrac{\partial u}{\partial \theta}, \dfrac{\partial u}{\partial \varphi}$ 有 $\dfrac{\partial u}{\partial \theta} \equiv 0, \dfrac{\partial u}{\partial \varphi} \equiv 0$,从而得证 u 仅为 r 的函数.

例 4.20(浙江省 2002 年竞赛题) 设二元函数 $f(x,y)$ 有一阶连续的偏导数,且 $f(0,1) = f(1,0)$,证明:单位圆周上至少存在两点满足方程
$$y\frac{\partial}{\partial x}f(x,y) - x\frac{\partial}{\partial y}f(x,y) = 0$$

解析 令 $g(t) = f(\cos t, \sin t)$,则 $g(t)$ 一阶连续可导,且 $g(0) = f(1,0)$,$g\left(\dfrac{\pi}{2}\right) = f(0,1), g(2\pi) = f(1,0)$,所以 $g(0) = g\left(\dfrac{\pi}{2}\right) = g(2\pi)$. 分别在区间 $\left[0, \dfrac{\pi}{2}\right]$ 与 $\left[\dfrac{\pi}{2}, 2\pi\right]$ 上应用罗尔定理,存在 $\xi_1 \in \left(0, \dfrac{\pi}{2}\right), \xi_2 \in \left(\dfrac{\pi}{2}, 2\pi\right)$,使得
$$g'(\xi_1) = 0, \quad g'(\xi_2) = 0$$
记 $(x_1, y_1) = (\cos\xi_1, \sin\xi_1), (x_2, y_2) = (\cos\xi_2, \sin\xi_2)$,由于
$$g'(t) = -\sin t \frac{\partial}{\partial x}f(\cos t, \sin t) + \cos t \frac{\partial}{\partial y}f(\cos t, \sin t)$$
所以
$$-\sin\xi_i \cdot \frac{\partial f}{\partial x}\bigg|_{(\cos\xi_i, \sin\xi_i)} + \cos\xi_i \cdot \frac{\partial f}{\partial y}\bigg|_{(\cos\xi_i, \sin\xi_i)} = 0$$

即
$$y_i \frac{\partial f}{\partial x}\bigg|_{(x_i,y_i)} - x_i \frac{\partial f}{\partial y}\bigg|_{(x_i,y_i)} = 0 \quad (i=1,2)$$

例 4.21(北京市 1995 年竞赛题) 已知 $z=z(x,y)$ 满足 $x^2 \cdot \frac{\partial z}{\partial x} + y^2 \cdot \frac{\partial z}{\partial y} = z^2$，设 $u=x, v=\frac{1}{y}-\frac{1}{x}, \psi=\frac{1}{z}-\frac{1}{x}$，对函数 $\psi=\psi(u,v)$，求证：$\frac{\partial \psi}{\partial u}=0$.

解析 由 $u=x, v=\frac{1}{y}-\frac{1}{x}$，有 $x=u, y=\frac{u}{uv+1}$，且 $\psi=\frac{1}{z}-\frac{1}{u}$，于是

$$\frac{\partial \psi}{\partial u} = \left(-\frac{1}{z^2}\right)\frac{\partial z}{\partial u} + \frac{1}{u^2} = \left(-\frac{1}{z^2}\right)\left(\frac{\partial z}{\partial x}\frac{\partial x}{\partial u} + \frac{\partial z}{\partial y}\frac{\partial y}{\partial u}\right) + \frac{1}{u^2}$$

$$= \left(-\frac{1}{z^2}\right)\left(\frac{\partial z}{\partial x} + \frac{\partial z}{\partial y}\frac{1}{(uv+1)^2}\right) + \frac{1}{u^2} = \left(-\frac{1}{z^2}\right)\left(\frac{\partial z}{\partial x} + \frac{\partial z}{\partial y}\frac{y^2}{u^2}\right) + \frac{1}{u^2}$$

$$= \left(-\frac{1}{u^2 z^2}\right)\left(u^2 \frac{\partial z}{\partial x} + y^2 \frac{\partial z}{\partial y}\right) + \frac{1}{u^2} = -\frac{1}{u^2} + \frac{1}{u^2} = 0$$

4.2.4 求高阶偏导数(例 4.22—4.31)

例 4.22(全国大学生 2010 年预赛题) 已知函数 $f(x)$ 有二阶连续导数，设 $r=\sqrt{x^2+y^2}$, $g(x,y)=f\left(\frac{1}{r}\right)$，求 $\frac{\partial^2 g}{\partial x^2} + \frac{\partial^2 g}{\partial y^2}$.

解析 应用复合函数求偏导数法则得

$$\frac{\partial g}{\partial x} = \frac{\partial}{\partial x}f\left(\frac{1}{r}\right) = f'\left(\frac{1}{r}\right)\left(-\frac{1}{r^2}\right)\frac{\partial r}{\partial x} = f'\left(\frac{1}{r}\right)\left(-\frac{1}{r^2}\right)\frac{x}{r} = -\frac{x}{r^3}f'\left(\frac{1}{r}\right)$$

$$\frac{\partial^2 g}{\partial x^2} = -\frac{1}{r^3}f'\left(\frac{1}{r}\right) + \frac{3x}{r^4}\frac{x}{r}f'\left(\frac{1}{r}\right) - \frac{x}{r^3}f''\left(\frac{1}{r}\right)\left(-\frac{1}{r^2}\right)\frac{x}{r}$$

$$= \frac{3x^2-r^2}{r^5}f'\left(\frac{1}{r}\right) + \frac{x^2}{r^6}f''\left(\frac{1}{r}\right)$$

应用对称性得

$$\frac{\partial^2 g}{\partial y^2} = \frac{3y^2-r^2}{r^5}f'\left(\frac{1}{r}\right) + \frac{y^2}{r^6}f''\left(\frac{1}{r}\right)$$

于是

$$\frac{\partial^2 g}{\partial x^2} + \frac{\partial^2 g}{\partial y^2} = \frac{3x^2-r^2}{r^5}f'\left(\frac{1}{r}\right) + \frac{x^2}{r^6}f''\left(\frac{1}{r}\right) + \frac{3y^2-r^2}{r^5}f'\left(\frac{1}{r}\right) + \frac{y^2}{r^6}f''\left(\frac{1}{r}\right)$$

$$= \frac{1}{r^3}f'\left(\frac{1}{r}\right) + \frac{1}{r^4}f''\left(\frac{1}{r}\right)$$

例 4.23(浙江省 2009 年竞赛题) 设 g 二阶可导，f 具有二阶连续偏导数，$z=$

$g(xf(x+y,2y))$,求 $\dfrac{\partial^2 z}{\partial x \partial y} = $ _____.

解析 应用多元复合函数的链锁法则,有

$$\dfrac{\partial z}{\partial x} = g' \cdot (f + xf_1')$$

$$\dfrac{\partial^2 z}{\partial x \partial y} = g'' \cdot x(f_1' + 2f_2')(f + xf_1') + g' \cdot [f_1' + 2f_2' + x(f_{11}'' + 2f_{12}'')]$$

即

$$\dfrac{\partial^2 z}{\partial x \partial y} = x(f + xf_1')(f_1' + 2f_2')g'' + [f_1' + 2f_2' + x(f_{11}'' + 2f_{12}'')]g'$$

例 4.24(北京市 1990 年竞赛题) 设函数 $u = f(\ln\sqrt{x^2+y^2})$ 满足

$$\dfrac{\partial^2 u}{\partial x^2} + \dfrac{\partial^2 u}{\partial y^2} = (x^2+y^2)^{\frac{3}{2}}$$

试求函数 f 的表达式.

解析 令 $t = \dfrac{1}{2}\ln(x^2+y^2)$,则

$$\dfrac{\partial u}{\partial x} = f'(t) \cdot \dfrac{x}{x^2+y^2}, \quad \dfrac{\partial u}{\partial y} = f'(t)\dfrac{y}{x^2+y^2}$$

$$\dfrac{\partial^2 u}{\partial x^2} = f''(t) \cdot \dfrac{x^2}{(x^2+y^2)^2} + f'(t) \cdot \dfrac{y^2 - x^2}{(x^2+y^2)^2}$$

同理可得 $\dfrac{\partial^2 u}{\partial y^2} = f''(t) \dfrac{y^2}{(x^2+y^2)^2} + f'(t) \dfrac{x^2 - y^2}{(x^2+y^2)^2}$,代入原方程得

$$\dfrac{\partial^2 u}{\partial x^2} + \dfrac{\partial^2 u}{\partial y^2} = f''(t) \cdot \dfrac{1}{x^2+y^2} = (x^2+y^2)^{\frac{3}{2}}$$

即得 $f''(t) = (x^2+y^2)^{\frac{5}{2}} = e^{5t}$,积分两次得

$$f(t) = \dfrac{1}{25}e^{5t} + C_1 t + C_2$$

例 4.25(江苏省 1998 年竞赛题) 已知函数 $f(x,y)$ 的二阶偏导数皆连续,且

$$f_{xx}''(x,y) = f_{yy}''(x,y), \quad f(x,2x) = x^2, \quad f_x'(x,2x) = x$$

试求 $f_{xx}''(x,2x)$ 与 $f_{xy}''(x,2x)$.

解析 在等式 $f(x,2x) = x^2$ 两边对 x 求全导数得

$$f_x'(x,2x) + 2f_y'(x,2x) = 2x$$

由条件化简上式可得 $2f_y'(x,2x) = x$,此式两边再对 x 求全导数得

$$2f''_{xy}(x,2x)+4f''_{yy}(x,2x)=1 \Rightarrow 4f''_{xx}(x,2x)+2f''_{xy}(x,2x)=1$$

在 $f'_x(x,2x)=x$ 两边对 x 求全导数得

$$f''_{xx}(x,2x)+2f''_{xy}(x,2x)=1$$

将上两式联立,解得 $f''_{xx}(x,2x)=0, f''_{xy}(x,2x)=\dfrac{1}{2}$.

例 4.26(江苏省 2008 年竞赛题) 设函数 $u(x,y)$ 具有连续的二阶偏导数,算子 A 定义为 $A(u)=x\dfrac{\partial u}{\partial x}+y\dfrac{\partial u}{\partial y}$. (1) 求 $A(u-A(u))$;(2) 利用结论(1),以 $\xi=\dfrac{y}{x}$, $\eta=x-y$ 为新的自变量,改变方程 $x^2\dfrac{\partial^2 u}{\partial x^2}+2xy\dfrac{\partial^2 u}{\partial x\partial y}+y^2\dfrac{\partial^2 u}{\partial y^2}=0$ 的形式.

解析 (1) $A(u-A(u))=A\left(u-x\dfrac{\partial u}{\partial x}-y\dfrac{\partial u}{\partial y}\right)$

$$=x\dfrac{\partial}{\partial x}\left(u-x\dfrac{\partial u}{\partial x}-y\dfrac{\partial u}{\partial y}\right)+y\dfrac{\partial}{\partial y}\left(u-x\dfrac{\partial u}{\partial x}-y\dfrac{\partial u}{\partial y}\right)$$

$$=x\left(-x\dfrac{\partial^2 u}{\partial x^2}-y\dfrac{\partial^2 u}{\partial x\partial y}\right)+y\left(-x\dfrac{\partial^2 u}{\partial x\partial y}-y\dfrac{\partial^2 u}{\partial y^2}\right)$$

$$=-\left(x^2\dfrac{\partial^2 u}{\partial x^2}+2xy\dfrac{\partial^2 u}{\partial x\partial y}+y^2\dfrac{\partial^2 u}{\partial y^2}\right)$$

(2) 由 $x^2\dfrac{\partial^2 u}{\partial x^2}+2xy\dfrac{\partial^2 u}{\partial x\partial y}+y^2\dfrac{\partial^2 u}{\partial y^2}=0 \Leftrightarrow A(u-A(u))=0$,又

$$A(u)=x\dfrac{\partial u}{\partial x}+y\dfrac{\partial u}{\partial y}=x\left[\dfrac{\partial u}{\partial \xi}\left(-\dfrac{y}{x^2}\right)+\dfrac{\partial u}{\partial \eta}\right]+y\left(\dfrac{\partial u}{\partial \xi}\dfrac{1}{x}-\dfrac{\partial u}{\partial \eta}\right)]$$

$$=(x-y)\dfrac{\partial u}{\partial \eta}=\eta\dfrac{\partial u}{\partial \eta}$$

$$A(u-A(u))=A\left(u-\eta\dfrac{\partial u}{\partial \eta}\right)=\eta\dfrac{\partial}{\partial \eta}\left(u-\eta\dfrac{\partial u}{\partial \eta}\right)$$

$$=\eta\left(\dfrac{\partial u}{\partial \eta}-\dfrac{\partial u}{\partial \eta}-\eta\dfrac{\partial^2 u}{\partial \eta^2}\right)=-\eta^2\dfrac{\partial^2 u}{\partial \eta^2}$$

于是原方程化为 $\dfrac{\partial^2 u}{\partial \eta^2}=0$.

例 4.27(精选题) 设函数 $u=u(x,y)$ 有连续的二阶偏导数,且满足方程

$$\text{div}(\mathbf{grad}\,u)-2\dfrac{\partial^2 u}{\partial y^2}=0$$

(1) 用变量代换 $\xi=x-y, \eta=x+y$ 将上述方程化为以 ξ,η 为自变量的方程;
(2) 已知 $u(x,2x)=x, u'_x(x,2x)=x^2$,求 $u(x,y)$.

解析 (1) $\text{div}(\mathbf{grad}\,u)=\text{div}(u'_x,u'_y)=u''_{xx}+u''_{yy}$,于是原方程化为

$$\dfrac{\partial^2 u}{\partial x^2}+\dfrac{\partial^2 u}{\partial y^2}-2\dfrac{\partial^2 u}{\partial y^2}=\dfrac{\partial^2 u}{\partial x^2}-\dfrac{\partial^2 u}{\partial y^2}=0 \qquad (1)$$

由于

$$\frac{\partial u}{\partial x} = \frac{\partial u}{\partial \xi}\frac{\partial \xi}{\partial x} + \frac{\partial u}{\partial \eta}\frac{\partial \eta}{\partial x} = \frac{\partial u}{\partial \xi} + \frac{\partial u}{\partial \eta}$$

$$\frac{\partial u}{\partial y} = \frac{\partial u}{\partial \xi}\frac{\partial \xi}{\partial y} + \frac{\partial u}{\partial \eta}\frac{\partial \eta}{\partial y} = -\frac{\partial u}{\partial \xi} + \frac{\partial u}{\partial \eta}$$

$$\frac{\partial^2 u}{\partial x^2} = \frac{\partial^2 u}{\partial \xi^2}\frac{\partial \xi}{\partial x} + \frac{\partial^2 u}{\partial \xi \partial \eta}\frac{\partial \eta}{\partial x} + \frac{\partial^2 u}{\partial \eta \partial \xi}\frac{\partial \xi}{\partial x} + \frac{\partial^2 u}{\partial \eta^2}\frac{\partial \eta}{\partial x} = \frac{\partial^2 u}{\partial \xi^2} + 2\frac{\partial^2 u}{\partial \xi \partial \eta} + \frac{\partial^2 u}{\partial \eta^2} \quad (2)$$

$$\frac{\partial^2 u}{\partial y^2} = -\frac{\partial^2 u}{\partial \xi^2}\frac{\partial \xi}{\partial y} - \frac{\partial^2 u}{\partial \xi \partial \eta}\frac{\partial \eta}{\partial y} + \frac{\partial^2 u}{\partial \eta \partial \xi}\frac{\partial \xi}{\partial y} + \frac{\partial^2 u}{\partial \eta^2}\frac{\partial \eta}{\partial y} = \frac{\partial^2 u}{\partial \xi^2} - 2\frac{\partial^2 u}{\partial \xi \partial \eta} + \frac{\partial^2 u}{\partial \eta^2} \quad (3)$$

将(2)式与(3)式代入(1)式,得 $\frac{\partial^2 u}{\partial \xi \partial \eta} = 0$.

(2) 将方程 $\frac{\partial^2 u}{\partial \xi \partial \eta} = 0$ 两边对 η 积分得

$$\frac{\partial u}{\partial \xi} = \varphi(\xi) \quad (\varphi(\xi) \text{ 为 } \xi \text{ 的任意可微函数})$$

此式两边对 ξ 积分得

$$u = \int \varphi(\xi) d\xi + g(\eta) = f(\xi) + g(\eta)$$

这里 f,g 为任意可微函数. 于是

$$u(x,y) = f(x-y) + g(x+y) \tag{4}$$

由条件 $u(x,2x) = x$ 得

$$f(-x) + g(3x) = x \tag{5}$$

又(4)式两边对 x 求偏导得

$$u'_x = f'(x-y) + g'(x+y)$$

由条件 $u'_x(x,2x) = x^2$ 得

$$u'_x(x,2x) = f'(-x) + g'(3x) = x^2 \tag{6}$$

(6)式两边对 x 积分得

$$-3f(-x) + g(3x) = x^3 + C \tag{7}$$

联立(5)式与(7)式解得

$$f(-x) = \frac{1}{4}(x - x^3) - \frac{1}{4}C, \quad g(3x) = \frac{1}{4}(3x + x^3) + \frac{1}{4}C$$

由此可得

$$f(x) = \frac{1}{4}(x^3 - x) - \frac{1}{4}C, \quad g(x) = \frac{1}{4}x + \frac{1}{108}x^3 + \frac{1}{4}C$$

于是由(4)式可得所求函数为

$$u(x,y) = \frac{1}{4}[(x-y)^3 - (x-y)] - \frac{1}{4}C + \frac{1}{4}(x+y) + \frac{1}{108}(x+y)^3 + \frac{1}{4}C$$

$$= \frac{1}{4}(x-y)^3 + \frac{1}{108}(x+y)^3 + \frac{1}{2}y$$

例 4.28(北京市 2002 年竞赛题) 设函数 $z = f(x,y)$ 具有二阶连续偏导数，且 $\frac{\partial f}{\partial y} \neq 0$，证明：对任意常数 C, $f(x,y) = C$ 为一直线的充要条件是

$$(f'_y)^2 f''_{xx} - 2f'_x f'_y f''_{xy} + f''_{yy}(f'_x)^2 = 0$$

解析 先证必要性. 若 $f(x,y) = C$ 为一直线，则 $\frac{\partial f}{\partial x}, \frac{\partial f}{\partial y}$ 均为常数，故 $f''_{xx} = f''_{xy} = f''_{yy} = 0$，从而等式成立.

再证充分性. 设由 $f(x,y) = C$ 确定隐函数 $y = y(x)$，于是 $f(x,y(x)) \equiv 0$. 两边对 x 求导得 $f'_x + f'_y \frac{\mathrm{d}y}{\mathrm{d}x} = 0$，两边再对 x 求导得

$$f''_{xx} + f''_{xy}\frac{\mathrm{d}y}{\mathrm{d}x} + \left(f''_{yx} + f''_{yy}\frac{\mathrm{d}y}{\mathrm{d}x}\right)\frac{\mathrm{d}y}{\mathrm{d}x} + f'_y \frac{\mathrm{d}^2 y}{\mathrm{d}x^2} = 0$$

因为 $\frac{\mathrm{d}y}{\mathrm{d}x} = -\frac{f'_x}{f'_y}$，代入上式得

$$f''_{xx} - \frac{2f'_x f''_{xy}}{f'_y} + \frac{f''_{yy}(f'_x)^2}{(f'_y)^2} + f'_y \frac{\mathrm{d}^2 y}{\mathrm{d}x^2} = 0$$

由条件得

$$f'_y \frac{\mathrm{d}^2 y}{\mathrm{d}x^2} = 0, \quad 即 \quad \frac{\mathrm{d}^2 y}{\mathrm{d}x^2} = 0$$

积分得 $y = C_1 x + C_2$ (C_1, C_2 为常数)，从而 $f(x,y) = 0$ 为一直线.

例 4.29(全国大学生 2011 年初赛题) 设 $z = z(x,y)$ 是由方程

$$F\left(z + \frac{1}{x}, z - \frac{1}{y}\right) = 0$$

确定的隐函数，且具有连续的二阶偏导数，求证：

$$x^2 \frac{\partial z}{\partial x} - y^2 \frac{\partial z}{\partial y} = 1, \quad x^3 \frac{\partial^2 z}{\partial x^2} + xy(x-y)\frac{\partial^2 z}{\partial x \partial y} - y^3 \frac{\partial^2 z}{\partial y^2} + 2 = 0$$

解析 记 $f(x,y,z) = F\left(z + \frac{1}{x}, z - \frac{1}{y}\right)$，应用隐函数求偏导数法则有

$$\frac{\partial z}{\partial x} = -\frac{f'_x}{f'_z} = -\frac{1}{F'_1 + F'_2}\left(-\frac{1}{x^2}F'_1\right), \quad \frac{\partial z}{\partial y} = -\frac{f'_y}{f'_z} = -\frac{1}{F'_1 + F'_2}\left(\frac{1}{y^2}F'_2\right)$$

于是

$$x^2 \frac{\partial z}{\partial x} - y^2 \frac{\partial z}{\partial y} = \frac{F'_1}{F'_1 + F'_2} + \frac{F'_2}{F'_1 + F'_2} = 1$$

此式两端分别对 x, y 求偏导数得

$$2x \frac{\partial z}{\partial x} + x^2 \frac{\partial^2 z}{\partial x^2} - y^2 \frac{\partial^2 z}{\partial x \partial y} = 0 \tag{1}$$

$$x^2 \frac{\partial^2 z}{\partial x \partial y} - 2y \frac{\partial z}{\partial y} - y^2 \frac{\partial^2 z}{\partial y^2} = 0 \tag{2}$$

(1) 式乘 x 加上 (2) 式乘 y 得

$$2x^2 \frac{\partial z}{\partial x} + x^3 \frac{\partial^2 z}{\partial x^2} - xy^2 \frac{\partial^2 z}{\partial x \partial y} + x^2 y \frac{\partial^2 z}{\partial x \partial y} - 2y^2 \frac{\partial z}{\partial y} - y^3 \frac{\partial^2 z}{\partial y^2}$$

$$= x^3 \frac{\partial^2 z}{\partial x^2} + xy(x-y) \frac{\partial^2 z}{\partial x \partial y} - y^3 \frac{\partial^2 z}{\partial y^2} + 2\left(x^2 \frac{\partial z}{\partial x} - y^2 \frac{\partial z}{\partial y}\right)$$

$$= x^3 \frac{\partial^2 z}{\partial x^2} + xy(x-y) \frac{\partial^2 z}{\partial x \partial y} - y^3 \frac{\partial^2 z}{\partial y^2} + 2 = 0$$

例 4.30(南京大学 1995 年竞赛题) 若 $u = \dfrac{x+y}{x-y}$,求 $\dfrac{\partial^{m+n} u}{\partial x^m \partial y^n}\bigg|_{(2,1)}$.

解析 因 $u = 1 + \dfrac{2y}{x-y}$,所以

$$\frac{\partial^m u}{\partial x^m} = (-1)^m \frac{m! \, 2y}{(x-y)^{m+1}} = -2 \cdot m! \frac{y - x + x}{(y-x)^{m+1}}$$

$$= -2 \cdot m! \cdot \left[\frac{1}{(y-x)^m} + \frac{x}{(y-x)^{m+1}}\right]$$

由于

$$\frac{\partial^{m+1} u}{\partial x^m \partial y} = -2 \cdot m! \cdot \left[\frac{-m}{(y-x)^{m+1}} + \frac{-(m+1)x}{(y-x)^{m+2}}\right]$$

$$\frac{\partial^{m+2} u}{\partial x^m \partial y^2} = -2 \cdot m! \cdot \left[(-1)^2 \frac{m(m+1)}{(y-x)^{m+2}} + (-1)^2 \frac{(m+1)(m+2)x}{(y-x)^{m+3}}\right]$$

$$\vdots$$

$$\frac{\partial^{m+n} u}{\partial x^m \partial y^n} = -2\left[(-1)^n \frac{m \cdot (m+n-1)!}{(y-x)^{m+n}} + (-1)^n \frac{(m+n)! \, x}{(y-x)^{m+n+1}}\right]$$

所以

$$\left.\frac{\partial^{m+n} u}{\partial x^m \partial y^n}\right|_{(2,1)} = -2\left[(-1)^n \frac{m\cdot(m+n-1)!}{(-1)^{m+n}} + (-1)^n \frac{2\cdot(m+n)!}{(-1)^{m+n+1}}\right]$$
$$= 2(-1)^m(m+n-1)!(2m+2n-m)$$
$$= 2(-1)^m(m+n-1)!(m+2n)$$

例 4.31(清华大学 1985 年竞赛题) 求

$$\int_0^x \left(1+(x-t)+\frac{(x-t)^2}{2!}+\cdots+\frac{(x-t)^{n-1}}{(n-1)!}\right)e^{nt}\,dt$$

对 x 的 n 阶导数.

解析 令 $f_k(x) = \int_0^x \frac{(x-t)^k}{k!}e^{nt}\,dt$,则

$$\int_0^x \left(1+(x-t)+\frac{(x-t)^2}{2!}+\cdots+\frac{(x-t)^{n-1}}{(n-1)!}\right)e^{nt}\,dt = f_0(x)+f_1(x)+\cdots+f_{n-1}(x)$$

应用莱布尼兹公式①得 $f_k'(x) = \int_0^x \frac{(x-t)^{k-1}}{(k-1)!}e^{nt}\,dt = f_{k-1}(x)$,于是

$$f_k''(x) = f_{k-1}'(x) = f_{k-2}(x), \quad \cdots, \quad f_k^{(k)}(x) = f_0(x) \quad (k=1,2,\cdots,n-1)$$

由于 $f_0'(x) = \left(\int_0^x e^{nt}\,dt\right)' = e^{nx}, f_0''(x) = ne^{nx}, \cdots, f_0^{(n)}(x) = n^{n-1}e^{nx}$,所以

$$\frac{d^n}{dx^n}\left(\int_0^x \left(1+(x-t)+\frac{(x-t)^2}{2!}+\cdots+\frac{(x-t)^{n-1}}{(n-1)!}\right)e^{nt}\,dt\right)$$
$$= f_0^{(n)}(x) + f_1^{(n)}(x) + \cdots + f_{n-1}^{(n)}(x)$$
$$= f_0^{(n)}(x) + (f_1'(x))^{(n-1)} + (f_2''(x))^{(n-2)} + \cdots + (f_{n-1}^{(n-1)}(x))'$$
$$= f_0^{(n)}(x) + f_0^{(n-1)}(x) + f_0^{(n-2)}(x) + \cdots + f_0'(x)$$
$$= (n^{n-1} + n^{n-2} + \cdots + n + 1)e^{nx}$$

4.2.5 求二元函数的极值(例 4.32—4.35)

例 4.32(江苏省 2017 年竞赛题) 求函数 $f(x,y) = 3(x-2y)^2 + x^3 - 8y^3$ 的极值,并证明 $f(0,0) = 0$ 不是 $f(x,y)$ 的极值.

解析 由 $\begin{cases} f_x' = 6(x-2y) + 3x^2 = 0, \\ f_y' = -12(x-2y) - 24y^2 = 0 \end{cases}$ 解得驻点 $P_1(-4,2), P_2(0,0)$. 因为

$$A = \frac{\partial^2 f}{\partial x^2} = 6x + 6, \quad B = \frac{\partial^2 f}{\partial x \partial y} = -12, \quad C = \frac{\partial^2 f}{\partial y^2} = -48y + 24$$

---

① 莱布尼兹公式:设 $\varphi(x)$ 可导,$f_x'(x,t)$ 连续,则有

$$\frac{d}{dx}\left(\int_a^{\varphi(x)} f(x,t)\,dt\right) = \varphi'(x)f(x,\varphi(x)) + \int_a^{\varphi(x)} f_x'(x,t)\,dt$$

在 P_1 处，$A=-18, B=-12, C=-72, \Delta=B^2-AC=-1152<0$，且 $A<0$，所以 $f(-4,2)=64$ 为极大值；在 P_2 处，$A=6, B=-12, C=24, \Delta=B^2-AC=0$，所以使用 Δ 不能证明 $f(0,0)$ 不是极值.

下面用极值的定义来判断. 任取 $(0,0)$ 的去心邻域

$$U_\delta^\circ = \{(x,y) \mid 0 < \sqrt{x^2+y^2} < \delta\}$$

(1) 在 $y=0$ 上，取 $(x_n, y_n) = \left(\dfrac{1}{n}, 0\right)(n \in \mathbf{N}^*)$，则当 n 充分大时，显然有 $(x_n, y_n) \in U_\delta^\circ$，且

$$f(x_n, y_n) = f\left(\frac{1}{n}, 0\right) = \frac{1}{n^2}\left(3 + \frac{1}{n}\right) > 0$$

(2) 在 $x=ky(0<k<2)$ 上，有 $f(ky,y) = (k^3-8)y^2\left(y - \dfrac{3(2-k)}{4+2k+k^2}\right)$，故取 $y = \dfrac{4(2-k)}{4+2k+k^2}(>0)$ 时 $f(ky,y) = (k^3-8)y^2 \dfrac{2-k}{4+2k+k^2} < 0$，即取

$$(x_k, y_k) = \left(\frac{4k(2-k)}{4+2k+k^2}, \frac{4(2-k)}{4+2k+k^2}\right)$$

时有

$$f(x_k, y_k) = f\left(\frac{4k(2-k)}{4+2k+k^2}, \frac{4(2-k)}{4+2k+k^2}\right)$$

$$= (k^3-8) \frac{16(2-k)^3}{(4+2k+k^2)^3} = -\frac{16(2-k)^4}{(4+2k+k^2)^2} < 0$$

又因为

$$\lim_{k \to 2^-}(x_k, y_k) = \lim_{k \to 2^-}\left(\frac{4k(2-k)}{4+2k+k^2}, \frac{4(2-k)}{4+2k+k^2}\right) = (0,0)$$

所以当 k 小于 2 且充分接近 2 时，$(x_k, y_k) \in U_\delta^\circ$.

由上述(1)和(2)可得，在 $P_2(0,0)$ 的任意小邻域 U_δ° 内，既存在点 (x_n, y_n)，使得 $f(x_n, y_n) > 0$，也存在点 (x_k, y_k)，使得 $f(x_k, y_k) < 0$，故 $f(0,0) = 0$ 不是极值.

例 4.33（全国大学生 2017 年预赛题） 设二元函数 $f(x,y)$ 在平面上有连续的二阶偏导数，对任何角度 α，定义一元函数 $g_\alpha(t) = f(t\cos\alpha, t\sin\alpha)$，如果对任何 α 都有 $\dfrac{\mathrm{d}g_\alpha(0)}{\mathrm{d}t} = 0$，且 $\dfrac{\mathrm{d}^2 g_\alpha(0)}{\mathrm{d}t^2} > 0$，证明：$f(0,0)$ 是 $f(x,y)$ 的极小值.

解析 由于

$$\frac{\mathrm{d}g_\alpha(0)}{\mathrm{d}t} = f_x'(t\cos\alpha, t\sin\alpha)\cos\alpha + f_y'(t\cos\alpha, t\sin\alpha)\sin\alpha \Big|_{t=0}$$

$$= f_x'(0,0)\cos\alpha + f_y'(0,0)\sin\alpha = 0$$

分别取 $\alpha=0,\dfrac{\pi}{2}$,得 $f'_x(0,0)=f'_y(0,0)=0$,所以 $(0,0)$ 是函数 $f(x,y)$ 的驻点.

记 $A=f''_{xx}(0,0),B=f''_{xy}(0,0),C=f''_{yy}(0,0)$,由于

$$\frac{d^2 g_\alpha(t)}{dt^2}=f''_{xx}(t\cos\alpha,t\sin\alpha)\cos^2\alpha+2f''_{xy}(t\cos\alpha,t\sin\alpha)\cos\alpha\sin\alpha+f''_{yy}(t\cos\alpha,t\sin\alpha)\sin^2\alpha$$

$$\frac{d^2 g_\alpha(0)}{dt^2}=f''_{xx}(0,0)\cos^2\alpha+2f''_{xy}(0,0)\cos\alpha\sin\alpha+f''_{yy}(0,0)\sin^2\alpha$$

$$=A\cos^2\alpha+2B\cos\alpha\sin\alpha+C\sin^2\alpha>0$$

分别取 $\alpha=0,\dfrac{\pi}{2}$,得 $A>0,C>0$. 当 $\alpha\neq k\pi$ 时, $\forall u=\dfrac{\cos\alpha}{\sin\alpha}$,有

$$A\cos^2\alpha+2B\cos\alpha\sin\alpha+C\sin^2\alpha=\sin^2\alpha\cdot(Au^2+2Bu+C)>0$$

所以有 $B^2-AC<0$,因此 $f(0,0)$ 是 $f(x,y)$ 的极小值.

例 4.34(北京市 1993 年竞赛题) 求使函数

$$f(x,y)=\frac{1}{y^2}\exp\left\{-\frac{1}{2y^2}[(x-a)^2+(y-b)^2]\right\} \quad (y\neq 0,b>0)$$

达到最大值的 (x_0,y_0) 以及相应的 $f(x_0,y_0)$.

解析 **方法 1** 记 $g(x,y)=\ln f(x,y)$,则

$$g(x,y)=-2\ln|y|-\frac{1}{2y^2}[(x-a)^2+(y-b)^2]$$

且 $g(x,y)$ 与 $f(x,y)$ 有相同的极大值点. 由于

$$\frac{\partial g(x,y)}{\partial x}=-\frac{1}{y^2}(x-a)$$

$$\frac{\partial g(x,y)}{\partial y}=-\frac{2}{y}+\frac{1}{y^3}[(x-a)^2+(y-b)^2]-\frac{1}{y^2}(y-b)$$

令 $\dfrac{\partial g(x,y)}{\partial x}=0,\dfrac{\partial g(x,y)}{\partial y}=0$,解得驻点 $(x_1,y_1)=\left(a,\dfrac{b}{2}\right),(x_2,y_2)=(a,-b)$.

当 $y>0$ 时,因为

$$A_1=\frac{\partial^2 g}{\partial x^2}\bigg|_{(a,\frac{b}{2})}=-\frac{4}{b^2}<0$$

$$B_1=\frac{\partial^2 g}{\partial x\partial y}\bigg|_{(a,\frac{b}{2})}=0, \quad C_1=\frac{\partial^2 g}{\partial y^2}\bigg|_{(a,\frac{b}{2})}=-\frac{24}{b^2}$$

因 $\Delta=B_1^2-A_1C_1=-\dfrac{96}{b^4}<0$,故 $f(x,y)$ 在 $\left(a,\dfrac{b}{2}\right)$ 点达到极大值,有 $f\left(a,\dfrac{b}{2}\right)=\dfrac{4}{b^2\sqrt{e}}$. 在半平面 $y>0$ 上,$f(x,y)$ 可微,且驻点惟一,故 $f\left(a,\dfrac{b}{2}\right)=\dfrac{4}{b^2\sqrt{e}}$ 是 $f(x,y)$ 在 $y>0$ 上的最大值.

当 $y<0$ 时,因为
$$A_2=\frac{\partial^2 g}{\partial x^2}\Big|_{(a,-b)}=-\frac{1}{b^2}<0$$
$$B_2=\frac{\partial^2 g}{\partial x\partial y}\Big|_{(a,-b)}=0,\quad C_2=\frac{\partial^2 g}{\partial y^2}\Big|_{(a,-b)}=-\frac{3}{b^2}$$

因 $\Delta=B_2^2-A_2C_2=-\frac{3}{b^4}<0$,同理可得 $f(a,-b)=\frac{1}{b^2 e^2}$ 是 $f(x,y)$ 在 $y<0$ 上的最大值.

综上,由于 $f\left(a,\frac{b}{2}\right)=\frac{4}{b^2\sqrt{e}}>f(a,-b)=\frac{1}{b^2 e^2}$,因此 $f\left(a,\frac{b}{2}\right)=\frac{4}{b^2\sqrt{e}}$ 是函数 $f(x,y)$ 的最大值.

方法 2 驻点 $(x_1,y_1)=\left(a,\frac{b}{2}\right),(x_2,y_2)=(a,-b)$ 的求法同方法 1.

当 $y\neq 0$ 时,$f(x,y)$ 可微. $\forall c\in\mathbf{R}$,当 $(x,y)\to(c,0)$ 时,由于
$$|f(x,y)|\leqslant\frac{1}{y^2}\exp\left\{-\frac{1}{2y^2}(y-b)^2\right\}=\frac{1}{y^2}\exp\left\{-\frac{1}{2}\left(1-\frac{b}{y}\right)^2\right\}=t^2 e^{-\frac{(bt-1)^2}{2}}$$

其中 $t=\frac{1}{y}$,且 $y\to 0$ 时,$t\to\infty$. 令 $h(t)=t^2 e^{-\frac{(bt-1)^2}{2}}$,应用洛必达法则,有
$$\lim_{t\to\infty}h(t)=\lim_{t\to\infty}\frac{t^2}{e^{\frac{1}{2}(bt-1)^2}}\stackrel{\frac{0}{0}}{=}\lim_{t\to\infty}\frac{2t}{b(bt-1)e^{\frac{1}{2}(bt-1)^2}}$$
$$\stackrel{\frac{0}{0}}{=}\lim_{t\to\infty}\frac{2}{(b^2(bt-1)^2+b^2)e^{\frac{1}{2}(bt-1)^2}}=0$$

所以 $\lim\limits_{(x,y)\to(c,0)}f(x,y)=0$,又显然 $\lim\limits_{\rho\to+\infty}f(x,y)=0(\rho=\sqrt{x^2+y^2})$,于是
$$\max f(x,y)=\max\left\{f\left(a,\frac{b}{2}\right),f(a,-b),0\right\}=\max\left\{\frac{4}{b^2\sqrt{e}},\frac{1}{b^2 e^2},0\right\}=\frac{4}{b^2\sqrt{e}}$$

例 4.35(江苏省 2010 年竞赛题) 如图,$ABCD$ 是等腰梯形,$BC\parallel AD$,$AB+BC+CD=8$,求 AB,BC,AD 的长,使该梯形绕 AD 旋转一周所得旋转体的体积最大.

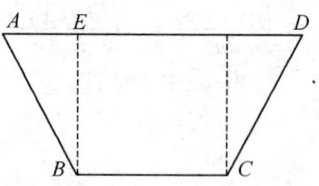

解析 令 $BC=x,AD=y(0<x<y<8)$,则 $AB=\frac{8-x}{2}$. 设 $BE\perp AD$,则
$$AE=\frac{y-x}{2},\quad BE=\sqrt{AB^2-AE^2}=\sqrt{\left(\frac{8-x}{2}\right)^2-\left(\frac{y-x}{2}\right)^2}$$
$$V=\frac{2}{3}\pi BE^2\cdot AE+\pi BE^2 x=\pi BE^2\left(\frac{2}{3}AE+x\right)$$

$$= \pi\left[\left(\frac{8-x}{2}\right)^2 - \left(\frac{y-x}{2}\right)^2\right]\left(\frac{2x+y}{3}\right)$$

$$= \frac{\pi}{12}(8-2x+y)(8-y)(2x+y)$$

由

$$\begin{cases} \dfrac{\partial V}{\partial x} = \dfrac{2\pi}{3}(8-y)(2-x) = 0, \\ \dfrac{\partial V}{\partial y} = \dfrac{\pi}{12}[(8-y)(2x+y) - (8-2x+y)(2x+y) + (8-2x+y)(8-y)] = 0 \end{cases}$$

解得惟一驻点 $P(2,4)$,由于

$$A = \frac{\partial^2 V}{\partial x^2}\Big|_P = -\frac{2\pi}{3}(8-y)\Big|_P = -\frac{8\pi}{3}, \quad B = \frac{\partial^2 V}{\partial x \partial y}\Big|_P = \frac{2\pi}{3}(x-2)\Big|_P = 0$$

$$C = \frac{\partial^2 V}{\partial y^2}\Big|_P = -\frac{\pi}{2}y\Big|_P = -2\pi$$

又 $\Delta = B^2 - AC = -\dfrac{16}{3}\pi^2 < 0, A < 0$,所以 $x=2, y=4$ 时 V 取最大值. 于是 $AB = 3, BC = 2, AD = 4$ 为所求的值.

4.2.6　求条件极值(例 4.36—4.38)

例 4.36(江苏省 1994 年竞赛题)　椭球面 $x^2 + 2y^2 + 4z^2 = 1$ 与平面 $x+y+z-\sqrt{7} = 0$ 之间的最短距离为_____.

解析　设椭球面上的点 $P(x,y,z)$ 到平面的距离为 d,则

$$f(x,y,z) = d^2 = \frac{(x+y+z-\sqrt{7})^2}{3}$$

应用拉格朗日乘数法,令

$$F(x,y,z,\lambda) = \frac{(x+y+z-\sqrt{7})^2}{3} + \lambda(x^2 + 2y^2 + 4z^2 - 1)$$

由方程组

$$\begin{cases} F'_x = \dfrac{2(x+y+z-\sqrt{7})}{3} + 2\lambda x = 0, \\ F'_y = \dfrac{2(x+y+z-\sqrt{7})}{3} + 4\lambda y = 0, \\ F'_z = \dfrac{2(x+y+z-\sqrt{7})}{3} + 8\lambda z = 0, \\ F'_\lambda = x^2 + 2y^2 + 4z^2 - 1 = 0 \end{cases}$$

解得驻点 $\left(\dfrac{2}{7}\sqrt{7}, \dfrac{1}{7}\sqrt{7}, \dfrac{1}{14}\sqrt{7}\right)$,$\left(-\dfrac{2}{7}\sqrt{7}, -\dfrac{1}{7}\sqrt{7}, -\dfrac{1}{14}\sqrt{7}\right)$. 这两点到平面的

距离 d 分别是 $\frac{1}{6}\sqrt{21}$, $\frac{1}{2}\sqrt{21}$, 故最小距离为 $\frac{1}{6}\sqrt{21}$.

例 4.37（江苏省 1994 年竞赛题） 已知 a,b 满足 $\int_a^b |x| \mathrm{d}x = \frac{1}{2}(a \leqslant 0 \leqslant b)$, 求曲线 $y = x^2 + ax$ 与直线 $y = bx$ 所围区域的面积的最大值与最小值.

解析 因为
$$\int_a^b |x| \mathrm{d}x = \int_a^0 (-x) \mathrm{d}x + \int_0^b x \mathrm{d}x = \frac{1}{2}(a^2 + b^2) = \frac{1}{2}$$
故 $a^2 + b^2 = 1$. 曲线 $y = x^2 + ax$ 与直线 $y = bx$ 所围图形的面积为
$$S = \int_0^{b-a} (bx - x^2 - ax) \mathrm{d}x = \frac{1}{6}(b-a)^3$$
应用拉格朗日乘数法, 令
$$F(a,b,\lambda) = \frac{1}{6}(b-a)^3 + \lambda(a^2 + b^2 - 1)$$
由方程组
$$\begin{cases} F_a' = \dfrac{-1}{2}(b-a)^2 + 2\lambda a = 0, \\ F_b' = \dfrac{1}{2}(b-a)^2 + 2\lambda b = 0, \\ F_\lambda' = a^2 + b^2 - 1 = 0 \end{cases}$$
解得驻点 $\left(-\frac{\sqrt{2}}{2}, \frac{\sqrt{2}}{2}\right)$, 此时 $S = \frac{1}{3}\sqrt{2}$. 又 $a = 0$ 时 $b = 1$, 此时 $S = \frac{1}{6}$; $a = -1$ 时 $b = 0$, 此时 $S = \frac{1}{6}$. 所以所求面积的最大值为 $\frac{\sqrt{2}}{3}$, 最小值为 $\frac{1}{6}$.

例 4.38（江苏省 2018 年竞赛题） 已知曲面 $x^2 + 2y^2 + 4z^2 = 8$ 与平面 $x + 2y + 2z = 0$ 的交线 Γ 是椭圆, Γ 在 xOy 平面上的投影 Γ_1 也是椭圆.

(1) 试求椭圆 Γ_1 的四个顶点 A_1, A_2, A_3, A_4 的坐标（A_i 位于第 i 象限, $i = 1, 2, 3, 4$）;

(2) 判断椭圆 Γ 的四个顶点在 xOy 平面上的投影是否是 A_1, A_2, A_3, A_4, 写出理由.

解析 (1) 椭圆 Γ 在 xOy 平面上的投影为 Γ_1: $\begin{cases} x^2 + 3y^2 + 2xy = 4, \\ z = 0. \end{cases}$ 因为 Γ_1 关于坐标原点 O 中心对称, 故椭圆 Γ_1 的中心是 $O(0,0)$, 为了求椭圆 Γ_1 的四个顶点的坐标, 只要求椭圆 Γ_1 上的点 $P(x,y)$ 到坐标原点 O 的距离平方 $|OP|^2 = x^2 + y^2$ 的最大值与最小值.

取拉格朗日函数 $F = x^2 + y^2 + \lambda(x^2 + 3y^2 + 2xy - 4)$, 由

$$\begin{cases} F'_x = 2x + 2\lambda(x+y) = 0, \\ F'_y = 2y + 2\lambda(3y+x) = 0, \\ x^2 + 3y^2 + 2xy = 4 \end{cases}$$

解得 $y = \pm 1$. 当 $y = 1$ 时解得可疑的条件极值点为 $A_1(-1+\sqrt{2}, 1)$, $A_2(-1-\sqrt{2}, 1)$, 当 $y = -1$ 时解得可疑的条件极值点为 $A_3(1-\sqrt{2}, -1)$, $A_4(1+\sqrt{2}, -1)$, 由于椭圆 Γ 的四个顶点存在, 则上述 A_1, A_2, A_3, A_4 的坐标即为所求四个顶点的坐标.

(2) 椭圆 Γ 的四个顶点在 xOy 平面上的投影不是 A_1, A_2, A_3, A_4. (反证) 假设椭圆 Γ 的四个顶点 B_1, B_2, B_3, B_4 在 xOy 平面上的投影是 A_1, A_2, A_3, A_4, 则 B_1, B_2, B_3, B_4 的坐标分别为

$$B_1\left(-1+\sqrt{2}, 1, \frac{-1-\sqrt{2}}{2}\right), \quad B_2\left(-1-\sqrt{2}, 1, \frac{-1+\sqrt{2}}{2}\right)$$

$$B_3\left(1-\sqrt{2}, -1, \frac{1+\sqrt{2}}{2}\right), \quad B_4\left(1+\sqrt{2}, -1, \frac{1-\sqrt{2}}{2}\right)$$

由于椭圆 Γ 的中心是 $(0,0,0)$, 所以椭圆 Γ 的短半轴和长半轴分别为

$$|OB_1| = |OB_3| = \frac{1}{2}\sqrt{19-\sqrt{72}}, \quad |OB_2| = |OB_4| = \frac{1}{2}\sqrt{19+\sqrt{72}}$$

由此得椭圆 Γ 所围图形的面积为 $S' = \pi \frac{1}{4}\sqrt{19^2-72} = \frac{17}{4}\pi$. 这是不对的. 因为

$$|OA_1| = |OA_3| = \sqrt{4-2\sqrt{2}}, \quad |OA_2| = |OA_4| = \sqrt{4+2\sqrt{2}}$$

所以椭圆 Γ_1 的长半轴 $a = \sqrt{4+2\sqrt{2}}$, 短半轴 $b = \sqrt{4-2\sqrt{2}}$, 于是椭圆 Γ_1 所围图形的面积为 $S_1 = \pi ab = 2\sqrt{2}\pi$. 由于平面 $x+2y+2z=0$ 的法向量的方向余弦中 $\cos\gamma = \frac{2}{3}$, 所以椭圆 Γ 所围图形的面积应为 $S = \frac{S_1}{\cos\gamma} = 3\sqrt{2}\pi$, 导出矛盾.

4.2.7 求多元函数在有界闭域上的最值(例 4.39—4.40)

例 4.39(莫斯科自动化学院 1975 年竞赛题) 求函数 $z = x^2+y^2-xy$ 在区域 $D: |x|+|y| \leqslant 1$ 上的最大值与最小值.

解析 首先在 D 的内部: $|x|+|y|<1$, 由

$$z'_x = 2x - y = 0, \quad z'_y = 2y - x = 0$$

解得驻点 $P_1(0,0)$.

在边界 $x+y=1$ $(0<x<1)$ 上, 令

$$F = x^2+y^2-xy+\lambda(x+y-1)$$

由 $F'_x = 2x-y+\lambda = 0$, $F'_y = 2y-x+\lambda = 0$, $F'_\lambda = x+y-1 = 0$, 解得拉格朗

日函数 F 的驻点 $P_2\left(\dfrac{1}{2}, \dfrac{1}{2}\right)$.

同上,在边界 $y-x=1(-1<x<0)$ 上,可求得相应的拉格朗日函数的驻点 $P_3\left(-\dfrac{1}{2}, \dfrac{1}{2}\right)$. 由于曲面 $z=x^2+y^2-xy$ 关于平面 $y=-x$ 对称,所以在边界 $-x-y=1(-1<x<0)$ 上,有驻点 $P_4\left(-\dfrac{1}{2}, -\dfrac{1}{2}\right)$;在边界 $x-y=1(0<x<1)$ 上,有驻点 $P_5\left(\dfrac{1}{2}, -\dfrac{1}{2}\right)$. 又记四个边界线段的交点分别为 $P_6(1,0), P_7(0,1), P_8(-1,0), P_9(0,-1)$.

函数 $z(x,y)$ 的最大值与最小值只能在上述 9 个点 $P_i (i=1,2,\cdots,9)$ 中取得,于是有

$$\max z = \max\{z(P_i) \mid i=1,2,\cdots,9\} = \max\left\{0, \dfrac{1}{4}, \dfrac{3}{4}, \dfrac{1}{4}, \dfrac{3}{4}, 1, 1, 1, 1\right\}$$
$$= 1$$

$$\min z = \min\{z(P_i) \mid i=1,2,\cdots,9\} = \min\left\{0, \dfrac{1}{4}, \dfrac{3}{4}, \dfrac{1}{4}, \dfrac{3}{4}, 1, 1, 1, 1\right\}$$
$$= 0$$

例 4.40(江苏省 2006 年竞赛题) 用拉格朗日乘数法求函数 $f(x,y)=x^2+\sqrt{2}xy+2y^2$ 在区域 $x^2+2y^2 \leqslant 4$ 上的最大值与最小值.

解析 在 $x^2+2y^2<4$ 内,由 $f'_x=2x+\sqrt{2}y=0$, $f'_y=\sqrt{2}x+4y=0$ 得惟一驻点 $P_1(0,0)$. 在 $x^2+2y^2=4$ 上,令

$$F = x^2+\sqrt{2}xy+2y^2+\lambda(x^2+2y^2-4)$$

由

$$\begin{cases} F'_x = 2x+\sqrt{2}y+2\lambda x = (2+2\lambda)x+\sqrt{2}y = 0, & (1) \\ F'_y = \sqrt{2}x+4y+4\lambda y = \sqrt{2}x+(4+4\lambda)y = 0, & (2) \\ F'_\lambda = x^2+2y^2-4 = 0 & (3) \end{cases}$$

将 $4(1+\lambda)$ 乘以 (1) 式减去 $\sqrt{2}$ 乘以 (2) 式,可得 $(8\lambda^2+16\lambda+6)x=0$. 若 $8\lambda^2+16\lambda+6 \neq 0$,则 $x=0$,由 (1) 和 (2) 式得 $y=0$,与 (3) 式矛盾. 所以 $8\lambda^2+16\lambda+6=0$,解得 $\lambda=-\dfrac{1}{2}, -\dfrac{3}{2}$.

当 $\lambda=-\dfrac{1}{2}$ 时,解得驻点 $P_2(\sqrt{2}, -1), P_3(-\sqrt{2}, 1)$;

当 $\lambda=-\dfrac{3}{2}$ 时,解得驻点 $P_4(\sqrt{2}, 1), P_5(-\sqrt{2}, -1)$.

又 $f(P_1)=0, f(P_2)=2, f(P_3)=2, f(P_4)=6, f(P_5)=6$,故

$$f_{\min}=0, \quad f_{\max}=6$$

练习题四

1. 求下列极限：

(1) $\lim\limits_{\substack{x\to+\infty\\y\to+\infty}}\left(\dfrac{xy}{x^2+y^2}\right)^{xy}$；

(2) $\lim\limits_{\substack{x\to 3\\y\to\infty}}\left(\dfrac{1+y}{y}\right)^{\frac{y^2}{x+y}}$；

(3) $\lim\limits_{\substack{x\to 0\\y\to 0}}(x^2+y^2)^{xy}$；

(4) $\lim\limits_{\substack{x\to 0\\y\to 0}}\dfrac{xy(x+y)}{x^2+y^2}$；

(5) $\lim\limits_{\substack{x\to 0\\y\to 2}}\dfrac{\sqrt{xy+1}-1}{xy^2}$；

(6) $\lim\limits_{\substack{x\to 0\\y\to 0}}\dfrac{\sqrt{xy+1}-1}{x-y}$.

2. 已知 $f(x,y)=\mathrm{e}^{\sqrt{x^2+y^4}}$，则 （　　）
   A. $f'_x(0,0), f'_y(0,0)$ 都存在
   B. $f'_x(0,0)$ 不存在，$f'_y(0,0)$ 存在
   C. $f'_x(0,0)$ 存在，$f'_y(0,0)$ 不存在
   D. $f'_x(0,0), f'_y(0,0)$ 都不存在

3. 函数 $f(x,y)$ 在 (a,b) 处连续是函数 $f(x,y)$ 在 (a,b) 处可偏导的 （　　）
   A. 充分条件　　　　　　　　B. 必要条件
   C. 充要条件　　　　　　　　D. 无关条件

4. 函数 $f(x,y)$ 在 (a,b) 处可偏导是函数 $f(x,y)$ 在 (a,b) 处连续的 （　　）
   A. 充分条件　　　　　　　　B. 必要条件
   C. 充要条件　　　　　　　　D. 无关条件

5. 函数 $f(x,y)$ 在 (a,b) 处可微是函数 $f(x,y)$ 在 (a,b) 处连续的 （　　）
   A. 充分条件　　　　　　　　B. 必要条件
   C. 充要条件　　　　　　　　D. 无关条件

6. 函数 $f(x,y)$ 在 (a,b) 处可微是函数 $f(x,y)$ 在 (a,b) 处可偏导的 （　　）
   A. 充分条件　　　　　　　　B. 必要条件
   C. 充要条件　　　　　　　　D. 无关条件

7. 函数 $f(x,y)$ 在 (a,b) 处可微是函数 $f(x,y)$ 在 (a,b) 处具有连续偏导数的 （　　）
   A. 充分条件　　　　　　　　B. 必要条件
   C. 充要条件　　　　　　　　D. 无关条件

8. 试讨论函数
$$f(x,y)=\begin{cases}\dfrac{y(x-y)}{x+y}, & (x,y)\neq(0,0),\\ 0, & (x,y)=(0,0)\end{cases}$$
在 $(0,0)$ 处的连续性、可偏导性、可微性.

9. 试讨论函数

$$f(x,y) = \begin{cases} xy\sin\dfrac{1}{x^2+y^2}, & (x,y) \neq (0,0), \\ 0, & (x,y) = (0,0) \end{cases}$$

在$(0,0)$处连续性、可偏导性、可微性.

10. 求下列函数的偏导数或全微分:

(1) 已知 $f(x,y) = x^2 + (\ln y)\arcsin\sqrt{\dfrac{x}{x^2+y^2}}$,求 $f'_x(2,1), f'_y(2,1)$;

(2) 已知 $z = (1+xy)^y$,求 $\dfrac{\partial z}{\partial x}, \dfrac{\partial z}{\partial y}$;

(3) 已知 $z = x^3 f\left(\dfrac{y}{x^2}\right)$,且 f 可导,求 $\dfrac{\partial z}{\partial x}, \dfrac{\partial z}{\partial y}$;

(4) 已知 $z = \arctan\dfrac{x+y}{x-y}$,求 $\mathrm{d}z$;

(5) 已知 $u = \arcsin\dfrac{x}{y} + z^2$,求 $\mathrm{d}u$;

(6) 已知 $z = f(xy, x^2+y^2)$,其中 $y = \varphi(x), f, \varphi$ 可微,求 $\dfrac{\mathrm{d}z}{\mathrm{d}x}$;

(7) 已知 $z = x^2 y, y = \cos^2 x$,求 $\dfrac{\partial z}{\partial x}, \dfrac{\mathrm{d}z}{\mathrm{d}x}$;

(8) 已知 $z = \dfrac{\ln\sqrt{1+x^2}}{\ln(xy)}$,求 $\dfrac{\partial^2 z}{\partial x \partial y}$;

(9) 已知 $z = f(x + \varphi(y))$,且 f, φ 具有二阶连续导数,求 $\dfrac{\partial^2 z}{\partial x^2}, \dfrac{\partial^2 z}{\partial y^2}$;

(10) 已知 $z = \dfrac{1}{x}f(xy) + yf(x+y)$,且 f 具有二阶连续导数,求 $\dfrac{\partial^2 z}{\partial x \partial y}$;

(11) 已知 $z = f(x,y)$,其中 $x = \varphi(y)$,且 f 具有二阶连续偏导数,φ 具有二阶连续导数,求 $\dfrac{\mathrm{d}^2 z}{\mathrm{d}x^2}$;

(12) 设 f 连续可导,$z(x,y) = \displaystyle\int_0^y \mathrm{e}^y f(x-t)\mathrm{d}t$,求 $\dfrac{\partial^2 z}{\partial x \partial y}$.

11. 设 $z(x,y) = xyf\left(\dfrac{x+y}{xy}\right)$,且 f 可微,证明 $z(x,y)$ 满足形如 $x^2 \dfrac{\partial z}{\partial x} - y^2 \dfrac{\partial z}{\partial y} = g(x,y)z$ 的方程,并求函数 $g(x,y)$.

12. 设 $z = z(x,y)$ 由方程 $x - z = y\mathrm{e}^z$ 确定,求 $\dfrac{\partial z}{\partial x}, \dfrac{\partial^2 z}{\partial x^2}$.

13. 设 $x^2 + y^2 + z^2 = yf\left(\dfrac{z}{y}\right)$,且 f 可微,求 $\mathrm{d}z$.

14. 设 $u = f(x^2, y^2, z^2)$,其中 $y = \mathrm{e}^x$,且 $\varphi(y,z) = 0, f, \varphi$ 皆可微,求 $\dfrac{\mathrm{d}u}{\mathrm{d}x}$.

15. 求函数 $f(x,y) = \mathrm{e}^{-x}(ax+b-y^2)$ 中常数 a, b 满足什么条件时,$f(-1, 0)$ 为其极大值.

16. 求二元函数 $f(x,y) = x^2(2+y^2) + y\ln y$ 的极值.

17. 设 $z = z(x,y)$ 是由 $x^2 - 6xy + 10y^2 - 2yz - z^2 + 18 = 0$ 确定的函数,求 $z = z(x,y)$ 的极值点和极值.

18. 求曲线 $\begin{cases} z = \sqrt{x}, \\ y = 0 \end{cases}$ 与 $\begin{cases} x + 2y - 3 = 0, \\ z = 0 \end{cases}$ 的距离.

19. 在平面 $\dfrac{x}{a} + \dfrac{y}{b} + \dfrac{z}{c} = 1$ 上求一点,使它到原点的距离最小.

20. 已知曲面 $\Sigma: \sqrt{x} + 2\sqrt{y} + 3\sqrt{z} = 3$.

(1) 求该曲面上点 $P(a,b,c)(abc > 0)$ 处的切平面方程;

(2) 问 a,b,c 为何值时,上述切平面与三个坐标平面所围四面体的体积最大?

21. 已知曲面 $4x^2 + 4y^2 - z^2 = 1$ 与平面 $x + y - z = 0$ 的交线在 xOy 平面上的投影为一椭圆,求此椭圆的面积.

22. 设函数 $f(x,y) = 2(y-x^2)^2 - y^2 - \dfrac{1}{7}x^7$.

(1) 求 $f(x,y)$ 的极值,并证明函数 $f(x,y)$ 在点 $(0,0)$ 处不取极值;

(2) 当点 (x,y) 在过原点的任一直线上变化时,求证函数 $f(x,y)$ 在点 $(0,0)$ 处取极小值.

专题 5 多元函数积分学

5.1 基本概念与内容提要

5.1.1 二重积分基本概念

1) 二重积分的定义：设 $f(x,y)$ 在平面的有界闭域 D 上定义，任意地将 D 分割为 n 个小区域 $D_i(i=1,2,\cdots,n)$，若 D_i 的面积为 $\Delta\sigma_i$，D_i 的直径为 d_i，$\lambda=\max\limits_{1\leqslant i\leqslant n}\{d_i\}$，$\forall (x_i,y_i)\in D_i$，则二重积分定义为

$$\iint\limits_D f(x,y)\mathrm{d}\sigma = \iint\limits_D f(x,y)\mathrm{d}x\mathrm{d}y \xlongequal{\text{def}} \lim_{\lambda\to 0}\sum_{i=1}^n f(x_i,y_i)\Delta\sigma_i$$

这里右端的极限存在，且与分割 D 的方式无关，与点 (x_i,y_i) 的取法无关.

2) 当 $f(x,y)$ 在闭域 D 上连续时，$f(x,y)$ 在 D 上可积.

3) 二重积分的主要性质

定理 1(保号性) 若 $f(x,y)$ 与 $g(x,y)$ 在 D 上可积，$\forall (x,y)\in D$，$f(x,y)\leqslant g(x,y)$，则

$$\iint\limits_D f(x,y)\mathrm{d}x\mathrm{d}y \leqslant \iint\limits_D g(x,y)\mathrm{d}x\mathrm{d}y$$

定理 2(可加性) 设 $f(x,y)$ 在 D 上可积，用光滑曲线将 D 分为两个区域 $D_1\cup D_2$，则

$$\iint\limits_D f(x,y)\mathrm{d}x\mathrm{d}y = \iint\limits_{D_1} f(x,y)\mathrm{d}x\mathrm{d}y + \iint\limits_{D_2} f(x,y)\mathrm{d}x\mathrm{d}y$$

定理 3(二重积分中值定理) 设 $f(x,y)$ 在有界闭域 D 上连续，则 $\exists (\xi,\eta)\in D$，使得

$$\iint\limits_D f(x,y)\mathrm{d}x\mathrm{d}y = f(\xi,\eta)S$$

这里 S 为闭域 D 的面积.

定理 4(奇偶、对称性)

(1) 若有界闭域 D 关于 $x=0$ 对称，$f(x,y)$ 在 D 上可积，则

$$\iint\limits_D f(x,y)\mathrm{d}x\mathrm{d}y = \begin{cases} 0, & \text{若 } f(-x,y) = -f(x,y), \\ 2\iint\limits_{D_1} f(x,y)\mathrm{d}x\mathrm{d}y, & \text{若 } f(-x,y) = f(x,y) \end{cases}$$

这里 D_1 是 D 的子域,是 D 中 $x \geqslant 0$ 的部分.

(2) 若有界闭域 D 关于 $y=0$ 对称,$f(x,y)$ 在 D 上可积,则

$$\iint\limits_D f(x,y)\mathrm{d}x\mathrm{d}y = \begin{cases} 0, & \text{若 } f(x,-y) = -f(x,y), \\ 2\iint\limits_{D_2} f(x,y)\mathrm{d}x\mathrm{d}y, & \text{若 } f(x,-y) = f(x,y) \end{cases}$$

这里 D_2 是 D 的子域,是 D 中 $y \geqslant 0$ 的部分.

5.1.2 二重积分的计算

1) 在直角坐标下将二重积分化为两种次序的累次积分

当区域 D 可表示为

$$D = \{(x,y) \mid \varphi_1(x) \leqslant y \leqslant \varphi_2(x), a \leqslant x \leqslant b\}$$

时,二重积分化为先对 y 后对 x 的累次积分,即

$$\iint\limits_D f(x,y)\mathrm{d}x\mathrm{d}y = \int_a^b \mathrm{d}x \int_{\varphi_1(x)}^{\varphi_2(x)} f(x,y)\mathrm{d}y$$

当区域 D 可表示为

$$D = \{(x,y) \mid \psi_1(y) \leqslant x \leqslant \psi_2(y), c \leqslant y \leqslant d\}$$

时,二重积分化为先对 x 后对 y 的累次积分,即

$$\iint\limits_D f(x,y)\mathrm{d}x\mathrm{d}y = \int_c^d \mathrm{d}y \int_{\psi_1(y)}^{\psi_2(y)} f(x,y)\mathrm{d}x$$

2) 用平移变换计算二重积分

令 $x = \mu+k, y = \sigma+h$,这里 μ,σ 为新的积分变量,k,h 为常数,则

$$\iint\limits_D f(x,y)\mathrm{d}x\mathrm{d}y = \iint\limits_{D'} f(\mu+k,\sigma+h)\mathrm{d}\mu\mathrm{d}\sigma$$

这里 D' 是区域 D 在上述变换下 (μ,σ) 在 μ-σ 平面上的对应区域.

3) 用极坐标变换计算二重积分

令 $x = \rho\cos\theta, y = \rho\sin\theta$,这里 θ,ρ 为新的积分变量,则

$$\iint\limits_D f(x,y)\mathrm{d}x\mathrm{d}y = \iint\limits_{D'} f(\rho\cos\theta,\rho\sin\theta)\rho\mathrm{d}\rho\mathrm{d}\theta$$

这里 D' 是区域 D 在上述变换下 (θ,ρ) 在 θ-ρ 平面上的对应区域,其中 $\rho \geqslant 0$,

$0 \leqslant \theta \leqslant 2\pi$.

5.1.3 交换二次积分的次序

对于给定的先对 y 后对 x 的二次积分,可由四个积分上下限决定积分区域 D,再将区域 D 上的二重积分化为先对 x 后对 y 的二次积分;对应的,对于给定的先对 x 后对 y 的二次积分,也可化为先对 y 后对 x 的二次积分.极坐标下的二次积分也可作类似的积分次序的交换.

5.1.4 三重积分基本概念与计算

1) 三重积分的定义:设 $f(x,y,z)$ 在空间的有界闭域 Ω 上定义,任意地将 Ω 分割为 n 个小区域 $\Omega_i (i=1,2,\cdots,n)$,$\Omega_i$ 的体积为 Δv_i,Ω_i 的直径为 d_i,$\lambda = \max\limits_{1 \leqslant i \leqslant n}\{d_i\}$,$\forall (x_i, y_i, z_i) \in \Omega_i$,则三重积分定义为

$$\iiint\limits_{\Omega} f(x,y,z) dV = \iiint\limits_{\Omega} f(x,y,z) dxdydz \stackrel{\text{def}}{=\!=\!=} \lim_{\lambda \to 0} \sum_{i=1}^{n} f(x_i, y_i, z_i) \Delta v_i$$

这里右端的极限存在,且与分割 Ω 的方式无关,与点 (x_i, y_i, z_i) 的取法无关.

2) 当 $f(x,y,z)$ 在闭域 Ω 上连续时,$f(x,y,z)$ 在 Ω 上可积.

3) 三重积分的主要性质:三重积分与二重积分一样,保号性、可加性、积分中值定理皆成立,在这里不一一赘述.

定理(奇偶、对称性)

(1) 若有界闭域 Ω 关于 $x = 0$ 对称,$f(x,y,z)$ 在 Ω 上可积,则

$$\iiint\limits_{\Omega} f(x,y,z) dxdydz = \begin{cases} 0, & \text{若 } f(-x,y,z) = -f(x,y,z), \\ 2\iiint\limits_{\Omega_1} f(x,y,z) dV, & \text{若 } f(-x,y,z) = f(x,y,z) \end{cases}$$

这里 Ω_1 是 Ω 的子域,是 Ω 中 $x \geqslant 0$ 的部分.

(2) 若有界闭域 Ω 关于 $y = 0$ 对称,$f(x,y,z)$ 在 Ω 上可积,则

$$\iiint\limits_{\Omega} f(x,y,z) dxdydz = \begin{cases} 0, & \text{若 } f(x,-y,z) = -f(x,y,z), \\ 2\iiint\limits_{\Omega_2} f(x,y,z) dV, & \text{若 } f(x,-y,z) = f(x,y,z) \end{cases}$$

这里 Ω_2 是 Ω 的子域,是 Ω 中 $y \geqslant 0$ 的部分.

(3) 若有界闭域 Ω 关于 $z = 0$ 对称,$f(x,y,z)$ 在 Ω 上可积,则

$$\iiint\limits_{\Omega} f(x,y,z) dxdydz = \begin{cases} 0, & \text{若 } f(x,y,-z) = -f(x,y,z), \\ 2\iiint\limits_{\Omega_3} f(x,y,z) dV, & \text{若 } f(x,y,-z) = f(x,y,z) \end{cases}$$

这里 Ω_3 是 Ω 的子域,是 Ω 中 $z \geqslant 0$ 的部分.

4) 三重积分的计算

(1) 在直角坐标下,将三重积分化为先计算一个定积分再计算一个二重积分

若闭域 Ω 在 xy 平面上的投影为有界闭域 D, $\forall (x,y) \in D$, 若区域 Ω 中的点 (x,y,z) 满足 $\varphi_1(x,y) \leqslant z \leqslant \varphi_2(x,y)$,则

$$\iiint_\Omega f(x,y,z)\mathrm{d}x\mathrm{d}y\mathrm{d}z = \iint_D \mathrm{d}x\mathrm{d}y \int_{\varphi_1(x,y)}^{\varphi_2(x,y)} f(x,y,z)\mathrm{d}z$$

类似的,有先对 y 计算一个定积分再计算一个二重积分的公式,或先对 x 计算一个定积分再计算一个二重积分的公式.

(2) 在直角坐标下,将三重积分化为先计算一个二重积分再计算一个定积分

若闭域 Ω 在 z 轴上的投影为闭区间 $[c,d]$,$\forall z \in [c,d]$,过点 $(0,0,z)$ 作平面 Π 垂直于 z 轴,若平面 Π 与闭域 Ω 的截面为有界闭域 $D(z)$,则

$$\iiint_\Omega f(x,y,z)\mathrm{d}x\mathrm{d}y\mathrm{d}z = \int_c^d \mathrm{d}z \iint_{D(z)} f(x,y,z)\mathrm{d}x\mathrm{d}y$$

类似的,有先对 y,z 计算一个二重积分后对 x 计算一个定积分的公式,或先对 z,x 计算一个二重积分后对 y 计算一个定积分的公式.

(3) 利用柱面坐标计算三重积分

令 $x = \rho\cos\theta, y = \rho\sin\theta, z = z$,这里 θ, ρ, z 为新的积分变量,则

$$\iiint_\Omega f(x,y,z)\mathrm{d}x\mathrm{d}y\mathrm{d}z = \iiint_{\Omega'} f(\rho\cos\theta,\rho\sin\theta,z)\rho\mathrm{d}\rho\mathrm{d}\theta\mathrm{d}z$$

这里 Ω' 是区域 Ω 在上述变换下 (θ,ρ,z) 在 $\theta\rho z$ 空间对应的闭域,其中 $\rho \geqslant 0, 0 \leqslant \theta \leqslant 2\pi, -\infty < z < +\infty$.

(4) 利用球面坐标计算三重积分

令 $x = r\sin\varphi\cos\theta, y = r\sin\varphi\sin\theta, z = r\cos\varphi$,这里 r,φ,θ 是新的积分变量,则

$$\iiint_\Omega f(x,y,z)\mathrm{d}V = \iiint_{\Omega'} f(r\sin\varphi\cos\theta,r\sin\varphi\sin\theta,r\cos\varphi)r^2\sin\varphi\mathrm{d}r\mathrm{d}\varphi\mathrm{d}\theta$$

这里 Ω' 是区域 Ω 在上述变换下 (r,φ,θ) 在 $r\varphi\theta$ 空间对应的闭域,其中 $r \geqslant 0, 0 \leqslant \varphi \leqslant \pi, 0 \leqslant \theta \leqslant 2\pi$.

5.1.5 重积分的应用

1) 平面图形的面积

设 D 为 xOy 平面上的有界闭域,则 D 的面积为

$$S = \iint_D \mathrm{d}x\mathrm{d}y = \iint_D \rho\mathrm{d}\rho\mathrm{d}\theta$$

2) 空间曲面的面积

设 Σ 为一空间曲面,Σ 在 xOy 平面上的投影为有界闭域 D,Σ 的点与 D 的点一一对应,设 Σ 的方程为 $z=f(x,y)$,则曲面 Σ 的面积为

$$S = \iint_D \sqrt{1+(f'_x(x,y))^2+(f'_y(x,y))^2}\,dxdy$$

与此公式对应的,还有化为 yOz 平面上的有界闭域上的二重积分的计算公式,以及化为 zOx 平面上的有界闭域上的二重积分的计算公式.

3) 立体的体积

设 Ω 为空间的立体区域,Ω 为有界闭域,则 Ω 的体积为

$$V = \iiint_\Omega dxdydz = \iiint_\Omega \rho\, d\rho\, d\theta\, dz = \iiint_\Omega r^2 \sin\varphi\, dr\, d\theta\, d\varphi$$

这里三项分别是直角坐标下、柱面坐标下、球面坐标下的三重积分.

4) 物理上的应用

二重积分可用于求平面薄片的质量,三重积分可用于求空间立体的质量、立体的质心(重心)等.

5.1.6 曲线积分基本概念与计算

1) 空间曲线的弧长

设曲线 Γ 的参数方程为

$$x=\varphi(t),\quad y=\psi(t),\quad z=\omega(t)$$

其中 $t\in[\alpha,\beta]$,曲线 Γ 上的点与 $[\alpha,\beta]$ 上的点一一对应,函数 φ,ψ,ω 连续可导,则曲线 Γ 的弧长为

$$l=\int_\alpha^\beta \sqrt{(\varphi'(t))^2+(\psi'(t))^2+(\omega'(t))^2}\,dt$$

2) 第一型曲线积分的定义与性质

设 $\overset{\frown}{AB}$ 是可求长的连续曲线,函数 $f(x,y,z)$ 在 $\overset{\frown}{AB}$ 上定义,将 $\overset{\frown}{AB}$ 任意分割为 n 个小弧段 $\Gamma_i(i=1,2,\cdots,n)$,Γ_i 的弧长记为 Δl_i,Γ_i 的直径为 d_i,$\lambda=\max\limits_{1\leqslant i\leqslant n}\{d_i\}$,在 Γ_i 上任取点 (x_i,y_i,z_i),则函数 f 沿曲线 $\overset{\frown}{AB}$ 的第一型曲线积分定义为

$$\int_{\overset{\frown}{AB}} f(x,y,z)\,dl \xlongequal{\text{def}} \lim_{\lambda\to 0}\sum_{i=1}^n f(x_i,y_i,z_i)\Delta l_i$$

这里右端的极限存在,且与分割 $\overset{\frown}{AB}$ 的方式无关,与点 (x_i,y_i,z_i) 的取法无关.

当 f 在 $\overset{\frown}{AB}$ 上连续时,f 在 $\overset{\frown}{AB}$ 上的第一型曲线积分存在,即可积.

定理(奇偶、对称性)

(1) 若曲线 $\overset{\frown}{AB}$ 上的点关于 $x=0$ 对称,f 在 $\overset{\frown}{AB}$ 上可积,则

$$\int_{\widehat{AB}} f(x,y,z)\mathrm{d}l = \begin{cases} 0, & \text{若 } f(-x,y,z) = -f(x,y,z), \\ 2\int_{\Gamma_1} f(x,y,z)\mathrm{d}l, & \text{若 } f(-x,y,z) = f(x,y,z) \end{cases}$$

这里 Γ_1 是曲线 $\widehat{AB}$ 的 $x \geqslant 0$ 的部分曲线.

(2) 若曲线 $\widehat{AB}$ 上的点关于 $y = 0$ 对称,f 在 $\widehat{AB}$ 上可积,则

$$\int_{\widehat{AB}} f(x,y,z)\mathrm{d}l = \begin{cases} 0, & \text{若 } f(x,-y,z) = -f(x,y,z), \\ 2\int_{\Gamma_2} f(x,y,z)\mathrm{d}l, & \text{若 } f(x,-y,z) = f(x,y,z) \end{cases}$$

这里 Γ_2 是曲线 $\widehat{AB}$ 的 $y \geqslant 0$ 的部分曲线.

(3) 若曲线 $\widehat{AB}$ 上的点关于 $z = 0$ 对称,f 在 $\widehat{AB}$ 上可积,则

$$\int_{\widehat{AB}} f(x,y,z)\mathrm{d}l = \begin{cases} 0, & \text{若 } f(x,y,-z) = -f(x,y,z), \\ 2\int_{\Gamma_3} f(x,y,z)\mathrm{d}l, & \text{若 } f(x,y,-z) = f(x,y,z) \end{cases}$$

3) 第一型曲线积分的计算

设 $\widehat{AB}$ 为空间的连续曲线,其参数方程为

$$x = \varphi(t), \quad y = \psi(t), \quad z = \omega(t)$$

其中 $t \in [\alpha, \beta]$,$\widehat{AB}$ 上的点与 $[\alpha, \beta]$ 上的点一一对应,函数 φ, ψ, ω 连续可导,函数 $f(x,y,z)$ 在 $\widehat{AB}$ 上连续,则

$$\int_{\widehat{AB}} f(x,y,z)\mathrm{d}l = \int_{\alpha}^{\beta} f(\varphi(t), \psi(t), \omega(t)) \sqrt{(\varphi'(t))^2 + (\psi'(t))^2 + (\omega'(t))^2}\, \mathrm{d}t$$

4) 第二型曲线积分的定义

设 $\widehat{AB}$ 为空间的光滑曲线,$\widehat{AB}$ 的顺向的单位切向量为 $(\cos\alpha, \cos\beta, \cos\gamma)$,函数 $P(x,y,z), Q(x,y,z), R(x,y,z)$ 在 $\widehat{AB}$ 上定义,将 $\widehat{AB}$ 任意地分割为 n 个小弧段 $\Gamma_i (i=1,2,\cdots,n)$,$\Gamma_i$ 的弧长记为 Δl_i,Γ_i 的直径为 d_i,令 $\lambda = \max\limits_{1 \leqslant i \leqslant n} \{d_i\}$,在 Γ_i 上任取点 $M_i(x_i, y_i, z_i)$,记

$$(\cos\alpha, \cos\beta, \cos\gamma)\Big|_{M_i} = (\cos\alpha_i, \cos\beta_i, \cos\gamma_i)$$

$$\Delta x_i = \Delta l_i \cdot \cos\alpha_i, \quad \Delta y_i = \Delta l_i \cdot \cos\beta_i, \quad \Delta z_i = \Delta l_i \cdot \cos\gamma_i$$

则函数 P, Q, R 沿 $\widehat{AB}$ 从 A 到 B 的第二型曲线积分定义为

$$\int_{\widehat{AB}} P(x,y,z)\mathrm{d}x + Q(x,y,z)\mathrm{d}y + R(x,y,z)\mathrm{d}z \xlongequal{\text{def}}$$

$$\lim_{\lambda \to 0} \sum_{i=1}^{n} P(x_i, y_i, z_i)\Delta x_i + \lim_{\lambda \to 0} \sum_{i=1}^{n} Q(x_i, y_i, z_i)\Delta y_i + \lim_{\lambda \to 0} \sum_{i=1}^{n} R(x_i, y_i, z_i)\Delta z_i$$

式中三个极限皆存在,且与分割$\overset{\frown}{AB}$的方式无关,与点(x_i,y_i,z_i)的取法无关.

当函数P,Q,R皆在$\overset{\frown}{AB}$上连续时,对应的第二型曲线积分存在,即可积.

5) 第二型曲线积分的计算

设曲线$\overset{\frown}{AB}$的方程为
$$x=\varphi(t), \quad y=\psi(t), \quad z=\omega(t)$$

其中$t\in[\alpha,\beta]$,$\overset{\frown}{AB}$的点与$[\alpha,\beta]$的点一一对应,函数φ,ψ,ω在$[\alpha,\beta]$上连续可导,函数P,Q,R在$\overset{\frown}{AB}$上连续,则

$$\int_{\overset{\frown}{AB}} P(x,y,z)\mathrm{d}x+Q(x,y,z)\mathrm{d}y+R(x,y,z)\mathrm{d}z$$

$$=\begin{cases} \int_\alpha^\beta [P(\varphi(t),\psi(t),\omega(t))\varphi'(t)+Q(\varphi(t),\psi(t),\omega(t))\psi'(t) \\ \qquad +R(\varphi(t),\psi(t),\omega(t))\omega'(t)]\mathrm{d}t, \\ \int_\beta^\alpha [P(\varphi(t),\psi(t),\omega(t))\varphi'(t)+Q(\varphi(t),\psi(t),\omega(t))\psi'(t) \\ \qquad +R(\varphi(t),\psi(t),\omega(t))\omega'(t)]\mathrm{d}t \end{cases}$$

其中,第一式为t增大时,对应的点在曲线$\overset{\frown}{AB}$上从A到B;第二式为t增大时,对应的点在曲线$\overset{\frown}{AB}$上从B到A.

第二型曲线积分在物理上表示一质点在力$\boldsymbol{F}=(P,Q,R)$作用下,沿曲线$\overset{\frown}{AB}$从A到B所作的功.

5.1.7 格林公式

1) 设D为xOy平面上的有界闭域,D的边界曲线Γ逐段光滑,取正向Γ^+,函数P,Q在D上连续可微,则有格林公式

$$\int_{\Gamma^+} P(x,y)\mathrm{d}x+Q(x,y)\mathrm{d}y=\iint_D \left(\frac{\partial Q}{\partial x}-\frac{\partial P}{\partial y}\right)\mathrm{d}x\mathrm{d}y$$

2) 平面的曲线积分与路线无关的充要条件

定理 设G是xy平面上的单连通域,函数P,Q在G上连续可微,则下列四个陈述相互等价:

(1) $\forall (x,y)\in G, \dfrac{\partial Q}{\partial x}=\dfrac{\partial P}{\partial y}$;

(2) $\forall A,B\in G$,曲线积分$\int_A^B P\mathrm{d}x+Q\mathrm{d}y$与路线无关;

(3) $\forall \Gamma\subset G,\Gamma$为封闭曲线,$\oint_\Gamma P\mathrm{d}x+Q\mathrm{d}y=0$;

(4) $\exists$可微函数$u(x,y)$,使得$\mathrm{d}u=P\mathrm{d}x+Q\mathrm{d}y$,且

$$u(x,y) = \int_{x_0}^{x} P(x,y_0)\mathrm{d}x + \int_{y_0}^{y} Q(x,y)\mathrm{d}y + C$$

或

$$u(x,y) = \int_{x_0}^{x} P(x,y)\mathrm{d}x + \int_{y_0}^{y} Q(x_0,y)\mathrm{d}y + C$$

这里 $(x_0,y_0),(x,y) \in G$.

5.1.8 曲面积分基本概念与计算

1) 第一型曲面积分的定义与性质

设 Σ 为空间的有界曲面,函数 $f(x,y,z)$ 在 Σ 上定义,将 Σ 任意地分割为 n 个小曲面 $\Sigma_i(i=1,2,\cdots,n)$,Σ_i 的面积为 ΔS_i,Σ_i 的直径为 d_i,$\lambda = \max\limits_{1 \leqslant i \leqslant n}\{d_i\}$,在 Σ_i 上任取点 (x_i,y_i,z_i),则函数 f 沿 Σ 的第一型曲面积分定义为

$$\iint_{\Sigma} f(x,y,z)\mathrm{d}S \xlongequal{\text{def}} \lim_{\lambda \to 0} \sum_{i=1}^{n} f(x_i,y_i,z_i)\Delta S_i$$

这里右端的极限存在,且与分割 Σ 的方式无关,与点 (x_i,y_i,z_i) 的取法无关.

当 $f(x,y,z)$ 在 Σ 上连续时,f 在 Σ 上的第一型曲面积分存在,即可积.

定理(奇偶、对称性)

(1) 若曲面 Σ 的点关于 $x=0$ 对称,f 在 Σ 上可积,则

$$\iint_{\Sigma} f(x,y,z)\mathrm{d}S = \begin{cases} 0, & \text{若 } f(-x,y,z) = -f(x,y,z), \\ 2\iint_{\Sigma_1} f(x,y,z)\mathrm{d}S, & \text{若 } f(-x,y,z) = f(x,y,z) \end{cases}$$

这里 Σ_1 是 Σ 的 $x \geqslant 0$ 的部分曲面.

(2) 若曲面 Σ 的点关于 $y=0$ 对称,f 在 Σ 上可积,则

$$\iint_{\Sigma} f(x,y,z)\mathrm{d}S = \begin{cases} 0, & \text{若 } f(x,-y,z) = -f(x,y,z), \\ 2\iint_{\Sigma_2} f(x,y,z)\mathrm{d}S, & \text{若 } f(x,-y,z) = f(x,y,z) \end{cases}$$

这里 Σ_2 是 Σ 的 $y \geqslant 0$ 的部分曲面.

(3) 若曲面 Σ 的点关于 $z=0$ 对称,f 在 Σ 上可积,则

$$\iint_{\Sigma} f(x,y,z)\mathrm{d}S = \begin{cases} 0, & \text{若 } f(x,y,-z) = -f(x,y,z), \\ 2\iint_{\Sigma_3} f(x,y,z)\mathrm{d}S, & \text{若 } f(x,y,-z) = f(x,y,z) \end{cases}$$

这里 Σ_3 是 Σ 的 $z \geqslant 0$ 的部分曲面.

2) 第一型曲面积分的计算

若曲面 Σ 的方程为 $z = z(x,y)$,$(x,y) \in D$,D 为 xOy 平面上的有界闭域,函

数 $z(x,y)$ 在 D 上连续可微,函数 $f(x,y,z)$ 在 Σ 上连续,则

$$\iint_{\Sigma} f(x,y,z) \mathrm{d}S = \iint_{D} f(x,y,z(x,y)) \sqrt{1+(z'_x)^2+(z'_y)^2} \, \mathrm{d}x\mathrm{d}y$$

若曲面 Σ 的方程为 $x = x(y,z),(y,z) \in D_1,D_1$ 为 yOz 平面上的有界闭域,函数 $x(y,z)$ 在 D_1 上连续可微,函数 $f(x,y,z)$ 在 Σ 上连续,则

$$\iint_{\Sigma} f(x,y,z) \mathrm{d}S = \iint_{D_1} f(x(y,z),y,z) \sqrt{1+(x'_y)^2+(x'_z)^2} \, \mathrm{d}y\mathrm{d}z$$

若曲面 Σ 的方程为 $y = y(z,x),(z,x) \in D_2,D_2$ 为 zOx 平面上的有界闭域,函数 $y(z,x)$ 在 D_2 上连续可微,函数 $f(x,y,z)$ 在 Σ 上连续,则

$$\iint_{\Sigma} f(x,y,z) \mathrm{d}S = \iint_{D_2} f(x,y(z,x),z) \sqrt{1+(y'_z)^2+(y'_x)^2} \, \mathrm{d}z\mathrm{d}x$$

3) 第二型曲面积分的定义

设 Σ 为光滑的双侧曲面,Σ 某侧的单位法向量为 $(\cos\alpha,\cos\beta,\cos\gamma)$,将函数 $P(x,y,z),Q(x,y,z),R(x,y,z)$ 在曲面 Σ 上定义,并将曲面 Σ 任意地分割为 n 个小曲面 $\Sigma_i(i=1,2,\cdots,n),\Sigma_i$ 的面积为 $\Delta S_i,\Sigma_i$ 的直径为 $d_i,\lambda = \max_{1\leqslant i\leqslant n}\{d_i\}$,在 Σ_i 上任取点 $M_i(x_i,y_i,z_i)$,记

$$(\cos\alpha,\cos\beta,\cos\gamma)\Big|_{M_i} = (\cos\alpha_i,\cos\beta_i,\cos\gamma_i)$$

$$\Delta y_i \Delta z_i = \Delta S_i \cos\alpha_i, \quad \Delta z_i \Delta x_i = \Delta S_i \cos\beta_i, \quad \Delta x_i \Delta y_i = \Delta S_i \cos\gamma_i$$

则函数 P,Q,R 沿 Σ 的某侧的第二型曲面积分定义为

$$\iint_{\Sigma某侧} P(x,y,z)\mathrm{d}y\mathrm{d}z + Q(x,y,z)\mathrm{d}z\mathrm{d}x + R(x,y,z)\mathrm{d}x\mathrm{d}y$$

$$= \lim_{\lambda \to 0}\sum_{i=1}^{n} P(x_i,y_i,z_i)\Delta y_i \Delta z_i + \lim_{\lambda \to 0}\sum_{i=1}^{n} Q(x_i,y_i,z_i)\Delta z_i \Delta x_i$$

$$+ \lim_{\lambda \to 0}\sum_{i=1}^{n} R(x_i,y_i,z_i)\Delta x_i \Delta y_i$$

式中三个极限皆存在,且与分割 Σ 的方式无关,与点 (x_i,y_i,z_i) 的取法无关.

当函数 P,Q,R 皆在 Σ 上连续时,对应的第二型曲面积分存在,即可积.

4) 第二型曲面积分的计算

(1) 若曲面 Σ 的方程为 $z = z(x,y),(x,y) \in D_1,D_1$ 为 xOy 平面上的有界闭域,$z(x,y)$ 在 D 上连续可微,则

$$\iint_{\Sigma某侧} P(x,y,z)\mathrm{d}y\mathrm{d}z + Q(x,y,z)\mathrm{d}z\mathrm{d}x + R(x,y,z)\mathrm{d}x\mathrm{d}y$$

$$=\pm\iint_{D_1}\left[P(x,y,z(x,y))\left(-\frac{\partial z}{\partial x}\right)+Q(x,y,z(x,y))\left(-\frac{\partial z}{\partial y}\right)+R(x,y,z(x,y))\right]\mathrm{d}x\mathrm{d}y$$

这里 $\pm$ 号选取的方法是上侧取正,下侧取负(设 z 轴正向向上).

(2) 若曲面 Σ 的方程为 $x=x(y,z),(y,z)\in D_2,D_2$ 为 yOz 平面上的有界闭域,$x(y,z)$ 在 D_2 上连续可微,则

$$\iint_{\Sigma 某侧}P(x,y,z)\mathrm{d}y\mathrm{d}z+Q(x,y,z)\mathrm{d}z\mathrm{d}x+R(x,y,z)\mathrm{d}x\mathrm{d}y$$
$$=\pm\iint_{D_2}\left[P(x(y,z),y,z)+Q(x(y,z),y,z)\left(-\frac{\partial x}{\partial y}\right)+R(x(y,z),y,z)\left(-\frac{\partial x}{\partial z}\right)\right]\mathrm{d}y\mathrm{d}z$$

这里 $\pm$ 号选取的方法是前侧取正,后侧取负(设 x 轴正向向前).

(3) 若曲面 Σ 的方程为 $y=y(z,x),(z,x)\in D_3,D_3$ 为 zOx 平面上的有界闭域,$y(z,x)$ 在 D_3 上连续可微,则

$$\iint_{\Sigma 某侧}P(x,y,z)\mathrm{d}y\mathrm{d}z+Q(x,y,z)\mathrm{d}z\mathrm{d}x+R(x,y,z)\mathrm{d}x\mathrm{d}y$$
$$=\pm\iint_{D_3}\left[P(x,y(z,x),z)\left(-\frac{\partial y}{\partial x}\right)+Q(x,y(z,x),z)+R(x,y(z,x),z)\left(-\frac{\partial y}{\partial z}\right)\right]\mathrm{d}z\mathrm{d}x$$

这里 $\pm$ 号选取的方法是右侧取正,左侧取负(设 y 轴正向向右).

5.1.9 斯托克斯公式

1) 设 Σ 是逐段光滑的单闭曲线 Γ 所包围的非封闭光滑双侧曲面,取某侧 Σ^+,按右手规则确定 Γ 的正向 Γ^+,Ω 是空间的立体区域,使得 $\Sigma\subset\Omega$,函数 $P(x,y,z)$,$Q(x,y,z)$,$R(x,y,z)$ 在 Ω 上连续可微,则有斯托克斯公式

$$\oint_{\Gamma^+}P(x,y,z)\mathrm{d}x+Q(x,y,z)\mathrm{d}y+R(x,y,z)\mathrm{d}z$$
$$=\iint_{\Sigma^+}\left(\frac{\partial R}{\partial y}-\frac{\partial Q}{\partial z}\right)\mathrm{d}y\mathrm{d}z+\left(\frac{\partial P}{\partial z}-\frac{\partial R}{\partial x}\right)\mathrm{d}z\mathrm{d}x+\left(\frac{\partial Q}{\partial x}-\frac{\partial P}{\partial y}\right)\mathrm{d}x\mathrm{d}y$$

2) 空间曲线积分与路线无关的充要条件

定理 设 G 是空间的面单连通区域,函数 P,Q,R 在 G 上连续可微,则下列四条陈述相互等价:

(1) $\forall(x,y,z)\in\Omega,\dfrac{\partial R}{\partial y}=\dfrac{\partial Q}{\partial z},\dfrac{\partial P}{\partial z}=\dfrac{\partial R}{\partial x},\dfrac{\partial Q}{\partial x}=\dfrac{\partial P}{\partial y}$;

(2) $\forall A,B\in\Omega,\displaystyle\int_A^B P\mathrm{d}x+Q\mathrm{d}y+R\mathrm{d}z$ 与路线无关;

(3) $\forall\Gamma\subset\Omega,\Gamma$ 为封闭曲线,$\displaystyle\oint_\Gamma P\mathrm{d}x+Q\mathrm{d}y+R\mathrm{d}z=0$;

(4) $\exists$ 可微函数 $u(x,y,z)$,使得 $\mathrm{d}u=P\mathrm{d}x+Q\mathrm{d}y+R\mathrm{d}z$,且

$$u(x,y,z) = \int_{x_0}^{x} P(x,y_0,z_0)\mathrm{d}x + \int_{y_0}^{y} Q(x,y,z_0)\mathrm{d}y + \int_{z_0}^{z} R(x,y,z)\mathrm{d}z + C$$

或

$$u(x,y,z) = \int_{x_0}^{x} P(x,y,z)\mathrm{d}x + \int_{y_0}^{y} Q(x_0,y,z)\mathrm{d}y + \int_{z_0}^{z} R(x_0,y_0,z)\mathrm{d}z + C$$

这里$(x_0,y_0,z_0),(x,y,z) \in G$.

5.1.10 高斯公式

1) 设Ω是空间的有界闭域,其边界是逐片光滑的封闭曲面Σ,取外侧,函数$P(x,y,z),Q(x,y,z),R(x,y,z)$在$\Omega$上连续可微,则有高斯公式

$$\iint_{\Sigma} P(x,y,z)\mathrm{d}y\mathrm{d}z + Q(x,y,z)\mathrm{d}z\mathrm{d}x + R(x,y,z)\mathrm{d}x\mathrm{d}y$$
$$= \iiint_{\Omega} \left(\frac{\partial P}{\partial x} + \frac{\partial Q}{\partial y} + \frac{\partial R}{\partial z}\right)\mathrm{d}x\mathrm{d}y\mathrm{d}z$$

2) 曲面积分与曲面无关的充要条件

定理 设Ω为空间的体单连通域,函数$P(x,y,z),Q(x,y,z),R(x,y,z)$在$\Omega$上连续可微,曲面$\Sigma \subset \Omega$,则下列三条陈述相互等价:

(1) $\forall (x,y,z) \in \Omega, \dfrac{\partial P}{\partial x} + \dfrac{\partial Q}{\partial y} + \dfrac{\partial R}{\partial z} = 0$;

(2) $\iint_{\Sigma_1} P\mathrm{d}y\mathrm{d}z + Q\mathrm{d}z\mathrm{d}x + R\mathrm{d}x\mathrm{d}y$ 与曲面无关,这里Σ_1是与Σ具有相同边界曲线Γ^+的任意曲面,且其侧服从右旋法则,$\Sigma_1 \subset \Omega$.

(3) $\forall \Sigma_2 \subset \Omega, \Sigma_2$为封闭曲面,取外侧(或内侧),有

$$\iint_{\Sigma_2} P(x,y,z)\mathrm{d}y\mathrm{d}z + Q(x,y,z)\mathrm{d}z\mathrm{d}x + R(x,y,z)\mathrm{d}x\mathrm{d}y = 0$$

5.2 竞赛题与精选题解析

5.2.1 二重积分与二次积分的计算(例5.1—5.13)

例5.1(江苏省2018年竞赛题) 试求二次积分

$$\int_{-1}^{1}\mathrm{d}x\int_{x}^{2-|x|}(\mathrm{e}^{|y|} + \sin(x^3 y^3))\mathrm{d}y$$

解析 区域D如图所示,则

$$原式 = \iint_{D}(\mathrm{e}^{|y|} + \sin(x^3 y^3))\mathrm{d}x\mathrm{d}y$$

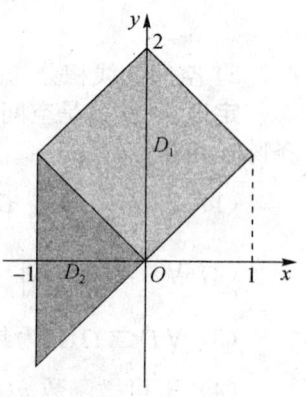

用直线 $y=-x$ 将区域 D 分为 D_1, D_2, 则区域 D_1 关于 $x=0$ 对称, $e^{|y|}$ 关于 x 为偶函数, $\sin(x^3y^3)$ 关于 x 为奇函数; 区域 D_2 关于 $y=0$ 对称, $e^{|y|}$ 关于 y 为偶函数, $\sin(x^3y^3)$ 关于 y 是奇函数. 应用二重积分的奇偶、对称性得

$$\text{原式} = \iint_{D_1} e^{|y|} dxdy + \iint_{D_2} e^{|y|} dxdy + \iint_{D_1} \sin(x^3y^3) dxdy + \iint_{D_2} \sin(x^3y^3) dxdy$$

$$= 2\iint_{D_1(x\leqslant 0)} e^{|y|} dxdy + 2\iint_{D_2(y\geqslant 0)} e^{|y|} dxdy + 0 + 0$$

$$(\text{记 } D' = D_1(x\leqslant 0) \bigcup D_2(y\geqslant 0))$$

$$= 2\iint_{D'} e^y dxdy = 2\int_{-1}^0 dx \int_0^{2+x} e^y dy$$

$$= 2\int_{-1}^0 (e^{2+x} - 1) dx = 2(e^{2+x} - x)\Big|_{-1}^0 = 2(e^2 - e - 1)$$

例 5.2(浙江省 2011 年竞赛题) 计算 $\iint\limits_{\sqrt{x}+\sqrt{y}\leqslant 1} \sqrt[3]{\sqrt{x}+\sqrt{y}} \, dxdy$.

解析 化为先对 y 后对 x 的二次积分计算, 有

$$\text{原式} = \int_0^1 dx \int_0^{(1-\sqrt{x})^2} \sqrt[3]{\sqrt{x}+\sqrt{y}} \, dy \quad (\text{令 } t = \sqrt{y})$$

$$= 2\int_0^1 dx \int_0^{1-\sqrt{x}} \sqrt[3]{\sqrt{x}+t} \cdot t \, dt \quad (\text{令 } u = \sqrt{x}+t)$$

$$= 2\int_0^1 dx \int_{\sqrt{x}}^1 \sqrt[3]{u}(u-\sqrt{x}) du = 2\int_0^1 \left(\frac{3}{7}u^{\frac{7}{3}} - \frac{3}{4}\sqrt{x}u^{\frac{4}{3}}\right)\Big|_{\sqrt{x}}^1 dx$$

$$= 2\int_0^1 \left(\frac{3}{7} - \frac{3}{4}\sqrt{x} + \frac{9}{28}x^{\frac{7}{6}}\right) dx = \frac{2}{13}$$

例 5.3(江苏省 2017 年竞赛题) 设函数 $f(x) = \begin{cases} x, & 0 \leqslant x \leqslant 2, \\ 0, & x < 0 \text{ 或 } x > 2, \end{cases}$ 试求二重积分

$$\iint_D \frac{f(x+y)}{f(\sqrt{x^2+y^2})} dxdy, \quad \text{其中 } D = \{(x,y) \mid x^2+y^2 \leqslant 4\}$$

解析 根据题意可得

$$f(x+y) = \begin{cases} x+y, & 0 \leqslant x+y \leqslant 2, \\ 0, & \text{其他} \end{cases}$$

$$f(\sqrt{x^2+y^2}) = \begin{cases} \sqrt{x^2+y^2}, & x^2+y^2 \leqslant 4, \\ 0, & x^2+y^2 > 4 \end{cases}$$

设 $D' = \{(x,y) \mid 0 \leqslant x+y \leqslant 2, x^2+y^2 \leqslant 4\}$，则原式 $= \iint\limits_{D'} \dfrac{x+y}{\sqrt{x^2+y^2}} dx dy$. 用坐标轴将区域 D' 分为 D_1，D_2, D_3（如图）. 用极坐标计算得

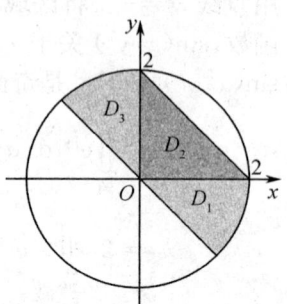

$$\iint\limits_{D_1} \dfrac{x+y}{\sqrt{x^2+y^2}} dx dy = \int_{-\pi/4}^{0} d\theta \int_0^2 \rho(\cos\theta + \sin\theta) d\rho$$
$$= 2(\sin\theta - \cos\theta)\Big|_{-\pi/4}^{0} = 2(\sqrt{2}-1)$$

$$\iint\limits_{D_2} \dfrac{x+y}{\sqrt{x^2+y^2}} dx dy = \int_0^{\pi/2} d\theta \int_0^{\frac{2}{\cos\theta+\sin\theta}} \rho(\cos\theta + \sin\theta) d\rho$$
$$= 2\int_0^{\pi/2} \dfrac{1}{\cos\theta+\sin\theta} d\theta = \sqrt{2}\int_0^{\pi/2} \sec\left(\theta - \dfrac{\pi}{4}\right) d\theta$$
$$= \sqrt{2}\ln\left|\sec\left(\theta - \dfrac{\pi}{4}\right) + \tan\left(\theta - \dfrac{\pi}{4}\right)\right|\Big|_0^{\pi/2} = 2\sqrt{2}\ln(1+\sqrt{2})$$

$$\iint\limits_{D_3} \dfrac{x+y}{\sqrt{x^2+y^2}} dx dy = \int_{\pi/2}^{3\pi/4} d\theta \int_0^2 \rho(\cos\theta+\sin\theta) d\rho = 2(\sin\theta - \cos\theta)\Big|_{\pi/2}^{3\pi/4} = 2(\sqrt{2}-1)$$

于是

原式 $= \iint\limits_{D_1} \dfrac{x+y}{\sqrt{x^2+y^2}} dx dy + \iint\limits_{D_2} \dfrac{x+y}{\sqrt{x^2+y^2}} dx dy + \iint\limits_{D_3} \dfrac{x+y}{\sqrt{x^2+y^2}} dx dy$
$= 2(\sqrt{2}-1) + 2\sqrt{2}\ln(1+\sqrt{2}) + 2(\sqrt{2}-1) = 4(\sqrt{2}-1) + 2\sqrt{2}\ln(1+\sqrt{2})$

例 5.4（天津市 2003 年竞赛题） 计算

$$I = \int_0^{a\sin\varphi} e^{-y^2} dy \int_{\sqrt{a^2-y^2}}^{\sqrt{b^2-y^2}} e^{-x^2} dx + \int_{a\sin\varphi}^{b\sin\varphi} e^{-y^2} dy \int_{y\cot\varphi}^{\sqrt{b^2-y^2}} e^{-x^2} dx$$

其中 $0 < a < b, 0 < \varphi < \dfrac{\pi}{2}$，且 a, b, φ 均为常数.

解析 原式中两项分别表示函数 $e^{-(x^2+y^2)}$ 在图中 D_1 与 D_2 区域上的两次积分，$D = D_1 + D_2$，化为极坐标计算，有

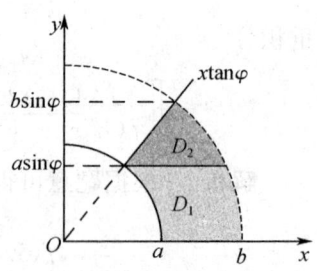

$$原式 = \iint\limits_{D} e^{-(x^2+y^2)} dx dy = \iint\limits_{D} e^{-\rho^2} \rho d\rho d\theta$$
$$= \int_0^{\varphi} d\theta \int_a^b \rho e^{-\rho^2} d\rho = \dfrac{e^{-a^2} - e^{-b^2}}{2} \varphi$$

注：原题中将积分下限 $y\cot\varphi$ 错写为 $y\tan\varphi$.

例 5.5(江苏省 2012 年竞赛题) 试计算二重积分 $\iint\limits_D (x^2+xy)^2 \mathrm{d}x\mathrm{d}y$,其中 D 为 $\{(x,y)\mid x^2+y^2 \leqslant 2x\}$.

解析 曲线 $x^2+y^2=2x$ 的极坐标方程为 $\rho=2\cos\theta$,区域 D 关于 $y=0$ 对称,$2x^3y$ 关于 $y=0$ 为奇函数,$x^2(x^2+y^2)$ 关于 $y=0$ 为偶函数,应用奇偶、对称性,得

$$\text{原式} = \iint\limits_D x^2(x^2+2xy+y^2)\mathrm{d}x\mathrm{d}y = 2\iint\limits_{D(y\geqslant 0)} x^2(x^2+y^2)\mathrm{d}x\mathrm{d}y$$

$$= 2\int_0^{\frac{\pi}{2}} \mathrm{d}\theta \int_0^{2\cos\theta} \rho^5 \cos^2\theta \mathrm{d}\rho = \frac{64}{3}\int_0^{\frac{\pi}{2}} \cos^8\theta \mathrm{d}\theta$$

其中 $D(y\geqslant 0): 0\leqslant \rho \leqslant 2\cos\theta, 0\leqslant \theta \leqslant \frac{\pi}{2}$. 由于

$$I_n = \int_0^{\frac{\pi}{2}} \cos^n x\mathrm{d}x = \int_0^{\frac{\pi}{2}} \cos^{n-1}x \mathrm{d}\sin x = (n-1)\int_0^{\frac{\pi}{2}} \sin^2 x \cos^{n-2} x\mathrm{d}x$$

$$= (n-1)\int_0^{\frac{\pi}{2}} (1-\cos^2 x)\cos^{n-2} x\mathrm{d}x = (n-1)I_{n-2} - (n-1)I_n$$

因此 $I_n = \frac{n-1}{n}I_{n-2}$. 又因为 $I_0 = \frac{\pi}{2}$,所以

$$I_8 = \frac{7\times 5\times 3\times 1}{8\times 6\times 4\times 2}\cdot \frac{\pi}{2} = \frac{35}{4\times 64}\pi$$

故原式 $= \frac{64}{3}\cdot \frac{35}{4\times 64}\pi = \frac{35}{12}\pi$.

例 5.6(江苏省 2006 年竞赛题) 设 D 为 $y=x, x=\frac{\pi}{2}, y=0$ 所围的平面图形,求 $\iint\limits_D |\cos(x+y)|\mathrm{d}x\mathrm{d}y$.

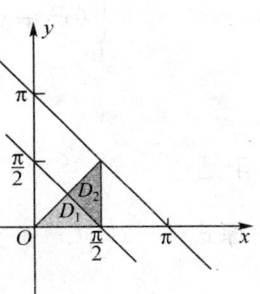

解析 用 $x+y=\frac{\pi}{2}$ 将 D 分为 D_1+D_2(如图所示),则

$$\text{原式} = \iint\limits_{D_1} \cos(x+y)\mathrm{d}x\mathrm{d}y - \iint\limits_{D_2} \cos(x+y)\mathrm{d}x\mathrm{d}y$$

$$= \int_0^{\frac{\pi}{4}} \mathrm{d}y \int_y^{\frac{\pi}{2}-y} \cos(x+y)\mathrm{d}x - \int_{\frac{\pi}{4}}^{\frac{\pi}{2}} \mathrm{d}x \int_{\frac{\pi}{2}-x}^{x} \cos(x+y)\mathrm{d}y$$

$$= \int_0^{\frac{\pi}{4}} [1-\sin(2y)]\mathrm{d}y - \int_{\frac{\pi}{4}}^{\frac{\pi}{2}} [\sin(2x)-1]\mathrm{d}x$$

$$= \frac{\pi}{4} - \frac{1}{2} - \frac{1}{2} + \frac{\pi}{4} = \frac{\pi}{2} - 1$$

例 5.7(江苏省 2016 年竞赛题) 设 $D=\{(x,y)\mid 0\leqslant y\leqslant 1-x, 0\leqslant x\leqslant 1\}$,

试求二重积分 $\iint\limits_{D} | x^2 + y^2 - x | \,dxdy$.

解析 在 D 内作圆 $x^2 + y^2 = x$ 使其分为 D_1 与 D_2（如右图所示），圆 $x^2 + y^2 = x$ 与直线 $y = 1 - x$ 的交点分别为 $A\left(\dfrac{1}{2}, \dfrac{1}{2}\right), B(1, 0)$，于是

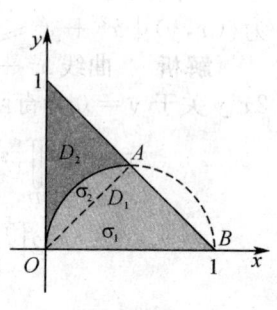

$$\text{原式} = -\iint\limits_{D_1}(x^2+y^2-x)dxdy + \iint\limits_{D_2}(x^2+y^2-x)dxdy$$

$$= -2\iint\limits_{D_1}(x^2+y^2-x)dxdy + \iint\limits_{D}(x^2+y^2-x)dxdy$$

再用线段 OA 将 D_1 分为 σ_1 与 σ_2（如图），则

$$\iint\limits_{\sigma_1}(x^2+y^2-x)dxdy = \int_0^{1/2}dy\int_y^{1-y}(x^2+y^2-x)dx$$

$$= \int_0^{1/2}\left(-\frac{1}{6}+2y^2-\frac{8}{3}y^3\right)dy = -\frac{1}{24}$$

$$\iint\limits_{\sigma_2}(x^2+y^2-x)dxdy = \int_{\pi/4}^{\pi/2}d\theta\int_0^{\cos\theta}(\rho^2-\rho\cos\theta)\rho d\rho = -\frac{1}{12}\int_{\pi/4}^{\pi/2}\cos^4\theta d\theta$$

$$= -\frac{1}{12}\left(\frac{3}{8}\theta + \frac{1}{4}\sin 2\theta + \frac{1}{32}\sin 4\theta\right)\bigg|_{\pi/4}^{\pi/2} = -\frac{\pi}{128} + \frac{1}{48}$$

$$\iint\limits_{D}(x^2+y^2-x)dxdy = \int_0^1 dx\int_0^{1-x}(x^2+y^2-x)dy$$

$$= \int_0^1\left(\frac{1}{3}-2x+3x^2-\frac{4}{3}x^3\right)dx = 0$$

于是

$$\text{原式} = -2\left(\iint\limits_{\sigma_1}(x^2+y^2-x)dxdy + \iint\limits_{\sigma_2}(x^2+y^2-x)dxdy\right) + \iint\limits_{D}(x^2+y^2-x)dxdy$$

$$= -2\cdot\left(-\frac{1}{24}-\frac{\pi}{128}+\frac{1}{48}\right) + 0 = \frac{1}{24} + \frac{\pi}{64}$$

例 5.8（全国大学生 2013 年决赛题） 求二重积分

$$I = \iint\limits_{x^2+y^2\leqslant 1} | x^2+y^2-x-y | \,dxdy$$

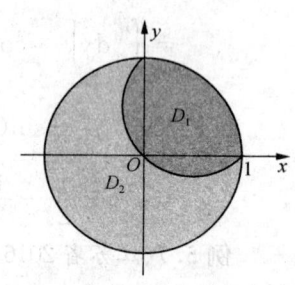

解析 在圆 $D: x^2 + y^2 \leqslant 1$ 内作圆 $x^2 + y^2 - x - y = 0$，即

$$\left(x-\frac{1}{2}\right)^2+\left(y-\frac{1}{2}\right)^2=\left(\frac{\sqrt{2}}{2}\right)^2$$

使其分为 D_1 与 D_2(如上图所示),由于圆 D_1 在原点处的切线是第 Ⅱ,Ⅳ 象限的角平方线,于是

$$\begin{aligned}
I &= -\iint_{D_1}(x^2+y^2-x-y)\mathrm{d}x\mathrm{d}y+\iint_{D_2}(x^2+y^2-x-y)\mathrm{d}x\mathrm{d}y \\
&= -2\iint_{D_1}(x^2+y^2-x-y)\mathrm{d}x\mathrm{d}y+\iint_{D}(x^2+y^2-x-y)\mathrm{d}x\mathrm{d}y \\
&= -2\int_{-\frac{\pi}{4}}^{0}\mathrm{d}\theta\int_{0}^{\cos\theta+\sin\theta}(\rho^2-\rho(\cos\theta+\sin\theta))\rho\mathrm{d}\rho-2\int_{0}^{\frac{\pi}{2}}\mathrm{d}\theta\int_{0}^{1}(\rho^2-\rho(\cos\theta+\sin\theta))\rho\mathrm{d}\rho \\
&\quad -2\int_{\frac{\pi}{2}}^{\frac{3\pi}{4}}\mathrm{d}\theta\int_{0}^{\cos\theta+\sin\theta}(\rho^2-\rho(\cos\theta+\sin\theta))\rho\mathrm{d}\rho+\int_{0}^{2\pi}\mathrm{d}\theta\int_{0}^{1}\rho^3\mathrm{d}\rho-0 \\
&= \frac{1}{6}\int_{-\frac{\pi}{4}}^{0}(\cos\theta+\sin\theta)^4\mathrm{d}\theta-\frac{\pi}{4}+\frac{4}{3}+\frac{1}{6}\int_{\frac{\pi}{2}}^{\frac{3\pi}{4}}(\cos\theta+\sin\theta)^4\mathrm{d}\theta+\frac{\pi}{2} \\
&\xlongequal{\diamondsuit\theta+\frac{\pi}{4}=t} \frac{2}{3}\int_{0}^{\frac{\pi}{4}}\sin^4 t\mathrm{d}t+\frac{2}{3}\int_{\frac{3\pi}{4}}^{\pi}\sin^4 t\mathrm{d}t+\frac{\pi}{4}+\frac{4}{3} \\
&= \frac{\pi}{16}-\frac{1}{6}+\frac{\pi}{16}-\frac{1}{6}+\frac{\pi}{4}+\frac{4}{3}=1+\frac{3}{8}\pi
\end{aligned}$$

例 5.9(全国大学生 2009 年预赛题) 计算 $\displaystyle\iint_{D}\frac{(x+y)\ln\left(1+\frac{y}{x}\right)}{\sqrt{1-x-y}}\mathrm{d}x\mathrm{d}y$,其中区域 D 为直线 $x+y=1$ 与两坐标轴所围的三角形区域.

解析 运用极坐标计算,记 $\varphi(\theta)=\cos\theta+\sin\theta$,则

$$\begin{aligned}
\text{原式} &= \int_{0}^{\frac{\pi}{2}}\mathrm{d}\theta\int_{0}^{\frac{1}{\varphi(\theta)}}\frac{\varphi(\theta)\ln(1+\tan\theta)}{\sqrt{1-\rho\varphi(\theta)}}\rho^2\mathrm{d}\rho \quad (\diamondsuit\sqrt{1-\rho\varphi(\theta)}=t) \\
&= 2\int_{0}^{\frac{\pi}{2}}\mathrm{d}\theta\int_{0}^{1}\frac{\ln(1+\tan\theta)}{\varphi^2(\theta)}(1-t^2)^2\mathrm{d}t \\
&= \frac{16}{15}\int_{0}^{\frac{\pi}{2}}\frac{\ln(1+\tan\theta)}{(1+\tan\theta)^2}\mathrm{d}(1+\tan\theta) \quad (\diamondsuit 1+\tan\theta=u) \\
&= \frac{16}{15}\int_{1}^{+\infty}\frac{\ln u}{u^2}\mathrm{d}u=-\frac{16}{15}\int_{1}^{+\infty}\ln u\mathrm{d}\frac{1}{u} \\
&= -\frac{16}{15}\left(\frac{\ln u}{u}\bigg|_{1}^{+\infty}-\int_{1}^{+\infty}\frac{1}{u^2}\mathrm{d}u\right)=-\frac{16}{15}\frac{1}{u}\bigg|_{1}^{+\infty}=\frac{16}{15}
\end{aligned}$$

例 5.10(莫斯科技术物理学院 1977 年竞赛题) 设 Γ 为圆 $x^2+y^2=4$,现引入函数 $\rho(x,y)$,其绝对值等于点 (x,y) 到曲线 Γ 的距离,其符号按下列方法确定:当点 (x,y) 在圆 Γ 的内部时取负号,当点 (x,y) 在圆 Γ 的外部时取正号. 已知常数 a :

$0 < a < 2$,求二重积分 $\iint\limits_{|\rho(x,y)| \leqslant a} \rho(x,y) \mathrm{d}x\mathrm{d}y$.

解析 设 (ρ, θ) 为点 (x, y) 的极坐标,且
$$D = \{(x,y) \mid 2-a \leqslant \sqrt{x^2+y^2} \leqslant 2+a\}$$
则当 $(x, y) \in D$ 时,$\rho(x, y) = \rho - 2$,于是
$$\iint\limits_{|\rho(x,y)|\leqslant a} \rho(x,y)\mathrm{d}x\mathrm{d}y = \int_0^{2\pi}\mathrm{d}\theta \int_{2-a}^{2+a}(\rho-2)\rho\mathrm{d}\rho = 2\pi\left(\frac{1}{3}\rho^3-\rho^2\right)\Big|_{2-a}^{2+a}$$
$$= \frac{4}{3}\pi a^3$$

例 5.11(江苏省 2002 年竞赛题) 设 $f(u)$ 在 $u = 0$ 可导,$f(0) = 0$,$D: x^2 + y^2 \leqslant 2tx$, $y \geqslant 0$,求 $\lim\limits_{t \to 0^+} \dfrac{1}{t^4}\iint\limits_D f(\sqrt{x^2+y^2}) y \mathrm{d}x\mathrm{d}y$.

解析 首先采用极坐标计算二重积分,有
$$\iint\limits_D f(\sqrt{x^2+y^2})y\mathrm{d}x\mathrm{d}y = \int_0^{2t}\mathrm{d}\rho \int_0^{\arccos\frac{\rho}{2t}} f(\rho)\rho^2\sin\theta \mathrm{d}\theta = \int_0^{2t}\rho^2 f(\rho)(-\cos\theta)\Big|_0^{\arccos\frac{\rho}{2t}}\mathrm{d}\rho$$
$$= \int_0^{2t}\rho^2 f(\rho)\left(1-\frac{\rho}{2t}\right)\mathrm{d}\rho$$

于是
$$原式 = \lim_{t\to 0^+} \frac{t\int_0^{2t}\rho^2 f(\rho)\mathrm{d}\rho - \frac{1}{2}\int_0^{2t}\rho^3 f(\rho)\mathrm{d}\rho}{t^5} \stackrel{\frac{0}{0}}{=} \lim_{t\to 0^+}\frac{\int_0^{2t}\rho^2 f(\rho)\mathrm{d}\rho}{5t^4}$$
$$\stackrel{\frac{0}{0}}{=} \lim_{t\to 0^+} \frac{2(2t)^2 f(2t)}{20t^3} = \frac{4}{5}\lim_{t\to 0^+}\frac{f(2t)-f(0)}{2t} = \frac{4}{5}f'(0)$$

例 5.12(浙江省 2010 年竞赛题) 计算 $\iint\limits_{\mathbf{R}^2} \mathrm{e}^{-\frac{x^2-2\rho xy+y^2}{2(1-\rho^2)}}\mathrm{d}x\mathrm{d}y$,其中 $0 \leqslant \rho < 1$.

解析 运用二重积分换元积分法,令 $x = t+s$, $y = t-s$,则雅可比行列式 $J = -2$,面积微元为 $\mathrm{d}x\mathrm{d}y = |J|\mathrm{d}t\mathrm{d}s = 2\mathrm{d}t\mathrm{d}s$,于是
$$原式 = 2\iint\limits_{\mathbf{R}^2} \mathrm{e}^{-\frac{(1-\rho)t^2+(1+\rho)s^2}{1-\rho^2}}\mathrm{d}t\mathrm{d}s$$

再运用换元积分法,令 $t = \sqrt{1+\rho}u$, $s = \sqrt{1-\rho}v$,则面积微元为 $\mathrm{d}t\mathrm{d}s = \sqrt{1-\rho^2}\mathrm{d}u\mathrm{d}v$,并采用极坐标计算,有
$$原式 = 2\sqrt{1-\rho^2}\iint\limits_{\mathbf{R}^2}\mathrm{e}^{-(u^2+v^2)}\mathrm{d}u\mathrm{d}v = 2\sqrt{1-\rho^2}\int_0^{2\pi}\mathrm{d}\theta\int_0^{+\infty}\mathrm{e}^{-r^2}r\mathrm{d}r$$
$$= 4\pi\sqrt{1-\rho^2}\left(-\frac{1}{2}\right)\mathrm{e}^{-r^2}\Big|_0^{+\infty} = 2\pi\sqrt{1-\rho^2}$$

例 5.13（北京市 1996 年竞赛题） 设 $f(x)$ 为连续偶函数，试证明：

$$\iint_D f(x-y)\mathrm{d}x\mathrm{d}y = 2\int_0^{2a}(2a-u)f(u)\mathrm{d}u$$

其中 D 为正方形 $|x|\leqslant a, |y|\leqslant a(a>0)$。

解析 运用二重积分的换元积分法，令 $u=x-y, v=x+y$，则 $x=\dfrac{1}{2}(u+v)$，$y=\dfrac{1}{2}(v-u)$，得雅可比行列式 $J=\dfrac{1}{2}$，从而面积微元为 $\mathrm{d}x\mathrm{d}y = |J|\mathrm{d}u\mathrm{d}v = \dfrac{1}{2}\mathrm{d}u\mathrm{d}v$，故

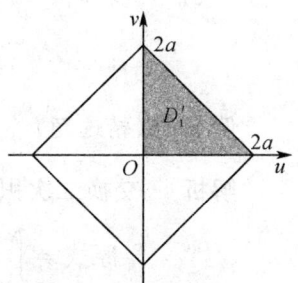

$$\iint_D f(x-y)\mathrm{d}x\mathrm{d}y = \frac{1}{2}\iint_{D'}f(u)\mathrm{d}u\mathrm{d}v$$

其中 $D':|u+v|\leqslant 2a, |u-v|\leqslant 2a$（见右图）。由于区域 D' 关于 $u=0$ 对称且 $f(u)$ 关于 u 为偶函数，区域 D' 关于 $v=0$ 对称且 $f(u)$ 关于 v 为偶函数，应用二重积分的奇偶、对称性得

$$\iint_{D'} f(u)\mathrm{d}u\mathrm{d}v = 4\iint_{D_1'}f(u)\mathrm{d}u\mathrm{d}v$$

于是

$$\iint_D f(x-y)\mathrm{d}x\mathrm{d}y = 2\iint_{D_1'}f(u)\mathrm{d}u\mathrm{d}v = 2\int_0^{2a}\mathrm{d}u\int_0^{2a-u}f(u)\mathrm{d}v$$

$$= 2\int_0^{2a}(2a-u)f(u)\mathrm{d}u$$

5.2.2 交换二次积分的次序（例 5.14—5.22）

例 5.14（北京市 1992 年竞赛题） 求反常积分 $\int_0^1 \dfrac{x^b-x^a}{\ln x}\mathrm{d}x$，其中 $a,b>0$。

解析 由于 $f(x) = \dfrac{x^b-x^a}{\ln x}$ 在 $(0,1)$ 上连续，在 $(0,1)$ 的两个端点，有

$$\lim_{x\to 0^+}\frac{x^b-x^a}{\ln x} = \lim_{x\to 0^+}(x^b-x^a)\frac{1}{\ln x} = 0\cdot 0 = 0$$

$$\lim_{x\to 1^-}\frac{x^b-x^a}{\ln x} = \lim_{x\to 1^-}\frac{x^a(\mathrm{e}^{(b-a)\ln x}-1)}{\ln x} = \lim_{x\to 1^-}\frac{(b-a)\ln x}{\ln x} = b-a$$

所以原式是常义定积分。下面将原式化为二次积分并交换积分次序，得

$$\int_0^1 \frac{x^b-x^a}{\ln x}\mathrm{d}x = \int_0^1 \mathrm{d}x\int_a^b x^y\mathrm{d}y = \int_a^b \mathrm{d}y\int_0^1 x^y\mathrm{d}x$$

$$= \int_a^b \frac{1}{y+1}\mathrm{d}y = \ln\frac{b+1}{a+1}$$

例 5.15(江苏省 2000 年竞赛题) 交换二次积分的次序：$\int_0^1 dx \int_{x^2}^{3-x} f(x,y) dy = $ _____ .

解析 由 $x=0, x=1, y=x^2, y=3-x$ 所围的积分区域如图所示，则交换积分次序得

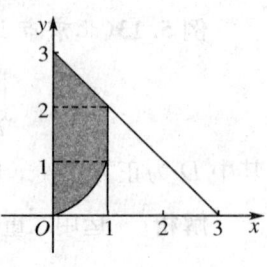

$$\int_0^1 dx \int_{x^2}^{3-x} f(x,y) dy = \int_0^1 dy \int_0^{\sqrt{y}} f(x,y) dx$$
$$+ \int_1^2 dy \int_0^1 f(x,y) dx + \int_2^3 dy \int_0^{3-y} f(x,y) dx$$

例 5.16(精选题) 设 $f(x)$ 连续可导，$a>0$，求 $\int_0^a dx \int_0^x \dfrac{f'(y)}{\sqrt{(a-x)(x-y)}} dy$.

解析 交换二次积分的次序，有

$$原式 = \int_0^a dy \int_y^a \dfrac{f'(y)}{\sqrt{\left(\dfrac{a-y}{2}\right)^2 - \left(x - \dfrac{a+y}{2}\right)^2}} dx$$

$$= \int_0^a dy \int_{-\frac{\pi}{2}}^{\frac{\pi}{2}} f'(y) dt \quad \left(令\ x - \dfrac{a+y}{2} = \dfrac{a-y}{2}\sin t\right)$$

$$= \pi \int_0^a f'(y) dy = \pi[f(a) - f(0)]$$

例 5.17(江苏省 2017 年竞赛题) 设 $f(x) = \begin{cases} x, & 0 \leqslant x \leqslant 1, \\ \sqrt{2x-x^2}, & 1 \leqslant x \leqslant 2, \end{cases}$ 交换二次积分 $\int_0^1 dy \int_y^{1+\sqrt{1-y^2}} f(x) dx$ 的次序，并求此积分的值.

解析 由 $y=0, y=1, x=y, x=1+\sqrt{1-y^2}$ 所围成的积分区域如右图所示，交换二次积分的次序得

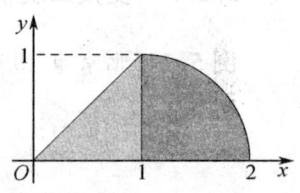

$$原式 = \int_0^1 dx \int_0^x f(x) dy + \int_1^2 dx \int_0^{\sqrt{2x-x^2}} f(x) dy$$
$$= \int_0^1 dx \int_0^x x\, dy + \int_1^2 dx \int_0^{\sqrt{2x-x^2}} \sqrt{2x-x^2}\, dy$$
$$= \int_0^1 x^2 dx + \int_1^2 (2x-x^2) dx = \dfrac{1}{3} + \dfrac{2}{3} = 1$$

例 5.18(江苏省 2008 年竞赛题) 求 $\lim\limits_{t \to 0^+} \dfrac{1}{t^6} \int_0^t dx \int_x^t \sin(xy)^2 dy$.

解析 交换积分次序，有

$$\int_0^t dx \int_x^t \sin(xy)^2 dy = \int_0^t dy \int_0^y \sin(xy)^2 dx$$

应用洛必达法则和积分换元变换,则

$$\text{原式} \xlongequal{\frac{0}{0}} \lim_{t\to 0^+} \frac{\int_0^t \sin(tx)^2 \,dx}{6t^5} = \lim_{t\to 0^+} \frac{\int_0^{t^2} \sin u^2 \,du}{6t^6} \xlongequal{\frac{0}{0}} \lim_{t\to 0^+} \frac{2t\sin t^4}{36 t^5} = \frac{1}{18}$$

例 5.19(北京市 1994 年竞赛题) 设 $f(x,y)$ 是定义在区域 $0\leqslant x\leqslant 1, 0\leqslant y\leqslant 1$ 上的二元函数,$f(0,0)=0$,且在点 $(0,0)$ 处 $f(x,y)$ 可微,求极限

$$\lim_{x\to 0^+} \frac{\int_0^{x^2} dt \int_x^{\sqrt{t}} f(t,u) \,du}{1 - e^{-\frac{x^4}{4}}}$$

解析 交换积分次序,有

$$\int_0^{x^2} dt \int_x^{\sqrt{t}} f(t,u) \,du = -\int_0^x \left(\int_0^{u^2} f(t,u) \,dt \right) du$$

应用洛必达法则与积分中值定理,则

$$\text{原式} = \lim_{x\to 0^+} \frac{-\int_0^x \left(\int_0^{u^2} f(t,u) \,dt \right) du}{\frac{x^4}{4}} \xlongequal{\frac{0}{0}} \lim_{x\to 0^+} \frac{-\int_0^{x^2} f(t,x) \,dt}{x^3}$$

$$= -\lim_{x\to 0^+} \frac{f(\xi(x),x)\cdot x^2}{x^3} = -\lim_{x\to 0^+} \frac{f(\xi(x),x)}{x} \quad (0<\xi(x)<x^2)$$

由于 $f(x,y)$ 在 $(0,0)$ 处可微,$f(0,0)=0$,及 $\xi(x)=o(x)$,所以

$$f(\xi(x),x) = f(0,0) + f_x'(0,0)\xi(x) + f_y'(0,0)x + o(\sqrt{\xi^2(x)+x^2})$$
$$= f_y'(0,0)x + o(x)$$

因此

$$\text{原式} = -\lim_{x\to 0^+} \frac{f_y'(0,0)x + o(x)}{x} = -f_y'(0,0)$$

例 5.20(全国大学生 2017 年预赛题) 设函数 $f(x)>0$ 且在实轴上连续,若对任意实数 t 有 $\int_{-\infty}^{+\infty} e^{-|t-x|} f(x) \,dx \leqslant 1$,求证:$\forall a,b(a<b)$,有 $\int_a^b f(x) \,dx \leqslant \frac{b-a+2}{2}$.

解析 $\forall a,b(a<b)$,有

$$\int_a^b e^{-|t-x|} f(x) \,dx \leqslant \int_{-\infty}^{+\infty} e^{-|t-x|} f(x) \,dx \leqslant 1$$

上式两端对 t 从 a 到 b 积分得

$$\int_a^b dt \int_a^b e^{-|t-x|} f(x) \,dx \leqslant \int_a^b 1 \,dt = b-a$$

上式左端交换积分次序得

$$\int_a^b dt \int_a^b e^{-|t-x|} f(x) dx = \int_a^b f(x) dx \int_a^b e^{-|t-x|} dt = \int_a^b f(x) dx \left(e^{-x} \int_a^x e^t dt + e^x \int_x^b e^{-t} dt \right)$$

$$= \int_a^b (2 - e^{-(x-a)} - e^{-(b-x)}) f(x) dx$$

$$= 2 \int_a^b f(x) dx - \int_a^b (e^{-(x-a)} + e^{-(b-x)}) f(x) dx$$

$$= 2 \int_a^b f(x) dx - \int_a^b (e^{-|x-a|} + e^{-|b-x|}) f(x) dx \leqslant b - a$$

于是

$$\int_a^b f(x) dx \leqslant \frac{b-a}{2} + \frac{1}{2} \int_a^b (e^{-|a-x|} + e^{-|b-x|}) f(x) dx \leqslant \frac{b-a+2}{2}$$

例 5.21(精选题) 设 $x \geqslant 0$, $f_0(x) > 0$, 若 $f_n(x) = \int_0^x f_{n-1}(t) dt (n = 1, 2, 3, \cdots)$, 求证:

$$f_n(x) = \frac{1}{(n-1)!} \int_0^x (x-t)^{n-1} f_0(t) dt \qquad (*)_n$$

解析 用数学归纳法证明. 当 $n=1$ 时

$$f_1(x) = \int_0^x f_0(t) dt = \frac{1}{(1-1)!} \int_0^x (x-t)^{1-1} f_0(t) dt$$

所以 $(*)_1$ 成立. 假设 $(*)_k$ 成立,即

$$f_k(x) = \frac{1}{(k-1)!} \int_0^x (x-t)^{k-1} f_0(t) dt = \frac{1}{(k-1)!} \int_0^x (x-u)^{k-1} f_0(u) du$$

则

$$f_{k+1}(x) = \int_0^x f_k(t) dt = \int_0^x \left[\frac{1}{(k-1)!} \int_0^t (t-u)^{k-1} f_0(u) du \right] dt$$

$$= \frac{1}{(k-1)!} \int_0^x dt \int_0^t (t-u)^{k-1} f_0(u) du \quad (\text{交换积分次序})$$

$$= \frac{1}{(k-1)!} \int_0^x du \int_u^x (t-u)^{k-1} f_0(u) dt$$

$$= \frac{1}{(k-1)!} \int_0^x \left[\frac{1}{k} (t-u)^k \Big|_u^x f_0(u) \right] du$$

$$= \frac{1}{k!} \int_0^x (x-u)^k f_0(u) du = \frac{1}{k!} \int_0^x (x-t)^k f_0(t) dt$$

所以 $(*)_{k+1}$ 成立,因此 $(*)_n$ 对任意正整数 n 成立.

例 5.22(精选题)　设 $D: x^2 + y^2 \leqslant 1, f(x,y)$ 在 D 上连续.

(1) 求证: $\iint\limits_{D} f(x,y)\mathrm{d}x\mathrm{d}y = \iint\limits_{D} f(y,x)\mathrm{d}x\mathrm{d}y$;

(2) 求 $\iint\limits_{D}(\sin^2 x + \cos^2 y)\mathrm{d}x\mathrm{d}y$.

解析　(1) 作标准的极坐标变换 $x = \rho\cos\theta, y = \rho\sin\theta$, 则面积微元为 $\mathrm{d}x\mathrm{d}y = |J|\mathrm{d}\rho\mathrm{d}\theta = \rho\mathrm{d}\rho\mathrm{d}\theta$, 所以

$$\iint\limits_{D} f(x,y)\mathrm{d}x\mathrm{d}y = \int_0^{2\pi}\mathrm{d}\theta\int_0^1 f(\rho\cos\theta,\ \rho\sin\theta)\rho\mathrm{d}\rho$$

再作非标准的极坐标变换 $x = \rho\sin\theta, y = \rho\cos\theta$, 则面积微元为 $\mathrm{d}x\mathrm{d}y = |J|\mathrm{d}\rho\mathrm{d}\theta = \rho\mathrm{d}\rho\mathrm{d}\theta$, 所以

$$\iint\limits_{D} f(y,x)\mathrm{d}x\mathrm{d}y = \iint\limits_{D} f(\rho\cos\theta,\ \rho\sin\theta)|J|\mathrm{d}\rho\mathrm{d}\theta = \int_0^{2\pi}\mathrm{d}\theta\int_0^1 f(\rho\cos\theta,\ \rho\sin\theta)\rho\mathrm{d}\rho$$

于是有 $\iint\limits_{D} f(x,y)\mathrm{d}x\mathrm{d}y = \iint\limits_{D} f(y,x)\mathrm{d}x\mathrm{d}y$.

(2) 利用(1)的结论得

$$\iint\limits_{D}(\sin^2 x + \cos^2 y)\mathrm{d}x\mathrm{d}y = \iint\limits_{D}(\sin^2 y + \cos^2 x)\mathrm{d}x\mathrm{d}y$$

于是

$$原式 = \frac{1}{2}\iint\limits_{D}(\sin^2 x + \cos^2 y + \sin^2 y + \cos^2 x)\mathrm{d}x\mathrm{d}y$$

$$= \frac{1}{2}\iint\limits_{D}(1+1)\mathrm{d}x\mathrm{d}y = \pi$$

5.2.3　三重积分的计算(例 5.23—5.27)

例 5.23(南京大学 1996 年竞赛题)　设 $f(x)$ 连续, $f(0) = k, V_t$ 由 $0 \leqslant z \leqslant k$, $x^2 + y^2 \leqslant t^2$ 确定, 试求 $\lim\limits_{t\to 0^+}\dfrac{F(t)}{t^2}$, 其中 $F(t) = \iiint\limits_{V_t}[z^2 + f(x^2+y^2)]\mathrm{d}x\mathrm{d}y\mathrm{d}z$.

解析　记 $D: x^2 + y^2 \leqslant t^2$, 则

$$F(t) = \iiint\limits_{V_t}[z^2 + f(x^2+y^2)]\mathrm{d}V = \iint\limits_{D}\mathrm{d}x\mathrm{d}y\int_0^k z^2\mathrm{d}z + \iint\limits_{D}\mathrm{d}x\mathrm{d}y\int_0^k f(x^2+y^2)\mathrm{d}z$$

$$= \frac{k^3}{3}\pi t^2 + k\int_0^{2\pi}\mathrm{d}\theta\int_0^t f(\rho^2)\rho\mathrm{d}\rho \xrightarrow{令 \rho^2 = u} \frac{k^3}{3}\pi t^2 + \pi k\int_0^{t^2} f(u)\mathrm{d}u$$

故

$$\text{原式} = \lim_{t \to 0^+} \frac{F(t)}{t^2} = \frac{\pi}{3}k^3 + \lim_{t \to 0^+} \frac{\pi k \int_0^{t^2} f(u)\,\mathrm{d}u}{t^2}$$

$$\stackrel{\frac{0}{0}}{=} \frac{\pi}{3}k^3 + \lim_{t \to 0^+} \frac{\pi k 2t f(t^2)}{2t} = \frac{\pi}{3}k^3 + \pi k^2$$

例 5.24(江苏省 2006 年竞赛题)   曲线 $\begin{cases} x^2 = 2z \\ y = 0 \end{cases}$,绕 z 轴旋转一周生成的曲面与 $z = 1, z = 2$ 所围成的立体区域记为 Ω.

(1) 求 $\iiint_\Omega (x^2 + y^2 + z^2)\,\mathrm{d}x\mathrm{d}y\mathrm{d}z$;

(2) 求 $\iiint_\Omega \dfrac{1}{x^2 + y^2 + z^2}\,\mathrm{d}x\mathrm{d}y\mathrm{d}z.$

解析   曲面方程为 $x^2 + y^2 = 2z$,记 $D(z): x^2 + y^2 \leqslant (\sqrt{2z})^2$.

(1) **方法 1**

$$\text{原式} = \int_1^2 \mathrm{d}z \iint_{D(z)} (x^2 + y^2 + z^2)\,\mathrm{d}x\mathrm{d}y = \int_1^2 \mathrm{d}z \int_0^{2\pi} \mathrm{d}\theta \int_0^{\sqrt{2z}} (\rho^2 + z^2)\rho\,\mathrm{d}\rho$$

$$= 2\pi \int_1^2 (z^2 + z^3)\,\mathrm{d}z = \frac{73}{6}\pi$$

方法 2

$$\text{原式} = \int_0^{2\pi} \mathrm{d}\theta \int_0^2 \rho\,\mathrm{d}\rho \int_{\frac{\rho^2}{2}}^2 (\rho^2 + z^2)\,\mathrm{d}z - \int_0^{2\pi} \mathrm{d}\theta \int_0^{\sqrt{2}} \rho\,\mathrm{d}\rho \int_{\frac{\rho^2}{2}}^1 (\rho^2 + z^2)\,\mathrm{d}z$$

$$= 2\pi \int_0^2 \left(2\rho^3 - \frac{1}{2}\rho^5 + \frac{8}{3}\rho - \frac{1}{24}\rho^7\right)\mathrm{d}\rho - 2\pi \int_0^{\sqrt{2}} \left(\rho^3 - \frac{\rho^5}{2} + \frac{1}{3}\rho - \frac{\rho^7}{24}\right)\mathrm{d}\rho$$

$$= \frac{40}{3}\pi - \frac{7}{6}\pi = \frac{73}{6}\pi$$

(2) $\text{原式} = \int_1^2 \mathrm{d}z \iint_{D(z)} \dfrac{1}{x^2 + y^2 + z^2}\,\mathrm{d}x\mathrm{d}y = \int_1^2 \mathrm{d}z \int_0^{2\pi} \mathrm{d}\theta \int_0^{\sqrt{2z}} \dfrac{\rho}{\rho^2 + z^2}\,\mathrm{d}\rho$

$$= 2\pi \int_1^2 \frac{1}{2} \ln(\rho^2 + z^2) \Big|_0^{\sqrt{2z}}\,\mathrm{d}z = \pi \int_1^2 \ln\left(1 + \frac{2}{z}\right)\mathrm{d}z$$

$$= \pi z \ln\left(1 + \frac{2}{z}\right) \Big|_1^2 + \pi \int_1^2 \frac{2}{2 + z}\,\mathrm{d}z$$

$$= \pi \ln \frac{4}{3} + 2\pi \ln \frac{4}{3} = 3\pi \ln \frac{4}{3}$$

例 5.25(全国大学生 2016 年预赛题)   某物体所在的空间区域为

$$\Omega: x^2 + y^2 + 2z^2 \leqslant x + y + 2z$$

密度函数为 $x^2 + y^2 + z^2$,求质量 $M = \iiint_\Omega (x^2 + y^2 + z^2)\,\mathrm{d}x\mathrm{d}y\mathrm{d}z.$

解析 作平移变换，令 $x - \frac{1}{2} = u, y - \frac{1}{2} = v, z - \frac{1}{2} = w$，$\Omega$ 化为 $\Omega_1 : u^2 + v^2 + 2w^2 \leqslant 1$，体积微元 $dV = dxdydz = dudvdw$，并应用三重积分的奇偶、对称性得

$$M = \iiint\limits_{\Omega_1} \left(\frac{1}{4} + u + u^2 + \frac{1}{4} + v + v^2 + \frac{1}{4} + w + w^2\right) dudvdw$$

$$= \frac{3}{4} V(\Omega_1) + 0 + \iiint\limits_{\Omega_1} (u^2 + v^2 + w^2) dudvdw = \frac{\sqrt{2}}{2}\pi + \iiint\limits_{\Omega_1} (u^2 + v^2 + w^2) dudvdw$$

再作广义球坐标变换，令 $u = r\sin\varphi\cos\theta, v = r\sin\varphi\sin\theta, w = \frac{1}{\sqrt{2}}r\cos\varphi, |J| = \frac{1}{\sqrt{2}}r^2\sin\varphi$，则

$$\iiint\limits_{\Omega_1} (u^2 + v^2 + w^2) dudvdw = \frac{1}{\sqrt{2}} \int_0^{2\pi} d\theta \int_0^\pi d\varphi \int_0^1 \left(r^2\sin^2\varphi + \frac{1}{2}r^2\cos^2\varphi\right) r^2\sin\varphi dr$$

$$= \frac{\sqrt{2}}{5}\pi \int_0^\pi \left(\sin^2\varphi + \frac{1}{2}\cos^2\varphi\right) \sin\varphi d\varphi$$

$$= \frac{\sqrt{2}}{5}\pi \left(\frac{1}{6}\cos^3\varphi - \cos\varphi\right)\Big|_0^\pi = \frac{\sqrt{2}}{3}\pi$$

于是 $M = \frac{\sqrt{2}}{2}\pi + \frac{\sqrt{2}}{3}\pi = \frac{5\sqrt{2}}{6}\pi$.

例 5.26(北京市 1997 年竞赛题) 已知 $f(x)$ 在 $[0,1]$ 上连续，且 $\int_0^1 f(x)dx = m$，试求 $\int_0^1 \int_x^1 \int_x^y f(x)f(y)f(z) dxdydz$.

解析 令 $F(u) = \int_0^u f(t)dt$，则 $F(0) = 0, F(1) = m, F'(u) = f(u)$. 由于

$$\int_x^y f(z)dz = F(u)\Big|_x^y = F(y) - F(x)$$

$$\int_x^1 f(y)[F(y) - F(x)]dy$$

$$= \int_x^1 [F(y) - F(x)]dF(y) = \int_x^1 F(y)dF(y) - \int_x^1 F(x)dF(y)$$

$$= \frac{1}{2}F^2(y)\Big|_x^1 - F(x)F(y)\Big|_x^1 = \frac{1}{2}m^2 + \frac{1}{2}F^2(x) - mF(x)$$

于是

$$原式 = \int_0^1 f(x)\left[\frac{1}{2}m^2 + \frac{1}{2}F^2(x) - mF(x)\right]dx$$

$$= \int_0^1 \left[\frac{1}{2}m^2 + \frac{1}{2}F^2(x) - mF(x)\right]dF(x)$$

$$= \left[\frac{1}{2}m^2 F(x) + \frac{1}{6}F^3(x) - \frac{1}{2}mF^2(x)\right]\Big|_0^1$$

$$= \frac{1}{2}m^3 + \frac{1}{6}m^3 - \frac{1}{2}m^3 = \frac{1}{6}m^3$$

例 5.27(江苏省2002年竞赛题) 设 $f(u)$ 在 $u=0$ 可导,$f(0)=0$,Ω: $x^2+y^2+z^2 \leqslant 2tz$,求 $\lim\limits_{t\to 0^+}\dfrac{1}{t^5}\iiint\limits_{\Omega}f(x^2+y^2+z^2)dV$.

解析 先用球坐标计算三重积分,有

$$\iiint\limits_{\Omega}f(x^2+y^2+z^2)dV = \int_0^{2\pi}d\theta\int_0^{2t}dr\int_0^{\arccos\frac{r}{2t}}f(r^2)r^2\sin\varphi d\varphi$$

$$= 2\pi\int_0^{2t}r^2 f(r^2)(-\cos\varphi)\Big|_0^{\arccos\frac{r}{2t}}dr$$

$$= 2\pi\int_0^{2t}r^2 f(r^2)\cdot\left(1-\frac{r}{2t}\right)dr$$

于是

$$\text{原式} = 2\pi\lim_{t\to 0^+}\frac{t\int_0^{2t}r^2 f(r^2)dr - \frac{1}{2}\int_0^{2t}r^3 f(r^2)dr}{t^6}$$

$$\stackrel{\frac{0}{0}}{=} 2\pi\lim_{t\to 0^+}\frac{\int_0^{2t}r^2 f(r^2)dr}{6t^5} \stackrel{\frac{0}{0}}{=} 2\pi\lim_{t\to 0^+}\frac{2(2t)^2 f(4t^2)}{30t^4}$$

$$= \frac{32}{15}\pi\lim_{t\to 0^+}\frac{f(4t^2)-f(0)}{4t^2} = \frac{32}{15}\pi f'(0)$$

5.2.4 与重积分有关的不等式的证明(例5.28—5.33)

例 5.28(清华大学1985年竞赛题) 设函数 $f(x)$ 在 $[0,1]$ 上连续且单调减,又 $f(x)>0$,求证:

$$\frac{\int_0^1 xf^2(x)dx}{\int_0^1 xf(x)dx} \leqslant \frac{\int_0^1 f^2(x)dx}{\int_0^1 f(x)dx}$$

并给予物理解释.

解析 由于 $f(x)>0$,$f(y)>0$,$[f(x)-f(y)](x-y)\leqslant 0$,所以

$$f(x)f(y)[f(x)-f(y)](x-y) \leqslant 0$$

$\Leftrightarrow$ $f(x)f(y)[xf(x)+yf(y)] \leqslant f(x)f(y)[xf(y)+yf(x)]$

$$\Leftrightarrow \quad xf^2(x)f(y)+yf^2(y)f(x) \leqslant xf(x)f^2(y)+yf(y)f^2(x)$$

应用二重积分的保号性,取 $D:\{(x,y) \mid 0 \leqslant x \leqslant 1, 0 \leqslant y \leqslant 1\}$,则

$$\iint_D [xf^2(x)f(y)+yf^2(y)f(x)]\mathrm{d}x\mathrm{d}y \leqslant \iint_D [xf(x)f^2(y)+yf(y)f^2(x)]\mathrm{d}x\mathrm{d}y$$

由于

$$\iint_D [xf^2(x)f(y)+yf^2(y)f(x)]\mathrm{d}x\mathrm{d}y$$
$$= \int_0^1 xf^2(x)\mathrm{d}x \cdot \int_0^1 f(y)\mathrm{d}y + \int_0^1 yf^2(y)\mathrm{d}y \cdot \int_0^1 f(x)\mathrm{d}x$$
$$= 2\int_0^1 xf^2(x)\mathrm{d}x \cdot \int_0^1 f(x)\mathrm{d}x$$

$$\iint_D [xf(x)f^2(y)+yf(y)f^2(x)]\mathrm{d}x\mathrm{d}y$$
$$= \int_0^1 xf(x)\mathrm{d}x \cdot \int_0^1 f^2(y)\mathrm{d}y + \int_0^1 yf(y)\mathrm{d}y \cdot \int_0^1 f^2(x)\mathrm{d}x$$
$$= 2\int_0^1 xf(x)\mathrm{d}x \cdot \int_0^1 f^2(x)\mathrm{d}x$$

故有

$$\int_0^1 xf^2(x)\mathrm{d}x \cdot \int_0^1 f(x)\mathrm{d}x \leqslant \int_0^1 xf(x)\mathrm{d}x \cdot \int_0^1 f^2(x)\mathrm{d}x$$

$$\Leftrightarrow \quad \frac{\int_0^1 xf^2(x)\mathrm{d}x}{\int_0^1 xf(x)\mathrm{d}x} \leqslant \frac{\int_0^1 f^2(x)\mathrm{d}x}{\int_0^1 f(x)\mathrm{d}x}$$

物理解释:两根长为 1 的直杆放在 x 轴的区间 $[0,1]$ 上,第一根直杆的线密度函数为 $f^2(x)$,其重心坐标为 x_1,第二根直杆的线密度函数为 $f(x)$,其重心坐标为 x_2,则 $x_1 \leqslant x_2$,这里

$$x_1 = \frac{\int_0^1 xf^2(x)\mathrm{d}x}{\int_0^1 f^2(x)\mathrm{d}x}, \quad x_2 = \frac{\int_0^1 xf(x)\mathrm{d}x}{\int_0^1 f(x)\mathrm{d}x}$$

例 5.29(莫斯科化工机械学院 1977 年竞赛题) 求证不等式

$$\frac{\pi}{2}\left(1-\mathrm{e}^{-\frac{x^2}{2}}\right) < \left(\int_0^x \mathrm{e}^{-\frac{1}{2}t^2}\mathrm{d}t\right)^2 < \frac{\pi}{2}\left(1-\mathrm{e}^{-x^2}\right) \quad (x>0)$$

解析 取 $D=\{(u,v) \mid 0 \leqslant u \leqslant x, 0 \leqslant v \leqslant x\}$,则

$$\iint_D \mathrm{e}^{-\frac{1}{2}(u^2+v^2)}\mathrm{d}u\mathrm{d}v = \int_0^x \mathrm{e}^{-\frac{1}{2}u^2}\mathrm{d}u \cdot \int_0^x \mathrm{e}^{-\frac{1}{2}v^2}\mathrm{d}v = \left(\int_0^x \mathrm{e}^{-\frac{1}{2}t^2}\mathrm{d}t\right)^2 \quad (1)$$

取 $D_1 = \{(u,v) \mid u^2+v^2 \leqslant x^2, u \geqslant 0, v \geqslant 0\}$，$D_2 = \{(u,v) \mid u^2+v^2 \leqslant 2x^2, u \geqslant 0, v \geqslant 0\}$，则 D_1 为 D 的真子集，D 为 D_2 的真子集，而 $e^{-\frac{1}{2}(u^2+v^2)} > 0$，所以

$$\iint_D e^{-\frac{1}{2}(u^2+v^2)} du dv > \iint_{D_1} e^{-\frac{1}{2}(u^2+v^2)} du dv = \int_0^{\frac{\pi}{2}} d\theta \int_0^x e^{-\frac{1}{2}\rho^2} \rho d\rho$$

$$= \frac{\pi}{2} \cdot (-e^{-\frac{1}{2}\rho^2})\Big|_0^x = \frac{\pi}{2}(1-e^{-\frac{1}{2}x^2}) \tag{2}$$

$$\iint_D e^{-\frac{1}{2}(u^2+v^2)} du dv < \iint_{D_2} e^{-\frac{1}{2}(u^2+v^2)} du dv = \int_0^{\frac{\pi}{2}} d\theta \int_0^{\sqrt{2}x} e^{-\frac{1}{2}\rho^2} \rho d\rho$$

$$= \frac{\pi}{2}(-e^{-\frac{1}{2}\rho^2})\Big|_0^{\sqrt{2}x} = \frac{\pi}{2}(1-e^{-x^2}) \tag{3}$$

综合(1),(2),(3)式即得原不等式成立.

例 5.30（广东省 1991 年竞赛题） 设 D 域是 $x^2+y^2 \leqslant 1$，试证明不等式

$$\frac{61}{165}\pi \leqslant \iint_D \sin\sqrt{(x^2+y^2)^3} dx dy \leqslant \frac{2}{5}\pi$$

解析 运用极坐标变换，有

$$\iint_D \sin\sqrt{(x^2+y^2)^3} dx dy = \int_0^{2\pi} d\theta \int_0^1 \rho \sin(\rho^3) d\rho = 2\pi \int_0^1 \rho \sin(\rho^3) d\rho$$

下面先证明：$x \geqslant 0$ 时，有 $\sin x \leqslant x$，$\sin x \geqslant x - \frac{x^3}{6}$. 令 $f(x) = x - \sin x$，则 $f'(x) = 1 - \cos x \geqslant 0$，于是 $f(x)$ 单调增加，$f(x) \geqslant f(0) = 0$，即 $\sin x \leqslant x$. 令 $g(x) = \sin x - x + \frac{x^3}{6}$，则 $g'(x) = \cos x - 1 + \frac{x^2}{2}$，$g''(x) = -\sin x + x \geqslant 0$，于是 $g'(x)$ 单调增加，$g'(x) \geqslant g'(0) = 0$，$g(x)$ 单调增加，$g(x) \geqslant g(0) = 0$，即 $\sin x \geqslant x - \frac{x^3}{6}$. 取 $x = \rho^3 (\rho \geqslant 0)$，得 $\sin(\rho^3) \leqslant \rho^3$，$\sin(\rho^3) \geqslant \rho^3 - \frac{\rho^9}{6}$.

设原二重积分的值为 I，于是

$$I \leqslant 2\pi \int_0^1 \rho \cdot \rho^3 d\rho = \frac{2}{5}\pi, \quad I \geqslant 2\pi \int_0^1 \rho\left(\rho^3 - \frac{\rho^9}{6}\right) d\rho = \frac{61}{165}\pi$$

即 $\frac{61}{165}\pi \leqslant \iint_D \sin\sqrt{(x^2+y^2)^3} dx dy \leqslant \frac{2}{5}\pi$.

例 5.31（全国大学生 2014 年决赛题） 设 $I = \iint_D f(x,y) dx dy$，其中

$$D = \{(x,y) \mid 0 \leqslant x \leqslant 1, 0 \leqslant y \leqslant 1\}$$

函数 $f(x,y)$ 在 D 上有连续的二阶偏导数. 若对任何 x,y 有 $f(0,y) = f(x,0) = 0$，

且 $\dfrac{\partial^2 f}{\partial x \partial y} \leqslant A$, 证明: $I \leqslant \dfrac{A}{4}$.

解析 将二重积分化为二次积分,再分部积分得

$$I = \int_0^1 dx \int_0^1 f(x,y) dy = \int_0^1 dx \int_0^1 f(x,y) d(y-1)$$

$$= \int_0^1 dx \left((y-1) f(x,y) \Big|_{y=0}^{y=1} - \int_0^1 (y-1) f_y'(x,y) dy \right)$$

$$= \int_0^1 dx \left(0 - (-f(x,0)) - \int_0^1 (y-1) f_y'(x,y) dy \right)$$

$$= -\int_0^1 dx \int_0^1 (y-1) f_y'(x,y) dy \quad (\text{下面交换积分次序,再分部积分})$$

$$= -\int_0^1 dy \int_0^1 (y-1) f_y'(x,y) dx = -\int_0^1 dy \int_0^1 (y-1) f_y'(x,y) d(x-1)$$

$$= -\int_0^1 dy \left((x-1)(y-1) f_y'(x,y) \Big|_{x=0}^{x=1} - \int_0^1 (x-1)(y-1) f_{xy}''(x,y) dx \right)$$

$$= -\int_0^1 dy \left(0 - (-(y-1) f_y'(0,y)) - \int_0^1 (x-1)(y-1) f_{xy}''(x,y) dx \right)$$

$$= \int_0^1 dy \int_0^1 (x-1)(y-1) f_{xy}''(x,y) dx = \iint_D (x-1)(y-1) f_{xy}''(x,y) dx dy$$

$$\leqslant A \iint_D (x-1)(y-1) dx dy = A \cdot \dfrac{1}{2}(x-1)^2 \Big|_0^1 \cdot \dfrac{1}{2}(y-1)^2 \Big|_0^1 = \dfrac{A}{4}$$

例 5.32(广东省1991年竞赛题) 设二元函数 $f(x,y)$ 在区域 $D = \{0 \leqslant x \leqslant 1, 0 \leqslant y \leqslant 1\}$ 上具有连续的四阶偏导数,并且 $f(x,y)$ 在区域 D 的边界上恒为0,又已知 $\left| \dfrac{\partial^4 f}{\partial x^2 \partial y^2} \right| \leqslant 3$, 试证明: $\left| \iint_D f(x,y) dx dy \right| \leqslant \dfrac{1}{48}$.

$\left(提示:考虑二重积分 \iint_D xy(1-x)(1-y) \dfrac{\partial^4 f}{\partial x^2 \partial y^2} d\sigma \right)$

解析 考察上述二重积分,运用分部积分法,有

$$\iint_D xy(1-x)(1-y) \dfrac{\partial^4 f}{\partial x^2 \partial y^2} dx dy$$

$$= \int_0^1 x(1-x) dx \int_0^1 y(1-y) \dfrac{\partial^4 f}{\partial x^2 \partial y^2} dy$$

$$= \int_0^1 x(1-x) \left[y(1-y) \dfrac{\partial^3 f}{\partial x^2 \partial y} \Big|_0^1 + \int_0^1 (2y-1) \dfrac{\partial^3 f}{\partial x^2 \partial y} dy \right] dx$$

$$= \int_0^1 x(1-x) dx \int_0^1 (2y-1) \dfrac{\partial^3 f}{\partial x^2 \partial y} dy$$

$$= \int_0^1 x(1-x) \left[(2y-1) \dfrac{\partial^2 f}{\partial x^2} \Big|_0^1 - 2 \int_0^1 \dfrac{\partial^2 f}{\partial x^2} dy \right] dx$$

$$= \int_0^1 x(1-x) \left[\dfrac{\partial^2 f(x,1)}{\partial x^2} + \dfrac{\partial^2 f(x,0)}{\partial x^2} \right] dx - 2 \int_0^1 \left[\int_0^1 x(1-x) \dfrac{\partial^2 f}{\partial x^2} dx \right] dy$$

$$= x(1-x)[f'_x(x,1) + f'_x(x,0)]\Big|_0^1 + \int_0^1 (2x-1)[f'_x(x,1) + f'_x(x,0)]\mathrm{d}x$$
$$- 2\int_0^1 \Big[x(1-x)f'_x(x,y)\Big|_0^1 + \int_0^1 (2x-1)f'_x(x,y)\mathrm{d}x\Big]\mathrm{d}y$$
$$= 0 + (2x-1)[f(x,1) + f(x,0)]\Big|_0^1 - 2\int_0^1 [f(x,1) + f(x,0)]\mathrm{d}x$$
$$- 2\int_0^1 \Big[(2x-1)f(x,y)\Big|_0^1 - 2\int_0^1 f(x,y)\mathrm{d}x\Big]\mathrm{d}y$$
$$= 4\iint_D f(x,y)\mathrm{d}\sigma$$

因此

$$\Big|\iint_D f(x,y)\mathrm{d}\sigma\Big| = \frac{1}{4}\Big|\iint_D xy(1-x)(1-y)\frac{\partial^4 f}{\partial x^2 \partial y^2}\mathrm{d}\sigma\Big|$$
$$\leqslant \frac{3}{4}\iint_D xy(1-x)(1-y)\mathrm{d}\sigma$$
$$= \frac{3}{4}\Big(\frac{x^2}{2} - \frac{x^3}{3}\Big)\Big|_0^1 \cdot \Big(\frac{y^2}{2} - \frac{y^3}{3}\Big)\Big|_0^1 = \frac{3}{4} \cdot \frac{1}{6} \cdot \frac{1}{6} = \frac{1}{48}$$

例 5.33（全国大学生 2015 年预赛题） 设 $f(x,y)$ 在 $x^2+y^2 \leqslant 1$ 上有连续的二阶偏导数，$f(0,0) = 0, f'_x(0,0) = f'_y(0,0) = 0$，$(f''_{xx})^2 + 2(f''_{xy})^2 + (f''_{yy})^2 \leqslant M$，证明：$\Big|\iint_{x^2+y^2 \leqslant 1} f(x,y)\mathrm{d}x\mathrm{d}y\Big| \leqslant \frac{\pi\sqrt{M}}{4}$.

解析 函数 $f(x,y)$ 的一阶马克劳林展开式为

$$f(x,y) = f(0,0) + xf'_x(0,0) + yf'_y(0,0) + \frac{1}{2}[x^2 f''_{xx}(\theta x, \theta y)$$
$$+ 2xy f''_{xy}(\theta x, \theta y) + y^2 f''_{yy}(\theta x, \theta y)]$$
$$= \frac{1}{2}[x^2 f''_{xx}(\theta x, \theta y) + 2xy f''_{xy}(\theta x, \theta y) + y^2 f''_{yy}(\theta x, \theta y)]$$

应用柯西-施瓦兹不等式得

$$[x^2 f''_{xx}(\theta x, \theta y) + 2xy f''_{xy}(\theta x, \theta y) + y^2 f''_{yy}(\theta x, \theta y)]^2$$
$$= [x^2 \cdot f''_{xx}(\theta x, \theta y) + \sqrt{2}xy \cdot \sqrt{2}f''_{xy}(\theta x, \theta y) + y^2 \cdot f''_{yy}(\theta x, \theta y)]^2$$
$$\leqslant (x^4 + 2x^2y^2 + y^4) \cdot [(f''_{xx}(\theta x, \theta y))^2 + 2(f''_{xy}(\theta x, \theta y))^2 + (f''_{yy}(\theta x, \theta y))^2]$$

于是

$$|f(x,y)| \leqslant \frac{1}{2}(x^2+y^2) \cdot \sqrt{(f''_{xx}(\theta x,\theta y))^2 + 2(f''_{xy}(\theta x,\theta y))^2 + (f''_{yy}(\theta x,\theta y))^2}$$
$$\leqslant \frac{1}{2}\sqrt{M}(x^2+y^2)$$

所以
$$\left|\iint_{x^2+y^2\leqslant 1} f(x,y)\mathrm{d}x\mathrm{d}y\right|\leqslant \iint_{x^2+y^2\leqslant 1}|f(x,y)|\mathrm{d}x\mathrm{d}y\leqslant \frac{1}{2}\sqrt{M}\iint_{x^2+y^2\leqslant 1}(x^2+y^2)\mathrm{d}x\mathrm{d}y$$
$$=\frac{1}{2}\sqrt{M}\int_0^{2\pi}\mathrm{d}\theta\int_0^1\rho^3\mathrm{d}\rho=\frac{\pi\sqrt{M}}{4}$$

5.2.5 曲线积分的计算(例 5.34—5.35)

例 5.34(全国大学生 2009 年预赛题) 设平面区域 $D=\{(x,y)\,|\,0\leqslant x\leqslant \pi,\,0\leqslant y\leqslant \pi\}$,$L$ 为 D 的正向边界,试证:

(1) $\oint_L x\mathrm{e}^{\sin y}\mathrm{d}y-y\mathrm{e}^{-\sin x}\mathrm{d}x=\oint_L x\mathrm{e}^{-\sin y}\mathrm{d}y-y\mathrm{e}^{\sin x}\mathrm{d}x$;

(2) $\oint_L x\mathrm{e}^{\sin y}\mathrm{d}y-y\mathrm{e}^{-\sin x}\mathrm{d}x\geqslant \frac{5}{2}\pi^2$.

解析 (1) 设正方形曲线 L 的 4 个顶点按逆时针排分别为 O,A,B,C,则
$$\oint_L x\mathrm{e}^{\sin y}\mathrm{d}y-y\mathrm{e}^{-\sin x}\mathrm{d}x$$
$$=\int_{\overline{OA}}+\int_{\overline{AB}}+\int_{\overline{BC}}+\int_{\overline{CO}}=0+\int_0^\pi \pi\mathrm{e}^{\sin y}\mathrm{d}y+\int_\pi^0 -\pi\mathrm{e}^{-\sin x}\mathrm{d}x+0$$
$$=\pi\int_0^\pi (\mathrm{e}^{\sin x}+\mathrm{e}^{-\sin x})\mathrm{d}x$$
$$\oint_L x\mathrm{e}^{-\sin y}\mathrm{d}y-y\mathrm{e}^{\sin x}\mathrm{d}x$$
$$=\int_{\overline{OA}}+\int_{\overline{AB}}+\int_{\overline{BC}}+\int_{\overline{CO}}=0+\int_0^\pi \pi\mathrm{e}^{-\sin y}\mathrm{d}y+\int_\pi^0 -\pi\mathrm{e}^{\sin x}\mathrm{d}x+0$$
$$=\pi\int_0^\pi (\mathrm{e}^{-\sin x}+\mathrm{e}^{\sin x})\mathrm{d}x$$

两式右端相等,所以(1)得证.

(2) 由于 $\mathrm{e}^x=\sum_{n=0}^\infty \frac{1}{n!}x^n$,$\mathrm{e}^{-x}=\sum_{n=0}^\infty \frac{(-1)^n}{n!}x^n$,所以
$$\mathrm{e}^x+\mathrm{e}^{-x}=\sum_{n=0}^\infty \frac{2}{(2n)!}x^{2n}\geqslant 2+x^2 \Rightarrow \mathrm{e}^{\sin x}+\mathrm{e}^{-\sin x}\geqslant 2+\sin^2 x=\frac{5}{2}-\frac{1}{2}\cos 2x$$

由第(1)问以及积分的保号性得
$$\oint_L x\mathrm{e}^{\sin y}\mathrm{d}y-y\mathrm{e}^{-\sin x}\mathrm{d}x=\pi\int_0^\pi (\mathrm{e}^{\sin x}+\mathrm{e}^{-\sin x})\mathrm{d}x$$
$$\geqslant \pi\int_0^\pi \left(\frac{5}{2}-\frac{1}{2}\cos 2x\right)\mathrm{d}x=\frac{5}{2}\pi^2$$

例 5.35(江苏省 2012 年竞赛题) 已知 Γ 为 $x^2+y^2+z^2=6y$ 与 $x^2+y^2=4y(z\geqslant 0)$ 的交线,从 z 轴正向看上去为逆时针方向,计算曲线积分

$$\oint_\Gamma (x^2+y^2-z^2)\mathrm{d}x+(y^2+z^2-x^2)\mathrm{d}y+(z^2+x^2-y^2)\mathrm{d}z$$

解析 **方法 1** 记曲线 Γ 的 $x \geqslant 0$ 的部分与 $x \leqslant 0$ 的部分分别为 Γ_1 与 Γ_2，其参数方程分别为

$$\Gamma_1: x = \sqrt{4t-t^2}, y=t, z=\sqrt{2t}, t \text{ 从 } 0 \text{ 变到 } 4$$
$$\Gamma_2: x = -\sqrt{4t-t^2}, y=t, z=\sqrt{2t}, t \text{ 从 } 4 \text{ 变到 } 0$$

分别在 Γ_1 和 Γ_2 上积分，有

$$\oint_{\Gamma_1}(x^2+y^2-z^2)\mathrm{d}x+(y^2+z^2-x^2)\mathrm{d}y+(z^2+x^2-y^2)\mathrm{d}z$$
$$=\int_0^4\left[\left(\frac{2t(2-t)}{\sqrt{4t-t^2}}+2(t^2-t)+\sqrt{2}\,\frac{3t-t^2}{\sqrt{t}}\right)\right]\mathrm{d}t$$

$$\oint_{\Gamma_2}(x^2+y^2-z^2)\mathrm{d}x+(y^2+z^2-x^2)\mathrm{d}y+(z^2+x^2-y^2)\mathrm{d}z$$
$$=\int_4^0\left[\left(\frac{-2t(2-t)}{\sqrt{4t-t^2}}+2(t^2-t)+\sqrt{2}\,\frac{3t-t^2}{\sqrt{t}}\right)\right]\mathrm{d}t$$
$$=\int_0^4\left[\left(\frac{2t(2-t)}{\sqrt{4t-t^2}}-2(t^2-t)-\sqrt{2}\,\frac{3t-t^2}{\sqrt{t}}\right)\right]\mathrm{d}t$$

两式相加，则

$$\text{原式} = 4\int_0^4 \frac{t(2-t)}{\sqrt{4t-t^2}}\mathrm{d}t \xrightarrow{\diamondsuit\, t-2=u} 4\int_{-2}^2 \frac{-(2+u)u}{\sqrt{4-u^2}}\mathrm{d}u$$
$$= -8\int_{-2}^2 \frac{u^2}{\sqrt{4-u^2}}\mathrm{d}u \xrightarrow{\diamondsuit\, u=2\sin t} -8\int_0^{\frac{\pi}{2}} 4\sin^2 t\, \mathrm{d}t = -8\pi$$

方法 2 记 $P = x^2+y^2-z^2, Q=y^2+z^2-x^2, R=z^2+x^2-y^2$，$\Sigma$ 为球面 $x^2+y^2+z^2=6y$ 位于交线 Γ 上方的部分，取上侧。利用斯托克斯公式，则

$$\text{原式} = \iint_\Sigma \left(\frac{\partial R}{\partial y}-\frac{\partial Q}{\partial z}\right)\mathrm{d}y\mathrm{d}z + \left(\frac{\partial P}{\partial z}-\frac{\partial R}{\partial x}\right)\mathrm{d}z\mathrm{d}x + \left(\frac{\partial Q}{\partial x}-\frac{\partial P}{\partial y}\right)\mathrm{d}x\mathrm{d}y$$
$$= -2\iint_\Sigma (y+z)\mathrm{d}y\mathrm{d}z + (z+x)\mathrm{d}z\mathrm{d}x + (x+y)\mathrm{d}x\mathrm{d}y$$

采用统一投影法计算。设 $D = \{(x,y) \mid x^2+y^2 \leqslant 4y\}$，因 $\dfrac{\mathrm{d}y\mathrm{d}z}{x} = \dfrac{\mathrm{d}z\mathrm{d}x}{y-3} = \dfrac{\mathrm{d}x\mathrm{d}y}{z}$，故

$$\text{原式} = -2\iint_\Sigma \left((y+z)\frac{x}{z}+(z+x)\frac{y-3}{z}+(x+y)\right)\mathrm{d}x\mathrm{d}y$$
$$= -2\iint_\Sigma \frac{1}{z}(2xy+2yz+2zx-3z-3x)\mathrm{d}x\mathrm{d}y$$

$$= -2\iint_D \frac{x(2y-3)}{\sqrt{6y-x^2-y^2}} dxdy - 2\iint_D (2y+2x-3) dxdy$$

$$= 0 - 2\iint_D (2y-3) dxdy \quad (\text{因 } D \text{ 关于 } x=0 \text{ 对称})$$

即

$$\text{原式} = -4\int_0^\pi d\theta \int_0^{4\sin\theta} \rho^2 \sin\theta d\rho + 6\pi \cdot 2^2 = -\frac{4}{3} \cdot 64 \int_0^\pi \sin^4\theta d\theta + 24\pi$$

$$= -32\pi + 24\pi = -8\pi$$

5.2.6 应用格林公式解题(例 5.36—5.48)

例 5.36(江苏省 1998 年竞赛题) 若 $\varphi(y)$ 的导数连续,$\varphi(0)=0$,曲线 $\widehat{AB}$ 的极坐标方程为 $\rho = a(1-\cos\theta)$,其中 $a>0$,$0 \leqslant \theta \leqslant \pi$,$A$ 与 B 分别对应于 $\theta=0$ 与 $\theta=\pi$,求

$$\int_{\widehat{AB}} [\varphi(y)e^x - \pi y] dx + [\varphi'(y)e^x - \pi] dy$$

解析 设曲线 $\widehat{AB}$ 与线段 $\overline{BA}$ 所围区域为 D(如右图所示),又设

$$P = \varphi(y)e^x - \pi y, \quad Q = \varphi'(y)e^x - \pi$$

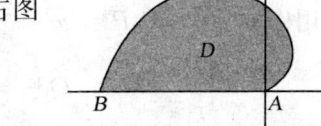

应用格林公式,有

$$\oint_{\widehat{AB}+\overline{BA}} Pdx + Qdy = \iint_D (Q'_x - P'_y) dxdy = \iint_D \pi dxdy$$

$$= \frac{\pi}{2} \int_0^\pi \rho^2 d\theta = \frac{a^2\pi}{2} \int_0^\pi (1-\cos\theta)^2 d\theta$$

$$= \frac{a^2\pi}{2} \int_0^\pi \left(\frac{3}{2} - 2\cos\theta + \frac{1}{2}\cos2\theta\right) d\theta = \frac{3}{4} a^2\pi^2$$

由于 $\int_{\overline{BA}} Pdx + Qdy = \int_{-2a}^0 P(x,0) dx = \int_{-2a}^0 \varphi(0) e^x dx = 0$,于是

$$\int_{\widehat{AB}} Pdx + Qdy = \frac{3}{4} a^2\pi^2$$

例 5.37(全国大学生 2012 年决赛题) 已知连续可微函数 $z=z(x,y)$ 由方程 $F(xz-y, x-yz) = 0$(其中 $F(u,v)$ 有连续的偏导数)惟一确定,若 L 为正向单位圆周,试求

$$I = \oint_L (xz^2 + 2yz) dy - (2xz + yz^2) dx$$

解析 记 $f(x,y,z) = F(xz-y, x-yz)$,应用隐函数方程求偏导数公式有

$$\frac{\partial z}{\partial x} = -\frac{f'_x}{f'_z} = -\frac{zF'_u + F'_v}{xF'_u - yF'_v}, \quad \frac{\partial z}{\partial y} = -\frac{-F'_u - zF'_v}{xF'_u - yF'_v}$$

记 $P = -(2xz + yz^2), Q = xz^2 + 2yz$，单位圆包围的区域记为 D，应用格林公式有

$$I = \iint\limits_D (Q'_x - P'_y)\mathrm{d}x\mathrm{d}y = \iint\limits_D \left[\left(z^2 + 2xz\frac{\partial z}{\partial x} + 2y\frac{\partial z}{\partial x}\right) + \left(2x\frac{\partial z}{\partial y} + z^2 + 2yz\frac{\partial z}{\partial y}\right)\right]\mathrm{d}x\mathrm{d}y$$

$$= \iint\limits_D \left(2z^2 - 2xz\frac{zF'_u + F'_v}{xF'_u - yF'_v} - 2y\frac{zF'_u + F'_v}{xF'_u - yF'_v} + 2x\frac{F'_u + zF'_v}{xF'_u - yF'_v}\right.$$

$$\left. + 2yz\frac{F'_u + zF'_v}{xF'_u - yF'_v}\right)\mathrm{d}x\mathrm{d}y$$

$$= \iint\limits_D (2z^2 + 2 - 2z^2)\mathrm{d}x\mathrm{d}y = 2\iint\limits_D \mathrm{d}x\mathrm{d}y = 2\pi$$

例 5.38（江苏省 2006 年竞赛题） 已知 Γ 是 $y = a\sin x (a > 0)$ 上从 $(0,0)$ 到 $(\pi,0)$ 的一段曲线，$a = \underline{\quad\quad}$ 时，曲线积分 $\int_\Gamma (x^2 + y)\mathrm{d}x + (2xy + \mathrm{e}^{y^2})\mathrm{d}y$ 取最大值.

解析 设 Γ 与 $\overline{AO}$ 所围区域为 D（如图所示），在 D 上应用格林公式，记 $P = x^2 + y, Q = 2xy + \mathrm{e}^{y^2}$，则

$$\int_{\Gamma + \overline{AO}} P\mathrm{d}x + Q\mathrm{d}y = -\iint\limits_D (Q'_x - P'_y)\mathrm{d}x\mathrm{d}y = -\iint\limits_D (2y - 1)\mathrm{d}x\mathrm{d}y$$

$$= \int_0^\pi \mathrm{d}x \int_0^{a\sin x} (1 - 2y)\mathrm{d}y$$

$$= a\int_0^\pi \sin x\mathrm{d}x - a^2 \int_0^\pi \frac{1 - \cos 2x}{2}\mathrm{d}x$$

$$= 2a - \frac{\pi}{2}a^2$$

$$I = \int_\Gamma P\mathrm{d}x + Q\mathrm{d}y = 2a - \frac{a^2}{2}\pi - \int_{\overline{AO}} P\mathrm{d}x + Q\mathrm{d}y$$

$$= 2a - \frac{a^2}{2}\pi + \int_0^\pi x^2 \mathrm{d}x = 2a - \frac{a^2}{2}\pi + \frac{1}{3}\pi^3$$

令 $\frac{\mathrm{d}I}{\mathrm{d}a} = 2 - a\pi = 0$ 得惟一驻点 $a = \frac{2}{\pi}$，由于 $\frac{\mathrm{d}^2 I}{\mathrm{d}a^2} = -\pi < 0$，所以 $I\left(\frac{2}{\pi}\right)$ 为极大值，即最大值，故 $a = \frac{2}{\pi}$.

例 5.39（江苏省 2008 年竞赛题） 设 Γ 为 $x^2 + y^2 = 2x (y \geqslant 0)$ 上从 $O(0,0)$ 到 $A(2,0)$ 的一段弧，连续函数 $f(x)$ 满足

$$f(x) = x^2 + \int_\Gamma y[f(x) + \mathrm{e}^x]\mathrm{d}x + (\mathrm{e}^x - xy^2)\mathrm{d}y$$

求 $f(x)$.

解析 设 $\int_\Gamma y[f(x)+\mathrm{e}^x]\mathrm{d}x+(\mathrm{e}^x-xy^2)\mathrm{d}y=a$,则 $f(x)=x^2+a$,记 Γ 与 $\overline{AO}$ 包围的区域为 D,应用格林公式,有

$$a=\int_{\Gamma+\overline{AO}}y[f(x)+\mathrm{e}^x]\mathrm{d}x+(\mathrm{e}^x-xy^2)\mathrm{d}y-\int_{\overline{AO}}y[f(x)+\mathrm{e}^x]\mathrm{d}x+(\mathrm{e}^x-xy^2)\mathrm{d}y$$
$$=-\iint_D(\mathrm{e}^x-y^2-x^2-a-\mathrm{e}^x)\mathrm{d}x\mathrm{d}y-0$$
$$=\iint_D(x^2+y^2)\mathrm{d}x\mathrm{d}y+a\iint_D\mathrm{d}x\mathrm{d}y=\int_0^{\frac{\pi}{2}}\mathrm{d}\theta\int_0^{2\cos\theta}\rho^3\mathrm{d}\rho+\frac{\pi}{2}a$$
$$=\int_0^{\frac{\pi}{2}}4\cos^4\theta\mathrm{d}\theta+\frac{\pi}{2}a=\frac{3}{4}\pi+\frac{\pi}{2}a$$

解得 $a=\dfrac{3\pi}{2(2-\pi)}$,于是 $f(x)=x^2+\dfrac{3\pi}{2(2-\pi)}$.

例 5.40(北京市 1996 年竞赛题) 设函数 $f(x,y)$ 在区域 $D: x^2+y^2\leqslant 1$ 上有二阶连续偏导数,且 $\dfrac{\partial^2 f}{\partial x^2}+\dfrac{\partial^2 f}{\partial y^2}=\mathrm{e}^{-(x^2+y^2)}$,证明: $\iint_D\left(x\dfrac{\partial f}{\partial x}+y\dfrac{\partial f}{\partial y}\right)\mathrm{d}x\mathrm{d}y=\dfrac{\pi}{2\mathrm{e}}$.

解析 运用极坐标变换,有

$$\iint_D\left(x\frac{\partial f}{\partial x}+y\frac{\partial f}{\partial y}\right)\mathrm{d}x\mathrm{d}y=\int_0^1\rho\mathrm{d}\rho\int_0^{2\pi}(\rho\cos\theta f_x'+\rho\sin\theta f_y')\mathrm{d}\theta$$

其中 $\int_0^{2\pi}(\rho\cos\theta f_x'+\rho\sin\theta f_y')\mathrm{d}\theta$ 可看作沿半径为 $\rho (0\leqslant\rho\leqslant 1)$ 的圆周 L 的逆向的曲线积分. 因 $x=\rho\cos\theta, y=\rho\sin\theta$,所以 $\mathrm{d}x=-\rho\sin\theta\mathrm{d}\theta, \mathrm{d}y=\rho\cos\theta\mathrm{d}\theta$. 记 D_1 是半径为 ρ 的圆域,应用格林公式,上述积分化为

$$\int_0^1\rho\oint_L[-f_y'\mathrm{d}x+f_x'\mathrm{d}y]\mathrm{d}\rho=\int_0^1\rho\left[\iint_{D_1}(f_{xx}''+f_{yy}'')\mathrm{d}x\mathrm{d}y\right]\mathrm{d}\rho$$
$$=\int_0^1\rho\left(\int_0^{2\pi}\mathrm{d}\theta\int_0^\rho\mathrm{e}^{-t^2}t\mathrm{d}t\right)\mathrm{d}\rho$$
$$=\pi\int_0^1(1-\mathrm{e}^{-\rho^2})\rho\mathrm{d}\rho=\frac{\pi}{2\mathrm{e}}$$

例 5.41(精选题) 求曲线积分 $\int_\Gamma |y-x|\mathrm{d}y+z\mathrm{d}z$,其中 Γ 为

$$\begin{cases}x^2+y^2+z^2=1,\\ x^2+y^2+z^2=2z\end{cases}$$

其方向与 z 轴正方满足右手法则.

解析 曲线 Γ 的方程可写为

$$x^2+y^2=\frac{3}{4}, \quad z=\frac{1}{2}$$

将 Γ 的位于 $y=x$ 上方的部分记为 Γ_1,位于 $y=x$ 下方的部分记为 Γ_2,Γ 与 $y=x$ 的交点记为 A,B(如图). 将 Γ 所围的圆域用 $\overline{AB}$ 分为 D_1 与 D_2,则

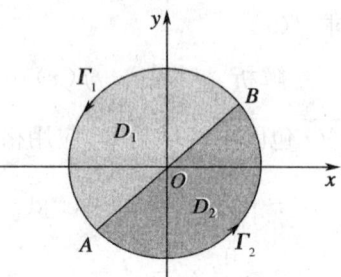

$$\text{原式} = \int_{\Gamma_1}(y-x)\mathrm{d}y + \int_{\Gamma_2}(x-y)\mathrm{d}y + 0$$

$$= \int_{\Gamma_1+\overline{AB}}(y-x)\mathrm{d}y + \int_{\Gamma_2+\overline{BA}}(x-y)\mathrm{d}y \quad (\text{应用格林公式})$$

$$= \iint_{D_1}\left[\frac{\partial}{\partial x}(y-x) - \frac{\partial}{\partial y}0\right]\mathrm{d}x\mathrm{d}y + \iint_{D_2}\left[\frac{\partial}{\partial x}(x-y) - \frac{\partial}{\partial y}0\right]\mathrm{d}x\mathrm{d}y$$

$$= \iint_{D_1}(-1)\mathrm{d}x\mathrm{d}y + \iint_{D_2}1\mathrm{d}x\mathrm{d}y = -\frac{\pi}{2}\cdot\frac{3}{4} + \frac{\pi}{2}\cdot\frac{3}{4} = 0$$

例 5.42(东南大学 2015 年竞赛题) 设 $C: x^2+y^2=1$,取逆时针方向,计算曲线积分

$$I = \oint_C \frac{e^y}{x^2+y^2}\left[(x\sin x + y\cos x)\mathrm{d}x + (y\sin x - x\cos x)\mathrm{d}y\right]$$

解析 记 $P = \dfrac{e^y}{x^2+y^2}(x\sin x + y\cos x)$,$Q = \dfrac{e^y}{x^2+y^2}(y\sin x - x\cos x)$,则

$$Q'_x = P'_y = \frac{e^y}{(x^2+y^2)^2}\left[(x^2+y^2)(y\cos x + x\sin x) + (x^2-y^2)\cos x - 2xy\sin x\right]$$

记 $C_\varepsilon: x^2+y^2=\varepsilon^2 (0<\varepsilon<1)$,取顺时针方向,并将 C 与 C_ε 所围的区域记为 D,C_ε 所围的区域记为 D_ε,两次应用格林公式得

$$I = \oint_{C+C_\varepsilon} P\mathrm{d}x + Q\mathrm{d}y - \oint_{C_\varepsilon} P\mathrm{d}x + Q\mathrm{d}y$$

$$= \iint_D 0\mathrm{d}x\mathrm{d}y + \frac{1}{\varepsilon^2}\oint_{C_\varepsilon^-} e^y\left[(x\sin x + y\cos x)\mathrm{d}x + (y\sin x - x\cos x)\mathrm{d}y\right]$$

$$= \frac{1}{\varepsilon^2}\iint_{D_\varepsilon}\left[(e^y(y\sin x - x\cos x))'_x - (e^y(x\sin x + y\cos x))'_y\right]\mathrm{d}x\mathrm{d}y$$

$$= -\frac{2}{\varepsilon^2}\iint_{D_\varepsilon} e^y\cos x\mathrm{d}x\mathrm{d}y \quad (\text{应用积分中值定理,存在}(\xi,\eta)\in D_\varepsilon)$$

$$= -\frac{2}{\varepsilon^2}e^\eta\cos\xi\iint_{D_\varepsilon} 1\mathrm{d}x\mathrm{d}y = -2\pi e^\eta\cos\xi$$

在上式中令 $\varepsilon \to 0^+$,则 $(\xi,\eta) \to (0,0)$,可得 $I = \lim\limits_{\varepsilon \to 0^+}(-2\pi e^{\eta}\cos\xi) = -2\pi$.

例 5.43(江苏省 2017 年竞赛题) 设 Γ 为圆 $x^2+y^2=4$,将对弧长的曲线积分
$$\int_{\Gamma} \frac{x^2+y(y-1)}{x^2+(y-1)^2}\mathrm{d}s$$
化为对坐标的曲线积分,并求该曲线积分的值.

解析 设圆 Γ 的参数方程为 $x=2\cos t$,$y=2\sin t$,则圆 Γ 的切向量为
$$(x'(t),y'(t)) = (-2\sin t,2\cos t) = (-y,x)$$
于是圆 Γ 正向 Γ^+ 切向量的方向余弦为 $(\cos\alpha,\cos\beta) = \left(-\frac{y}{2},\frac{x}{2}\right)$,则
$$\text{原式} = 2\int_{\Gamma^+} \frac{x\cdot\cos\beta-(y-1)\cdot\cos\alpha}{x^2+(y-1)^2}\mathrm{d}s = 2\int_{\Gamma^+}\frac{x\mathrm{d}y-(y-1)\mathrm{d}x}{x^2+(y-1)^2}$$

下面用两种方法求曲线积分的值.

方法 1 记 $P=\dfrac{-(y-1)}{x^2+(y-1)^2}$,$Q=\dfrac{x}{x^2+(y-1)^2}$,在曲线 Γ^+ 的内部取小圆 $\Gamma_\varepsilon:x^2+(y-1)^2=\varepsilon^2$(取逆时针方向,$0<\varepsilon<1$). 设 $\Gamma,\Gamma_\varepsilon$ 包围的区域为 D(如右图所示),在 D 内 $P,Q\in C^{(1)}$,且 $Q'_x\equiv P'_y = \dfrac{(y-1)^2-x^2}{[x^2+(y-1)^2]^2}$. 在 D 上应用格林公式得

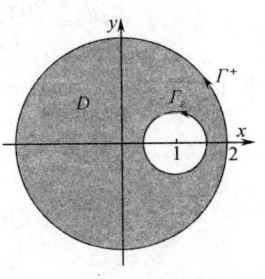

$$\oint_{\Gamma^++\Gamma_\varepsilon^-} P\mathrm{d}x+Q\mathrm{d}y = \iint_D(Q'_x-P'_y)\mathrm{d}x\mathrm{d}y = 0$$
则
$$\text{原式} = 2\int_{\Gamma^+}P\mathrm{d}x+Q\mathrm{d}y = 2\int_{\Gamma_\varepsilon}P\mathrm{d}x+Q\mathrm{d}y$$
$$= \frac{2}{\varepsilon^2}\int_{\Gamma_\varepsilon}x\mathrm{d}y-(y-1)\mathrm{d}x$$

设 Γ_ε 所包围的区域为 D_ε,上式右端在 Γ_ε 上应用格林公式得
$$\text{原式} = \frac{2}{\varepsilon^2}\iint_{D_\varepsilon}2\mathrm{d}x\mathrm{d}y = \frac{4}{\varepsilon^2}\cdot\pi\varepsilon^2 = 4\pi$$

方法 2 用参数方程计算. 设圆 Γ 的参数方程为 $x=2\cos t$,$y=2\sin t$(其中 t 从 $-\pi$ 到 π),则
$$\text{原式} = 2\int_{-\pi}^{\pi}\frac{4-2\sin t}{5-4\sin t}\mathrm{d}t = \int_{-\pi}^{\pi}\frac{5-4\sin t+3}{5-4\sin t}\mathrm{d}t$$
$$= 2\pi+3\int_{-\pi}^{\pi}\frac{1}{5-4\sin t}\mathrm{d}t \quad \left(\text{令}\tan\frac{t}{2}=u\right)$$

$$= 2\pi + 3\int_{-\infty}^{+\infty}\frac{2}{5u^2-8u+5}du = 2\pi + \frac{6}{5}\int_{-\infty}^{+\infty}\frac{1}{\left(\frac{3}{5}\right)^2+\left(u-\frac{4}{5}\right)^2}du$$

$$= 2\pi + \frac{6}{5}\cdot\frac{5}{3}\arctan\frac{u-\frac{4}{5}}{\frac{3}{5}}\bigg|_{-\infty}^{+\infty} = 2\pi + 2\left(\frac{\pi}{2}-\left(-\frac{\pi}{2}\right)\right) = 4\pi$$

例 5.44(精选题) 已知 $P(x,y) = \dfrac{axy^2}{(x^2+y^2)^2}$，$Q(x,y) = \dfrac{-4yx^\lambda}{(x^2+y^2)^2}$．(1) 求常数 a 和 λ，使得 $\int_L Pdx + Qdy$ 在区域 $D = \{(x,y) \mid x^2+y^2 > 0\}$ 上与路径无关；(2) 求 $Pdx + Qdy$ 在 D 中的原函数．

解析 (1) 在区域 D 上，$P, Q \in C^{(1)}$，由于曲线积分与路径无关的充要条件是 $P'_y = Q'_x$，而

$$P'_y = \frac{2axy(x^2-y^2)}{(x^2+y^2)^3}, \quad Q'_x = \frac{-4x^{\lambda-1}y[\lambda(x^2+y^2)-4x^2]}{(x^2+y^2)^3}$$

所以 $\lambda - 1 = 1, 4\lambda = 2a$，即 $\lambda = 2, a = 4$，此时

$$P = \frac{4xy^2}{(x^2+y^2)^2}, \quad Q = \frac{-4x^2y}{(x^2+y^2)^2}$$

(2) 令 $Pdx + Qdy = du$，则 $u'_x = P, u'_y = Q$，于是

$$u(x,y) = \int P(x,y)dx + \varphi(y) = \int\frac{4xy^2}{(x^2+y^2)^2}dx + \varphi(y)$$

$$= -\frac{2y^2}{x^2+y^2} + \varphi(y)$$

代入 $u'_y = Q$ 得

$$-2\frac{2y(x^2+y^2)-y^2\cdot 2y}{(x^2+y^2)^2} + \varphi'(y) = \frac{-4x^2y}{(x^2+y^2)^2}$$

即 $\varphi'(y) = 0$．取 $\varphi(y) = C$，得所求的原函数为 $u = -\dfrac{2y^2}{x^2+y^2} + C$．

例 5.45(江苏省 2004 年竞赛题) 设 $f(x)$ 连续可导，$f(1) = 1$，G 为不包含原点的单连通域，任取 $M, N \in G$，在 G 内曲线积分 $\int_M^N\dfrac{1}{2x^2+f(y)}(ydx - xdy)$ 与路径无关．

(1) 求 $f(x)$；

(2) 求 $\int_\Gamma \dfrac{1}{2x^2+f(y)}(ydx - xdy)$，其中 Γ 为 $x^{\frac{2}{3}} + y^{\frac{2}{3}} = a^{\frac{2}{3}}$，取正向．

解析 记 $P(x,y) = \dfrac{y}{2x^2+f(y)}$，$Q(x,y) = \dfrac{-x}{2x^2+f(y)}$，因为在 G 内曲线积

· 232 ·

分 $\int_M^N P\mathrm{d}x + Q\mathrm{d}y$ 与路径无关,所以 $\forall (x,y) \in G$,有 $\dfrac{\partial Q}{\partial x} = \dfrac{\partial P}{\partial y}$,即

$$\frac{2x^2 - f(y)}{(2x^2 + f(y))^2} = \frac{2x^2 + f(y) - yf'(y)}{(2x^2 + f(y))^2}$$

由此推得 $yf'(y) = 2f(y)$,又 $f(1) = 1$,解此变量可分离的微分方程得 $f(y) = y^2$. 于是 $f(x) = x^2$.

取小椭圆 $\Gamma_\varepsilon : 2x^2 + y^2 = \varepsilon^2$,取正向,$\varepsilon$ 为充分小的正数,使得 Γ_ε 位于 Γ 的内部. 设 Γ 与 Γ_ε 所包围的区域为 D. 在 D 上,P 和 Q 的一阶偏导数连续,且 $Q'_x = P'_y$,应用格林公式得

$$\int_{\Gamma + \Gamma_\varepsilon^-} P\mathrm{d}x + Q\mathrm{d}y = \iint_D (Q'_x - P'_y)\mathrm{d}x\mathrm{d}y = 0$$

这里 Γ_ε^- 为负向(即顺时针方向),于是

$$\text{原式} = \int_\Gamma P\mathrm{d}x + Q\mathrm{d}y = -\int_{\Gamma_\varepsilon^-} P\mathrm{d}x + Q\mathrm{d}y = \int_{\Gamma_\varepsilon} P\mathrm{d}x + Q\mathrm{d}y$$

$$= \int_0^{2\pi} \frac{1}{\sqrt{2}} \left(\frac{-\varepsilon^2 \sin^2\theta - \varepsilon^2 \cos^2\theta}{\varepsilon^2} \right) \mathrm{d}\theta = -\sqrt{2}\pi$$

例 5.46(全国大学生 2018 年决赛题) 设函数 $f(x,y)$ 在区域 $D = \{(x,y) \mid x^2 + y^2 \leqslant a^2\}$ 上具有一阶连续偏导数,且满足

$$f(x,y)\Big|_{x^2+y^2=a^2} = a^2, \quad \max_{(x,y)\in D}\left[\left(\frac{\partial f}{\partial x}\right)^2 + \left(\frac{\partial f}{\partial y}\right)^2\right] = a^2 \quad (a > 0)$$

证明:$\left| \iint_D f(x,y)\mathrm{d}x\mathrm{d}y \right| \leqslant \dfrac{4}{3}\pi a^4$.

解析 区域 D 的边界曲线记为 Γ,取正向. 在格林公式

$$\oint_\Gamma P\mathrm{d}x + Q\mathrm{d}y = \iint_D \left(\frac{\partial Q}{\partial x} - \frac{\partial P}{\partial y} \right)\mathrm{d}x\mathrm{d}y \tag{1}$$

中取 $P = -yf(x,y), Q = 0$,得

$$\iint_D f(x,y)\mathrm{d}x\mathrm{d}y = -\oint_\Gamma yf(x,y)\mathrm{d}x - \iint_D y\frac{\partial f}{\partial y}\mathrm{d}x\mathrm{d}y \tag{2}$$

又在(1)式中取 $P = 0, Q = xf(x,y)$,得

$$\iint_D f(x,y)\mathrm{d}x\mathrm{d}y = \oint_\Gamma xf(x,y)\mathrm{d}y - \iint_D x\frac{\partial f}{\partial x}\mathrm{d}x\mathrm{d}y \tag{3}$$

将(2)式与(3)式相加得

$$\iint_D f(x,y)\mathrm{d}x\mathrm{d}y = \frac{1}{2}\oint_\Gamma -yf(x,y)\mathrm{d}x + xf(x,y)\mathrm{d}y - \frac{1}{2}\iint_D \left(x\frac{\partial f}{\partial x} + y\frac{\partial f}{\partial y} \right)\mathrm{d}x\mathrm{d}y$$

对上式取绝对值,并对右端第一项应用格林公式,对第二项应用柯西-施瓦兹不等

式,得

$$\left|\iint_D f(x,y)\mathrm{d}x\mathrm{d}y\right| \leqslant \frac{a^2}{2}\left|\oint_\Gamma -y\mathrm{d}x+x\mathrm{d}y\right| + \frac{1}{2}\iint_D \left|x\frac{\partial f}{\partial x}+y\frac{\partial f}{\partial y}\right|\mathrm{d}x\mathrm{d}y$$

$$\leqslant \frac{a^2}{2}\iint_D 2\mathrm{d}x\mathrm{d}y + \frac{1}{2}\iint_D \sqrt{x^2+y^2}\sqrt{\left(\frac{\partial f}{\partial x}\right)^2+\left(\frac{\partial f}{\partial y}\right)^2}\mathrm{d}x\mathrm{d}y$$

$$\leqslant \pi a^4 + \frac{a}{2}\int_0^{2\pi}\mathrm{d}\theta\int_0^a \rho^2\mathrm{d}\rho = \frac{4}{3}\pi a^4$$

例 5.47(精选题)　设 D 是 $\mathbf{R}^2$ 的有界闭域,D 的边界是逐段光滑的单闭曲线 l(取正向),且函数 $P,Q\in\mathscr{C}^{(1)}(D)$. 若 D' 是 uOv 平面上的有界闭域,D' 的边界是逐段光滑的单闭曲线 L(取正向),函数 $x=\varphi(u,v),y=\psi(u,v)$ 使得 D' 与 D 上的点一一对应,$\varphi,\psi\in\mathscr{C}^{(2)}(D')$,且 $J=\begin{vmatrix}\varphi'_u & \varphi'_v \\ \psi'_u & \psi'_v\end{vmatrix}>0$,求证:

$$\int_l P(x,y)\mathrm{d}x+Q(x,y)\mathrm{d}y$$
$$=\int_L P(\varphi(u,v),\psi(u,v))(\varphi'_u\mathrm{d}u+\varphi'_v\mathrm{d}v)+Q(\varphi(u,v),\psi(u,v))(\psi'_u\mathrm{d}u+\psi'_v\mathrm{d}v) \quad (1)$$

解析　对(1)式左端在封闭曲线 l 上应用格林公式,得

$$\text{左式}=\int_l P(x,y)\mathrm{d}x+Q(x,y)\mathrm{d}y=\iint_D(Q'_x-P'_y)\mathrm{d}x\mathrm{d}y$$

再对上式右端应用二重积分的换元公式,令 $x=\varphi(u,v),y=\psi(u,v)$,则

$$\text{左式}=\iint_{D'}(Q'_x-P'_y)\Big|_{\substack{x=\varphi(u,v)\\y=\psi(u,v)}}|J|\mathrm{d}u\mathrm{d}v$$
$$=\iint_{D'}(Q'_x-P'_y)\Big|_{\substack{x=\varphi(u,v)\\y=\psi(u,v)}}(\varphi'_u\psi'_v-\varphi'_v\psi'_u)\mathrm{d}u\mathrm{d}v \quad (2)$$

另一方面,对(1)式右端化简后在封闭曲线 L 上应用格林公式,得

$$\text{右式}=\int_L [P(x,y)\varphi'_u+Q(x,y)\psi'_u]\Big|_{\substack{x=\varphi(u,v)\\y=\psi(u,v)}}\mathrm{d}u$$
$$+[P(x,y)\varphi'_v+Q(x,y)\psi'_v]\Big|_{\substack{x=\varphi(u,v)\\y=\psi(u,v)}}\mathrm{d}v$$
$$=\iint_{D'}\Big(\frac{\partial}{\partial u}[P(x,y)\varphi'_v+Q(x,y)\psi'_v]\Big|_{\substack{x=\varphi(u,v)\\y=\psi(u,v)}}$$
$$-\frac{\partial}{\partial v}[P(x,y)\varphi'_u+Q(x,y)\psi'_u]\Big|_{\substack{x=\varphi(u,v)\\y=\psi(u,v)}}\Big)\mathrm{d}u\mathrm{d}v$$

由于

$$\frac{\partial}{\partial u}[P(x,y)\varphi'_v + Q(x,y)\psi'_v]\Big|_{\substack{x=\varphi(u,v)\\y=\psi(u,v)}}$$

$$-\frac{\partial}{\partial v}[P(x,y)\varphi'_u + Q(x,y)\psi'_u]\Big|_{\substack{x=\varphi(u,v)\\y=\psi(u,v)}}$$

$$=[(P'_x\varphi'_u + P'_y\psi'_u)\varphi'_v + P\varphi''_{vu} + (Q'_x\varphi'_u + Q'_y\psi'_u)\psi'_v + Q\psi''_{vu}]\Big|_{\substack{x=\varphi(u,v)\\y=\psi(u,v)}}$$

$$-[(P'_x\varphi'_v + P'_y\psi'_v)\varphi'_u + P\varphi''_{uv} + (Q'_x\varphi'_v + Q'_y\psi'_v)\psi'_u + Q\psi''_{uv}]\Big|_{\substack{x=\varphi(u,v)\\y=\psi(u,v)}}$$

$$=[P'_y\psi'_u\varphi'_v + Q'_x\varphi'_u\psi'_v - P'_y\psi'_v\varphi'_u - Q'_x\varphi'_v\psi'_u]\Big|_{\substack{x=\varphi(u,v)\\y=\psi(u,v)}}$$

$$=(Q'_x - P'_y)\Big|_{\substack{x=\varphi(u,v)\\y=\psi(u,v)}}(\varphi'_u\psi'_v - \varphi'_v\psi'_u)$$

所以

$$\text{右式} = \iint\limits_{D}(Q'_x - P'_y)\Big|_{\substack{x=\varphi(u,v)\\y=\psi(u,v)}}(\varphi'_u\psi'_v - \varphi'_v\psi'_u)\mathrm{d}u\mathrm{d}v \tag{3}$$

比较(2),(3)两式,即得(1)式成立.

例 5.48(莫斯科电气学院 1976 年竞赛题) 设 $P(x,y)$, $Q(x,y)$ 在全平面上具有连续的一阶偏导数,沿着平面上的任意半圆周 $L: y = y_0 + \sqrt{R^2 - (x-x_0)^2}$,曲线积分 $\int_L P(x,y)\mathrm{d}x + Q(x,y)\mathrm{d}y = 0$,其中 x_0, y_0 为任意实数, R 为任意正实数,求证:(1) $P(x,y) \equiv 0$;(2) $\dfrac{\partial Q}{\partial x} \equiv 0$.

解析 (1) 如右图所示, $\forall (x_0, y_0) \in \mathbf{R}^2$,以及 $\forall R > 0$,以 (x_0, y_0) 为圆心,以 R 为半径作上半圆周 L,并取逆时针方向,起点为 $B(x_0 + R, y_0)$,终点为 $A(x_0 - R, y_0)$,则

$$\int_{L+\overline{AB}}P\mathrm{d}x + Q\mathrm{d}y = \iint\limits_{D}(Q'_x - P'_y)\mathrm{d}x\mathrm{d}y \tag{1}$$

对(1)式右端应用积分中值定理, $\exists (\xi, \eta) \in D$,有

$$\iint\limits_{D}(Q'_x - P'_y)\mathrm{d}x\mathrm{d}y = (Q'_x - P'_y)\Big|_{(\xi,\eta)} \cdot \frac{\pi}{2}R^2 \tag{2}$$

对(1)式左端有

$$\int_{L+\overline{AB}} P\,dx + Q\,dy = \int_L P\,dx + Q\,dy + \int_{\overline{AB}} P\,dx + Q\,dy$$
$$= 0 + \int_{x_0-R}^{x_0+R} P(x, y_0)\,dx$$

对此式右端应用定积分中值定理, $\exists c \in (x_0 - R, x_0 + R)$, 有

$$\int_{x_0-R}^{x_0+R} P(x, y_0)\,dx = P(c, y_0) \cdot 2R \tag{3}$$

将(2)式与(3)式代入(1)式得

$$2P(c, y_0) = \frac{1}{2}\pi R \cdot (Q'_x - P'_y)\Big|_{(\xi, \eta)}$$

令 $R \to 0$, 此时 $c \to x_0$, $(\xi, \eta) \to (x_0, y_0)$, 得 $P(x_0, y_0) = 0$, 由 $(x_0, y_0) \in \mathbf{R}^2$ 的任意性, 即得 $P(x, y) \equiv 0$.

(2) 用反证法来证明. 假设 $\exists (a, b) \in \mathbf{R}^2$, 使得 $Q'_x(a, b) > 0$ (或 < 0). 由于 $Q \in \mathscr{C}^{(1)}(\mathbf{R}^2)$, 所以 $\exists (a, b)$ 的邻域 U, 使得 $Q'_x\big|_{(x,y)\in U} > 0$ (或 < 0), 在邻域 U 内取上半圆周 L, 则

$$\int_{L+\overline{AB}} P\,dx + Q\,dy = \int_{\overline{AB}} Q\,dy = 0 = \iint_D Q'_x\,dx\,dy > 0 \quad (\text{或} < 0)$$

此为矛盾式, 故有 $\dfrac{\partial Q}{\partial x} \equiv 0$.

5.2.7 曲面积分的计算(例 5.49—5.51)

例 5.49(北京市 1992 年竞赛题) 计算曲面积分

$$I = \iint_S \frac{2\,dy\,dz}{x\cos^2 x} + \frac{dz\,dx}{\cos^2 y} - \frac{dx\,dy}{z\cos^2 z}$$

其中 S 是球面 $x^2 + y^2 + z^2 = 1$ 的外侧.

解析 由 S 的对称性, 可知

$$I = \iint_S \left(\frac{1}{z\cos^2 z} + \frac{1}{\cos^2 z}\right)dx\,dy$$

且

$$\iint_S \frac{1}{\cos^2 z}dx\,dy = \iint_{x^2+y^2\leqslant 1} \frac{1}{\cos^2\sqrt{1-x^2-y^2}}dx\,dy - \iint_{x^2+y^2\leqslant 1} \frac{1}{\cos^2(-\sqrt{1-x^2-y^2})}dx\,dy$$
$$= 0$$

于是

$$I = \iint_S \frac{1}{z\cos^2 z}dx\,dy$$

$$= \iint_{x^2+y^2\leqslant 1} \frac{1}{\sqrt{1-x^2-y^2}\cos^2\sqrt{1-x^2-y^2}}\mathrm{d}x\mathrm{d}y$$

$$- \iint_{x^2+y^2\leqslant 1} \frac{1}{-\sqrt{1-x^2-y^2}\cos^2(-\sqrt{1-x^2-y^2})}\mathrm{d}x\mathrm{d}y$$

$$= 2\iint_{x^2+y^2\leqslant 1} \frac{1}{\sqrt{1-x^2-y^2}\cos^2\sqrt{1-x^2-y^2}}\mathrm{d}x\mathrm{d}y$$

$$= 2\int_0^{2\pi}\mathrm{d}\theta\int_0^1 \frac{1}{\sqrt{1-\rho^2}\cos^2\sqrt{1-\rho^2}}\rho\mathrm{d}\rho = -4\pi\int_0^1 \frac{1}{\cos^2\sqrt{1-\rho^2}}\mathrm{d}(\sqrt{1-\rho^2})$$

$$= -4\pi\tan\sqrt{1-\rho^2}\Big|_0^1 = 4\pi\tan 1.$$

例 5.50(南京大学 1996 年竞赛题) 设 S 表示球面 $x^2+y^2+z^2=1$ 的外侧位于 $x^2+y^2-x\leqslant 0, z\geqslant 0$ 的部分,试计算 $I = \iint_S x^2\mathrm{d}y\mathrm{d}z + y^2\mathrm{d}z\mathrm{d}x + z^2\mathrm{d}x\mathrm{d}y$.

解析 曲面 S 在 xOy 平面上的投影为
$$D = \{(x,y) \mid x^2+y^2\leqslant x\}$$
由于 $F = x^2+y^2+z^2-1$, $\boldsymbol{n} = (F'_x, F'_y, F'_z) = 2(x,y,z)$,故
$$\frac{\mathrm{d}y\mathrm{d}z}{x} = \frac{\mathrm{d}z\mathrm{d}x}{y} = \frac{\mathrm{d}x\mathrm{d}y}{z}$$
于是
$$原式 = \iint_D \left(\frac{x^3}{z}+\frac{y^3}{z}+z^2\right)\Big|_{z=\sqrt{1-x^2-y^2}} \mathrm{d}x\mathrm{d}y$$

$$= \iint_D \left(\frac{x^3}{\sqrt{1-x^2-y^2}}+1-x^2-y^2\right)\mathrm{d}x\mathrm{d}y$$

$$\left(因为 \frac{y^3}{z} 关于 y 为奇函数, D 关于 y=0 对称, 故 \iint_D \frac{y^3}{z}\mathrm{d}x\mathrm{d}y = 0\right)$$

$$= 2\int_0^1\mathrm{d}\rho\int_0^{\arccos\rho} \frac{\rho^4}{\sqrt{1-\rho^2}}\cos^3\theta\mathrm{d}\theta + \frac{\pi}{4} - 2\int_0^{\frac{\pi}{2}}\mathrm{d}\theta\int_0^{\cos\theta}\rho^3\mathrm{d}\rho$$

$$= 2\int_0^1 \frac{\rho^4}{\sqrt{1-\rho^2}}\left(\sin\theta - \frac{1}{3}\sin^3\theta\right)\Big|_0^{\arccos\rho}\mathrm{d}\rho + \frac{\pi}{4} - \frac{1}{2}\int_0^{\frac{\pi}{2}}\cos^4\theta\mathrm{d}\theta$$

$$= 2\int_0^1 \frac{\rho^4}{\sqrt{1-\rho^2}}\left(\sqrt{1-\rho^2} - \frac{1}{3}(1-\rho^2)^{\frac{3}{2}}\right)\mathrm{d}\rho + \frac{\pi}{4}$$

$$\quad - \frac{1}{2}\left(\frac{3}{8}\theta + \frac{1}{4}\sin 2\theta + \frac{1}{32}\sin 4\theta\right)\Big|_0^{\frac{\pi}{2}}$$

$$= 2\int_0^1 \left(\frac{2}{3}\rho^4 + \frac{1}{3}\rho^6\right)\mathrm{d}\rho + \frac{\pi}{4} - \frac{3}{32}\pi = \frac{38}{105} + \frac{5}{32}\pi$$

例 5.51(精选题) 计算曲面积分
$$\iint_\Sigma yz(y-z)\mathrm{d}y\mathrm{d}z + zx(z-x)\mathrm{d}z\mathrm{d}x + xy(x-y)\mathrm{d}x\mathrm{d}y$$

其中 Σ 是上半球面 $z=\sqrt{4Rx-x^2-y^2}\,(R\geqslant 1)$ 在柱面 $\left(x-\dfrac{3}{2}\right)^2+y^2=1$ 之内部分的上侧.

解析 记 $F(x,y,z)=x^2+y^2+z^2-4Rx=0(z\geqslant 0)$,则曲面 Σ 的法向量为 $\boldsymbol{n}=(x-2R,y,z)$,于是
$$\frac{\mathrm{d}y\mathrm{d}z}{x-2R}=\frac{\mathrm{d}z\mathrm{d}x}{y}=\frac{\mathrm{d}x\mathrm{d}y}{z}$$

$$\text{原式}=\iint_\Sigma\left[yz(y-z)\frac{1}{z}(x-2R)+zx(z-x)\frac{y}{z}+xy(x-y)\right]\mathrm{d}x\mathrm{d}y$$

$$=2R\iint_\Sigma y(z-y)\mathrm{d}x\mathrm{d}y$$

记曲面 Σ 在 xOy 平面上的投影区域为 D, $D:\left(x-\dfrac{3}{2}\right)^2+y^2\leqslant 1$,则

$$\text{原式}=2R\iint_D y(\sqrt{4Rx-x^2-y^2}-y)\mathrm{d}x\mathrm{d}y$$

$$=2R\iint_D y\sqrt{4Rx-x^2-y^2}\,\mathrm{d}x\mathrm{d}y - 2R\iint_D y^2\mathrm{d}x\mathrm{d}y$$

$$=0-2R\iint_D y^2\mathrm{d}x\mathrm{d}y$$

令 $x=\dfrac{3}{2}+u, y=v$, 记 $D_1: u^2+v^2\leqslant 1$, 则

$$\text{原式}=-2R\iint_{D_1}v^2\mathrm{d}u\mathrm{d}v \quad (u=\rho\cos\theta, v=\rho\sin\theta)$$

$$=-2R\int_0^{2\pi}\mathrm{d}\theta\int_0^1\rho^3\sin^2\theta\mathrm{d}\rho = -2R\int_0^{2\pi}\frac{1-\cos 2\theta}{2}\mathrm{d}\theta\cdot\int_0^1\rho^3\mathrm{d}\rho$$

$$=-2R\left(\pi\cdot\frac{1}{4}\right)=-\frac{1}{2}\pi R$$

5.2.8 应用斯托克斯公式解题(例 5.52—5.55)

例 5.52(江苏省1994年竞赛题) 已知 $\boldsymbol{a},\boldsymbol{b}$ 为常向量,且 $\boldsymbol{a}\times\boldsymbol{b}=(1,1,1)$, $\boldsymbol{r}=(x,y,z)$.

(1) 证明: $\mathbf{rot}(\boldsymbol{a}\cdot\boldsymbol{r})\boldsymbol{b}=\boldsymbol{a}\times\boldsymbol{b}$;

（2）求向量场 $\boldsymbol{A} = (\boldsymbol{a} \cdot \boldsymbol{r})\boldsymbol{b}$ 沿闭曲线 $\Gamma: \begin{cases} x^2 + y^2 + z^2 = 1 \\ x + y + z = 0 \end{cases}$（从 z 轴正向看依逆时针方向）的环流量.

解析　（1）记 $\boldsymbol{a} = (a_1, a_2, a_3)$，则 $\boldsymbol{a} \cdot \boldsymbol{r} = a_1 x + a_2 y + a_3 z$. 记 $f = a_1 x + a_2 y + a_3 z$，则

$$\begin{aligned} \mathrm{rot}(\boldsymbol{a} \cdot \boldsymbol{r})\boldsymbol{b} &= \nabla \times (f\boldsymbol{b}) = f(\nabla \times \boldsymbol{b}) + (\nabla f) \times \boldsymbol{b} \\ &= f\boldsymbol{0} + (a_1, a_2, a_3) \times \boldsymbol{b} = \boldsymbol{a} \times \boldsymbol{b} \end{aligned}$$

（2）记 $\Sigma: x + y + z = 0 \ (x^2 + y^2 + z^2 \leqslant 1)$，取上侧，应用斯托克斯公式，则环流量为

$$\begin{aligned} \int_\Gamma \boldsymbol{A} \cdot \mathrm{d}\boldsymbol{r} &= \iint_\Sigma \mathrm{rot}\boldsymbol{A} \cdot \boldsymbol{n}^\circ \mathrm{d}S = \iint_\Sigma (\boldsymbol{a} \times \boldsymbol{b}) \cdot \boldsymbol{n}^\circ \mathrm{d}S \\ &= \iint_\Sigma \mathrm{d}y\mathrm{d}z + \mathrm{d}z\mathrm{d}x + \mathrm{d}x\mathrm{d}y = \iint_\Sigma (\cos\alpha + \cos\beta + \cos\gamma)\mathrm{d}S \\ &= \iint_\Sigma \left(\frac{1}{\sqrt{3}} + \frac{1}{\sqrt{3}} + \frac{1}{\sqrt{3}}\right)\mathrm{d}S = \sqrt{3}\iint_\Sigma \mathrm{d}S = \sqrt{3} \cdot \pi \cdot 1^2 = \pi\sqrt{3} \end{aligned}$$

例 5.53（北京市 1991 年竞赛题）　设空间曲线 C 由立方体：$0 \leqslant x \leqslant 1, 0 \leqslant y \leqslant 1, 0 \leqslant z \leqslant 1$ 的表面与平面 $x + y + z = \frac{3}{2}$ 相截而成，从 z 轴正向看去，C 取逆时针方向①，计算 $\oint_C (z^2 - y^2)\mathrm{d}x + (x^2 - z^2)\mathrm{d}y + (y^2 - x^2)\mathrm{d}z$.

解析　如右图所示，设截面上侧部分为曲面 S，它在 xOy 平面上的投影的面积为 $\frac{3}{4}$，S 的法向量为 $\boldsymbol{n} = (1, 1, 1)$，其方向余弦为 $\cos\alpha = \cos\beta = \cos\gamma = \frac{1}{\sqrt{3}}$.

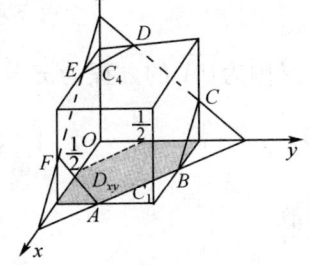

令 $P = z^2 - y^2, Q = x^2 - z^2, R = y^2 - x^2$，运用斯托克斯公式，有

$$\begin{aligned} &\oint_C (z^2 - y^2)\mathrm{d}x + (x^2 - z^2)\mathrm{d}y + (y^2 - x^2)\mathrm{d}z \\ &= \iint_S \left(\frac{\partial R}{\partial y} - \frac{\partial Q}{\partial z}\right)\mathrm{d}y\mathrm{d}z + \left(\frac{\partial P}{\partial z} - \frac{\partial R}{\partial x}\right)\mathrm{d}z\mathrm{d}x + \left(\frac{\partial Q}{\partial x} - \frac{\partial P}{\partial y}\right)\mathrm{d}x\mathrm{d}y \\ &= \iint_S (2y + 2z)\mathrm{d}y\mathrm{d}z + (2z + 2x)\mathrm{d}z\mathrm{d}x + (2x + 2y)\mathrm{d}x\mathrm{d}y \\ &= 2\iint_S \left[(y + z)\frac{1}{\sqrt{3}} + (z + x)\frac{1}{\sqrt{3}} + (x + y)\frac{1}{\sqrt{3}}\right]\mathrm{d}S \end{aligned}$$

---

① 原题没有给出 C 的方向.

$$= \frac{4}{\sqrt{3}}\iint_S (x+y+z)\mathrm{d}S = \frac{4}{\sqrt{3}}\iint_S \frac{3}{2}\mathrm{d}S = 2\sqrt{3}\iint_{D_{xy}} \frac{1}{\frac{1}{\sqrt{3}}}\mathrm{d}x\mathrm{d}y = \frac{9}{2}$$

例 5.54（全国大学生 2017 年预赛题） 设曲线 Γ 为
$$\begin{cases} x^2 + y^2 + z^2 = 1, \\ x + z = 1, \\ x \geqslant 0, y \geqslant 0, z \geqslant 0 \end{cases}$$
上从 $A(1,0,0)$ 到 $B(0,0,1)$ 的一段，求曲线积分 $\int_\Gamma y\mathrm{d}x + z\mathrm{d}y + x\mathrm{d}z$.

解析 记 Γ 与 $\overline{BA}$ 所围的平面区域为 Σ，法向量朝上，应用斯托克斯公式得

$$I \stackrel{\text{def}}{=} \int_\Gamma y\mathrm{d}x + z\mathrm{d}y + x\mathrm{d}z + \int_{\overline{BA}} y\mathrm{d}x + z\mathrm{d}y + x\mathrm{d}z$$

$$= \iint_\Sigma \left(\frac{\partial x}{\partial y} - \frac{\partial z}{\partial z}\right)\mathrm{d}y\mathrm{d}z + \left(\frac{\partial y}{\partial z} - \frac{\partial x}{\partial x}\right)\mathrm{d}z\mathrm{d}x + \left(\frac{\partial z}{\partial x} - \frac{\partial y}{\partial y}\right)\mathrm{d}x\mathrm{d}y$$

$$= -\iint_\Sigma \mathrm{d}y\mathrm{d}z + \mathrm{d}z\mathrm{d}x + \mathrm{d}x\mathrm{d}y$$

由于 $\dfrac{\mathrm{d}y\mathrm{d}z}{1/\sqrt{2}} = \dfrac{\mathrm{d}z\mathrm{d}x}{0} = \dfrac{\mathrm{d}x\mathrm{d}y}{1/\sqrt{2}} = \mathrm{d}S$，半圆 Σ 的直径长为 $|BA| = \sqrt{2}$，所以

$$I = -\iint_\Sigma \left(\frac{1}{\sqrt{2}} + 0 + \frac{1}{\sqrt{2}}\right)\mathrm{d}S = -\sqrt{2}\,\frac{1}{2}\pi\left(\frac{1}{\sqrt{2}}\right)^2 = -\frac{\sqrt{2}}{4}\pi$$

又因为 $\overline{BA}$ 的方程为 $x = x, y = 0, z = 1-x$，且 x 从 0 变到 1，所以

$$\int_{\overline{BA}} y\mathrm{d}x + z\mathrm{d}y + x\mathrm{d}z = -\int_0^1 x\mathrm{d}x = -\frac{1}{2}$$

故

$$\text{原式} = I - \int_{\overline{BA}} y\mathrm{d}x + z\mathrm{d}y + x\mathrm{d}z = -\frac{\sqrt{2}}{4}\pi + \frac{1}{2}$$

例 5.55（浙江省 2009 年竞赛题） 设 $R(x,y,z) = \int_0^{x^2+y^2} f(z-t)\mathrm{d}t$，其中 f 的导函数连续，曲面 S 为 $z = x^2 + y^2$ 被 $y + z = 1$ 所截的下面部分，取内侧，L 为 S 的正向边界，求

$$\oint_L 2xzf(z-x^2-y^2)\mathrm{d}x + [x^3 + 2yzf(z-x^2-y^2)]\mathrm{d}y + R(x,y,z)\mathrm{d}z$$

解析 因为在 L 上 $z = x^2 + y^2$，所以

$$R(x,y,z)\Big|_L = \int_0^z f(z-t)\mathrm{d}t \xrightarrow{\diamondsuit z-t=u} -\int_z^0 f(u)\mathrm{d}u = \int_0^z f(t)\mathrm{d}t$$

记 $H(z) = \int_0^z f(t)\mathrm{d}t$,代入原式化简,有

$$原式 = \oint_L 2xzf(0)\mathrm{d}x + [x^3 + 2yzf(0)]\mathrm{d}y + H(z)\mathrm{d}z$$

$$= \oint_L f(0)(x^2+y^2)(2x\mathrm{d}x + 2y\mathrm{d}y) + x^3\mathrm{d}y + H(z)\mathrm{d}z$$

$$= f(0)\oint_L (x^2+y^2)\mathrm{d}(x^2+y^2) + \oint_L x^3\mathrm{d}y + H(z)\mathrm{d}z$$

$$= \frac{1}{2}f(0)(x^2+y^2)^2\Big|_A^A + \oint_L x^3\mathrm{d}y + H(z)\mathrm{d}z = \oint_L x^3\mathrm{d}y + H(z)\mathrm{d}z$$

这里 A 为曲线 L 上任一点. 记 $P=0, Q=x^3, R=H(z)$,应用斯托克斯公式,则

$$原式 = \iint_S \left(\frac{\partial R}{\partial y} - \frac{\partial Q}{\partial z}\right)\mathrm{d}y\mathrm{d}z + \left(\frac{\partial P}{\partial z} - \frac{\partial R}{\partial x}\right)\mathrm{d}z\mathrm{d}x + \left(\frac{\partial Q}{\partial x} - \frac{\partial P}{\partial y}\right)\mathrm{d}x\mathrm{d}y$$

$$= \iint_S 3x^2 \mathrm{d}x\mathrm{d}y$$

曲面 S 在 xOy 平面上的投影为 $D = \left\{(x,y)\,\Big|\, x^2 + \left(y+\frac{1}{2}\right)^2 = \frac{5}{4}\right\}$,$D$ 关于 $x=0$ 对称,于是

$$原式 = 3\iint_D x^2\mathrm{d}x\mathrm{d}y = 6\int_0^{\frac{\sqrt{5}}{2}}\mathrm{d}x \int_{-\frac{1}{2}-\sqrt{\frac{5}{4}-x^2}}^{-\frac{1}{2}+\sqrt{\frac{5}{4}-x^2}} x^2\mathrm{d}y = 12\int_0^{\frac{\sqrt{5}}{2}} x^2\sqrt{\frac{5}{4}-x^2}\mathrm{d}x$$

$$\xrightarrow{\diamondsuit x=\frac{\sqrt{5}}{2}\sin t} \frac{12\times 25}{64}\int_0^{\frac{\pi}{2}} \frac{1-\cos 4t}{2}\mathrm{d}t = \frac{75}{64}\pi$$

5.2.9 应用高斯公式解题(例 5.56—5.63)

例 5.56(江苏省 2016 年竞赛题) 设 Σ 为球面 $x^2+y^2+z^2=2z$,试求曲面积分

$$\iint_\Sigma (x^4+y^4+z^4-x^3-y^3-z^3+x^2+y^2+z^2-x-y-z)\mathrm{d}S$$

解析 因曲面 Σ 关于平面 $x=0$ 对称,又关于平面 $y=0$ 对称,则应用曲面积分的奇偶对称性化简原式得

$$原式 = \iint_\Sigma (x^4+y^4+z^4-z^3+x^2+y^2+z^2-z)\mathrm{d}S$$

由于 $\boldsymbol{n}° = (x,y,z-1)$(外侧),$\dfrac{\mathrm{d}y\mathrm{d}z}{x} = \dfrac{\mathrm{d}z\mathrm{d}x}{y} = \dfrac{\mathrm{d}x\mathrm{d}y}{z-1} = \mathrm{d}S$,将原式化为第二型曲

面积分,再应用高斯公式计算(其中 $\Omega: x^2 + y^2 + z^2 \leqslant 2z$),则

$$原式 = \iint_{\Sigma}[(x^3+x)x + (y^3+y)y + (z^3+z)(z-1)]dS$$

$$= \iint_{\Sigma}(x^3+x)dydz + (y^3+y)dzdx + (z^3+z)dxdy$$

$$= 3\iiint_{\Omega}(x^2+y^2+z^2+1)dxdydz$$

$$= 3\int_0^{2\pi}d\theta\int_0^{\pi/2}d\varphi\int_0^{2\cos\varphi}r^4\sin\varphi\,dr + 3\times\frac{4}{3}\pi\times 1^3$$

$$= -\pi\frac{32}{5}\cos^6 x\Big|_0^{\pi/2} + 4\pi = \frac{32}{5}\pi + 4\pi = \frac{52}{5}\pi$$

例 5.57(江苏省 2018 年竞赛题) 设 $\Sigma: x^2 + y^2 + z^2 = 4(z \geqslant 0)$,取上侧,试求曲面积分

$$\iint_{\Sigma}\frac{x\,dydz + y\,dzdx + z\,dxdy}{\sqrt{x^2+(y-1)^2+z^2}}$$

解析 **方法 1** 在曲面 Σ 上,有 $\sqrt{x^2+(y-1)^2+z^2} = \sqrt{5-2y}$,记

$$P = \frac{x}{\sqrt{5-2y}}, \quad Q = \frac{y}{\sqrt{5-2y}}, \quad R = \frac{z}{\sqrt{5-2y}}$$

设 $\Sigma_1 : z = 0(x^2 + y^2 \leqslant 4)$,取下侧,则

$$原式 = \oiint_{\Sigma+\Sigma_1}Pdydz + Qdzdx + Rdxdy - \iint_{\Sigma_1}Pdydz + Qdzdx + Rdxdy$$

$$= \oiint_{\Sigma+\Sigma_1}Pdydz + Qdzdx + Rdxdy$$

记 Σ 与 Σ_1 所围的区域为 Ω,在 $\Sigma + \Sigma_1$ 上应用高斯公式,则

$$原式 = \iiint_{\Omega}(P'_x + Q'_y + R'_z)dV = 5\iiint_{\Omega}\frac{3-y}{(5-2y)^{\frac{3}{2}}}dV$$

$$= 5\int_{-2}^{2}\frac{3-y}{(5-2y)^{\frac{3}{2}}}\cdot\frac{\pi}{2}(4-y^2)dy \quad (\diamondsuit\ 5-2y = t^2,\text{其中}\ t > 0)$$

$$= \frac{5}{16}\pi\int_1^3\left(-\frac{9}{t^2} + 1 + 9t^2 - t^4\right)dt = \frac{5}{16}\pi\left(\frac{9}{t} + t + 3t^3 - \frac{1}{5}t^5\right)\Big|_1^3 = 8\pi$$

方法 2 采用统一投影法,由于 $\dfrac{dydz}{x} = \dfrac{dzdx}{y} = \dfrac{dxdy}{z}$,所以

原式 $= \iint\limits_{\Sigma} \dfrac{x^2+y^2+z^2}{z\sqrt{5-2y}} \mathrm{d}x\mathrm{d}y$

$= 4\iint\limits_{D} \dfrac{1}{\sqrt{5-2y}} \dfrac{1}{\sqrt{4-x^2-y^2}} \mathrm{d}x\mathrm{d}y \quad (D: x^2+y^2 \leqslant 4)$

$= 8\int_{-2}^{2} \mathrm{d}y \int_{0}^{\sqrt{4-y^2}} \dfrac{1}{\sqrt{5-2y}} \dfrac{1}{\sqrt{(\sqrt{4-y^2})^2 - x^2}} \mathrm{d}x$

$= 8\int_{-2}^{2} \dfrac{1}{\sqrt{5-2y}} \cdot \arcsin \dfrac{x}{\sqrt{4-y^2}} \Big|_{0}^{\sqrt{4-y^2}} \mathrm{d}y$

$= 4\pi \int_{-2}^{2} \dfrac{1}{\sqrt{5-2y}} \mathrm{d}y = 4\pi(-1)\sqrt{5-2y}\Big|_{-2}^{2} = 8\pi$

例 5.58(南京大学 1995 年竞赛题) 设 $\varphi(x,y,z)$ 为原点到椭球面 Σ:

$$\dfrac{x^2}{a^2} + \dfrac{y^2}{b^2} + \dfrac{z^2}{c^2} = 1 \quad (a>0, b>0, c>0)$$

上点 (x,y,z) 处的切平面的距离,求 $\iint\limits_{\Sigma} \varphi(x,y,z)\mathrm{d}S$.

解析 **方法 1** 椭球面 $\dfrac{x^2}{a^2} + \dfrac{y^2}{b^2} + \dfrac{z^2}{c^2} = 1$ 任一点 $P(x,y,z)$ 处的切平面方程为 $\dfrac{xX}{a^2} + \dfrac{yY}{b^2} + \dfrac{zZ}{c^2} = 1$,坐标原点到切平面的距离

$$\varphi(x,y,z) = \dfrac{1}{\sqrt{\dfrac{x^2}{a^4} + \dfrac{y^2}{b^4} + \dfrac{z^2}{c^4}}}$$

记 $u = \dfrac{x^2}{a^4} + \dfrac{y^2}{b^4} + \dfrac{z^2}{c^4}$,则 $\varphi(x,y,z) = \dfrac{1}{\sqrt{u}}$. 于是

$$\iint\limits_{\Sigma} \varphi(x,y,z)\mathrm{d}S = \iint\limits_{\Sigma} \dfrac{1}{\sqrt{u}} \mathrm{d}S = \iint\limits_{\Sigma} \dfrac{1}{\sqrt{u}} \left(\dfrac{x^2}{a^2} + \dfrac{y^2}{b^2} + \dfrac{z^2}{c^2} \right) \mathrm{d}S \tag{1}$$

因椭球面 Σ 上 P 点处的外侧法向量的方向余弦为

$$\cos\alpha = \dfrac{x}{\sqrt{u}\,a^2}, \quad \cos\beta = \dfrac{y}{\sqrt{u}\,b^2}, \quad \cos\gamma = \dfrac{z}{\sqrt{u}\,c^2}$$

由此化简(1)式得

$$\iint\limits_{\Sigma} \varphi(x,y,z)\mathrm{d}S = \iint\limits_{\Sigma} (x\cos\alpha + y\cos\beta + z\cos\gamma)\mathrm{d}S$$

$$= \iint\limits_{\Sigma} x\mathrm{d}y\mathrm{d}z + y\mathrm{d}z\mathrm{d}x + z\mathrm{d}x\mathrm{d}y \quad (\text{高斯公式})$$

$$= \iiint\limits_{\Omega} 3\mathrm{d}V = 3 \cdot \frac{4}{3}\pi abc = 4\pi abc$$

方法 2 $\varphi(x,y,z) = \dfrac{1}{\sqrt{\dfrac{x^2}{a^4}+\dfrac{y^2}{b^4}+\dfrac{z^2}{c^4}}}$ 的求法同方法 1,因 $\varphi(x,y,z)$ 分别关于

x,y,z 皆为偶函数,Σ 关于 $x=0$ 对称,关于 $y=0$ 对称,关于 $z=0$ 对称,设 Σ 位于第一卦限的那部分曲面为 Σ_1,则

$$\iint\limits_{\Sigma} \varphi(x,y,z)\mathrm{d}S = 8\iint\limits_{\Sigma_1} \varphi(x,y,z)\mathrm{d}S \tag{2}$$

曲面 Σ_1 的方程为 $z = c\sqrt{1-\dfrac{x^2}{a^2}-\dfrac{y^2}{b^2}}$ $(x\geqslant 0, y\geqslant 0)$,$\Sigma_1$ 在 xOy 平面上的投影为 $D_1 = \left\{(x,y)\ \Big|\ \dfrac{x^2}{a^2}+\dfrac{y^2}{b^2}\leqslant 1, x\geqslant 0, y\geqslant 0\right\}$,由于

$$z'_x = \frac{-cx}{a^2\sqrt{1-\dfrac{x^2}{a^2}-\dfrac{y^2}{b^2}}}, \quad z'_y = \frac{-cy}{b^2\sqrt{1-\dfrac{x^2}{a^2}-\dfrac{y^2}{b^2}}}$$

$$\mathrm{d}S = \sqrt{1+(z'_x)^2+(z'_y)^2}\,\mathrm{d}x\mathrm{d}y = \frac{c^2}{z}\sqrt{\frac{x^2}{a^4}+\frac{y^2}{b^4}+\frac{z^2}{c^4}}\,\mathrm{d}x\mathrm{d}y$$

$$= c\frac{1}{\sqrt{1-\dfrac{x^2}{a^2}-\dfrac{y^2}{b^2}}\,\varphi(x,y,z)}\mathrm{d}x\mathrm{d}y$$

代入(2)式,并令 $x = \rho a\cos\theta, y = \rho b\sin\theta$,则

$$\iint\limits_{\Sigma}\varphi(x,y,z)\mathrm{d}S = 8c\iint\limits_{D_1}\frac{1}{\sqrt{1-\dfrac{x^2}{a^2}-\dfrac{y^2}{b^2}}}\mathrm{d}x\mathrm{d}y = 8c\int_0^{\frac{\pi}{2}}\mathrm{d}\theta\int_0^1\frac{1}{\sqrt{1-\rho^2}}ab\rho\mathrm{d}\rho$$

$$= 4c\pi ab\left(-\sqrt{1-\rho^2}\right)\Big|_0^1 = 4\pi abc$$

例 5.59(全国大学生 2011 年决赛题) 已知 S 是空间曲线 $\begin{cases} x^2+3y^2=1, \\ z=0 \end{cases}$ 绕 y 轴旋转生成的椭球面的上半部分($z\geqslant 0$),取上侧,Π 是 S 在 $P(x,y,z)$ 点处的切平面,$\rho(x,y,z)$ 是原点到切平面 Π 的距离,λ,μ,ν 表示 S 的正法向的方向余弦,计算:

(1) $\iint\limits_{S} \dfrac{z}{\rho(x,y,z)}\mathrm{d}S$;

(2) $\iint\limits_{S} z(\lambda x+3\mu y+\nu z)\mathrm{d}S$.

解析 根据题意,可得旋转曲面 S 的方程为 $x^2+3y^2+z^2=1(z\geqslant 0)$. 曲面 S 上任一点 $P(x,y,z)$ 点处的切平面 Π 的方程为 $xX+3yY+zZ=1$,于是

$$\rho(x,y,z)=\frac{1}{\sqrt{x^2+9y^2+z^2}}$$

记 $\sqrt{u}=\sqrt{x^2+9y^2+z^2}$,则曲面 S 的外法向量的方向余弦为

$$\lambda=\cos\alpha=\frac{x}{\sqrt{u}}, \quad \mu=\cos\beta=\frac{3y}{\sqrt{u}}, \quad \nu=\cos\gamma=\frac{z}{\sqrt{u}}$$

(1) 令 $\Sigma: z=0 (x^2+3y^2\leqslant 1)$,取下侧. 记 S 与 Σ 包围的区域为 Ω,则

$$\iint_S \frac{z}{\rho(x,y,z)}\mathrm{d}S$$
$$=\iint_S z\sqrt{u}\,\mathrm{d}S=\iint_S \frac{z(x^2+9y^2+z^2)}{\sqrt{u}}\mathrm{d}S$$
$$=\iint_S xz\,\mathrm{d}y\mathrm{d}z+3yz\,\mathrm{d}z\mathrm{d}x+z^2\,\mathrm{d}x\mathrm{d}y$$
$$=\oiint_{S+\Sigma} xz\,\mathrm{d}y\mathrm{d}z+3yz\,\mathrm{d}z\mathrm{d}x+z^2\,\mathrm{d}x\mathrm{d}y \quad \text{(下式应用高斯公式)}$$
$$=\iiint_\Omega 6z\,\mathrm{d}V=6\int_0^1 \mathrm{d}z\iint_{D(z)} z\,\mathrm{d}x\mathrm{d}y$$
$$=6\pi\int_0^1 z\sqrt{1-z^2}\sqrt{\frac{1-z^2}{3}}\,\mathrm{d}z=\frac{\sqrt{3}}{2}\pi$$

(2) 记号同上,计算过程同上,有

$$\iint_S z(\lambda x+3\mu y+\nu z)\mathrm{d}S=\oiint_{S+\Sigma} zx\,\mathrm{d}y\mathrm{d}z+3zy\,\mathrm{d}z\mathrm{d}x+z^2\,\mathrm{d}x\mathrm{d}y=\frac{\sqrt{3}}{2}\pi$$

例 5.60(江苏省 1996 年竞赛题) 计算 $\iint_\Sigma x^2\mathrm{d}y\mathrm{d}z+y^2\mathrm{d}z\mathrm{d}x+z^2\mathrm{d}x\mathrm{d}y$,其中 Σ 为柱面 $x^2+y^2=1$ 界于 $z=0$ 与 $x+y+z=2$ 之间部分的外侧.

解析 记 $\Sigma_1: x+y+z=2$(界于 $x^2+y^2\leqslant 1$ 内的部分),取上侧;记 $\Sigma_2: z=0$(界于 $x^2+y^2\leqslant 1$ 内的部分),取下侧. 记 $\Sigma, \Sigma_1, \Sigma_2$ 所包围的立体区域为 Ω. 在 Ω 上应用高斯公式,记 $D: x^2+y^2\leqslant 1$,则

$$\iint_{\Sigma+\Sigma_1+\Sigma_2} x^2\mathrm{d}y\mathrm{d}z+y^2\mathrm{d}z\mathrm{d}x+z^2\mathrm{d}x\mathrm{d}y$$
$$=2\iiint_\Omega (x+y+z)\mathrm{d}V=2\iint_D \mathrm{d}x\mathrm{d}y\int_0^{2-x-y}(x+y+z)\mathrm{d}z$$
$$=2\iint_D \frac{1}{2}(x+y+z)^2\Big|_0^{2-x-y}\mathrm{d}x\mathrm{d}y$$

$$= \iint\limits_{D}[4-(x+y)^2]\mathrm{d}x\mathrm{d}y$$

$$= 4\pi - \iint\limits_{D}(x^2+y^2+2xy)\mathrm{d}x\mathrm{d}y = 4\pi - \iint\limits_{D}(x^2+y^2)\mathrm{d}x\mathrm{d}y$$

$$= 4\pi - \int_0^{2\pi}\mathrm{d}\theta\int_0^1\rho^3\mathrm{d}\rho = 4\pi - \frac{\pi}{2} = \frac{7}{2}\pi$$

又

$$\iint\limits_{\Sigma_2}x^2\mathrm{d}y\mathrm{d}z + y^2\mathrm{d}z\mathrm{d}x + z^2\mathrm{d}x\mathrm{d}y = \iint\limits_{\Sigma_2}0\mathrm{d}x\mathrm{d}y = 0$$

$$\iint\limits_{\Sigma_1}x^2\mathrm{d}y\mathrm{d}z + y^2\mathrm{d}z\mathrm{d}x + z^2\mathrm{d}x\mathrm{d}y = \iint\limits_{\Sigma_1}(x^2+y^2+z^2)\mathrm{d}x\mathrm{d}y$$

$$= \iint\limits_{D}[x^2+y^2+(2-x-y)^2]\mathrm{d}x\mathrm{d}y$$

$$= \iint\limits_{D}(2x^2+2y^2+4-4x-4y+2xy)\mathrm{d}x\mathrm{d}y$$

$$= 2\iint\limits_{D}(x^2+y^2)\mathrm{d}x\mathrm{d}y + 4\iint\limits_{D}\mathrm{d}x\mathrm{d}y + 0$$

$$= 2\int_0^{2\pi}\mathrm{d}\theta\int_0^1\rho^3\mathrm{d}\rho + 4\pi = 5\pi$$

于是

$$原式 = 2\iiint\limits_{\Omega}(x+y+z)\mathrm{d}V - \iint\limits_{\Sigma_1}x^2\mathrm{d}y\mathrm{d}z + y^2\mathrm{d}z\mathrm{d}x + z^2\mathrm{d}x\mathrm{d}y$$

$$-\iint\limits_{\Sigma_2}x^2\mathrm{d}y\mathrm{d}z + y^2\mathrm{d}z\mathrm{d}x + z^2\mathrm{d}x\mathrm{d}y$$

$$= \frac{7}{2}\pi - 5\pi - 0 = -\frac{3}{2}\pi$$

例 5.61（江苏省 2008 年竞赛题） 设 Σ 为 $x^2+y^2+z^2=1(z\geqslant 0)$ 的外侧，连续函数 $f(x,y)$ 满足

$$f(x,y) = 2(x-y)^2 + \iint\limits_{\Sigma}x(z^2+\mathrm{e}^z)\mathrm{d}y\mathrm{d}z + y(z^2+\mathrm{e}^z)\mathrm{d}z\mathrm{d}x$$
$$+ [zf(x,y)-2\mathrm{e}^z]\mathrm{d}x\mathrm{d}y$$

求 $f(x,y)$.

解析 设

$$\iint\limits_{\Sigma}x(z^2+\mathrm{e}^z)\mathrm{d}y\mathrm{d}z + y(z^2+\mathrm{e}^z)\mathrm{d}z\mathrm{d}x + [zf(x,y)-2\mathrm{e}^z]\mathrm{d}x\mathrm{d}y = a$$

则 $f(x,y) = 2(x-y)^2 + a$. 设 D 为 xOy 平面上的圆 $x^2+y^2\leqslant 1$，Σ_1 为 D 的下侧，Ω 为 Σ 与 Σ_1 包围的区域，应用高斯公式，有

$$\begin{aligned}
a &= \iint_{\Sigma+\Sigma_1} x(z^2+e^z)dydz + y(z^2+e^z)dzdx + [zf(x,y)-2e^z]dxdy \\
&\quad - \iint_{\Sigma_1} x(z^2+e^z)dydz + y(z^2+e^z)dzdx + [zf(x,y)-2e^z]dxdy \\
&= \iiint_{\Omega}[2z^2+2(x-y)^2+a]dV + \iint_{D}(-2)dxdy \\
&= \iiint_{\Omega}[2(x^2+y^2+z^2)-4xy+a]dV - 2\pi \\
&= 2\int_0^{2\pi}d\theta\int_0^{\frac{\pi}{2}}\sin\varphi d\varphi\int_0^1 r^4 dr - 0 + \frac{2}{3}\pi a - 2\pi = \frac{-6}{5}\pi + \frac{2}{3}\pi a
\end{aligned}$$

故 $a = \dfrac{18\pi}{5(2\pi-3)}$,于是 $f(x,y) = 2(x-y)^2 + \dfrac{18\pi}{5(2\pi-3)}$.

例 5.62(全国大学生 2016 年决赛题) 设 $P(x,y,z), R(x,y,z)$ 在空间上有连续偏导数,记上半球面 $S: z = z_0 + \sqrt{r^2-(x-x_0)^2-(y-y_0)^2}$,方向向上,若对任何点 (x_0,y_0,z_0) 和 $r > 0$,第二型曲面积分 $\iint_S Pdydz + Rdxdy = 0$,证明:$\dfrac{\partial P}{\partial x} \equiv 0$.

解析 记上半球面 S 的底平面为 D,方向向上,D 的下侧记为 D_1. 记 $S + D_1$ 包围的区域为 Ω,应用高斯公式得

$$\iint_{S+D_1} Pdydz + Rdxdy = \iiint_{\Omega}\left(\frac{\partial P}{\partial x} + \frac{\partial R}{\partial z}\right)dxdydz \tag{1}$$

由于 $\iint_S Pdydz + Rdxdy = 0, \iint_{D_1} Pdydz + Rdxdy = -\iint_D R(x,y,z_0)dxdy$,代入(1)式得

$$-\iint_D R(x,y,z_0)dxdy = \iiint_{\Omega}\left(\frac{\partial P}{\partial x} + \frac{\partial R}{\partial z}\right)dxdydz \tag{2}$$

此式两边分别应用二重积分中值定理和三重积分中值定理得

$$-R(\xi,\zeta,z_0)\pi r^2 = \left(\frac{\partial P}{\partial x} + \frac{\partial R}{\partial z}\right)\bigg|_{(\alpha,\beta,\gamma)} \cdot \frac{2}{3}\pi r^3$$

即

$$R(\xi,\zeta,z_0) = -\left(\frac{\partial P}{\partial x} + \frac{\partial R}{\partial z}\right)\bigg|_{(\alpha,\beta,\gamma)} \cdot \frac{2}{3}r$$

则 $\lim_{r\to 0} R(\xi,\zeta,z_0) = R(x_0,y_0,z_0) = 0$,由点 (x_0,y_0,z_0) 的任意性,即得 $R(x,y,z) \equiv 0$,代入(2)式得

$$\iiint_{\Omega}\left(\frac{\partial P}{\partial x}\right)dxdydz \equiv 0.$$

下面根据上式证明 $\dfrac{\partial P}{\partial x} \equiv 0$. 用反证法,若 $\dfrac{\partial P}{\partial x}\bigg|_{(x_0,y_0,z_0)} \neq 0$(不妨设大于 0),由于

$\frac{\partial P}{\partial x}$ 连续,所以当正数 r 充分小时, $\frac{\partial P}{\partial x} > 0 ((x,y,z) \in \Omega)$,故 $\iiint\limits_{\Omega} \left(\frac{\partial P}{\partial x}\right) dxdydz > 0$.

从而导出矛盾,所以 $\frac{\partial P}{\partial x} \equiv 0$.

例 5.63(全国大学生 2017 年决赛题) 设函数 $f(x,y,z)$ 在区域 $\Omega : \{(x,y,z) \mid x^2 + y^2 + z^2 \leqslant 1\}$ 上具有连续的二阶偏导数,且满足

$$\frac{\partial^2 f}{\partial x^2} + \frac{\partial^2 f}{\partial y^2} + \frac{\partial^2 f}{\partial z^2} = \sqrt{x^2 + y^2 + z^2}$$

计算 $I = \iiint\limits_{\Omega} \left(x \frac{\partial f}{\partial x} + y \frac{\partial f}{\partial y} + z \frac{\partial f}{\partial z}\right) dxdydz$.

解析 设球面 $\Sigma : x^2 + y^2 + z^2 = 1$ 外侧的方向余弦为 $(\cos\alpha, \cos\beta, \cos\gamma)$,因为

$$\iint\limits_{\Sigma} \left(\frac{\partial f}{\partial x}\cos\alpha + \frac{\partial f}{\partial y}\cos\beta + \frac{\partial f}{\partial z}\cos\gamma\right) dS = \iint\limits_{\Sigma} (x^2 + y^2 + z^2)\left(\frac{\partial f}{\partial x}\cos\alpha + \frac{\partial f}{\partial y}\cos\beta + \frac{\partial f}{\partial z}\cos\gamma\right) dS$$

两边都化为第二型曲面积分得

$$\iint\limits_{\Sigma} \frac{\partial f}{\partial x} dydz + \frac{\partial f}{\partial y} dzdx + \frac{\partial f}{\partial z} dxdy$$

$$= \iint\limits_{\Sigma} (x^2+y^2+z^2)\frac{\partial f}{\partial x} dydz + (x^2+y^2+z^2)\frac{\partial f}{\partial y} dzdx + (x^2+y^2+z^2)\frac{\partial f}{\partial z} dxdy$$

上式两边都应用高斯公式得

$$\iiint\limits_{\Omega} \left(\frac{\partial^2 f}{\partial x^2} + \frac{\partial^2 f}{\partial y^2} + \frac{\partial^2 f}{\partial z^2}\right) dV$$

$$= 2\iiint\limits_{\Omega} \left(x \frac{\partial f}{\partial x} + y \frac{\partial f}{\partial y} + z \frac{\partial f}{\partial z}\right) dV + \iiint\limits_{\Omega} (x^2+y^2+z^2)\left(\frac{\partial^2 f}{\partial x^2} + \frac{\partial^2 f}{\partial y^2} + \frac{\partial^2 f}{\partial z^2}\right) dV$$

所以

$$\text{原式} = \frac{1}{2}\iiint\limits_{\Omega} \left(\frac{\partial^2 f}{\partial x^2} + \frac{\partial^2 f}{\partial y^2} + \frac{\partial^2 f}{\partial z^2}\right) dV - \frac{1}{2}\iiint\limits_{\Omega} (x^2+y^2+z^2)\left(\frac{\partial^2 f}{\partial x^2} + \frac{\partial^2 f}{\partial y^2} + \frac{\partial^2 f}{\partial z^2}\right) dV$$

$$= \frac{1}{2}\iiint\limits_{\Omega} \sqrt{x^2+y^2+z^2}\, dV - \frac{1}{2}\iiint\limits_{\Omega} (x^2+y^2+z^2)^{\frac{3}{2}} dV \quad (\text{采用球坐标计算})$$

$$= \frac{1}{2}\int_0^{2\pi} d\theta \int_0^{\pi} d\varphi \int_0^1 r^3 \sin\varphi\, dr - \frac{1}{2}\int_0^{2\pi} d\theta \int_0^{\pi} d\varphi \int_0^1 r^5 \sin\varphi\, dr$$

$$= 2\pi\left(\frac{1}{4} - \frac{1}{6}\right) = \frac{\pi}{6}$$

5.2.10 多元函数积分学的应用题(例5.64—5.71)

例 5.64(北京市 1988 年竞赛题) 求由曲面 $z = x^2 + y^2$ 和 $z = 2 - \sqrt{x^2+y^2}$ 所围成的体积 V 和表面积 S.

解析 由 $z = x^2 + y^2, z = 2 - \sqrt{x^2+y^2}$ 联立解得 $z_1 = 1, z_2 = 4$(舍去),所围部分在 xOy 平面上的投影区域 D 为 $x^2 + y^2 \leqslant 1$,于是

$$V = \iint\limits_{D} [2 - \sqrt{x^2+y^2} - (x^2+y^2)] dxdy = \int_0^{2\pi} d\theta \int_0^1 (2-\rho-\rho^2)\rho d\rho = \frac{5\pi}{6}$$

$$S = \iint\limits_{D} \sqrt{1 + \left(\frac{-x}{\sqrt{x^2+y^2}}\right)^2 + \left(\frac{-y}{\sqrt{x^2+y^2}}\right)^2} dxdy + \iint\limits_{D} \sqrt{1+4x^2+4y^2} dxdy$$

$$= \iint\limits_{D} [\sqrt{2} + \sqrt{1+4(x^2+y^2)}] dxdy = \sqrt{2}\pi + \int_0^{2\pi} d\theta \int_0^1 \sqrt{1+4\rho^2} \cdot \rho d\rho$$

$$= \sqrt{2}\pi + \frac{\pi}{4} \cdot \frac{2}{3}(1+4\rho^2)^{\frac{3}{2}} \Big|_0^1 = \pi\left[\sqrt{2} + \frac{1}{6}(5\sqrt{5}-1)\right]$$

例 5.65(江苏省 1991 年竞赛题) 有一形状为直角三角形的薄铜片,其质量面密度 $f(x,y) = k(1-x-2y), x \geqslant 0, y \geqslant 0, 1-x-2y \geqslant 0, k$ 为正常数.今从中截取一矩形铜片(该矩形两条邻边位于三角形的两条直角边上)使其质量最大,求该矩形铜片质量与原直角三角形铜片质量之比.

解析 如图,设矩形铜片与原点 O 相对的顶点为 (x_0, y_0),则 $1-x_0-2y_0 = 0$. 三角形铜片 D 的质量为

$$M = \iint\limits_{D} k(1-x-2y) dxdy$$

$$= -k \int_0^1 dx \int_0^{\frac{1}{2}(1-x)} (2y+x-1) dy$$

$$= -\frac{k}{4} \int_0^1 (2y+x-1)^2 \Big|_0^{\frac{1}{2}(1-x)} dx$$

$$= \frac{k}{4} \int_0^1 (x-1)^2 dx = \frac{k}{12}$$

设矩形铜片为 D_1,则矩形铜片的质量为

$$m = k \iint\limits_{D_1} (1-x-2y) dxdy = k \int_0^{x_0} dx \int_0^{y_0} (1-x-2y) dy$$

$$= k \int_0^{x_0} [y_0(1-x) - y_0^2] dx = kx_0 y_0 \left(1 - y_0 - \frac{x_0}{2}\right)$$

$$= \frac{k}{16} - k\left(y_0 - \frac{1}{4}\right)^2$$

当 $y_0 = \dfrac{1}{4}$, $x_0 = \dfrac{1}{2}$ 时 m 取最大值 $\dfrac{k}{16}$. 所以所求质量之比为 $\dfrac{k}{16} \div \dfrac{k}{12} = \dfrac{3}{4}$.

例 5.66（江苏省 2000 年竞赛题） 已知两个球的半径分别是 a 和 $b(a > b)$，且小球球心在大球球面上，试求小球在大球内的那一部分的体积.

解析 方法 1 用二重积分计算. 如图，设大球面的方程为

$$x^2 + y^2 + z^2 = a^2$$

小球面的方程为

$$x^2 + y^2 + (z-a)^2 = b^2$$

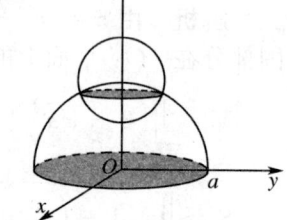

两球面的交线在 xOy 平面上的投影所围的区域 D 为 $x^2 + y^2 \leqslant \left(\dfrac{b}{2a}\sqrt{4a^2 - b^2}\right)^2$，则所求立体的体积为（记 $k = \dfrac{b}{2a}\sqrt{4a^2 - b^2}$）

$$V = \iint_D \left[\sqrt{a^2 - x^2 - y^2} - (a - \sqrt{b^2 - x^2 - y^2})\right] dxdy$$

$$= \int_0^{2\pi} d\theta \int_0^k (\sqrt{a^2 - \rho^2} + \sqrt{b^2 - \rho^2})\rho d\rho - \iint_D a\, dxdy$$

$$= 2\pi \left(-\dfrac{1}{3}(a^2 - \rho^2)^{\frac{3}{2}} - \dfrac{1}{3}(b^2 - \rho^2)^{\frac{3}{2}}\right)\Big|_0^k - a\pi k^2$$

$$= \dfrac{2}{3}\pi\left[a^3 - (a^2 - k^2)^{\frac{3}{2}} + b^3 - (b^2 - k^2)^{\frac{3}{2}}\right] - a\pi k^2$$

$$= \dfrac{2}{3}\pi\left(\dfrac{3}{2}ab^2 - \dfrac{3b^4}{4a} + b^3\right) - \pi\left(ab^2 - \dfrac{b^4}{4a}\right) = \pi b^3\left(\dfrac{2}{3} - \dfrac{b}{4a}\right)$$

方法 2 用定积分计算. 如图，设大圆的方程为 $x^2 + y^2 = a^2$，小圆的方程为 $x^2 + (y-a)^2 = b^2$. 两圆方程联立解得交点的纵坐标为 $y_0 = a - \dfrac{b^2}{2a}$. 所求立体为两圆公共区域绕 y 轴旋转一周的旋转体，其体积为

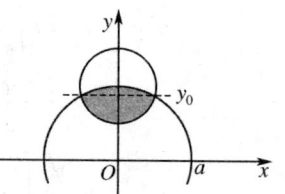

$$V = \pi \int_{a-b}^{y_0} x_1^2 dy + \pi \int_{y_0}^a x_2^2 dy$$

这里 $x_1^2 = b^2 - (y-a)^2$, $x_2^2 = a^2 - y^2$. 于是

$$V = \pi \int_{a-b}^{y_0} [b^2 - (y-a)^2] dy + \pi \int_{y_0}^a (a^2 - y^2) dy$$

$$= \pi b^2(y_0 - a + b) - \dfrac{\pi}{3}(y-a)^3\Big|_{a-b}^{y_0} + \pi a^2(a - y_0) - \dfrac{\pi}{3}y^3\Big|_{y_0}^a$$

$$= \pi \Big[b^2 y_0 - ab^2 + b^3 - \frac{1}{3}(y_0^3 - 3y_0^2 a + 3y_0 a^2 - a^3) - \frac{1}{3}b^3$$
$$+ a^3 - a^2 y_0 - \frac{a^3}{3} + \frac{y_0^3}{3} \Big]$$
$$= \pi \Big(a^3 + \frac{2}{3}b^3 - ab^2 - \frac{4a^4 - 4a^2 b^2 + b^4}{4a} \Big) = \pi b^3 \Big(\frac{2}{3} - \frac{b}{4a} \Big)$$

例 5.67(江苏省 1991 年竞赛题) 求由曲面 $x^2 + y^2 = cz$, $x^2 - y^2 = \pm a^2$, $xy = \pm b^2$ 和 $z = 0$ 围成区域的体积(其中 a, b, c 为正实数).

解析 题中 6 个曲面关于 yOz 平面对称,关于 zOx 平面也对称,yOz 平面与 zOx 平面将该区域分为 4 块等体积区域,将第一卦限的一块投影到 xOy 平面上得区域 D. 其中,区域 $OABO$ 记为 D_1, $\angle AOB = \alpha$;区域 $OBCO$ 记为 D_2, $\angle AOC$ 记为 β(如图所示). $\stackrel{\frown}{AB}, \stackrel{\frown}{BC}, \stackrel{\frown}{CE}$ 的极坐标分别为

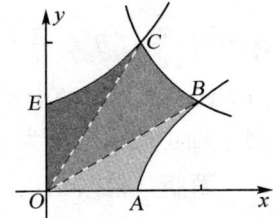

$$\rho_1^2 = \frac{a^2}{\cos 2\theta}, \quad \rho_2^2 = \frac{2b^2}{\sin 2\theta}, \quad \rho_3^2 = \frac{-a^2}{\cos 2\theta}$$

因此立体区域的体积为

$$V = 4 \iint_D \frac{1}{c}(x^2 + y^2) dx dy = 4 \int_0^{\frac{\pi}{2}} d\theta \int_0^{\rho(\theta)} \frac{1}{c} \rho^3 d\rho$$
$$= \frac{4}{c} \int_0^\alpha d\theta \int_0^{\rho_1(\theta)} \rho^3 d\rho + \frac{4}{c} \int_\alpha^\beta d\theta \int_0^{\rho_2(\theta)} \rho^3 d\rho + \frac{4}{c} \int_\beta^{\frac{\pi}{2}} d\theta \int_0^{\rho_3(\theta)} \rho^3 d\rho$$
$$= \frac{1}{c} \int_0^\alpha \frac{a^4}{\cos^2 2\theta} d\theta + \frac{1}{c} \int_\alpha^\beta \frac{4b^4}{\sin^2 2\theta} d\theta + \frac{1}{c} \int_\beta^{\frac{\pi}{2}} \frac{a^4}{\cos^2 2\theta} d\theta$$
$$= \frac{a^4}{2c} \tan 2\alpha - \frac{2b^4}{c} \cot 2\theta \Big|_\alpha^\beta + \frac{a^4}{2c} \tan 2\theta \Big|_\beta^{\frac{\pi}{2}}$$

由于 $\rho_1(\alpha) = \rho_2(\alpha)$, $\rho_2(\beta) = \rho_3(\beta)$,所以 $\tan 2\alpha = \frac{2b^2}{a^2}$, $\tan 2\beta = -\frac{2b^2}{a^2}$,于是

$$V = \frac{a^2 b^2}{c} - \frac{2b^4}{c} \Big(-\frac{a^2}{2b^2} - \frac{a^2}{2b^2} \Big) + \frac{a^4}{2c} \Big(0 + \frac{2b^2}{a^2} \Big) = \frac{4}{c} a^2 b^2$$

例 5.68(莫斯科食品工业学院 1977 年竞赛题) 将地球看作为半径为 R 的球体,假设大气层的质量分布密度服从规律 $p(h) = Re^{-kh}$,这里 h 为质点距离地球表面的高度,k 为正常数,试求地球大气层的质量.

解析 以地球中心为坐标原点建立空间直角坐标系,采用球坐标计算,大气层的质量为

$$m = \int_0^{2\pi} d\theta \int_0^\pi d\varphi \int_R^{+\infty} Re^{-k(r-R)} r^2 \sin\varphi dr = 2\pi \cdot 2 \cdot \int_R^{+\infty} Rr^2 e^{-k(r-R)} dr$$

$$= 4\pi R\left(-\frac{1}{k}\right)\left[r^2 \mathrm{e}^{-k(r-R)}\Big|_R^{+\infty} - 2\int_R^{+\infty} r\mathrm{e}^{-k(r-R)}\mathrm{d}r\right]$$

$$= \frac{4}{k}\pi R^3 - \frac{8\pi R}{k^2}\left[r\mathrm{e}^{-k(r-R)}\Big|_R^{+\infty} - \int_R^{+\infty} \mathrm{e}^{-k(r-R)}\mathrm{d}r\right]$$

$$= \frac{4}{k}\pi R^3 + \frac{8\pi R^2}{k^2} + \frac{8\pi R}{k^3} = \frac{4}{k}\pi R\left(R^2 + \frac{2R}{k} + \frac{2}{k^2}\right)$$

例 5.69(江苏省 2002 年竞赛题) 已知曲线 $\overset{\frown}{AB}$ 的极坐标方程为 $\rho = 1 + \cos\theta\left(-\frac{\pi}{2} \leqslant \theta \leqslant \frac{\pi}{2}\right)$,一质点 P 在力 $\boldsymbol{F}$ 的作用下沿曲线 $\overset{\frown}{AB}$ 从点 $A(0,-1)$ 运动到点 $B(0,1)$,力 $\boldsymbol{F}$ 的大小等于点 P 到定点 $M(3,4)$ 的距离,其方向垂直于线段 MP,且与 y 轴正向的夹角为锐角,求力 $\boldsymbol{F}$ 对质点 P 所做的功.

解析 根据题意,得 $\overrightarrow{MP} = (x-3, y-4)$,$\boldsymbol{F} = (y-4, 3-x)$,功

$$W = \int_{\overset{\frown}{AB}} (y-4)\mathrm{d}x + (3-x)\mathrm{d}y$$

$$= \oint_{\overset{\frown}{AB}+\overline{BA}} (y-4)\mathrm{d}x + (3-x)\mathrm{d}y - \int_{\overline{BA}} (y-4)\mathrm{d}x + (3-x)\mathrm{d}y$$

$$= -2\iint_D \mathrm{d}x\mathrm{d}y + \int_{-1}^1 3\mathrm{d}y = -2\int_0^{\frac{\pi}{2}} \rho^2 \mathrm{d}\theta + 6 = -2\int_0^{\frac{\pi}{2}} (1+\cos\theta)^2 \mathrm{d}\theta + 6$$

$$= -2\int_0^{\frac{\pi}{2}} \left(\frac{3}{2} + 2\cos\theta + \frac{1}{2}\cos 2\theta\right)\mathrm{d}\theta + 6 = 2 - \frac{3}{2}\pi$$

其中,D 为 $\overset{\frown}{AB}$ 与 y 轴所围区域.

例 5.70(莫斯科技术物理学院 1976 年竞赛题) 在区域 $\frac{1}{4} < x^2+y^2+z^2 < 4$ 上,函数 $f(x,y,z)$ 与 $g(x,y,z)$ 具有二阶连续的偏导数,Σ 为球面 $x^2+y^2+z^2 = 1$ 的外侧,求单位时间内向量 $\mathbf{grad}f \times \mathbf{grad}g$ 通过 Σ 的流量.

解析 $\mathbf{grad}f \times \mathbf{grad}g = (f'_x, f'_y, f'_z) \times (g'_x, g'_y, g'_z)$

$$= (f'_y g'_z - f'_z g'_y, f'_z g'_x - f'_x g'_z, f'_x g'_y - f'_y g'_x)$$

记 $P = f'_y g'_z - f'_z g'_y$,$Q = f'_z g'_x - f'_x g'_z$,$R = f'_x g'_y - f'_y g'_x$,$\Omega: x^2+y^2+z^2 \leqslant 1$,应用高斯公式,有

$$\iint_\Sigma P\mathrm{d}y\mathrm{d}z + Q\mathrm{d}z\mathrm{d}x + R\mathrm{d}x\mathrm{d}y$$

$$= \iiint_\Omega (P'_x + Q'_y + R'_z)\mathrm{d}V$$

$$= \iiint_\Omega (f''_{yx}g'_z + f'_y g''_{zx} - f''_{zx}g'_y - f'_z g''_{yx} + f''_{zy}g'_x + f'_z g''_{xy} - f''_{xy}g'_z - f'_x g''_{zy} + f''_{xz}g'_y$$
$$+ f'_x g''_{yz} - f''_{yz}g'_x - f'_y g''_{xz})\,dV$$
$$= \iiint_\Omega 0\,dV = 0$$

例 5.71（陕西省 1999 年竞赛题） 给定面密度为 1 的平面薄板 $D: x^2 \leqslant y \leqslant 1$，求该薄板关于过 D 的重心和点 $(1,1)$ 的直线的转动惯量.

解析 令重心的坐标为 $(\bar{x}, \bar{y})$，由于 D 关于 $x=0$ 对称，可知 $\bar{x}=0$，且

$$\bar{y} = \frac{\iint_D y\,d\sigma}{\iint_D d\sigma} = \frac{\int_{-1}^1 dx \int_{x^2}^1 y\,dy}{\int_{-1}^1 dx \int_{x^2}^1 dy} = \frac{3}{5}$$

于是 D 的重心为 $\left(0, \dfrac{3}{5}\right)$.

过重心与点 $(1,1)$ 的直线 L 的方程为 $2x - 5y + 3 = 0$. 由于 D 上任一点 (x,y) 到直线 L 的距离为 $d = \dfrac{|2x-5y+3|}{\sqrt{29}}$，故所求转动惯量为

$$I = \frac{1}{29}\iint_D (2x-5y+3)^2\,d\sigma$$
$$= \frac{1}{29}\iint_D (4x^2 + 25y^2 + 9 - 20xy + 12x - 30y)\,dx\,dy$$

应用奇偶函数的积分性质可知

$$\iint_D x^2\,dx\,dy = 2\int_0^1 x^2\,dx \int_{x^2}^1 dy = \frac{4}{15}, \quad \iint_D y^2\,dx\,dy = \frac{4}{7}$$

$$\iint_D d\sigma = \frac{4}{3}, \quad \iint_D y\,d\sigma = \frac{4}{5}, \quad \iint_D xy\,d\sigma = \iint_D x\,d\sigma = 0$$

因此，所求转动惯量为 $\dfrac{352}{3045}$.

练 习 题 五

1. 交换下列二次积分的次序：

(1) $\int_1^2 dx \int_{\frac{1}{x}}^x f(x,y)\,dy$；

(2) $\int_0^1 dx \int_{2x-1}^{\sqrt{x}} f(x,y)\,dy$；

(3) $\int_{-2}^{1} dx \int_{x^2+2x}^{x+2} f(x,y) dy$; (4) $\int_{-\sqrt{2}}^{\sqrt{2}} dx \int_{x^2}^{4-x^2} f(x,y) dy$;

(5) $\int_{0}^{a} dy \int_{\sqrt{a^2-y^2}}^{y+a} f(x,y) dx \ (a>0)$; (6) $\int_{-\frac{\pi}{4}}^{\frac{\pi}{2}} d\theta \int_{0}^{2\cos x} f(x,y) dy$;

(7) $\int_{0}^{1} dy \int_{0}^{y^2} f(x,y) dx + \int_{1}^{2} dy \int_{0}^{\sqrt{2y-y^2}} f(x,y) dx$.

2. 将 $\int_{-\frac{\pi}{4}}^{\frac{\pi}{2}} d\theta \int_{0}^{2\cos\theta} f(\rho\cos\theta, \rho\sin\theta) \rho d\rho$ 化为直角坐标下的两种次序二次积分.

3. 求 $\lim\limits_{t\to 0^+} \dfrac{1}{t^2} \int_{0}^{t} dx \int_{0}^{t-x} e^{x^2+y^2} dy$.

4. 计算下列二重积分:

(1) $\iint\limits_{D} |y-x^2| \max\{x,y\} dxdy, D: 0\leqslant x\leqslant 1, 0\leqslant y\leqslant 1$;

(2) $\iint\limits_{D} |x^2+y^2-2| dxdy, D: x^2+y^2\leqslant 3$;

(3) $\iint\limits_{D} |x^2+y^2-1| dxdy, D: 0\leqslant y\leqslant 1+x, -1\leqslant x\leqslant 1$;

(4) $\iint\limits_{D} |x^2+y^2-x| dxdy, D: 0\leqslant y\leqslant x, 0\leqslant x\leqslant 1$;

(5) $\iint\limits_{D} (x+y)^2 dxdy, D: x^2+y^2\leqslant 2ay, x^2+y^2\geqslant ay \ (a>0)$;

(6) $\iint\limits_{D} e^{\frac{x}{y}} dxdy, D$ 为 $y^2=x, x=0, y=1$ 所围区域;

(7) $\iint\limits_{D} y dxdy, D: x^2+y^2\leqslant 4a^2, \rho\geqslant a(1+\cos\theta), y\geqslant 0 \ (a>0)$;

(8) $\iint\limits_{D} (x+y)^3(x-y)^2 dxdy, D$ 为 $x+y=1, x+y=3, x-y=1, x-y=-1$ 所围区域;

(9) $\iint\limits_{D} (x+y^2) e^{-(x^2+y^2-4)} dxdy, D: 1\leqslant x^2+y^2\leqslant 4$;

(10) $\iint\limits_{D} \sqrt{\sqrt{x}+\sqrt[3]{y}} dxdy, D$ 为 $\sqrt{x}+\sqrt[3]{y}=1, x=0, y=0$ 所围区域;

(11) $\iint\limits_{D} (x+y)^2 dxdy, D: (x^2+y^2)^2 \leqslant 2(x^2-y^2)$;

(12) $\iint\limits_{D} |\sin(x-y)| dxdy, D: x\geqslant 0, y\geqslant 0, x+y\leqslant \dfrac{\pi}{2}$;

(13) $\iint_D |x^2+y^2-1|\,dxdy, D=\{(x,y)\mid 0\leqslant y\leqslant 1-x, -1\leqslant x\leqslant 1\}$.

5. 计算：$\int_0^1 dx\int_0^{x^2}\dfrac{ye^y}{1-\sqrt{y}}dy$.

6. 计算：$\int_0^1 dx\int_1^{x^2} xe^{-y^2}dy$.

7. 设 $f(x)$ 是 $[0,1]$ 上的连续函数，证明：
$$\int_0^1 e^{f(x)}dx\int_0^1 e^{-f(y)}dy \geqslant 1$$

8. 设 $f(x,y)$ 具有二阶连续偏导数，且 $f(1,y)=0, f(x,1)=0, \iint_D f(x,y)dxdy = a$，其中 $D=\{(x,y)\mid 0\leqslant x\leqslant 1, 0\leqslant y\leqslant 1\}$，计算二重积分
$$I=\iint_D xyf''_{xy}(xy)dxdy$$

9. 求 $\int_0^1 dx\int_{-\sqrt{1-x^2}}^{\sqrt{1-x^2}}\left(\dfrac{1-x^2-y^2}{1+x^2+y^2}\right)^{\frac{1}{2}}dy$.

10. 计算下列三重积分：

(1) $\iiint_\Omega (x^2+y^2+z^2)dxdydz, \Omega: x^2+y^2+z^2\leqslant 2z, 1\leqslant z\leqslant 2$;

(2) $\iiint_\Omega \exp(x^2+y^2)dxdydz, \Omega: x^2+y^2\leqslant z, z\leqslant 1$;

(3) $\iiint_\Omega [(1+x)^2+y^2]dxdydz, \Omega: x^2+y^2+z^2\leqslant z$;

(4) $\iiint_\Omega \dfrac{\ln(1+\sqrt{x^2+y^2})}{x^2+y^2}dxdydz, \Omega: z^2\leqslant x^2+y^2\leqslant z$;

(5) $\iiint_\Omega x\exp\left(\dfrac{x^2+y^2+z^2}{a^2}\right)dxdydz, \Omega: x^2+y^2+z^2\leqslant a^2, x\geqslant 0, y\geqslant 0, z\geqslant 0$;

(6) $\iiint_\Omega \dfrac{\cos\sqrt{x^2+y^2+z^2}}{\sqrt{x^2+y^2+z^2}}dxdydz, \Omega: \pi^2\leqslant x^2+y^2+z^2\leqslant 4\pi^2$.

11. 设 $f(x)$ 为连续的奇函数，并且是周期为 1 的周期函数，又 $\int_0^1 xf(x)dx=1$，如果 $F(x)=\int_0^x dv\int_0^v du\int_0^u f(t)dt$，试将 $F(x)$ 表示为定积分形式，并求 $F'(1)$.

12. 求 $\iiint_\Omega (x+y)^2 dxdydz$，这里 Ω 是由 $\begin{cases}y^2=2z\\x=0\end{cases}$ 绕 z 轴旋转一周所生成的曲

面与平面 $z=2, z=8$ 所围成的区域.

13. 求曲面 $z=x^2+y^2+1$ 在点 $M(1,-1,3)$ 处的切平面与曲面 $z=x^2+y^2$ 所围区域的体积.

14. 求圆柱面 $x^2+y^2=ay(a>0)$ 介于 $z=\sqrt{x^2+y^2}$ 与 xy 平面之间部分曲面的面积.

15. 试求曲线 $\begin{cases} z=y\cot x, \\ x=y^2+z^2 \end{cases}$ 上的点 $\left(\dfrac{\pi}{4}, \dfrac{\sqrt{2\pi}}{4}, \dfrac{\sqrt{2\pi}}{4}\right)$ 到点 $\left(\dfrac{\pi}{2}, \dfrac{\sqrt{2\pi}}{2}, 0\right)$ 间一段的弧长.

16. 计算下列曲线积分:

(1) $\int_\Gamma e^{xy}(1+xy)dx + e^{xy}x^2 dy$,$\Gamma$ 为曲线 $y=2^x+1$ 上从点 $A(0,2)$ 到点 $B(1,3)$ 的一段弧;

(2) $\int_\Gamma \dfrac{(x-y)dx+(x+y)dy}{x^2+y^2}$,$\Gamma$ 是由点 $(1,0)$ 经 $y=1-x^2$ 到点 $(-1,0)$ 的曲线段;

(3) $\int_{\widehat{AO}} (1+e^x)\cos y\, dx - [(x+e^x)\sin y - x]dy$,其中 $\widehat{AO}$ 为由点 $A(2,0)$ 至点 $O(0,0)$ 的心形线 $\rho=1+\cos\theta$ 的上半周;

(4) $\int_\Gamma y\,dx - x\,dy + (x+y+z)dz$,$\Gamma$ 由弧 $\widehat{AmB}$ 与直线 BA 组成,其中 $\widehat{AmB}$ 为螺纹线 $x=a\cos t, y=a\sin t, z=\dfrac{c}{2\pi}t (0 \leqslant t \leqslant 2\pi)$ 的一段,直线 BA 平行于 z 轴,但指向相反;

(5) $\int_\Gamma z\,dx + x\,dy + y\,dz$,$\Gamma$ 为 $\begin{cases} 2x+z=0, \\ x=\sqrt{1-y^2} \end{cases}$ 上从点 $(0,1,0)$ 到点 $(0,-1,0)$ 的一段弧.

17. 求 $\int_{\widehat{AB}} (1+2xe^y)dx + (x+x^2 e^y)dy$,$\widehat{AB}$ 为连接点 $A(1,2), B(3,4)$ 的曲线弧,且 $\widehat{AB}$ 与 $\overline{BA}$ 构成封闭曲线的正向,它所围的图形的面积为 S.

18. 求 $\int_{\widehat{AB}} [\varphi(y)\cos x - \pi y]dx + [\varphi'(y)\sin x - \pi]dy$,$\widehat{AB}$ 为连接点 $A(\pi,2)$,$B(3\pi,4)$ 的曲线,且 $\widehat{AB}$ 与 $\overline{BA}$ 构成封闭曲线的正向,它所围的图形的面积为 2.

19. 求 $\int_\Gamma (y\sin x+\cos y)dx + (xy^3 - x\sin y + 8y^5)dy$,$\Gamma$ 为曲线 $y=\cos x$ 与 $y=-\cos x \left(-\dfrac{\pi}{2} \leqslant x \leqslant \dfrac{\pi}{2}\right)$ 所围区域的正向边界曲线.

20. 确定 n 的值,使得曲线积分 $\int_A^B (x^4+4xy^n)\mathrm{d}x + (6x^{n-1}y^2-5y^4)\mathrm{d}y$ 与路线无关,并求出当点 A,B 的坐标为 $A(0,0),B(1,2)$ 时该曲线积分的值.

21. 设 $I=\int_A^B P\mathrm{d}x+Q\mathrm{d}y+R\mathrm{d}z$,其中 $P=xz+ay^2+bz^2$,$Q=xy+az^2+bx^2$,$R=yz+ax^2+by^2$,试求 a,b 使曲线积分与路线无关,并求出当 A,B 的坐标为 $A(0,0,z_0),B(x_1,y_1,0)$ 时 I 的值.

22. 求 $\iint\limits_{\Sigma}\dfrac{1}{\sqrt{x^2+y^2+(z-a)^2}}\mathrm{d}S$,$\Sigma:x^2+y^2+z^2=1(0<a<1)$.

23. 求 $\iint\limits_{\Sigma}y(x-z)\mathrm{d}y\mathrm{d}z+x(z-y)\mathrm{d}x\mathrm{d}y$,$\Sigma$ 为 $z=\sqrt{x^2+y^2}$ 被平面 $z=1,z=2$ 所截的一块曲面的外侧.

24. 设 Σ 为球面 $x^2+y^2+z^2=2z$,试求曲面积分
$$\iint\limits_{\Sigma}(x^4+y^4+z^4-x^3-y^3-z^3)\mathrm{d}S$$

25. 设半径为 R 的球面 Σ 的球心在定球面 $x^2+y^2+z^2=a^2(a>0)$ 上,问当 R 为何值时,球面 Σ 在定球内部的面积最大?

专题 6 空间解析几何

6.1 基本概念与内容提要

6.1.1 向量的基本概念与向量的运算

1) 向量在几何上为有向线段. 若 $\boldsymbol{a}=\overrightarrow{PQ}$, 将 $\overrightarrow{PQ}$ 平行移动使其起点 P 与原点 O 重合, 若终点 Q 移至点 M 处, 则 $\overrightarrow{PQ}=\overrightarrow{OM}$, 若点 M 的坐标为 $M(a_1,a_2,a_3)$, 则 $\boldsymbol{a}=\overrightarrow{OM}=(a_1,a_2,a_3)$ (或 $\{a_1,a_2,a_3\}$), 此式称为向量的坐标表示式. 称

$$\boldsymbol{i}=(1,0,0), \quad \boldsymbol{j}=(0,1,0), \quad \boldsymbol{k}=(0,0,1)$$

为基向量, 向量 $\boldsymbol{a}$ 的模为 $|\boldsymbol{a}|=\sqrt{a_1^2+a_2^2+a_3^2}$, 向量 $\boldsymbol{a}$ 的方向余弦为

$$\cos\alpha=\frac{a_1}{|\boldsymbol{a}|}, \quad \cos\beta=\frac{a_2}{|\boldsymbol{a}|}, \quad \cos\gamma=\frac{a_3}{|\boldsymbol{a}|}.$$

向量 $\boldsymbol{a}_0=(\cos\alpha,\cos\beta,\cos\gamma)$ 是与向量 $\boldsymbol{a}$ 方向相同的单位向量.

2) 向量的运算

(1) 向量的加法与减法满足平行四边形法则. 在下图中, 有

$$\overrightarrow{AB}+\overrightarrow{AD}=\overrightarrow{AC}, \quad \overrightarrow{AD}-\overrightarrow{AB}=\overrightarrow{BD}$$

(2) 向量 $\boldsymbol{a}$ 与 $\boldsymbol{b}$ 的内积定义为

$$\boldsymbol{a}\cdot\boldsymbol{b}=|\boldsymbol{a}||\boldsymbol{b}|\cos\langle\boldsymbol{a},\boldsymbol{b}\rangle$$

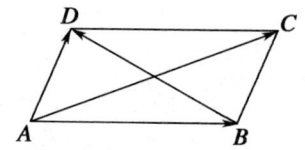

它的射影表示式为

$$\boldsymbol{a}\cdot\boldsymbol{b}=|\boldsymbol{a}|\,\mathrm{prj}_{\boldsymbol{a}}\boldsymbol{b}, \quad \boldsymbol{a}\cdot\boldsymbol{b}=|\boldsymbol{b}|\,\mathrm{prj}_{\boldsymbol{b}}\boldsymbol{a}$$

设向量 $\boldsymbol{a}=(a_1,a_2,a_3), \boldsymbol{b}=(b_1,b_2,b_3)$, 则 $\boldsymbol{a}\cdot\boldsymbol{b}$ 的坐标计算公式为

$$\boldsymbol{a}\cdot\boldsymbol{b}=a_1b_1+a_2b_2+a_3b_3$$

两向量 $\boldsymbol{a}$ 与 $\boldsymbol{b}$ 垂直的充要条件是 $\boldsymbol{a}\cdot\boldsymbol{b}=0$, 两向量 $\boldsymbol{a}$ 与 $\boldsymbol{b}$ 平行的充要条件是

$$\frac{a_1}{b_1}=\frac{a_2}{b_2}=\frac{a_3}{b_3}$$

(3) 向量 $\boldsymbol{a}$ 与 $\boldsymbol{b}$ 的向量积定义为

$$\boldsymbol{a}\times\boldsymbol{b}=|\boldsymbol{a}||\boldsymbol{b}|\sin\langle\boldsymbol{a},\boldsymbol{b}\rangle\boldsymbol{c}^\circ$$

这里 $c°$ 是同时垂直于 a 与 b 的单位向量,且 $a,b,c°$ 组成右手系.

向量 a 与 b 的向量积的模等于以 a,b 为邻边的平行四边形的面积.

设向量 $a=(a_1,a_2,a_3),b=(b_1,b_2,b_3)$,则向量 $a\times b$ 的坐标计算公式为

$$a\times b=\left(\begin{vmatrix}a_2 & a_3\\b_2 & b_3\end{vmatrix},\begin{vmatrix}a_3 & a_1\\b_3 & b_1\end{vmatrix},\begin{vmatrix}a_1 & a_2\\b_1 & b_2\end{vmatrix}\right)$$

6.1.2 空间的平面

1) 平面的点法式方程:通过点 (x_0,y_0,z_0),法向量为 $n=(A,B,C)$(其中 A,B,C 不全为 0)的平面方程为

$$A(x-x_0)+B(y-y_0)+C(z-z_0)=0$$

2) 平面的一般式方程:平面的一般式方程为

$$Ax+By+Cz+D=0$$

这里 A,B,C 不全为 0. 当 $D=0$ 时,该平面过原点;当 A,B,C 中有一个为 0 时,该平面垂直于某坐标平面;当 A,B,C 中有两个为 0 时,该平面垂直于某坐标轴;xOy 平面,yOz 平面,zOx 平面的方程分别为 $z=0,x=0,y=0$.

3) 平面的截距式方程:在 x 轴,y 轴,z 轴上的截距分别为 $a,b,c(abc\neq 0)$ 的平面方程为

$$\frac{x}{a}+\frac{y}{b}+\frac{z}{c}=1$$

4) 点到平面的距离公式:点 (x_0,y_0,z_0) 到平面 $Ax+By+Cz+D=0$ 的距离为

$$d=\frac{|Ax_0+By_0+Cz_0+D|}{\sqrt{A^2+B^2+C^2}}$$

6.1.3 空间的直线

1) 直线的点向式方程:通过点 (x_0,y_0,z_0),方向向量为 $l=(m,n,p)$(其中 m,n,p 不全为 0)的直线方程为

$$\frac{x-x_0}{m}=\frac{y-y_0}{n}=\frac{z-z_0}{p}$$

2) 直线的一般式方程:直线的一般式方程为

$$\begin{cases}A_1x+B_1y+C_1z+D_1=0,\\ A_2x+B_2y+C_2z+D_2=0\end{cases}$$

这里的直线表示为两个平面的交线.

3) 直线的参数式方程:通过点(x_0,y_0,z_0),方向向量为$\boldsymbol{l}=(m,n,p)$的直线的参数方程为
$$x=x_0+mt,\quad y=y_0+nt,\quad z=z_0+pt$$
这里t为参数.

4) 点到直线的距离:设直线L通过点P,方向向量为$\boldsymbol{l}$,则点M到直线L的距离为
$$d=\frac{|\overrightarrow{PM}\times \boldsymbol{l}|}{|\boldsymbol{l}|}$$

5) 公垂线的长:设直线L_1过点P_1,方向向量为$\boldsymbol{l}_1$,直线L_2过P_2,方向向量为$\boldsymbol{l}_2$,则直线L_1与L_2的公垂线的长为
$$d=\frac{|\overrightarrow{P_1P_2}\cdot(\boldsymbol{l}_1\times \boldsymbol{l}_2)|}{|\boldsymbol{l}_1\times \boldsymbol{l}_2|}$$

6.1.4 空间的曲面

1) 空间曲面的一般方程为$F(x,y,z)=0$,或写为$z=f(x,y)$.

2) 球面:球面方程的一般形式为
$$x^2+y^2+z^2+2ax+2by+2cz+d=0$$
球面的标准方程是
$$(x-a)^2+(y-b)^2+(z-c)^2=R^2$$
这里(a,b,c)为球心,R为半径.

3) 柱面:方程$F(x,y)=0$表示母线平行于z轴的柱面,准线为$\begin{cases}F(x,y)=0,\\z=0;\end{cases}$方程$F(y,z)=0$表示母线平行于$x$轴的柱面,准线为$\begin{cases}F(y,z)=0,\\x=0;\end{cases}$方程$F(z,x)=0$表示母线平行于$y$轴的柱面,准线为$\begin{cases}F(z,x)=0,\\y=0.\end{cases}$

4) 旋转曲面:xOy平面上的曲线$y=f(x^2)$绕y轴旋转一周的旋转曲面方程为$y=f(x^2+z^2)$;xOy平面上的曲线$x=g(y^2)$绕x轴旋转一周的旋转曲面方程为$x=g(y^2+z^2)$.其他坐标平面内的曲线绕某坐标轴旋转所得旋转曲面的方程类似可得.

5) 二次曲面的标准方程

(1) 椭球面:$\dfrac{x^2}{a^2}+\dfrac{y^2}{b^2}+\dfrac{z^2}{c^2}=1$;　　(2) 单叶双曲面:$\dfrac{x^2}{a^2}+\dfrac{y^2}{b^2}-\dfrac{z^2}{c^2}=1$;

(3) 双叶双曲面:$\dfrac{x^2}{a^2}-\dfrac{y^2}{b^2}-\dfrac{z^2}{c^2}=1$;　　(4) 二次锥面:$\dfrac{x^2}{a^2}+\dfrac{y^2}{b^2}-\dfrac{z^2}{c^2}=0$;

(5) 椭圆抛物面:$z = \dfrac{x^2}{a^2} + \dfrac{y^2}{b^2}$;　　　(6) 双曲抛物面:$z = \dfrac{x^2}{a^2} - \dfrac{y^2}{b^2}$.

6) 空间曲面的切平面与法线

已知空间曲面 $\Sigma: F(x,y,z) = 0$,若函数 F 可微,点 $P(x_0, y_0, z_0) \in \Sigma$,则

$$\boldsymbol{n} = (F'_x, F'_y, F'_z)\Big|_P$$

为曲面 Σ 在点 P 的法向量;曲面 Σ 在点 P 的切平面方程为

$$F'_x(P)(x - x_0) + F'_y(P)(y - y_0) + F'_z(P)(z - z_0) = 0$$

曲面 Σ 在点 P 的法线方程为

$$\frac{x - x_0}{F'_x(P)} = \frac{y - y_0}{F'_y(P)} = \frac{z - z_0}{F'_z(P)}$$

6.1.5　空间的曲线

1) 空间曲线的一般式方程为

$$\Gamma: \begin{cases} F(x,y,z) = 0, \\ H(x,y,z) = 0 \end{cases}$$

这里曲线表示为两个曲面的交线.

2) 空间曲线的参数式方程为

$$x = \varphi(t), \quad y = \psi(t), \quad z = \omega(t)$$

这里 t 为参数.

3) 空间曲线在坐标平面内的投影

4) 空间曲线的切线与法平面

设有空间曲线 Γ(一般式方程如上),这里 F, H 可微,点 $M(x_0, y_0, z_0) \in \Gamma$,则

$$\boldsymbol{l} = (F'_x, F'_y, F'_z) \times (H'_x, H'_y, H'_z)\Big|_M$$

为曲线 Γ 在点 M 的切向量. 记 $\boldsymbol{l} = (m, n, p)$,则曲线 Γ 在点 M 的切线方程为

$$\frac{x - x_0}{m} = \frac{y - y_0}{n} = \frac{z - z_0}{p}$$

曲线 Γ 在点 M 的法平面方程为

$$m(x - x_0) + n(y - y_0) + p(z - z_0) = 0$$

设空间曲线 Γ 的参数方程为 $x = \varphi(t), y = \psi(t), z = \omega(t)$,则 $t = t_0$ 时曲线 Γ 的切线方程为

$$\frac{x - \varphi(t_0)}{\varphi'(t_0)} = \frac{y - \psi(t_0)}{\psi'(t_0)} = \frac{z - \omega(t_0)}{\omega'(t_0)}$$

曲线 Γ 在 $t=t_0$ 时的法平面方程为
$$\varphi'(t_0)(x-\varphi(t_0))+\psi'(t_0)(y-\psi(t_0))+\omega'(t_0)(z-\omega(t_0))=0$$

6.2 竞赛题与精选题解析

6.2.1 向量的运算（例6.1—6.5）

例 6.1（江苏省 1994 年竞赛题） 设 a 和 b 是非零常向量，$|b|=2$，$\langle a,b\rangle=\dfrac{\pi}{3}$，则 $\lim\limits_{x\to 0}\dfrac{|a+xb|-|a|}{x}=$ _____.

解析 原式 $=\lim\limits_{x\to 0}\dfrac{(a+xb)\cdot(a+xb)-a\cdot a}{x(|a+xb|+|a|)}=\lim\limits_{x\to 0}\dfrac{2xa\cdot b+x^2|b|^2}{2|a|x}$
$=\dfrac{a\cdot b}{|a|}+0=|b|\cos\langle a,b\rangle=2\cdot\dfrac{1}{2}=1$

例 6.2（江苏省 1991 年竞赛题） 已知 a 为单位向量，$a+3b$ 垂直于 $7a-5b$，$a-4b$ 垂直于 $7a-2b$，则向量 a 与 b 的夹角为 _____.

解析 a 为单位向量，故 $|a|=1$. 因两向量垂直的充要条件是它们的数量积为 0，所以
$$\begin{cases}(a+3b)\cdot(7a-5b)=7|a|^2+16a\cdot b-15|b|^2=0,\\(a-4b)\cdot(7a-2b)=7|a|^2-30a\cdot b+8|b|^2=0\end{cases}$$
即
$$\begin{cases}16a\cdot b-15|b|^2=-7,\\30a\cdot b-8|b|^2=7\end{cases}$$
由此可解得 $a\cdot b=\dfrac{1}{2}$，$|b|^2=1$，于是
$$\langle a,b\rangle=\arccos\dfrac{a\cdot b}{|a||b|}=\arccos\dfrac{1}{2}=\dfrac{\pi}{3}$$

例 6.3（江苏省 2006 年竞赛题） 已知 A,B,C,D 为空间的 4 个定点，AB 与 CD 的中点分别为 E,F，$|EF|=a$（a 为正常数），P 为空间的任一点，则 $(\overrightarrow{PA}+\overrightarrow{PB})\cdot(\overrightarrow{PC}+\overrightarrow{PD})$ 的最小值为 _____.

解析 如图，在点 E,F,P 所在平面上建立直角坐标系，并令 EF 的中点为坐标原点，$\overrightarrow{EF}$ 方向为 x 轴，则 E,F 的坐标为 $E\left(-\dfrac{a}{2},0\right)$，$F\left(\dfrac{a}{2},0\right)$. 设 P 的坐标为 (x,y)，因为 $\overrightarrow{PA}+\overrightarrow{PB}=2\overrightarrow{PE}$，$\overrightarrow{PC}+\overrightarrow{PD}=2\overrightarrow{PF}$，又 $\overrightarrow{PE}=\left(-\dfrac{a}{2}-x,-y\right)$，$\overrightarrow{PF}=\left(\dfrac{a}{2}-x,-y\right)$，所以

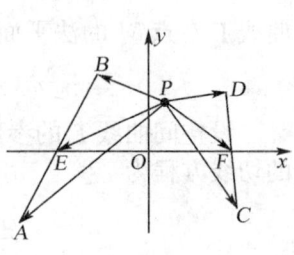

$$(\overrightarrow{PA}+\overrightarrow{PB})\cdot(\overrightarrow{PC}+\overrightarrow{PD})=4\overrightarrow{PE}\cdot\overrightarrow{PF}=4\left[\left(-\frac{a}{2}-x\right)\left(\frac{a}{2}-x\right)+y^2\right]$$
$$=4(x^2+y^2)-a^2$$

由此可得：当 $x=y=0$ 时，原式取最小值 $-a^2$.

例 6.4（江苏省 1996 年竞赛题） 设 α 与 β 均为单位向量，其夹角为 $\frac{\pi}{6}$，则以 $\alpha+2\beta$ 与 $3\alpha+\beta$ 为邻边的平行四边形的面积为_____.

解析 平行四边形的面积
$$S=|(\alpha+2\beta)\times(3\alpha+\beta)|=|\alpha\times\beta+6\beta\times\alpha|$$
$$=|\alpha\times\beta-6\alpha\times\beta|=|-5\alpha\times\beta|$$
$$=5|\alpha\times\beta|=5|\alpha||\beta|\sin\langle\alpha,\beta\rangle=\frac{5}{2}$$

例 6.5（江苏省 2010 年竞赛题） 已知正方体 $ABCD-A_1B_1C_1D_1$ 的边长为 2，E 为 D_1C_1 的中点，F 为侧面正方形 BCC_1B_1 的中心.

(1) 试求过点 A_1,E,F 的平面与底面 $ABCD$ 所成的二面角的值；

(2) 试求过点 A_1,E,F 的平面截正方体所得到的截面的面积.

解析 (1) 建立如右图所示坐标系，则 $A_1(2,0,2),E(0,1,2),F(1,2,1)$，$\overrightarrow{A_1F}=(-1,2,-1)$，$\overrightarrow{EF}=(1,1,-1)$，$n=\overrightarrow{EF}\times\overrightarrow{A_1F}=(1,2,3)$，底面 $ABCD$ 的法向量为 $k=(0,0,1)$，故所求的二面角 θ 为

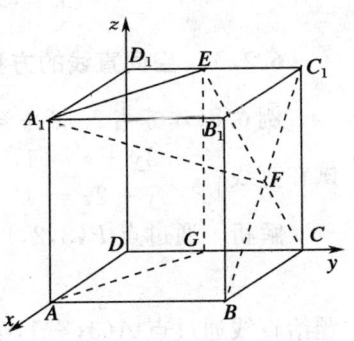

$$\theta=\arccos\frac{k\cdot n}{|k||n|}=\arccos\frac{3}{\sqrt{14}}$$

(2) 设 CD 的中点为 G，则四边形 $ABCG$ 的面积为 $S_1=3$，则所求截面的面积为 $S=\dfrac{S_1}{\cos\theta}=\sqrt{14}$.

6.2.2 空间平面的方程（例 6.6—6.7）

例 6.6（江苏省 1994 年竞赛题） 曲线 $\begin{cases}\dfrac{x^2}{a^2}+\dfrac{y^2}{b^2}=1,\\ Ax+By+Cz=0\end{cases}$ ($C\neq 0$) 所围平面区域 D 的面积为_____.

解析 因平面 $Ax+By+Cz=0$ 的法向量的方向余弦为
$$\cos\alpha=\frac{A}{u},\quad\cos\beta=\frac{B}{u},\quad\cos\nu=\frac{C}{u}$$

这里 $u = \sqrt{A^2+B^2+C^2}$，平面区域 D 在 xOy 平面上的投影为椭圆 $\dfrac{x^2}{a^2}+\dfrac{y^2}{b^2} \leqslant 1$，其面积为 πab，所以 D 的面积为

$$\pi ab \dfrac{1}{|\cos\nu|} = \dfrac{1}{|C|} \pi ab \sqrt{A^2+B^2+C^2}$$

例 6.7（浙江省 2006 年竞赛题） 求过点 $(1,2,3)$ 且与曲面 $z = x+(y-z)^3$ 的所有切平面皆垂直的平面方程.

解析 令 $F = z - x - (y-z)^3 = 0$，则曲面上过一点 (x,y,z) 的切平面法向量为

$$\boldsymbol{n} = (F'_x, F'_y, F'_z) = (-1, -3(y-z)^2, 1+3(y-z)^2)$$

记 $\boldsymbol{n}_1 = (1,1,1)$，由于 $\boldsymbol{n} \cdot \boldsymbol{n}_1 = -1 - 3(y-z)^2 + 1 + 3(y-z)^2 \equiv 0$，所以 $\boldsymbol{n}_1 \perp \boldsymbol{n}$，因此所求平面方程为

$$(x-1) + (y-2) + (z-3) = 0, \quad 即 \quad x+y+z-6 = 0$$

6.2.3 空间直线的方程（例 6.8—6.11）

例 6.8（江苏省 2016 年竞赛题） 已知点 $P(3,2,1)$ 与平面 $\Pi: 2x-2y+3z=1$，试在直线 $\begin{cases} x+2y+z=1 \\ x-y+2z=4 \end{cases}$ 上求一点 Q，使得线段 PQ 平行于平面 Π.

解析 通过点 $P(3,2,1)$ 且与平面 $2x-2y+3z=1$ 平行的平面为

$$\Pi': 2x-2y+3z = 5$$

题给直线通过点 $A(3,-1,0)$，方向为 $\boldsymbol{l} = (1,2,1) \times (1,-1,2) = (5,-1,-3)$，设点 Q 的坐标为 (x_0, y_0, z_0)，其中 $x_0 = 3+5t, y_0 = -1-t, z_0 = 0-3t$，代入平面 Π' 的方程得

$$2(3+5t) - 2(-1-t) + 3(-3t) = 5 \Rightarrow t = -1$$

于是点 Q 的坐标为 $(-2,0,3)$.

例 6.9（江苏省 2004 年竞赛题） 已知点 $P(1,0,-1)$ 与 $Q(3,1,2)$，试在平面 $\Pi: x-2y+z=12$ 上求一点 M，使得 $|PM|+|MQ|$ 最小.

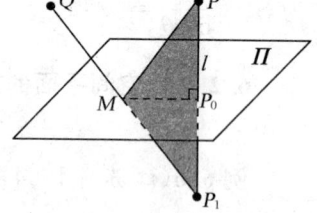

解析 设 $f(x,y,z) = x-2y+z$，由于 $f(1,0,-1) = 0 < 12, f(3,1,2) = 3 < 12$，所以点 P,Q 在已知平面 Π 的同侧. 从 P 作直线 l 垂直于平面 Π，l 的方程为

$$x = 1+t, \quad y = -2t, \quad z = -1+t$$

代入平面 Π 的方程解得 $t = 2$，因此直线 l 与平面 Π 的交点为 $P_0(3,-4,1)$（如上图所示），所以 P 关于平面 Π 的对称点为 $P_1(5,-8,3)$. 连接 P_1Q，其方程为

$$x = 3+2t, \quad y = 1-9t, \quad z = 2+t$$

代入平面 Π 的方程解得 $t = \dfrac{3}{7}$,于是所求点 M 的坐标为 $\left(\dfrac{27}{7}, -\dfrac{20}{7}, \dfrac{17}{7}\right)$.

例 6.10(江苏省 2008 年竞赛题) 在平面 $\Pi : x + 2y - z = 20$ 内作一直线 Γ,使直线 Γ 过另一直线 $L : \begin{cases} x - 2y + 2z = 1, \\ 3x + y - 4z = 3 \end{cases}$ 与平面 Π 的交点,且 Γ 与 L 垂直,求直线 Γ 的参数方程.

解析 直线 L 的方向向量为 $\boldsymbol{l} = (1, -2, 2) \times (3, 1, -4) = (6, 10, 7)$,且直线 L 上有一点 $(1, 0, 0)$,所以直线 L 的参数方程为 $x = 1 + 6t, y = 10t, z = 7t$,代入平面方程解得 $t = 1$,所以直线 L 与平面 Π 的交点为 $(7, 10, 7)$. 平面 Π 的法向量为 $\boldsymbol{n} = (1, 2, -1)$,所求的直线 Γ 的方向向量为 $\boldsymbol{l}_1 = \boldsymbol{l} \times \boldsymbol{n} = (6, 10, 7) \times (1, 2, -1) = -(24, -13, -2)$,于是所求直线 Γ 的参数方程为

$$x = 7 + 24t, \quad y = 10 - 13t, \quad z = 7 - 2t$$

例 6.11(江苏省 2017 年竞赛题) 已知直线

$$L_1 : \dfrac{x-5}{1} = \dfrac{y+1}{0} = \dfrac{z-3}{2} \quad \text{与} \quad L_2 : \dfrac{x-8}{2} = \dfrac{y-1}{-1} = \dfrac{z-1}{1}$$

(1) 证明 L_1 与 L_2 是异面直线;
(2) 若直线 L 与 L_1, L_2 皆垂直且相交,交点分别为 P, Q,试求点 P 与 Q 的坐标;
(3) 求异面直线 L_1 与 L_2 的距离.

解析 (1) 直线 L_1 通过点 $A(5, -1, 3)$,方向向量为 $\boldsymbol{l}_1 = (1, 0, 2)$,直线 L_2 通过点 $B(8, 1, 1)$,方向向量为 $\boldsymbol{l}_2 = (2, -1, 1)$,$\overrightarrow{AB} = (3, 2, -2)$,由于

$$[\overrightarrow{AB}, \boldsymbol{l}_1, \boldsymbol{l}_2] = \begin{vmatrix} 3 & 2 & -2 \\ 1 & 0 & 2 \\ 2 & -1 & 1 \end{vmatrix} = 14 \neq 0$$

所以 L_1 与 L_2 是异面直线.

(2) 直线 L 的方向为

$$\boldsymbol{l} = \boldsymbol{l}_1 \times \boldsymbol{l}_2 = (1, 0, 2) \times (2, -1, 1) = (2, 3, -1)$$

设交点坐标为 $P(x_1, y_1, z_1), Q(x_2, y_2, z_2)$,令

$$\begin{cases} x_1 = 5 + t, \\ y_1 = -1, \\ z_1 = 3 + 2t, \end{cases} \quad \begin{cases} x_2 = 8 + 2s, \\ y_2 = 1 - s, \\ z_2 = 1 + s \end{cases}$$

因线段 PQ 与 $\boldsymbol{l}$ 平行,所以

$$\dfrac{x_2 - x_1}{2} = \dfrac{y_2 - y_1}{3} = \dfrac{z_2 - z_1}{-1} \Leftrightarrow \dfrac{3 + 2s - t}{2} = \dfrac{2 - s}{3} = \dfrac{-2 + s - 2t}{-1} \Leftrightarrow \begin{cases} 8s - 3t = -5, \\ s - 3t = 2 \end{cases}$$

由此解得 $s = -1, t = -1$. 于是点 P 与 Q 的坐标分别为 $P(4, -1, 1), Q(6, 2, 0)$.

(3) 由第(2)问可知异面直线 L_1 与 L_2 的距离为
$$d = |PQ| = \sqrt{(6-4)^2 + (2+1)^2 + (0-1)^2} = \sqrt{14}$$

6.2.4 空间曲面的方程与空间曲面的切平面(例 6.12—6.22)

例 6.12(江苏省 2006 年竞赛题) 已知空间三点 $A(-4,0,0), B(0,-2,0), C(0,0,2), O$ 为原点,则四面体 $OABC$ 的外接球面的方程为_____.

解析 设四面体的外接球面的方程为
$$x^2 + y^2 + z^2 + ax + by + cz = 0$$
将点 A, B, C 的坐标代入得到
$$16 - 4a = 0, \quad 4 - 2b = 0, \quad 4 + 2c = 0$$
所以 $a = 4, b = 2, c = -2$,于是所求球面方程为
$$(x+2)^2 + (y+1)^2 + (z-1)^2 = 6$$

例 6.13(江苏省 2018 年竞赛题) 已知二次锥面 $4x^2 + \lambda y^2 - 3z^2 = 0$ 与平面 $x - y + z = 0$ 的交线 L 是一条直线.

(1) 试求常数 λ 的值,并求直线 L 的标准方程;

(2) 平面 Π 通过直线 L,且与球面 $x^2 + y^2 + z^2 + 6x - 2y - 2z + 10 = 0$ 相切,试求平面 Π 的方程.

解析 (1) 二次锥面 $4x^2 + \lambda y^2 - 3z^2 = 0$ 与平面 $x - y + z = 0$ 都通过坐标原点 O,所以它们相交有 3 种可能:一条直线或两条直线或一点. 令 $y = 1$,得
$$4x^2 + \lambda - 3z^2 = 0, \quad x + z = 1 \implies x^2 + 6x + (\lambda - 3) = 0$$
交线 L 为一条直线的充要条件是上式有惟一解,而上式有惟一解的充要条件是
$$\Delta = 36 - 4(\lambda - 3) = 0 \implies \lambda = 12$$
所以 $\lambda = 12$ 时 L 是一条直线.

当 $\lambda = 12$ 时,由方程组 $\begin{cases} x^2 + 6x + 9 = 0 \\ z = 1 - x \end{cases}$,解得 $x = -3, y = 1, z = 4$,所以直线 L 通过点 $P(-3, 1, 4)$. 因直线 L 又通过原点 $O(0,0,0)$,取直线 L 的方向为 $\boldsymbol{l} = \overrightarrow{OP} = (-3, 1, 4)$,则直线 L 的标准方程为 $\dfrac{x}{-3} = \dfrac{y}{1} = \dfrac{z}{4}$.

(2) 因平面 Π 通过原点,所以设平面 Π 的方程为 $ax + by + cz = 0$,其法向量为 $\boldsymbol{n} = (a, b, c)$,因为 $\boldsymbol{n} \perp \boldsymbol{l}$,所以 $3a - b - 4c = 0$. 又球面的球心为 $(-3, 1, 1)$,半径为 1,平面 Π 与球面相切时球心到平面 Π 的距离为 1,所以有
$$|-3a + b + c| = \sqrt{a^2 + b^2 + c^2} \iff 4a^2 - 3ab - 3ac + bc = 0$$

取 $c=1$，由 $\begin{cases} b=3a-4, \\ 4a^2-3ab-3a+b=0 \end{cases}$ 解得 $(a,b,c)=(2,2,1),\left(\dfrac{2}{5},-\dfrac{14}{5},1\right)$，因此所求平面 Π 的方程为

$$2x+2y+z=0 \quad \text{或} \quad 2x-14y+5z=0$$

例 6.14（北京市 1997 年竞赛题） 证明曲面

$$z+\sqrt{x^2+y^2+z^2}=x^3 f\left(\dfrac{y}{x}\right)$$

上任意点处的切平面在 z 轴上的截距与切点到坐标原点的距离之比为常数，并求出此常数.

解析 记 $F=z+\sqrt{x^2+y^2+z^2}-x^3 f\left(\dfrac{y}{x}\right)$，则

$$\boldsymbol{n}=(F'_x,F'_y,F'_z)$$
$$=\left(\dfrac{x}{\sqrt{x^2+y^2+z^2}}-3x^2 f\left(\dfrac{y}{x}\right)+xyf'\left(\dfrac{y}{x}\right),\dfrac{y}{\sqrt{x^2+y^2+z^2}}-x^2 f'\left(\dfrac{y}{x}\right),\right.$$
$$\left. 1+\dfrac{z}{\sqrt{x^2+y^2+z^2}}\right)$$

曲面上任一点 (x,y,z) 处的切平面方程为

$$\left(\dfrac{x}{\sqrt{x^2+y^2+z^2}}-3x^2 f\left(\dfrac{y}{x}\right)+xyf'\left(\dfrac{y}{x}\right)\right)(X-x)$$
$$+\left(\dfrac{y}{\sqrt{x^2+y^2+z^2}}-x^2 f'\left(\dfrac{y}{x}\right)\right)(Y-y)+\left(1+\dfrac{z}{\sqrt{x^2+y^2+z^2}}\right)(Z-z)=0$$

令 $X=Y=0$，得该切平面在 z 轴上的截距为

$$d=-\dfrac{\sqrt{x^2+y^2+z^2}\left(3x^3 f\left(\dfrac{y}{x}\right)-z-\sqrt{x^2+y^2+z^2}\right)}{\sqrt{x^2+y^2+z^2}+z}$$
$$=-2\sqrt{x^2+y^2+z^2}$$

于是截距与切点到原点的距离之比为 $\dfrac{d}{\sqrt{x^2+y^2+z^2}}=-2$.

例 6.15（南京大学 1995 年竞赛题） 从椭球面外的一点作椭球面的一切可能的切平面，证明全部切点在同一平面上.

解析 设椭球面 Σ 的方程为 $\dfrac{x^2}{a^2}+\dfrac{y^2}{b^2}+\dfrac{z^2}{c^2}=1$，椭球面外一点设为 $P(x_0,y_0,z_0)$，$\dfrac{x_0^2}{a^2}+\dfrac{y_0^2}{b^2}+\dfrac{z_0^2}{c^2}>1$（如图所示）.

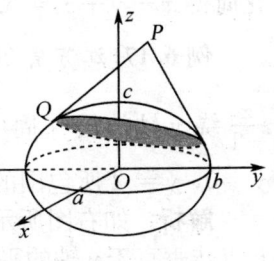

由 P 向 Σ 作切平面,设切点为 $Q(x,y,z)$,因曲面 Σ 过点 Q 的切平面方程为

$$\frac{xX}{a^2}+\frac{yY}{b^2}+\frac{zZ}{c^2}=1$$

令 $(X,Y,Z)=(x_0,y_0,z_0)$,代入上式得

$$\frac{x_0}{a^2}x+\frac{y_0}{b^2}y+\frac{z_0}{c^2}z=1 \qquad (*)$$

这表明切点 Q 位于同一平面 $(*)$ 上.

例 6.16(江苏省 2016 年竞赛题) 设函数 $f(x,y)$ 在点 $(2,-2)$ 处可微,满足

$$f(\sin(xy)+2\cos x, xy-2\cos y)=1+x^2+y^2+o(x^2+y^2)$$

这里 $o(x^2+y^2)$ 表示比 x^2+y^2 高阶的无穷小(当 $(x,y)\to(0,0)$ 时),试求曲面 $z=f(x,y)$ 在点 $(2,-2,f(2,-2))$ 处的切平面方程.

解析 因 $f(x,y)$ 在点 $(2,-2)$ 处可微,故 $f(x,y)$ 在点 $(2,-2)$ 处连续,又因

$$\varphi(x,y)=\sin(xy)+2\cos x, \quad \psi(x,y)=xy-2\cos y$$

在点 $(0,0)$ 处连续,在原式中令 $(x,y)\to(0,0)$ 得 $f(2,-2)=1$. 因 $f(x,y)$ 在点 $(2,-2)$ 处可微,所以 $f(x,y)$ 在点 $(2,-2)$ 处可偏导.因此,在原式中令 $y=0$ 得 $f(2\cos x,-2)=1+x^2+o(x^2)$,应用偏导数的定义得

$$f'_x(2,-2)=\lim_{x\to 0}\frac{f(2+(2\cos x-2),-2)-f(2,-2)}{2\cos x-2}$$

$$=\lim_{x\to 0}\frac{f(2\cos x,-2)-1}{-x^2}=\lim_{x\to 0}\frac{x^2+o(x^2)}{-x^2}=-1$$

在原式中令 $x=0$ 得 $f(2,-2\cos y)=1+y^2+o(y^2)$,应用偏导数的定义得

$$f'_y(2,-2)=\lim_{y\to 0}\frac{f(2,-2+(-2\cos y+2))-f(2,-2)}{-2\cos y+2}$$

$$=\lim_{y\to 0}\frac{f(2,-2\cos y)-1}{y^2}=\lim_{y\to 0}\frac{y^2+o(y^2)}{y^2}=1$$

因此曲面 $z=f(x,y)$ 在点 $(2,-2,1)$ 处的切平面方程为

$$-f'_x(2,-2)\cdot(x-2)-f'_y(2,-2)\cdot(y+2)+1\cdot(z-1)=0$$

化简得 $x-y+z=5$.

例 6.17(江苏省 2002 年竞赛题) 求直线 $\frac{x-1}{2}=\frac{y}{1}=\frac{z}{-1}$ 绕 y 轴旋转一周所得旋转曲面的方程,并求该曲面与 $y=0, y=2$ 所包围的立体的体积.

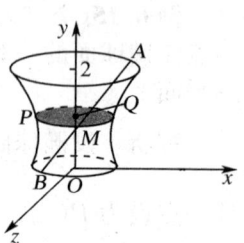

解析 如右图所示,在所求曲面上任取点 $P(x,y,z)$,过 P 点作垂直于 y 轴的平面,该平面与题目中所给直线 AB 交于

点 $M(x_0, y_0, z_0)$,与 y 轴交于点 $Q(0, y, 0)$,因此有 $y_0 = y$,且 $|PQ| = |MQ|$,所以 $x^2 + z^2 = x_0^2 + z_0^2$.

因为 $\dfrac{x_0 - 1}{2} = \dfrac{y_0}{1} = \dfrac{z_0}{-1}$,所以 $x_0 = 1 + 2y$, $z_0 = -y$,由此可得旋转曲面方程为
$$x^2 + z^2 = 1 + 4y + 5y^2$$

所求立体体积为
$$V = \pi \int_0^2 (x^2 + z^2) \mathrm{d}y = \pi \int_0^2 (1 + 4y + 5y^2) \mathrm{d}y$$
$$= \pi \left(y + 2y^2 + \frac{5}{3} y^3 \right) \Big|_0^2 = \frac{70}{3} \pi$$

例 6.18(江苏省 2002 年竞赛题) 设 $\Gamma: \begin{cases} x^2 + y^2 + z^2 + 4x - 4y + 2z = 0, \\ 2x + y - 2z = k. \end{cases}$

(1) 当 k 为何值时 Γ 为一圆?
(2) 当 $k = 6$ 时,求 Γ 的圆心和半径.

解析 (1) 球面方程化为
$$(x+2)^2 + (y-2)^2 + (z+1)^2 = 9$$
所以球面的球心为 $(-2, 2, -1)$,半径为 3. 球心到平面 $2x + y - 2z = k$ 的距离为
$$d = \frac{|-4 + 2 + 2 - k|}{\sqrt{4 + 1 + 4}} = \frac{1}{3} |k|$$

由 $\dfrac{1}{3} |k| < 3$,解得 k 的取值范围是 $(-9, 9)$.

(2) $k = 6$ 时,上述 $d = 2$,所以圆 Γ 的半径 $r = \sqrt{3^2 - 2^2} = \sqrt{5}$. 过球心与已知平面 $2x + y - 2z = 6$ 垂直的直线为
$$x = -2 + 2t, \quad y = 2 + t, \quad z = -1 - 2t$$
代入平面方程解得 $t = \dfrac{2}{3}$,故所求圆的圆心为 $\left(-\dfrac{2}{3}, \dfrac{8}{3}, -\dfrac{7}{3} \right)$,半径 $r = \sqrt{5}$.

例 6.19(全国大学生 2015 年预赛题) 设 M 是以三个正半轴为母线的半圆锥面,求其方程.

解析 圆锥面 M 的顶点为 $O(0, 0, 0)$,其准线选作过三点 $(1, 0, 0)$,$(0, 1, 0)$,$(0, 0, 1)$ 的圆
$$\Gamma: \begin{cases} x + y + z = 1, \\ x^2 + y^2 + z^2 = 1 \end{cases}$$

设 $P(x, y, z)$ 是圆锥面 M 上任一点,射线 OP 与准线 Γ 的交点记为 $Q(x_1, y_1, z_1)$,则
$$\begin{cases} x_1 + y_1 + z_1 = 1, \\ x_1^2 + y_1^2 + z_1^2 = 1 \end{cases} \quad (*)$$

由于 $\dfrac{x_1-0}{x-0} = \dfrac{y_1-0}{y-0} = \dfrac{z_1-0}{z-0} = t$，代入（*）式可得 $\begin{cases} xt + yt + zt = 1, \\ (xt)^2 + (yt)^2 + (zt)^2 = 1, \end{cases}$ 消去 t 即得所求圆锥面 M 的方程为 $xy + yz + zx = 0$。

例 6.20（北京市 2001 年竞赛题） 若可微函数 $f(x,y)$ 对任意的 x,y,t 满足 $f(tx,ty) = t^2 f(x,y)$，$P_0(1,-2,2)$ 是曲面 $z = f(x,y)$ 上一点，且 $f_x'(1,-2) = 4$，求曲面在 P_0 处的切平面方程。

解析 由 $f(tx,ty) = t^2 f(x,y)$，两边对 t 求偏导有

$$f_x'(tx,ty)x + f_y'(tx,ty)y = 2tf(x,y)$$

取 $t = 1, x = 1, y = -2$，得

$$f_x'(1,-2) + f_y'(1,-2)(-2) = 2f(1,-2)$$

将 $f(1,-2) = 2, f_x'(1,-2) = 4$ 代入上式，得 $f_y'(1,-2) = 0$，故曲面在 P_0 处的法向量为 $\boldsymbol{n} = (f_x'(P_0), f_y'(P_0), -1) = (4, 0, -1)$，于是所求切平面的方程为

$$4(x-1) - (z-2) = 0, \quad \text{即} \quad 4x - z - 2 = 0$$

例 6.21（江苏省 2008 年竞赛题） (1) 证明：曲面

$$\Sigma: \begin{cases} x = (b + a\cos\theta)\cos\varphi, \\ y = a\sin\theta, \\ z = (b + a\cos\theta)\sin\varphi \end{cases} \quad (0 \leqslant \theta, \varphi \leqslant 2\pi, 0 < a < b)$$

为旋转曲面；

(2) 求旋转曲面 Σ 所围立体的体积。

解析 (1) 消去 θ, φ，得

$$(\sqrt{x^2 + z^2} - b)^2 + y^2 = a^2$$

它是曲线 $\Gamma: \begin{cases} (x-b)^2 + y^2 = a^2, \\ z = 0 \end{cases}$ 绕 y 轴旋转一周生成的旋转曲面。

(2) $V = 2\pi \displaystyle\int_0^a \left[(b + \sqrt{a^2 - y^2})^2 - (b - \sqrt{a^2 - y^2})^2\right] dy$

$= 8\pi b \displaystyle\int_0^a \sqrt{a^2 - y^2} \, dy$

$= 2\pi^2 a^2 b$

例 6.22（浙江省 2007 年竞赛题） 有一张边长为 4π 的正方形纸（如下图所示），C, D 分别为 AA', BB' 的中点，E 为 DB' 的中点。现将纸卷成圆柱形，使 A 与 A' 重合，B 与 B' 重合，并将圆柱面垂直放在 xOy 平面上，且 B 与圆点 O 重合，D 落在 y 轴正向上，此时求：

(1) 通过 C, E 两点的直线绕 z 轴所得的旋转曲面方程；

(2) 此旋转曲面与 xOy 平面和过 A 点垂直于 z 轴的平面所围成的立体体积.

解析 (1) 依题意可知圆柱底面的半径 $R=2$,故 C 点坐标取为 $(0,4,4\pi)$,E 点坐标为 $(2,2,0)$,$\overrightarrow{EC}=(-2,2,4\pi)$,因此过 C,E 两点的直线方程为

$$\frac{x-2}{-2}=\frac{y-2}{2}=\frac{z}{4\pi}$$

所以旋转曲面方程为

$$x^2+y^2=\left(2-\frac{z}{2\pi}\right)^2+\left(2+\frac{z}{2\pi}\right)^2$$

即

$$x^2+y^2=8+\frac{z^2}{2\pi^2}$$

(2) 如右图,旋转曲面在垂直于 z 轴方向的截面是一个半径为 $\sqrt{8+\frac{z^2}{2\pi^2}}$ 的圆,故所求体积 V 为

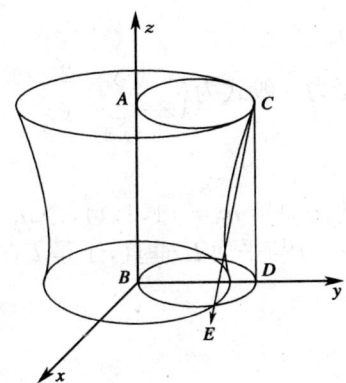

$$V=\int_0^{4\pi}\pi\left(8+\frac{z^2}{2\pi^2}\right)\mathrm{d}z=32\pi^2+\frac{32}{3}\pi^2=\frac{128}{3}\pi^2$$

6.2.5 空间曲线的方程与空间曲线的切线(例 6.23—6.28)

例 6.23(南京大学 1996 年竞赛题) 记曲面 $z=x^2+y^2-2x-y$ 在区域

$$D:x\geqslant 0,\ y\geqslant 0,\ 2x+y\leqslant 4$$

上的最低点 P 处的切平面为 Π,曲线 $\begin{cases}x^2+y^2+z^2=6\\x+y+z=0\end{cases}$ 在点 $(1,1,-2)$ 处的切线为 l,求点 P 到 l 在 Π 上的投影 l' 的距离 d.

解析 由 $z'_x=2x-2=0,z'_y=2y-1=0$ 解得驻点为 $\left(1,\frac{1}{2}\right)$. 在驻点处

$$A=z''_{xx}=2,\quad B=z''_{xy}=0,\quad C=z''_{yy}=2$$

因 $\Delta=B^2-AC=-4<0$,且 $A>0$,所以 $z\left(1,\frac{1}{2}\right)=-\frac{5}{4}$ 为极小值,而驻点惟一,故 $z\left(1,\frac{1}{2}\right)=-\frac{5}{4}$ 为最小值,即点 $P\left(1,\frac{1}{2},-\frac{5}{4}\right)$ 为曲面上最低点.

曲面在 P 点处的切平面 Π 的方程为 $z=-\frac{5}{4}$.

记 P_0 为 $(1,1,-2)$,曲面 $x^2+y^2+z^2=6$ 在 P_0 的法向量 $\boldsymbol{n}_1$ 与平面 $x+y+$

$z = 0$ 在 P_0 的法向量 $\boldsymbol{n}_2$ 分别为

$$\boldsymbol{n}_1 = (2,2,-4), \quad \boldsymbol{n}_2 = (1,1,1)$$

故其交线在 P_0 的切向量为

$$\boldsymbol{l} = \boldsymbol{n}_1 \times \boldsymbol{n}_2 = (2,2,-4) \times (1,1,1) = 6(1,-1,0)$$

于是切线 l 的方程为

$$\frac{x-1}{1} = \frac{y-1}{-1} = \frac{z+2}{0}$$

写为一般式为 $\begin{cases} x+y-2=0, \\ z+2=0. \end{cases}$ 过直线 l 的平面束方程为

$$(x+y-2)+\lambda(z+2)=0$$

其法向量 $\boldsymbol{n}_\lambda = (1,1,\lambda)$,令 $\boldsymbol{n}_\lambda \perp \boldsymbol{\eta}_\Pi$,$\boldsymbol{\eta}_\Pi = (0,0,1)$,故 $\lambda = 0$,即过 l 的平面 $x+y-2=0$ 与平面 Π 垂直,于是 l 在平面 Π 内的投影 l' 的方程为

$$\begin{cases} x+y-2=0, \\ z = -\dfrac{5}{4} \end{cases}$$

点 $\left(1, \dfrac{1}{2}, -\dfrac{5}{4}\right)$ 到 l' 的距离为 $d = \dfrac{\left|1 + \dfrac{1}{2} - 2\right|}{\sqrt{1+1}} = \dfrac{1}{2\sqrt{2}} = \dfrac{1}{4}\sqrt{2}$.

例 6.24(江苏省 1998 年竞赛题) 当 $k(>0)$ 取何值时,曲线 $\begin{cases} z = ky, \\ \dfrac{x^2}{2} + z^2 = 2y \end{cases}$ 是圆?并求此圆的圆心坐标以及该圆在 zOx 平面、yOz 平面上的投影.

解析 题给曲线在 xOy 平面上的投影为

$$\begin{cases} x^2 + 2k^2\left(y - \dfrac{1}{k^2}\right)^2 = \dfrac{2}{k^2}, \\ z = 0 \end{cases}$$

它是 xOy 平面上中心为 $\left(0, \dfrac{1}{k^2}\right)$,半轴长分别为 $\dfrac{\sqrt{2}}{k}, \dfrac{1}{k^2}$ 的椭圆. 设所求圆的圆心 A 的坐标为 (a,b,c),因点 A 在椭圆柱面 $x^2 + 2k^2\left(y - \dfrac{1}{k^2}\right)^2 = \dfrac{2}{k^2}$ 的中心轴上,故 $a = 0, b = \dfrac{1}{k^2}$,$c = kb = \dfrac{1}{k}$. 欲使题给曲线为圆,等价于 $|OA| = \dfrac{\sqrt{2}}{k}$,即 $\sqrt{0^2 + \dfrac{1}{k^4} + \dfrac{1}{k^2}} = \dfrac{\sqrt{2}}{k}$,由此可解得 $k = 1$. 于是 $k = 1$ 时,题给曲线为圆,圆心坐标为 $(0,1,1)$.

将原方程组 $\begin{cases} z = y, \\ x^2 - 4y + 2z^2 = 0 \end{cases}$ 消去 y,得圆在 zOx 平面上的投影为

$$\begin{cases} x^2 + 2z^2 - 4z = 0, \\ y = 0 \end{cases}$$

由于题给曲线圆在平面 $z = y$ 上，此平面垂直 yOz 平面，所以圆在 yOz 平面上的投影为一线段，即

$$\begin{cases} y = z, \\ x = 0 \end{cases} \quad (0 \leqslant z \leqslant 2)$$

例 6.25（全国大学生 2014 年决赛题） 设 $F(x,y,z), G(x,y,z)$ 有连续的偏导数，$\dfrac{\partial(F,G)}{\partial(z,x)} \neq 0$，曲线 $\Gamma: \begin{cases} F(x,y,z) = 0, \\ G(x,y,z) = 0 \end{cases}$ 过点 $P_0(x_0, y_0, z_0)$. 记 Γ 在 xOy 平面上的投影曲线为 S，求 S 上过点 (x_0, y_0) 的切线方程.

解析 所求切线为 Γ 过点 P_0 的切线在 xOy 平面上的投影，而 Γ 过点 P_0 的切线为两个曲面的切平面的交线，即

$$\begin{cases} F'_x(P_0)(x-x_0) + F'_y(P_0)(y-y_0) + F'_z(P_0)(z-z_0) = 0, \\ G'_x(P_0)(x-x_0) + G'_y(P_0)(y-y_0) + G'_z(P_0)(z-z_0) = 0 \end{cases}$$

两式消去 z 得

$$\begin{aligned}(F'_x(P_0)G'_z(P_0) - F'_z(P_0)G'_x(P_0))(x-x_0) \\ + (F'_y(P_0)G'_z(P_0) - F'_z(P_0)G'_y(P_0))(y-y_0) = 0 \end{aligned} \quad (*)$$

由于

$$\left.\dfrac{\partial(F,G)}{\partial(x,z)}\right|_{P_0} = F'_x(P_0)G'_z(P_0) - F'_z(P_0)G'_x(P_0) \neq 0$$

所以（*）式即为所求切线的方程.

例 6.26（江苏省 2012 年竞赛题） 已知点 $A(1,2,-1), B(5,-2,3)$ 在平面 $\Pi: 2x - y - 2z = 3$ 的两侧，过点 A, B 作球面 Σ 使其在平面 Π 上截得的圆 Γ 最小.
(1) 求球面 Σ 的球心坐标与该球面的方程；
(2) 证明：直线 AB 与平面 Π 的交点是圆 Γ 的圆心。

解析 (1) $\overrightarrow{AB} = 4(1,-1,1)$，线段 AB 的中点是 $(3,0,1)$，于是线段 AB 的垂直平分面 Π_1 的方程为 $x - y + z = 4$.
因球心在 Π_1 上，设球心为 $O(a, b, 4-a+b)$，则 $OA^2 = (a-1)^2 + (b-2)^2 + (5-a+b)^2$. 设球心 O 到平面 Π 的距离为 d，则

$$d^2 = \left(\dfrac{2a - b - 2(4-a+b) - 3}{3}\right)^2 = \dfrac{1}{9}(4a - 3b - 11)^2$$

设圆 Γ 的半径为 r，则

$$u = r^2 = OA^2 - d^2 = (a-1)^2 + (b-2)^2 + (5-a+b)^2 - \dfrac{1}{9}(4a - 3b - 11)^2$$

由

$$\begin{cases} \dfrac{\partial u}{\partial a} = 2(a-1) - 2(5-a+b) - \dfrac{8}{9}(4a-3b-11) = 0, \\ \dfrac{\partial u}{\partial b} = 2(b-2) + 2(5-a+b) + \dfrac{6}{9}(4a-3b-11) = 0 \end{cases}$$

化简得 $\begin{cases} 2a+3b=10, \\ a+3b=2, \end{cases}$ 解得 $a=8, b=-2$. 因驻点是惟一的,圆 Γ 的半径 r 的最小值存在,故 $a=8, b=-2$ 为所求的球心坐标分量,于是球心坐标为 $O(8,-2,-6)$. 因 $|OA|=\sqrt{90}$,所以球面方程为 $(x-8)^2+(y+2)^2+(z+6)^2=90$.

(2) 设直线 AB 的参数方程为 $x=1+t, y=2-t, z=-1+t$,将其代入平面 Π 的方程,解得 $t=1$,所以直线 AB 与平面 Π 的交点 M 的坐标为 $M(2,1,0)$. 又因为平面 Π 的法向量为 $\boldsymbol{n}=(2,-1,-2)$,而 $\overrightarrow{OM}=(-6,3,6)=-3(2,-1,-2)$,显然 $\overrightarrow{OM}\,/\!/\,\boldsymbol{n} \Leftrightarrow$ 直线 $OM \perp \Pi$,于是点 M 是圆 Γ 的圆心.

例 6.27(江苏省 2006 年竞赛题) 设圆柱面 $x^2+y^2=1(z\geqslant 0)$ 被柱面 $z=x^2+2x+2$ 截下的(有限)部分为 Σ. 为计算曲面 Σ 的面积,我们用薄铁片制作 Σ 的模型,$A(1,0,5), B(-1,0,1), C(-1,0,0)$ 为 Σ 上三点,将 Σ 沿线段 BC 剪开并展成平面图形 D. 建立平面直角坐标系,使 D 位于 x 轴的正上方,点 A 的坐标为 $(0,5)$. 试写出 D 的边界的方程,并求 D 的面积.

解析 圆柱面与柱面的交线 Γ 在 xOy 平面上的投影为圆(如图(a)所示) Γ_1: $x^2+y^2=1\,(z=0)$,取 $M(1,0,0)$,在 Γ_1 上取点 $P(\cos t, \sin t, 0)$,$\overset{\frown}{MP}$ 的弧长为 t,过 P 作 $PQ\,/\!/\,z$ 轴,Q 为 PQ 与 Γ 的交点,Q 的坐标为 $(\cos t, \sin t, (\cos t+1)^2+1)$. 如图(b)所示,在 xOy 平面上展开后,P 的坐标为 $(t,0)$,Q 的坐标为 $(t, \cos^2 t+2\cos t+2)$,故 D 的边界曲线由 $y=\cos^2 x+2\cos x+2$ 与 $x=\pm\pi$, $y=0$ 组成. D 的面积为

$$S = \int_{-\pi}^{\pi} (\cos^2 x + 2\cos x + 2)\,\mathrm{d}x = \dfrac{5}{2}\cdot 2\pi = 5\pi$$

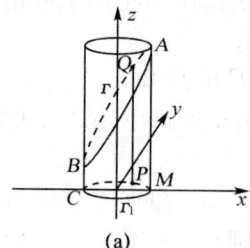

(a)

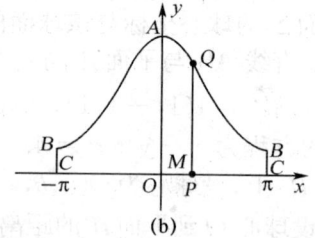

(b)

例 6.28(江苏省 2006 年竞赛题) 设锥面 $z^2=3x^2+3y^2(z\geqslant 0)$ 被平面 $x-\sqrt{3}z+4=0$ 截下的(有限)部分为 Σ.

(1) 求曲面 Σ 的面积;

(2) 用薄铁片制作 Σ 的模型,$A(2,0,2\sqrt{3}), B(-1,0,\sqrt{3})$ 为 Σ 上的两点,O 为原点,将 Σ 沿线段 OB 剪开并展成平面图形 D,以 OA 方向为极轴建立平面极坐标

系,试写出 D 的边界的极坐标方程.

解析 (1) 锥面与平面的交线 Γ: $\begin{cases} z^2 = 3x^2 + 3y^2, \\ x - \sqrt{3}z + 4 = 0 \end{cases}$,在 xOy 平面上的投影为 $\dfrac{4}{9}\left(x - \dfrac{1}{2}\right)^2 + \dfrac{1}{2}y^2 = 1$,此为一椭圆,它所围图形 D_1 的面积为 $\dfrac{3}{2}\sqrt{2}\pi$,Σ 的面积为

$$S = \iint\limits_{D_1} \sqrt{1 + (z'_x)^2 + (z'_y)^2}\,\mathrm{d}x\mathrm{d}y = 2\iint\limits_{D_1} \mathrm{d}x\mathrm{d}y = 3\sqrt{2}\pi$$

(2) **方法 1** 交线 Γ 的球坐标方程为

$$r = \dfrac{8}{3 - \cos\theta}, \quad \varphi = \dfrac{\pi}{6}$$

作平面 $z = \sqrt{3}$ 交 Σ 于 Γ_1,Γ_1 是半径为 1 的圆(如下图(a)所示),其上任一点到 O 的距离为 2. 在 Γ 上取点 P,设其球坐标为 $(r_0, \varphi_0, \theta_0)$,则 $r_0 = \dfrac{8}{3 - \cos\theta_0}$,$\varphi_0 = \dfrac{\pi}{6}$. 连接 OP 交 Γ_1 于 Q,连接 OA 交 Γ_1 于 A_1,Q 的球坐标为 $\left(2, \dfrac{\pi}{6}, \theta_0\right)$,$\widehat{A_1Q}$ 的弧长为 θ_0.

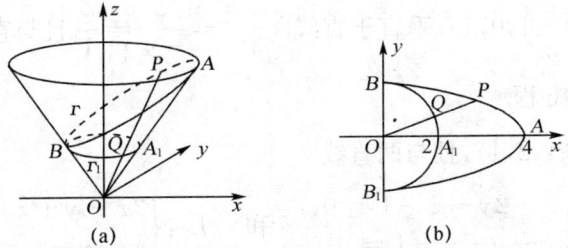

(a) (b)

如上图(b),在平面图形 D 中,设 P 的极坐标为 (ρ, θ),则 Q 的极坐标为 $(2, \theta)$,$\widehat{A_1Q}$ 的弧长为 2θ,故 $\theta_0 = 2\theta$. 因 $r_0 = \rho$,于是 D 的边界的极坐标方程为

$$\rho = \dfrac{8}{3 - \cos 2\theta} \quad \text{与} \quad \theta = \pm\dfrac{\pi}{2}$$

方法 2 先求交线 Γ 的柱坐标方程. 令 $x = \rho_1\cos\theta, y = \rho_1\sin\theta, z = z$(这里 (ρ_1, θ, z) 是 Γ 上点的柱坐标),则 Γ 的柱坐标方程为

$$\rho_1 = \dfrac{4}{3 - \cos\theta_1}, \quad z = \sqrt{3}\rho_1$$

作平面 $z = \sqrt{3}$,交 Σ 于 Γ_1,Γ_1 为半径是 1 的圆(如图(a)所示),其上任一点到原点 O 的距离为 2. 在 Γ 上任取点 P,设其柱坐标为 (ρ_1, θ_1, z_1),连接 OP 交 Γ_1 于 Q,连接 OA 交 Γ_1 交 A_1,则 Q 的柱坐标为 $(1, \theta_1, \sqrt{3})$,$\widehat{A_1Q}$ 的弧长为 θ_1.

如图(b),在平面图形 D 中,设 P 的极坐标为 (ρ, θ),则 Q 的极坐标为 $(2, \theta)$,$\widehat{A_1Q}$ 的弧长为 2θ,故 $\theta_1 = 2\theta$. 因为 $\rho^2 = \rho_1^2 + z^2 = 4\rho_1^2$,所以 $\rho = 2\rho_1$,于是 D 的边界曲线

的极坐标方程为

$$\rho = \frac{8}{3-\cos 2\theta} \quad \text{与} \quad \theta = \pm\frac{\pi}{2}$$

练 习 题 六

1. 设 xOy 平面上三点的坐标为 $(a_1,a_2),(b_1,b_2),(c_1,c_2)$,求证:以这三点为顶点的三角形的面积为 $\begin{vmatrix} a_1 & a_2 & 1 \\ b_1 & b_2 & 1 \\ c_1 & c_2 & 1 \end{vmatrix}$ 的绝对值.

2. 求通过直线 $\begin{cases} 4x-y+3z-1=0, \\ x+5y-z+2=0 \end{cases}$ 且与平面 $2x-y+5z+2=0$ 垂直的平面方程.

3. 求通过直线 $\begin{cases} x+5y+z=0, \\ x-z+4=0 \end{cases}$ 且与平面 $x-4y-8z+12=0$ 的夹角为 $\frac{\pi}{4}$ 的平面方程.

4. 求通过点 $(-1,0,1)$,垂直于直线 $\frac{x-2}{3}=\frac{y}{-4}=\frac{z}{1}$ 且与直线 $\frac{x+1}{1}=\frac{y-3}{1}=\frac{z}{2}$ 相交的直线方程.

5. 求通过点 $(1,2,1)$,且与两直线

$$L_1: \begin{cases} x-2y-z+1=0, \\ x-y+z-1=0 \end{cases} \quad \text{和} \quad L_2: \begin{cases} 2x-y+z=0, \\ x-y-z=0 \end{cases}$$

都相交的直线方程.

6. 求点 $(2,6,5)$ 关于直线 $\frac{x-2}{3}=\frac{y-1}{4}=\frac{z+1}{1}$ 的对称点.

7. 求点 $(0,0,3)$ 到直线 $x-1=\frac{y+1}{-1}=z$ 的距离.

8. 求以直线 $\frac{x-1}{2}=y=\frac{z+1}{-2}$ 为对称轴且半径等于 2 的圆柱面的方程.

9. 求两条直线 $\frac{x-3}{2}=\frac{y}{4}=\frac{z+1}{3}$ 与 $\frac{x+1}{2}=\frac{y-3}{0}=\frac{z-2}{1}$ 间的距离.

10. 求曲面 $x^2+2y^2+3z^2=12$ 的垂直于平面 $x+4y+3z=0$ 的法线方程.

11. 求由 $y=x\varphi\left(\frac{z}{x}\right)+\psi(yz)$ 确定的曲面 $z=z(x,y)$ 在点 $(1,-1,1)$ 处的切平面方程和法线方程.

12. 求通过直线 $\begin{cases} 10x+2y-2z-27=0, \\ x+y-z=0 \end{cases}$ 且与曲面 $3x^2+y^2-z^2=27$ 相切

的平面方程.

13. 求直线 $\begin{cases} x = 3-t, \\ y = -1+2t, \\ z = 5+8t \end{cases}$ 在平面 $x-y+3z+8=0$ 上的投影的方程.

14. 求直线 $\dfrac{x-2}{0} = \dfrac{y}{1} = \dfrac{z}{2}$ 绕 y 轴旋转一周的旋转曲面的方程.

15. 求立体
$$\Omega = \{(x,y,z) \mid 2x+2y-z \leqslant 4, (x-2)^2+(y+1)^2+(z-1)^2 \leqslant 4\}$$
的体积.

专题 7　级数

7.1　基本概念与内容提要

7.1.1　数项级数的主要性质

设 $S_n = \sum_{i=1}^{n} a_i$，$\lim_{n\to\infty} S_n = A$，则级数 $\sum_{n=1}^{\infty} a_n$ 收敛于 A，否则称级数 $\sum_{n=1}^{\infty} a_n$ 发散.

1) 级数 $\sum_{n=1}^{\infty} a_n$ 收敛的必要条件是 $\lim_{n\to\infty} a_n = 0$.

2) 若 $\sum_{n=1}^{\infty} a_n$ 与 $\sum_{n=1}^{\infty} b_n$ 皆收敛，则 $\sum_{n=1}^{\infty} (a_n \pm b_n)$ 也收敛.

3) 若 $\sum_{n=1}^{\infty} a_n$ 收敛，$\sum_{n=1}^{\infty} b_n$ 发散，则 $\sum_{n=1}^{\infty} (a_n \pm b_n)$ 发散.

4) 对收敛级数任意加括号得到的新级数仍收敛，且其和不变.

5) 正项级数收敛的充要条件是其部分和数列有界.

7.1.2　正项级数敛散性判别法

1) 比较判别法 I：设 $0 \leqslant a_n \leqslant b_n$，则当 $\sum_{n=1}^{\infty} b_n$ 收敛时，$\sum_{n=1}^{\infty} a_n$ 收敛；当 $\sum_{n=1}^{\infty} a_n$ 发散时，$\sum_{n=1}^{\infty} b_n$ 发散.

2) 比较判别法 II：设 $a_n \geqslant 0, b_n > 0$，且 $\lim_{n\to\infty} \dfrac{a_n}{b_n} = \lambda$，则当 $0 \leqslant \lambda < +\infty$，$\sum_{n=1}^{\infty} b_n$ 收敛时，$\sum_{n=1}^{\infty} a_n$ 收敛；当 $0 < \lambda \leqslant +\infty$，$\sum_{n=1}^{\infty} b_n$ 发散时，$\sum_{n=1}^{\infty} a_n$ 发散.

3) 比值判别法：设 $a_n > 0$，若 $\lim_{n\to\infty} \dfrac{a_{n+1}}{a_n} = \lambda$，则当 $0 \leqslant \lambda < 1$ 时，$\sum_{n=1}^{\infty} a_n$ 收敛；当 $\lambda > 1$ 时，$\sum_{n=1}^{\infty} a_n$ 发散.

4) 根值判别法：设 $a_n > 0$，若 $\lim_{n\to\infty} \sqrt[n]{a_n} = \lambda$，则当 $0 \leqslant \lambda < 1$ 时，$\sum_{n=1}^{\infty} a_n$ 收敛；当 $\lambda > 1$ 时，$\sum_{n=1}^{\infty} a_n$ 发散.

5) 积分判别法：记 $f(n)=a_n$，且 $f(x)$ 在区间 $[1,+\infty)$ 上为正值连续的单调减少函数，则当反常积分 $\int_1^{+\infty}f(x)\mathrm{d}x$ 收敛时，$\sum\limits_{n=1}^{\infty}a_n$ 收敛；当反常积分 $\int_1^{+\infty}f(x)\mathrm{d}x$ 发散时，$\sum\limits_{n=1}^{\infty}a_n$ 发散.

6) 两个重要级数

(1) 几何级数 $\sum\limits_{n=0}^{\infty}aq^n$：当 $|q|<1$ 时收敛，当 $|q|\geqslant 1$ 时发散. 且当 $|q|<1$ 时，有 $\sum\limits_{n=0}^{\infty}aq^n=\dfrac{a}{1-q}$.

(2) p 级数 $\sum\limits_{n=1}^{\infty}\dfrac{1}{n^p}$：当 $p>1$ 时收敛，当 $p\leqslant 1$ 时发散.

7.1.3　任意项级数敛散性判别法

1) 当 $\sum\limits_{n=1}^{\infty}|a_n|$ 收敛时，$\sum\limits_{n=1}^{\infty}a_n$ 必收敛，此时称 $\sum\limits_{n=1}^{\infty}a_n$ 绝对收敛.

2) 当 $\sum\limits_{n=1}^{\infty}|a_n|$ 发散，但 $\sum\limits_{n=1}^{\infty}a_n$ 收敛，此时称 $\sum\limits_{n=1}^{\infty}a_n$ 条件收敛.

3) 莱布尼兹判别法：设交错级数 $\sum\limits_{n=1}^{\infty}(-1)^n a_n$，其中 $a_n>0$，若数列 $\{a_n\}$ 单调递减，且 $\lim\limits_{n\to\infty}a_n=0$，则该级数收敛（可能是绝对收敛或条件收敛）.

4) 对于任意项级数 $\sum\limits_{n=1}^{\infty}a_n$，若 $\lim\limits_{n\to\infty}\left|\dfrac{a_{n+1}}{a_n}\right|=\lambda$，则当 $0\leqslant\lambda<1$ 时，$\sum\limits_{n=1}^{\infty}a_n$ 绝对收敛；当 $\lambda>1$ 时，$\sum\limits_{n=1}^{\infty}a_n$ 发散.

7.1.4　幂级数的收敛半径、收敛域与和函数

对于幂级数 $\sum\limits_{n=0}^{\infty}a_n x^n$，若 $\lim\limits_{n\to\infty}\left|\dfrac{a_n}{a_{n+1}}\right|=R$，这里 $0\leqslant R\leqslant+\infty$. 当 $R=0$ 时，幂级数仅当 $x=0$ 时收敛（收敛于 a_0）；当 $R=+\infty$ 时，幂级数 $\forall x\in\mathbf{R}$ 收敛，即幂级数的收敛域为 $(-\infty,+\infty)$；当 $0<R<+\infty$ 时，称 R 为幂级数的收敛半径，称 $(-R,R)$ 为幂级数的收敛区间. 收敛区间与使幂级数收敛的端点 $x=R$ 或 $x=-R$ 的并集，称为幂级数的收敛域.

幂级数的和函数在其收敛域上为连续函数；幂级数在其收敛区间内可逐项求导数、逐项求积分，且其收敛半径不变，但在两个端点的敛散性可能改变. 此性质常用于求幂级数的和函数.

7.1.5 初等函数关于 x 的幂级数展开式

求初等函数关于 x 的幂级数展开式也称为求初等函数的马克劳林级数,常用的方法如下:

1) 公式法:常用的公式有

$$e^x = \sum_{n=0}^{\infty} \frac{1}{n!} x^n = 1 + x + \frac{1}{2!} x^2 + \frac{1}{3!} x^3 + \cdots \quad (|x| < +\infty)$$

$$\sin x = \sum_{n=0}^{\infty} (-1)^n \frac{1}{(2n+1)!} x^{2n+1} = x - \frac{1}{3!} x^3 + \frac{1}{5!} x^5 - \cdots \quad (|x| < +\infty)$$

$$\cos x = \sum_{n=0}^{\infty} (-1)^n \frac{1}{(2n)!} x^{2n} = 1 - \frac{1}{2!} x^2 + \frac{1}{4!} x^4 - \cdots \quad (|x| < +\infty)$$

$$\ln(1-x) = -\sum_{n=1}^{\infty} \frac{1}{n} x^n = -x - \frac{1}{2} x^2 - \frac{1}{3} x^3 - \cdots \quad (-1 \leqslant x < 1)$$

$$\frac{1}{1+x} = \sum_{n=0}^{\infty} (-x)^n = 1 - x + x^2 - x^3 + \cdots \quad (|x| < 1)$$

2) 先求 $f'(x)$,并用公式法求出 $f'(x)$ 的关于 x 的幂级数展开式,再逐项积分求 $f(x)$ 的幂级数展开式.

3) 先求 $\int_0^x f(x) \mathrm{d}x$,并用公式法求出 $\int_0^x f(x) \mathrm{d}x$ 的关于 x 的幂级数展开式,再逐项求导数求 $f(x)$ 的幂级数展开式.

7.1.6 傅氏级数

1) 设 $f(x)$ 是周期为 2π 的可积函数,则有傅氏系数公式:

$$a_n = \frac{1}{\pi} \int_{-\pi}^{\pi} f(x) \cos nx \, \mathrm{d}x, \quad n = 0, 1, 2, \cdots$$

$$b_n = \frac{1}{\pi} \int_{-\pi}^{\pi} f(x) \sin nx \, \mathrm{d}x, \quad n = 1, 2, 3, \cdots$$

函数 $f(x)$ 的傅氏级数展开式为

$$f(x) \sim \frac{a_0}{2} + \sum_{n=1}^{\infty} (a_n \cos nx + b_n \sin nx)$$

2) 收敛定理:若 $f(x)$ 是以 2π 为周期的函数,在 $[-\pi, \pi]$ 上除有限个第一类间断点外均连续,且在 $[-\pi, \pi]$ 上只有有限个极值点,则函数 $f(x)$ 的傅氏级数展开式在 $x \in (-\infty, +\infty)$ 处收敛于 $\frac{1}{2}[f(x^-) + f(x^+)]$.

3) 正弦级数与余弦级数

若 $f(x)$ 是周期为 2π 的偶函数,则 $f(x)$ 的傅氏级数展开式为余弦级数,即

$$f(x) \sim \frac{a_0}{2} + \sum_{n=1}^{\infty} a_n \cos nx$$

其中 $a_0 = \dfrac{2}{\pi}\int_0^\pi f(x)\mathrm{d}x$, $a_n = \dfrac{2}{\pi}\int_0^\pi f(x)\cos nx\,\mathrm{d}x$.

若 $f(x)$ 是周期为 2π 的奇函数,则 $f(x)$ 的傅氏级数展开式为正弦级数,即

$$f(x) \sim \sum_{n=1}^{\infty} b_n \sin nx$$

其中 $b_n = \dfrac{2}{\pi}\int_0^\pi f(x)\sin nx\,\mathrm{d}x$.

若函数 $f(x)$ 只给出在 $[0,\pi]$ 上的定义,则既可将 $f(x)$ 作偶延拓,使 $f(x)$ 成为周期为 2π 的偶函数,求其余弦级数;也可将 $f(x)$ 作奇延拓,使 $f(x)$ 成为周期为 2π 的奇函数,求其正弦级数.

7.2 竞赛题与精选题解析

7.2.1 判别正项级数的敛散性(例 7.1—7.14)

例 7.1(浙江省 2002 年竞赛题) 设 $\{a_n\},\{b_n\}$ 为满足 $e^{a_n} = a_n + e^{b_n}(n \geqslant 1)$ 的两个实数列,已知 $a_n > 0(n \geqslant 1)$,且 $\sum\limits_{n=1}^{\infty} a_n$ 收敛,证明:$\sum\limits_{n=1}^{\infty} \dfrac{b_n}{a_n}$ 也收敛.

解析 由于 $\sum\limits_{n=1}^{\infty} a_n$ 收敛,所以 $\lim\limits_{n\to\infty} a_n = 0$. 因 $a_n > 0$,且

$$\begin{aligned}
b_n &= \ln(e^{a_n} - a_n) = \ln\left(1 + a_n + \dfrac{a_n^2}{2} + o(a_n^2) - a_n\right) \\
&= \ln\left(1 + \dfrac{a_n^2}{2} + o(a_n^2)\right) \sim \dfrac{a_n^2}{2} + o(a_n^2) \sim \dfrac{a_n^2}{2} \quad (n \to \infty)
\end{aligned}$$

故 $b_n > 0$,且 $\dfrac{b_n}{a_n} \sim \dfrac{a_n}{2} \sim a_n (n \to \infty)$,于是级数 $\sum\limits_{n=1}^{\infty} \dfrac{b_n}{a_n}$ 收敛.

例 7.2(江苏省 2010 年竞赛题) 已知数列 $\{a_n\}$:$a_1 = 1, a_2 = 2, a_3 = 5, \cdots$, $a_{n+1} = 3a_n - a_{n-1}(n = 2,3,\cdots)$,记 $x_n = \dfrac{1}{a_n}$,判别级数 $\sum\limits_{n=1}^{\infty} x_n$ 的敛散性.

解析 已知 $a_1 = 1 > 0, a_2 = 2 > 0, a_2 - a_1 = 1 > 0$,归纳设 $a_n > 0, a_n - a_{n-1} > 0$,则

$$a_{n+1} - a_n = 2a_n - a_{n-1} = (a_n - a_{n-1}) + a_n > 0$$

即 $a_{n+1} > a_n > 0$,所以数列 $\{a_n\}$ 单调递增. 且 $\forall n \in \mathbf{N}, a_n > 0$,由

$$3a_n = a_{n-1} + a_{n+1} < 2a_{n+1}$$

$$\Rightarrow \quad a_{n+1} > \dfrac{3}{2}a_n > 0 \Rightarrow 0 < x_{n+1} < \dfrac{2}{3}x_n$$

$$\Rightarrow \quad 0 < x_n < \frac{2}{3} x_{n-1} < \left(\frac{2}{3}\right)^2 x_{n-2} < \cdots < \left(\frac{2}{3}\right)^{n-1} x_1 = \left(\frac{2}{3}\right)^{n-1}$$

由于级数 $\sum_{n=1}^{\infty} \left(\frac{2}{3}\right)^{n-1}$ 收敛,应用比较判别法得 $\sum_{n=1}^{\infty} x_n$ 收敛.

例 7.3(全国大学生 2015 年决赛题) 设 $p > 0, x_1 = \frac{1}{4}, x_{n+1} = x_n^p + x_n^{2p}$ ($n = 1, 2, \cdots$),证明级数 $\sum_{n=1}^{\infty} \frac{1}{1 + x_n^p}$ 收敛并求其和.

解析 记 $a_n = x_n^p$,则 $a_1 = x_1^p = \frac{1}{4^p}$, $a_{n+1} = a_n + a_n^2$,由于 $a_{n+1} - a_n = a_n^2 \geqslant 0$,所以数列 $\{a_n\}$ 单调递增. 若数列 $\{a_n\}$ 有上界,则 $\{a_n\}$ 收敛. 我们令 $\lim_{n\to\infty} a_n = A$,则 $A - A = A^2 \Rightarrow A = 0$,这是不可能的,因为 $a_n \geqslant a_1 = \frac{1}{4^p} > 0$,所以数列 $\{a_n\}$ 上无界,即 $\lim_{n\to\infty} a_n = +\infty$.

由 $a_{n+1} = a_n + a_n^2 = a_n(1 + a_n)$,可得

$$\frac{1}{a_{n+1}} = \frac{1}{a_n(1+a_n)} = \frac{1}{a_n} - \frac{1}{1+a_n} \Rightarrow \frac{1}{1+a_n} = \frac{1}{a_n} - \frac{1}{a_{n+1}}$$

考虑级数 $\sum_{n=1}^{\infty} \frac{1}{1 + x_n^p}$ 的部分和

$$S_n = \sum_{k=1}^{n} \frac{1}{1+x_k^p} = \sum_{k=1}^{n} \frac{1}{1+a_k} = \sum_{k=1}^{n} \left(\frac{1}{a_k} - \frac{1}{a_{k+1}}\right) = \frac{1}{a_1} - \frac{1}{a_{n+1}} \Rightarrow \lim_{n\to\infty} S_n = \frac{1}{a_1} = 4^p$$

所以级数 $\sum_{n=1}^{\infty} \frac{1}{1 + x_n^p}$ 收敛,且其和为 4^p.

例 7.4(全国大学生 2013 年预赛题) 判别级数 $\sum_{n=1}^{\infty} \frac{1 + \frac{1}{2} + \cdots + \frac{1}{n}}{(n+1)(n+2)}$ 的敛散性;若收敛,求其和.

解析 由于

$$\frac{1}{2} + \frac{1}{3} + \cdots + \frac{1}{n} < \int_1^n \frac{1}{x} dx = \ln n \quad (n \geqslant 2)$$

故 $a_n = 1 + \frac{1}{2} + \frac{1}{3} + \cdots + \frac{1}{n} \leqslant 1 + \ln n (n \geqslant 1)$. 当 n 充分大时,因为 $1 + \ln n < \sqrt{n}$,所以

$$0 < \frac{1 + \frac{1}{2} + \cdots + \frac{1}{n}}{(n+1)(n+2)} \leqslant \frac{1 + \ln n}{(n+1)(n+2)} \leqslant \frac{\sqrt{n}}{(n+1)(n+2)} \sim \frac{1}{n^{\frac{3}{2}}} \quad (n \to \infty)$$

而级数 $\sum_{n=1}^{\infty} \dfrac{1}{n^{\frac{3}{2}}}$ 收敛，应用比较判别法，即得原级数收敛.

考虑原级数的部分和

$$S_n = \sum_{k=1}^{n} \dfrac{a_k}{(k+1)(k+2)} = \sum_{k=1}^{n} a_k \left(\dfrac{1}{k+1} - \dfrac{1}{k+2} \right)$$

$$= \dfrac{a_1}{2} - \dfrac{a_1}{3} + \dfrac{a_2}{3} - \dfrac{a_2}{4} + \cdots + \dfrac{a_n}{n+1} - \dfrac{a_n}{n+2}$$

$$= \dfrac{a_1}{2} + \dfrac{a_2 - a_1}{3} + \dfrac{a_3 - a_2}{4} + \cdots + \dfrac{a_n - a_{n-1}}{n+1} - \dfrac{a_n}{n+2}$$

$$= \dfrac{1}{1\cdot 2} + \dfrac{1}{2\cdot 3} + \cdots + \dfrac{1}{n(n+1)} - \dfrac{a_n}{n+2}$$

$$= 1 - \dfrac{1}{2} + \dfrac{1}{2} - \dfrac{1}{3} + \cdots + \dfrac{1}{n} - \dfrac{1}{n+1} - \dfrac{a_n}{n+2} = 1 - \dfrac{1}{n+1} - \dfrac{a_n}{n+2}$$

因 $n \to \infty$ 时，$\dfrac{1}{n+1} \to 0, 0 < \dfrac{a_n}{n+2} \leqslant \dfrac{1+\ln n}{n+2} \to 0$，故 $S_n \to 1$. 即原级数的和为 1.

例 7.5（全国大学生 2018 年决赛题、莫斯科动力学院 1975 年竞赛题）

已知 $0 < a_n < 1, n = 1, 2, \cdots$，且 $\lim\limits_{n \to \infty} \dfrac{\ln(1/a_n)}{\ln n} = q$（有限或 $+\infty$）.

(1) 证明：当 $q > 1$ 时，级数 $\sum_{n=1}^{\infty} a_n$ 收敛；

(2) 证明：当 $q < 1$ 时，级数 $\sum_{n=1}^{\infty} a_n$ 发散；

(3) 讨论 $q = 1$ 时级数 $\sum_{n=1}^{\infty} a_n$ 的收敛性，并阐述理由.

解析 (1) 当 $q > 1$ 时，取 $p \in (1, q)$，应用极限的性质，当 n 充分大时有

$$\dfrac{\ln(1/a_n)}{\ln n} > p \Rightarrow 0 < a_n < \dfrac{1}{n^p}$$

而级数 $\sum_{n=1}^{\infty} \dfrac{1}{n^p} (p > 1)$ 收敛，应用比较判别法得级数 $\sum_{n=1}^{\infty} a_n$ 收敛.

(2) 当 $q < 1$ 时，取 $p \in (q, 1)$，应用极限的性质，当 n 充分大时有

$$\dfrac{\ln(1/a_n)}{\ln n} < p \Rightarrow a_n > \dfrac{1}{n^p}$$

而级数 $\sum_{n=1}^{\infty} \dfrac{1}{n^p} (p < 1)$ 发散，应用比较判别法得级数 $\sum_{n=1}^{\infty} a_n$ 发散.

(3) 当 $q = 1$ 时，级数 $\sum_{n=1}^{\infty} a_n$ 的收敛性不能确定. 例如：

① $a_n = \dfrac{1}{n}$ 时，$q = \lim\limits_{n \to \infty} \dfrac{\ln(1/a_n)}{\ln n} = \lim\limits_{n \to \infty} \dfrac{\ln n}{\ln n} = 1$，级数 $\sum_{n=1}^{\infty} \dfrac{1}{n}$ 显然发散；

② $a_n = \dfrac{1}{n(\ln n)^2}$ 时,有

$$q = \lim_{n\to\infty} \frac{\ln(1/a_n)}{\ln n} = \lim_{n\to\infty} \frac{\ln n + 2\ln\ln n}{\ln n} = 1 + 2\lim_{u\to+\infty} \frac{\ln u}{u} = 1 + 0 = 1$$

因反常积分 $\displaystyle\int_2^{+\infty} \frac{1}{x(\ln x)^2}\mathrm{d}x = -\frac{1}{\ln x}\bigg|_2^{+\infty} = \frac{1}{\ln 2}$(收敛),故级数 $\displaystyle\sum_{n=2}^{\infty} \frac{1}{n(\ln n)^2}$ 收敛.

例 7.6(全国大学生 2010 年预赛题) 设 $a_n > 0(n=1,2,\cdots)$, $S_n = \displaystyle\sum_{i=1}^{n} a_i$,证明:

(1) 当 $\alpha > 1$ 时,级数 $\displaystyle\sum_{n=1}^{\infty} \frac{a_n}{S_n^\alpha}$ 收敛;

(2) 当 $\alpha \leqslant 1$ 且 $S_n \to +\infty (n\to\infty)$ 时,级数 $\displaystyle\sum_{n=1}^{\infty} \frac{a_n}{S_n^\alpha}$ 发散.

解析 (1) 当 $\alpha > 1$ 时,设 $f(x) = x^{1-\alpha}$,在区间 $[S_{n-1}, S_n]$ 上应用拉格朗日中值定理,必 $\exists \xi \in (S_{n-1}, S_n)$,使得

$$f(S_n) - f(S_{n-1}) = f'(\xi)(S_n - S_{n-1}) \Leftrightarrow \frac{1}{S_n^{\alpha-1}} - \frac{1}{S_{n-1}^{\alpha-1}} = (1-\alpha)\frac{a_n}{\xi^\alpha}$$

由此式可得

$$\frac{a_n}{S_n^\alpha} \leqslant \frac{a_n}{\xi^\alpha} = \frac{1}{\alpha-1}\left(\frac{1}{S_{n-1}^{\alpha-1}} - \frac{1}{S_n^{\alpha-1}}\right)$$

设正项级数 $\displaystyle\sum_{n=2}^{\infty} \frac{1}{\alpha-1}\left(\frac{1}{S_{n-1}^{\alpha-1}} - \frac{1}{S_n^{\alpha-1}}\right)$ 的部分和为 σ_n,由于

$$\sigma_n = \frac{1}{\alpha-1}\left(\frac{1}{S_1^{\alpha-1}} - \frac{1}{S_2^{\alpha-1}} + \frac{1}{S_2^{\alpha-1}} - \frac{1}{S_3^{\alpha-1}} + \cdots + \frac{1}{S_n^{\alpha-1}} - \frac{1}{S_{n+1}^{\alpha-1}}\right)$$

$$= \frac{1}{\alpha-1}\left(\frac{1}{a_1^{\alpha-1}} - \frac{1}{S_{n+1}^{\alpha-1}}\right) < \frac{1}{\alpha-1}\frac{1}{a_1^{\alpha-1}}$$

所以级数 $\displaystyle\sum_{n=2}^{\infty} \frac{1}{\alpha-1}\left(\frac{1}{S_{n-1}^{\alpha-1}} - \frac{1}{S_n^{\alpha-1}}\right)$ 收敛,应用比较判别法即得级数 $\displaystyle\sum_{n=1}^{\infty} \frac{a_n}{S_n^\alpha}$ 收敛.

(2) 当 $\alpha = 1$ 时,设 $g(x) = \ln x$,在区间 $[S_{n-1}, S_n]$ 上应用拉格朗日中值定理,必 $\exists \eta \in (S_{n-1}, S_n)$,使得

$$g(S_n) - g(S_{n-1}) = g'(\eta)(S_n - S_{n-1}) \Leftrightarrow \ln\frac{S_n}{S_{n-1}} = \frac{a_n}{\eta}$$

由此式可得

$$\frac{a_n}{S_{n-1}} > \frac{a_n}{\eta} = \ln\frac{S_n}{S_{n-1}} \Leftrightarrow \frac{a_n}{S_n} = \frac{a_n}{S_{n-1}}\frac{S_{n-1}}{S_n} > \frac{a_n}{\eta}\frac{S_{n-1}}{S_n} = \frac{S_{n-1}}{S_n}\ln\frac{S_n}{S_{n-1}}.$$

设正项级数 $\sum_{n=2}^{\infty}\ln\frac{S_n}{S_{n-1}}$ 的部分和为 σ_n, 由于

$$\lim_{n\to\infty}\sigma_n = \lim_{n\to\infty}(\ln S_2 - \ln S_1 + \ln S_3 - \ln S_2 + \cdots + \ln S_n - \ln S_{n-1})$$
$$= \lim_{n\to\infty}(\ln S_n - \ln a_1) = +\infty$$

所以级数 $\sum_{n=2}^{\infty}\ln\frac{S_n}{S_{n-1}}$ 发散. 又由于

$$\lim_{n\to\infty}\frac{S_{n-1}}{S_n} = \lim_{n\to\infty}\frac{S_n - a_n}{S_n} = \lim_{n\to\infty}\left(1 - \frac{a_n}{S_n}\right) = 1 \quad (\text{这里设数列}\{a_n\}\text{收敛})$$

所以级数 $\sum_{n=2}^{\infty}\frac{S_{n-1}}{S_n}\ln\frac{S_n}{S_{n-1}}$ 发散, 应用比较判别法, 即得级数 $\sum_{n=1}^{\infty}\frac{a_n}{S_n}$ 发散.

当 $\alpha < 1$ 时, 不妨设 $S_n > 1$, 因 $\frac{a_n}{S_n^\alpha} \geqslant \frac{a_n}{S_n}$, 应用比较判别法, 即得级数 $\sum_{n=1}^{\infty}\frac{a_n}{S_n^\alpha}$ 发散.

例 7.7(浙江省 2011 年竞赛题) 已知正项级数 $\sum_{n=1}^{\infty}a_n$ 收敛, 试证明级数 $\sum_{n=1}^{\infty}\sqrt[n]{a_1 a_2 \cdots a_n}$ 收敛.

解析 对于正项级数 $\sum_{n=1}^{\infty}\sqrt[n]{a_1 a_2 \cdots a_n}$ 的部分和

$$\sum_{k=1}^{n}\sqrt[k]{a_1 a_2 \cdots a_k} = \sum_{k=1}^{n}\frac{\sqrt[k]{a_1 \cdot 2a_2 \cdot 3a_3 \cdot \cdots \cdot ka_k}}{\sqrt[k]{k!}}$$

应用不等式 $k! \geqslant \left(\frac{k}{3}\right)^k (k \in \mathbf{N}^*)$ 与 "A-G 不等式", 有

$$\sum_{k=1}^{n}\frac{\sqrt[k]{a_1 \cdot 2a_2 \cdot 3a_3 \cdot \cdots \cdot ka_k}}{\sqrt[k]{k!}} \leqslant \sum_{k=1}^{n}\frac{3}{k}\sum_{i=1}^{k}\frac{ia_i}{k} = 3\sum_{i=1}^{n}a_i\left(i\sum_{k=i}^{n}\frac{1}{k^2}\right)$$

由于

$$i\sum_{k=i}^{n}\frac{1}{k^2} = i\left(\frac{1}{i^2} + \frac{1}{(i+1)^2} + \frac{1}{(i+2)^2} + \cdots + \frac{1}{n^2}\right)$$
$$< i\left(\frac{1}{i^2} + \frac{1}{i(i+1)} + \frac{1}{(i+1)(i+2)} + \cdots + \frac{1}{(n-1)n}\right)$$
$$= i\left(\frac{1}{i^2} + \frac{1}{i} - \frac{1}{i+1} + \frac{1}{i+1} - \frac{1}{i+2} + \cdots + \frac{1}{n-1} - \frac{1}{n}\right)$$
$$= i\left(\frac{1}{i^2} + \frac{1}{i} - \frac{1}{n}\right) < i\left(\frac{1}{i^2} + \frac{1}{i}\right) = \frac{1}{i} + 1 \leqslant 2 \quad (i \geqslant 1)$$

所以

$$\sum_{k=1}^{n} \sqrt[k]{a_1 a_2 \cdots a_k} \leqslant 3 \sum_{i=1}^{n} a_i \left(i \sum_{k=i}^{n} \frac{1}{k^2} \right) < 6 \sum_{i=1}^{n} a_i$$

由于收敛级数 $\sum_{n=1}^{\infty} a_n$ 的部分和有界,所以级数 $\sum_{n=1}^{\infty} \sqrt[n]{a_1 a_2 \cdots a_n}$ 的部分和有界,于是级数 $\sum_{n=1}^{\infty} \sqrt[n]{a_1 a_2 \cdots a_n}$ 收敛.

例 7.8(全国大学生 2012 年预赛题) 设 $\sum_{n=1}^{\infty} a_n$ 和 $\sum_{n=1}^{\infty} b_n$ 为正项级数.

(1) 若 $\lim\limits_{n \to \infty} \left(\dfrac{a_n}{a_{n+1} b_n} - \dfrac{1}{b_{n+1}} \right) > 0$,证明: $\sum_{n=1}^{\infty} a_n$ 收敛;

(2) 若 $\lim\limits_{n \to \infty} \left(\dfrac{a_n}{a_{n+1} b_n} - \dfrac{1}{b_{n+1}} \right) < 0$,且 $\sum_{n=1}^{\infty} b_n$ 发散,证明: $\sum_{n=1}^{\infty} a_n$ 发散.

解析 (1) 设 $\lim\limits_{n \to \infty} \left(\dfrac{a_n}{a_{n+1} b_n} - \dfrac{1}{b_{n+1}} \right) = c \; (c > 0 \text{ 或 } +\infty)$,取实数 $d \; (0 < d < c)$,则 $\exists N \in \mathbf{N}^*$,当 $n \geqslant N$ 时有

$$\frac{a_n}{a_{n+1} b_n} - \frac{1}{b_{n+1}} > d \Rightarrow a_{n+1} < \frac{1}{d} \left(\frac{a_n}{b_n} - \frac{a_{n+1}}{b_{n+1}} \right) \tag{1}$$

于是 $\forall m > N$ 有

$$\sum_{n=N}^{m} a_{n+1} < \frac{1}{d} \left[\left(\frac{a_N}{b_N} - \frac{a_{N+1}}{b_{N+1}} \right) + \left(\frac{a_{N+1}}{b_{N+1}} - \frac{a_{N+2}}{b_{N+2}} \right) + \cdots + \left(\frac{a_m}{b_m} - \frac{a_{m+1}}{b_{m+1}} \right) \right]$$

$$= \frac{1}{d} \left(\frac{a_N}{b_N} - \frac{a_{m+1}}{b_{m+1}} \right) < \frac{1}{d} \frac{a_N}{b_N}$$

因此有 $\sum_{n=N}^{\infty} a_{n+1} \leqslant \dfrac{1}{d} \dfrac{a_N}{b_N}$,所以级数 $\sum_{n=1}^{\infty} a_n$ 的部分和有上界,于是原级数 $\sum_{n=1}^{\infty} a_n$ 收敛.

(2) 设 $\lim\limits_{n \to \infty} \left(\dfrac{a_n}{a_{n+1} b_n} - \dfrac{1}{b_{n+1}} \right) = c \; (c < 0 \text{ 或 } -\infty)$,取实数 $d \; (c < d < 0)$,则 $\exists N \in \mathbf{N}^*$,当 $n \geqslant N$ 时有

$$\frac{a_n}{a_{n+1} b_n} - \frac{1}{b_{n+1}} < d < 0 \Rightarrow \frac{a_{n+1}}{a_n} > \frac{b_{n+1}}{b_n}$$

由此可得 $n \geqslant N$ 时有

$$a_n = \frac{a_n}{a_{n-1}} \cdot \frac{a_{n-1}}{a_{n-2}} \cdot \cdots \cdot \frac{a_{N+1}}{a_N} \cdot a_N > \frac{b_n}{b_{n-1}} \cdot \frac{b_{n-1}}{b_{n-2}} \cdot \cdots \cdot \frac{b_{N+1}}{b_N} \cdot a_N = \frac{a_N}{b_N} b_n \tag{2}$$

由于级数 $\sum_{n=1}^{\infty} b_n$ 发散,所以级数 $\sum_{n=1}^{\infty} \dfrac{a_N}{b_N} b_n$ 发散,再由(2)式,应用比较判别法可得级数 $\sum_{n=N}^{\infty} a_n$ 发散,因此级数 $\sum_{n=1}^{\infty} a_n$ 发散.

例 7.9(精选题) 设函数 $\varphi(x)$ 是 $(-\infty,+\infty)$ 上连续的周期函数,周期为 1,且 $\int_0^1 \varphi(x)\mathrm{d}x=0$,函数 $f(x)$ 在 $[0,1]$ 上有连续的导数,$a_n=\int_0^1 f(x)\varphi(nx)\mathrm{d}x$,证明: $\sum_{n=1}^{\infty} a_n^2$ 收敛.

解析 作积分换元,令 $nx=t$,则

$$a_n=\int_0^1 f(x)\varphi(nx)\mathrm{d}x=\frac{1}{n}\int_0^n f\left(\frac{t}{n}\right)\varphi(t)\mathrm{d}t$$

令 $G(x)=\int_0^x \varphi(t)\mathrm{d}t$,则 $G(0)=0$,$G'(x)=\varphi(x)$,且

$$G(n)=\int_0^n \varphi(t)\mathrm{d}t=n\int_0^1 \varphi(t)\mathrm{d}t=0$$

$$G(x+n)=\int_0^{x+n}\varphi(t)\mathrm{d}t=\int_0^x\varphi(t)\mathrm{d}t+\int_x^{x+n}\varphi(t)\mathrm{d}t$$
$$=\int_0^x\varphi(t)\mathrm{d}t+n\int_0^1\varphi(t)\mathrm{d}t=\int_0^x\varphi(t)\mathrm{d}t+0=G(x)$$

所以 $G(x)$ 是在 $(-\infty,+\infty)$ 上连续可导的周期函数,于是 $G(x)$ 在 $(-\infty,+\infty)$ 上有界,记 $|G(x)|\leqslant M_1$. $\forall x\in(-\infty,+\infty)$,有

$$a_n=\frac{1}{n}\int_0^n f\left(\frac{t}{n}\right)\mathrm{d}G(t)=\frac{1}{n}\left[f\left(\frac{t}{n}\right)G(t)\Big|_0^n-\int_0^n f'\left(\frac{t}{n}\right)\frac{1}{n}G(t)\mathrm{d}t\right]$$
$$=-\frac{1}{n^2}\int_0^n f'\left(\frac{t}{n}\right)G(t)\mathrm{d}t$$

因 $f'(x)$ 在 $[0,1]$ 上连续,所以 $f'(x)$ 在 $[0,1]$ 上有界,即 $\forall x\in[0,1]$ 有 $|f'(x)|\leqslant M_2$. 于是

$$|a_n|\leqslant\frac{1}{n^2}\int_0^n M_1 M_2\mathrm{d}t=\frac{M_1 M_2}{n}\Rightarrow a_n^2\leqslant\frac{(M_1 M_2)^2}{n^2}$$

而 $\sum_{n=1}^{\infty}\frac{(M_1 M_2)^2}{n^2}$ 收敛,故由比较判别法得 $\sum_{n=1}^{\infty}a_n^2$ 收敛.

例 7.10(浙江省 2009 年竞赛题) 设 $f_n(x)=x^{\frac{1}{n}}+x-r$,其中 $r>0$. (1) 证明: $f_n(x)$ 在 $(0,+\infty)$ 内有惟一的零点 x_n;(2) 求 r 为何值时级数 $\sum_{n=1}^{\infty} x_n$ 收敛,为何值时级数 $\sum_{n=1}^{\infty} x_n$ 发散.

解析 (1) 因 $x>0$ 时,$\forall n\in \mathbf{N}^*$,有 $f_n(x)$ 连续,且 $f_n'(x)=\frac{1}{n}x^{\frac{1}{n}-1}+1>0$,所以 $f_n(x)$ 单调增加. 又因为

$$f_n(0)=-r<0,\quad f_n(r)=\sqrt[n]{r}>0$$

根据零点定理,$f_n(x)$ 在 $(0,r)(\subset(0,+\infty))$ 内有惟一的零点 x_n.

(2) 当 $0 < r < 1$ 时，$f_n(r^n) = \sqrt[n]{r^n} + r^n - r > 0$，又由 $f_n(x)$ 单调增加可知 $0 < x_n < r^n$，而 $\sum_{n=1}^{\infty} r^n$ 收敛，由比较判别法可得级数 $\sum_{n=1}^{\infty} x_n$ 收敛.

当 $r > 1$ 时，因 $\lim_{n \to \infty} \sqrt[n]{n} = 1, \lim_{n \to \infty} \frac{1}{n} = 0$，所以只要 n 充分大，就有

$$f_n\left(\frac{1}{n}\right) = \sqrt[n]{\frac{1}{n}} + \frac{1}{n} - r < 0$$

由 $f_n(x)$ 单调增加可知 $x_n > \frac{1}{n} > 0$，而 $\sum_{n=1}^{\infty} \frac{1}{n}$ 发散，由比较判别法得 $\sum_{n=1}^{\infty} x_n$ 发散.

当 $r = 1$ 时，因为

$$f_n\left(\frac{1}{2n}\right) = \sqrt[n]{\frac{1}{2n}} + \frac{1}{2n} - 1 = \frac{1}{2n}\left(1 - 2n + 2n \cdot \sqrt[n]{\frac{1}{2n}}\right) = \frac{1}{2n}(1 - 2n(1-\alpha))$$

其中 $\alpha = \frac{1}{\sqrt[n]{2n}}(0 < \alpha < 1)$，由于

$$2n(1-\alpha) = 2n\frac{1 - \alpha^n}{1 + \alpha + \alpha^2 + \cdots + \alpha^{n-1}} = \frac{2n - 1}{1 + \alpha + \alpha^2 + \cdots + \alpha^{n-1}}$$

$$> \frac{n}{1 + 1 + \cdots + 1} = \frac{n}{n} = 1$$

故 $f_n\left(\frac{1}{2n}\right) < 0$. 由 $f_n(x)$ 单调增加可知 $x_n > \frac{1}{2n} > 0$，由比较判别法得 $\sum_{n=1}^{\infty} x_n$ 发散.

综上所述，当 $0 < r < 1$ 时，级数 $\sum_{n=1}^{\infty} x_n$ 收敛；当 $r \geq 1$ 时，级数 $\sum_{n=1}^{\infty} x_n$ 发散.

例 7.11（精选题） 设函数 $f(x)$ 在 $|x| \leq 1$ 上有定义，在 $x = 0$ 的某邻域内有连续的二阶导数，当 $x \neq 0$ 时 $f(x) \neq 0$，当 $x \to 0$ 时 $f(x)$ 是 x 的高阶无穷小，且 $\forall n \in \mathbf{N}$，有

$$\left|\frac{b_{n+1}}{b_n}\right| \leq \left|\frac{f\left(\frac{1}{n+1}\right)}{f\left(\frac{1}{n}\right)}\right|$$

证明：级数 $\sum_{n=1}^{\infty} \sqrt{|b_n b_{n+1}|}$ 收敛.

解析 因 $x \to 0$ 时 $f(x)$ 是 x 的高阶无穷小，且 $f(x)$ 在 $x = 0$ 附近有连续的二阶导数，所以 $f(0) = 0, f'(0) = 0$，且 $\exists K > 0$，使 $|x|$ 充分小时 $|f''(x)| \leq K$. 应用马克劳林展式，有

$$f(x) = f(0) + f'(0)x + \frac{1}{2!}f''(\xi)x^2 = \frac{1}{2}f''(\xi)x^2$$

这里 ξ 介于 0 与 x 之间. 当 $|x|$ 充分小时，$|f''(\xi)| \leq K$，所以 n 充分大时，有

$$\left|f\left(\frac{1}{n}\right)\right| = \frac{1}{2}|f''(\xi)|\frac{1}{n^2} \leqslant \frac{K}{2}\frac{1}{n^2}$$

由于 $\sum_{n=1}^{\infty} \frac{K}{2}\frac{1}{n^2}$ 收敛,所以级数 $\sum_{n=1}^{\infty}\left|f\left(\frac{1}{n}\right)\right|$ 收敛.

由于

$$|b_{n+1}| \leqslant |b_n|\left|\frac{f\left(\frac{1}{n+1}\right)}{f\left(\frac{1}{n}\right)}\right| \leqslant |b_{n-1}|\left|\frac{f\left(\frac{1}{n}\right)}{f\left(\frac{1}{n-1}\right)}\right|\left|\frac{f\left(\frac{1}{n+1}\right)}{f\left(\frac{1}{n}\right)}\right|$$

$$= |b_{n-1}|\left|\frac{f\left(\frac{1}{n+1}\right)}{f\left(\frac{1}{n-1}\right)}\right| \leqslant \cdots \leqslant |b_1|\left|\frac{f\left(\frac{1}{n+1}\right)}{f(1)}\right|$$

$$= \left|\frac{b_1}{f(1)}\right|\left|f\left(\frac{1}{n+1}\right)\right|$$

又 $\sum_{n=1}^{\infty}\left|f\left(\frac{1}{n}\right)\right|$ 收敛时, $\sum_{n=1}^{\infty}\left|f\left(\frac{1}{n+1}\right)\right|$ 收敛,因而 $\sum_{n=1}^{\infty}\left|\frac{b_1}{f(1)}\right|\left|f\left(\frac{1}{n+1}\right)\right|$ 也收敛. 应用比较判别法得级数 $\sum_{n=1}^{\infty}|b_{n+1}|$ 收敛,由此得 $\sum_{n=1}^{\infty}|b_n|$ 也收敛. 因为

$$\sqrt{|b_n b_{n+1}|} \leqslant \frac{1}{2}(|b_n| + |b_{n+1}|)$$

应用比较法即得级数 $\sum_{n=1}^{\infty}\sqrt{|b_n b_{n+1}|}$ 收敛.

例 7.12(精选题) (1) 先讨论级数 $\sum_{n=1}^{\infty}\left(\frac{1}{n} - \ln\left(1 + \frac{1}{n}\right)\right)$ 的敛散性,又已知 $x_n = 1 + \frac{1}{2} + \cdots + \frac{1}{n} - \ln(1+n)$,证明数列 $\{x_n\}$ 收敛;

(2) 求 $\lim\limits_{n\to\infty}\frac{1}{\ln n}\left(1 + \frac{1}{2} + \cdots + \frac{1}{n}\right)$.

解析 (1) 应用 $\ln(1+x)$ 的马克劳林展式,有

$$\ln(1+x) = x - \frac{1}{2}x^2 + o(x^2) \quad (x \to 0)$$

所以当 n 充分大时,有

$$\ln\left(1 + \frac{1}{n}\right) = \frac{1}{n} - \frac{1}{2n^2} + o\left(\frac{1}{n^2}\right)$$

$$\frac{1}{n} - \ln\left(1 + \frac{1}{n}\right) = \frac{1}{2n^2} + o\left(\frac{1}{n^2}\right) \sim \frac{1}{2n^2}$$

而级数 $\sum_{n=1}^{\infty} \frac{1}{2n^2}$ 收敛,所以级数 $\sum_{n=1}^{\infty} \left(\frac{1}{n} - \ln\left(1+\frac{1}{n}\right)\right)$ 收敛. 该级数的部分和为

$$\sum_{k=1}^{n}\left(\frac{1}{k} - \ln\left(1+\frac{1}{k}\right)\right) = 1 + \frac{1}{2} + \cdots + \frac{1}{n} - \ln(1+n) = x_n$$

所以数列 $\{x_n\}$ 收敛.

(2) 由于 $\lim_{n\to\infty} \frac{1}{\ln n} = 0$,设 $x_n \to A$,则

$$\lim_{n\to\infty} \frac{x_n}{\ln n} = \lim_{n\to\infty} \frac{1 + \frac{1}{2} + \cdots + \frac{1}{n}}{\ln n} - \lim_{n\to\infty} \frac{\ln(1+n)}{\ln n} = 0 \quad (*)$$

应用洛必达法则,有

$$\lim_{x\to+\infty} \frac{\ln(1+x)}{\ln x} = \lim_{x\to+\infty} \frac{\frac{1}{1+x}}{\frac{1}{x}} = \lim_{x\to+\infty} \frac{1}{1+\frac{1}{x}} = 1$$

所以 $\lim_{n\to\infty} \frac{\ln(1+n)}{\ln n} = 1$,由($*$)式即得

$$\lim_{n\to\infty} \frac{1}{\ln n}\left(1 + \frac{1}{2} + \cdots + \frac{1}{n}\right) = \lim_{n\to\infty} \frac{\ln(1+n)}{\ln n} = 1$$

例 7.13(北京市 1992 年竞赛题) 设 $f(x) = \frac{1}{1-x-x^2}$,$a_n = \frac{1}{n!} f^{(n)}(0)$,求证级数 $\sum_{n=0}^{\infty} \frac{a_{n+1}}{a_n a_{n+2}}$ 收敛,并求其和.

解析 令 $F(x) = (1-x-x^2)f(x)$,则 $F(x) = 1$. 根据莱布尼兹公式,对上式两边求 $(n+2)$ 阶导数,有

$$F^{(n+2)}(x) = f^{(n+2)}(x)(1-x-x^2) + C_{n+2}^1 f^{(n+1)}(x)(-1-2x)$$
$$+ C_{n+2}^2 f^{(n)}(x)(-2)$$
$$= 0$$

令 $x=0$ 得

$$(n+2)! a_{n+2} + C_{n+2}^1 a_{n+1}(n+1)!(-1) + C_{n+2}^2 a_n n!(-2) = 0$$
$$(n+2)! a_{n+2} - (n+2)! a_{n+1} - (n+2)! a_n = 0$$

于是

$$a_{n+2} = a_{n+1} + a_n$$

且 $a_0 = \frac{1}{0!} f^{(0)}(0) = 1$,$a_1 = \frac{1}{1!} f'(0) = \left.\frac{-(-1-2x)}{(1-x-x^2)^2}\right|_{x=0} = 1$,归纳可得 $n \to \infty$ 时有 $a_n \to \infty$. 原级数的部分和

$$S_n = \sum_{k=0}^{n} \frac{a_{k+1}}{a_k \cdot a_{k+2}} = \sum_{k=0}^{n} \frac{a_{k+2} - a_k}{a_k \cdot a_{k+2}} = \sum_{k=0}^{n} \left(\frac{1}{a_k} - \frac{1}{a_{k+2}} \right)$$

$$= \left(\frac{1}{a_0} - \frac{1}{a_2} \right) + \left(\frac{1}{a_1} - \frac{1}{a_3} \right) + \left(\frac{1}{a_2} - \frac{1}{a_4} \right) + \cdots + \left(\frac{1}{a_{n-1}} - \frac{1}{a_{n+1}} \right) + \left(\frac{1}{a_n} - \frac{1}{a_{n+2}} \right)$$

$$= \frac{1}{a_0} + \frac{1}{a_1} - \frac{1}{a_{n+1}} - \frac{1}{a_{n+2}} \to 2 \quad (n \to \infty)$$

于是级数 $\sum_{n=0}^{\infty} \frac{a_{n+1}}{a_n a_{n+2}}$ 收敛,且和为 2.

例 7.14(莫斯科工程物理学院 1975 年竞赛题) 试举出一个收敛的正项级数 $\sum_{n=1}^{\infty} a_n$,其中 $a_n \neq o\left(\frac{1}{n}\right)$.

解析 当 n 为某正整数的平方时,取 $a_n = \frac{1}{n}$,当 n 不是某正整数的平方时,取 $a_n = \frac{1}{n^2}$,即 $\sum_{n=1}^{\infty} a_n$ 为

$$1 + \frac{1}{2^2} + \frac{1}{3^2} + \frac{1}{4} + \frac{1}{5^2} + \frac{1}{6^2} + \frac{1}{7^2} + \frac{1}{8^2} + \frac{1}{9} + \cdots \quad (1)$$

这里 $a_n \neq o\left(\frac{1}{n}\right)$. 下面证明该级数是收敛的. 由于

$$\sum_{n=1}^{\infty} \frac{1}{n^2} = 1 + \frac{1}{2^2} + \frac{1}{3^2} + \frac{1}{4^2} + \frac{1}{5^2} + \frac{1}{6^2} + \frac{1}{7^2} + \frac{1}{8^2} + \frac{1}{9^2} + \cdots \quad (2)$$

收敛,所以加括号后级数

$$1 + \left(\frac{1}{2^2} + \frac{1}{3^2} + \frac{1}{4^2} \right) + \left(\frac{1}{5^2} + \frac{1}{6^2} + \frac{1}{7^2} + \frac{1}{8^2} + \frac{1}{9^2} \right) + \left(\frac{1}{10^2} + \cdots + \frac{1}{16^2} \right) + \cdots \quad (3)$$

也收敛. 又由于级数

$$\sum_{n=1}^{\infty} \frac{1}{n^4} = 1 + \frac{1}{2^4} + \frac{1}{3^4} + \frac{1}{4^4} + \cdots = 1 + \frac{1}{4^2} + \frac{1}{9^2} + \frac{1}{16^2} + \cdots \quad (4)$$

收敛,所以(3)与(4)式逐项相减后所得级数

$$\left(\frac{1}{2^2} + \frac{1}{3^2} \right) + \left(\frac{1}{5^2} + \frac{1}{6^2} + \frac{1}{7^2} + \frac{1}{8^2} \right) + \left(\frac{1}{10^2} + \cdots + \frac{1}{15^2} \right) + \cdots \quad (5)$$

也收敛. 再将收敛级数(5)与(2)逐项相加即得级数(1)收敛.

7.2.2 判别任意项级数的敛散性(例 7.15—7.24)

例 7.15(广东省 1991 年竞赛题) 试判断级数 $\sum_{n=1}^{\infty} (-1)^n \tan(\sqrt{n^2+2}\pi)$ 是否

收敛. 若收敛，是绝对收敛还是条件收敛？

解析 令 $a_n = \tan(\sqrt{n^2+2}\,\pi)$，则

$$a_n = \tan(\sqrt{n^2+2}-n)\pi = \tan\frac{2\pi}{\sqrt{n^2+2}+n}$$

显见 $a_n \to 0 (n \to \infty)$，且数列 $\{a_n\}$ 单调递减 $(n=2,3,\cdots)$. 应用莱布尼兹判别法，得 $\sum\limits_{n=1}^{\infty}(-1)^n a_n$ 收敛. 因为

$$a_n = \tan\frac{2\pi}{\sqrt{n^2+2}+n} > \frac{2\pi}{\sqrt{n^2+2}+n} > \frac{2\pi}{n+1+n} > \frac{1}{n}$$

且 $\sum\limits_{n=1}^{\infty}\frac{1}{n}$ 发散，所以原级数非绝对收敛. 故原级数条件收敛.

例 7.16（江苏省 2006 年竞赛题） 对常数 p，讨论级数

$$\sum_{n=1}^{\infty}(-1)^{n+1}\frac{\sqrt{n+1}-\sqrt{n}}{n^p}$$

何时绝对收敛、何时条件收敛、何时发散.

解析 令 $a_n = \dfrac{\sqrt{n+1}-\sqrt{n}}{n^p}(>0)$，则

$$a_n = \frac{1}{(\sqrt{n+1}+\sqrt{n})n^p} = \frac{1}{\sqrt{n}\left(\sqrt{1+\dfrac{1}{n}}+1\right)n^p} \sim \frac{1}{2n^{p+\frac{1}{2}}}$$

故当 $p+\dfrac{1}{2}>1\left(\text{即 } p>\dfrac{1}{2}\right)$ 时 $\sum\limits_{n=1}^{\infty}a_n$ 收敛，则原级数绝对收敛；当 $p+\dfrac{1}{2}\leqslant 1\left(\text{即 } p\leqslant\dfrac{1}{2}\right)$ 时 $\sum\limits_{n=1}^{\infty}a_n$ 发散，则原级数非绝对收敛.

当 $0<p+\dfrac{1}{2}\leqslant 1\left(\text{即 } -\dfrac{1}{2}<p\leqslant\dfrac{1}{2}\right)$ 时显然 $a_n \to 0(n\to\infty)$. 令

$$f(x) = x^p(\sqrt{x+1}+\sqrt{x}) \quad (x>0)$$

由于

$$f'(x) = x^{p-1}(\sqrt{x+1}+\sqrt{x})\left(p+\frac{\sqrt{x}}{2\sqrt{x+1}}\right)$$

且 $x^{p-1}>0$，$\sqrt{x+1}+\sqrt{x}>0$，而

$$\lim_{x\to+\infty}\left(p+\frac{\sqrt{x}}{2\sqrt{x+1}}\right) = p+\frac{1}{2}>0$$

所以 x 充分大时 $f(x)$ 单调增加，于是 n 充分大时 $a_n = \dfrac{1}{f(n)}$ 单调递减，应用莱布尼

兹判别法推知 $-\frac{1}{2} < p \leqslant \frac{1}{2}$ 时原级数条件收敛.

当 $p + \frac{1}{2} \leqslant 0$ 时 a_n 不趋于 $0(n \to \infty)$,故 $p \leqslant -\frac{1}{2}$ 时原级数发散.

例 7.17(全国大学生 2013 年决赛题) 若对于任意的趋向于 0 的序列 $\{x_n\}$,级数 $\sum_{n=1}^{\infty} a_n x_n$ 都是收敛的,试证:级数 $\sum_{n=1}^{\infty} |a_n|$ 收敛.

解析 (用反证法)设级数 $\sum_{n=1}^{\infty} |a_n|$ 发散,记 $S_n = \sum_{i=1}^{n} |a_i|$,则 $\lim_{n \to \infty} S_n = +\infty$. 于是存在单调递增的正整数数列 $\{n_k\}$ $(k=1,2,\cdots)$,使得 $S_{n_1} \geqslant 1, S_{n_k} - S_{n_{k-1}} \geqslant k$ $(k=2,3,\cdots)$. 取

$$x_n = \frac{1}{k} \operatorname{sgn} a_n \quad (n_{k-1} + 1 \leqslant n \leqslant n_k)$$

则 $\lim_{n \to \infty} x_n = 0$. 由于

$$\sum_{n=1}^{\infty} a_n x_n = (|a_1| + |a_2| + \cdots + |a_{n_1}|) + \frac{1}{2}(|a_{n_1+1}| + |a_{n_1+2}| + \cdots + |a_{n_2}|)$$

$$+ \cdots + \frac{1}{k}(|a_{n_{k-1}+1}| + |a_{n_{k-1}+2}| + \cdots + |a_{n_k}|) + \cdots$$

$$\geqslant 1 + \frac{1}{2} \cdot 2 + \cdots + \frac{1}{k} \cdot k + \cdots = 1 + 1 + \cdots + 1 + \cdots$$

所以级数 $\sum_{n=1}^{\infty} a_n x_n$ 发散,此与题设条件矛盾. 所以级数 $\sum_{n=1}^{\infty} |a_n|$ 收敛.

例 7.18(江苏省 1996 年竞赛题) 设级数 $\sum_{n=1}^{\infty} a_n$ 条件收敛,极限 $\lim_{n \to \infty} \frac{a_{n+1}}{a_n} = r$ 存在,求 r 的值,并举出满足这些条件的例子.

解析 因级数 $\sum_{n=1}^{\infty} a_n$ 条件收敛,故该级数不可能为正项级数或负项级数. 由

$$\lim_{n \to \infty} \frac{a_{n+1}}{a_n} = r \Rightarrow \lim_{n \to \infty} \left| \frac{a_{n+1}}{a_n} \right| = |r|$$

(1) 若 $|r| < 1$,则由比值判别法推得 $\sum_{n=1}^{\infty} |a_n|$ 收敛,此与条件矛盾,故 $|r| \geqslant 1$.

(2) 若 $|r| > 1$,则由 $\lim_{n \to \infty} \left| \frac{a_{n+1}}{a_n} \right| = |r| > 1$,推知 n 充分大时数列 $\{|a_n|\}$ 单调递增,故 $|a_n|$ 不趋于 $0 \Rightarrow a_n$ 不趋于 $0(n \to \infty)$,此与条件矛盾,故 $r = 1, -1$.

(3) 若 $r = 1$,则由 $\lim_{n \to \infty} \frac{a_{n+1}}{a_n} = 1$,推知 n 充分大时,a_n 与 a_{n+1} 同为正值或同为负值,此不可能.

综上,得 $r = -1$.

例如级数 $\sum_{n=1}^{\infty} (-1)^n \frac{1}{n}$ 为条件收敛,且

$$\lim_{n \to \infty} \frac{a_{n+1}}{a_n} = \lim_{n \to \infty} \frac{(-1)^{n+1}}{n+1} \cdot \frac{n}{(-1)^n} = -1$$

例 7.19(江苏省 1996 年竞赛题) 讨论级数 $1 - \frac{1}{2^p} + \frac{1}{\sqrt{3}} - \frac{1}{4^p} + \frac{1}{\sqrt{5}} - \frac{1}{6^p} + \cdots$ 的敛散性(p 为常数).

解析 当 $p = \frac{1}{2}$ 时,原式 $= \sum_{n=1}^{\infty} (-1)^{n+1} \frac{1}{\sqrt{n}}$,由于此为交错级数,$\left\{\frac{1}{\sqrt{n}}\right\}$ 单调递减且收敛于 0,由莱布尼兹判别法得 $p = \frac{1}{2}$ 时原级数收敛.

当 $p \leqslant 0$ 时,原级数的通项 a_n 不趋于 $0 (n \to \infty)$,所以原级数发散.

当 $p > \frac{1}{2}$ 时,考虑加括号(两项一括)的级数

$$\sum_{n=1}^{\infty} \left(\frac{1}{\sqrt{2n-1}} - \frac{1}{(2n)^p} \right) \tag{1}$$

由于 $n \to \infty$ 时 $\frac{1}{\sqrt{2n-1}} - \frac{1}{(2n)^p}$ (在 $p > \frac{1}{2}$ 时)与 $\frac{1}{\sqrt{2n-1}}$ 同阶,而 $\frac{1}{\sqrt{2n-1}}$ 与 $\frac{1}{\sqrt{n}}$ 同阶,$\sum_{n=1}^{\infty} \frac{1}{\sqrt{n}}$ 发散,所以 $p > \frac{1}{2}$ 时,加括号的级数(1)发散,因而原级数也发散.

当 $0 < p < \frac{1}{2}$ 时,考虑如下加括号的级数

$$1 - \sum_{n=1}^{\infty} \left(\frac{1}{(2n)^p} - \frac{1}{\sqrt{2n+1}} \right) \tag{2}$$

由于 $n \to \infty$ 时,$\frac{1}{(2n)^p} - \frac{1}{\sqrt{2n+1}}$ (在 $p < \frac{1}{2}$ 时)与 $\frac{1}{(2n)^p}$ 同阶,而 $\frac{1}{(2n)^p}$ 与 $\frac{1}{n^p}$ 同阶,$\sum_{n=1}^{\infty} \frac{1}{n^p}$ 发散,所以 $0 < p < \frac{1}{2}$ 时,加括号的级数(2)发散,因而原级数也发散.

综上,原级数仅当 $p = \frac{1}{2}$ 时收敛.

例 7.20(全国大学生 2011 年决赛题) 设函数 $f(x)$ 是区间 $(-\infty, +\infty)$ 上的可微函数,$|f'(x)| < mf(x)$,其中 $0 < m < 1$. 任取实数 a_0,定义 $a_n = \ln f(a_{n-1})$,$n = 1, 2, \cdots$,证明:$\sum_{n=1}^{\infty} (a_n - a_{n-1})$ 绝对收敛.

解析 对函数 $F(x) = \ln f(x)$,在以 a_{n-1}, a_{n-2} 为端点的区间上应用拉格朗日中值定理,得 $F(a_{n-1}) - F(a_{n-2}) = F'(\xi)(a_{n-1} - a_{n-2})$,即

$$\ln f(a_{n-1}) - \ln f(a_{n-2}) = \frac{f'(\xi)}{f(\xi)}(a_{n-1} - a_{n-2})$$

则

$$|a_n - a_{n-1}| \leqslant m |a_{n-1} - a_{n-2}| \leqslant m^2 |a_{n-2} - a_{n-3}| \leqslant \cdots \leqslant m^{n-1} |a_1 - a_0|$$

由于 $0 < m < 1$ 时,几何级数 $\sum_{n=1}^{\infty} m^{n-1} |a_1 - a_0|$ 收敛,因此应用比较判别法可得级数 $\sum_{n=1}^{\infty} |a_n - a_{n-1}|$ 收敛,即 $\sum_{n=1}^{\infty} (a_n - a_{n-1})$ 绝对收敛.

例 7.21(精选题) 设 $f(x)$ 在 $(-\infty, +\infty)$ 上有定义,在 $x=0$ 的邻域内 f 有连续的导数,且 $\lim_{x \to 0} \frac{f(x)}{x} = a > 0$,判别级数 $\sum_{n=1}^{\infty} (-1)^{n+1} f\left(\frac{1}{n}\right)$ 的敛散性.

解析 由于 $\lim_{x \to 0} \frac{f(x)}{x} = a > 0$,所以 $x \to 0$ 时,$f(x) \sim ax$,$f\left(\frac{1}{n}\right) \sim \frac{a}{n}$,而级数 $\sum_{n=1}^{\infty} \frac{a}{n}$ 发散,故级数 $\sum_{n=1}^{\infty} (-1)^{n+1} f\left(\frac{1}{n}\right)$ 非绝对收敛.由条件可得 $f(0) = 0$,又

$$f'(0) = \lim_{x \to 0} \frac{f(x) - f(0)}{x} = \lim_{x \to 0} \frac{f(x)}{x} = a$$

且 $a > 0$,因 $f'(x)$ 在 $x = 0$ 连续,所以存在 $x = 0$ 的某邻域 U,其内 $f'(x) > 0$,因而在 U 中 $f(x)$ 单调增加,于是当 n 充分大时,有

$$f\left(\frac{1}{n+1}\right) < f\left(\frac{1}{n}\right)$$

即 $\left\{f\left(\frac{1}{n}\right)\right\}$ 单调递减,且 $\lim_{n \to \infty} f\left(\frac{1}{n}\right) = f(0) = 0$,应用莱布尼兹法则即得原级数条件收敛.

例 7.22(全国大学生 2016 年决赛题) 设 $I_n = \int_0^{\pi/4} \tan^n x \, dx$,其中 n 为正整数.

(1) 若 $n \geqslant 2$,计算 $I_n + I_{n-2}$;

(2) 设 p 为实数,讨论级数 $\sum_{n=1}^{\infty} (-1)^n I_n^p$ 的绝对收敛性与条件收敛性.

解析 (1) 应用定积分的换元积分法,可得

$$I_n + I_{n-2} = \int_0^{\pi/4} (\tan^n x + \tan^{n-2} x) dx = \int_0^{\pi/4} \tan^{n-2} x \, d\tan x$$

$$= \frac{1}{n-1} \tan^{n-1} x \Big|_0^{\pi/4} = \frac{1}{n-1}$$

(2) 当 $0 \leqslant x \leqslant \frac{\pi}{4}$ 时,$0 \leqslant \tan x \leqslant 1$,所以 $\tan^{n+2} x \leqslant \tan^n x \leqslant \tan^{n-2} x$,应用定积分的保号性得

$$I_{n+2} \leqslant I_n \leqslant I_{n-2} \Rightarrow I_{n+2} + I_n \leqslant 2I_n \leqslant I_n + I_{n-2}$$

又由第(1)问可得 $I_{n+2} + I_n = \dfrac{1}{n+1}$,于是

$$\frac{1}{2(n+1)} \leqslant I_n \leqslant \frac{1}{2(n-1)} \Rightarrow \frac{1}{2^p(n+1)^p} \leqslant I_n^p \leqslant \frac{1}{2^p(n-1)^p} \quad (p>0)$$

① 当 $p>1$ 时,因为 $|(-1)^n I_n^p| = I_n^p \leqslant \dfrac{1}{2^p(n-1)^p}$,而级数

$$\sum_{n=1}^{\infty} \frac{1}{2^p(n-1)^p} = \frac{1}{2^p} \sum_{n=1}^{\infty} \frac{1}{(n-1)^p}$$

显然收敛,应用比较判别法得原级数绝对收敛.

② 当 $0<p\leqslant 1$ 时,因为 $|(-1)^n I_n^p| = I_n^p \geqslant \dfrac{1}{2^p(n+1)^p}$,而级数

$$\sum_{n=1}^{\infty} \frac{1}{2^p(n+1)^p} = \frac{1}{2^p} \sum_{n=1}^{\infty} \frac{1}{(n+1)^p}$$

显然发散,应用比较判别法得原级数非绝对收敛. 由于

$$\frac{1}{2^p(n+1)^p} \leqslant I_n^p \leqslant \frac{1}{2^p(n-1)^p}, \quad \lim_{n\to\infty} \frac{1}{2^p(n+1)^p} = 0, \quad \lim_{n\to\infty} \frac{1}{2^p(n-1)^p} = 0$$

应用夹逼准则得 $\lim\limits_{n\to\infty} I_n^p = 0$,又数列 $\{I_n^p\}$ 显然单调递减,据莱布尼茨判别法得原级数为条件收敛.

③ 当 $p \leqslant 0$ 时,因 $|(-1)^n I_n^p| = I_n^p \geqslant 2^{-p}(n-1)^{-p} \geqslant 1$,所以 $\lim\limits_{n\to\infty} (-1)^n I_n^p \neq 0$,因此原级数发散.

综上,$p>1$ 时原级数绝对收敛,$0<p\leqslant 1$ 时条件收敛,$p\leqslant 0$ 时发散.

例 7.23(江苏省 2002 年竞赛题) 设 k 为常数,试判别级数 $\sum\limits_{n=2}^{\infty} (-1)^n \dfrac{1}{n^k(\ln n)^2}$ 的敛散性,何时绝对收敛?何时条件收敛?何时发散?

解析 记 $a_n = \dfrac{1}{n^k(\ln n)^2}$. 当 $k>1$ 时,因为

$$\lim_{n\to\infty} \frac{a_n}{\dfrac{1}{n^k}} = \lim_{n\to\infty} \frac{1}{(\ln n)^2} = 0$$

而级数 $\sum\limits_{n=1}^{\infty} \dfrac{1}{n^k}$ 收敛,所以 $k>1$ 时 $\sum\limits_{n=1}^{\infty} a_n$ 收敛,故原级数在 $k>1$ 时绝对收敛.

当 $k=1$ 时,因为反常积分

$$\int_2^{+\infty} \frac{1}{x(\ln x)^2} dx = -\frac{1}{\ln x}\Big|_2^{+\infty} = \frac{1}{\ln 2}$$

是收敛的,所以 $k=1$ 时级数 $\sum_{n=2}^{\infty} a_n$ 收敛,故原级数在 $k=1$ 时绝对收敛.

当 $k<1$ 时,因为
$$\lim_{n\to\infty}\frac{a_n}{\frac{1}{n}}=\lim_{n\to\infty}\frac{n^{1-k}}{(\ln n)^2}=+\infty$$

而 $\sum_{n=2}^{\infty}\frac{1}{n}$ 发散,所以 $k<1$ 时原级数非绝对收敛.

当 $0\leqslant k<1$ 时,$\{a_n\}$ 单调递减,且
$$\lim_{n\to\infty} a_n=\lim_{n\to\infty}\frac{1}{n^k(\ln n)^2}=0$$

应用莱布尼兹判别法得原级数在 $0\leqslant k<1$ 时条件收敛.

当 $k<0$ 时,因为
$$\lim_{n\to\infty} a_n=\lim_{n\to\infty}\frac{n^{-k}}{(\ln n)^2}=+\infty$$

所以 $k<0$ 时原级数发散.

综上,$k\geqslant 1$ 时原级数绝对收敛,$0\leqslant k<1$ 时条件收敛,$k<0$ 时发散.

例 7.24(江苏省 2016 年竞赛题) 已知级数 $\sum_{n=2}^{\infty}(-1)^n(\sqrt{n^2+1}-\sqrt{n^2-1})n^\lambda \ln n$,其中实数 $\lambda\in[0,1]$,试对 λ 讨论该级数的绝对收敛、条件收敛与发散性.

解析 方法 1 设 $a_n=(\sqrt{n^2+1}-\sqrt{n^2-1})n^\lambda \ln n$,则 $a_n>0$,且 $n\to\infty$ 时
$$a_n=n(\sqrt{n^2+1}-\sqrt{n^2-1})\frac{\ln n}{n^{1-\lambda}}=\frac{2\ln n}{(\sqrt{1+1/n^2}+\sqrt{1-1/n^2})n^{1-\lambda}}\sim\frac{\ln n}{n^{1-\lambda}}=b_n$$

因为 $\lambda\in[0,1]$,即 $1-\lambda\leqslant 1$,所以 $\frac{\ln n}{n^{1-\lambda}}>\frac{1}{n}(n\geqslant 3)$,而 $\sum_{n=2}^{\infty}\frac{1}{n}$ 发散,应用比较判别法得级数 $\sum_{n=2}^{\infty} b_n=\sum_{n=2}^{\infty}\frac{\ln n}{n^{1-\lambda}}$ 发散,再应用比较判别法得原级数非绝对收敛.

(1) 当 $\lambda\in[0,1)$ 时,令 $f(x)=x(\sqrt{x^2+1}-\sqrt{x^2-1})$,当 $x\geqslant 2$ 时,因
$$f'(x)=\sqrt{x^2+1}-\sqrt{x^2-1}+x\left(\frac{x}{\sqrt{x^2+1}}-\frac{x}{\sqrt{x^2-1}}\right)$$
$$=\frac{2}{\sqrt{x^2+1}+\sqrt{x^2-1}}\cdot\left[\frac{\sqrt{x^4-1}-x^2}{\sqrt{x^4-1}}\right]<0$$

所以 $f(x)$ 在 $x\geqslant 2$ 时单调减少,故 $f(n)=n(\sqrt{n^2+1}-\sqrt{n^2-1})$ 单调递减.

令 $g(x)=\frac{\ln x}{x^{1-\lambda}}$,因 $0<1-\lambda\leqslant 1$,则

$$g'(x) = \frac{1-(1-\lambda)\ln x}{x^{2-\lambda}} < 0 \quad (x > e^{\frac{1}{1-\lambda}} \text{ 时})$$

所以 x 充分大时 $g(x) = \dfrac{\ln x}{x^{1-\lambda}}$ 单调减少,故 n 充分大时 $g(n) = \dfrac{\ln n}{n^{1-\lambda}}$ 单调递减. 显然 $f(n) > 0, g(n) > 0$,故 $\{a_n\} = \{f(n) \cdot g(n)\}$ 也单调递减. 又应用洛必达法则有

$$\lim_{x\to+\infty} g(x) = \lim_{x\to+\infty}\frac{\ln x}{x^{1-\lambda}} = \lim_{x\to+\infty}\frac{1/x}{(1-\lambda)x^{-\lambda}} = \lim_{x\to+\infty}\frac{1}{(1-\lambda)x^{1-\lambda}} = 0$$

于是 $\lim\limits_{n\to\infty} g(n) = \lim\limits_{n\to\infty}\dfrac{\ln n}{n^{1-\lambda}} = 0$,所以

$$\lim_{n\to\infty} a_n = \lim_{n\to\infty}\frac{2}{\sqrt{1+1/n^2}+\sqrt{1-1/n^2}} \cdot \lim_{n\to\infty}\frac{\ln n}{n^{1-\lambda}} = 1 \cdot 0 = 0$$

应用莱布尼茨判别法得级数 $\sum\limits_{n=2}^{\infty}(-1)^n a_n$ 在 $\lambda \in [0,1)$ 时为条件收敛.

(2) 当 $\lambda = 1$ 时,因为

$$\lim_{n\to\infty} a_n = \lim_{n\to\infty}\frac{2\ln n}{\sqrt{1+1/n^2}+\sqrt{1-1/n^2}} = +\infty, \quad \lim_{n\to\infty}(-1)^n a_n \neq 0$$

所以原级数在 $\lambda = 1$ 时发散.

综上,$0 \leqslant \lambda < 1$ 时原级数条件收敛,$\lambda = 1$ 时发散.

方法 2 数列 $\{a_n\}$ 单调递减的证明改动如下(其他步骤同方法 1):

令 $f(x) = (\sqrt{x^2+1} - \sqrt{x^2-1}) \cdot x^\lambda \ln x$,则

$$f'(x) = \left(\frac{x}{\sqrt{x^2+1}} - \frac{x}{\sqrt{x^2-1}}\right)x^\lambda \ln x + (\sqrt{x^2+1} - \sqrt{x^2-1})x^{\lambda-1}(\lambda\ln x + 1)$$

$$= \frac{-2x^2\ln x + 2\sqrt{x^4-1}(\lambda\ln x + 1)}{\sqrt{x^4-1}(\sqrt{x^2+1}+\sqrt{x^2-1})x^{1-\lambda}} < \frac{2x^2(1+\lambda\ln x) - 2x^2\ln x}{\sqrt{x^4-1}(\sqrt{x^2+1}+\sqrt{x^2-1})x^{1-\lambda}}$$

$$= \frac{2x^2(1-(1-\lambda)\ln x)}{\sqrt{x^4-1}(\sqrt{x^2+1}+\sqrt{x^2-1})x^{1-\lambda}} < 0 \quad (\text{当 } x > e^{\frac{1}{1-\lambda}} \text{ 时})$$

所以 x 充分大时 $f(x)$ 单调减少,故 n 充分大时 $\{a_n\} = \{f(n)\}$ 单调递减.

7.2.3 求幂级数的收敛域与和函数(例 7.25—7.37)

例 7.25(南京大学 1996 年竞赛题) 求幂级数 $\sum\limits_{n=1}^{\infty}\dfrac{1}{n-(-1)^n}x^n$ 的收敛域.

解析 令 $a_n = \dfrac{1}{n-(-1)^n}$,则收敛域半径

$$R = \lim_{n\to\infty}\left|\frac{a_n}{a_{n+1}}\right| = \lim_{n\to\infty}\frac{n+1-(-1)^{n+1}}{n-(-1)^n} = 1$$

当 $x = 1$ 时原幂级数为 $\sum\limits_{n=1}^{\infty}\dfrac{1}{n-(-1)^n}$,因为 $\dfrac{1}{n-(-1)^n} \sim \dfrac{1}{n}(n\to\infty)$,而

$\sum_{n=1}^{\infty} \frac{1}{n}$ 发散,所以 $\sum_{n=1}^{\infty} \frac{1}{n-(-1)^n}$ 发散,即 $x=1$ 时原级数发散.

当 $x=-1$ 时,原幂级数为

$$\sum_{n=1}^{\infty}(-1)^n \frac{1}{n-(-1)^n} = -\frac{1}{2} + \sum_{n=2}^{\infty}(-1)^n \frac{n+(-1)^n}{n^2-1}$$

$$= -\frac{1}{2} + \sum_{n=2}^{\infty}(-1)^n \frac{n}{n^2-1} + \sum_{n=2}^{\infty} \frac{1}{n^2-1}$$

令 $f(n) = \frac{n}{n^2-1}$,则 $f'(x) = \frac{-1-x^2}{(x^2-1)^2} < 0 \ (x \geqslant 2)$,所以 $f(x)$ 单调减少,因此 $f(n)$ 也单调递减,又 $\lim_{n \to \infty} f(n) = 0$,据莱布尼兹判别法得 $\sum_{n=2}^{\infty}(-1)^n \frac{n}{n^2-1}$ 收敛;又因 $\frac{1}{n^2-1} \sim \frac{1}{n^2}$,而 $\sum_{n=2}^{\infty} \frac{1}{n^2}$ 收敛,所以 $\sum_{n=2}^{\infty} \frac{1}{n^2-1}$ 收敛. 于是 $x=-1$ 时原级数收敛.

综上,幂级数的收敛域为 $[-1,1)$.

例7.26(北京市1996年竞赛题) 求级数 $\sum_{n=1}^{\infty} \frac{(-1)^n 8^n}{n \ln(n^3+n)} x^{3n-2}$ 的收敛域.

解析 令 $t = -8x^3$,则原式 $= \frac{1}{x^2} \sum_{n=1}^{\infty} \frac{1}{n \ln(n^3+n)} t^n$. 记 $a_n = \frac{1}{n \ln(n^3+n)}$,因

$$\lim_{n \to \infty} \left| \frac{a_n}{a_{n+1}} \right| = \lim_{n \to \infty} \frac{(n+1)\ln((n+1)^3 + (n+1))}{n \ln(n^3+n)}$$

$$= \lim_{n \to \infty} \frac{n+1}{n} \cdot \frac{\ln(n^3 + 3n^2 + 4n + 2)}{\ln(n^3+n)} = 1$$

所以幂级数 $\sum_{n=1}^{\infty} \frac{1}{n \ln(n^3+n)} t^n$ 的收敛半径为1. 当 $t=1$ 时,由于

$$\frac{1}{n \ln(n^3+n)} \geqslant \frac{1}{n \ln n^4} = \frac{1}{4n \ln n} \quad (n \geqslant 2), \quad \int_2^{+\infty} \frac{1}{4x \ln x} dx = \frac{1}{4} \ln \ln x \Big|_2^{+\infty} = +\infty$$

由积分判别法与比较判别法,在 $t=1$ 处幂级数 $\sum_{n=1}^{\infty} \frac{1}{n \ln(n^3+n)} t^n$ 发散;当 $t=-1$ 时, $\sum_{n=1}^{\infty} \frac{(-1)^n}{n \ln(n^3+n)}$ 为莱布尼茨型级数,故收敛. 于是幂级数 $\sum_{n=1}^{\infty} \frac{1}{n \ln(n^3+n)} t^n$ 的收敛域为 $[-1,1)$. 又因为 $-1 \leqslant t < 1 \Leftrightarrow -1 \leqslant -8x^3 < 1 \Leftrightarrow -\frac{1}{2} < x \leqslant \frac{1}{2}$,所以原幂级数的收敛域为 $\left(-\frac{1}{2}, \frac{1}{2}\right]$.

例7.27(江苏省2004年竞赛题) 求幂级数 $\sum_{n=1}^{\infty} \frac{1}{n(3^n + (-2)^n)} x^n$ 的收敛域.

解析 令 $a_n = \dfrac{1}{n(3^n + (-2)^n)}$，则

$$\lim_{n\to\infty}\left|\dfrac{a_n}{a_{n+1}}\right| = \lim_{n\to\infty}\dfrac{(n+1)(3^{n+1}+(-2)^{n+1})}{n(3^n+(-2)^n)} = \lim_{n\to\infty}\dfrac{3+(-2)\left(\dfrac{-2}{3}\right)^n}{1+\left(\dfrac{-2}{3}\right)^n} = 3$$

所以幂级数的收敛半径 $R = 3$. 当 $x = 3$ 时，原幂级数化为 $\sum\limits_{n=1}^{\infty}\dfrac{3^n}{n(3^n+(-2)^n)}$，因为 $\dfrac{3^n}{n(3^n+(-2)^n)} > \dfrac{1}{2n}$，而级数 $\sum\limits_{n=1}^{\infty}\dfrac{1}{2n}$ 发散，由比较判别法知 $x = 3$ 时原幂级数发散. 当 $x = -3$ 时，原级数化为

$$\sum_{n=1}^{\infty}(-1)^n\dfrac{3^n}{n(3^n+(-2)^n)} = \sum_{n=1}^{\infty}(-1)^n\dfrac{1}{n} - \sum_{n=1}^{\infty}\dfrac{2^n}{n(3^n+(-2)^n)}$$

因为 $\sum\limits_{n=1}^{\infty}(-1)^n\dfrac{1}{n}$ 为莱布尼兹型级数，收敛；令 $b_n = \dfrac{2^n}{n(3^n+(-2)^n)}$，由于 $b_n > 0$，且

$$\lim_{n\to\infty}\dfrac{b_{n+1}}{b_n} = \lim_{n\to\infty}\dfrac{n\cdot 2^{n+1}(3^n+(-2)^n)}{(n+1)\cdot 2^n(3^{n+1}+(-2)^{n+1})}$$

$$= \lim_{n\to\infty}2\cdot\dfrac{1+\left(\dfrac{-2}{3}\right)^n}{3+(-2)\left(\dfrac{-2}{3}\right)^n} = \dfrac{2}{3} < 1$$

由比值判别法知 $\sum\limits_{n=1}^{\infty}b_n$ 收敛，故 $x = -3$ 时原幂级数收敛. 故所求收敛域为 $[-3, 3)$.

例 7.28（北京市 1994 年竞赛题） 求级数 $\sum\limits_{n=1}^{\infty}\left(1+\dfrac{1}{2}+\dfrac{1}{3}+\cdots+\dfrac{1}{n}\right)x^n$ 的收敛半径及和函数.

解析 令 $a_n = 1+\dfrac{1}{2}+\dfrac{1}{3}+\cdots+\dfrac{1}{n}$，则 $n \geqslant 1$ 时均有 $1 \leqslant a_n \leqslant n$，而 $\lim\limits_{n\to\infty}\sqrt[n]{n} = 1$，由夹逼准则可知 $\lim\limits_{n\to\infty}\dfrac{1}{\sqrt[n]{|a_n|}} = 1$，所以幂级数的收敛半径 $R = 1$.

令

$$u_n(x) = x^n, \quad n = 0, 1, 2, \cdots$$

$$v_0(x) = 0, \quad v_n(x) = \dfrac{1}{n}x^n, \quad n = 1, 2, 3, \cdots$$

易知级数 $\sum\limits_{n=0}^{\infty}u_n(x), \sum\limits_{n=0}^{\infty}v_n(x)$ 在 $(-1, 1)$ 上绝对收敛，应用绝对收敛级数的乘法规则，有

$$\sum_{n=1}^{\infty} a_n x^n = \sum_{n=0}^{\infty} \left(x^n \cdot 0 + x^{n-1} \cdot x + x^{n-2} \cdot \frac{1}{2} x^2 + \cdots + 1 \cdot \frac{1}{n} x^n \right)$$

$$= \sum_{n=0}^{\infty} [u_n(x) v_0(x) + u_{n-1}(x) v_1(x) + \cdots + u_0(x) v_n(x)]$$

$$= \left(\sum_{n=0}^{\infty} u_n(x) \right) \cdot \left(\sum_{n=0}^{\infty} v_n(x) \right)$$

$$= \frac{1}{1-x} (-\ln(1-x)) \quad (|x|<1)$$

故幂级数的和函数为 $S(x) = \dfrac{\ln(1-x)}{x-1}$,其中 $|x|<1$.

例 7.29(江苏省 2006 年竞赛题) (1) 设幂级数 $\sum_{n=1}^{\infty} a_n^2 x^n$ 的收敛域为 $[-1,1]$,求证:幂级数 $\sum_{n=1}^{\infty} \dfrac{a_n}{n} x^n$ 的收敛域也为 $[-1,1]$.

(2) 试问命题(1)的逆命题是否正确?若正确,给出证明;若不正确,举一反例说明.

解析 (1) 因 $\sum_{n=1}^{\infty} a_n^2$ 收敛,$\sum_{n=1}^{\infty} \dfrac{1}{n^2}$ 收敛,而 $\left| \dfrac{a_n}{n} \right| \leqslant \dfrac{1}{2} \left(a_n^2 + \dfrac{1}{n^2} \right)$,由比较判别法得 $\sum_{n=1}^{\infty} \left| \dfrac{a_n}{n} \right|$ 收敛,故 $\sum_{n=1}^{\infty} \dfrac{a_n}{n} x^n$ 在 $x=\pm 1$ 时(绝对)收敛. 下面证明:$\forall x_0, |x_0|>1$,级数 $\sum_{n=1}^{\infty} \dfrac{a_n}{n} x_0^n$ 发散.(反证法)设 $\sum_{n=1}^{\infty} \dfrac{a_n}{n} x_0^n$ 收敛,因此对 $\forall r$,只要 $|r|<|x_0|$,则 $\sum_{n=1}^{\infty} \left| \dfrac{a_n}{n} r^n \right|$ 收敛,取 r_1 使得 $1<|r_1|<|r|<|x_0|$. 因 $\lim_{n \to \infty} a_n^2 = 0$,$\lim_{n \to \infty} n \left| \dfrac{r_1}{r} \right|^n = 0$,所以 n 充分大时,$|a_n|<1$,$n \left| \dfrac{r_1}{r} \right|^n < 1$. 于是

$$|a_n^2 r_1^n| = \left| \dfrac{a_n}{n} r^n \right| |a_n| n \left| \dfrac{r_1}{r} \right|^n \leqslant \left| \dfrac{a_n}{n} r^n \right|$$

故 $\sum_{n=1}^{\infty} a_n^2 r_1^n$ 收敛,此与 $\sum_{n=1}^{\infty} a_n^2 x^n$ 在 $|x|>1$ 时发散矛盾. 所以幂级数 $\sum_{n=1}^{\infty} \dfrac{a_n}{n} x^n$ 的收敛域为 $[-1,1]$.

(2) 命题(1)的逆命题不成立. 反例:设 $a_n = \dfrac{1}{\sqrt{n}}$,则 $\sum_{n=1}^{\infty} \dfrac{a_n}{n} x^n = \sum_{n=1}^{\infty} \dfrac{1}{n^{3/2}} x^n$,其收敛域为 $[-1,1]$,但 $\sum_{n=1}^{\infty} a_n^2 x^n = \sum_{n=1}^{\infty} \dfrac{1}{n} x^n$ 的收敛域为 $[-1,1)$.

例 7.30(江苏省 2006 年竞赛题) 求幂级数 $\sum_{n=1}^{\infty} \dfrac{n}{2^n} (x+1)^{2n}$ 的收敛域与和函数.

解析 令 $t = \dfrac{(x+1)^2}{2}$，则

$$原式 = \sum_{n=1}^{\infty} n t^n \qquad (*)$$

设 $a_n = n$，因 $\lim\limits_{n\to\infty}\left|\dfrac{a_n}{a_{n+1}}\right| = 1$，故收敛半径 $R = 1$. $t = 1$ 时 $(*)$ 式发散，故 $(*)$ 式的收敛域为 $[0, 1)$. 由此可解得原级数的收敛域为 $(-1-\sqrt{2}, -1+\sqrt{2})$，且

$$原式 = t\left(\sum_{n=1}^{\infty} n t^{n-1}\right) = t\left(\sum_{n=1}^{\infty} t^n\right)' = t\left(\dfrac{t}{1-t}\right)'$$

$$= \dfrac{t}{(1-t)^2} = \dfrac{2(x+1)^2}{(1-2x-x^2)^2}$$

例 7.31（北京市 2001 年竞赛题） 求 $\sum\limits_{n=0}^{\infty} \dfrac{(-1)^n n^3}{(n+1)!} x^n$ 的收敛区间与和函数.

解析 令 $a_n = \dfrac{(-1)^n n^3}{(n+1)!}$，则

$$\lim_{n\to\infty}\left|\dfrac{a_n}{a_{n+1}}\right| = \lim_{n\to\infty} \dfrac{n^3}{(n+1)!} \cdot \dfrac{(n+2)!}{(n+1)^3} = +\infty$$

于是，原级数的收敛区间为 $(-\infty, +\infty)$.

因为

$$\dfrac{n^3}{(n+1)!} = \dfrac{n^3 + 1 - 1}{(n+1)!} = \dfrac{(n+1)(n^2 - n + 1)}{(n+1)!} - \dfrac{1}{(n+1)!}$$

$$= \dfrac{n(n-1) + 1}{n!} - \dfrac{1}{(n+1)!} = \dfrac{1}{(n-2)!} + \dfrac{1}{n!} - \dfrac{1}{(n+1)!}$$

所以

$$\sum_{n=0}^{\infty} \dfrac{(-1)^n n^3}{(n+1)!} x^n = \sum_{n=1}^{\infty} \dfrac{n^3}{(n+1)!}(-x)^n$$

$$= -\dfrac{x}{2} + \sum_{n=2}^{\infty} \dfrac{(-x)^n}{(n-2)!} + \sum_{n=2}^{\infty} \dfrac{(-x)^n}{n!} - \sum_{n=2}^{\infty} \dfrac{(-x)^n}{(n+1)!}$$

$$= -\dfrac{x}{2} + (-x)^2 \sum_{n=0}^{\infty} \dfrac{(-x)^n}{n!} + \sum_{n=2}^{\infty} \dfrac{(-x)^n}{n!} + \dfrac{1}{x}\sum_{n=3}^{\infty} \dfrac{(-x)^n}{n!}$$

$$= -\dfrac{x}{2} + x^2 e^{-x} + (e^{-x} - 1 + x) + \dfrac{1}{x}\left(e^{-x} - 1 + x - \dfrac{1}{2}x^2\right)$$

$$= e^{-x}\left(x^2 + 1 + \dfrac{1}{x}\right) - \dfrac{1}{x} \quad (x \neq 0)$$

综上所述，和函数 $S(x) = \begin{cases} e^{-x}\left(x^2 + 1 + \dfrac{1}{x}\right) - \dfrac{1}{x}, & x \neq 0; \\ 0, & x = 0. \end{cases}$

例 7.32(江苏省 1998 年竞赛题) 求幂级数 $\sum_{n=1}^{\infty}\dfrac{n}{n+1}x^n$ 的收敛域与和函数.

解析 因为

$$\sum_{n=1}^{\infty}\frac{n}{n+1}x^n=\sum_{n=1}^{\infty}\left(1-\frac{1}{n+1}\right)x^n=\sum_{n=1}^{\infty}x^n-\sum_{n=1}^{\infty}\frac{1}{n+1}x^n$$

$$=\frac{x}{1-x}-\frac{1}{x}\sum_{n=1}^{\infty}\frac{1}{n+1}x^{n+1}=\frac{x}{1-x}-\frac{1}{x}\left(\sum_{n=1}^{\infty}\frac{x^n}{n}-x\right)$$

$$=\frac{x}{1-x}+\frac{1}{x}\ln(1-x)+1=\frac{1}{1-x}+\frac{1}{x}\ln(1-x)$$

又因为幂级数 $\sum_{n=1}^{\infty}x^n$ 的收敛域为 $(-1,1)$,$\sum_{n=1}^{\infty}\dfrac{1}{n}x^n$ 的收敛域为 $[-1,1)$,取它们的交集为 $(-1,1)$,于是和函数与收敛域为

$$S(x)=\begin{cases}\dfrac{1}{1-x}+\dfrac{1}{x}\ln(1-x), & -1<x<0 \text{ 或 } 0<x<1,\\ 0, & x=0\end{cases}$$

例 7.33(南京大学 1995 年竞赛题) 求 $\sum_{n=0}^{\infty}\dfrac{x^{2^n}}{x^{2^{n+1}}-1}$ $(|x|<1)$ 的和函数.

解析 因为

$$\frac{x^{2^n}}{x^{2^{n+1}}-1}=\frac{x^{2^n}+1-1}{(x^{2^n}+1)(x^{2^n}-1)}=\frac{1}{x^{2^n}-1}-\frac{1}{x^{2^{n+1}}-1}$$

所以原级数的部分和函数为

$$S_n(x)=\sum_{k=0}^{n}\frac{x^{2^k}}{x^{2^{k+1}}-1}=\sum_{k=0}^{n}\left(\frac{1}{x^{2^k}-1}-\frac{1}{x^{2^{k+1}}-1}\right)=\frac{1}{x-1}-\frac{1}{x^{2^{n+1}}-1}$$

由于 $|x|<1$,所以 $\lim\limits_{n\to\infty}x^{2^{n+1}}=0$,于是

$$\lim_{n\to\infty}S_n(x)=\lim_{n\to\infty}\left(\frac{1}{x-1}-\frac{1}{x^{2^{n+1}}-1}\right)=\frac{1}{x-1}+1=\frac{x}{x-1},\quad |x|<1$$

所以

$$\sum_{n=0}^{\infty}\frac{x^{2^n}}{x^{2^{n+1}}-1}=\frac{x}{x-1},\quad |x|<1$$

例 7.34(北京市 1990 年竞赛题) 对 p 讨论幂级数 $\sum_{n=2}^{\infty}\dfrac{x^n}{n^p\ln n}$ 的收敛区间.

解析 令 $a_n=\dfrac{1}{n^p\ln n}$,则

$$\lim_{n\to\infty}\left|\frac{a_n}{a_{n+1}}\right|=\lim_{n\to\infty}\frac{(n+1)^p\ln(n+1)}{n^p\ln n}=\lim_{n\to\infty}\left(1+\frac{1}{n}\right)^p\frac{\ln(n+1)}{\ln n}=1$$

所以幂级数的收敛半径 $R=1$.

当 $p<0$ 时,a_n 不趋于 $0(n\to\infty)$,所以幂级数在 $x=\pm1$ 处发散. 因此 $p<0$ 时,收敛区间为 $(-1,1)$.

当 $0\leqslant p<1$ 时,若 $x=1$,原幂级数为 $\sum_{n=2}^{\infty}\frac{1}{n^p\ln n}$,因为 $\lim_{n\to\infty}\dfrac{\frac{1}{n^p\ln n}}{\frac{1}{n}}=\lim_{n\to\infty}\frac{n^{1-p}}{\ln n}=+\infty$,而 $\sum_{n=2}^{\infty}\frac{1}{n}$ 发散,所以 $\sum_{n=2}^{\infty}\frac{1}{n^p\ln n}$ 发散;若 $x=-1$,$\sum_{n=2}^{\infty}(-1)^n\frac{1}{n^p\ln n}$ 是莱布尼兹型级数,故收敛. 因此 $0\leqslant p<1$ 时,收敛区间为 $[-1,1)$.

当 $p=1$ 时,若 $x=1$,原级数化为 $\sum_{n=2}^{\infty}\frac{1}{n\ln n}$,由积分判别法知发散;若 $x=-1$,$\sum_{n=2}^{\infty}(-1)^n\frac{1}{n\ln n}$ 为莱布尼兹型级数,故收敛. 因此 $p=1$ 时,收敛区间为 $[-1,1)$.

当 $p>1$ 时,若 $x=1$,$\frac{1}{n^p\ln n}<\frac{1}{n^p}(n\geqslant 3)$,而 $\sum_{n=2}^{\infty}\frac{1}{n^p}$ 收敛,由比较判别法可知 $\sum_{n=2}^{\infty}\frac{1}{n^p\ln n}$ 收敛;若 $x=-1$,则 $\sum_{n=2}^{\infty}\frac{(-1)^n}{n^p\ln n}$ 绝对收敛. 因此 $p>1$ 时,收敛区间为 $[-1,1]$.

综上可知,$p<0$ 时,原幂级数的收敛区间为 $(-1,1)$;$0\leqslant p\leqslant 1$ 时,收敛区间为 $[-1,1)$;$p>1$ 时,收敛区间为 $[-1,1]$.

例 7.35(北京市 2004 年竞赛题) 设

$$a_0=1,\quad a_1=-2,\quad a_2=\frac{7}{2},\quad a_{n+1}=-\left(1+\frac{1}{n+1}\right)a_n\quad(n\geqslant 2)$$

证明当 $|x|<1$ 时幂级数 $\sum_{n=0}^{\infty}a_n x^n$ 收敛,并求其和函数 $S(x)$.

解析 因为 $a_{n+1}=-\left(1+\frac{1}{n+1}\right)a_n$,所以 $\frac{a_n}{a_{n+1}}=-\frac{n+1}{n+2}$,且

$$\lim_{n\to\infty}\left|\frac{a_n}{a_{n+1}}\right|=\lim_{n\to\infty}\left|-\frac{n+1}{n+2}\right|=1$$

所以幂级数的收敛半径 $R=1$,故当 $|x|<1$ 时,幂级数 $\sum_{n=0}^{\infty}a_n x^n$ 收敛.

由 $a_{n+1}=-\left(1+\frac{1}{n+1}\right)a_n(n\geqslant 2)$,即 $a_n=-\left(1+\frac{1}{n}\right)a_{n-1}(n\geqslant 3)$,于是

$$a_n=-\frac{n+1}{n}\cdot\left(-\frac{n}{n-1}\right)a_{n-2}=(-1)^2\frac{n+1}{n-1}a_{n-2}=\cdots$$
$$=(-1)^{n-2}\frac{n+1}{3}\cdot a_2=(-1)^n\frac{7}{6}(n+1)\quad(n\geqslant 3)$$

则
$$S(x) = a_0 + a_1 x + a_2 x^2 + \sum_{n=3}^{\infty} a_n x^n$$
$$= 1 - 2x + \frac{7}{2} x^2 + \sum_{n=3}^{\infty} (-1)^n \frac{7}{6}(n+1) x^n$$

考虑 $\sum_{n=3}^{\infty} (-1)^n (n+1) x^n = f(x)$, 逐项积分得

$$\int_0^x [-f(x)] \mathrm{d}x = \sum_{n=3}^{\infty} (-x)^{n+1} = \frac{x^4}{1+x}$$

两边求导数得 $f(x) = -\left(\frac{x^4}{1+x}\right)' = -\frac{4x^3 + 3x^4}{(1+x)^2}$, 所以

$$S(x) = \frac{1}{(1+x)^2}\left(1 + \frac{x^2}{2} + \frac{x^3}{3}\right), \quad |x| < 1$$

例 7.36(浙江省 2002 年竞赛题) 设 $a_1 = 1, a_2 = 1, a_{n+2} = 2a_{n+1} + 3a_n, n \geq 1$, 求 $\sum_{n=1}^{\infty} a_n x^n$ 的收敛半径、收敛域及和函数.

解析 由于 $a_{n+2} + a_{n+1} = 3(a_{n+1} + a_n)$, 令 $b_n = a_{n+1} + a_n$, 则
$$b_{n+1} = 3b_n = 3^2 b_{n-1} = \cdots = 3^n b_1 = 3^n \cdot 2$$

考察
$$b_1 - b_2 + b_3 - b_4 + \cdots + (-1)^{n+1} b_n$$
$$= (a_2 + a_1) - (a_3 + a_2) + (a_4 + a_3) - \cdots + (-1)^{n+1}(a_{n+1} + a_n)$$
$$= a_1 + (-1)^{n+1} a_{n+1} = 1 + (-1)^{n+1} a_{n+1}$$
$$= 2 \cdot (3^0 - 3 + 3^2 - 3^3 + \cdots + (-1)^{n+1} 3^{n-1})$$
$$= 2 \cdot (1 - 3 + 3^2 - 3^3 + \cdots + (-3)^{n-1})$$
$$= 2 \cdot \frac{1 - (-3)^n}{1 - (-3)} = \frac{1}{2}(1 - (-3)^n)$$

由此可得 $a_{n+1} = (-1)^n \cdot \frac{1}{2} + 3^n \cdot \frac{1}{2} \Rightarrow a_n = (-1)^{n-1} \cdot \frac{1}{2} + 3^{n-1} \cdot \frac{1}{2}$, 于是

$$\sum_{n=1}^{\infty} a_n x^n = \sum_{n=1}^{\infty} \frac{1}{2}(-1)^{n-1} x^n + \sum_{n=1}^{\infty} \frac{1}{2} 3^{n-1} x^n$$
$$= -\frac{1}{2} \sum_{n=1}^{\infty} (-x)^n + \frac{1}{6} \sum_{n=1}^{\infty} (3x)^n$$
$$= -\frac{1}{2} \cdot \frac{-x}{1-(-x)} + \frac{1}{6} \cdot \frac{3x}{1-3x} = \frac{x(1-x)}{(1+x)(1-3x)}$$

其中$|x|<1$且$|3x|<1$,故所求级数收敛半径为$R=\frac{1}{3}$,收敛域为$\left(-\frac{1}{3},\frac{1}{3}\right)$,和函数为$\frac{x(1-x)}{(1+x)(1-3x)}$.

例7.37(北京市1995年竞赛题) 已知$a_1=1,a_2=1,a_{n+1}=a_n+a_{n-1}(n=2,3,\cdots)$,试求级数$\sum_{n=1}^{\infty}a_nx^n$的收敛半径与和函数.

解析 令$b_n=\frac{a_n}{a_{n+1}}$,则$b_1=1,b_2=\frac{1}{2},b_{n+1}=\frac{1}{1+b_n}$.假设$\{b_n\}$收敛,令$b_n\to A(n\to\infty)$,则$A=\frac{1}{1+A}\Rightarrow A^2+A-1=0\Rightarrow A=\frac{-1\pm\sqrt{5}}{2}$,由于$b_n>0$,故

$$A=\frac{-1+\sqrt{5}}{2}$$

下面来证明$\lim_{n\to\infty}b_n=A$. 由于$1-A=A^2,0<A<1$,故有

$$|b_{n+1}-A|=\left|\frac{1}{1+b_n}-A\right|=\frac{|1-A-Ab_n|}{1+b_n}\leqslant A|b_n-A|$$

$$\leqslant A^2|b_{n-1}-A|\leqslant\cdots\leqslant A^n|b_1-A|=A^n\left(\frac{3-\sqrt{5}}{2}\right)$$

且$\lim_{n\to\infty}A^n=0$,所以$\lim_{n\to\infty}b_n=A$.级数$\sum_{n=1}^{\infty}a_nx^n$的收敛半径

$$R=\lim_{n\to\infty}\left|\frac{a_n}{a_{n+1}}\right|=\lim_{n\to\infty}|b_n|=\frac{-1+\sqrt{5}}{2}$$

令原级数的和函数为$S(x)$,由$a_{n+1}=a_n+a_{n-1}$可知$a_{n+2}=a_{n+1}+a_n$,则$a_n=a_{n+2}-a_{n+1}$,于是

$$a_nx^n=a_{n+2}x^n-a_{n+1}x^n$$

$$\sum_{n=1}^{\infty}a_nx^n=\sum_{n=1}^{\infty}a_{n+2}x^n-\sum_{n=1}^{\infty}a_{n+1}x^n$$

$$S(x)=\frac{S(x)-a_1x-a_2x^2}{x^2}-\frac{S(x)-a_1x}{x}$$

可得

$$S(x)=\frac{x}{1-x-x^2}\quad\left(|x|<\frac{-1+\sqrt{5}}{2}\right)$$

综上所述,收敛半径$R=\frac{-1+\sqrt{5}}{2}$,和函数为

$$S(x)=\frac{x}{1-x-x^2}\quad\left(|x|<\frac{-1+\sqrt{5}}{2}\right)$$

7.2.4 求数项级数的和(例 7.38—7.43)

例 7.38(精选题) 设 a_n 是曲线 $y=x^n$ 与 $y=x^{n+1}(n=1,2,\cdots)$ 所围区域的面积,记 $S_1=\sum\limits_{n=1}^{\infty}a_n$, $S_2=\sum\limits_{n=1}^{\infty}a_{2n-1}$,求 S_1 与 S_2 的值.

解析 根据题意有

$$a_n=\int_0^1(x^n-x^{n+1})\mathrm{d}x=\left(\frac{1}{n+1}x^{n+1}-\frac{1}{n+2}x^{n+2}\right)\bigg|_0^1$$

$$=\frac{1}{n+1}-\frac{1}{n+2}=\frac{1}{(n+1)(n+2)}$$

$$a_{2n-1}=\frac{1}{2n\cdot(2n+1)}$$

由于 $a_n=\dfrac{1}{(n+1)(n+2)}\sim\dfrac{1}{n^2}$,而 $\sum\limits_{n=1}^{\infty}\dfrac{1}{n^2}$ 收敛,所以级数 S_1 收敛;由于 $a_{2n-1}=\dfrac{1}{2n\cdot(2n+1)}\sim\dfrac{1}{4n^2}$,而 $\sum\limits_{n=1}^{\infty}\dfrac{1}{4n^2}$ 收敛,所以级数 S_2 收敛. 有

$$S_1=\sum_{n=1}^{\infty}a_n=\lim_{n\to\infty}\sum_{k=1}^n a_k=\lim_{n\to\infty}\sum_{k=1}^n\frac{1}{(k+1)(k+2)}$$

$$=\lim_{n\to\infty}\left(\frac{1}{2}-\frac{1}{3}+\frac{1}{3}-\frac{1}{4}+\cdots+\frac{1}{n+1}-\frac{1}{n+2}\right)$$

$$=\lim_{n\to\infty}\left(\frac{1}{2}-\frac{1}{n+2}\right)=\frac{1}{2}$$

$$S_2=\sum_{n=1}^{\infty}a_{2n-1}=\sum_{n=1}^{\infty}\frac{1}{2n(2n+1)}=\sum_{n=1}^{\infty}\left(\frac{1}{2n}-\frac{1}{2n+1}\right)$$

由于级数 $\sum\limits_{n=2}^{\infty}(-1)^n\dfrac{1}{n}$ 显然是收敛的,所以加括号的级数 $\sum\limits_{n=1}^{\infty}\left(\dfrac{1}{2n}-\dfrac{1}{2n+1}\right)$ 也收敛,且 $\sum\limits_{n=1}^{\infty}\left(\dfrac{1}{2n}-\dfrac{1}{2n+1}\right)=\sum\limits_{n=2}^{\infty}(-1)^n\dfrac{1}{n}$.

由于 $\sum\limits_{n=1}^{\infty}(-1)^n\dfrac{x^n}{n}=\sum\limits_{n=1}^{\infty}\dfrac{1}{n}(-x)^n=-\ln(1+x)$,收敛域为 $(-1,1]$,所以 $\sum\limits_{n=1}^{\infty}(-1)^n\dfrac{1}{n}=-\ln(1+1)=-\ln 2$,于是

$$\sum_{n=2}^{\infty}(-1)^n\frac{1}{n}=1-\ln 2$$

$$S_2=\sum_{n=1}^{\infty}\left(\frac{1}{2n}-\frac{1}{2n+1}\right)=\sum_{n=2}^{\infty}(-1)^n\frac{1}{n}=1-\ln 2$$

例 7.39(北京化工大学 1991 年竞赛题) 计算

$$\lim_{n\to\infty}\sum_{k=1}^n\frac{k+2}{k!+(k+1)!+(k+2)!}$$

解析 由于
$$k!+(k+1)!+(k+2)!=k![1+(k+1)+(k+1)(k+2)]=k!(k+2)^2$$
所以 $\dfrac{k+2}{k!+(k+1)!+(k+2)!}=\dfrac{1}{k!(k+2)}$.考虑幂级数
$$f(x)=\sum_{k=0}^{\infty}\dfrac{1}{k!(k+2)}x^{k+2}$$
则 $f'(x)=\sum_{k=0}^{\infty}\dfrac{1}{k!}x^{k+1}=x\sum_{k=0}^{\infty}\dfrac{1}{k!}x^{k}=xe^{x}$,于是
$$f(x)=f(0)+\int_0^x xe^x dx=e^x(x-1)+1, \quad |x|<+\infty$$
令 $x=1$,得
$$\lim_{n\to\infty}\sum_{k=1}^{n}\dfrac{k+2}{k!+(k+1)!+(k+2)!}=\sum_{k=0}^{\infty}\dfrac{1}{k!(k+2)}-\dfrac{1}{2}$$
$$=f(1)-\dfrac{1}{2}=\dfrac{1}{2}$$

例 7.40(江苏省 2002 年竞赛题) 求 $\lim\limits_{n\to\infty}\left(\dfrac{1^2}{2^1}+\dfrac{2^2}{2^2}+\dfrac{3^2}{2^3}+\cdots+\dfrac{n^2}{2^n}\right)$ 的和.

解析 首先考虑幂级数为
$$f(x)=\sum_{n=1}^{\infty}n^2 x^{n-1} \quad (|x|<1)$$
逐项积分得
$$\int_0^x f(x)dx=\sum_{n=1}^{\infty}nx^n \quad (|x|<1)$$
令 $g(x)=\sum_{n=1}^{\infty}nx^{n-1}(|x|<1)$,逐项积分得
$$\int_0^x g(x)dx=\sum_{n=1}^{\infty}x^n=\dfrac{x}{1-x} \quad (|x|<1)$$
两边求导得
$$g(x)=\left(\dfrac{x}{1-x}\right)'=\dfrac{1}{(1-x)^2} \quad (|x|<1)$$
于是
$$\int_0^x f(x)dx=xg(x)=\dfrac{x}{(1-x)^2} \quad (|x|<1)$$

两边求导得
$$f(x) = \left[\frac{x}{(1-x)^2}\right]' = \frac{1+x}{(1-x)^3} \quad (|x|<1)$$
所以
$$原式 = \frac{1}{2}f\left(\frac{1}{2}\right) = \frac{1}{2}\frac{1+\frac{1}{2}}{\left(1-\frac{1}{2}\right)^3} = 6$$

例 7.41(精选题) 求级数 $\sum_{n=1}^{\infty}\frac{(-1)^{n-1}}{n(2n-1)3^n}$ 的和.

解析 令
$$f(x) = \sum_{n=1}^{\infty}\frac{(-1)^{n-1}}{2n(2n-1)}x^{2n}, \quad |x|\leqslant 1$$
两次逐项求导得
$$f'(x) = \sum_{n=1}^{\infty}\frac{(-1)^{n-1}}{2n-1}x^{2n-1}, \quad |x|<1$$
$$f''(x) = \sum_{n=1}^{\infty}(-1)^{n-1}x^{2n-2} = \sum_{n=1}^{\infty}(-x^2)^{n-1} = \frac{1}{1+x^2}, \quad |x|<1 \quad (1)$$
(1) 式两边积分得
$$f'(x) = f'(0) + \int_0^x \frac{1}{1+x^2}\mathrm{d}x = \arctan x, \quad |x|<1 \quad (2)$$
(2) 式两边积分得
$$f(x) = f(0) + \int_0^x \arctan x\,\mathrm{d}x = x\arctan x\Big|_0^x - \int_0^x \frac{x}{1+x^2}\mathrm{d}x$$
$$= x\arctan x - \frac{1}{2}\ln(1+x^2), \quad |x|<1$$
于是
$$原式 = 2f\left(\frac{1}{\sqrt{3}}\right) = \frac{2}{\sqrt{3}}\arctan\frac{1}{\sqrt{3}} - \ln\frac{4}{3} = \frac{\pi}{9}\sqrt{3} - 2\ln 2 + \ln 3$$

例 7.42(江苏省 2012 年竞赛题) 求级数 $\sum_{n=1}^{\infty}\frac{n^2(n+1)+(-1)^n}{2^n n}$ 的和.

解析 原式 $= \sum_{n=1}^{\infty}\frac{n(n+1)}{2^n} + \sum_{n=1}^{\infty}\frac{1}{n}\left(-\frac{1}{2}\right)^n$,现令
$$f(x) = \sum_{n=1}^{\infty} n(n+1)x^{n-1}$$
于是

$$\int_0^x f(x)\mathrm{d}x = \sum_{n=1}^{\infty}(n+1)x^n$$

$$\int_0^x\left(\int_0^x f(x)\mathrm{d}x\right)\mathrm{d}x = \sum_{n=1}^{\infty}x^{n+1} = \frac{x^2}{1-x}, \quad |x|<1$$

因此

$$f(x) = \left(\frac{x^2}{1-x}\right)'' = \left(\frac{2x-x^2}{(1-x)^2}\right)' = \frac{2}{(1-x)^3}, \quad |x|<1$$

$$f\left(\frac{1}{2}\right) = \sum_{n=1}^{\infty}\frac{n(n+1)}{2^{n-1}} = 16, \quad \sum_{n=1}^{\infty}\frac{n(n+1)}{2^n} = 8$$

又

$$\sum_{n=1}^{\infty}\frac{1}{n}\left(-\frac{1}{2}\right)^n = -\ln\left(1+\frac{1}{2}\right) = -\ln\frac{3}{2}$$

故原式 $= 8 - \ln\frac{3}{2}$.

例 7.43（莫斯科钢铁与合金学院 1977 年竞赛题） 证明：当 $p \geqslant 1$ 时，有

$$\sum_{n=1}^{\infty}\frac{1}{(n+1)\sqrt[p]{n}} \leqslant p$$

解析 令 $x_n = \dfrac{1}{(n+1)\sqrt[p]{n}}$，于是

$$x_n = n^{1-\frac{1}{p}}\frac{1}{n(n+1)} = n^{1-\frac{1}{p}}\left(\frac{1}{n} - \frac{1}{n+1}\right)$$

$$= n^{1-\frac{1}{p}}\left(\left(\frac{1}{\sqrt[p]{n}}\right)^p - \left(\frac{1}{\sqrt[p]{n+1}}\right)^p\right)$$

由拉格朗日中值定理，存在 $\theta \in (0,1)$，使得

$$\left(\frac{1}{\sqrt[p]{n}}\right)^p - \left(\frac{1}{\sqrt[p]{n+1}}\right)^p = p\left(\frac{1}{\sqrt[p]{n+\theta}}\right)^{p-1}\left(\frac{1}{\sqrt[p]{n}} - \frac{1}{\sqrt[p]{n+1}}\right)$$

于是

$$x_n = \left(\frac{n}{n+\theta}\right)^{1-\frac{1}{p}} p\left(\frac{1}{\sqrt[p]{n}} - \frac{1}{\sqrt[p]{n+1}}\right) \leqslant p\left(\frac{1}{\sqrt[p]{n}} - \frac{1}{\sqrt[p]{n+1}}\right)$$

又 $\displaystyle\sum_{n=1}^{\infty}\left(\frac{1}{\sqrt[p]{n}} - \frac{1}{\sqrt[p]{n+1}}\right) = \lim_{n\to\infty}\left(1 - \frac{1}{\sqrt[p]{2n}}\right) = 1$，因此

$$\sum_{n=1}^{\infty}\frac{1}{(n+1)\sqrt[p]{n}} \leqslant p\sum_{n=1}^{\infty}\left(\frac{1}{\sqrt[p]{n}} - \frac{1}{\sqrt[p]{n+1}}\right) = p$$

7.2.5 求初等函数关于 x 的幂级数展开式(例 7.44—7.48)

例 7.44(江苏省 2018 年竞赛题) 设函数 $f(x) = \dfrac{7+2x}{2-x-x^2}$ 在区间 $(-1,1)$ 上关于 x 的幂级数展式为 $f(x) = \sum\limits_{n=0}^{\infty} a_n x^n$.

(1) 试求 $a_n (n = 0,1,2,\cdots)$；

(2) 证明级数 $\sum\limits_{n=0}^{\infty} \dfrac{a_{n+1} - a_n}{(a_n - 2) \cdot (a_{n+1} - 2)}$ 收敛，并求该级数的和.

解析 先将 $f(x)$ 分解为部分分式的和，即令

$$f(x) = \frac{7+2x}{2-x-x^2} = \frac{2x+7}{(1-x)(2+x)} = \frac{A}{1-x} + \frac{B}{2+x}$$

其中 $A = f(x)(1-x)\Big|_{x=1} = 3, B = f(x)(2+x)\Big|_{x=-2} = 1$，故 $f(x) = \dfrac{3}{1-x} + \dfrac{1}{2+x}$.

(1) 应用初等函数的幂级数展开公式得

$$f(x) = 3\sum_{n=0}^{\infty} x^n + \frac{1}{2}\sum_{n=0}^{\infty} \frac{(-1)^n}{2^n} x^n = \sum_{n=0}^{\infty} \left(3 + \frac{(-1)^n}{2^{n+1}}\right) x^n, \quad |x| < 1$$

于是

$$a_n = 3 + \frac{(-1)^n}{2^{n+1}} \quad (n = 0,1,2,\cdots)$$

(2) 因为

$$\sum_{n=0}^{\infty} \frac{a_{n+1} - a_n}{(a_n - 2) \cdot (a_{n+1} - 2)}$$

$$= \sum_{n=0}^{\infty} \frac{(a_{n+1} - 2) - (a_n - 2)}{(a_n - 2) \cdot (a_{n+1} - 2)} = \sum_{n=0}^{\infty} \left(\frac{1}{a_n - 2} - \frac{1}{a_{n+1} - 2}\right)$$

$$= \lim_{n \to \infty} \left\{ \left(\frac{1}{a_0 - 2} - \frac{1}{a_1 - 2}\right) + \left(\frac{1}{a_1 - 2} - \frac{1}{a_2 - 2}\right) + \cdots + \left(\frac{1}{a_n - 2} - \frac{1}{a_{n+1} - 2}\right) \right\}$$

$$= \lim_{n \to \infty} \left(\frac{1}{a_0 - 2} - \frac{1}{a_{n+1} - 2}\right) = \frac{2}{3} - \lim_{n \to \infty} \frac{1}{1 + \dfrac{(-1)^{n+1}}{2^{n+2}}}$$

$$= \frac{2}{3} - 1 = -\frac{1}{3}$$

所以原级数收敛，其和为 $-\dfrac{1}{3}$.

例 7.45(南京大学 1995 年竞赛题) 试将函数 $\dfrac{x^2 - 4x + 14}{(x-3)^2(2x+5)}$ 展为马克劳

林级数,并写出其收敛域.

解析 因为
$$f(x) = \frac{x^2 - 4x + 14}{(x-3)^2(2x+5)} = \frac{1}{(x-3)^2} + \frac{1}{2x+5}$$

下面分别将 $g(x) = \frac{1}{(x-3)^2}$, $h(x) = \frac{1}{2x+5}$ 展为幂级数. 因为
$$\int_0^x g(x)\,dx = \int_0^x \frac{1}{(x-3)^2}\,dx = \frac{-1}{x-3}\Big|_0^x = \frac{x}{3(3-x)}$$
$$= \frac{x}{9} \cdot \frac{1}{1-\frac{x}{3}} = \sum_{n=0}^{\infty} \frac{1}{3^{n+2}} x^{n+1}, \quad |x| < 3$$

两边求导得
$$g(x) = \sum_{n=0}^{\infty} \left(\frac{x^{n+1}}{3^{n+2}}\right)' = \sum_{n=0}^{\infty} \frac{n+1}{3^{n+2}} x^n, \quad |x| < 3$$

又因为
$$h(x) = \frac{1}{2x+5} = \frac{1}{5} \cdot \frac{1}{1+\frac{2}{5}x} = \sum_{n=0}^{\infty} (-1)^n \frac{2^n}{5^{n+1}} x^n, \quad |x| < \frac{5}{2}$$

所以 $f(x)$ 的幂级数展式为
$$f(x) = g(x) + h(x) = \sum_{n=0}^{\infty} \frac{n+1}{3^{n+2}} x^n + \sum_{n=0}^{\infty} (-1)^n \frac{2^n}{5^{n+1}} x^n$$
$$= \sum_{n=0}^{\infty} \left(\frac{n+1}{3^{n+2}} + (-1)^n \frac{2^n}{5^{n+1}}\right) x^n$$

其收敛域为 $|x| < 3$ 与 $|x| < \frac{5}{2}$ 的交集,即 $|x| < \frac{5}{2}$.

例 7.46(江苏省 2008 年竞赛题) 求 $f(x) = \frac{x^2(x-3)}{(x-1)^3(1-3x)}$ 关于 x 的幂级数展开式,指出其收敛域.

解析 因
$$f(x) = \frac{(x^3 - 3x^2 + 3x - 1) + (1 - 3x)}{(x-1)^3(1-3x)} = \frac{1}{1-3x} + \frac{1}{(x-1)^3}$$

又
$$\frac{1}{1-3x} = \sum_{n=0}^{\infty} 3^n x^n, \quad |x| < \frac{1}{3}$$

令 $g(x) = \frac{1}{(x-1)^3}$, 则

$$\int_0^x g(x)\mathrm{d}x = \int_0^x \frac{1}{(x-1)^3}\mathrm{d}x = -\frac{1}{2}\cdot\frac{1}{(x-1)^2}\Big|_0^x = \frac{1}{2} - \frac{1}{2}\cdot\frac{1}{(x-1)^2}$$

令 $h(x) = \dfrac{1}{(x-1)^2}$，则

$$\int_0^x h(x)\mathrm{d}x = \frac{1}{1-x} - 1 = \frac{x}{1-x} = \sum_{n=0}^\infty x^{n+1}, \quad |x|<1$$

$\Rightarrow \qquad h(x) = \sum_{n=0}^\infty (n+1)x^n, \quad |x|<1$

$\Rightarrow \qquad \int_0^x g(x)\mathrm{d}x = \frac{1}{2} - \sum_{n=0}^\infty \frac{1}{2}(n+1)x^n, \quad |x|<1$

$\Rightarrow \qquad g(x) = -\sum_{n=1}^\infty \frac{1}{2}n(n+1)x^{n-1} = -\sum_{n=0}^\infty \frac{1}{2}(n+1)(n+2)x^n, \quad |x|<1$

故

$$f(x) = \sum_{n=0}^\infty \Big[3^n - \frac{1}{2}(n+1)(n+2)\Big]x^n, \quad |x|<\frac{1}{3}$$

例 7.47（江苏省 2017 年竞赛题） 求函数 $f(x) = \dfrac{x}{(1+x^2)^2} + \arctan\dfrac{1+x}{1-x}$ 关于 x 的幂级数展开式.

解析 令 $F(x) = \dfrac{x}{(1+x^2)^2}$，$G(x) = \arctan\dfrac{1+x}{1-x}$，则

$$\int_0^x F(x)\mathrm{d}x = \int_0^x \frac{x}{(1+x^2)^2}\mathrm{d}x = -\frac{1}{2(1+x^2)}\Big|_0^x = \frac{1}{2} - \frac{1}{2(1+x^2)}$$

$$= \frac{1}{2} + \sum_{n=0}^\infty \frac{(-1)^{n+1}}{2}x^{2n} \quad (|x|<1)$$

两边求导数得

$$F(x) = \sum_{n=1}^\infty (-1)^{n+1} n x^{2n-1} = \sum_{n=0}^\infty (-1)^n (n+1) x^{2n+1} \quad (|x|<1)$$

又由于

$$G'(x) = \frac{(1-x)^2}{(1-x)^2+(1+x)^2}\cdot\frac{2}{(1-x)^2} = \frac{1}{1+x^2}$$

$$= \sum_{n=0}^\infty (-1)^n x^{2n} \quad (|x|<1)$$

两边求积分得

$$G(x) = G(0) + \sum_{n=0}^\infty \frac{(-1)^n}{2n+1}x^{2n+1} = \frac{\pi}{4} + \sum_{n=0}^\infty \frac{(-1)^n}{2n+1}x^{2n+1} \quad (|x|<1)$$

综上，函数 $f(x)$ 关于 x 的幂级数展开式为

$$f(x) = \frac{\pi}{4} + \sum_{n=0}^{\infty}(-1)^n\left[(n+1)+\frac{1}{2n+1}\right]x^{2n+1} \quad (|x|<1)$$

例 7.48(精选题) 将幂级数

$$\sum_{n=0}^{\infty}\frac{(-1)^n}{(2n+1)!\,2^{2n}}x^{2n+1}$$

的和函数展为 $x-1$ 的幂级数.

解析 应用函数 $\sin x$ 的马克劳林展式得原级数的和函数为

$$\sum_{n=0}^{\infty}\frac{(-1)^n}{(2n+1)!\,2^{2n}}x^{2n+1} = 2\sum_{n=0}^{\infty}\frac{(-1)^n}{(2n+1)!}\left(\frac{x}{2}\right)^{2n+1} = 2\sin\frac{x}{2}$$

令 $x-1=t$,应用 $\sin x$ 与 $\cos x$ 的马克劳林展式,则

$$2\sin\frac{x}{2} = 2\sin\frac{1+t}{2} = 2\sin\frac{1}{2}\cdot\cos\frac{t}{2} + 2\cos\frac{1}{2}\cdot\sin\frac{t}{2}$$

$$= 2\sin\frac{1}{2}\cdot\sum_{n=0}^{\infty}\frac{(-1)^n}{(2n)!}\left(\frac{t}{2}\right)^{2n} + 2\cos\frac{1}{2}\cdot\sum_{n=0}^{\infty}\frac{(-1)^n}{(2n+1)!}\left(\frac{t}{2}\right)^{2n+1}$$

$$= \sum_{n=0}^{\infty}2(-1)^n\left[\frac{\sin\frac{1}{2}}{2^{2n}(2n)!}(x-1)^{2n} + \frac{\cos\frac{1}{2}}{2^{2n+1}(2n+1)!}(x-1)^{2n+1}\right]$$

其中,$|x|<+\infty$.

7.2.6 求函数的傅氏级数展开式(例 7.49—7.50)

例 7.49(江苏省 1994 年竞赛题) 将函数 $f(x)=\dfrac{x}{4}$ 在 $[0,\pi]$ 上展成正弦级数,并求 $1+\dfrac{1}{5}-\dfrac{1}{7}-\dfrac{1}{11}+\dfrac{1}{13}+\dfrac{1}{17}-\cdots$ 的和.

解析 将 $f(x)$ 作奇延拓,则 $f(x)$ 为奇函数,$f(x)\cos nx$ 为奇函数,$f(x)\sin nx$ 为偶函数.应用奇、偶函数在对称区间上定积分的性质,求得傅氏系数中

$$a_n = 0 \quad (n=0,1,2,\cdots)$$

而

$$b_n = \frac{2}{\pi}\int_0^\pi f(x)\sin nx\,\mathrm{d}x = \frac{1}{2\pi}\int_0^\pi x\sin nx\,\mathrm{d}x = \frac{-1}{2n\pi}\int_0^\pi x\,\mathrm{d}\cos nx$$

$$= \frac{-1}{2n\pi}\left(x\cos nx\Big|_0^\pi - \int_0^\pi \cos nx\,\mathrm{d}x\right) = \frac{1}{2n}(-1)^{n+1}$$

于是 $f(x)$ 的正弦级数为

$$f(x) \sim \frac{1}{2}\sum_{n=1}^{\infty}\frac{(-1)^{n+1}}{n}\sin nx$$

取 $x = \frac{\pi}{2}$ 得 $I = 1 - \frac{1}{3} + \frac{1}{5} - \frac{1}{7} + \frac{1}{9} - \cdots = \frac{\pi}{4}$, 于是

$$原式 = 1 + \frac{1}{5} - \frac{1}{7} - \frac{1}{11} + \frac{1}{13} + \frac{1}{17} - \cdots$$

$$= I + \frac{1}{3} - \frac{1}{9} + \frac{1}{15} - \frac{1}{21} + \cdots = I + \frac{1}{3}\left(1 - \frac{1}{3} + \frac{1}{5} - \frac{1}{7} + \cdots\right)$$

$$= I + \frac{1}{3}I = \frac{4}{3}I = \frac{\pi}{3}$$

例 7.50(全国大学生 2016 年预赛题) 设函数 $f(x)$ 在区间 $(-\infty, +\infty)$ 上可导, 且

$$f(x) = f(x+2) = f(x+\sqrt{3})$$

用 Fourier 级数理论证明 $f(x)$ 为常数.

解析 因为 $f(x)$ 连续(注: 这里可导的条件给强了), 有周期 2, 所以 $f(x)$ 的傅氏级数为

$$f(x) = \frac{a_0}{2} + \sum_{n=1}^{\infty}(a_n\cos n\pi x + b_n\sin n\pi x) \quad (注: 这里是等于)$$

其中

$$a_n = \int_{-1}^{1} f(x)\cos n\pi x\, dx = \int_{-1}^{1} f(x+\sqrt{3})\cos n\pi x\, dx \quad (令\ x+\sqrt{3} = t)$$

$$= \int_{\sqrt{3}-1}^{\sqrt{3}+1} f(t)\cos n\pi(t-\sqrt{3})\, dt$$

$$= \int_{\sqrt{3}-1}^{\sqrt{3}+1} f(t)(\cos n\pi t \cdot \cos\sqrt{3}n\pi + \sin n\pi t \cdot \sin\sqrt{3}n\pi)\, dt$$

$$= (\cos\sqrt{3}n\pi)\int_{\sqrt{3}-1}^{\sqrt{3}+1} f(t)\cos n\pi t\, dt + (\sin\sqrt{3}n\pi)\int_{\sqrt{3}-1}^{\sqrt{3}+1} f(t)\sin n\pi t\, dt$$

$$= (\cos\sqrt{3}n\pi)\int_{-1}^{1} f(t)\cos n\pi t\, dt + (\sin\sqrt{3}n\pi)\int_{-1}^{1} f(t)\sin n\pi t\, dt$$

$$= (\cos\sqrt{3}n\pi)a_n + (\sin\sqrt{3}n\pi)b_n$$

$$b_n = \int_{-1}^{1} f(x)\sin n\pi x\, dx = \int_{-1}^{1} f(x+\sqrt{3})\sin n\pi x\, dx \quad (令\ x+\sqrt{3} = t)$$

$$= \int_{\sqrt{3}-1}^{\sqrt{3}+1} f(t)\sin n\pi(t-\sqrt{3})\, dt$$

$$= \int_{\sqrt{3}-1}^{\sqrt{3}+1} f(t)(\sin n\pi t \cdot \cos\sqrt{3}n\pi - \cos n\pi t \cdot \sin\sqrt{3}n\pi)\, dt$$

$$= (\cos\sqrt{3}n\pi)\int_{\sqrt{3}-1}^{\sqrt{3}+1} f(t)\sin n\pi t\, dt - (\sin\sqrt{3}n\pi)\int_{\sqrt{3}-1}^{\sqrt{3}+1} f(t)\cos n\pi t\, dt$$

$$= (\cos\sqrt{3}n\pi)\int_{-1}^{1} f(t)\sin n\pi t\, dt - (\sin\sqrt{3}n\pi)\int_{-1}^{1} f(t)\cos n\pi t\, dt$$

$$= (\cos\sqrt{3}n\pi)b_n - (\sin\sqrt{3}n\pi)a_n$$

即有方程组 $\begin{cases}(1-\cos\sqrt{3}n\pi)a_n-(\sin\sqrt{3}n\pi)b_n=0,\\(\sin\sqrt{3}n\pi)a_n+(1-\cos\sqrt{3}n\pi)b_n=0,\end{cases}$ 其系数行列式

$$\begin{vmatrix}1-\cos\sqrt{3}n\pi & -\sin\sqrt{3}n\pi\\ \sin\sqrt{3}n\pi & 1-\cos\sqrt{3}n\pi\end{vmatrix}=2(1-\cos\sqrt{3}n\pi)>0\quad(n=1,2,\cdots)$$

所以 $\forall n=1,2,\cdots$,有 $a_n=0, b_n=0$,于是

$$f(x)=\frac{a_0}{2}=\frac{1}{2}\int_{-1}^{1}f(x)\mathrm{d}x=\text{常数}$$

练习题七

1. 设级数 $\sum\limits_{n=1}^{\infty}u_n$ 的通项 u_n 与其部分和 S_n 满足方程

$$2S_n^2=2u_nS_n-u_n\quad(n\geqslant 2)$$

证明级数收敛并求其和.

2. 判别下列级数的敛散性:

(1) $\sum\limits_{n=1}^{\infty}\dfrac{n+2}{2n^3-1}$;

(2) $\sum\limits_{n=2}^{\infty}\sin\dfrac{\pi}{n}$;

(3) $\sum\limits_{n=1}^{\infty}2^n\sin\dfrac{\pi}{3^n}$;

(4) $\sum\limits_{n=1}^{\infty}\left(1-\cos\dfrac{1}{n}\right)$;

(5) $\sum\limits_{n=1}^{\infty}(\sqrt[n]{n}-1)$;

(6) $\sum\limits_{n=2}^{\infty}\left(\dfrac{1}{\sqrt{n-1}}-\dfrac{1}{\sqrt{n}}-\dfrac{1}{n}\right)$;

(7) $\sum\limits_{n=1}^{\infty}\dfrac{1!+2!+\cdots+n!}{(2n)!}$;

(8) $\sum\limits_{n=1}^{\infty}\dfrac{n^2}{\left(2+\dfrac{1}{n}\right)^n}$.

3. 判别级数 $\sqrt{2}+\sqrt{2-\sqrt{2}}+\sqrt{2-\sqrt{2+\sqrt{2}}}+\sqrt{2-\sqrt{2+\sqrt{2+\sqrt{2}}}}+\cdots$ 的敛散性.

4. 判别下列级数是绝对收敛还是条件收敛:

(1) $\sum\limits_{n=1}^{\infty}\dfrac{(-1)^{n+1}}{n-\ln n}$;

(2) $\sum\limits_{n=1}^{\infty}(-1)^{n+1}(\sqrt{n+1}-\sqrt{n})$;

(3) $\sum\limits_{n=2}^{\infty}\dfrac{(-1)^n}{n\ln n}$.

5. 若级数 $\sum\limits_{n=1}^{\infty}b_n(b_n\geqslant 0)$ 收敛,级数 $\sum\limits_{n=1}^{\infty}(a_n-a_{n-1})$ 也收敛,判别级数 $\sum\limits_{n=1}^{\infty}a_nb_n$ 的敛散性.

6. 已知级数 $\sum\limits_{n=2}^{\infty}(-1)^n\dfrac{n^k}{n-1}$ 为条件收敛,求常数 k 的取值范围.

7. 就常数 p 讨论级数 $\sum\limits_{n=2}^{\infty}(-1)^n\dfrac{\ln n}{n^p}$ 何时绝对收敛、何时条件收敛、何时发散.

8. 就常数 p 讨论级数 $\sum\limits_{n=1}^{\infty}\ln\left(1+\dfrac{(-1)^n}{n^p}\right)$ 何时绝对收敛、何时条件收敛、何时发散.

9. 设 $\alpha>1$,求证:级数 $\sum\limits_{n=1}^{\infty}\dfrac{n}{1^{\alpha}+2^{\alpha}+\cdots+n^{\alpha}}$ 收敛.

10. 设 α 为正实数,讨论级数 $1-\dfrac{1}{2^{\alpha}}+\dfrac{1}{3}-\dfrac{1}{4^{\alpha}}+\dfrac{1}{5}-\dfrac{1}{6^{\alpha}}+\cdots$ 的敛散性.

11. 求幂级数 $\sum\limits_{n=1}^{\infty}\dfrac{1}{1+\dfrac{1}{2}+\cdots+\dfrac{1}{n}}x^n$ 的收敛域.

12. 求幂级数 $\sum\limits_{n=1}^{\infty}\dfrac{1}{a^n+b^n}x^n\,(a>0,b>0)$ 的收敛域.

13. 求级数 $\sum\limits_{n=1}^{\infty}(\ln x)^n$ 的收敛域.

14. 求下列幂级数的和函数:

(1) $\sum\limits_{n=1}^{\infty}\dfrac{2n-1}{3^n}x^{2n}$; (2) $\sum\limits_{n=1}^{\infty}n(n+1)x^n$;

(3) $\sum\limits_{n=1}^{\infty}\dfrac{1}{n(n+1)}x^{n+1}$.

15. 求下列级数的和:

(1) $\sum\limits_{n=1}^{\infty}\dfrac{1+n!}{2^n(n-1)!}$; (2) $\sum\limits_{n=1}^{\infty}\dfrac{n}{(n+1)!}$.

16. 试求 $\dfrac{1+\dfrac{\pi^4}{5!}+\dfrac{\pi^8}{9!}+\dfrac{\pi^{12}}{13!}+\cdots}{\dfrac{1}{3!}+\dfrac{\pi^4}{7!}+\dfrac{\pi^8}{11!}+\dfrac{\pi^{12}}{15!}+\cdots}$.

17. 求下列函数关于 x 的幂级数展开式,并指出收敛域:

(1) $\ln\dfrac{1+x}{2-x}$; (2) $x\arctan x-\ln\sqrt{1+x^2}$.

专题 8 微分方程

8.1 基本概念与内容提要

8.1.1 微分方程的基本概念

1) 微分方程的阶、微分方程的初值问题、微分方程的通解与特解
2) 线性与非线性微分方程
一阶线性方程的标准形式是
$$y' + P(x)y = Q(x)$$
二阶线性方程的标准形式是
$$y'' + P(x)y' + G(x)y = f(x)$$

线性方程的特征是关于未知函数以及它的各阶导数是一次方程,其系数与非齐次项(即上述方程的右端项)是自变量的已知函数. 上述两个方程是关于 y 的一阶与二阶线性方程. 当两个方程右端的非齐次项 $Q(x)$ 与 $f(x)$ 恒等于零时,称为线性齐次方程,否则称为线性非齐次方程.

8.1.2 一阶微分方程

1) 变量可分离的方程总可化为
$$P(x)\mathrm{d}x + Q(y)\mathrm{d}y = 0$$
的形式,两边积分即得隐函数形式的通解
$$\int P(x)\mathrm{d}x + \int Q(y)\mathrm{d}y = C$$
这里左端的两个不定积分只求一个原函数.

2) 齐次方程:齐次方程总可化为
$$\frac{\mathrm{d}y}{\mathrm{d}x} = f\left(\frac{y}{x}\right)$$
的形式. 作未知函数的变换 $y = xu$,这里 u 为新的未知函数,则原方程化为变量可分离的方程
$$\frac{\mathrm{d}u}{f(u) - u} = \frac{\mathrm{d}x}{x}$$

设该方程的通解为 $u = \varphi(x,c)$，则原方程的通解为 $y = x\varphi(x,c)$.

3) 一阶线性方程：一阶线性方程
$$y' + P(x)y = Q(x)$$
的通解可用公式
$$y = e^{-\int P(x)dx}\left(c + \int Q(x)e^{\int P(x)dx}dx\right)$$
直接写出. 这里的三个积分皆取一个原函数. 这个通解公式中，$ce^{-\int P(x)dx}$ 是原微分方程所对应的齐次方程 $y' + P(x)y = 0$ 的通解，而另一项
$$e^{-\int P(x)dx}\int Q(x)e^{\int P(x)dx}dx$$
是原方程的一个特解.

4) 伯努利方程：方程的形式为
$$y' + P(x)y = Q(x)y^\lambda$$
这里 $\lambda \neq 0,1$. 作未知函数的变换，令 $y^{1-\lambda} = u$，且原方程可化为一阶线性非齐次方程
$$\frac{du}{dx} + (1-\lambda)P(x)u = (1-\lambda)Q(x)$$

8.1.3　二阶微分方程

1) 用降阶法解特殊的二阶微分方程

(1) $y'' = f(x)$：积分两次即得通解
$$y = \int\left(\int f(x)dx\right)dx + c_1 x + c_2$$

(2) $y'' = f(x,y')$：令 $y' = u$，则原方程化为一阶方程 $u' = f(x,u)$.

(3) $y'' = f(y,y')$：令 $y' = u$，$y'' = u\dfrac{du}{dy}$，则原方程化为一阶方程
$$u\frac{du}{dy} = f(y,u)$$

2) 二阶线性微分方程通解的结构

二阶线性微分方程的标准形式为
$$y'' + p(x)y' + q(x)y = f(x) \tag{1}$$
$$y'' + p(x)y' + q(x)y = 0 \tag{2}$$

称方程(2)为方程(1)所对应的齐次方程，称方程(2)的通解为方程(1)的余函数.

定理 1　设 $y_1(x)$ 与 $y_2(x)$ 是方程(2)的两个线性无关解，则方程(2)的通解为
$$y = c_1 y_1(x) + c_2 y_2(x)$$

这里 c_1 与 c_2 为两个任意常数.

定理 2 设 $y_1(x)$ 与 $y_2(x)$ 是方程(2)的两个线线无关解,$\tilde{y}(x)$ 是方程(1)的任一特解,则方程(1)的通解为

$$y = c_1 y_1(x) + c_2 y_2(x) + \tilde{y}(x)$$

定理 3 设方程(1)中 $f(x) = f_1(x) + f_2(x)$. 若方程

$$y'' + p(x)y' + q(x)y = f_1(x)$$

$$y'' + p(x)y' + q(x)y = f_2(x)$$

分别有特解 $\tilde{y}_1(x)$ 与 $\tilde{y}_2(x)$,则方程(1)有特解 $\tilde{y}_1(x) + \tilde{y}_2(x)$.

定理 4 方程(1)的任意两个特解的差是方程(2)的一个特解;方程(1)的任意两个特解的平均值仍是方程(1)的一个特解.

3) 二阶常系数线性齐次方程的通解公式:二阶常系数线性齐次方程

$$y'' + py' + qy = 0 \tag{3}$$

的特征方程为

$$\lambda^2 + p\lambda + q = 0 \tag{4}$$

当 $p^2 - 4q > 0$ 时,方程(4)有两个相异实根 $\lambda_1, \lambda_2 (\lambda_1 \neq \lambda_2)$,此时方程(3)的通解为

$$y = c_1 e^{\lambda_1 x} + c_2 e^{\lambda_2 x}$$

当 $p^2 - 4q = 0$ 时,方程(4)有两个相等的实根 $\lambda_1, \lambda_2 (\lambda_1 = \lambda_2)$,此时方程(3)的通解为

$$y = e^{\lambda_1 x}(c_1 x + c_2)$$

当 $p^2 - 4q < 0$ 时,方程(4)有两个共轭复根 $\lambda_1 = \alpha + \beta i, \lambda_2 = \alpha - \beta i$,其中 $\alpha = -\dfrac{p}{2}, \beta = \dfrac{1}{2}\sqrt{4q - p^2}$,此时方程(3)的通解为

$$y = e^{\alpha x}(c_1 \cos\beta x + c_2 \sin\beta x)$$

4) 二阶常系数线性非齐次方程的特解

设方程

$$y'' + py + qy = f(x) \tag{5}$$

当右端的函数 $f(x)$ 为指数函数 $e^{\alpha x}$、多项式 $P_n(x)$、三角函数 $a\cos\beta x + b\sin\beta x$ 或者它们的乘积时,可用待定系数法求方程(5)的一个特解 $\tilde{y}(x)$. 这里 $\tilde{y}(x)$ 与 $f(x)$ 有相同的形式,或在此相同形式前乘以 $x^k (k = 0, 1, 2)$. 具体地说,当 α 或 $\alpha + \beta i$ 不是特征根时,$k = 0$;当 $\lambda = 0$ 不是特征根时,$k = 0$;当 α 或 $\alpha + \beta i$ 是单特征根时,$k = 1$;当 $\lambda = 0$ 是单特征根时,$k = 1$;当 α 是二重特征根时,$k = 2$.

5) 欧拉方程：二阶欧拉方程的标准形式是
$$x^2 y'' + pxy' + qy = f(x) \tag{6}$$
作自变量的变换，令 $x = e^t$，则
$$xy' = \frac{dy}{dt}, \quad x^2 y'' = \frac{d^2 y}{dt^2} - \frac{dy}{dt}$$
代入方程(6)化为常系数线性方程
$$\frac{d^2 y}{dt^2} + (p-1)\frac{dy}{dt} + qy = f(e^t)$$

8.1.4 微分方程的应用

1) 求函数表达式：根据已知条件，运用微分知识，导出未知函数所满足的微分方程和初值条件，求解此初值问题即得所求的函数表达式.
2) 在几何上常常需要求满足一定条件的曲线，这些条件通常与曲线的切线性质或曲线所围的面积有关. 我们用 $y = f(x)$ 表示所求曲线的方程，根据已知条件找出 x, y, y' 之间的关系式，这就是微分方程，然后求解此微分方程.
3) 在物理上，常用 t 表示时间，用 x 表示某物理量，应用导数的物理意义（如速度、加速度等）以及有关的物理定律建立微分方程，然后再求解.

8.2 竞赛题与精选题解析

8.2.1 求解一阶微分方程（例 8.1—8.7）

例 8.1（江苏省 1991 年竞赛题） 已知微分方程 $y' = \frac{y}{x} + \varphi\left(\frac{x}{y}\right)$ 有特解 $y = \frac{x}{\ln|x|}$，则 $\varphi(x) = $ _____.

解析 因 $y' = \frac{\ln|x| - 1}{(\ln|x|)^2}$，代入微分方程得
$$\frac{\ln|x| - 1}{(\ln|x|)^2} = \frac{1}{\ln|x|} + \varphi(\ln|x|)$$
令 $\ln|x| = t$，得 $\varphi(t) = \frac{t-1}{t^2} - \frac{1}{t} = \frac{t-1-t}{t^2} = -\frac{1}{t^2}$，故 $\varphi(x) = -\frac{1}{x^2}$.

例 8.2（莫斯科动力学院 1975 年竞赛题） 求满足函数方程
$$f(x+y) = \frac{f(x) + f(y)}{1 - f(x)f(y)}$$
的可微函数 $f(x)$.

解析 由于 $y=0$ 时

$$f(x) = \frac{f(x)+f(0)}{1-f(x)f(0)} \Rightarrow f(0)[1+f^2(x)] = 0$$

所以 $f(0) = 0$. 又因为

$$\frac{f(x+y)-f(x)}{y} = \frac{f(y)-f(0)}{y} \cdot \frac{1+f^2(x)}{1-f(x)f(y)}$$

两边令 $y \to 0$ 得

$$f'(x) = f'(0)[1+f^2(x)]$$

分离变量得

$$\frac{\mathrm{d}f(x)}{1+f^2(x)} = f'(0)\mathrm{d}x$$

积分得

$$\arctan f(x) = f'(0)x + C_1$$

令 $x=0$ 代入得 $C_1 = 0$，于是所求函数为 $f(x) = \tan(Cx)$.

例 8.3(东南大学 2018 年竞赛题) 试求出所有的可微函数 $f:(0,+\infty) \to (0,+\infty)$，满足

$$f'\left(\frac{1}{x}\right) = \frac{x}{f(x)} \quad (x>0)$$

解析 由原式得

$$f(x)f'\left(\frac{1}{x}\right) = x, \quad f\left(\frac{1}{x}\right)f'(x) = \frac{1}{x}$$

令 $F(x) = f(x)f\left(\frac{1}{x}\right)$，则

$$F'(x) = f'(x)f\left(\frac{1}{x}\right) + f(x)f'\left(\frac{1}{x}\right)\left(-\frac{1}{x^2}\right) = \frac{1}{x} - \frac{1}{x} = 0$$

所以 $F(x) = C$(C 为任意正常数)，因此 $f'(x) = \dfrac{1}{Cx}f(x)$. 这是变量可分离的方程，容易求得通解为

$$f(x) = C_1 x^{\frac{1}{C}} \quad (C_1 > 0)$$

代入 $f(x)f\left(\dfrac{1}{x}\right) = C$ 得 $C_1 = \sqrt{C}$，于是所求函数为

$$f(x) = \sqrt{C} x^{\frac{1}{C}} \quad (C \text{ 为任意正常数})$$

例 8.4(北京市 1995 年竞赛题) (1) 求微分方程 $y' + \sin(x-y) = \sin(x+y)$

的通解;(2) 求可微函数 $f(t)$, 使之满足 $f(t) = \cos 2t + \int_0^t f(u)\sin u \mathrm{d}u$.

解析 (1) 应用三角公式,原方程等价于
$$y' + \sin x \cdot \cos y - \cos x \cdot \sin y = \sin x \cdot \cos y + \cos x \cdot \sin y$$
即 $y' = 2\cos x \cdot \sin y$, 此为变量可分离的方程,分离变量得
$$\frac{\mathrm{d}y}{\sin y} = 2\cos x \mathrm{d}x$$
两边积分得 $\ln |\csc y - \cot y| = 2\sin x + C_1$, 即通解为
$$\csc y - \cot y = C\mathrm{e}^{2\sin x}$$

(2) 等式两端对 t 求导,得
$$f'(t) - \sin t \cdot f(t) = -2\sin 2t$$
此为一阶线性微分方程,通解为
$$f(t) = \mathrm{e}^{\int \sin t \mathrm{d}t}\left(C - \int 2\sin 2t \cdot \mathrm{e}^{-\int \sin t \mathrm{d}t} \mathrm{d}t\right)$$
$$= \mathrm{e}^{-\cos t}\left(C - 2\int \sin 2t \cdot \mathrm{e}^{\cos t} \mathrm{d}t\right) = 4(\cos t - 1) + C\mathrm{e}^{-\cos t}$$

例 8.5(全国大学生 2013 年决赛题) 已知函数 $f(u,v)$ 具有连续偏导数,且满足 $f'_u(u,v) + f'_v(u,v) = uv$, 求 $y(x) = \mathrm{e}^{-2x}f(x,x)$ 所满足的一阶微分方程,并求其通解.

解析 由于
$$y'(x) = -2\mathrm{e}^{-2x}f(x,x) + \mathrm{e}^{-2x}(f'_u(x,x) \cdot 1 + f'_v(x,x) \cdot 1)$$
$$= -2y(x) + x^2 \mathrm{e}^{-2x}$$
所以 $y(x)$ 所满足的一阶微分方程是 $y' + 2y = x^2 \mathrm{e}^{-2x}$, 其通解为
$$y = \mathrm{e}^{\int -2\mathrm{d}x}\left(C + \int x^2 \mathrm{e}^{-2x} \mathrm{e}^{\int 2\mathrm{d}x} \mathrm{d}x\right) = \mathrm{e}^{-2x}\left(C + \int x^2 \mathrm{d}x\right) = \mathrm{e}^{-2x}\left(C + \frac{1}{3}x^3\right)$$

例 8.6(江苏省 2000 年竞赛题) 设函数 $f(x)$ 在 $(-\infty, +\infty)$ 上连续,且满足
$$f(t) = 2\iint\limits_{x^2+y^2 \leqslant t^2} (x^2+y^2)f(\sqrt{x^2+y^2})\mathrm{d}x\mathrm{d}y + t^4$$
求 $f(x)$.

解析 采用极坐标将二重积分化为定积分,有
$$\iint\limits_D (x^2+y^2)f(\sqrt{x^2+y^2})\mathrm{d}x\mathrm{d}y = \int_0^{2\pi} \mathrm{d}\theta \int_0^t \rho^3 f(\rho)\mathrm{d}\rho = 2\pi\int_0^t \rho^3 f(\rho)\mathrm{d}\rho$$
代入原式得

$$f(t) = 4\pi \int_0^t \rho^3 f(\rho) \, d\rho + t^4$$

两边求导数得

$$f'(t) = 4\pi t^3 f(t) + 4t^3, \quad f(0) = 0$$

此为一阶线性微分方程,其通解为

$$f(x) = e^{4\pi \int t^3 dt} \left(C + \int 4t^3 \cdot e^{-4\pi \int t^3 dt} dt \right) = e^{\pi t^4} \left(C + \int 4t^3 \cdot e^{-\pi t^4} dt \right)$$
$$= Ce^{\pi t^4} - \frac{1}{\pi}$$

由 $f(0) = 0$ 得 $C = \frac{1}{\pi}$,于是 $f(x) = \frac{1}{\pi}(e^{\pi x^4} - 1)$.

例 8.7(江苏省 1994 年竞赛题) 设 $f(x)$ 为定义在 $[0, +\infty)$ 上的连续函数,且满足

$$f(t) = \iiint_{x^2+y^2+z^2 \leqslant t^2} f(\sqrt{x^2+y^2+z^2}) \, dV + t^3$$

求 $f(1)$.

解析 首先应用球坐标计算三重积分,记 $\Omega: x^2 + y^2 + z^2 \leqslant t^2$,则

$$\iiint_\Omega f(\sqrt{x^2+y^2+z^2}) \, dV = \int_0^{2\pi} d\theta \int_0^\pi d\varphi \int_0^t f(r) r^2 \sin\varphi \, dr = 4\pi \int_0^t r^2 f(r) \, dr$$

代入原式得

$$f(t) = 4\pi \int_0^t r^2 f(r) \, dr + t^3$$

则 $f(0) = 0$. 上式两边求导得 $f'(t) = 4\pi t^2 f(t) + 3t^2$,此为一阶线性方程,通解为

$$f(t) = e^{\int 4\pi t^2 dt} \left(C + \int 3t^2 e^{-\int 4\pi t^2 dt} dt \right) = e^{\frac{4}{3}\pi t^3} \left(C + \int 3t^2 e^{-\frac{4}{3}\pi t^3} dt \right)$$
$$= Ce^{\frac{4}{3}\pi t^3} - \frac{3}{4\pi}$$

由 $f(0) = 0$ 得 $C = \frac{3}{4\pi}$,于是 $f(t) = \frac{3}{4\pi}(e^{\frac{4}{3}\pi t^3} - 1)$,故 $f(1) = \frac{3}{4\pi}(e^{\frac{4}{3}\pi} - 1)$.

8.2.2 求解二阶微分方程(例 8.8—8.17)

例 8.8(莫斯科大学 1977 年竞赛题) 是否存在闭区间 $[-a, a]$ 上的连续函数 $p(x), q(x)$,使得 $y = x^2 \sin x$ 是微分方程

$$y'' + p(x) y' + q(x) y = 0$$

的特解?

解析 将 $y = x^2 \sin x$ 代入微分方程得

$$(2\sin x + 4x\cos x - x^2\sin x) + p(x)(2x\sin x + x^2\cos x) + q(x)x^2\sin x = 0$$

当 $x \neq 0$ 时,将上式整理得

$$2\frac{\sin x}{x} + 4\cos x + [2p(x) - x + xq(x)]\sin x + xp(x)\cos x = 0$$

令 $x \to 0$ 得 $2 + 4 + 0 + 0 = 0$,即 $6 = 0$,此为矛盾式. 故不存在连续函数 $p(x), q(x)$ 使得 $y = x^2\sin x$ 为所给微分方程的解.

例 8.9(江苏省 1994 年竞赛题) 设四阶常系数线性齐次微分方程有一个解为 $y_1 = xe^x\cos 2x$,则通解为_____.

解析 由特解 $y_1 = xe^x\cos 2x$,表明特征方程有二重特征根 $\lambda = 1 \pm 2i$,故特征方程为

$$(\lambda - 1 - 2i)^2(\lambda - 1 + 2i)^2 = 0$$

化简得 $(\lambda^2 - 2\lambda + 5)^2 = \lambda^4 - 4\lambda^3 + 14\lambda^2 - 20\lambda + 25 = 0$,于是得所求的微分方程为 $y^{(4)} - 4y^{(3)} + 14y'' - 20y' + 25y = 0$,此方程的通解为

$$y = e^x[(C_1 + C_2 x)\cos 2x + (C_3 + C_4 x)\sin 2x]$$

例 8.10(全国大学生 2009 年预赛题) 已知 $y_1 = xe^x + e^{2x}$,$y_2 = xe^x + e^{-x}$,$y_3 = xe^x + e^{2x} - e^{-x}$ 是某二阶常系数线性非齐次方程的三个解,试求此微分方程.

解析 设所求微分方程为 $L(D)y = y'' + py' + qy = f(x)$,令 $y = ay_1 + by_2 + cy_3$,由于

$$L(D)y = L(D)(ay_1 + by_2 + cy_3) = (a + b + c)f(x)$$

所以,若 $a + b + c = 0$,则 $y = ay_1 + by_2 + cy_3$ 是微分方程 $L(D)y = 0$ 的特解;若 $a + b + c = 1$,则 $y = ay_1 + by_2 + cy_3$ 是微分方程 $L(D)y = f(x)$ 的特解. 因为

$$ay_1 + by_2 + cy_3 = (a + b + c)xe^x + (a + c)e^{2x} + (b - c)e^{-x}$$

令 $\begin{cases} a + b + c = 0, \\ a + c = 1, \\ b - c = 0, \end{cases}$ 解得 $(a, b, c) = (2, -1, -1)$,则 $2y_1 - y_2 - y_3 = e^{2x}$ 是 $L(D)y = 0$ 的特解;令 $\begin{cases} a + b + c = 0, \\ a + c = 0, \\ b - c = 1, \end{cases}$ 解得 $(a, b, c) = (1, 0, -1)$,则 $y_1 - y_3 = e^{-x}$ 是 $L(D)y = 0$ 的特解;令 $\begin{cases} a + b + c = 1, \\ a + c = 0, \\ b - c = 0, \end{cases}$ 解得 $(a, b, c) = (-1, 1, 1)$,则 $-y_1 + y_2 + y_3 = xe^x$ 是 $L(D)y = f(x)$ 的特解. 所以 $\lambda = 2, -1$ 是微分方程 $L(D)y = 0$ 的两个特征根,故所求微分方程为

$$L(D)y = y'' - y' - 2y = f(x)$$

将特解 $y = xe^x$ 代入上式得 $f(x) = e^x(1-2x)$，于是所求微分方程为
$$y'' - y' - 2y = e^x(1-2x)$$

例 8.11（精选题） 设二阶常系数线性非齐次方程
$$y'' + ay' + by = (cx+d)e^{2x}$$

有特解 $y = 2e^x + (x^2-1)e^{2x}$，不解方程写出通解（说明理由），并求出常数 a,b,c,d 的值.

解析 微分方程的通解具有形式
$$y = C_1 y_1(x) + C_2 y_2(x) + \tilde{y}(x) \tag{*}$$

这里 C_1, C_2 为任意常数，$y_1(x), y_2(x)$ 为对应的齐次微分方程的基本解组. $\tilde{y}(x) = (\alpha x + \beta)e^{2x}$，此时 $\lambda = 2$ 不是特征根；或 $\tilde{y}(x) = x(\alpha x + \beta)e^{2x}$，此时 $\lambda = 2$ 为单特征根. 由于
$$y = 2e^x + (x^2-1)e^{2x} = 2e^x - e^{2x} + x^2 e^{2x}$$

此特解应为（*）式中取定常数 C_1, C_2 而得. 分析可得 $y_1(x) = e^x$，$y_2(x) = e^{2x}$，$\tilde{y}(x) = x^2 e^{2x}$. 因而 $\lambda = 1, 2$ 为特征根，故 $a = -(1+2) = -3$，$b = 1 \cdot 2 = 2$. 原方程的通解为
$$y = C_1 e^x + C_2 e^{2x} + x^2 e^{2x}$$

将 $\tilde{y}(x) = x^2 e^{2x}$ 代入 $y'' - 3y' + 2y = (cx+d)e^{2x}$ 可得
$$e^{2x}(4x^2 + 8x + 2) - 3e^{2x}(2x^2 + 2x) + 2x^2 e^{2x} = (cx+d)e^{2x}$$

化简得 $2x + 2 = cx + d$，所以 $c = 2, d = 2$. 即有
$$a = -3, \quad b = 2, \quad c = 2, \quad d = 2$$

例 8.12（南京大学 1993 年竞赛题） 设 $\varphi(x) = \cos x - \int_0^x (x-u)\varphi(u)du$，其中 $\varphi(u)$ 为连续函数，求 $\varphi(x)$.

解析 原式两边求导得
$$\varphi'(x) = -\sin x - \int_0^x \varphi(u)du - x\varphi(x) + x\varphi(x)$$
$$= -\sin x - \int_0^x \varphi(u)du \tag{1}$$

再两边求导得
$$\varphi''(x) + \varphi(x) = -\cos x \tag{2}$$

其特征方程为 $\lambda^2 + 1 = 0$，特征根为 $\lambda = \pm i$. 用待定系数法，令
$$\tilde{\varphi}(x) = x(A_1 \cos x + A_2 \sin x)$$

代入方程(2)得 $A_1 = 0$, $A_2 = -\dfrac{1}{2}$, 故 $\tilde{\varphi}(x) = -\dfrac{1}{2}x\sin x$. 于是方程(2)的通解为

$$\varphi(x) = C_1\cos x + C_2\sin x - \dfrac{1}{2}x\sin x$$

又由原式和(1)式可知 $\varphi(0) = 1, \varphi'(0) = 0$, 代入上式得 $C_1 = 1, C_2 = 0$, 因此所求函数为

$$\varphi(x) = \cos x - \dfrac{1}{2}x\sin x$$

例 8.13(北京市 1993 年竞赛题) 设 $u = u(\sqrt{x^2 + y^2})$ 具有连续二阶偏导数, 且满足

$$\dfrac{\partial^2 u}{\partial x^2} + \dfrac{\partial^2 u}{\partial y^2} - \dfrac{1}{x}\dfrac{\partial u}{\partial x} + u = x^2 + y^2$$

试求函数 u 的表达式.

解析 令 $t = \sqrt{x^2 + y^2}$, 则

$$\dfrac{\partial u}{\partial x} = \dfrac{\mathrm{d}u}{\mathrm{d}t} \cdot \dfrac{\partial t}{\partial x} = \dfrac{x}{t}\dfrac{\mathrm{d}u}{\mathrm{d}t}$$

$$\dfrac{\partial^2 u}{\partial x^2} = \left(\dfrac{1}{t} - \dfrac{x^2}{t^3}\right)\dfrac{\mathrm{d}u}{\mathrm{d}t} + \dfrac{x^2}{t^2}\dfrac{\mathrm{d}^2 u}{\mathrm{d}t^2}$$

同理

$$\dfrac{\partial^2 u}{\partial y^2} = \left(\dfrac{1}{t} - \dfrac{y^2}{t^3}\right)\dfrac{\mathrm{d}u}{\mathrm{d}t} + \dfrac{y^2}{t^2}\dfrac{\mathrm{d}^2 u}{\mathrm{d}t^2}$$

代入原方程得 $\dfrac{\mathrm{d}^2 u}{\mathrm{d}t^2} + u = t^2$. 此为二阶线性常系数方程, 解得其通解为

$$u = C_1\cos t + C_2\sin t + t^2 - 2$$

故所求函数 u 的表达式为

$$u(x,y) = C_1\cos\sqrt{x^2 + y^2} + C_2\sin\sqrt{x^2 + y^2} + x^2 + y^2 - 2$$

其中 C_1, C_2 为任意常数.

例 8.14(全国大学生 2010 年预赛题) 设函数 $y = f(x)$ 由参数方程

$$\begin{cases} x = 2t + t^2, \\ y = \psi(t) \end{cases} \quad (t > -1)$$

所确定, 且 $\dfrac{\mathrm{d}^2 y}{\mathrm{d}x^2} = \dfrac{3}{4(1+t)}$, 其中 $\psi(t)$ 具有二阶导数, 曲线与 $y = \int_1^{t^2} \mathrm{e}^{-u^2}\mathrm{d}u + \dfrac{3}{2\mathrm{e}}$ 在 $t = 1$ 处相切, 求函数 $\psi(t)$.

解析 记 $x = 2t + t^2 = \varphi(t)$,则 $\varphi'(t) = 2(1+t), \varphi''(t) = 2$. 应用参数式函数的二阶导数公式得

$$\frac{d^2 y}{dx^2} = \frac{\psi'' \varphi' - \psi' \varphi''}{(\varphi')^3} = \frac{2(1+t)\psi'' - 2\psi'}{8(1+t)^3} = \frac{3}{4(1+t)}$$

化简上式得

$$\psi''(t) - \frac{1}{1+t}\psi'(t) = 3(1+t)$$

此为关于 $\psi'(t)$ 的一阶线性方程,其通解为

$$\psi'(t) = e^{\int \frac{1}{1+t}dt}\left(C_1 + \int 3(1+t)e^{-\int \frac{1}{1+t}dt}dt\right) = (1+t)(C_1 + 3t)$$

又由题意可知 $\psi'(1) = 2te^{-t^4}\Big|_{t=1} = \frac{2}{e}$,故 $2(3 + C_1) = \frac{2}{e}$,得 $C_1 = \frac{1}{e} - 3$. 于是

$$\psi'(t) = 3t^2 + \frac{1}{e}t + \frac{1}{e} - 3$$

积分得

$$\psi(t) = t^3 + \frac{1}{2e}t^2 + \left(\frac{1}{e} - 3\right)t + C_2$$

又因 $\psi(1) = \frac{3}{2e}$,代入上式可得 $C_2 = 2$,故有 $\psi(t) = t^3 + \frac{1}{2e}t^2 + \left(\frac{1}{e} - 3\right)t + 2$.

例 8.15(莫斯科电子技术学院 1975 年竞赛题) 用初等函数与不定积分表示 $y'' - xy' - y = 0$ 的通解.

解析 原微分方程可写为 $y'' - (xy)' = 0$,两边积分得 $y' - xy = C_1$,应用一阶线性非齐次微分方程求通解公式得

$$y = e^{\int x dx}\left(C_2 + \int C_1 e^{-\int x dx}dx\right) = e^{\frac{1}{2}x^2}\left(C_2 + C_1\int e^{-\frac{x^2}{2}}dx\right)$$

这里的不定积分只表示一个原函数.

例 8.16(北京邮电大学 1996 年竞赛题) 设 $u_0 = 0, u_1 = 1, u_{n+1} = au_n + bu_{n-1}$,$n = 1, 2, \cdots$. 设 $f(x) = \sum_{n=1}^{\infty} \frac{u_n}{n!}x^n$,试导出 $f(x)$ 满足的微分方程.

解析 已知 $f(x) = \sum_{n=1}^{\infty} \frac{u_n}{n!}x^n$,对 x 求导得

$$f'(x) = \sum_{n=1}^{\infty} \frac{u_n}{(n-1)!}x^{n-1} = 1 + \sum_{n=2}^{\infty} \frac{u_n}{(n-1)!}x^{n-1}$$

$$= 1 + \sum_{n=2}^{\infty} \frac{au_{n-1} + bu_{n-2}}{(n-1)!}x^{n-1}$$

$$= 1 + a\sum_{n=2}^{\infty} \frac{u_{n-1}}{(n-1)!}x^{n-1} + b\sum_{n=2}^{\infty}\frac{u_{n-2}}{(n-1)!}x^{n-1}$$

$$= 1 + af(x) + b\sum_{n=1}^{\infty}\frac{u_{n-1}}{n!}x^n$$

再求导,得

$$f''(x) = af'(x) + b\sum_{n=1}^{\infty}\frac{u_{n-1}}{(n-1)!}x^{n-1}$$

$$= af'(x) + b\sum_{n=0}^{\infty}\frac{u_n}{n!}x^n = af'(x) + bf(x)$$

故 $f(x)$ 满足微分方程

$$\begin{cases} f''(x) - af'(x) - bf(x) = 0, \\ f(0) = 0, f'(0) = 1 \end{cases}$$

例 8.17(江苏省 1994 年竞赛题) 给定方程 $y'' + (\sin y - x)(y')^3 = 0$.

(1) 证明 $\dfrac{d^2 y}{dx^2} = -\dfrac{d^2 x}{dy^2} \Big/ \left(\dfrac{dx}{dy}\right)^3$,并将方程化为以 x 为因变量,以 y 为自变量的形式;

(2) 求方程的通解.

解析 (1) 应用反函数求导法则得 $\dfrac{dy}{dx} \cdot \dfrac{dx}{dy} = 1$,两边对 x 求导得

$$\frac{d^2 y}{dx^2} \cdot \frac{dx}{dy} + \frac{dy}{dx} \cdot \frac{d}{dx}\left(\frac{dx}{dy}\right) = \frac{d^2 y}{dx^2} \cdot \frac{dx}{dy} + \frac{dy}{dx} \cdot \frac{d^2 x}{dy^2} \cdot \frac{dy}{dx} = 0$$

$$\Rightarrow \qquad \frac{d^2 y}{dx^2} = -\frac{d^2 x}{dy^2} \cdot \left(\frac{dy}{dx}\right)^2 \Big/ \frac{dx}{dy} = -\frac{d^2 x}{dy^2} \Big/ \left(\frac{dx}{dy}\right)^3$$

代入原微分方程得

$$-\frac{d^2 x}{dy^2} \Big/ \left(\frac{dx}{dy}\right)^3 + (\sin y - x) \Big/ \left(\frac{dx}{dy}\right)^3 = 0$$

即得 $\dfrac{d^2 x}{dy^2} + x = \sin y$.

(2) 上问中所求得的方程是关于 x 的二阶线性方程,特征方程为 $\lambda^2 + 1 = 0$,解得 $\lambda = \pm i$,则对应的齐次方程的通解为

$$x = C_1 \cos y + C_2 \sin y$$

令原方程的特解为 $\tilde{x} = y(A\cos y + B\sin y)$,则

$$\tilde{x}' = (A + By)\cos y + (B - Ay)\sin y$$

$$\tilde{x}'' = (B + B - Ay)\cos y + (-A - A - By)\sin y$$

一起代入原微分方程得

$$(2B - Ay + Ay)\cos y + (-2A - By + By)\sin y = \sin y$$

比较系数得 $B = 0$，$A = -\dfrac{1}{2}$，故 $\tilde{x} = -\dfrac{1}{2}y\cos y$，于是所求通解为

$$x = C_1\cos y + C_2\sin y - \dfrac{1}{2}y\cos y$$

8.2.3 解微分方程的应用题（例 8.18—8.23）

例 8.18（江苏省 1996 年竞赛题） 设曲线 C 经过点 $(0,1)$，且位于 x 轴上方. 就数值而言，C 上任何两点之间的弧长都等于该弧以及它在 x 轴上的投影为边的曲边梯形的面积，求 C 的方程.

解析 设曲线方程为 $y = y(x)$，由题意得

$$\int_0^x \sqrt{1+(y')^2}\,\mathrm{d}x = \int_0^x y(x)\,\mathrm{d}x, \quad y(0) = 1$$

两边求导得

$$\sqrt{1+(y')^2} = y \Rightarrow 1+(y')^2 = y^2 \Rightarrow y' = \pm\sqrt{y^2-1} \Rightarrow \dfrac{\mathrm{d}y}{\sqrt{y^2-1}} = \pm\,\mathrm{d}x$$

于是

$$\ln(y+\sqrt{y^2-1}) = \pm x + \ln|C| \Rightarrow y+\sqrt{y^2-1} = Ce^{\pm x}$$

由 $y(0) = 1$，解得 $C = 1$. 故 $y+\sqrt{y^2-1} = e^{\pm x} \Rightarrow \dfrac{1}{y-\sqrt{y^2-1}} = e^{\pm x}$，所以

$$y+\sqrt{y^2-1} = e^{\pm x}, \quad y-\sqrt{y^2-1} = e^{\mp x}$$

于是所求曲线方程为 $y = \dfrac{1}{2}(e^x + e^{-x})$.

例 8.19（南京大学 1995 年竞赛题） 已知曲线 $y = f(x)$ $(x \geqslant 0, y \geqslant 0)$ 连续且单调，现从其上任一点 A 作 x 轴与 y 轴的垂线，垂足分别是 B 和 C. 若由直线 AC，y 轴和曲线本身包围的图形的面积等于矩形 $OBAC$ 的面积的 $\dfrac{1}{3}$，求曲线的方程.

解析 (1) 当 $f(x)$ 单调增加时（如图(a)所示），在曲线上任取点 $A(a, f(a))$. 由题意得

$$\int_0^a [f(a)-f(x)]\,\mathrm{d}x = \dfrac{1}{3}af(a)$$

化简得

$$3\int_0^a f(x)\,\mathrm{d}x = 2af(a)$$

两边对 a 求导得

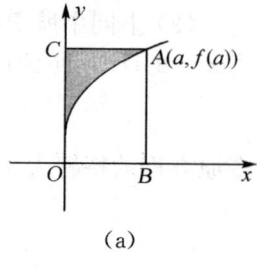

(a)

$$3f(a) = 2f(a) + 2af'(a)$$

化简得 $\dfrac{2\mathrm{d}f}{f} = \dfrac{\mathrm{d}a}{a}$. 积分得 $f(a) = C\sqrt{a}$. 于是,所求曲线方程为

$$y = C\sqrt{x} \quad (C \text{ 为任意正常数})$$

(2) 当 $f(x)$ 单调减少时(如图(b)所示),在曲线上任取点 $A(a, f(a))$. 由题意得

$$\int_0^a [f(x) - f(a)]\mathrm{d}x = \dfrac{1}{3}af(a)$$

化简得

$$3\int_0^a f(x)\mathrm{d}x = 4af(a)$$

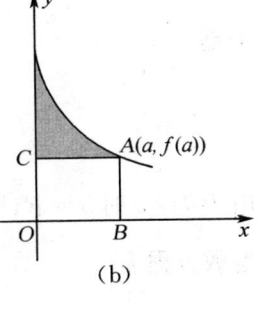

(b)

再两边对 a 求导得 $4\dfrac{\mathrm{d}f}{f} = -\dfrac{\mathrm{d}a}{a}$,积分得 $f(a) = \dfrac{C}{\sqrt[4]{a}}$. 于是,所求曲线方程为

$$y = \dfrac{C}{\sqrt[4]{x}} \quad (C \text{ 为任意正常数})$$

例 8.20(精选题) 设有底面圆半径为 R,高为 h 的正圆锥 $(h > R)$,圆锥面上有一曲线 Γ,已知 Γ 过底面圆周上的一点,Γ 上每一点的切线与正圆锥面的轴线的夹角为 $\dfrac{\pi}{4}$,求曲线 Γ 的方程.

解析 设圆锥是由 yOz 平面上的直线

$$\dfrac{y}{R} + \dfrac{z}{h} = 1$$

绕 z 轴旋转而得(见右图). 该圆锥的方程为

$$z = h \cdot \left(1 - \dfrac{1}{R}\sqrt{x^2 + y^2}\right)$$

设曲线 Γ 的起点为 $A(R, 0, 0)$,曲线 Γ 的参数方程为

$$x = \rho(\theta)\cos\theta, \quad y = \rho(\theta)\sin\theta, \quad z = h\left(1 - \dfrac{1}{R}\rho(\theta)\right)$$

这里 $\rho = \rho(\theta)$ 为待求函数. 曲线 Γ 的切向量为

$$\boldsymbol{\tau} = \left(\rho'(\theta)\cos\theta - \rho(\theta)\sin\theta, \; \rho'(\theta)\sin\theta + \rho(\theta)\cos\theta, \; -\dfrac{h}{R}\rho'(\theta)\right)$$

故 $|\boldsymbol{\tau}| = \sqrt{(\rho'(\theta))^2 + \rho^2(\theta) + \dfrac{h^2}{R^2}(\rho'(\theta))^2}$. 圆锥的轴线为 z 轴,取 $\boldsymbol{k} = (0, 0, 1)$,由题意有

$$\boldsymbol{\tau}° \cdot \boldsymbol{k} = \dfrac{\boldsymbol{\tau}}{|\boldsymbol{\tau}|} \cdot \boldsymbol{k} = \cos\dfrac{\pi}{4} = \dfrac{\sqrt{2}}{2}$$

上式化简得

$$-\frac{h}{R}\rho' = \frac{\sqrt{2}}{2}|\tau| = \frac{\sqrt{2}}{2} \cdot \sqrt{\frac{R^2+h^2}{R^2}(\rho')^2 + \rho^2}$$

$$\rho'(\theta) = -\frac{R}{\sqrt{h^2-R^2}}\rho(\theta)$$

于是

$$\rho(\theta) = C\exp\left(-\frac{R}{\sqrt{h^2-R^2}} \cdot \theta\right)$$

由于 $\theta = 0$ 时 $\rho = R$，所以 $C = R$，即 $\rho(\theta) = R\exp\left(-\frac{R}{\sqrt{h^2-R^2}}\theta\right)$. 故所求曲线 Γ 的参数方程为

$$\begin{cases} x = R\exp\left(-\frac{R}{\sqrt{h^2-R^2}}\theta\right) \cdot \cos\theta, \\ y = R\exp\left(-\frac{R}{\sqrt{h^2-R^2}}\theta\right) \cdot \sin\theta, \quad (0 \leqslant \theta < +\infty) \\ z = h\left(1 - \exp\left(-\frac{R}{\sqrt{h^2-R^2}}\theta\right)\right) \end{cases}$$

例 8.21（北京市 1999 年竞赛题） 表面为旋转曲面的镜子应具有怎样的形状才能使它将所有平行于其轴的光线反射到一点？求出旋转曲面的方程.

解析 如图，设旋转曲面的旋转轴为 x 轴，旋转曲面与 xOy 平面的截线为 Γ，设 Γ 的方程为 $y = y(x)$，入射光线 L_1 平行于 x 轴，反射光线 L_2 经过定点 $O(0,0)$.

Γ 在点 $P(x, y(x))$ 的切线为 L，则 L 的方向向量为 $\boldsymbol{l} = (-1, -y'(x))$，$L_1$ 的方向向量为 $\boldsymbol{l_1} = (-1, 0)$，$L_2$ 的方向向量为 $\boldsymbol{l_2} = (-x, -y(x))$. L 与 L_1 的夹角

$$\theta_1 = \arccos\frac{\boldsymbol{l} \cdot \boldsymbol{l_1}}{|\boldsymbol{l}| \cdot |\boldsymbol{l_1}|} = \arccos\frac{1}{\sqrt{1+(y')^2}}$$

L 与 L_2 的夹角

$$\theta_2 = \arccos\frac{\boldsymbol{l} \cdot \boldsymbol{l_2}}{|\boldsymbol{l}| \cdot |\boldsymbol{l_2}|} = \arccos\frac{x + yy'}{\sqrt{1+(y')^2} \cdot \sqrt{x^2+y^2}}$$

由于 $\theta_1 = \theta_2$，所以

$$\frac{1}{\sqrt{1+(y')^2}} = \frac{x + yy'}{\sqrt{1+(y')^2} \cdot \sqrt{x^2+y^2}}$$

化简得 $y(x)$ 满足的微分方程为

$$y\frac{\mathrm{d}y}{\mathrm{d}x}=-x+\sqrt{x^2+y^2}\Leftrightarrow\frac{\mathrm{d}x}{\mathrm{d}y}=\frac{x}{y}+\sqrt{1+\frac{x^2}{y^2}}\quad(y>0)$$

这是齐次方程,令 $x=yu$,则 $\frac{\mathrm{d}x}{\mathrm{d}y}=u+y\frac{\mathrm{d}u}{\mathrm{d}y}$,则原方程化为 $\frac{\mathrm{d}u}{\sqrt{1+u^2}}=\frac{\mathrm{d}y}{y}$,积分得

$$\ln(u+\sqrt{1+u^2})=\ln|y|-\ln|C|$$

即

$$x+\sqrt{x^2+y^2}=\frac{y^2}{C}\Rightarrow y^2=2Cx+C^2$$

于是所求旋转曲面的方程为 $y^2+z^2=2Cx+C^2$.

例 8.22(清华大学 1985 年竞赛题) 已知 A,B,C,D 四个动点开始分别位于一个四边形的四个顶点(如图(a)所示),然后点 A 向着点 B、点 B 向着点 C、点 C 向着点 D、点 D 向着点 A 同时以相同的速率运动,求每一点运动的轨迹,并画出运动轨迹的大致图形.

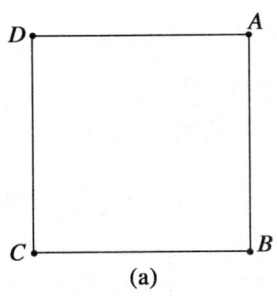

(a)

解析 建立如图(b)所示坐标系,坐标原点在正方形的中心,点 A,B,C,D 的坐标别为 $(a,a),(a,-a),(-a,-a),(-a,a)$. 下面先考虑点 A 的运动. 设经过时刻 t,点 A 运动到 $P(x,y)$,则点 B 运动到 $Q(y,-x)$,作 PM 垂直于 x 轴,QM 垂直于 y 轴,PM 与 QM 相交于 M. 于是

$$y'=\tan\angle PQM=\frac{PM}{QM}=\frac{x+y}{x-y},\quad y(a)=a$$

这是奇次方程,令 $y=xu$,方程化为

$$\frac{(1-u)\mathrm{d}u}{1+u^2}=\frac{\mathrm{d}x}{x},\quad u(a)=1$$

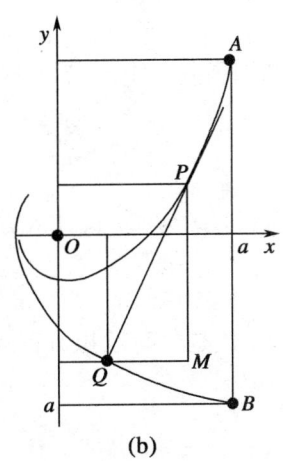

(b)

解得 $2\arctan\frac{y}{x}=\frac{\pi}{2}+\ln\frac{x^2+y^2}{2a^2}$,这就是点 A 运动的轨迹,化为极坐标方程为

$$\rho=\sqrt{2}a\mathrm{e}^{\theta-\frac{\pi}{4}},\quad \theta\leqslant\frac{\pi}{4}$$

此为对数螺线,图形如右图(c)所示. 点 B,C,D 运动轨迹的极坐标方程分别为

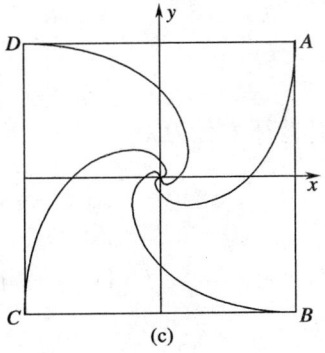

(c)

$$B: \rho = \sqrt{2}ae^{\theta + \frac{\pi}{4}}, \quad \theta \leqslant -\frac{\pi}{4}$$

$$C: \rho = \sqrt{2}ae^{\theta + \frac{3\pi}{4}}, \quad \theta \leqslant -\frac{3\pi}{4}$$

$$D: \rho = \sqrt{2}ae^{\theta + \frac{5\pi}{4}}, \quad \theta \leqslant -\frac{5\pi}{4}$$

其图形由对称性可画出(如图(c)所示).

例 8.23(精选题) 设函数 $f(x)$ 在区间 $[1, +\infty)$ 上二阶连续可导,$f(1) = 0$,$f'(1) = 1$,函数 $z = (x^2 + y^2)f(x^2 + y^2)$ 满足 $\dfrac{\partial^2 z}{\partial x^2} + \dfrac{\partial^2 z}{\partial y^2} = 0$,求 $f(x)$ 在 $[1, +\infty)$ 上的最大值.

解析 令 $u = x^2 + y^2$,则 $z = uf(u)$,$u'_x = 2x$,$u'_y = 2y$,且

$$\frac{\partial z}{\partial x} = u'_x f(u) + uf'(u)u'_x = 2x[f(u) + uf'(u)]$$

$$\frac{\partial^2 z}{\partial x^2} = 2[f(u) + uf'(u)] + 2x[f'(u)u'_x + u'_x f'(u) + uf''(u)u'_x]$$

$$= 2f(u) + 2(5x^2 + y^2)f'(u) + 4x^2 uf''(u) \tag{1}$$

利用函数 z 中 x 与 y 的对称性,易得

$$\frac{\partial^2 z}{\partial y^2} = 2f(u) + 2(5y^2 + x^2)f'(u) + 4y^2 uf''(u) \tag{2}$$

将(1)式与(2)式代入方程 $\dfrac{\partial^2 z}{\partial x^2} + \dfrac{\partial^2 z}{\partial y^2} = 0$ 可得

$$u^2 f''(u) + 3uf'(u) + f(u) = 0 \tag{3}$$

(3)式是二阶欧拉方程. 令 $u = e^t$,则

$$uf'(u) = \frac{df}{dt}, \quad u^2 f''(u) = \frac{d^2 f}{dt^2} - \frac{df}{dt}$$

代入(3)式得

$$\frac{d^2 f}{dt^2} + 2\frac{df}{dt} + f = 0 \tag{4}$$

其特征方程为 $\lambda^2 + 2\lambda + 1 = 0$,解得 $\lambda = -1, -1$,于是方程(4)的通解为

$$f = e^{-t}(C_1 + C_2 t) = \frac{1}{u}(C_1 + C_2 \ln u)$$

由 $f(1) = 0$,$f'(1) = 1$,得 $C_1 = 0$,$C_2 = 1$,于是 $f(x) = \dfrac{\ln x}{x}$.

因 $f'(x) = \dfrac{1 - \ln x}{x^2}$,令 $f'(x) = 0$ 得驻点 $x_0 = e$,且当 $1 \leqslant x < e$ 时 $f'(x) > 0$,

当 $x > \mathrm{e}$ 时 $f'(x) < 0$,所以 $f(\mathrm{e}) = \dfrac{1}{\mathrm{e}}$ 为所求的最大值.

练习题八

1. 求下列微分方程的通解:

(1) $\dfrac{\mathrm{d}y}{\mathrm{d}x} = \dfrac{y}{x - \sqrt{x^2 + y^2}}$ $(y \neq 0)$;

(2) $(x^2 + y^2 + x)\mathrm{d}x + y\mathrm{d}y = 0$;

(3) $\left(1 + \mathrm{e}^{\frac{x}{y}}\right)\mathrm{d}x + \mathrm{e}^{\frac{x}{y}}\left(1 - \dfrac{x}{y}\right)\mathrm{d}y = 0$;

(4) $\dfrac{\mathrm{d}y}{\mathrm{d}x} + \sin y + x(1 + \cos y) = 0$.

2. 已知一阶线性方程 $y' + p(x)y = \mathrm{e}^x$ 有特解 $y = x\mathrm{e}^x$,求该微分方程的通解.

3. 已知 $F(x)$ 是 $f(x)$ 的一个原函数,$G(x)$ 是 $\dfrac{1}{f(x)}$ 的一个原函数,且 $F(x)G(x) = -1$,$f(0) = 1$,求 $f(x)$.

4. 求满足 $\displaystyle\int_0^x f(t)\mathrm{d}t = \dfrac{x^2}{2} + \int_0^x tf(x-t)\mathrm{d}t$ 的函数 $f(x)$.

5. 已知 $f(x) = \displaystyle\sum_{n=0}^{\infty} a_n x^n$,$f(0) = 1$,且 $\displaystyle\sum_{n=0}^{\infty}[2xa_n + (n+1)a_{n+1}]x^n = 0$,求 $f(x)$.

6. 设 $f(x)$ 具有连续的二阶导数,函数 $z = f(\sqrt{x^2 + y^2})$ 满足

$$\dfrac{\partial^2 z}{\partial x^2} + \dfrac{\partial^2 z}{\partial y^2} = x^2 + y^2$$

求函数 z.

7. 设 $f(x)$ 具有连续的二阶导数,且 $f(1) = 0$,$f'(1) = 1$,若使得曲线积分

$$\int_{\widehat{AB}} \left[x(f'(x))^2 - 2f'(x)\right]y\mathrm{d}x - xf'(x)\mathrm{d}y$$

与路线无关,求函数 $f(x)$.

8. 求微分方程 $y'' - y = 2x + \sin x + \mathrm{e}^{2x}\cos x$ 的通解.

9. 求二阶微分方程 $y'' + y' - 2y = \dfrac{\mathrm{e}^x}{1 + \mathrm{e}^x}$ 的通解.

10. 已知方程 $(x-1)y'' - xy' + y = 0$ 有特解 $y = \mathrm{e}^x$,求其通解.

练习题答案与提示

练习题一

1. C.   2. $f(x) = x + x^3, z(x,y) = 2x + (x+y)^3$.

3. $f(x) = 2k\pi + \arcsin\dfrac{9}{8}x (k \in \mathbf{Z})$ 或 $f(x) = (2k+1)\pi - \arcsin\dfrac{9}{8}x (k \in \mathbf{Z})$.

4. 3.   5. $\dfrac{1}{3}$.   6. 1.   7. $a = 1, b = \dfrac{1}{3}$.

8. (1) 0; (2) e; (3) $\dfrac{1}{6}$; (4) -6; (5) $\dfrac{7}{6}$; (6) $-\dfrac{e}{2}$; (7) $\exp\left(-\dfrac{\pi^2}{2}\right)$; (8) -50; (9) $\dfrac{\sqrt{2}}{2}$; (10) 1.

9. $\dfrac{1+\sqrt{5}}{2}$.   10. $-\dfrac{1+\sqrt{5}}{2}$.   11. $f(x) = \begin{cases} 2, & 0 < x < 2; \\ x, & x \geq 2. \end{cases}$ 12. $a = 0, b = 1$.

13. 定义域为 $(-1, +\infty)$,$x \neq 1$ 时连续,$x = 1$ 时为第一类(跳跃型)间断点.

14. (提示) 应用零点定理与函数的单调性.

15. (提示) 应用零点定理.

16. (提示) 应用零点定理与函数的单调性.

17. (提示) 设 $f(x) = 2^x - x^2 - 1$,由 $f(0) = f(1), f(4) = -1, f(5) = 6$,应用零点定理证明至少有三个实根,再用反证法证明只有三个实根.

18. (提示) 设 $F(x) = f\left(x + \dfrac{b-a}{2}\right) - f(x), x \in \left[a, \dfrac{a+b}{2}\right]$,应用零点定理.

练习题二

1. 该命题不成立,反例如下:$f(x) = \begin{cases} ax + 1, & x \neq 0; \\ 0, & x = 0. \end{cases}$ 2. A.   3. D.

4. $f'(x) = \begin{cases} 3, & 0 < x < \sqrt{3}; \\ 不存在, & x = \sqrt{3}; \\ 3x^2, & \sqrt{3} < x < 2. \end{cases}$ 5. $a = 0, b = 2$.   6. $f'(1) = ab$.

7. $f'(x) = \begin{cases} \arctan\dfrac{1}{|x|} - \dfrac{|x|}{1+x^2}, & x \neq 0; \\ \dfrac{\pi}{2}, & x = 0. \end{cases}$

8. (1) $\arcsin\dfrac{1}{4}$; (2) $-4\cot 2x \cdot \csc^2 2x$; (3) $f(x)\left(\ln(x + \sqrt{1+x^2}) + \dfrac{x}{\sqrt{1+x^2}}\right)$;

(4) $\dfrac{(1+y^2)e^y}{1-x(1+y^2)e^y}$;(5) $\dfrac{y-x}{y+x}$;(6) $\dfrac{|t|}{t}$;(7) $(1+2x)e^{2x}$.

9. 0.　10. $n=2$.　11. $-4\cdot 6!$.

12. $\dfrac{5^n}{2}\cos\left(5x+\dfrac{n\pi}{2}\right)-\dfrac{11^n}{4}\cos\left(11x+\dfrac{n\pi}{2}\right)-\dfrac{1}{4}\cos\left(x+\dfrac{n\pi}{2}\right)$.

13. $f(x)=e^x$（提示：应用导数的定义）.

14. $\dfrac{2}{15}$.　15. $\dfrac{1}{3}$.　16. $\xi=\dfrac{-58\pm 2\sqrt{145}}{29}$.

17.（提示）应用拉格朗日中值定理.

18.（提示）应用柯西中值定理.

19.（提示）综合应用拉格朗日中值定理和柯西中值定理.

20.（提示）先应用泰勒公式，$\forall x_0\in(a,b)$，将 $f(x)$ 在 $x=x_0$ 处展开，再分别令 $x=a,x=b$ 对 $f'(x_0)$ 进行估值.

21.（提示）先应用拉格朗日中值定理，再作辅助函数 $F(x)=x(f'(x)-1)$，应用罗尔定理.

22.（提示）应用泰勒公式，先将 $F(x)=\int_3^x f(t)dt$ 在 $x=3$ 处展开，再分别令 $x=2,x=4$，由 $F(4)-F(2)$ 可得 $\int_2^4 f(t)dt$ 的表达式.

23.（提示）应用马克劳林公式与零点定理证明 $f(x)$ 至少有一个零点，再应用导数的性质证明 $f(x)$ 单调减少.

24. $\left\{k\,\Big|\,k=-\dfrac{1}{4}\text{ 或 }k\geqslant 0\right\}$.

25.（提示）应用导数研究函数的单调性.　26. 略

27. (1) $x=0,y=-\dfrac{\pi}{2},y=\dfrac{\pi}{2}$；(2) $x=0,y=-x-3,y=x+3$.

练 习 题 三

1. $f(x)=\dfrac{1}{3}(e^{3x}+2)$.　2. $f(x)=5x-\dfrac{3}{2}x^2+2\ln|1-x|+C$.

3. $f(x)=\begin{cases}x+1,&x\leqslant 0;\\ e^x,&x>0.\end{cases}$　4. $\cos x-2\dfrac{\sin x}{x}+C$.

5. (1) $2\arctan\sqrt{1+x}+C$；(2) $\dfrac{1}{2}\ln^2\left(1-\dfrac{1}{x}\right)+C$；(3) $x\ln(\ln x)+C$；

(4) $2(x-2)\sqrt{e^x-2}+4\sqrt{2}\arctan\sqrt{\dfrac{e^x-2}{2}}+C$；(5) $\dfrac{1}{3}\tan^3 x-\tan x+x+C$；

(6) $\dfrac{2}{\sqrt{\cos x}}+C$；(7) $\dfrac{x-\arctan x}{\sqrt{1+x^2}}+C$；(8) $-\dfrac{4}{3}\sqrt{1-x\sqrt{x}}+C$；

(9) $\dfrac{1}{2}(\sin x-\cos x)-\dfrac{\sqrt{2}}{4}\ln\left|\csc\left(x+\dfrac{\pi}{4}\right)-\cot\left(x+\dfrac{\pi}{4}\right)\right|+C$；

(10) $\ln\left|\dfrac{xe^x}{1+xe^x}\right|+C$；(11) $\dfrac{x}{\ln x}+C$；(12) $\begin{cases}\dfrac{1}{3}x^3+C, & x<0, \\ \dfrac{1}{2}x^2+C, & 0\leqslant x\leqslant 1, \\ \dfrac{1}{4}x^4+\dfrac{1}{4}+C, & 1<x.\end{cases}$

6. $f(x)=x^2\sin x-2$. 7. (1) $\dfrac{1}{k+1}$；(2) $\dfrac{4}{e}$；(3) $\dfrac{2}{\pi}$；(4) $\dfrac{1}{4}\ln a$；(5) $\dfrac{1}{\ln 2}$.

8. $f(x)=e^{-x}(x\neq 0), f(0)=1$，则 $f'(0)=-1$.

9. (提示) 对函数 $F(x)=f(x)+f(1-x)$ 在 $[a,b]$ 上应用定积分中值定理.

10. $\dfrac{1}{4}$ (提示：仿例 3.21 求解).

11. (1) $\begin{cases}\dfrac{1}{2}(a^2-b^2), & a<b\leqslant 0, \\ \dfrac{1}{2}(a^2+b^2), & a<0<b, \\ \dfrac{1}{2}(b^2-a^2), & 0\leqslant a<b;\end{cases}$ (2) $\dfrac{59}{2}$；(3) $\dfrac{4}{3}$；(4) $\dfrac{1}{8}\pi\ln 2$；(5) $\dfrac{1}{2}(e\sin 1+e\cos 1-1)$；

(6) $\dfrac{3}{16}\pi$；(7) $\dfrac{\pi}{\sqrt{2}}\ln(1+\sqrt{2})$；(8) $\dfrac{2}{3}$.

12. $\ln(1+e)$. 13. $\dfrac{1}{2}$. 14. 3.

15. (提示) 令 $F(x)=\displaystyle\int_x^b f(t)dt$，应用分部积分法.

16. (提示) 应用定积分的分部积分公式.

17. (提示) 对函数 $F(x)=\displaystyle\int_0^x f(x)dx$ 分别在 $x=0$ 与 $x=1$ 处展开为 2 阶泰勒公式，然后分别取 $x=1$ 与 $x=0$，将两式相减，最后应用介值定理.

18. (提示) 对函数 $F(x)=\displaystyle\int_a^x f(x)dx$ 分别在 $x=a$ 与 $x=b$ 处展开为 2 阶泰勒公式，然后二式都取 $x=\dfrac{b-a}{2}$，并将两式相减，最后应用介值定理.

19. (提示) 取辅助函数 $F(x)=\dfrac{1}{2}[f(a)+f(x)](x-a)-\dfrac{1}{12}k(x-a)^3-\displaystyle\int_a^x f(t)dt$，其中常数 k 使得 $F(b)=0$，然后两次应用罗尔定理.

20. (提示) 应用积分的保号性.

21. (提示) 当 $x=a$ 或 b 时，不等式显然成立；当 $x\in(a,b)$ 时，将函数 $f'(x)$ 分别在区间 $[a,x]$ 与 $[x,b]$ 上积分，再应用与绝对值有关的积分性质.

22. (提示) 应用拉格朗日中值定理与积分的保号性.

23. (提示) 取辅助函数 $F(x)=(n+1)\displaystyle\int_a^x(t-a)^n f(t)dt-(x-a)^{n+1}\displaystyle\int_a^x f(t)dt$，应用导数 $F'(x)\geqslant 0$ 研究单调性.

24. (提示) 令 $M=\max\limits_{a\leqslant x\leqslant b}f(x)$，用数学归纳法证明 $0\leqslant f(x)\leqslant M\dfrac{x^n}{n!}\leqslant M\dfrac{b^n}{n!}(a\leqslant x\leqslant b)$，取极

限即得.

25. $\frac{\sqrt{2}}{60}\pi$ (提示)$V = \pi\int_0^1 \frac{1}{2}(\sqrt{x}-x)^2 \frac{1}{\sqrt{2}}\left(1+\frac{1}{2\sqrt{x}}\right)dx.$

26. $\frac{81}{10}\sqrt{2}\pi$ (提示)$V = \pi\int_0^6 \frac{1}{32}(6x-x^2)^2 \frac{\sqrt{2}}{4}(7-x)dx.$

27. $\frac{\sqrt{2}}{60}\pi$ (提示)$V = \pi\int_0^1 \frac{1}{2}(x-x^2)^2 \frac{\sqrt{2}}{2}(1+2x)dx.$

28. $\frac{71}{30}\sqrt{2}\pi$ (提示)$V = \pi\int_0^2 \frac{1}{32}(6x-x^2)^2 \frac{\sqrt{2}}{4}(7-x)dx.$

29. π.

练 习 题 四

1. (1) 0;(2) e;(3) 1;(4) 0;(5) $\frac{1}{4}$;(6) 不存在.

2. B. 3. D. 4. D. 5. A. 6. A. 7. B.

8. 不连续、可偏导、不可微 $\left(\text{提示}:\lim\limits_{\substack{y=x\\x\to 0}}f(x,y)=0,\ \lim\limits_{\substack{y=-x+x^2\\x\to 0}}f(x,y)=-2, f'_x(0,0)=0, f'_y(0,0)=0\right).$

9. 连续、可偏导、可微 $\left(\text{提示}: f'_x(0,0)=0, f'_y(0,0)=0, \lim\limits_{\rho\to 0^+}\frac{f(x,y)-f'_x(0,0)x-f'_y(0,0)y}{\sqrt{x^2+y^2}}=0\right).$

10. (1) $4, \arcsin\sqrt{\frac{2}{5}}$;(2) $y^2(1+xy)^{y-1}, z\left[\ln(1+xy)+\frac{xy}{1+xy}\right]$;(3) $3x^2 f - 2yf', xf'$;

    (4) $\frac{1}{x^2+y^2}(-ydx+xdy)$;(5) $\frac{ydx-xdy}{|y|\sqrt{y^2-x^2}}+2zdz$;(6) $(\varphi+x\varphi')f_1+2(x+\varphi\varphi')f_2$;

    (7) $2xy, 2xy-x^2\sin(2x)$;(8) $\frac{-x}{y(1+x^2)\ln^2(xy)}+\frac{\ln(1+x^2)}{xy\ln^3(xy)}$;(9) $f'', f''(\varphi')^2+f'\varphi''$;

    (10) $f'(x+y)+y[f''(xy)+f''(x+y)]$;(11) $f''_{xx}+\frac{2}{\varphi'(y)}f''_{xy}+\frac{1}{(\varphi'(y))^2}f''_{yy}-\frac{\varphi''(y)}{(\varphi'(y))^3}f'_y$;

    (12) $e^y[f(x)-f(x-y)]+e^y f'(x-y).$

11. $g(x,y)=x-y.$ 12. $\frac{1}{ye^z+1}, -\frac{ye^z}{(ye^z+1)^3}.$ 13. $\frac{2x}{f'-2z}dx+\frac{y(2y-f)+zf'}{y(f'-2z)}dy.$

14. $2xf'_1+2e^{2x}f'_2-2ze^x\frac{\varphi'_y}{\varphi'_z}f'_3.$ 15. $a\geqslant 0, b=2a.$ 16. $f\left(0,\frac{1}{e}\right)=-\frac{1}{e}$ 为极小值.

17. $(9,3)$ 为极小值点,极小值为 $z(9,3)=3$;
    $(-9,-3)$ 为极小值点,极小值为 $z(-9,-3)=-3.$

18. $\frac{\sqrt{7}}{2}.$ 19. $\left(\frac{k}{a},\frac{k}{b},\frac{k}{c}\right),$ 其中 $k=\frac{a^2b^2c^2}{a^2b^2+b^2c^2+c^2a^2}.$

20. (1) $\frac{1}{\sqrt{a}}x+\frac{2}{\sqrt{b}}y+\frac{3}{\sqrt{c}}z=3$;(2) $a=1, b=\frac{1}{4}, c=\frac{1}{9}.$

21. $\frac{\sqrt{2}}{4}\pi.$ 22. $f(-2,8)=-\frac{96}{7},$ 为极小值.

练 习 题 五

1. (1) $\int_{\frac{1}{2}}^{1} dy \int_{\frac{1}{y}}^{2} f(x,y) dx + \int_{1}^{2} dy \int_{1}^{2} f(x,y) dx$;

   (2) $\int_{-1}^{0} dy \int_{0}^{\frac{1}{2}(1+y)} f(x,y) dx + \int_{0}^{1} dy \int_{y^2}^{\frac{1}{2}(1+y)} f(x,y) dx$;

   (3) $\int_{-1}^{0} dy \int_{-1-\sqrt{1+y}}^{-1+\sqrt{1+y}} f(x,y) dx + \int_{0}^{3} dy \int_{y-2}^{-1+\sqrt{1+y}} f(x,y) dx$;

   (4) $\int_{0}^{2} dy \int_{-\sqrt{y}}^{\sqrt{y}} f(x,y) dx + \int_{2}^{4} dy \int_{-\sqrt{4-y}}^{\sqrt{4-y}} f(x,y) dx$;

   (5) $\int_{0}^{a} dx \int_{\sqrt{a^2-x^2}}^{a} f(x,y) dy + \int_{a}^{2a} dx \int_{x-a}^{a} f(x,y) dy$;

   (6) $\int_{0}^{\sqrt{2}} dy \int_{-\frac{\pi}{4}}^{\arccos \frac{y}{2}} f(x,y) dx + \int_{\sqrt{2}}^{2} dy \int_{-\arccos \frac{y}{2}}^{\arccos \frac{y}{2}} f(x,y) dx$;

   (7) $\int_{0}^{1} dx \int_{\sqrt{x}}^{1+\sqrt{1-x^2}} f(x,y) dy$.

2. $\int_{0}^{1} dx \int_{-x}^{\sqrt{2x-x^2}} f(x,y) dy + \int_{1}^{2} dx \int_{-\sqrt{2x-x^2}}^{\sqrt{2x-x^2}} f(x,y) dy$;

   $\int_{-1}^{0} dy \int_{-y}^{1+\sqrt{1-y^2}} f(x,y) dx + \int_{0}^{1} dy \int_{1-\sqrt{1-y^2}}^{1+\sqrt{1-y^2}} f(x,y) dx$.

3. $\frac{1}{2}$.

4. (1) $\frac{11}{40}$;(2) $\frac{5}{2}\pi$;(3) $\frac{2}{3}+\frac{\pi}{4}$;(4) $\frac{1}{24}+\frac{\pi}{64}$;(5) $\frac{45}{32}\pi a^4$;(6) $\frac{1}{2}$;(7) $4a^3$;(8) $\frac{20}{3}$;

   (9) $\frac{\pi}{2}(2e^3-5)$;(10) $\frac{1}{11}$;(11) $\frac{\pi}{2}$;(12) $\frac{\pi}{2}-1$;(13) $\frac{2}{3}+\frac{\pi}{4}$.

5. 1.   6. $\frac{1}{4}\left(\frac{1}{e}-1\right)$.

7. 提示:先将二次积分化为两种形式的二重积分,再应用 A - G 不等式与定积分的保号性.

8. a.   9. $\frac{\pi^2}{4}-\frac{\pi}{2}$.

10. (1) $\frac{47}{30}\pi$;(2) $\pi(e-2)$;(3) $\frac{11}{60}\pi$;(4) $\pi\left(4\ln 2-\frac{5}{2}\right)$;(5) $\frac{1}{8}\pi a^4$;(6) 8π.

11. $\frac{1}{2}\int_{0}^{x}(x-t)^2 f(t) dt$, -1.   12. 336π.   13. $\frac{\pi}{2}$.   14. $2a^2$.

15. $\frac{\sqrt{\pi}}{2}\left[\sqrt{2}-1+\left(\frac{\sqrt{2}}{3}-\frac{1}{6}\right)\pi\right]$.

16. (1) e^3;(2) π;(3) $\frac{3}{4}\pi-e^2-1$;(4) $-a(2\pi a+c)$;(5) $-\frac{3}{2}\pi$.

17. $S+9e^4-e^2+6$.   18. $-6\pi^2$.   19. 0.   20. $n=3$,积分值为 $-\frac{79}{5}$.

21. $a = \frac{1}{2}, b = 0; I = \frac{1}{2} x_1 y_1^2$. 22. 4π. 23. 0. 24. $\frac{32}{5}\pi$. 25. $R = \frac{4}{3}a$.

练 习 题 六

1. (提示) 利用两个三维向量叉积的模的几何意义.
2. $7x + 14y + 5 = 0$. 3. $x - z + 4 = 0$ 或 $x + 20y + 7z - 12 = 0$.
4. $\frac{x+1}{13} = \frac{y}{16} = \frac{z-1}{25}$. 5. $\frac{x-1}{11} = \frac{y-2}{18} = \frac{z-1}{-1}$. 6. $(8, 4, -5)$. 7. $\frac{4}{3}\sqrt{6}$.
8. $(2y + z + 1)^2 + 4(x + z)^2 + (x - 2y - 1)^2 = 36$. 9. $\frac{7}{\sqrt{6}}$.
10. $\frac{x-1}{1} = \frac{y-2}{4} = \frac{z-1}{3}$ 与 $\frac{x+1}{1} = \frac{y+2}{4} = \frac{z+1}{3}$.
11. $[\varphi(1) - \varphi'(1)](x-1) + [\psi'(-1) - 1](y+1) + [\varphi'(1) - \psi'(-1)](z-1) = 0$,
    $\frac{x-1}{\varphi(1) - \varphi'(1)} = \frac{y+1}{\psi'(-1) - 1} = \frac{z-1}{\varphi'(1) - \psi'(-1)}$.
12. $9x + y - z = 27$ 或 $9x + 17y - 17z + 27 = 0$. 13. $\begin{cases} 14x + 11y - z - 26 = 0, \\ x - y + 3z + 8 = 0. \end{cases}$
14. $x^2 - 4y^2 + z^2 = 4$. 15. 9π.

练 习 题 七

1. $S = 0$ (提示:将 $u_n = S_n - S_{n-1}$ 代入所给方程,得 S_n, S_{n-1} 满足的递推式).
2. (1) 收敛;(2) 发散;(3) 收敛;(4) 收敛;(5) 发散;(6) 收敛;(7) 收敛;(8) 收敛.
3. 收敛 (提示:$a_1 = \sqrt{2} = 2\sin\frac{\pi}{2^2}, \cdots, a_n = 2\sin\frac{\pi}{2^{n+1}}, a_n \sim \frac{\pi}{2^n}$).
4. (1) 条件收敛;(2) 条件收敛;(3) 条件收敛. 5. 绝对收敛. 6. $0 \leqslant k < 1$.
7. $p > 1$ 时绝对收敛,$0 < p \leqslant 1$ 时条件收敛,$p \leqslant 0$ 时发散.
8. $p > 1$ 时绝对收敛,$\frac{1}{2} < p \leqslant 1$ 时条件收敛,$p \leqslant \frac{1}{2}$ 时发散 $\left(\text{提示}:\ln\left(1 + \frac{(-1)^n}{n^p}\right) = \frac{(-1)^n}{n^p} - \frac{1}{2} \cdot \frac{1}{n^{2p}} + o\left(\frac{1}{n^{2p}}\right)\right)$.
9. (提示) 与级数 $\sum_{n=1}^{\infty} \frac{1}{n^a}$ 作比较.
10. $\alpha = 1$ 时级数条件收敛,$\alpha \neq 1$ 时级数发散 (提示:$\alpha \neq 1$ 时应用加括号的级数发散则原级数也发散的性质).
11. $[-1, 1)$. 12. $(-R, R), R = \max\{a, b\}$. 13. $\left(\frac{1}{e}, e\right)$.
14. (1) $S(x) = \frac{x^2(3 + x^2)}{(3 - x^2)^2}, x \in (-\sqrt{3}, \sqrt{3})$;(2) $S(x) = \frac{2x}{(1-x)^3}, x \in (-1, 1)$;
    (3) $S(x) = \begin{cases} (1-x)\ln(1-x) + x, & -1 \leqslant x < 1, \\ 1, & x = 1. \end{cases}$

15. (1) $\frac{1}{2}\sqrt{e}+2$；(2) 1 $\left(\text{提示：考虑幂级数}\sum_{n=1}^{\infty}\frac{n}{(n+1)!}x^{n+1}\text{ 的和函数}\right)$.

16. π^2（提示：考虑 $\sin x$ 的幂级数展开式）.

17. (1) $-\ln 2+\sum_{n=1}^{\infty}\left((-1)^{n+1}+\frac{1}{2^n}\right)\frac{1}{n}x^n$, $(-1,1]$;

    (2) $\sum_{n=1}^{\infty}(-1)^{n+1}\frac{1}{2n(2n-1)}x^{2n}$, $[-1,1]$.

练习题八

1. (1) $x+\sqrt{x^2+y^2}=C$ 或 $x-\sqrt{x^2+y^2}=Cy^2$；(2) $y^2=Ce^{-2x}-x^2$；
   (3) $x+ye^{\frac{x}{y}}=C$；(4) $\tan\frac{y}{2}=Ce^{-x}+(1-x)$.

2. $y=e^x(C+x)$.   3. $f(x)=e^x$ 或 $f(x)=e^{-x}$.   4. $f(x)=e^x-1$.

5. $f(x)=e^{-x^2}$（提示：$f(x)$ 满足微分方程 $f'(x)+2xf(x)=0, f(0)=1$）.

6. $z(x,y)=\frac{1}{16}(x^2+y^2)^2+C_1\ln\sqrt{x^2+y^2}+C_2$ $\left(\text{提示：微分方程化为}\frac{d^2z}{du^2}+\frac{1}{u}\frac{dz}{du}=u^2, u=\sqrt{x^2+y^2}\text{，再用降阶法化为一阶线性微分方程}\right)$.

7. $f(x)=\ln\frac{1+x^2}{2}$.   8. $y=C_1e^{-x}+C_2e^x-2x-\frac{1}{2}\sin x+\frac{1}{10}e^{2x}(\cos x+2\sin x)$.

9. $y=\frac{1}{3}C_1e^x+C_2e^{-2x}-\frac{1}{3}e^x\ln(1+e^{-x})-\frac{1}{6}+\frac{1}{3}e^{-x}-\frac{1}{3}xe^{-2x}-\frac{1}{3}e^{-2x}\ln(1+e^{-x})$.

10. $y=C_1e^x+C_2x$（提示：作变换 $y=e^xu$ 将原方程化简）.